第四次全国中药资源普查（湖北省）系列丛书
湖北中药资源典藏丛书

总编委会

湖北洪湖

药用植物志

主　编

周祖山　周艳华

副主编

平　旭　苏彩雄　晏　哲　彭义平　王　萍

赵晓兵　彭宣灏　周丽华

参　编

李　拥　孙家涛　游志刚　谭先玉　邓志军

廖岩专　杨志远　杨一帆　喻成权　肖先绪

夏　翔　董双全　周义祥　王爱民　闵小平

杭智辉　曾　文　江小霞　何　苗　周　娟

朱　超　吕　铖　齐　刚　李聪颖　徐　博

颜　勇　彭　聪

華中科技大學出版社

http://press.hust.edu.cn

中国·武汉

内容简介

本书是在第四次全国中药资源普查成果的基础上进行编撰的，是一部资料齐全、内容翔实、分类系统的地方性专著和中药工具书。本书采用系统分类学方法，记载了洪湖市 112 科 279 属 363 种野生和归化的植物（包括蕨类植物、裸子植物和被子植物等），介绍了植物名称、形态特征、分布区域、药用部位、炮制、化学成分、性味与归经、功能与主治、临床应用等内容，并附有实地拍摄的彩色照片。

本书图文并茂，具有地方性、科学性和实用性等特点。本书可供中药植物研究、教育、资源开发利用及科普等领域人员参考使用。

图书在版编目 (CIP) 数据

湖北洪湖药用植物志 / 周祖山，周艳华主编 . — 武汉 : 华中科技大学出版社 , 2023.6

ISBN 978-7-5680-9460-3

Ⅰ . ①湖…　Ⅱ . ①周…　②周…　Ⅲ . ①药用植物－植物志－洪湖　Ⅳ . ① Q949.95

中国国家版本馆CIP数据核字(2023)第110007号

湖北洪湖药用植物志　　周祖山　周艳华　主编

Hubei Honghu Yaoyong Zhiwuzhi

策划编辑：黄晓宇　周　琳

责任编辑：郭逸贤　马梦雪

封面设计：廖亚萍

责任校对：刘　竣

责任监印：周治超

出版发行：华中科技大学出版社（中国·武汉）　电话：(027)81321913

武汉市东湖新技术开发区华工科技园　邮编：430223

录　排：华中科技大学惠友文印中心

印　刷：湖北恒泰印务有限公司

开　本：889mm×1194mm　1/16

印　张：34.75　插页：2

字　数：950 千字

版　次：2023 年 6 月第 1 版第 1 次印刷

定　价：368.00 元

\ 序 \

中药资源是集生态资源、医疗资源、经济资源、科技资源以及文化资源于一体的特殊资源，是中药产业的根基。中药资源事业关乎民生福祉和大众健康，关乎生态环境保护和战略性新兴产业发展，具有国际竞争优势和国家战略意义。回顾20世纪中叶，中华人民共和国刚成立，百废待兴，中医药资源作为祖国优秀传统文化宝库，亟待被发掘和整理。就在那时，中国医学科学院一批刚跨出校门的青年科技工作者，在毛主席关于"中国医药学是一个伟大的宝库，应当努力发掘，加以提高"的精神鼓舞下，翻山越岭，深入到中药的各个原产地，开展了中华人民共和国成立后的第一次全国中药资源普查。自此之后，中药资源"家底勘察"风雨兼程，开展了第二次和第三次全国中药资源普查。2011年启动了第四次全国中药资源普查试点工作，历时10年，现已完成，这不仅是进入21世纪后的第一次全国性中药资源"家底勘察"，更肩负着新时代国家战略使命。

《湖北洪湖药用植物志》作为第四次全国中药资源普查（湖北省）系列丛书湖北中药资源典藏丛书的组成部分，是洪湖市中药资源普查工作组，根据第四次全国中药资源普查洪湖市普查情况，认真总结形成的重要成果，是洪湖地区自1971年以来中药植物资源调查和分类研究的又一次系统总结。洪湖市根据第四次全国中药资源普查工作的有关要求，在湖北省卫生健康委员会的领导和支持下，成立中药资源普查领导小组、领导小组办公室和普查队，组成中药资源普查工作组。工作组成员求真务实，扎实工作，历时3年多，经过多次野外调查，完成38个样地、183个样方套以及代表样线的普查工作；采集、制作、鉴定腊叶标本1600余份、药材标本35份；发现重点品种种质资源25种；拍摄照片24000余张，拍摄视频8份，获得了洪湖市中药植物资源的第一手资料。

为了促进中药资源普查成果的转化应用，促进洪湖市中药产业发展，洪湖市中药资源普查工作组组织力量，对普查数据进行了系统分析，编写了《湖北洪湖药用植物志》。该著作系统介绍了药用植物资源的现状、保护和利用对策等，为进一步制定洪湖市中药资源产业发展政策提供了科学依据；采用系统分类学方法，记载了洪湖市112科279属363种野生和归化的植物（包括蕨类植物、裸子植物和被子植物等），内容涵盖植物名称、形态特征、分布区域、药用部位等，并附有实地拍摄的彩色照片，为研究洪湖市药用植物资源提供了依据。全书编排严谨，通俗易懂，资料齐全，内容翔实，图文并茂，具有地方性、科学性和实用性等特点，可为洪湖市药用植物资源保护、利用提供依据。相信本书的出版必将为发展和振兴洪湖市经济发挥应有的作用。

《湖北洪湖药用植物志》的出版既是对第四次全国中药资源普查洪湖市普查成果的总结，也是洪湖市中药资源普查工作人员辛勤工作的结晶，体现了当代中药资源普查工作人员勤奋踏实的工作作风和吃苦耐劳的精神品质，值得珍惜和发扬。谨此为序。

吴和珍

博士，教授，博士生导师

湖北中医药大学药学院院长

\前　言\

洪湖市位于湖北省中南部，长江中游北岸，江汉平原东南端，地跨东经113°07′～114°05′，北纬29°39′～30°12′，东南濒长江，与嘉鱼、赤壁及湖南临湘隔江相望；西傍洪湖与监利接壤；北依东荆河与汉南区、仙桃相邻。洪湖市东西最长94千米，南北最宽62千米，国土面积2519平方千米。

洪湖市全境历史上属云梦泽东部的长江泛滥平原，地势自西北向东南呈缓倾斜，形成南北高、中间低、广阔而平坦的地貌，海拔大多在23～28米之间。最高点是螺山主峰，海拔60.48米；最低点是沙套湖底，海拔只有17.9米。洪湖市平均坡度约为0.3%，境内河渠纵横交织，湖泊星罗棋布。境内主要河流、湖泊有长江、东荆河、内荆河、“四湖”总干渠、洪排河、洪湖等。洪湖是目前全球水质优良的大型淡水湖泊之一，是我国重要的湿地自然保护区，被誉为“湖北之肾”。2006年，在第十一届世界生命湖泊大会上，洪湖获得“生命湖泊最佳保护实践奖”。

洪湖市属亚热带湿润季风气候，其特点是冬夏长，春秋短，四季分明，光照充足，雨量充沛，温和湿润，夏热冬冷，降水集中于春夏，洪涝灾害较多。洪湖市年平均气温16.6℃左右，夏季极端最高气温39.6℃，冬季地面极端最低温度为－20.1℃，平均日照在1980～2032小时之间，年均降雨日为135.7天，降雨量在1060.5～1331.1毫米之间。

洪湖市内“林水结合”，林地6.0745万亩，坑塘108.5208万亩，耕地(含水田、旱地、菜地)115.7149万亩，园地0.2584万亩，沙地0.0030万亩，河流面积20.5335万亩，湖泊面积49.5622万亩，滩涂面积13.5365万亩。

洪湖市地理位置和气候条件比较优越，物产资源丰富，素有“鱼米之乡”“人间天堂”的美誉，是著名老区、百湖之市、水产之都、旅游胜地，拥有湿地生态、红色旅游、三国文化、地热温泉、美丽乡村等丰富的旅游资源。

《洪湖市志》中记载的植物资源以野生植物为主，主要树种有水杉、旱柳、枫杨、苦楝、刺槐、喜树等。水生植物中的莲、菱、菰、茨菰等年产量居湖北省首位。野生药用植物主要有鱼腥草、芦根、车前草、芡实、水蜈蚣、羊蹄、土牛膝等。

药用植物是地球生物多样性的重要组成部分，也是人类赖以生存和发展的重要物质基础之一。中药资源支撑着中医药事业的生存和发展，源源不断地满足人类日益增长的健康需求。为了全面反映洪湖市药用植物资源的分布，系统总结洪湖市医药人员和广大人民群众使用中草药的经验，为临床、教学、科研、生产、经营等部门提供翔实和必要的资料，我们在湖北省卫生健康委员会、湖北中医药大学、洪湖市人民政府、洪湖市卫生健康局和洪湖市中医医院的领导下，编撰了《湖北洪湖药用植物志》。

第四次全国中药资源普查为洪湖市的中药资源研究送来了春风。洪湖市是第四次全国中药资源普查湖北省第四批试点县市之一，经过两年多时间的普查研究，洪湖市中药资源家底基本摸清。

本书所收录的各种药用植物的形态特征除了少数根据实际观察有修改外，均参照《中国植物志》《湖北植物志》《中华本草》《中药大辞典》中的描述。本书收录的参考验方，特别是民间常用验方，仅供医药专业人士研究之用，未经医生指导切勿乱用。

本书是在第四次全国中药资源普查成果的基础上编撰的，此次普查工作我们对 17 个街道乡镇办事处和开发区进行了调查，完成样地 38 个，样方套 183 个；正式查明的药用植物有 112 科 279 属 363 种，称量记录品种 35 种，有蕴藏量的 35 种，栽培中药品种 4 种和病虫害 5 种；采集、制作、鉴定腊叶标本 1600 余份、药材标本 35 份；发现重点品种种质资源 25 种；拍摄照片 24000 余张，拍摄视频 8 份，为本书的编撰提供了庞大而翔实的原始资料。

本书的编写工作是在洪湖市中医医院的主持下进行的，编写工作得到了湖北省卫生健康委员会、湖北中医药大学、洪湖市人民政府、洪湖市卫生健康局等单位的大力支持和协助。湖北中医药大学刘合刚、吴和珍教授等在物种鉴定上给予了大力帮助，并承蒙吴和珍教授赐序，武汉植物园李晓东教授认真审校，谨在此一并表示衷心的感谢！

由于时间仓促，书中难免存在一些疏漏和错误，谨请读者批评指正。

编　者

\ 目录 \

蓝藻门

真菌门

苔藓植物门

蕨类植物门

裸子植物门

被子植物门

双子叶植物纲

单子叶植物纲

蓝藻门

Cyanophyta

一、念珠藻科 Nostocaceae

藻类植物。原始藻类，无细胞器分化。藻体球状或片状，胶质鞘发达，有异形胞，藻丝无顶端和基部之分，末端不逐渐变为尖细。

洪湖市境内的念珠藻科植物有 1 属 1 种。

念珠藻属 *Nostoc* Vauch.

藻体为球形或垫状的集群体。藻丝念珠状，由许多圆球形或圆柱状细胞组成。丝体间有的胶质鞘常融合。丝体中具异形胞。淡水或潮湿的土壤中居多。

洪湖市境内的念珠藻属植物有 1 种。

1. 地皮菜

【拉丁名】*Nostoc commune*

【别名】发菜、葛仙米、地耳、地衣、地木耳、地瓜皮、天仙菜、天仙米。

【形态特征】藻体坚固、胶质，最初为球形，后扩展为扁平，直径几厘米，为常有穿孔的膜状物或革状物。有时会出现不规则的卷曲，形似木耳，在潮湿环境中呈蓝色、橄榄绿色；失水干燥后藻体呈黄绿色或黄褐色。藻体由多数球形的单细胞串连而成，外被透明的胶质物，集成片状，与木耳相似；湿润时开展，呈蓝绿色，干燥时卷缩，呈灰褐色。

【分布区域】分布于洪湖市江滩。

【药用部位】全株。

【炮制】夏、秋季雨后采收，洗净，除去杂质，鲜用或晒干。

【化学成分】全株含蛋白质、多种氨基酸、脂肪、粗纤维、钙、磷、铁。还含有多种维生素、海藻糖、蔗糖、半乳糖、葡萄糖、果糖、木糖、甘露醇、山梨醇等多种营养成分。

【性味与归经】凉，甘。归肝经。

【功能与主治】清热明目，收敛益气。用于目赤红肿，夜盲症，烫火伤，久痢，脱肛等。

【用法与用量】煮食，30 ～ 60 g。外用适量，研粉调敷。

【临床应用】①治夜盲症：地皮菜 60 g，当菜常食。②治烫火伤：地皮菜 15 g，焙干研粉，菜油调敷患处，或加白糖 9 g，香油调敷患处。

【注意】脾胃虚寒泄泻者不可多食。

【附注】国家Ⅰ级重点保护野生植物。

真菌门

Eumycophyta

二、鸟巢菌科 Nidulariaceae

鸟巢菌科真菌无柄或有短柄，直径 1cm，多聚生。包被 1 至多层。造孢组织发育呈蜂窝型，成熟时形成由几层壁包围的坚硬蜡质小孢子。内有担孢子。孢子平滑，无色，厚壁，常为大型。每个杯状子实体中形成几个小孢子，像鸟蛋，具有一定的药用价值。

洪湖市境内的鸟巢菌科植物有 1 属 1 种。

黑蛋巢菌属 *Cyathus* Haller

洪湖市境内的黑蛋巢菌属植物有 1 种。

2. 粪生黑蛋巢菌

【拉丁名】*Cyathus stercoreus*（Schw.）De Toni

【别名】和尚碗。

【形态特征】子实体杯形，基部有短柄，高 0.5 ～ 1.5 cm，宽 0.3 ～ 0.5 cm，有粗毛。初生时棕黄色，后变淡黄色或灰色，有时毛全脱落呈深褐色，无纵纹。内侧光滑，深灰色，后期近黑色。小孢子黑色，扁圆，直径约 2 mm，由菌丝索固定于杯中，小孢子壁的外层由褐色粗丝组成。

【分布区域】分布于黄家口镇黄家口村。

【药用部位】子实体。

【炮制】春、秋季采收，去净杂质，晒干备用。

【性味与归经】微苦，温。

【功能与主治】健胃止痛。用于胃气痛，消化不良。

【用法与用量】内服：煎汤，9 ～ 15 g；研末，6 ～ 9 g。

苔藓植物门

Bryophyta

三、地钱科 Marchantiaceae

植物体叶状，长达 10 cm，鲜绿色至暗绿色，有内部相通的气腔，气孔生于叶状体背面或生殖托上，烟筒形。鳞片明显，2 ～ 4 裂，生于叶状体腹面或生殖托腹沟。油细胞生于叶状体中。雌雄异株，雌器托柄长，雄器托柄短，各有 2 列假根，雌、雄器托均高出叶状体；颈卵器被总苞围绕，受精后配子体分裂形成 2 ～ 3 层细胞的假蒴萼。孢蒴球形或长椭圆形，蒴壁细胞壁环状加厚。弹丝细长，具 2 条等宽的螺纹。孢子小，平滑或具粗糙表面，不具网格状花纹。孢子多数。芽孢扁圆形，两侧生长点凹陷，成熟后自由散落。

本科约有 8 属，多生于温热带地区。中国已知 3 属。

洪湖市境内的地钱科植物有 1 属 1 种。

地钱属 *Marchantia* L.

植物体深绿色，中间有黑色中肋。气室中有分枝的营养丝，气孔有 4 个环绕细胞。基本组织具黏液细胞和油细胞，腹面具鳞片及假根。鳞片无色透明至红色，形态各式各样。雌器托高出叶状体，盘形浅裂或具 8 ～ 9 裂；每个总苞中有多个颈卵器，每个颈卵器苞为钟形。孢蒴长圆形，黄绿色，蒴壁细胞壁环状加厚。孢子具瘤状突起或近于平滑。孢芽杯生于叶状体表面。

洪湖市境内的地钱属植物有 1 种。

3. 地钱

【拉丁名】*Marchantia polymorpha* L.

【别名】脓痂草、地浮萍、一团云、地龙皮。

【形态特征】叶状体扁平，呈阔带状，多回二歧分叉，长 5 ～ 20 cm，宽 1 ～ 2 cm。色淡绿色或深绿色，边缘波曲状，多交织成片生长；上面常有杯状无性孢芽杯，叶状体上面有六角形整齐排列的气室，每室中央具一气孔，气孔为烟囱式；叶状体下面具紫色鳞片及假根，假根分细胞壁平滑的与细胞壁具增厚花纹的两种。雌雄异株。雌器托果裂成 9 ～ 11 个指状瓣，托柄长 3 ～ 5 cm，颈卵器着生于雌器托的下面。雄器托呈圆盘状，波状浅裂成 7 ～ 8 瓣，精子器生于雄器托上面，叶状体上面常有杯状的无性孢芽杯。

【分布区域】分布于乌林镇香山村。

【药用部位】叶状体。

【炮制】夏、秋季采收，洗净，鲜用或晒干。

【化学成分】地钱含有联苄和倍半萜烯。

【性味与归经】淡，凉。归肝、胃经。

【功能与主治】清热利湿，解毒敛疮。用于湿热黄疸，痈疮肿毒，毒蛇咬伤，水火烫伤，骨折，刀伤。

【用法与用量】煎汤，5 ～ 15 g；或入丸、散。外用适量，捣敷；或研末调敷。

【临床应用】①治疮疖肿毒：鲜地钱洗净捣烂，加糖或甜酒少许和匀敷。②治毒蛇咬伤：鲜地钱适量，捣烂敷患处；另用雄黄 9 g，白芷 3 g，共研细粉，用白酒送服。

四、葫芦藓科 Funariaceae

一年生或二年生丛生藓类。茎直立，单生，有分化中轴。茎基部丛生假根。叶茎顶丛生，顶叶较大，呈莲座状；叶卵圆形、倒卵形或长椭圆状披针形，叶质柔薄，先端尖，具小尖头；叶缘平滑，有时有锯齿，具分化的狭边。雌雄同株，生殖苞顶生，雄器苞盘状，生于主枝顶，有多数精子器，具棒槌形配丝；雌器苞常生于侧枝上。苞叶与叶片同型。蒴柄细长，直立或上段弯曲；孢蒴多呈梨形或倒卵形，直立、倾立或向下弯曲；台部具多数气孔，孔呈单细胞型，孔隙裂痕状，多具胚带。蒴齿双层、单层或无，在双齿层中，外层的齿片与内层的齿条相对排列；齿片 16 枚，多向右旋转，腹面及两侧均具粗横隔。蒴盖多呈半圆状平凸，稀呈喙状或不分化。蒴帽兜形，膨大具喙。孢子中等大小，平滑或具疣。

本科约有 11 属，我国有 5 属。

洪湖市境内的葫芦藓科植物有 1 属 1 种。

葫芦藓属 *Funaria* Hedw.

一年生或二年生丛生藓类。茎短而细。多数叶集成芽苞形，叶片卵圆形、舌形、倒卵圆形、卵状披针形或椭圆状披针形，先端渐尖或急尖，边缘平滑或具微齿；中肋至顶或稍突出；叶细胞呈长方形或椭圆状菱形，至叶基处细胞稍狭长，有时叶缘细胞呈狭长方状线形，构成明显分化的边缘。雌雄同株，雄器苞呈花苞形，顶生；雌器苞生于雄器苞下的短侧枝上，当雄枝萎缩后即成为主枝。孢蒴长梨形，往往弯曲成葫芦形，直立或垂倾，台部明显。蒴齿双层、单层或无；齿片呈狭长披针形，黄红色或棕红色，向左斜旋；内齿层等长或略短，黄色，齿条与齿片相对着生。蒴盖圆盘状，平顶或微凸，稀呈钝端圆锥体形，一般无疣。蒴帽往往呈兜形而膨大，先端具长喙，薄而平滑。孢子圆球形，棕黄色，外壁具细密疣或粗疣。

洪湖市境内的葫芦藓属植物有 1 种。

4. 葫芦藓

【拉丁名】*Funaria hygrometrica* Hedw.

【别名】石松毛、牛毛七、火堂须、火孩儿。

【形态特征】一年生或二年生丛生藓类。植物体矮小，淡绿色，直立，高 1 ～ 3 cm。茎单一或从基部分枝。叶簇生于茎顶，长舌形，叶端渐尖，全缘；中肋粗壮，消失于叶尖之下，叶细胞近于长方形，壁薄。雌雄同株异苞，雄器苞顶生，花蕾状；雌器苞则生于雄器苞下的短侧枝上；蒴柄细长，黄褐色，长 2 ～ 5 cm，上部弯曲；孢蒴弯梨形，不对称，台部明显，干时有纵沟槽；蒴齿双层；蒴帽兜形，具长喙，形似葫芦瓢状。

【分布区域】分布于新堤街道叶家门社区。

【药用部位】全草。

【炮制】春、夏、秋季采收，鲜用或晒干。

【化学成分】全草含苔藓激动素、环磷酸腺苷磷酸二酯酶、生长素、吲哚 -3- 乙酸及脂类。

【性味与归经】淡，平。归肺、肝、肾经。

【功能与主治】舒筋活血，祛风镇痛，止血。用于鼻窦炎，劳伤吐血，跌打损伤，关节炎等。

【用法与用量】煎汤，6 ～ 15 g。

【临床应用】①治肺热吐血：葫芦藓 60 g，茅草根 60 g，侧柏叶 30 g，泡酒或水煎服。②治跌打损伤：葫芦藓 60 g 煎服，另取鲜草适量捣敷。

【注意】孕妇及体虚者少用。

蕨类植物门

Pteridophyta

五、卷柏科 Selaginellaceae

多年生草本。茎具原生中柱或管状中柱，单一或二叉分枝；根托生于分枝的腋部，从背轴面或近轴面生出，沿茎和枝遍体通生，或只生于茎下部或基部。主茎直立或长匍匐，或短匍匐，然后直立，多次分枝，或具明显的不分枝的主茎，上部呈叶状的复合分枝系统，有时攀援生长。叶螺旋排列或排成 4 行，单叶，具叶舌，主茎上的叶通常排列稀疏，一型或二型，在分枝上通常成 4 行排列。孢子叶穗生于茎或枝的先端，或侧生于小枝上，紧密或疏松，四棱形或压扁，偶呈圆柱形；孢子叶 4 行排列，一型或二型，孢子叶二型时通常倒置。孢子囊近轴面生于叶腋内叶舌的上方，二型，在孢子叶穗上各式排布；每个大孢子囊内有 4 个大孢子，少数有 1 个或多个，大孢子直径 200 ～ 600 μm；每个小孢子囊内小孢子多数，小孢子直径 20 ～ 60 μm。孢子表面纹饰多样。

本科有 1 属，我国有 1 属。

洪湖市境内的卷柏科植物有 1 属 1 种。

卷柏属 *Selaginella* P.Beauv.

卷柏属的形态特征与卷柏科相同。

洪湖市境内的卷柏属植物有 1 种。

5. 伏地卷柏

【拉丁名】*Selaginella nipponica* Franch.et Sav.

【形态特征】多年生草本。能育枝直立，高 5 ～ 12 cm。茎禾秆色，具沟槽，无毛；侧枝 3 ～ 4 对，不分叉或分叉或一回羽状分枝，分枝稀疏，茎上相邻分枝相距 1 ～ 2 cm，叶状分枝和茎无毛，背腹压扁，茎在分枝部分中部连叶宽 4.5 ～ 5.4 mm，末回分枝连叶宽 2.8 ～ 4.2 mm。叶交互排列，二型，草质，表面光滑，边缘非全缘，不具白边。分枝上的腋叶边缘有细齿。中叶对称，分枝上的中叶长圆状卵形或椭圆形，先端部分覆瓦状排列，背部不呈龙骨状，先端具尖头和急尖，基部钝，边缘不明显具细齿。侧叶不对称，侧枝上的侧叶宽卵形或卵状三角形，常反折，先端急尖；上侧基部扩大，加宽，覆盖小枝，上侧基部边缘具微齿。孢子叶穗疏松，通常背腹压扁，单生于小枝末端，或 1 ～ 3 次分叉；孢子叶二型，排列一致，不具白边，边缘具细齿，背部不呈龙骨状，先端渐尖。大孢子橘黄色；小孢子橘红色。

【分布区域】分布于乌林镇香山村。

【药用部位】全草。

【炮制】全年均可采收，除去须根和泥沙，晒干。

【化学成分】含穗花杉双黄酮。

【性味与归经】微苦，凉；微毒。归肺、大肠经。

【功能与主治】止咳平喘，止血，清热解毒。用于咳嗽气喘，吐血，痔血，外伤出血，淋证，烫火伤。

【用法与用量】煎汤，9 ～ 15 g。外用适量，研末撒。

六、木贼科 Equisetaceae

多年生植物。根茎横生，黑色，分枝，节上生根，被茸毛。地上枝直立，圆柱形，绿色，有节，中空有腔，表皮常有灰黑色小瘤，单生或轮生；节间有纵行的脊和沟。叶鳞片状，轮生，在每个节上合生成筒状的叶鞘包围在节间基部，前段分裂成齿状。孢子囊穗顶生，圆柱形或椭圆形，有的具长柄；孢子叶轮生，盾状，彼此密接，每个孢子叶下面有 5 ～ 10 个孢子囊。孢子近球形，有 4 条弹丝，无裂缝，具周壁，有细颗粒状纹饰。

本科有 1 属约 25 种，全世界广布。我国有 1 属 10 种 3 亚种，全国广布。

洪湖市境内的木贼科植物有 1 属 2 种。

木贼属 *Equisetum* L.

木贼属的形态特征与木贼科相同。

洪湖市境内的木贼属植物有 2 种。

1. 鞘筒绿色，中间栗棕色……………………………………………………………………问荆 *E.arvense*

1. 鞘筒顶部灰白色或略为红棕色……………………………………………………………节节草 *E.ramosissimum*

6. 问荆

【拉丁名】*Equisetum arvense* L.

【别名】接续草、公母草、搂接草、空心草、马蜂草、猪鬃草、黄蚂草、寸姑草、笔头草、土木贼。

【形态特征】多年生植物。根茎直立或横走，黑棕色，节和根密生黄棕色长毛或光滑无毛。地上枝当年枯萎。枝分能育枝和不育枝，能育枝春季先萌发，高 5 ～ 35 cm，中部直径 3 ～ 5 mm，节间长 2 ～ 6 cm，黄棕色，无轮茎分枝，脊不明显，要密纵沟；鞘筒栗棕色或淡黄色，鞘齿 9 ～ 12 枚，栗棕色，狭三角形，鞘背仅上部有一浅纵沟，孢子散后能育枝枯萎。不育枝后萌发，高达 40 cm，主枝中部直径 1.5 ～ 3 mm，节间长 2 ～ 3 cm，绿色，轮生分枝多，主枝中部以下有分枝。脊的背部弧形，无棱，有横纹，无小瘤；鞘筒狭长，绿色，鞘齿三角形，5 ～ 6 枚，中间黑棕色，边缘膜质，淡棕色，宿存。侧枝柔软纤细，扁平状，有 3 ～ 4 条狭而高的脊，脊的背部有横纹；鞘齿 3 ～ 5 个，披针形，绿色，边缘膜质，宿存。孢子囊穗圆柱形，顶端钝。

【分布区域】分布于洪湖市南门洲。

【药用部位】全草。

【炮制】夏、秋季采收，割取全草，置通风处阴干，或鲜用。

【化学成分】全草含皂苷、黄酮类、三萜及甾体类、生物碱及大量硅酸、β－谷甾醇、维生素 C 和胡萝卜素等。

【性味与归经】苦，凉，平；无毒。归肺、胃、肝经。

【功能与主治】止血，利尿，明目。用于吐血，咯血，便血，崩漏，鼻衄，外伤出血，目赤翳膜，淋病。

【用法与用量】煎汤，3 ～ 15 g。外用适量，鲜品捣敷；或干品研末调敷。

【临床应用】①治热淋，小便不利：问荆 12 g，大石韦 12 g，海金沙藤 12 g，水煎服。②治火眼生翳：问荆、菊花各 15 g，蝉衣 6 g，煎服。③治鼻衄：问荆 30 g，旱莲草 30 g，水煎服。④治咳嗽气急：问荆 6 g，地骷髅 21 g，水煎服。⑤治崩漏：问荆 30 g，马齿苋 30 g，水煎服。

7. 节节草

【拉丁名】*Equisetum ramosissimum* Desf.

【别名】土木贼、锁眉草、笔杆草、竹节菜、竹节花、笔筒草。

【形态特征】多年生植物。根茎直立，横走或斜升，黑棕色，节和根疏生黄棕色长毛或光滑无毛。枝高 20 ～ 60 cm，中部直径 1 ～ 3 mm，节间长 2 ～ 6 cm，绿色，主枝多在下部分枝，常形成簇生状；幼枝的轮生分枝明显或不明显；主枝有脊 5 ～ 14 条，脊的背部弧形，有 1 行小瘤或有浅色小横纹；鞘筒狭长达 1 cm，下部灰绿色，上部灰棕色；鞘齿 5 ～ 12 枚，三角形，灰白色、黑棕色或淡棕色，边缘为膜质，基部扁平或弧形，齿上气孔带明显或不明显。侧枝较硬，圆柱状，有脊 5 ～ 8 条，脊上平滑或有 1 行小瘤或有浅色小横纹；鞘齿 5 ～ 8 个，披针形，革质但边缘膜质，上部棕色，宿存。孢子囊穗短棒状或椭圆形，顶端有小尖突，无柄。

【分布区域】分布于洪湖市各乡镇。

【药用部位】干燥地上部分。

【炮制】四季可采，割取地上全草，洗净，晒干。

【性味与归经】甘、微苦，平。

【功能与主治】清热，利尿，明目退翳，祛痰止咳。用于目赤肿痛，角膜云翳，肝炎，咳嗽，支气管炎，尿路感染，小便热涩疼痛，尿路结石。

【用法与用量】煎汤，9 ～ 30 g。

【临床应用】①治火眼：笔杆草、金钱草、四叶草、珍珠草、谷精草各 15 g，煎水内服。②治眼雾：笔筒草煎水洗并内服。③治肠风下血，赤白带下，跌打损伤：节节草 6 g，水煎服。④治迁延型传染性肝炎：节节草、络石藤、川楝子各三钱，黄栀根、香茶菜各 12 g，水煎服。⑤治尿血：节节草、羊蹄、鳢肠各 15 g，檵木花 30 g，白茅根 60 g，水煎服。⑥治肾盂肾炎：节节草、一包针、车前草、马蹄金各 15 g，黄毛耳草、活血丹各 30 g，水煎服。

七、瓶尔小草科 Ophioglossaceae

陆生植物。根状茎短而直立，有肉质粗根，叶有营养叶与孢子叶，出自总柄，营养叶 1 ～ 2 片，全缘，披针形或卵形，叶脉网状，中脉不明显；孢子叶有柄，自总柄或营养叶的基部生出；孢子囊形大，无柄，下陷，沿囊托两侧排列，狭穗状，横裂。孢子四面型。

本科有 4 属，分布于全世界。我国有 2 属。

洪湖市境内的瓶尔小草科植物有 1 属 1 种。

瓶尔小草属 *Ophioglossum* L.

陆生植物。根状茎短而直立，营养叶 1 ～ 2 片，有柄，常为单叶，全缘，披针形或卵形，叶脉网状，网眼内无内藏小脉，中脉不明显；孢子囊穗自营养叶的基部生出，有长柄。

洪湖市境内的瓶尔小草属植物有 1 种。

8. 瓶尔小草

【拉丁名】*Ophioglossum vulgatum* L.

【别名】一支枪、蛇舌草、蛇吐须、蛇咬一支箭、独脚黄、矛盾草。

【形态特征】陆生植物。根状茎短而直立，肉质粗根横走。叶常单生，总叶柄长 6 ～ 9 cm，深埋土中，下半部为灰白色，较粗大。营养叶为卵状长圆形或狭卵形，长 4 ～ 6 cm，宽 1.5 ～ 2.4 cm，先端钝圆或急尖，基部急剧变狭并稍下延，无柄，微肉质到草质，全缘，网状脉明显。孢子叶长 9 ～ 18 cm，从营养叶基部生出，孢子穗长 2.5 ～ 3.5 cm，宽约 2 mm，先端尖。

【分布区域】分布于新堤街道江滩公园。

【药用部位】带根全草。

【炮制】夏、秋季采收，洗净晒干，或鲜用。

【化学成分】瓶尔小草叶含丙氨酸、丝氨酸等氨基酸，并含 3-O- 甲基槲皮素 -7-O- 双葡萄糖苷 -4-O- 葡萄糖苷等。

【性味与归经】甘，平，微寒。归肺、胃经。

【功能与主治】清热凉血，镇痛，解毒。用于肺热咳嗽，劳伤吐血，肺痈，胃痛，淋浊，痈肿疮毒，蛇虫咬伤，跌打损伤，小儿高热惊风，目赤肿痛。

【用法与用量】煎汤，10 ～ 15 g；或研末，每次 3 g。外用适量，鲜品捣敷。

【临床应用】①治感冒发热：瓶尔小草 15 g，鸭跖草 30 g，水煎服。②治小儿疳积：瓶尔小草、使君子、鸡内金各 9 g，水煎服。③治毒蛇咬伤：瓶尔小草、金银花各 6 g，青藤 3 g，羊膻七、茯苓各 9 g，接筋草 15 g，水煎服。④治乳痈：瓶尔小草、蒲公英各适量，共捣烂，外敷。⑤治疮疖痈肿：瓶尔小草、熟大黄各 4.5 g，对经草 12 g，柴胡 6 g，水煎服。

八、海金沙科 Lygodiaceae

陆生攀援植物，常高达数米。根状茎横走，有毛而无鳞片。叶单轴型，羽片分裂或为一至二回二叉掌状或为一至二回羽状复叶，近二型；不育羽片通常生于叶轴下部，能育羽片位于上部；末回小羽片或裂片为披针形，或为长圆形、三角状卵形，基部常为心形、戟形或圆耳形；不育小羽片边缘为全缘或有细锯齿，叶脉常分离，羽柄两侧通常有狭翅，上面隆起，有锈毛。能育羽片边缘生有流苏状的孢子囊穗，由两行并生的孢子囊组成，孢子囊生长在小脉顶端，被反折的小瓣包裹。孢子囊大，横生于短柄上，环带位于小头，以纵缝开裂。孢子四面型。原叶体绿色，扁平。

本科为单属的科，分布于全世界热带和亚热带地区。

洪湖市境内的海金沙科植物有 1 属 1 种。

海金沙属 *Lygodium* Sw.

海金沙属的形态特征与海金沙科相同。

洪湖市境内的海金沙属植物有 1 种。

9. 海金沙

【拉丁名】*Lygodium japonicum*（Thunb.）Sw.

【别名】狭叶海金沙、左转藤、罗网藤、黄心草、金沙藤、金线风。

【形态特征】攀援植物，高 1 ～ 4 m。叶轴上面有 2 条狭边，羽片多数，相距 9 ～ 11 cm，平展，距长达 3 mm。不育羽片尖三角形，被短灰毛，两侧有狭边，二回羽状；一回羽片互生，2 ～ 4 对，和小羽轴都有狭翅及短毛，基部一对卵圆形，长 4 ～ 8 cm，宽 3 ～ 6 cm；二回小羽片 2 ～ 3 对，卵状三角形，互生，掌状 3 裂，末回裂片短阔，基部楔形或心形，先端钝；顶端的二回羽片长 2.5 ～ 3.5 cm，宽 8 ～ 10 mm，波状浅裂。能育羽片卵状三角形，长、宽为 12 ～ 20 cm，二回羽状；一回小羽片 4 ～ 5 对，互生，相距 2 ～ 3 cm，长圆状披针形；二回小羽片 3 ～ 4 对，卵状三角形，羽状深裂。孢子囊穗长 2 ～ 4 mm，排列稀疏，暗褐色，无毛。

【分布区域】分布于乌林镇香山村、老湾回族乡、螺山镇。

【药用部位】干燥成熟孢子。

【炮制】秋季孢子未脱落时采割藤叶，晒干，搓揉或打下孢子，除去藤叶。

【化学成分】孢子中含有赤霉素 A_{73} 甲酯、海金沙素、多种高级脂肪酸和脂肪烃等。

【性味与归经】甘、咸，寒。归膀胱、小肠经。

【功能与主治】清热利湿，通淋止痛。用于热淋，石淋，血淋，膏淋，尿道涩痛。

【用法与用量】6 ～ 15 g，包煎。

【临床应用】①治小便淋漓涩痛：海金沙、肉桂、炙甘草各 6 g，赤茯苓、猪苓、白术、芍药各 9 g，泽泻 15 g，滑石 21 g, 石韦 3 g。为末，每服 9 g，加灯心 30 茎，水煎服。②治脾湿胀满：海金沙 30 g, 白术 6 g，甘草 1.5 g，黑丑 4.5 g，水煎服。③治尿酸结石：海金沙、滑石共研为末。以车前子、麦冬、木通煎水调药末，并加蜜少许，温服。④治肝炎：海金沙 15 g，阴行草 30 g，车前 18 g。水煎服，每日 1 剂。⑤治小便闭结：海金沙 9 g，滑石 15 g，山栀 6 g，萹蓄 6 g, 木通 6 g, 车前子 9 g，瞿麦 6 g，通草 9 g, 地肤子 9 g，石韦 6 g，水煎服。

【注意】肾阴亏虚者慎服。

九、凤尾蕨科 Pteridaceae

陆生蕨类植物。根状茎长而横走，有管状中柱，或短而直立或斜升，有网状中柱，密被鳞片。叶有柄；柄通常为禾秆色，间为栗红色或褐色，光滑；叶长圆形或卵状三角形，一回羽状或二至三回羽裂，偶为单叶或三叉，从不细裂，草质、纸质或革质，光滑。叶脉分离或少数为网状。孢子囊群线形，沿叶缘生于连接小脉顶端的一条边脉上，有由反折变质的叶边所形成的线形、膜质的宿存假盖，不具内盖，除叶边顶端或缺刻外，连续不断。孢子为四面型，透明，表面通常粗糙或有疣状突起。

本科有 10 属，分布于世界热带和亚热带地区，尤以热带地区为多，我国仅有 2 属。

洪湖市境内的凤尾蕨科植物有 1 属 1 种。

凤尾蕨属 *Pteris* L.

陆生蕨类植物。根状茎直立或斜升，有复式管状或网状中柱，被鳞片；鳞片狭披针形或线形，棕色或褐色，膜质，坚厚，向边缘略变薄，往往有疏毛，以宽的基部着生。叶簇生；叶柄面有纵沟，自基部向上有 V 字形维管束 1 条；叶片一回羽状或为篦齿状的二至三回羽裂，或有时三叉分枝，基部羽片的下侧常分叉，各分叉与羽片同型但较小，从不细裂，或很少为单叶或掌状分裂而顶生羽片常与侧生羽片同型。羽轴或主脉上面有深纵沟，沟两旁有狭边，偶呈啮蚀状，常有针状刺或无刺。叶脉分离，单一或二叉，两侧联结成 1 列狭长的网眼，不具内藏小脉，小脉先端不达叶边，通常膨大为棒状水囊。叶干后草质或纸质，有时近革质，光滑或少有被毛。孢子囊群线形，沿叶缘连续延伸，着生于叶缘内的小脉上，有隔丝，灰色或黑色，表面通常粗糙或有疣状突起。

洪湖市境内的凤尾蕨属植物有 1 种。

10. 井栏边草

【拉丁名】*Pteris multifida* Poir.

【别名】凤尾草、井兰草、井口边草、铁脚鸡、山鸡尾、井茜、金鸡尾。

【形态特征】陆生蕨类植物，植株高 30 ～ 45 cm。根状茎短而直立，粗 1 ～ 1.5 cm，先端被黑褐色鳞片。叶多数，密而簇生，有不育叶和能育叶；不育叶柄长 15 ～ 25 cm，粗 1.5 ～ 2 mm，禾秆色或暗褐色而有禾秆色的边，稍有光泽，光滑；叶片卵状长圆形，长 20 ～ 40 cm，宽 15 ～ 20 cm，一回羽状，羽片通常 3 对，对生，斜向上，无柄，线状披针形，先端渐尖，叶缘有不整齐的尖锯齿并有软骨质的边，下部 1 ～ 2 对通常分叉，有时近羽状，顶生三叉羽片及上部羽片的基部显著下延，在叶轴两侧形成宽 3 ～ 5 mm 的狭翅；能育叶有较长的柄，羽片 4 ～ 6 对，狭线形，长 10 ～ 15 cm，宽 4 ～ 7 mm，不育部分具锯齿。主脉两面均隆起，禾秆色，侧脉明显，稀疏，单一或分叉，有时在侧脉间具有或多或少的与侧脉平行的细条纹。叶干后草质，暗绿色，遍体无毛；叶轴禾秆色，稍有光泽。

【分布区域】分布于洪湖市各乡镇。

【药用部位】全草。

【炮制】晒干或鲜用。

【化学成分】含黄酮类、甾醇、氨基酸、内酯等成分。

【性味与归经】淡、微苦，寒。

【功能与主治】清热解毒，凉血止痢，利湿。用于黄疸性肝炎，肠炎，痢疾，咽痛，疮痈肿毒，乳腺炎，狗咬伤，淋浊，带下等。

【用法与用量】9 ～ 18 g，水煎服。外用适量，煎水洗。

【临床应用】①治痢疾：井栏边草 5 份，铁线蕨、海金沙各 1 份，炒黑，水煎服。②治带下：井栏边草、车前草、白鸡冠花各 9 g，扁蓄、薏米根、贯众各 15 g，水煎服。③治颈淋巴结结核初起：鲜井栏边草 30 g，鸡蛋 1 个，共煮服，连服 15 日为 1 个疗程。

十、金星蕨科 Thelypteridaceae

陆生植物。叶簇生，柄细，基部横断面有两条海马状的维管束呈U形，基部有鳞片，向上多少有与根状茎上同样的灰白色、单细胞针状毛。叶多为长圆披针形或倒披针形，通常二回羽裂，各回羽片基部对称，羽轴上面或凹陷成一纵沟，或圆形隆起，密生灰白色针状毛，羽片基部着生处下面常有一膨大的疣状气囊体。叶草质或纸质，干后绿色或褐绿色，两面被灰白色单细胞针状毛；羽片下面有橙色或橙红色腺体，偶被小鳞片。孢子囊群或为圆形、长圆形或粗短线形，生长于叶脉背面，常有盖；盖圆肾形，以深缺刻着生，常有毛，宿存或隐没于囊群中，早落；或不集生成群而沿网脉散生，无盖。孢子囊水龙骨形，有长柄，在囊体常有毛或腺毛。孢子两面型，表面有瘤状、刺状、颗粒状纹饰或翅状周壁。原叶体绿色，心形，常有阔翅，对称，有毛或有柄的腺体。

本科约有20属，近1000种，多生于低海拔地区，极少热带产种类达海拔4500 m。中国有18属约365种。

洪湖市境内的金星蕨科植物有1属1种。

毛蕨属 *Cyclosorus* Link

陆生林下植物。根状茎横走，或长或短，少有为直立的圆柱形，疏被鳞片；鳞片披针形或卵状披针形，质厚，通常被短刚毛，全缘或有刚毛状的疏毛。叶疏生或近生，少有簇生，有柄；叶柄淡绿色，干后禾秆色或淡灰色，基部疏被同样的鳞片，但通体照例有灰白色、单细胞针状毛或柔毛；叶长圆形、三角状长圆披针形或倒披针形，顶端渐尖，通常突然收缩成羽裂的尾状羽片，基部阔或逐渐变狭，叶轴下面在羽片着生处不具褐色的疣状气囊体；二回羽裂，侧生羽片通常10～30对或较少，狭披针形或线状披针形，无柄或偶有极短柄，顶部渐尖，基部截形、斜截形，或为圆楔形或渐变狭，下部羽片往往向下逐渐缩短，或变成耳形或瘤状，二回羽裂，从1/5到达离羽轴不远处；裂片多数，呈篦齿状排列，镰状披针形，或三角状披针形至长方形，边缘全缘，钝头或尖头，基部一对特别是上侧一片往往较长。叶脉明显，侧脉在裂片上单一，偶有二叉，斜上，通直或微向上弯；以羽轴为底边，相邻裂片间基部一对侧脉的顶端彼此交结成钝的或尖的三角形网眼，并自交结点伸出一条或长或短的外行小脉，直达有软骨质的缺刻，或和缺刻下的一条透明膜质连线相接，第二对或多对侧脉的顶端或和外行小脉相连，或伸达膜质连线形成斜方形网眼，再向上的侧脉均伸达缺刻以上的叶边。叶质变化甚大，草质至厚纸质，干后淡绿色，两面至少沿叶轴、羽轴、主脉及脉间上面多少被有灰白色的单细胞针状毛，下面有疏或密的橙黄色或橙红色、棒形或球形腺体。孢子囊群大，圆形，背生于侧脉中部，有囊群盖；盖棕色或褐棕色，圆肾形，颇坚厚，宿存，偶早消失，上面往往多少被短刚毛或柔毛，有时有腺体。孢子囊光滑，或囊体顶部靠近环带处有1～2刚毛，或具有柄或无柄的棒状腺毛，或囊柄顶部有具多细胞柄的球形或棒形腺体。孢子两面型，长圆肾形，偶四面型，半透明，表面有刺状或疣状突起。

洪湖市境内的毛蕨属植物有 1 种。

11. 渐尖毛蕨

【拉丁名】*Cyclosorus acuminatus*（Houtt.）Nakai

【别名】尖羽毛蕨、小毛蕨、金星草、小叶凤凰尾巴草、小水花蕨、牛肋巴、黑舒筋、舒筋草。

【形态特征】陆生蕨类植物，植株高 70 ～ 80 cm。根状茎长而横走，粗 2 ～ 4 mm，深棕色，先端密被棕色披针形鳞片。叶 2 列，相距 4 ～ 8 cm；叶柄长 30 ～ 42 cm；叶长 40 ～ 45 cm，中部宽 14 ～ 17 cm，长圆状披针形，先端尾状渐尖并羽裂，基部不变狭，二回羽裂；羽片 13 ～ 18 对，有极短柄，斜展或斜上，有等宽的间隔分开，互生，或基部的对生，中部以下的羽片长 7 ～ 11 cm，中部宽 8 ～ 12 mm，基部较宽，披针形，渐尖头，基部不等，上侧凸出，平截，下侧圆楔形或近圆形，羽裂；裂片 18 ～ 24 对，斜上，略弯弓，彼此密接，基部上侧一片最长，8 ～ 10 mm，披针形，下侧一片长不及 5 mm，第二对以上的裂片长 4 ～ 5 mm，近镰状披针形，尖头或骤尖头，全缘。叶脉下面隆起，清晰，侧脉斜上，每裂片 7 ～ 9 对。叶坚纸质，干后灰绿色，除羽轴下面疏被针状毛外，羽片上面被极短的糙毛。孢子囊群圆形，生于侧脉中部以上，每裂片 5 ～ 8 对；囊群盖大，深棕色或棕色，密生短柔毛，宿存。

【分布区域】分布于黄家口镇革丹村。

【药用部位】根茎或全草。

【炮制】夏、秋季采收，晒干。

【化学成分】含山柰酚、木犀草素、金丝桃苷、山柰酚 -3-O- α -L- 吡喃鼠李糖苷、芦丁、异鼠李素 -3-O- β -D- 葡萄糖苷、胡萝卜苷、豆甾醇、β - 谷甾醇、莽草酸和原儿茶酸等。

【性味与归经】苦，平。归心、肝经。

【功能与主治】清热解毒，祛风除湿，健脾。用于泄泻，痢疾，热淋，咽喉肿痛，风湿痹痛，小儿疳积，狂犬咬伤，烧烫伤。

【用法与用量】煎汤，15 ～ 30 g，大剂量可至 150 ～ 180 g。

十一、鳞毛蕨科 Dryopteridaceae

陆生蕨类。根状茎短而直立或斜升，具簇生叶，或横走具散生或近生叶，连同叶柄密被鳞片，内部放射状结构，有高度发育的网状中柱；鳞片狭披针形至卵形，基部着生，棕色或黑色，质厚，边缘具锯齿或针状硬毛。叶簇生或散生，有柄；叶柄横切面具 4 ～ 7 个或更多的维管束，上面有纵沟，多少被鳞片，叶片一至五回羽状，纸质或革质，干后淡绿色，光滑，或叶轴、各回羽轴和主脉下面被披针形或钻形鳞片，如为二回以上的羽状复叶，则小羽片或为上先出或除基部 1 对羽片的一回小羽片为上先出外，其余各回小羽片为下先出；各回小羽轴和主脉下面圆而隆起，上面具纵沟，并在着生处开向下一回小羽轴上面的纵沟，基部下侧下延，光滑无毛；羽片和各回小羽片基部对称或不对称，叶边通常有锯齿或有触痛感的芒刺。叶脉通常分离，上先出或下先出，小脉单一或二叉，不达叶边，顶端膨大成小囊。孢子囊群小，圆，背生于小脉，有盖；盖厚膜质，圆肾形，以深缺刻着生，或圆形，盾状着生。孢子两面型，卵圆形，具薄壁。

本科约有 14 属，1200 余种，我国有 13 属 472 种。

洪湖市境内的鳞毛蕨科植物有 1 属 1 种。

鳞毛蕨属 *Dryopteris* Adanson

陆生蕨类。根状茎粗短，直立或斜升，顶端密被鳞片，鳞片卵形、阔披针形、卵状披针形或披针形，红棕色、褐棕色或黑色，有光泽，全缘，略有疏齿牙或呈流苏状，质厚。叶簇生，螺旋状排列、向四面放射呈中空的倒圆锥形，有柄，被鳞片；叶披针形、长圆形、三角状卵形，有时五角形，一回羽状或二至四回羽状或四回羽裂，顶部羽裂；末回羽片基部圆形对称，边缘通常有锯齿。叶常为纸质至近革质。叶脉分离，羽状，先端有膨大水囊。孢子囊群圆形，生于叶脉背部，或少量生于叶脉顶部，通常有囊群盖；盖为圆肾形，通常大而全缘、光滑，棕色，平坦或有时为螺壳形，并笼罩整个孢子囊群，质较厚，有时为角质，宿存，以深缺刻着生于叶脉。孢子两面型，肾形或肾状椭圆形，表面有疣状突起或有阔翅状的周壁。

洪湖市境内的鳞毛蕨属植物有 1 种。

12. 黑足鳞毛蕨

【拉丁名】*Dryopteris fuscipes* C.Chr.

【别名】黑色鳞毛蕨、小叶山鸡尾巴草、山鸡尾草。

【形态特征】陆生常绿植物。植株高 50 ～ 90 cm。根状茎直立或斜升，密被褐棕色或黑褐色披针形鳞片。叶簇生；叶柄长 20 ～ 40 cm，基部常为褐色，上部为浅棕禾秆色，向上至叶轴疏被深褐色、披针形至钻形小鳞片；叶片纸质，卵状长圆形，长 25 ～ 50 m，宽 15 ～ 25 cm，先端渐尖并为羽裂，基部不缩狭，沿羽轴下面及中脉疏被棕色，泡状鳞片；二回羽状，羽片 10 ～ 13 对，近平展，有短柄，基部 1 对略短，宽 2.5 ～ 4 cm，先端长渐尖；小羽片长圆形，先端圆钝，边缘有浅钝齿，侧脉羽状分叉。孢子囊群圆形，背生于中脉两侧排成 1 行；囊群盖圆肾形，膜质，全缘。

【分布区域】分布于螺山镇龙潭村。

【药用部位】根茎。

【炮制】全年均可采挖，除去叶及杂质，洗净，鲜用或晒干。

【化学成分】含酚类化合物以及丁酰基间苯三酚衍生物等。

【性味与归经】苦，微寒。归肝、肺、肠经。

【功能与主治】清热解毒，生肌敛疮。用于目赤肿痛，疮疡溃烂，久不收口。

【用法与用量】煎汤，3 ～ 9 g。外用适量，捣敷。

【临床应用】治毒疮溃烂，久不收口：根茎去鳞毛，加白糖捣烂敷患处。

十二、蘋科 Marsileaceae

水生蕨类。根状茎细长横走，有管状中柱，被短毛。不育叶为单叶线形，或由 2 ～ 4 片倒三角形的小叶组成，着生于叶柄顶端，漂浮或伸出水面。叶脉分叉，但顶端联结成狭长网眼。能育叶变为球形或椭圆状球形孢子果，通常接近根状茎，着生于不育叶的叶柄基部或近叶柄基部的根状茎上，一个孢子果内含 2 至多数孢子囊。孢子囊有大小 2 种，大孢子囊只含一个大孢子，小孢子囊含多数小孢子。

本科有 3 属约 75 种，大部分产于大洋洲、非洲南部及南美洲。我国仅有 1 属。

洪湖市境内的蘋科植物有 1 属 1 种。

蘋属 *Marsilea* L.

浅水生蕨类。根状茎细长横走，分腹背两部分，分节，节上生根。不育叶沉水时叶柄细长柔弱，湿生时柄短而坚挺；叶片十字形，由4片倒三角形的小叶组成，着生于叶柄顶端，漂浮水面或挺立；叶脉明显，从小叶基部呈放射状二叉分枝，向叶边组成狭长网眼。孢子果圆形或椭圆状肾形，外壁坚硬，开裂时呈两瓣，果瓣有平行脉；孢子囊线形或椭圆状圆柱形，紧密排列成2行，着生于孢子果内壁胶质的囊群托上，囊群托的末端附着于孢子果内壁上，成熟时孢子果开裂，孢子囊均无环带，每个孢子囊群包含少数大孢子囊和多数小孢子囊，每个大孢子囊只有1个大孢子，大孢子卵圆形，周壁有较密的细柱，形成不规则的网状纹饰；每个小孢子囊有小孢子多数，小孢子近球形，具明显的周壁。

洪湖市境内的蘋属植物有1种。

13. 南国田字草

【拉丁名】*Marsilea crenata* C.Presl

【别名】田字草、四叶草、四叶莲、四叶蘋、破铜钱、水铜钱蘋。

【形态特征】水生蕨类。叶片十字形，由4片倒三角形的小叶组成，着生于叶柄顶端，漂浮水面或挺立。叶片漂浮时，叶柄长可达30 cm；在浅水中，叶片挺出水面时，较小，根状茎节间长1～4 mm，叶柄长2～8 cm，小叶长5～10 mm，孢子果柄长约5 mm，着生于叶柄基部，通常1～2个或数个集生在一起，椭圆形，与果柄联结处的上方有2个齿牙状突起。

【分布区域】分布于洪湖市各乡镇。

【药用部位】全草。

【炮制】春、夏、秋季采收，鲜用或晒干。

【化学成分】全草含长链脂肪族化合物、蛋白质、22（29）－何帕烯、17（21）－何帕烯、9（11）－羊齿烯、香豆精、对香豆酸、香草酸、3,5－二羟基苯甲、对羟基苯甲酸等。

【性味与归经】甘，寒。

【功能与主治】清热解毒，利水消肿；用于尿路感染，肾炎水肿，肝炎，神经衰弱，急性结膜炎。外用于乳腺炎，疟疾，疔疮疖肿，痈疮，毒蛇咬伤。

【用法与用量】15～30 g，水煎服。外用适量，鲜品捣烂敷患处。

【临床应用】①治毒蛇咬伤：鲜田字草全草适量，加雄黄末 9 g，捣敷伤口周围。②治肾炎，脚气水肿：蘋、猪苓、车前子、茯苓皮各适量，水煎服。

十三、槐叶蘋科 Salviniaceae

小型漂浮蕨类。根状茎细长横走，被毛，无根，有原生中柱。3 叶轮生，排成 3 列，其中 2 列漂浮水面，为正常的叶片，长圆形，绿色，全缘，被毛，上面密布乳头状突起，中脉略显；1 列叶化为细裂的须根状，悬垂水中。沉水叶的基部着生孢子果簇；孢子果有大小两种，大孢子果小，内有 8 ～ 10 个具短柄的大孢子囊，大孢子囊花瓶状，大孢子囊内只有大孢子 1 个；小孢子果大，内有具长柄的小孢子囊多数，每个囊内有小孢子 64 个，小孢子球形，三裂缝较细，裂缝处外壁常内凹，形成三角状，不具周壁，外壁较薄，表面光滑。

洪湖市境内的槐叶蘋科植物有 1 属 1 种。

槐叶蘋属 *Salvinia* Adans.

槐叶蘋属的形态特征与槐叶蘋科相同。

洪湖市境内的槐叶蘋属植物有 1 种。

14. 槐叶蘋

【拉丁名】*Salvinia natans*（L.）All.

【别名】蜈蚣萍、山椒藻、边箕萍、水百脚、水舌头草、包田麻、马萍、大浮萍。

【形态特征】小型漂浮植物。茎细长而横走，被褐色节状毛。3 叶轮生，上面 2 叶漂浮水面，长圆形或椭圆形，长 0.8 ～ 1.4 cm，宽 5 ～ 8 mm，顶端钝圆，基部圆形或稍呈心形，全缘，叶柄长 1 mm 或近无柄，叶脉斜出，在主脉两侧有小脉 15 ～ 20 对，每条小脉上面有 5 ～ 8 束白色刚毛，叶草质，上面深绿色，下面密被棕色茸毛；下面 1 叶悬垂水中，细裂成线状，被细毛。沉水叶基部有孢子果 4 ～ 8 个，表面短毛疏生，小孢子果表面淡黄色，大孢子果表面淡棕色。

【分布区域】分布于洪湖市各乡镇。

【药用部位】全草。

【炮制】春、夏、秋季采收，鲜用或晒干。

【化学成分】含数种微量的金属元素、脂类、糖脂、磷脂等。

【性味与归经】辛、苦，寒。

【功能与主治】清热解毒，活血止痛。用于痈肿疔毒，瘀血肿痛，烧烫伤。

【用法与用量】煎汤，15 ～ 30 g。外用适量，捣敷和煎汤熏洗。

【临床应用】①治虚劳发热：蜈蚣萍全草 30 ～ 60 g（洗净），甜瓜条 15 g。上二药摊放在小竹筛上，再将竹筛置炖锅内架空，盖密，隔水炖 1 ～ 2 小时，令草液滴在锅中，然后取服。②治鼻疔：蜈蚣萍一大把，搀细绞汁，冲酒一杯，温服，渣敷患处。③治浮肿：大浮萍、三角风、八角枫、臭牡丹、大血藤、小血藤各 60 ～ 120 g，煮水蒸气熏治。④治湿疹：鲜蜈蚣萍 30 ～ 60 g，水煎服。⑤治烧烫伤：槐叶蘋炙存性，研末调油外敷。皮肤未破者，可用槐叶蘋全草加食盐捣敷。

十四、满江红科 Azollaceae

小型漂浮水生蕨类。根状茎细弱，易折断，绿色，有原始管状中柱，侧枝腋生或腋外生，呈羽状分枝，或假二歧分枝，通常横卧漂浮于水面，或在水浅时或植株生长密集的情况下，呈莲座状生长，茎挺立向上，可高出水面 3 ～ 5 cm。叶无柄，覆瓦状排列，每个叶片深裂分为背腹两部分；背裂片浮在水面上，长圆形或卵状，中部略内凹，上面密被瘤状突起，绿色，肉质，基部肥厚，下表面隆起，形成共生腔，腔内寄生着能固氮的鱼腥藻；腹裂片近似贝壳状，膜质，覆瓦状紧密排列，透明，无色，或近基部处呈粉红色，略增厚，沉于水下。孢子果有大小两种，多为双生，少为 4 个簇生于茎的下面分枝处；大孢子果体积比小孢子果小，位于小孢子果下面，幼小时被孢子叶所包被，长圆锥形，外面被果壁包裹着，内藏 1 个大孢子，顶部有帽状物覆盖，成熟时帽脱落，露出被一圈纤毛围着的漏斗状开口，漏斗状开口下面的孢子囊体上，围着 3 ～ 9 个无色海绵状所谓浮膘的附属物；小孢子果体积是大孢子果的 4 ～ 6 倍，呈球形或桃状，顶部有喙状突起，外壁薄而透明，内含多数小孢子囊，小孢子囊球形，有长柄，每个小孢子囊内有 64 个小孢子，分别着生在 5 ～ 8 个无色透明的泡胶块上；大小孢子均为圆形，三裂缝。

本科仅有 1 属。

洪湖市境内的满江红科植物有 1 属 1 种。

满江红属 *Azolla* Lam.

满江红属的形态特征与满江红科相同。

洪湖市境内的满江红属植物有 1 种。

15. 满江红

【拉丁名】*Azolla imbricata*（Roxb.）Nakai

【别名】红浮飘、红浮萍、紫薸、三角薸。

【形态特征】小型漂浮植物。植物体呈卵形或三角状，根状茎细长横走，侧枝腋生，假二歧分枝，向下生须根。叶小，互生，无柄，覆瓦状排列成两行，叶深裂分为背裂片和腹裂片，背裂片长圆形或卵形，肉质，绿色，但在秋后常变为紫红色，边缘无色透明，上表面密被乳状瘤突，下表面中部略凹陷，基部肥厚形成共生腔；腹裂片贝壳状，无色透明，斜沉水中。孢子果在分枝双生，大孢子果体积小，长卵形，顶部喙状，大孢子囊 1 个，产大孢子 1 个，有 9 个浮膘，分上下两排附生在孢子囊体上；小孢子果体积较大，圆球形或桃形，顶端有短喙，果壁薄而透明，长柄的小孢子囊多数，每个小孢子囊内有 64 个小孢子，分别埋藏在 5 ～ 8 块无色海绵状的泡胶块上，泡胶块上有丝状毛。

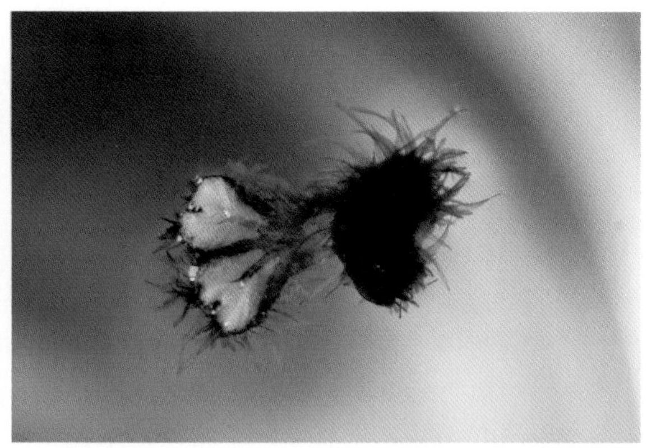

【分布区域】分布于洪湖市各乡镇。

【药用部位】全草。

【炮制】夏季捞取，晒干。

【化学成分】含绿原酸、马栗树皮素、咖啡酸 -3，4- 二葡萄糖苷、6-（3- 葡萄糖基咖啡酰）马栗树皮素，另外含少量的对香豆酸的葡萄糖酯、咖啡酸等。

【性味与归经】辛，寒。归肺、膀胱经。

【功能与主治】解表透疹，祛风利湿。用于麻疹不透，风湿性关节痛，荨麻疹，皮肤瘙痒，水肿，小便不利。

【用法与用量】煎汤，3 ～ 15 g，大剂量可用至 30 g。外用适量，煎水洗或热熨；或炒后研末，调油敷。

裸子植物门

Gymnospermae

十五、银杏科 Ginkgoaceae

落叶乔木。枝分长枝与短枝。叶扇形，有长柄，具多数叉状并列细脉，在长枝上螺旋状排列散生，在短枝上成簇生状。雌雄异株，球花生于短枝顶部的鳞片状叶的腋内，呈簇生状；雄球花具梗，柔荑花序状，雄蕊多数，螺旋状着生，排列较疏，具短梗，花药2，药室纵裂，花药隔不发达；雌球花具长梗，梗端常分2叉，稀不分叉或分成3～5叉，叉顶生珠座，各具1枚直立胚珠。种子核果状，具长梗，下垂，外种皮肉质，中种皮骨质，内种皮膜质，胚乳丰富；子叶2枚。

本科仅有1属1种。我国有1属1种，各地广泛栽培。

洪湖市境内的银杏科植物有1属1种。

银杏属 *Ginkgo* L.

银杏属的形态特征与银杏科相同。

洪湖市境内的银杏属植物有1种。

16. 银杏

【拉丁名】*Ginkgo biloba* L.

【别名】白果、鸭掌树、鸭脚子、公孙树。

【形态特征】落叶乔木，高达40 m。幼树树皮浅纵裂，大树之皮呈灰褐色，深纵裂，粗糙；树冠圆锥形，多年生长后为广卵形；枝近轮生，斜上伸展；一年生的长枝淡褐黄色，二年生以上变为灰色，并有细纵裂纹；短枝密被叶痕，黑灰色，短枝上亦可长出长枝；冬芽黄褐色，常为卵圆形，先端钝尖。叶扇形，有长柄，淡绿色，无毛，有多数叉状并列细脉，顶端宽5～8 cm，在短枝上常具波状缺刻，在长枝上常2裂，基部宽楔形，柄长3～10 cm，幼树及萌生枝上的叶常较大而深裂，一年生长枝上的叶呈螺旋状散生，在短枝上3～8叶呈簇生状。球花雌雄异株，单性，生于短枝顶端的鳞片状叶的腋内，呈簇生状；雄球花柔荑花序状，下垂，雄蕊排列疏松，具短梗，花药常2个，长椭圆形，药室纵裂，药隔不发达；雌球花具长梗，梗端常分2叉，每叉顶生一盘状珠座，胚珠着生其上。种子具长梗，下垂，常为椭圆形、长倒卵形、卵圆形或近圆球形，直径为2 cm，外种皮肉质，熟时黄色或橙黄色，外被白粉，有臭味；中种皮白色，骨质，具2～3条纵脊；内种皮膜质，淡红褐色；胚乳肉质，味甘略苦；子叶2枚。花期3—4月，种子9—10月成熟。

【分布区域】分布于洪湖市各乡镇。

【药用部位】干燥成熟种子、干燥叶、根或根皮。

【炮制】白果仁：取白果，除去杂质及硬壳，用时捣碎。

炒白果仁：取净白果仁，照清炒法炒至有香气，用时捣碎。

银杏叶：叶尚绿时采收，除去杂质，洗净，晒干或鲜用。

【化学成分】外种皮含白果酸、白果醇、白果酚、鞣质、糖类、胡萝卜苷、银杏内酯A、银杏内酯B、银杏内酯C、儿茶酚、金松双黄酮、银杏黄素、异银杏黄素、原儿茶酸等成分。银杏花粉含有多种氨基酸、谷氨酰胺、天门冬素、蛋白质、柠檬酸、蔗糖等。

【性味与归经】白果：甘、苦、涩，平；有小毒。归肺、肾经。根或根皮：甘，温；无毒。银杏叶：甘、苦、涩，平。归心、肺经。

【功能与主治】白果：敛肺定喘，止带缩尿。用于痰多喘咳，带下白浊，遗尿尿频。

根或根皮：益气补虚。用于遗精，遗尿，带下，石淋。

银杏叶：活血化瘀，通络止痛，敛肺平喘，化浊降脂。用于瘀血阻络，胸痹心痛，中风偏瘫，肺虚咳喘，高脂血症。

【用法与用量】白果：煎汤，3～9 g；或捣汁。外用适量，捣敷；或切片涂。

根或根皮：煎汤，15～60 g。

银杏叶：煎汤，9～12 g；或用提取物作片剂；或入丸、散。外用适量，捣敷或搽；或煎水洗。

【临床应用】①治神经性头痛，眩晕：生白果60 g，捣裂，煎3次，日服2次，分3次服完；白果仁炒熟研为细末，每服3～6 g，以红枣煎汤调服；生白果肉3枚，捣烂，开水冲服，连服3～5日。②治哮喘：白果仁7粒，捣烂，开水冲泡，每日1次，于清晨空腹服，连服3个月；白果仁30 g，加猪肝125 g，水煎或调蜜少许服用；炒白果仁9～12 g，用水煮熟，加入适量砂糖或蜂蜜，连汤服食。③治冠心病心绞痛：银杏叶、何首乌、钩藤各4.5 g，共研末，每日1剂，温开水送服；银杏叶、瓜蒌、丹参各15 g，薤白12 g，郁金10 g，甘草4.5 g，水煎服。④治肾虚遗精：白果3粒，酒煮食，连食4～5日；

白果 15 g（杵碎），芡实 12 g，金樱子 12 g，水煎服。

【注意】有实邪者忌服。生食或炒食过量可致中毒，小儿误服中毒尤为常见。

十六、杉科 Taxodiaceae

常绿、半常绿或落叶乔木。树干端直，大枝轮生或近轮生，皮纵裂，成长条片脱落；叶、芽鳞、雄蕊、苞鳞、珠鳞及种鳞均螺旋状排列，很少为交叉对生（水杉属）。叶披针形、钻形、鳞形或条形，同一树上之叶同型或二型。球花单性，雌雄同株；雄球花小，单生或簇生于枝顶，偶生于叶腋，或排成顶生总状花序状或圆锥花序状，雄蕊有 2 ～ 9 个花药，花粉球形或稍扁，在远极面上有乳头状突起；雌球花顶生，珠鳞与苞鳞大部分结合而生或完全合生，或珠鳞甚小，或苞鳞退化，珠鳞的腹面基部有 2 ～ 9 枚直立或倒生胚珠。球果当年或翌年成熟，种鳞或苞鳞扁平、盾形。种子扁平或三棱形，周围或两侧有窄翅，或下部具长翅；胚有子叶 2 ～ 9 枚。

本科共 10 属 16 种，主要分布于北温带地区。我国产 5 属 7 种，引入栽培 4 属 7 种。

洪湖市境内的杉科植物有 1 属 1 种。

水杉属 *Metasequoia* Miki ex Hu et Cheng

落叶乔木。大枝不规则轮生，小枝对生；冬芽有 6 ～ 8 对交叉对生的芽鳞。叶交叉对生，基部扭转列成羽状二列，条形，扁平，柔软，无柄，上面中脉凹下，下面中脉隆起，每边各有 4 ～ 18 条气孔线，冬季与侧生小枝一同脱落。雌雄同株，球花基部有交叉对生的苞片；雄球花单生于叶腋或枝顶，有短梗，球花枝呈总状花序状或圆锥花序状，雄蕊交叉对生，约 20 枚，每雄蕊有 3 花药，花丝短，药隔显著，药室纵裂，花粉无气囊；雌球花有短梗，单生于去年生枝顶或近枝顶，梗上有交叉对生的条形叶，珠鳞 11 ～ 14 对，交叉对生，每珠鳞有 5 ～ 9 枚胚珠。球果下垂，当年成熟，近球形，微具四棱，稀成矩圆状球形，有长梗；种鳞木质，盾形，交叉对生，顶部横长斜方形，有凹槽，基部楔形，宿存，发育种鳞有 5 ～ 9 粒种子。种子扁平，周围有窄翅，先端有凹缺；子叶 2 枚。

洪湖市境内的水杉属植物有 1 种。

17. 水杉

【拉丁名】*Metasequoia glyptostroboides* Hu et Cheng

【别名】水桫树。

【形态特征】乔木，高达 35 m，胸径达 2.5 m。树干基部膨大；树皮灰色、灰褐色或暗灰色，幼树裂成薄片脱落，老树树皮裂成长条状脱落，内皮淡紫褐色；枝斜展，小枝下垂，幼树树冠尖塔形，老树树冠广圆形，枝叶稀疏。一年生枝光滑无毛，幼时绿色，后渐变成淡褐色，二、三年生枝淡褐灰色或褐灰色；侧生小枝排成羽状，长 4 ～ 15 cm，冬季凋落；主枝上的冬芽卵圆形或椭圆形，顶端钝，芽鳞宽卵形，先端圆或钝，长、宽几相等，边缘薄而色浅，背面有纵脊。叶条形，上面淡绿色，下面色较淡，沿中脉有两条较边带稍宽的淡黄色气孔带，每带有 4 ～ 8 条气孔线，叶在侧生小枝上列成二列，羽状，冬季与枝一同脱落。球果下垂，近四棱状球形或矩圆状球形，成熟前绿色，熟时深褐色，梗长 2 ～ 4 cm，其上有交叉对生的条形叶；种鳞木质，盾形，通常 11 ～ 12 对，交叉对生，鳞顶扁菱形，中央有 1 条横槽，基部楔形，高 7 ～ 9 mm，能育种鳞有 5 ～ 9 粒种子；种子扁平，倒卵形，间或圆形或矩圆形，周围有翅，先端凹缺；子叶 2 枚，条形，两面中脉微隆起，上面有气孔线，下面无气孔线。花期 2 月下旬，球果 11 月成熟。

【分布区域】分布于洪湖市各乡镇。

【药用部位】叶片、果实及种子。

【炮制】除去杂质，洗净，晒干或鲜用。

【化学成分】含有黄酮类、萜类、木质素类、甾体、脂肪酸、糖类、脂类、醇类、酮类及烃类等。叶片含挥发油，主要是 α - 蒎烯、反式丁香烯和月桂烯等。

【性味与归经】甘，平。归肝、脾、肾经。

【功能与主治】祛风湿，舒筋络，活血，止血。用于风湿拘疼麻木，肝炎，痢疾，风疹，赤目，吐血，衄血，便血，跌打损伤，水火烫伤。

【用法与用量】煎汤，3 ～ 15 g。外用适量，煎水洗或研末调敷。

十七、柏科 Cupressaceae

常绿乔木或灌木。树皮条裂。叶交叉对生或 3 ～ 4 片轮生，鳞形或刺形，或同一树兼有两型叶。雌雄同株或异株，球花单生于枝顶或叶腋；雄球花具 2 ～ 16 枚交叉对生的雄蕊，每雄蕊具 2 ～ 6 花药，花粉无气囊；雌球花有 3 ～ 16 枚交叉对生或 3 ～ 4 片轮生的珠鳞，全部或部分珠鳞的腹面基部有 1 至多数直立胚珠，稀胚珠单心生于两珠鳞之间，苞鳞与珠鳞完全合生。球果圆球形、卵圆形或圆柱形；种鳞薄或厚，扁平或盾形，木质或近革质，熟时张开，或肉质合生呈浆果状，熟时不裂或仅顶端微开裂，发育种鳞有 1 至多粒种子。种子周围具窄翅或无翅，或上端有一长一短之翅。

本科约有 22 属 150 种。我国有 8 属 29 种 7 变种。

洪湖市境内的柏科植物有 1 属 1 种。

侧柏属 *Platycladus* Spach

常绿乔木。鳞叶的小枝直展或斜展，排成一平面，扁平，两面同型。叶鳞形，二型，交叉对生，排成 4 列，基部下延，背面有腺点。雌雄同株，球花单生于小枝顶端；雄球花有 6 对交叉对生的雄蕊，花药 2 ～ 4；雌球花有 4 对交叉对生的珠鳞，中间 2 对珠鳞各生 1 ～ 2 枚直立胚珠，最下 1 对珠鳞短小或不育。球果当年成熟，熟时开裂；种鳞 4 对，木质，厚，扁平，背部顶端的下方有一弯曲的钩状尖头，中部各有 1 ～ 2 粒种子。种子椭圆形或卵圆形，无翅。子叶 2 枚。

洪湖市境内的侧柏属植物有 1 种。

18. 侧柏

【拉丁名】*Platycladus orientalis*（L.）Franco

【别名】扁柏、香柏、香树、香柯树、柏树、柏子树。

【形态特征】乔木，高达 20 m，胸径 1 m。树皮薄，浅灰褐色，纵裂成条片。叶鳞形，先端微钝，背面中间有条状腺槽，两侧的叶船形，先端微内曲，背部有钝脊，尖头的下方有腺点。雄球花黄色，卵圆形，长约 2 mm；雌球花近球形，直径约 2 mm，蓝绿色，被白粉。球果近卵圆形，成熟前近肉质，蓝绿色，被白粉，成熟后木质，开裂，红褐色；中间 2 对种鳞倒卵形或椭圆形，鳞背顶端的下方有一向外弯曲的尖头，上部 1 对种鳞窄长，近柱状，顶端有向上的尖头，下部 1 对种鳞极小，长达 13 mm，稀退化而不显著。种子卵圆形或近椭圆形，顶端微尖，灰褐色或紫褐色，长 6 ～ 8 mm，稍有棱脊，无翅或有极窄之翅。花期 3—4 月，球果 10 月成熟。

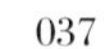

【分布区域】分布于洪湖市各乡镇。

【药用部位】干燥枝梢和叶、干燥成熟种仁。

【炮制】侧柏叶：除去硬梗及杂质。

侧柏炭：取净侧柏叶，照炒炭法炒至表面黑褐色，内部焦黄色。

柏子仁：除去杂质和残留的种皮。

柏子仁霜：取净柏子仁，照制霜法制霜。

【化学成分】叶含挥发油、侧柏烯、侧柏酮、小茴香酮、蒎烯、石竹烯等；黄酮类中有香橙素、槲皮素、杨梅树皮素、扁柏双黄酮、穗花杉双黄酮等。

【性味与归经】侧柏叶：苦、涩，寒。归肺、肝、脾经。柏子仁：甘，平。归心、肾、大肠经。

【功能与主治】侧柏叶：凉血止血，化痰止咳，生发乌发。用于吐血，衄血，咯血，便血，崩漏下血，肺热咳嗽，血热脱发，须发早白。

柏子仁：养心安神，润肠通便，止汗。用于阴血不足，虚烦失眠，心悸怔忡，肠燥便秘，阴虚盗汗。

【用法与用量】侧柏叶：煎汤，6 ～ 12 g。外用适量，煎水洗。

柏子仁：煎服，3 ～ 10 g。便溏者宜用柏子仁霜代替柏子仁。

【临床应用】①治脱发：侧柏叶 120 g，当归 60 g。共研细末，水泛丸，每服 9 g，淡盐汤送下，每日 1 次。连服 20 日为 1 个疗程，必要时连服 3 ～ 4 个疗程。②治历节风痛：侧柏叶 15 g，木通、当归、红花、羌活、防风各 6 g，水煎服。

【注意】便溏及痰多者忌服。

被子植物门

Angiospermae

双子叶植物纲 Dicotyledoneae

十八、胡桃科 Juglandaceae

落叶乔木或灌木。具树脂，有芳香。叶互生或对生，无托叶，羽状复叶；小叶对生或互生，具或不具小叶柄，羽状脉，边缘具锯齿或稀全缘。花单性，雌雄同株；雄花序常柔荑花序，单独或数条成束；雄花生于1枚不分裂或3裂的苞片腋内，小苞片2枚，花被片1～4枚，雄蕊3～40枚，插生于花托，多轮排列，花丝极短或不存在，离生或在基部稍稍愈合，花药有毛或无毛，2室，纵缝裂开，雌花序穗状，顶生；雌花生于1枚不分裂或3裂的苞片腋内，花被片2～4枚，雌蕊1，由2心皮合生，子房下位，花柱极短，柱头2裂或稀4裂，胎座生于子房基底，短柱状，初时离生，后来与不完全的隔膜愈合，先端有1直立的无珠柄的直生胚珠。果实核果状或坚果状；外果皮肉质或革质或膜质，成熟时不开裂或不规则破裂，或4～9瓣开裂；内果皮坚硬，骨质。种子大型，具1层膜质的种皮，无胚乳；胚根向上，子叶肥大，肉质，常成2裂。

本科约有8属60种，我国有7属27种1变种，主要分布于长江以南地区，少数种类分布于长江以北地区。

洪湖市境内的胡桃科植物有1属1种。

枫杨属 *Pterocarya* Kunth

落叶乔木。小枝髓部层片状。叶互生，羽状复叶，小叶的侧脉在近叶缘处相互联结成环，边缘具细齿。柔荑花序单性；雄花序长而具多数雄花，下垂。雄花具线形花托，苞片1枚及小苞片2枚，4枚花被片中仅1～3枚发育，雄蕊9～15枚，药无毛或具毛，药隔在花药顶端几乎不凸出；雌花序单独生于小枝顶端，具极多雌花，开花时俯垂，果时下垂，雌花无柄，辐射对称，苞片1枚及小苞片2枚各自离生，贴生于子房，花被片4枚，贴生于子房，在子房顶端与子房分离，子房下位，两心皮位于正中线上或位于两侧，内具2不完全隔膜而在子房底部分成不完全4室，花柱短，柱头2裂，裂片羽状。果实为坚果，基部具1宿存的鳞状苞片及具2革质翅，翅向果实两侧或向斜上方伸展，顶端留有4枚宿存的花被片及花柱。子叶4深裂。

洪湖市境内的枫杨属植物有1种。

19. 枫杨

【拉丁名】*Pterocarya stenoptera* C.DC.

【别名】麻柳、蜈蚣柳、小鸡树、枫柳、平杨柳。

【形态特征】落叶乔木，高达 30 m。树皮平滑，浅灰色，老时深纵裂。小枝灰色至暗褐色，具灰黄色皮孔；芽具柄，密被锈褐色盾状着生的腺体。叶为羽状复叶，叶柄长 2 ～ 5 cm，叶轴具翅，被疏或密的短毛；小叶 10 ～ 16 枚，对生或稀近对生，长椭圆形至长椭圆状披针形。雄性柔荑花序长 6 ～ 10 cm，单独生于去年生枝条上叶痕腋内，花序轴常有星芒状毛，雄花常具 1 枚发育的花被片，雄蕊 5 ～ 12 枚；雌性柔荑花序顶生，花序轴密被星芒状毛及单毛，雌花几乎无梗，苞片及小苞片基部常有细小的星芒状毛，并密被腺体。果穗长 20 ～ 45 cm，果穗轴被毛。果实长椭圆形，长 6 ～ 7 mm，基部常有宿存的星芒状毛；果翅狭，条形或阔条形。花期 4—5 月，果期 8—9 月。

【分布区域】分布于洪湖市各乡镇。

【药用部位】树皮、枝、叶。

【炮制】夏、秋季采收，晒干备用。叶多鲜用。全年可采剥树皮。

【化学成分】树皮、枝皮含鞣质、脂肪、蜡质及果胶。叶含水杨酸、内酯及酚类。果实含鞣质、脂肪、蜡质及果胶。种子含脂肪油。

【性味与归经】辛、苦，温；有小毒。

【功能与主治】杀虫止痒，利尿消肿。叶用于血吸虫病；外用于黄癣，脚癣。枝、叶捣烂可杀蛆虫。

【用法与用量】6～9 g，煎汤。外用适量，鲜叶捣烂敷或搽患处。

【临床应用】①治黄癣：枫杨鲜树皮 120 g，皂荚子 60 g（捣碎）。水煎，洗患处。②治疥癣：枫杨皮、黎辣根、羊蹄根各适量，用酒精浸搽。③治牙痛：麻柳皮捣绒，塞患处或噙用。

十九、杨柳科 Salicaceae

落叶乔木或灌木。树皮味苦。单叶互生；托叶鳞片状或叶状，早落或宿存。花单性，雌雄异株；柔荑花序，花着生于苞片与花序轴间，苞片脱落或宿存，基部有杯状花盘或腺体；雄蕊 2 至多数，花药 2 室，纵裂，花丝分离至合生；雌蕊由 2～5 心皮合成，子房 1 室，侧膜胎座，胚珠多数，花柱不明显至很长，柱头 2～4 裂。蒴果 2～5 瓣裂。种子微小，种皮薄，胚直立，无胚乳，或有少量胚乳，基部围有多数白色丝状长毛。

本科有 3 属 620 多种，分布于寒温带、温带和亚热带地区。我国有 3 属 320 余种，各地均有分布，尤以山地和北方地区较为普遍。

洪湖市境内的杨柳科植物有 2 属 2 种。

1. 花的苞片线裂，少数全缘，花有杯状花盘；冬芽有鳞片数枚，顶芽存在……………………杨属 *Populus*

1. 花的苞片全缘，花无花盘；冬芽有 1 枚鳞片，无顶芽……………………柳属 *Salix*

杨属 *Populus* L.

落叶乔木。树直，树皮灰白色。有顶芽，芽鳞多数，常有黏脂。枝有长短枝之分，圆柱状或具棱线。叶互生，多为卵圆形、卵圆状披针形或三角状卵形，在不同的枝上常为不同的形状，齿状缘；叶柄长，侧扁或圆柱形，先端有或无腺点。柔荑花序下垂，常先于叶开放；雄花序较雌花序稍早开放，苞片先端尖裂或条裂，膜质，早落，花盘斜杯状，雄花有雄蕊多数，着生于花盘内，花药暗红色，花丝较短，离生；子房花柱短，柱头 2～4 裂。蒴果 2～5 裂。种子小，多数，子叶椭圆形。

洪湖市境内的杨属植物有 1 种。

20. 毛白杨

【拉丁名】*Populus tomentosa* Carr.

【别名】笨白杨、独摇、响杨。

【形态特征】乔木，高达 30 m。树皮纵裂粗糙，皮孔菱形；树冠圆锥形至卵圆形或圆形。侧枝开展，雄株斜上，老树枝下垂；小枝初被灰毡毛，后光滑。芽卵形，花芽卵圆形或近球形，微被毡毛。长枝叶阔卵形或三角状卵形，长 10 ～ 15 cm，宽 8 ～ 13 cm，先端短渐尖，基部心形或截形，边缘具深齿缘或波状齿缘，上面暗绿色，光滑，下面密生毡毛，后渐脱落，叶柄上部侧扁，顶端通常有 2 ～ 4 腺点；短枝叶通常较小，卵形或三角状卵形，先端渐尖，上面暗绿色有金属光泽，下面光滑，具深波状齿缘，叶柄侧扁，先端无腺点。雄花序长 10 ～ 20 cm，雄花苞片约具 10 个尖头，密生长毛，雄蕊 6 ～ 12，花药红色；雌花序长 4 ～ 7 cm，苞片褐色，尖裂，沿边缘有长毛，子房长椭圆形，柱头 2 裂，粉红色。蒴果圆锥形或长卵形，2 瓣裂。花期 3 月，果期 4 月。

【分布区域】分布于洪湖市各乡镇。

【药用部位】树皮。

【炮制】全年可采。

【化学成分】树皮含皂苷、强心苷、黄酮苷、酚类、蛋白质、氨基酸。

【性味与归经】涩、微苦，凉。

【功能与主治】清热解毒，消炎，利水，杀虫。用于肾炎，感冒，蛔虫病，牙痛。

【用法与用量】煎汤，10 ～ 15 g。外用适量，鲜树皮一块放牙痛处。

【临床应用】治慢性支气管炎：取鲜毛白杨树皮 60 g，加水煎沸 30 min 后加入鲜蛤蟆草 60 g，再煎 15 min，滤出药液，药渣再加水煎沸 15 min。两次煎液混合得 150 ～ 200 ml，早晚 2 次分服，10 天为 1 个疗程。

柳属 *Salix* L.

落叶乔木或灌木。枝圆柱形，髓心近圆形。芽鳞单一，无顶芽。叶互生，稀对生，通常狭而长，多为披针形，羽状脉，有锯齿或全缘；叶柄短；具托叶，多有锯齿，常早落。柔荑花序直立或斜展，先于叶开放，或与叶同时开放，苞片全缘，宿存，稀早落；雄蕊 2 至多数，花丝离生或部分或全部合生，腺体 1 ～ 2；雌蕊由 2 心皮组成，子房无柄或有柄，花柱长短不一，柱头 1 ～ 2。蒴果 2 瓣裂。种子小，多暗褐色。

洪湖市境内的柳属植物有 1 种。

21. 垂柳

【拉丁名】*Salix babylonica* L.

【别名】水柳、垂丝柳、清明柳、吊杨柳、线柳、青龙须。

【形态特征】落叶乔木，高达 12 ~ 18 m。树皮灰黑色，树冠开展而疏散，不规则开裂；枝细，下垂，淡褐黄色、淡褐色或带紫色，无毛。芽线形，先端急尖。叶披针形，先端长渐尖，基部楔形两面无毛或微有毛，上面绿色，下面色较淡，锯齿缘；叶柄长 3 ~ 10 mm，有短柔毛；托叶仅生在萌发枝上，斜披针形或卵圆形，边缘有齿。雄花序长 1.5 ~ 3 cm，有短梗，轴有毛，雄蕊 2，花丝与苞片近等长或较长，基部多少有长毛，花药红黄色，苞片披针形，外面有毛，腺体 2；雌花序长达 2 ~ 5 cm，有梗，基部有 3 ~ 4 小叶，轴有毛，子房椭圆形，花柱短，柱头 2 ~ 4 深裂，苞片披针形，外面有毛，腺体 1。蒴果长 3 ~ 4 mm，带绿黄褐色。花期 3—4 月，果期 4—5 月。

【分布区域】分布于洪湖市各乡镇。

【药用部位】枝、叶、树皮、根皮、须根。

【炮制】枝、叶夏季采收，须根、根皮、树皮四季可采。

【化学成分】茎皮、根皮含水杨苷、芸香苷、柚皮素 -7- 葡萄糖苷、柚皮素 -5- 葡萄糖苷、木犀草素 -7- 葡萄糖苷、柳皮苷和槲皮素，还含有可溶性糖和蛋白质。叶含水杨酸、鞣质和黄酮类成分等。

【性味与归经】苦，寒。

【功能与主治】清热解毒，祛风利湿。

叶：用于慢性支气管炎，尿道炎，膀胱炎，膀胱结石，高血压；外用于关节肿痛，痈疽肿毒，皮肤瘙痒。

枝、根皮：用于带下，风湿性关节炎；外用于烧烫伤。

须根：用于风湿拘挛，筋骨疼痛，湿热带下，牙龈肿痛。

树皮：外用于黄水疮。

【用法与用量】叶：煎汤，15 ～ 30 g。外用适量，鲜叶捣烂敷患处。

枝、根皮：煎汤，9 ～ 15 g。外用适量，研粉，香油调敷。

须根：煎汤，12 ～ 24 g。水煎服，泡酒服或炖肉服。

二十、杜仲科 Eucommiaceae

落叶乔木。叶互生，单叶，具羽状脉，边缘有锯齿，具柄，无托叶。花雌雄异株，无花被；雄花簇生，有短柄，具小苞片，雄蕊 5 ～ 10 个，线形，花丝极短，花药 4 室，纵裂；雌花单生于小枝下部，有苞片，具短花梗，子房 1 室，由合生心皮组成，有子房柄，扁平，顶端 2 裂，柱头位于裂口内侧，先端反折，胚珠 2 个，下垂。果不开裂，扁平，长椭圆形的翅果先端 2 裂，果皮薄革质，果梗极短。种子 1 个，垂生于顶端；胚直立，与胚乳同长；子叶肉质，扁平；外种皮膜质。

本科仅有 1 属 1 种，中国特有，现广泛栽培。

洪湖市境内的杜仲科植物有 1 属 1 种。

杜仲属 *Eucommia* Oliver

杜仲属的形态特征与杜仲科相同。

洪湖市境内的杜仲属植物有 1 种。

22. 杜仲

【拉丁名】*Eucommia ulmoides* Oliver

【别名】思仙、木绵、思仲、石思仙。

【形态特征】落叶乔木，高达 20 m。树皮及叶折断拉开有多数胶丝。单叶互生，叶革质，椭圆形、卵形或矩圆形，长 6 ~ 15 cm，宽 3.5 ~ 6.5 cm，基部圆形或阔楔形，先端渐尖；叶柄长 1 ~ 2 cm，上面有槽，被散生长毛。花生于当年生枝基部，雄花无花被，花梗长约 3 mm，无毛，苞片倒卵状匙形，长 6 ~ 8 mm，顶端圆形，边缘有毛，早落，雄蕊长约 1 cm，无毛，花丝长约 1 mm，药隔突出，花粉囊细长，无退化雌蕊；雌花单生，苞片倒卵形，花梗长 8 mm，子房无毛，1 室，扁而长，先端 2 裂，子房柄极短。翅果扁平，长椭圆形，长 3 ~ 3.5 cm，宽 1 ~ 1.3 cm，先端 2 裂，基部楔形，周围具薄翅；坚果位于中央，稍凸起，子房柄长 2 ~ 3 mm，与果梗相接处有关节。种子扁平，线形，两端圆形。早春开花，秋后果实成熟。

【分布区域】分布于龙口镇傍湖村，多为栽培。

【药用部位】树皮、叶。

【化学成分】树皮含松脂醇二葡萄糖苷；叶含绿原酸。

【炮制】杜仲：刮去残留粗皮，洗净，切块或丝，干燥。

盐杜仲：取杜仲块或丝，照盐炙法炒至断丝、表面焦黑色。

杜仲叶：夏、秋季枝叶茂盛时采收，晒干和低温烘干。

【性味与归经】甘，温。归肝、肾经。

【功能与主治】杜仲：补肝肾，强筋骨，安胎。用于肝肾不足，腰膝酸痛，筋骨无力，头晕目眩，妊娠漏血，胎动不安。

杜仲叶：补肝肾，强筋骨。用于肝肾不足，头晕目眩，腰膝酸痛，筋骨痿软。

【用法与用量】6 ~ 10 g，煎汤。

二十一、桑科 Moraceae

落叶乔木或灌木，藤本为主，通常具乳液。叶互生，稀对生，全缘或具锯齿，分裂或不分裂，叶脉掌状或为羽状，有或无钟乳体；托叶2枚，通常早落。花小，单性，雌雄同株或异株，无花瓣；花序腋生，典型成对，总状、圆锥状、头状、穗状或壶状，稀为聚伞状，花序托有时为肉质，增厚或封闭而为隐头花序或开张而为头状或圆柱状。雄花花被片2～4，覆瓦状或镊合状排列，宿存；雄蕊通常与花被片同数而对生，花丝在芽时内折或直立，花药具尖头，或小而2浅裂无尖头，从新月形至陀螺形，退化雌蕊有或无。雌花花被片4，宿存；子房1室，稀为2室，上位，每室有倒生或弯生胚珠1枚，花柱2裂或单一，具1或2个柱头臂，柱头非头状或盾形。果为瘦果或核果状，围以肉质变厚的花被，或藏于其内形成聚花果，或隐藏于壶形花序托内壁，形成隐花果，或陷入发达的花序轴内，形成大型的聚花果。种子大或小，包于内果皮中；种皮膜质或不存在；胚悬垂，弯或直；幼根长或短，背倚子叶紧贴；子叶褶皱，对折或扁平。

我国约有12属153种。

洪湖市境内的桑科植物有5属5种。

1. 乔木或灌木，或木质藤本。

2. 托叶离生，脱落后无环状痕迹；花集生成柔荑花序或头状花序。

3. 无枝刺；叶缘有锯齿；雄花及雌花集生成柔荑花序或头状花序。

4. 雄花与雌花均成柔荑花序；聚花果呈短圆筒形，肉质多汁；腋芽鳞片3～6……桑属 *Morus*

4. 雄花为柔荑花序，极少数为头状花序，雌花密生成球形头状花序；聚花果呈球形，小核果内果皮硬脆；腋芽鳞片2～3……构属 *Broussonetia*

3. 有枝刺；叶全缘或3裂；雄花与雌花均成头状花序……柘属 *Cudrania*

2. 托叶合生，包围顶芽，脱落后留有一环状疤痕；花集生成隐头花序……榕属 *Ficus*

1. 草本……葎草属 *Humulus*

构属 *Broussonetia* L'Hert.ex Vent.

落叶乔木或灌木。植株有乳液，冬芽小。叶互生，分裂或不分裂，边缘具锯齿，基生叶脉三出，侧脉羽状；托叶侧生，分离，卵状披针形，早落。花雌雄异株或同株；雄花为下垂柔荑花序或球形头状花序，花被片4或3裂，雄蕊与花被裂片同数而对生，在花芽时内折，退化雄蕊小；雌花，密生成球形头状花序，苞片棍棒状，宿存，花被管状，顶端3～4裂或全缘，宿存，子房内藏，具柄，花柱侧生，线形，胚珠自室顶垂悬。聚花果球形，胚弯曲，子叶圆形，扁平或对折。

洪湖市境内的构属植物有1种。

23. 构树

【拉丁名】*Broussonetia papyrifera*（L.）L' Hert.ex Vent.

【别名】楮桃、楮、谷桑、谷树。

【形态特征】落叶乔木，高10～20 m。树皮暗灰色；小枝密生柔毛。叶螺旋状排列，广卵形至长椭圆状卵形，长6～18 cm，宽5～9 cm，先端渐尖，基部心形，两侧常不相等，边缘具粗锯齿，小树的叶常有明显分裂，表面粗糙，疏生糙毛，背面密被茸毛，基生叶脉三出，侧脉6～7对；叶柄长2.5～8 cm，密被糙毛；托叶大，卵形，狭渐尖。花雌雄异株；雄花序为柔荑花序，粗壮，长3～8 cm，苞片披针形，被毛，花被4裂，裂片三角状卵形，被毛，雄蕊4，花药近球形，退化雌蕊小；雌花序球形头状，苞片棍棒状，顶端被毛，花被管状，顶端与花柱紧贴，子房卵圆形，柱头线形，被毛。聚花果直径 1.5 ～ 3 cm，成熟瘦果橙红色，肉质。瘦果具柄，表面有小瘤，龙骨双层，外果皮壳质。花期 4—5 月，果期 6—7 月。

【分布区域】分布于洪湖市各乡镇。

【药用部位】根皮、树皮、乳液、叶、果实及种子。

【炮制】夏、秋季采收乳液、叶、果实及种子，冬、春季采收根皮、树皮，鲜用或阴干备用。

楮实子：秋季果实成熟时采收，洗净，晒干，除去灰白色膜状宿萼和杂质。

【化学成分】楮实子含皂苷、B 族维生素及油脂。种子含油，油中含非皂化物、饱和脂肪酸、油酸、亚油酸等。构树含有黄酮类化合物、生物碱、木脂素、香豆素、挥发油、脂肪酸、氨基酸等。

【性味与归经】楮实子：甘，寒。归肝、肾经。叶：甘，凉。根皮：甘，平。

【功能与主治】楮实子：补肾清肝，明目，利尿。用于肝肾不足，腰膝酸软，虚劳骨蒸，头晕目眩，目生翳膜，水肿胀满。

叶：清热，凉血，利湿，杀虫。用于鼻衄，肠炎，痢疾。

根皮：利尿消肿，祛风湿。用于水肿，筋骨酸痛；外用于神经性皮炎，癣症。

【用法与用量】楮实子：6 ～ 12 g。叶：9 ～ 15 g。根皮：9 ～ 15 g；外用割伤树皮取鲜浆汁外擦，治神经性皮炎及癣症。

柘属 *Cudrania* Trec.

落叶乔木，或为攀援藤状灌木，植株有乳液。叶互生，全缘；托叶 2 枚，侧生。花雌雄异株，球形头状花序，苞片锥形、披针形至盾形，具 2 个埋藏的黄色腺体，常每花 2 ～ 4 苞片，有许多不孕苞片，花被片通常为 4，稀为 3 或 5，分离或下半部合生，每枚具 2 ～ 7 个埋藏的黄色腺体，覆瓦状排列；雄蕊与花被片同数，芽时直立；雌花无梗，花被片肉质，盾形，顶部厚，分离或下部合生，花柱短，2 裂或不分裂，子房有时埋藏于花托的陷穴中。聚花果肉质；小核果卵圆形，果皮壳质，为肉质花被片包围。

洪湖市境内的柘属植物有 1 种。

24. 柘树

【拉丁名】*Cudrania tricuspidata*（Carr.）Bur.ex Lavallee

【别名】柘、奴拓、灰桑、黄桑、棉柘、柘树。

【形态特征】落叶灌木或小乔木，高 1 ～ 7 m。树皮灰褐色，小枝无毛，略具棱，有棘刺；冬芽赤褐色。叶卵形或菱状卵形，偶为 3 裂，长 5 ～ 14 cm，宽 3 ～ 6 cm，先端渐尖，基部楔形至圆形，表面深绿色，背面绿白色，无毛或被柔毛，侧脉 4 ～ 6 对；叶柄长 1 ～ 2 cm，被微柔毛。雌雄异株，雌雄花序均为球形头状花序，单生或成对腋生，具短总花梗；雄花有苞片 2 枚，附着于花被片上，花被片 4，肉质，先端肥厚，内卷，内面有黄色腺体 2 个，雄蕊 4，与花被片对生，花丝在花芽时直立；退化雌蕊锥形，雌花被片与雄花同数，花被片先端盾形，内卷，内面下部有 2 黄色腺体，子房埋于花被片下部。聚花果近球形，肉质，成熟时橘红色。花果期 5—7 月。

【分布区域】分布于乌林镇青山村。

【药用部位】木材、根、树皮或根皮、茎叶、果实。

【炮制】全年均可采，挖出根部，除去泥土、须根，晒干；或洗净，趁鲜切片，晒干，亦可鲜用。树皮及根皮，除去栓皮。

【化学成分】含柘树宁、杨梅树皮素、山柰酚 -7-O- 葡萄糖苷、桑色素和水苏碱等。

【性味与归经】甘，温。归肝、脾经。

【功能与主治】化瘀止血，清肝明目，截疟。用于崩漏，飞丝入目，疟疾。

【用法与用量】煎汤，30 ～ 60 g。外用适量，煎水洗。

【临床应用】①治月经过多：柘树、马鞭草、榆树各适量，水煎加红糖服。②洗目令明：柘木煎汤，按日温洗。③治飞丝入目：柘树浆点目，绵裹箸头，蘸水于眼上擦拭涎毒。

榕属 *Ficus* L.

落叶乔木或灌木，有时为攀援状，具乳液。叶互生，全缘或具锯齿或分裂，有或无钟乳体；托叶合生，包围顶芽，早落，脱落后留有环状疤痕。花雌雄同株或异株，生于壶形花托内壁；雌雄同株的花序托内，有雄花、虫瘿花和雌花。榕果腋生或生于老茎，口部苞片覆瓦状排列，基生苞片 3，早落或宿存，有时苞片侧生，有或无总梗。

洪湖市境内的榕属植物有 1 种。

25. 无花果

【拉丁名】*Ficus carica* L.

【别名】红心果、映日果、蜜果、文仙果、奶浆果、品仙果、树地瓜。

【形态特征】落叶灌木，高 3 ～ 10 m。树皮灰褐色，皮孔明显；小枝直立，粗壮。叶互生，厚纸质，广卵圆形，长、宽近相等，10 ～ 20 cm，通常 3 ～ 5 裂，小裂片卵形，边缘具不规则钝齿，表面粗糙，背面密生细小钟乳体及灰色短柔毛，基部浅心形，基生侧脉 3 ～ 5 条，侧脉 5 ～ 7 对；叶柄长 2 ～ 5 cm，粗壮；托叶卵状披针形，长约 1 cm，红色。雌雄异株，雄花和瘿花同生于一榕果内壁，雄花生于内壁口部，花被片 4 ～ 5，雄蕊 3，有时 1 或 5，瘿花花柱侧生，短；雌花花被与雄花同，子房卵圆形，光滑，花柱侧生，柱头 2 裂，线形。榕果单生于叶腋，大而梨形，直径 3 ～ 5 cm，顶部下陷，成熟时紫红色或黄色，基生苞片 3，卵形；瘦果透镜状。花果期 5—7 月。

【分布区域】分布于洪湖市各乡镇。

【药用部位】未成熟果实。

【炮制】鲜果用开水烫后，晒干或烘干。

【化学成分】果实含没食子酸、绿原酸、丁香酸、槲皮素、毛地黄黄酮、芦丁、花青苷、多糖、挥发油、微量元素、蛋白酶、植物甾醇和脂肪酸等。

【性味与归经】甘，凉。归肺、胃、大肠经。

【功能与主治】清热生津，健脾开胃，解毒消肿。用于咽喉肿痛，燥咳声嘶，乳汁稀少，肠热便秘，食欲不振，消化不良，泄泻痢疾，痈肿，癣疾。

【用法与用量】煎汤，9 ~ 15 g，大剂量可用至 30 ~ 60 g；或生食鲜果 1 ~ 2 枚。外用适量，煎水洗；或研末调敷，或吹喉。

葎草属 *Humulus* L.

一年生或多年生草本。茎具棱，有倒生钩。叶对生，3 ~ 7 裂。花单性，雌雄异株；雄花为圆锥花序式的总状花序，花被 5 裂，雄蕊 5，在花芽时直立；雌花少数，生于宿存覆瓦状排列的苞片内，排成一假柔荑花序，结果时苞片增大，变成球果状体，每花有一全缘苞片包围子房，花柱 2，胚珠弯生，下垂。瘦果扁圆形。

洪湖市境内的葎草属植物有 1 种。

26. 葎草

【拉丁名】*Humulus scandens*（Lour.）Merr.

【别名】拉拉藤、葛勒子秧、割人藤、拉狗蛋、勒草、五爪龙、大叶五爪龙。

【形态特征】一年生缠绕草本。茎、枝、叶柄均具倒钩刺。叶纸质，肾状五角形，掌状 5 ~ 7 深裂，稀为 3 裂，长、宽均 7 ~ 10 cm，基部心形，表面粗糙，疏生糙伏毛，背面有柔毛和黄色腺体，裂片卵状三角形，边缘具锯齿；叶柄长 5 ~ 10 cm。雄花小，黄绿色，圆锥花序，长 15 ~ 25 cm；雌花序球果状，直径约 5 mm，苞片纸质，三角形，顶端渐尖，具白色茸毛，子房为苞片包围，柱头 2，伸出苞片外。瘦果扁圆形，淡黄色，成熟时露出苞片外。花期 6—9 月，果期 9—10 月。

【分布区域】分布于洪湖市各乡镇。

【药用部位】全草。

【炮制】9—10 月收割地上部分，除去杂质，晒干。净制：除去木质茎、残根及杂质，淋水稍润，切段、晒干，筛去灰屑。

【化学成分】叶含木犀草素 -7- 葡萄糖苷、大波斯菊苷、芹菜素、牡荆素、挥发油、鞣质等。种子含脂肪油。全草还含胆碱和天门冬酰胺等。

【性味与归经】甘、苦，寒。归肺、肾经。

【功能与主治】清热解毒，利尿通淋。用于肺热咳嗽，肺痈，虚热烦渴，热淋，水肿，小便不利，湿热泻痢，热毒疮疡，皮肤瘙痒。

【用法与用量】煎汤，10 ~ 15 g（鲜品 30 ~ 60 g）；或捣汁。外用适量，捣敷；或煎水熏洗。

【临床应用】①治乌癞：葎草 200 g，益母草 100 g。用水 3500 ml，煮取 2500 ml，滤去渣，盆瓮中浸浴一时辰久方出，用衣被覆之，又再浸浴一时辰方出，勿令见风，明日复作。如入汤后，举身瘙痒不可忍，令旁人捉手，不令搔动，食顷渐定。后隔 3 日一浴。其药水经浴 2 次即弃之。②治新久疟疾：葎草 30 g（去两头，秋、冬季用干者），恒山末 30 g。以淡浆水 300 ml，浸药，星月下露 1 宿，五更煎 150 ml，分 2 服，以吐痰愈。③治手足麻木：葎草、黄蒡草、胡麻叶、烂泥巴各适量，捣烂，酒炒，趁热包敷患处。④治血崩：葎草 9 g，山枇杷 6 g，鬼箭羽 6 g，当归 6 g，党参 6 g。水煎服，每日 3 次。⑤治子宫脱垂：葎草、明矾各适量，煎水洗。⑥治疔毒疮疖：葎草、何首乌叶、小血藤叶、金银花叶、野菊花叶各适量，捣烂敷患处。

【注意】非热病者慎用。

桑属 *Morus* L.

落叶乔木或灌木。树皮通常呈鳞片状剥落，冬芽具 3 ～ 6 枚芽鳞，呈覆瓦状排列。叶互生，边缘具锯齿，全缘至深裂，基生叶脉三至五出，侧脉羽状；托叶侧生，早落。花雌雄异株或同株，或同株异序，雌雄花序均为穗状；雄花花被片 4，覆瓦状排列，雄蕊 4 枚，与花被片对生，在芽时内折；退化雌蕊陀螺形，雌花花被片 4，覆瓦状排列，结果时增厚为肉质，子房 1 室，花柱有或无，柱头 2 裂，内面被毛或为乳头状突起。聚花果由多数包藏于肉质花被片内的核果组成，外果皮肉质，内果皮壳质。种子近球形，胚乳丰富，胚内弯，子叶椭圆形，胚根向上内弯。

洪湖市境内的桑属植物有 1 种。

27. 桑

【拉丁名】*Morus alba* L.

【别名】桑树、家桑、蚕桑、华桑、葫芦桑、蒙桑。

【形态特征】落叶乔木或灌木，高达 10 m 以上。树皮灰褐色，具不规则浅纵裂；小枝有细毛。叶卵形或广卵形，长 5 ～ 15 cm，宽 5 ～ 12 cm，先端急尖、渐尖或圆钝，基部圆形至浅心形，边缘锯齿粗钝，表面鲜绿色，无毛，背面沿脉有疏毛，脉腋有簇毛；叶柄长 1.5 ～ 5.5 cm，具柔毛；托叶披针形，早落，外面密被细硬毛。花单性，雄花序下垂，长 2 ～ 3.5 cm，密被白色柔毛，雄花花被片宽椭圆形，淡绿色，花丝在芽时内折，花药 2 室，球形至肾形，纵裂；雌花序长 1 ～ 2 cm，被毛，总花梗长 5 ～ 10 mm，被柔毛，雌花无梗，花被片倒卵形，顶端圆钝，外面和边缘被毛，两侧紧抱子房，无花柱，柱头 2 裂，内面有乳头状突起。聚花果卵状椭圆形，肉质多汁，成熟时红色或暗紫色。花期 4—5 月，果期 5—8 月。

【分布区域】分布于洪湖市各乡镇。

【药用部位】干燥根皮，干燥嫩枝，桑皮汁，桑柴灰，叶，干燥果穗。

【炮制】桑白皮：洗净，稍润，切丝，干燥。

蜜桑白皮：取桑白皮丝，照蜜炙法炒至不粘手。

桑枝：春末夏初采收桑枝，未切片者，洗净，润透，切厚片，干燥。

炒桑枝：取桑枝片，照清炒法炒至微黄色。

桑皮汁：用刀划破桑树枝皮，立即有白色乳汁流出，用洁净容器收取。

桑柴灰：桑枝烧成的灰，初夏剪取桑枝，晒干后，烧火取灰。

桑叶：初霜后采收，除去杂质，搓碎，去柄，筛去灰屑。

桑葚：4—6 月果实变红时采收，晒干，或略蒸后晒干。

【性味与归经】桑白皮：甘，寒。归肺经。桑叶：甘、苦，寒。归肺、肝经。桑枝：微苦，平。归肝经。桑皮汁：苦，微寒。桑柴灰：辛，寒。桑葚：甘、酸，寒。归心、肝、肾经。

【功能与主治】桑白皮：泻肺平喘，利水消肿。用于肺热喘咳，水肿胀满尿少，面目肌肤浮肿。

桑叶：疏散风热，清肺润燥，清肝明目。用于风热感冒，肺热燥咳，头晕头痛，目赤昏花。

桑枝：祛风湿，利关节。用于风湿痹痛，肩臂、关节酸痛麻木。

桑皮汁：清热解毒，止血。用于口舌生疮，外伤出血，蛇虫咬伤。

桑柴灰：利水，止血，蚀恶肉。用于水肿，金疮出血，面上痣疵。

桑葚：滋阴补血，生津润燥。用于肝肾阴虚，眩晕耳鸣，心悸失眠，须发早白，津伤口渴，内热消渴，肠燥便秘。

【用法与用量】桑白皮：煎汤，6 ～ 12 g。

桑枝：煎汤，9 ～ 15 g。

桑皮汁：外用适量，涂搽。

桑柴灰：淋汁代水煎药。外用适量，研末敷，或以沸水淋汁浸洗。

桑叶：煎汤，5 ～ 10 g。

桑葚：9 ～ 15 g。

【临床应用】①治太阴风温，但咳，身不甚热，微渴者：杏仁 6 g，连翘 4.5 g，薄荷 2.4 g, 桑叶 7.5 g, 菊花 3 g, 苦梗 6 g, 甘草 2.4 g（生），芦根 6 g。水 300 ml, 煮取 150 ml，日 2 服。②治肝阴不足，目视昏花，咳久不愈，肌肤甲错，麻痹不仁：嫩桑叶（去蒂，洗净，晒干，为末）500 g，黑胡麻子（淘净）120 g。将黑胡麻子擂碎，熬浓汁，和白蜜 500 g，炼至滴水成珠，入桑叶末为丸，如梧桐子大。每服 10 g，空腹时盐汤下，临卧时温酒送下。③治吐血：晚桑叶，微焙，不计多少，捣罗为细散。每服 6 g，冷腊茶调如膏，入麝香少许，夜卧含化咽津。只 1 服止，后用补肺药。④治干咳无痰或少痰：桑叶 10 g，石膏 15 ～ 30 g，人参 3 g，甘草 3 g, 麻仁 10 g，阿胶 6 ～ 10 g，麦冬、杏仁、枇杷叶各 10 g。日服 1 剂，2 次分服。⑤治风热头痛：霜桑叶、菊花各 6 g，共研极细末，和蜜为丸如绿豆大。每服 6 g，白开水送服。

二十二、荨麻科 Urticaceae

草本、亚灌木或灌木，稀乔木或攀援藤本，有时有刺毛。单叶，叶互生或对生；有托叶，少数无托叶。花小，单性，稀两性，花被单层，稀 2 层；花序雌雄同株或异株，稀具两性花而成杂性，团伞花序排成聚伞状、圆锥状、总状、伞房状、穗状、串珠式穗状、头状，有时花序轴上端发育成球状、杯状或盘状多少肉质的花序托，稀退化成单花；雄花花被片 4 ～ 5，覆瓦状排列或镊合状排列，雄蕊与花被片同数，花药 2 室；雌花花被片 5 ～ 9，稀 2 或缺，分生或多少合生，花后常增大，宿存，雌蕊有心皮 1，子房 1 室，花柱单生或无花柱，柱头头状、画笔状、钻形、丝形、舌状或盾形，含直立胚珠 1。果实为瘦果或核果状，常包被于宿存的花被内。种子的胚乳常含油质，子叶肉质，卵形、椭圆形或圆形。

本科有 47 属 1300 种。我国有 25 属 352 种，分布于全国各地，以长江流域以南亚热带和热带地区分布较多，多数种类喜生于阴湿环境。

洪湖市境内的荨麻科植物有 4 属 4 种。

1. 植株有螫毛；雌花被大多数为 4 片或 4 裂……………………花点草属 *Nanocnide*

1. 植株无螫毛；雌花被大多数为 3 片或 3 裂，少数无花被。

2. 子房无花柱，柱头有多数放射状的细毛，呈画笔状，自子房顶端生出……………………冷水花属 *Pilea*

2. 子房大多数有花柱，柱头多样，有毛，不呈画笔状。

3. 柱头宿存……………………苎麻属 *Boehmeria*

3. 柱头脱落……………………雾水葛属 *Pouzolzia*

苎麻属 *Boehmeria* Jacq.

多年生草本、灌木或小乔木。无刺毛。叶互生或对生，边缘有锯齿，不分裂，稀 2 ～ 3 裂，表面平滑或粗糙，基出脉 3 条；托叶通常离生，脱落。团伞花序生于叶腋，或排列成穗状花序或圆锥花序，苞片膜质，小；雄花花被片 3 ～ 5，镊合状排列，下部常合生，椭圆形，雄蕊与花被片同数；雌花花被管状，上端有 2 ～ 4 个齿，顶端收缩，在果期稍增大，通常无纵肋，子房通常卵形，包于花被中，柱头丝形，密被柔毛，通常宿存。瘦果包在花被内，果皮薄。种子有胚乳，子叶卵形。

洪湖市境内的苎麻属植物有 1 种。

28. 苎麻

【拉丁名】*Boehmeria nivea*（L.）Gaudich.

【别名】野麻、野苎麻、家麻、苎仔、青麻、白麻。

【形态特征】多年生自立草本，或为灌木，高 0.5 ～ 1.5 m。茎上部与叶柄均密被细毛。叶互生；叶片草质，通常圆卵形或宽卵形，长 6 ～ 15 cm，宽 4 ～ 11 cm，顶端骤尖，基部近截形或宽楔形，边缘在基部之上有齿，上面稍粗糙，疏被短伏毛，下面密被雪白色绵毛，基脉约 3 对；叶柄长 2.5 ～ 9.5 cm；托叶分生，钻状披针形，背面被毛。圆锥花序腋生，或植株上部的为雌性，其下的为雄性，或同一植株的全为雌性，长 2 ～ 9 cm；雄团伞花序直径 1 ～ 3 mm，有少数雄花；雌团伞花序直径 0.5 ～ 2 mm，有多数密集的雌花；雄花花被片 4，狭椭圆形，合生至中部，顶端急尖，外面有疏柔毛，雄蕊 4，长约 2 mm，花药长约 0.6 mm；退化雌蕊狭倒卵球形，顶端有短柱头，雌花花被椭圆形，顶端有 2 ～ 3 小齿，外面有短柔毛，果期菱状倒披针形，柱头丝形。瘦果椭圆形，光滑，基部突缩成细柄。花期 8—10 月，果期 10—12 月。

【分布区域】分布于洪湖市各乡镇。

【药用部位】根、梗、皮、叶及花。

【炮制】苎麻根：冬、春季采挖，拣去杂质，分开大小条，用水浸泡，洗净，捞出，润透后切片，晒干。

苎麻梗：苎麻的茎或带叶嫩茎。春、夏季采收，鲜用或晒干。

苎麻皮：夏、秋季采收，剥取茎皮，鲜用或晒干。

苎麻叶：春、夏、秋季均可采收，鲜用或晒干。

【化学成分】苎麻根含有大黄素、大黄素甲醚-8-O-β-D-葡萄糖苷、绿原酸等。

【性味与归经】苎麻根：甘，寒。苎麻梗：甘，微寒。苎麻皮：甘，寒。归胃、膀胱、肝经。苎麻叶：甘、微苦，寒。归肝、心经。

【功能与主治】苎麻根：清热利尿，安胎止血，解毒。用于感冒发热，尿路感染，肾炎水肿，孕妇腹痛，胎动不安，先兆流产，跌打损伤，骨折，疮疡肿痛，出血性疾病。

苎麻梗：散瘀，解毒。用于金疮折损，痘疮，痈肿，丹毒。

苎麻皮：清热凉血，散瘀止血，解毒利尿，安胎回乳。用于瘀热心烦，天行热病，产后血晕、腹痛，跌打损伤，创伤出血，血淋，小便不通，肛门肿痛，胎动不安，乳房胀痛。

苎麻叶：凉血止血，散瘀消肿，解毒。用于咯血，吐血，血淋，尿血，月经过多，外伤出血，跌打肿痛，脱肛不收，丹毒，疮肿，乳痈，湿疹，蛇虫咬伤。

苎麻花：清心，利肠胃，散瘀。用于麻疹。

【用法与用量】苎麻根：煎汤，5 ～ 15 g；或捣汁。外用适量，捣敷或煎水洗。

苎麻梗：煎汤，6 ～ 15 g；或入丸、散。外用适量，研末调敷，或鲜品捣敷。

苎麻皮：煎汤，3 ～ 15 g；或酒煎。外用适量，捣敷。

苎麻叶：煎汤，10 ～ 30 g；或研末，或鲜品捣汁。外用适量，研末掺，或鲜品捣敷。

苎麻花：煎汤，5 ～ 15 g。

【临床应用】①治吐血不止：苎麻根、人参、白垩、蛤粉各 0.3 g。上 4 味，捣罗为散。每服 2 g，糯米饮调下，不拘时候。②治习惯性流产：苎麻干根 30 g，莲子 15 g，怀山药 15 g，水煎服。③治白丹：苎麻根 1.5 kg，小豆 120 g。水 2400 ml，煮以浴，1 日 3 ～ 4 遍。④治跌打闪挫：大鲫鱼 1 尾，独核肥皂 1 个，胡椒 7 粒，黄栀子 9 个，老姜 1 片，葱头 3 个，野苎麻根 60 g，干面 30 g，香糟 30 g，绍酒随数用，同前药合捣如泥，炒热熨敷患处，外用布包扎紧，次日清出。⑤治糖尿病：鲜苎麻根 100 g，路边青 25 g，加水 1000 ml，煎至 600 ml 左右，每日 1 剂，分 3 次温服，或作茶饮。2 ～ 3 个月为 1 个疗程，连服 2 个疗程。

【注意】脾胃虚寒者慎服。

花点草属 *Nanocnide* Bl.

一年生或多年生草本，具刺毛。茎下细长而丛生。叶互生，膜质，具柄，边缘具粗齿，基出脉 3 ～ 5 条；托叶侧生，分离。花单性，雌雄同株，团伞花序；雄花疏松，具梗，腋生，花被 4 ～ 5 裂，稍覆瓦状排列，裂片背面有角状突起，雄蕊 4 ～ 5 裂；退化雌蕊宽倒卵形，透明，雌花序团伞状，无梗或具短梗，腋生，花被不等 4 深裂，外面一对较大，背面具龙骨状突起，内面一对较窄小而平，子房直立，椭圆形，无花柱，柱头画笔状。瘦果宽卵形，两侧压扁，有疣点状突起。

洪湖市境内的花点草属植物有 1 种。

29. 毛花点草

【拉丁名】*Nanocnide lobata* wedd.

【别名】透骨消、波丝草、雪药、灯笼草、蛇药草、小九龙盘、泡泡草。

【形态特征】一年生或多年生草本。茎丛生，长 17 ～ 40 cm，半透明，有向下弯曲的微硬毛。叶膜质，宽卵形至三角状卵形，先端钝或锐尖，基部近截形至宽楔形，边缘具粗齿，齿三角状卵形，上面深绿色，疏生小刺毛和短柔毛，下面浅绿色，略带光泽，在脉上密生紧贴的短柔毛，基出脉 3 ～ 5 条，两面散生短杆状钟乳体；叶柄被短柔毛；托叶膜质，卵形，具缘毛。雄花序生在茎梢叶腋，具短梗；雌花序由多数花组成团伞花序，生于枝的顶部叶腋或茎下部裸茎的叶腋内；雄花淡绿色，花被 4 ～ 5 深裂，裂片卵形，背面上部有鸡冠状突起，其边缘疏生白色小刺毛，雄蕊 4 ～ 5；雌花花被片 4 深裂，近舟形，在背部龙骨上和边缘密生小刺毛。瘦果扁卵形，褐色，长约 1 mm，有小点状突起。花期 4—6 月，果期 6—8 月。

【分布区域】分布于老湾回族乡珂里村。

【药用部位】全草。

【炮制】夏、秋季采收，除去杂质及泥沙，阴干或晒干。

【化学成分】含有 β－谷甾醇等。

【性味与归经】苦、辛，凉。

【功能与主治】通经活血，清热解毒。用于肺病咳嗽，疮毒，痱疹，烫伤，火伤。

【用法与用量】煎汤，15 ～ 30 g。外用适量，捣敷或浸菜油外敷。

【临床应用】①治疗疮痈肿，痱子：鲜毛花点草 15 ～ 30 g，水煎服，同时鲜毛花点草全草捣烂外敷患处。②治咯血：毛花点草 30 ～ 60 g，水煎服。③治烧伤：毛花点草全草 500 g，洗净阴干，菜油 5000 g。将全草浸泡于菜油中 1 个月以上，取上层油轻搽烧伤面。④治潮热，咳嗽痰血：毛花点草 30 ～ 60 g，水煎服。⑤治瘰疬：毛花点草 30 g，鲜夏枯草 1500 g，蜂蜜适量熬膏。日服 3 次，每次服 15 g。

冷水花属 *Pilea* Lindl.

一年生或多年生草本，很少为灌木，无刺毛。叶对生，有柄，基出脉 3 条；托叶在柄内合生。花单性，花雌雄同株或异株，花序单生或成对腋生，花成团集或密簇的聚伞花序，有时为圆锥花序；苞片小，生于花的基部；花被片合生，镊合状排列，稀覆瓦状排列，在外面近先端处常有角状突起；雄蕊与花被片同数；退化雌蕊小，雌花花被片通常3，子房直立，顶端稍歪斜，柱头呈画笔状。瘦果扁卵形或扁圆形，稍扁平。种子无胚乳；子叶宽。

洪湖市境内的冷水花属植物有1种。

30. 小叶冷水花

【拉丁名】*Pilea microphylla*（L.）Liebm.

【别名】透明草、小叶冷水麻、玻璃草。

【形态特征】一年生草本。茎肉质，多分枝，高3～17 cm，密布条形钟乳体。叶小，倒卵形或菱状卵形，长3～7 mm，宽1.5～3 mm，先端钝，基部楔形或渐狭，边缘全缘，稍反曲，上面绿色，下面浅绿色，钟乳体条形，横向排列，整齐，叶脉羽状，中脉稍明显，在近先端消失，侧脉数对，不明显；叶柄纤细，长1～4 mm；托叶宿存，三角形。雌雄同株，有时同序，聚伞花序密集成近头状，具梗；雄花具梗，在芽时长约0.7 mm，花被片4，卵形，外面近先端有短角状突起，雄蕊4；退化雌蕊不明显，雌花花被片3，稍不等长。瘦果卵形，长约0.4 mm，熟时变褐色，光滑。花期8—9月，果期9—10月。

【分布区域】分布于新堤街道河岭村。

【药用部位】全草。

【炮制】夏、秋季采收，鲜用或晒干。

【化学成分】含棕榈油酸、棕榈酸、乌苏酸、反式植物醇、丁香烯氧化物、桉油烯醇、α－香树精等。

【性味与归经】淡、涩，凉。归心经。

【功能与主治】清热解毒。用于痈肿疮疡，毒蛇咬伤，水火烫伤，丹毒，无名肿毒。

【用法与用量】煎汤，6～12 g。外用适量，捣敷患处，或鲜品煎水洗。

雾水葛属 *Pouzolzia* Gaudich.

多年生草本或灌木。单叶，叶互生，边缘有齿或全缘，基出脉3条，钟乳体点状；托叶分生，常宿存。团伞花序通常两性，有时单性，生于叶腋，稀形成穗状花序；苞片膜质，小；雄花花被片3～5，镊合状排列，基部合生，通常合生至中部，椭圆形，雄蕊与花被片对生；退化雌蕊倒卵形或棒状，雌花花被管状，常卵形，顶端有 2 ～ 4 个小齿，有时具纵翅。瘦果卵球形，常有光泽。

洪湖市境内的雾水葛属植物有 1 种。

31. 雾水葛

【拉丁名】*Pouzolzia zeylanica*（L.）Benn.

【别名】台湾雾水葛。

【形态特征】多年生草本。茎披散或匍匐状，高 12 ～ 40 cm，不分枝，通常在基部或下部有 1 ～ 3 对长分枝，有短伏毛，或混有开展的疏柔毛。叶全部对生，或茎顶部的对生；叶片草质，卵形或宽卵形，长 1.2 ～ 3.8 cm，宽 0.8 ～ 2.6 cm，短分枝的叶很小，长约 6 mm，顶端短渐尖或微钝，基部圆形，边缘全缘，两面有疏伏毛；叶柄长 0.3 ～ 1.6 cm。团伞花序通常两性，苞片三角形，长 2 ～ 3 mm，顶端骤尖，背面有毛；雄花有短梗，花被片 4，狭长圆形或长圆状倒披针形，长约 1.5 mm，基部稍合生，外面有疏毛，雄蕊 4，长约 1.8 mm，花药长约 0.5 mm；退化雌蕊狭倒卵形，长约 0.4 mm，雌花花被椭圆形或近菱形，长约 0.8 mm，顶端有 2 小齿，外面密被柔毛，果期呈菱状卵形，长约 1.5 mm，柱头长 1.2 ～ 2 mm。瘦果卵球形，淡黄白色，上部褐色，或全部黑色，有光泽。花期 4—6 月，果期 7—9 月。

【分布区域】分布于曹市镇施港村。

【药用部位】全草。

【炮制】全年可采，晒干。

【性味与归经】甘，凉。

【功能与主治】解毒消肿，排脓，清湿热。用于疮，疽，乳痈，风火牙痛，肠炎，痢疾，尿路感染。

【用法与用量】煎汤，15 ～ 30 g（鲜品 30 ～ 60 g）。外用适量，捣敷或捣汁漱。

【临床应用】①治乳腺炎：鲜雾水葛、鲜犁头草、鲜木芙蓉、鲜蒲公英各适量，共捣烂，敷患处。②治尿路感染，肠炎，痢疾，疖肿：雾水葛鲜品 30 ～ 60 g 或干品 15 ～ 30 g，水煎服。③治外伤骨折（复位，固定后），痈疮：雾水葛鲜叶捣敷患处，或用干粉调酒包敷患处。④治硬皮病：雾水葛叶、葫芦茶叶各适量，和食盐捣烂外敷；并用雾水葛茎和葫芦茶煎水擦洗。

二十三、蓼科 Polygonaceae

草本、灌木或小乔木。茎直立，平卧、攀援或缠绕，节通常膨大，具沟槽或条棱，有时中空。单叶，互生，边缘通常全缘；托叶通常成鞘状，膜质，褐色或白色，顶端偏斜、截形或2裂，宿存或脱落。花序穗状、总状、头状或圆锥状，顶生或腋生；花较小，两性，辐射对称；花梗通常具关节；花被3～5深裂，覆瓦状或花被片6，成2轮，宿存，内花被片有时增大，背部具翅、刺或小瘤；雄蕊6～9，稀较少或较多，花丝离生或基部贴生，花药背着，2室，纵裂；花盘环状、腺状或缺，子房上位，1室，心皮2～4，合生，花柱2～3，柱头头状、盾状或画笔状，胚珠1，直生，极少倒生。瘦果卵形或椭圆形，具3棱或双凸镜状，有时具翅或刺，包于宿存花被内或外露；胚直立或弯曲，通常偏于一侧，胚乳丰富，粉末状。

本科有50属1150种，分布于北温带地区，少数分布于热带地区。我国有13属235种，分布于全国各地。

洪湖市境内的蓼科植物有3属12种。

1. 花被片6；柱头画笔状……酸模属 *Rumex*

1. 花被片5，稀4；柱头头状。

  2. 茎缠绕或直立，花被片外面3片果时增大，背部具翅或龙骨状突起，稀不增大，无翅，无龙骨状突起……虎杖属 *Reynoutria*

  2. 茎直立；花被果时不增大，稀增大，呈肉质……蓼属 *Polygonum*

蓼属 *Polygonum* L.

一年生或多年生草本，少数为灌木。茎直立、平卧或蔓生，无毛、被毛或具倒生钩刺，通常节部膨大。叶互生，线形、披针形、卵形、椭圆形、箭形或戟形，全缘，稀具裂片；托叶鞘膜质或草质，筒状，顶端截形或偏斜，全缘，少数分裂，通常有缘毛。花序穗状、总状、头状或圆锥状，顶生或腋生；花两性，稀单性；苞片及小苞片为膜质；花梗具关节；花被5深裂稀4裂，宿存；花盘腺状、环状，有时无花盘；雄蕊8，少数为4～7；子房卵形，花柱2～3，离生或中下部合生，柱头头状。瘦果卵形，三棱形或双凸镜状，包于宿存花被内或突出花被之外，胚位于一侧，子叶扁平，长而直立。

洪湖市境内的蓼属植物有8种。

1. 叶柄具关节；托叶鞘2裂，先端多碎裂；花单生或数朵簇生于叶腋，花丝基部增大或至少内侧膨大。

  2. 叶短或长于节间；托叶鞘有明显脉纹；雄蕊8；瘦果长2 mm以上……萹蓄 *P.aviculare*

  2. 叶长于节间；托叶鞘无明显脉纹；雄蕊5；瘦果长常不到2 mm……习见蓼 *P.plebeium*

1. 叶柄无关节；托叶鞘非2裂；花丝线形，细长。

  3. 托叶鞘圆筒形，先端平。

    4. 总状花序呈头状，萼片4～5，雄蕊5～8……蓼子草 *P.criopolitanum*

4. 总状花序呈穗状，萼片 3 ～ 5, 雄蕊 4 ～ 8。

5. 茎叶被扩展长毛……红蓼 *P.orientale*

5. 茎叶无明显的扩展长毛。

6. 叶披针形，两面有褐色腺点；花梗伸出苞片外；瘦果一面平一面凸起，有小点……水蓼 *P.hydropiper*

6. 叶披针形，无腺点，或在下面疏生淡绿色的腺点；花梗不伸出苞片外；瘦果三棱状椭圆形……酸模叶蓼 *P.lapathifolium*

7. 托叶鞘有长或较长的缘毛……愉悦蓼 *P.jucundum*

7. 托叶鞘是斜的……杠板归 *P.perfoliatum*

32. 萹蓄

【拉丁名】*Polygonum aviculare* L.

【别名】大萹蓄、鸟蓼、扁竹、竹节草、猪牙草、道生草。

【形态特征】一年生草本。茎平卧、上升或直立，高 10 ～ 40 cm，茎自基部多分枝，具纵棱。叶椭圆形、狭椭圆形或披针形，长 1 ～ 4 cm，宽 3 ～ 12 mm，顶端钝圆或急尖，基部楔形，边缘全缘，两面无毛，下面侧脉明显；叶柄短或近无柄，基部具关节；托叶鞘膜质，下部褐色，上部白色，撕裂脉明显。花单生或数朵簇生于叶腋，遍布于植株；苞片薄膜质；花梗细，顶部具关节；花被 5 深裂，花被片椭圆形，绿色，边缘白色或淡红色；雄蕊 8, 花丝基部扩展；花柱 3, 柱头头状。瘦果卵形，具 3 棱，黑褐色，密被由小点组成的细条纹，无光泽，稍伸出宿存萼片之外。花期 5—7 月，果期 6—8 月。

【分布区域】分布于洪湖市各乡镇。

【药用部位】干燥地上部分。

【炮制】夏季叶茂盛时采收，除去杂质，洗净，切段，干燥。

【化学成分】全草含槲皮素 -3- 阿拉伯糖苷、槲皮苷、杨梅苷、D- 儿茶素、没食子酸、咖啡酸、草酸、硅酸、绿原酸、对香豆酸、葡萄糖、果糖及蔗糖，还含微量大黄素及少量鞣质。鲜草含维生素 E，还含阿魏酸、芥子酸、香草酸、丁香酸、对羟基苯甲酸、龙胆酸、原儿茶酸、对羟基苯乙酸、水杨酸、鞣花酸、牡荆素、异牡荆素、木犀草素、山柰酚阿拉伯糖苷、鼠李亭 -3- 半乳糖苷和槲皮素 - 半乳糖苷等。

【性味与归经】苦，微寒。归膀胱经。

【功能与主治】利尿通淋，杀虫，止痒。用于热淋涩痛，小便短赤，虫积腹痛，皮肤湿疹，阴痒带下。

【用法与用量】煎汤，9～15 g。外用适量，煎水洗患处。

【临床应用】①治蛲虫病：萹蓄 9 g，榧子肉 12 g，尖槟 12 g，槐花米 12 g，十大功劳 30 g，水煎服。②治乳糜尿：萹蓄 18 g，石韦 15 g，川萆薢 30 g，海金沙 15 g（包煎），木通 9 g，茅根 30 g，小蓟 15 g，六一散 24 g（冲），水煎服。③治输尿管结石伴肾盂积水：萹蓄、生地黄、萆薢各 15 g，川续断、补骨脂、杜仲、丹参、泽泻、海金沙各 9 g，滑石 30 g，水煎服。有感染者加虎杖、金银花各 15 g。④治痢疾：萹蓄 15 g，地锦、瓜子金各 9 g，水煎服，白痢加白糖，红痢加红糖。⑤治胃脘痛：萹蓄 15 g，丹参、川楝子各 10 g，延胡索、乌药各 6 g，砂仁、檀香、丝瓜络各 5 g，木香 3 g。水煎服，每日 1 剂。隔 2 h 药渣加水复煎服。

33. 蓼子草

【拉丁名】*Polygonum criopolitanum* Hance

【别名】小毛蓼、小蓼子草、红蓼子。

【形态特征】一年生草本。茎自基部分枝，平卧，丛生，节部生根，高 10～15 cm，被长糙伏毛及稀疏的腺毛。叶狭披针形或披针形，长 1～3 cm，宽 3～8 mm，顶端急尖，基部狭楔形，两面被糙伏毛，边缘具缘毛及腺毛；叶柄极短或近无柄；托叶鞘膜质，密被糙伏毛，顶端截形，具长缘毛。花序头状，顶生，花序梗密被腺毛；苞片卵形，长 2～2.5 mm，密生糙伏毛，具长缘毛，每苞内具 1 花；花梗比苞片长，密被腺毛，顶部具关节；花被 5 深裂，淡紫红色，花被片卵形，长 3～4 mm；雄蕊 5，花药紫色；花柱 2，中上部合生。瘦果椭圆形，双凸镜状，长约 2.5 mm，有光泽，包于宿存花被内。花期 7—11 月，果期 9—12 月。

【分布区域】分布于龙口镇傍湖村。

【药用部位】全草及根。

【炮制】开花期间采收。

【性味与归经】淡微辣，温；无毒。

【功能与主治】散寒活血。用于麻疹，羊毛疔，跌损后受寒，阴寒及陈寒。

【用法与用量】水煎或酒煎，6～15 g。外用适量，煎水洗。

34. 水蓼

【拉丁名】*Polygonum hydropiper* L.

【别名】辣柳菜、辣蓼、青蓼、软水蓼、辣马蓼。

【形态特征】一年生草本，高 40 ～ 70 cm。茎直立或倾斜，多分枝，无毛，节部膨大。叶披针形，长 4 ～ 8 cm，宽 0.5 ～ 2.5 cm，先端渐尖，基部楔形，边缘全缘，具缘毛，两面被褐色小点，具辛辣味，叶腋具闭花受精花；叶柄长 4 ～ 8 mm；托叶鞘筒状，膜质，褐色，长 1 ～ 1.5 cm，疏生短硬伏毛，顶端截形，具短缘毛，托叶鞘内藏有花簇。总状花序呈穗状，顶生或腋生，长 3 ～ 8 cm，通常下垂，花稀疏，下部间断；苞片漏斗状，长 2 ～ 3 mm，绿色，边缘膜质，疏生短缘毛，每苞内具 3 ～ 5 花；花梗比苞片长；花被 5 深裂，稀 4 裂，绿色，上部白色或淡红色，被黄褐色透明腺点，花被片椭圆形，长 3 ～ 3.5 mm；雄蕊 6，稀 8，比花被短；花柱 2 ～ 3，柱头头状。瘦果卵形，长 2 ～ 3 mm，双凸镜状或具 3 棱，密被小点，黑褐色，无光泽，包于宿存花被内。花期 5—9 月，果期 6—10 月。

【分布区域】分布于洪湖市各乡镇。

【药用部位】全草。

【炮制】取原药材，除去杂质，抢水洗净，切段，干燥。

【性味与归经】辛、苦，平。归脾、胃、大肠经。

【功能与主治】行滞化湿，散瘀止血，祛风止痒，解毒。用于湿滞内阻，脘闷腹痛，泄泻，痢疾，小儿疳积，崩漏，血滞经闭，痛经，跌打损伤，风湿痹痛，便血，外伤出血，皮肤瘙痒，湿疹，风疹，足癣，痈肿，毒蛇咬伤。

【用法与用量】煎汤，15 ～ 30 g（鲜品 30 ～ 60 g）；或捣汁。外用适量，煎水浸洗，或捣敷。

【临床应用】①治霍乱不吐利，四肢烦疼，身冷汗出：水蓼（切）、香薷（择切）各 60 g，以上 2 味，以水约 1200 ml，煎煮 500 ml，去渣，分温 3 服。②治水肿脚气：水蓼 30 g，茜草根 15 g，隔子通 15 g，水煎服。

35. 愉悦蓼

【拉丁名】*Polygonum jucundum* Meisn.

【别名】欢喜蓼、路边曲草、山蓼、水蓼、小红蓼、小蓼子、紫苞蓼。

【形态特征】一年生草本。茎直立，基部近平卧，多分枝，无毛，高 60 ~ 90 cm。叶椭圆状披针形，长 6 ~ 10 cm，宽 1.5 ~ 2.5 cm，两面疏生硬伏毛或近无毛，顶端渐尖，基部楔形，边缘全缘，具短缘毛；叶柄长 3 ~ 6 mm；托叶鞘膜质，淡褐色，筒状，疏生硬伏毛，顶端截形，缘毛长 5 ~ 11 mm。总状花序呈穗状，顶生或腋生，长 3 ~ 6 cm，花排列紧密；苞片漏斗状，绿色，有粗长缘毛，每苞内具 3 ~ 5 花；花梗长 4 ~ 6 mm，明显比苞片长；花被 5 深裂，花被片长圆形，长 2 ~ 3 mm；雄蕊 7 ~ 8；花柱 3，下部合生，柱头头状。瘦果卵形，具 3 棱，黑色，有光泽，长约 2.5 mm，包于宿存花被内。花期 8—9 月，果期 9—11 月。

【分布区域】分布于洪湖市各乡镇。

【药用部位】全草。

【炮制】秋季开花时采收，晒干或鲜用。

【性味与归经】辛，平。

【功能与主治】化湿，行滞，祛风，止痒，消肿。用于痧秽腹痛，吐泻转筋，泄泻，痢疾，风湿，脚气，痈肿，疥癣，跌打损伤。

【用法与用量】煎汤，15 ~ 30 g（鲜品 30 ~ 60 g）；或捣汁。外用适量，煎水浸洗或捣敷。

36. 酸模叶蓼

【拉丁名】*Polygonum lapathifolium* L.

【别名】大马蓼。

【形态特征】一年生草本，高 40 ~ 90 cm。茎直立，具分枝，无毛，节部膨大。叶披针形，长 5 ~ 15 cm，宽 1 ~ 3 cm，先端渐尖，基部楔形，上面绿色，常有一个大的黑褐色新月形斑点，两面沿中脉被短硬伏毛，全缘，边缘具粗缘毛；叶柄短，具短硬伏毛；托叶鞘筒状，长 1.5 ~ 3 cm，膜质，淡褐色，无毛，具多数脉，顶端截形，无缘毛，稀具短缘毛。总状花序呈穗状，顶生或腋生，近直立，花紧密，通常由数个花穗再组成圆锥状，花序梗被腺体；苞片漏斗状，边缘具稀疏短缘毛；花被片椭圆形，花淡红色或白色；雄蕊 6。瘦果宽卵形，长 2 ~ 3 mm，黑褐色，有光泽，包于宿存花被内。花期 6—8 月，果期 7—9 月。

【分布区域】分布于老湾回族乡珂里村。

【药用部位】全草，嫩茎叶。

【炮制】夏季采收，洗净，鲜用或晒干。

【性味与归经】酸、微苦，寒。归胃、脾经。

【功能与主治】泄热通便，利尿，凉血止血，解毒。用于便秘，小便不利，内痔出血，疮疡，丹毒，疥癣，湿疹，烫伤。

【用法与用量】煎汤，15 ～ 30 g。外用适量，捣敷，或研末调涂。

37. 红蓼

【拉丁名】*Polygonum orientale* L.

【别名】狗尾巴花、东方蓼、荭草、阔叶蓼、大红蓼、水红花子、荭蓼。

【形态特征】一年生草本。茎直立，粗壮，高 1 ～ 2 m，多分枝，节部稍膨大，中空。茎及叶密被长柔毛，叶宽卵形、宽椭圆形或卵状披针形，长 10 ～ 20 cm，宽 5 ～ 12 cm，先端渐尖，基部圆形或近心形，边缘全缘，密生缘毛，两面密生短柔毛，叶脉上密生长柔毛；叶柄长 2 ～ 10 cm，有长柔毛；托叶鞘筒状，膜质，长 1 ～ 2 cm，具长缘毛，扩大成开展或向外反卷的叶质环状小片。总状花序呈穗状，顶生或腋生，长 3 ～ 7 cm，花紧密，微下垂，通常数个再组成圆锥状；苞片宽漏斗状，长 3 ～ 5 mm，草质，绿色，被短柔毛，边缘具长缘毛，每苞内具 3 ～ 5 花；花被 5 深裂，淡红色或白色，花被片椭圆形；雄蕊 7；花盘明显；花柱 2，柱头头状。瘦果近圆形，扁平，长 3 ～ 3.5 mm，黑褐色，有光泽，包于宿存花被内。花期 6—9 月，果期 8—10 月。

【分布区域】分布于老湾回族乡珂里村。

【药用部位】干燥果实。

【炮制】秋季果实成熟时割取果穗，晒干，打下果实，除去杂质。

【化学成分】红蓼叶含荭草素、荭草苷、叶绿醌、β-谷甾醇、花旗松素等。

【性味与归经】咸，微寒。归肝、胃经。

【功能与主治】散血消癥，消积止痛，利水消肿。用于癥瘕痞块，瘿瘤，食积不消，胃脘胀痛，水肿腹水。

【用法与用量】煎汤，15～30 g。外用适量，熬膏敷患处。

【临床应用】①治瘰疬，破者亦治：水红花子不拘量，微炒一半，余一半生用，同为末，好酒调6 g，日3服，食后、夜卧各1服。②治痞块：水红花子不拘量，以水熬膏，水或酒调服；外敷痞块处。③治慢性肝炎，肝硬化腹水：水红花子15 g，大腹皮12 g，黑丑9 g，水煎服。④治跌打损伤肿痛：水红花子9 g，红牛膝9 g，红泽兰9 g，水煎服。⑤治急性结膜炎：水红花子、黄芩各9 g，菊花12 g，水煎服。

38. 杠板归

【拉丁名】*Polygonum perfoliatum* L.

【别名】刺犁头、贯叶蓼、蛇倒退、河白草。

【形态特征】一年生蔓生草本。茎攀援，多分枝，长1～2 m，具纵棱，沿棱具稀疏的倒生皮刺。叶三角形，长3～7 cm，宽2～5 cm，先端钝或微尖，基部截形或微心形，薄纸质；叶柄与叶片近等长，有小钩刺，盾状着生于叶片的近基部；托叶鞘叶状，草质，绿色，圆形或近圆形，穿叶，直径1.5～3 cm。总状花序呈短穗状，不分枝顶生或腋生，长1～3 cm；苞片卵圆形，每苞片内具花2～4朵；花被 5 深裂，白色或淡红色，花被片椭圆形，长约 3 mm，果时增大，呈肉质，深蓝色；雄蕊 8；花柱 3，柱头头状。瘦果球形，直径 3 ～ 4 mm，黑色，有光泽，成熟时包于蓝紫色宿存花被内。花期 6—8 月，果期 7—10 月。

【分布区域】分布于洪湖市各乡镇。

【药用部位】干燥地上部分。

【炮制】夏季开花时采割，晒干。除去杂质，略洗，切段，干燥。

【化学成分】杠板归含咖啡酸、咖啡酸甲酯、原儿茶酸、槲皮素、白桦脂酸等成分。

【性味与归经】酸，微寒。归肺、膀胱经。

【功能与主治】清热解毒，利水消肿，止咳。用于咽喉肿痛，肺热咳嗽，小儿顿咳，水肿尿少，湿热泻痢，湿疹，疖肿，蛇虫咬伤。

【用法与用量】煎汤，15 ～ 30 g。外用适量，鲜品捣烂敷或干品煎汤熏洗。

39. 习见蓼

【拉丁名】*Polygonum plebeium* R.Br.

【别名】习见萹蓄、腋花蓼、扁竹、铁马齿苋、汗多草、黑鱼草、小萹蓄。

【形态特征】一年生草本。茎从基部分枝，平卧生长，长 10 ～ 40 cm，具纵棱，沿棱具小突起。叶狭椭圆形或倒披针形，长 0.5 ～ 1.5 cm，宽 2 ～ 4 mm，先端钝或急尖，基部狭楔形，两面无毛，侧脉不明显；托叶鞘膜质，白色，透明，长 2.5 ～ 3 mm，顶端撕裂。花 3 ～ 6 朵，簇生于叶腋，遍布于全植株；苞片膜质；

花梗中部具关节，比苞片短；花被5深裂，花被片长椭圆形，绿色，背部稍隆起，边缘白色或淡红色，长1～1.5 mm；雄蕊5，花丝基部稍扩展，比花被短；花柱3，稀2，极短，柱头头状。瘦果宽卵形，有3棱或双凸镜状，长1.5～2 mm，黑褐色，平滑，有光泽，包于宿存花被内。花期5—8月，果期6—9月。

【分布区域】分布于洪湖市各乡镇。

【药用部位】全草。

【炮制】开花时采收，洗净，切段，晒干。以枝叶茂密、带小花者为佳。

【化学成分】习见蓼含鞣质与蒽醌类物质。

【性味与归经】苦，平。归肝、脾、胃、大肠经。

【功能与主治】利尿通淋，清热解毒，化湿杀虫。用于热淋，石淋，黄疸，痢疾，恶疮疥癣，外阴湿痒，蛔虫病。

【用法与用量】煎汤，9～15 g。

虎杖属 *Reynoutria* Houtt.

多年生草本。根状茎横走。茎直立，中空。叶互生，卵形或卵状椭圆形，全缘，具叶柄；托叶鞘膜质，偏斜，早落。花序圆锥状，腋生；花单性，雌雄异株，花被5深裂；雄蕊6～8；花柱3，柱头流苏状，雌花花被片外面3片果时增大，背部具翅。瘦果卵形，具3棱。

洪湖市境内的虎杖属植物有1种。

40. 虎杖

【拉丁名】*Reynoutria japonica* Houtt.

【别名】斑庄根、大接骨、酸桶芦、酸筒杆。

【形态特征】多年生草本。根粗壮，横生。茎直立，高1～2 m，粗壮，空心，具明显的纵棱，具小突起，无毛，通常有红色或紫红色斑点。叶宽卵形或卵状椭圆形，长5～12 cm，宽4～9 cm，先端渐尖，基部宽楔形、截形或近圆形，边缘全缘，疏生小突起，两面无毛，沿叶脉具小突起；叶柄长1～2 cm，具小突起；托叶鞘膜质，长3～5 mm，褐色，具纵脉，无毛，顶端截形，无缘毛，常破裂，早落。花单性，雌雄异株，花序圆锥状，长3～8 cm；苞片漏斗状，长1.5～2 mm，先端渐尖，无缘毛，每苞内具2～4花；花梗长2～4 mm；雄花花被片5，淡绿色，具绿色中脉，无翅，雄蕊8；雌花花被片外面3片背部具翅，花柱3，柱头流苏状。瘦果卵形，具3棱，长4～5 mm，黑褐色，有光泽，包于宿存花被内。花期8—9月，果期9—10月。

【分布区域】分布于乌林镇香山村。

【药用部位】干燥根茎和根。

【炮制】除去杂质，洗净，润透，切厚片，干燥。

【化学成分】虎杖含蒽醌类衍生物、白藜芦醇、虎杖苷、鞣质、黄酮类化合物等。

【性味与归经】微苦，微寒。归肝、胆、肺经。

【功能与主治】利湿退黄，清热解毒，散瘀止痛，止咳化痰。用于湿热黄疸，淋浊，带下，风湿痹痛，痈肿疮毒，水火烫伤，经闭，癥瘕，跌打损伤，肺热咳嗽。

【用法与用量】煎汤，9～15 g。外用适量，制成煎液或油膏涂敷。

【临床应用】①治筋骨痰火、手足麻木、颤摇、痿软：虎杖 30 g，川牛膝 15 g，川茄皮 15 g，防风 15 g，桂枝 15 g，木瓜 10 g，烧酒 1500 g 泡服。②治经闭：虎杖根 50 g（去头去土，曝干，切），土瓜根、牛膝各取汁 800 ml。上 3 味细切，以水 2000 ml，浸虎杖根一宿，明日煎取 800 ml，加土瓜根、牛膝汁，搅令调匀，煎令如饧。每以酒服 100 ml，日再夜[illegible]。宿血当下，若病去，止服。③治红白痢：虎杖 10 g，何首乌 10 g，红茶花 10 g，天青地白 6 g，水煎加红糖服。④治消渴引饮：虎杖（烧过）、海浮石、乌贼鱼骨、丹砂各等份，为末。渴时以麦门冬汤服 6 g，日 3 次。忌酒、鱼、面、酱等生冷的食物。

【注意】孕妇慎用。

酸模属 *Rumex* L.

一年生或多年生草本，稀为灌木。根常粗壮，有时具根状茎。茎直立，通常具沟槽，分枝或上部分枝。叶基生和茎生，茎生叶互生，边缘全缘或波状，托叶鞘膜质，易破裂而早落。花序圆锥状，多花簇生成轮；花两性或单性，雌雄异株；花梗具关节；花被片 6，成 2 轮，宿存，外轮 3 片果时不增大，内轮 3 片果时增大，边缘全缘，具齿或针刺，背部具小瘤或无小瘤；雄蕊 6，花药基着；子房卵形，具 3 棱，1 室，含 1 胚珠，花柱 3，柱头画笔状。瘦果卵形或椭圆形，具 3 棱，包于增大的内花被片内，胚弯曲，位于一侧，胚乳粉质。

洪湖市境内的酸模属植物有 3 种。

1. 基生叶和下部茎生叶基部箭形、戟形或楔形；花单性，雌雄异株……………………酸模 *R.acetosa*
1. 基生叶和下部茎生叶基部楔形、圆形或心形；花两性。
    2. 果萼全缘或有细齿……………………………………………………羊蹄 *R.japonicus*
    2. 果萼边缘有细长针状的刺齿……………………………………………齿果酸模 *R.dentatus*

41. 酸模

【拉丁名】*Rumex acetosa* L.

【别名】山大黄、酸母、鸡爪黄连、田鸡脚、水牛舌头。

【形态特征】多年生草本。茎直立，高 40～100 cm，通常不分枝，有深沟槽。基生叶和茎下部叶箭形，长 3～12 cm，宽 2～4 cm，先端急尖或圆钝，基部裂片急尖，全缘或微波状；叶柄长 2～10 cm；茎生叶较小，无柄而抱茎；托叶鞘膜质，后期破裂。花序狭圆锥状，顶生，分枝稀疏；花单性，雌雄异株；花梗中部具关节；花被片 6，成 2 轮，椭圆形，长约 3 mm，外花被片较小；雄蕊 6；雌花内花被片果时增大，近圆形，直径 3.5～4 mm，全缘，基部心形，网脉明显，基部具极小的小瘤，外花被片椭圆形，反折，瘦果椭圆形，具 3 锐棱，两端尖，长约 2 mm，黑褐色，有光泽。花期 5—7 月，果期 6—8 月。

【分布区域】分布于洪湖市各乡镇。

【药用部位】根。

【炮制】夏、秋季采挖根部，除去泥土和杂质，洗净晒干。

【化学成分】根含鞣质、大黄酚苷、金丝桃苷。根茎含大黄酚、大黄素、大黄素甲醚、尼泊尔酸模素、鞣质。叶含维生素 C 等。

【性味与归经】酸、苦，寒。

【功能与主治】凉血，解毒，通便，杀虫。用于内出血，痢疾，便秘，内痔出血。外用于疥癣，疔疮，神经性皮炎，湿疹。

【用法与用量】煎汤，9～12 g；或捣汁。外用适量，捣敷；或捣汁，或干根用醋磨汁涂患处。

【临床应用】①治吐血，便血：酸模 4.5 g，小蓟、地榆炭各 12 g，炒黄芩 9 g，水煎服。②治白血病出血、月经过多：酸模 15 g，水煎服。体虚者，加人参、茯苓、白术各 9 g。③治皮肤湿疹及烫火伤：酸模全草、椿根白皮各 60 g，桉树叶 30 g，冻青叶 30 g，共为细末，油调涂。④治血小板减少：酸模全草 10 g，仙鹤草、鸡血藤各 30 g，气虚者加黄芪、党参；血虚者加当归、阿胶；食欲不振者加白术、焦三仙；便秘者酸模可加重至 15 g，水煎分 2 服，成人每日 1 剂，小儿酌情减量。⑤治慢性便秘：酸模全草 9 g，芒硝 12 g，枳壳 9 g，水煎服。

42. 齿果酸模

【拉丁名】*Rumex dentatus* L.

【别名】齿果羊蹄、土大黄、野甜菜、牛耳大黄。

【形态特征】草本。茎直立，高 30～70 cm，从基部分枝，具浅沟槽。茎下部叶长圆形或长椭圆形，长 4～12 cm，宽 1.5～3 cm，顶端圆钝或急尖，基部圆形或近心形，边缘浅波状。圆锥状花序，顶生和腋生，长达35 cm，多花，轮状排列，花轮间断；外花被片椭圆形，长约2 mm；内花被片果时增大，三角状卵形，长3.5～4 mm，宽2～2.5 mm，网纹明显，全部具小瘤，小瘤长1.5～2 mm，边缘每侧具2～4个刺状齿，齿长1.5～2 mm。瘦果三棱形，长2～2.5 mm，两端尖，黄褐色，有光泽。花期5—6月，果期6—7月。

【分布区域】分布于洪湖市各乡镇。

【药用部位】根和叶。

【炮制】4—5月采叶，鲜用或晒干。

【化学成分】齿果酸模含没食子酸、异香草酸、反式对羟基肉桂酸、琥珀酸、正丁基吡喃果糖苷、槲皮素、β-谷甾醇、胡萝卜苷等。

【性味与归经】苦，寒。

【功能与主治】清热解毒，杀虫止痒。用于乳痈，疮疡肿毒，疥癣。

【用法与用量】煎汤，3～10 g。外用适量，捣敷。

43. 羊蹄

【拉丁名】*Rumex japonicus* Houtt.

【别名】酸摸、酸模、山菠菜、酸溜溜、水牛舌头、田鸡脚。

【形态特征】多年生草本。茎直立，高50～100 cm，上部分枝，具沟槽。基生叶长圆形或披针状长圆形，长8～25 cm，宽3～10 cm，先端急尖，基部圆形或楔形，边缘微波状，下面沿叶脉具小突起；茎上部叶狭长圆形；叶柄长2～12 cm；托叶鞘膜质，易破裂。花序圆锥状，花两性，多花轮生；花梗细长，中下部具关节；花被片 6, 淡绿色，外花被片椭圆形，长 1.5 ～ 2 mm，内花被片果时增大，宽心形，长 4 ～ 5 mm，顶端渐尖，基部心形，网脉明显，边缘具不整齐的小齿，齿长 0.3 ～ 0.5 mm，全部具小瘤，小瘤长卵形，长 2 ～ 2.5 mm。瘦果三棱形，两端尖，暗褐色，有光泽。花期 5—6 月，果期 6—7 月。

【分布区域】分布于洪湖市各乡镇。

【药用部位】根或全草。

【炮制】夏季采收，洗净，晒干或鲜用。

【化学成分】主要含大黄素、大黄酸、大黄素甲醚、大黄酚、酸模素等。

【性味与归经】酸、苦，寒。

【功能与主治】凉血，解毒，通便，杀虫。用于内出血，痢疾，便秘，内痔出血。外用于疥癣，疔疮，神经性皮炎，湿疹。

【用法与用量】煎汤，9 ～ 15 g；或捣汁。外用适量，捣敷。

【临床应用】①治念珠菌性阴道炎：羊蹄 30 g，蒲公英 15 g，生黄精 15 g，生黄柏 9 g，苦参 12 g，赤芍 9 g，花椒 6 g，皂矾 3 g。上药加水 2000 ml，煮沸后再煎 15 ～ 20 min，留汁去渣，趁热熏洗 10 ～ 15 min，待药温热时引药入阴道口，将分泌物洗去，每日 1 剂，外洗 1 ～ 2 次。②治小儿顽癣久不愈：白矾 15 g，羊蹄根 120 g。两味研烂，加醋调，擦患处。③治大便卒涩结不通：羊蹄根（锉）30 g。以水煎，去滓，温温顿服之。④治湿热黄疸：羊蹄根 15 g，五加皮 15 g，水煎服。⑤治热郁吐血：羊蹄根和麦门冬煎汤饮，或熬膏，炼蜜收，白汤调服 20 g。

二十四、商陆科 Phytolaccaceae

草本或灌木，稀为乔木。直立或攀援，植株通常不被毛。单叶，互生，全缘，无托叶或小托叶。花两性或单性，辐射对称，排列成总状花序或聚伞花序、圆锥花序、穗状花序；花被片 4 ～ 5，在花蕾中覆瓦状排列，椭圆形或圆形，顶端钝，宿存；雄蕊 4 至多数，着生于花萼的基部，花丝线形或钻状，通常宿存；子房上位，心皮 8 ～ 16，分离或合生，每心皮有 1 胚珠，宿存。果实肉质，浆果或核果，稀蒴果。种子双凸镜状或肾形、球形，直立，外种皮膜质或硬脆，平滑或皱缩；胚乳丰富，粉质或油质。

本科有 17 属约 120 种，广布于热带至温带地区，主产于热带美洲、非洲南部，少数产于亚洲。我国有 2 属 5 种。

洪湖市境内的商陆科植物有 1 属 1 种。

商陆属 *Phytolacca* L.

草本，具肉质根，或为灌木，直立或攀援。茎、枝圆柱形，有沟槽或棱角。叶片卵形、椭圆形或披针形，顶端急尖或钝，常有大量的针晶体，有叶柄。花通常两性，稀单性或雌雄异株，小型，有梗或无，排成总状花序、聚伞圆锥花序或穗状花序，花序顶生或与叶对生；花被片 5，辐射对称，草质或膜质，长圆形至卵形，顶端钝，开展或反折，宿存；雄蕊 6 ～ 33，着生于花被基部，花丝钻状或线形，分离或基部连合，内藏或伸出，花药长圆形或近圆形；子房近球形，上位，心皮 5 ～ 16，分离或连合，每心皮有 1 胚珠，花柱钻形，直立或下弯。浆果肉质多汁，扁球形。种子肾形，外种皮硬脆，亮黑色，光滑，内种皮膜质；胚环形，包围粉质胚乳。

洪湖市境内的商陆属植物有 1 种。

44. 垂序商陆

【拉丁名】*Phytolacca americana* L.

【别名】洋商陆、美国商陆、夜呼、小萝卜、见肿消、白昌、章柳根、春牛头、湿萝卜。

【形态特征】多年生草本，高 1 ～ 2 m。根粗壮，肥大，倒圆锥形。茎直立，圆柱形，有时带紫红色。叶片椭圆状卵形或卵状披针形，长 9 ～ 18 cm，宽 5 ～ 10 cm，先端急尖，基部楔形。总状花序顶生或侧生，长 5 ～ 20 cm；花白色，微带红晕；花被片 5，雄蕊、心皮及花柱通常均为 10，心皮合生。果序下垂，浆果扁球形，熟时紫黑色，种子肾圆形，直径约 3 mm。花期 6—8 月，果期 8—10 月。

【分布区域】分布于洪湖市各乡镇。

【药用部位】干燥根。

【炮制】除去杂质，洗净，润透，切厚片或块，干燥。

醋商陆：取商陆片，照醋炙法炒干。

【化学成分】垂序商陆含商陆皂苷等。

【性味与归经】苦，寒；有毒。归肺、脾、肾、大肠经。

【功能与主治】逐水消肿，通利二便；外用解毒散结。用于水肿胀满，二便不通。外用于痈肿疮毒。

【用法与用量】煎汤，3 ～ 9 g。外用适量，煎汤熏洗。

【注意】孕妇禁用。

二十五、紫茉莉科 Nyctaginaceae

草本、灌木或乔木，有时呈攀援状。单叶，对生、互生或假轮生，全缘，具柄，无托叶。花两性，稀单性；单生、簇生或成聚伞花序、伞形花序；常具苞片或小苞片，有的苞片色彩鲜艳；花被单层，常为花冠状、圆筒形或漏斗状，有时钟形，下部合生成管，顶端5～10裂，在芽内镊合状或折扇状排列，宿存；雄蕊1～30，下位，花丝离生或基部连合，芽时内卷，花药2室，纵裂；子房上位，1室，内有1粒胚珠，花柱单一，柱头球形。瘦果有棱或槽，有时有翅，常具腺。种子有胚乳，胚直生或弯生。

本科约有30属300种，分布于热带和亚热带地区，主产于热带美洲。我国有7属11种1变种，主要分布于华南和西南地区。

洪湖市境内的紫茉莉科植物有1属1种。

紫茉莉属 *Mirabilis* L.

一年生或多年生草本。根粗而肥厚，常呈倒圆锥形。单叶，对生，有柄或上部叶无柄。花两性，单生或数朵簇生；每花基部包以5深裂的萼状总苞；花被各色，花被筒伸长，在子房上部稍缢缩，顶端5裂，裂片平展，凋落；雄蕊5～6，与花被筒等长或外伸，花丝下部贴生花被筒上；子房卵球形或椭圆体形，花柱线形，与雄蕊等长或长于雄蕊，柱头头状。瘦果球形或倒卵球形，革质、壳质或坚纸质，平滑或有疣状突起；胚弯曲，包围粉质胚乳。

洪湖市境内的紫茉莉属植物有1种。

45. 紫茉莉

【拉丁名】*Mirabilis jalapa* L.

【别名】晚饭花、野丁香、状元花、夜娇花、潮来花、地雷花、白开夜合。

【形态特征】一年生草本，高约1 m。根倒圆锥形，黑色或黑褐色。茎直立，圆柱形，多分枝，节稍膨大。叶片卵形或卵状三角形，长3～15 cm，宽2～9 cm，先端渐尖，基部截形或心形，全缘，两面均无毛，脉隆起；叶柄长1～4 cm，上部叶几无柄。花常数朵簇生于枝端，花紫红色、黄色、白色，午后开放，有香气，次日午前凋萎；总苞钟形，长约1 cm，5裂，裂片三角状卵形，顶端渐尖，无毛，具脉纹，果时宿存；雄蕊5，花丝细长，常伸出花外，花药球形；花柱单生，线形，伸出花外，柱头头状。瘦果球形，成熟时黑色，表面具皱纹。种子胚乳白粉质。花期6—10月，果期8—11月。

【分布区域】分布于洪湖市各乡镇。

【药用部位】根及全草。

【炮制】秋后挖根，洗净，切片，晒干。

【化学成分】种子含大量淀粉、粗脂肪、脂肪酸、油酸、亚油酸、亚麻酸、槲皮素和山柰酚葡萄糖苷等。

【性味与归经】甘、淡，凉。

【功能与主治】清热利湿，活血调经，解毒消肿。

根：用于扁桃体炎，月经不调，带下，前列腺炎，尿路感染，风湿性关节痛。外用于乳腺炎，跌打损伤，痈疽疔疮，湿疹。

全草：外用于乳腺炎，跌打损伤，痈疽疔疮，湿疹。

【用法与用量】根：煎汤，9～15 g；外用适量，鲜品捣烂外敷，或煎汤外洗。

全草：外用适量，鲜品捣烂外敷，或煎汤外洗。

【临床应用】①治淋浊带下：白花紫茉莉根 30～60 g，茯苓 9～15 g。水煎饭前服，每日 2 次。②治痈疽背疮：紫茉莉根 1 株。去皮，洗净，加红糖少许共捣烂，敷患处，日换 2 次。③治急性关节炎：鲜紫茉莉根 90 g，水煎服。

【注意】孕妇忌服。

二十六、番杏科 Aizoaceae

一年生或多年生草本，或呈小灌木。单叶，对生、互生或轮生；托叶干膜质，先落或无。花两性，辐射对称，花单生、簇生或成聚伞花序；单被或异被，花被片 5，稀 4，分离或基部合生，宿存，覆瓦状排列，花被筒与子房分离或贴生；雄蕊 3～5 或多数，排成多轮，外轮雄蕊有时变为花瓣状或线形，花药 2 室，纵裂；花托扩展成碗状，常有蜜腺，或在子房周围形成花盘；子房上位或下位，心皮 2、5 或多数，合生成 2 至多室，稀离生，花柱同心皮数，胚珠多数，稀单生、弯生、近倒生或基生，中轴胎座或侧膜胎座。果实为蒴果，有时为瘦果和坚果状，常为宿存花被包围。种子通常肾形，稍扁，胚弯曲或环状，粉质胚乳，常有假种皮。

本科约有130属1200种，主要分布于非洲南部。我国有7属约15种。

洪湖市境内的番杏科植物有1属1种。

粟米草属 *Mollugo* L.

一年生草本。茎多分枝。单叶，基生、近对生或假轮生，全缘。花小，具梗，顶生或腋生、簇生或呈聚伞花序、伞形花序；萼片5，草质，常具透明干膜质边缘；雄蕊通常3，有时4或5，与花被片互生，无退化雄蕊；心皮3～5，合生，子房上位，卵球形或椭圆球形，3～5室，每室有多数胚珠或1，花柱3～5，线形。蒴果球形，果皮膜质，部分或全部包于宿存花被内，室背开裂为3～5果瓣。种子多数，肾形，平滑或有颗粒状突起或脊具凸起肋棱，胚环形。

洪湖市境内的粟米草属植物有1种。

46. 粟米草

【拉丁名】*Mollugo stricta* L.

【别名】四月飞、瓜仔草、瓜疮草、地麻黄、地杉树、鸭脚瓜子草。

【形态特征】一年生草本，高10～30 cm。茎纤细，多分枝，有棱角，无毛。叶通常3片，轮生或对生，叶片披针形或线状披针形，长1.5～4 cm，宽2～7 mm，先端尖，基部渐狭，全缘，中脉明显；叶柄短或近无柄。疏松聚伞花序，花极小，花序梗细长，顶生或与叶对生；花梗长1.5～6 mm；花被片5，淡绿色，近圆形，长1.5～2 mm，边缘膜质；雄蕊通常3，花丝基部稍宽；子房近圆形，3室，花柱3，线形。蒴果近球形，与宿存花被等长，3瓣裂。种子多数，肾形，栗色，具多数颗粒状突起。花期6—8月，果期8—10月。

【分布区域】分布于乌林镇香山村。

【药用部位】全草。

【炮制】夏、秋季采收，除去杂质，鲜用或晒干。

【化学成分】含β-谷甾醇、齐墩果酸、粟米草精醇、圣草素、牡荆素等。

【性味与归经】淡，平。

【功能与主治】清热解毒，利湿。用于腹痛泄泻，感冒咳嗽，皮肤风疹。外用于结膜炎，疮疖肿毒。

【用法与用量】煎汤，9～30 g。外用适量，鲜草捣烂塞鼻或敷患处。

二十七、马齿苋科 Portulacaceae

一年生或多年生草本，少数为小灌木。单叶，互生或对生，全缘，常肉质；托叶干膜质，有时呈毛状，有时无托叶。花两性，腋生或顶生，单生或簇生，或成聚伞花序、总状花序、圆锥花序；萼片2，稀5，草质或干膜质，分离或基部连合；花瓣4～5，或更多，覆瓦状排列，色鲜艳，早落或宿存；雄蕊与花瓣同数，对生，花丝线形，花药2室；雌蕊3～5，心皮合生，子房上位或半下位，1室，有弯生胚珠1至多粒，花柱线形，柱头2～5裂。蒴果近膜质，环状盖裂，或2～3瓣裂。种子肾形或球形，多数，稀为2颗，胚环绕粉质胚乳。

本科有19属580种，广布于全世界，主产于南美。我国现有2属7种。

洪湖市境内的马齿苋科植物有2属2种。

1. 平卧或斜生草本；子房半下位或上位；蒴果环状盖裂……马齿苋属 *Portulaca*
1. 直立草本或小灌木状；子房上位；蒴果瓣裂……土人参属 *Talinum*

马齿苋属 *Portulaca* L.

一年生或多年生肉质草本。茎铺散，平卧或斜升。叶互生或对生或在茎上部轮生，叶片圆柱状或扁平。花单生或簇生于顶端；常具数片叶状总苞；萼片2，筒状，其分离部分脱落，花瓣4或5，离生或下部连合，花开后黏液质，先落；雄蕊4至多数，着生于花瓣上；子房半下位，1室，有胚珠多数，花柱线形，顶端分枝成3～8个柱头。蒴果环状盖裂。果内种子多数，肾形或圆形，光亮，具疣状突起。

洪湖市境内的马齿苋属植物有1种。

47. 马齿苋

【拉丁名】*Portulaca oleracea* L.

【别名】五行草、长命菜、蚂蚁菜、猪母菜、瓜子菜、狮岳菜、酸菜。

【形态特征】一年生肉质草本，全株光滑无毛。茎平卧或斜生，伏地铺散，多分枝，圆柱形，长10～15 cm，淡绿色或带暗红色。叶互生或对生，叶片扁平，肥厚，倒卵形，似马齿状，长1～3 cm，宽0.6～1.5 cm，先端圆钝或平截，有时微凹，基部楔形，全缘，上面暗绿色，下面淡绿色或带暗红色，中脉微隆起；叶柄粗短。花无梗，直径4～5 mm，常3～5朵簇生于枝端，午时盛开；苞片2～6，叶状，膜质，近轮生；萼片2，对生，绿色，盔形，左右压扁，长约4 mm，先端急尖，背部具龙骨状突起，基部合生；花瓣5，稀4，黄色，倒卵形，长3～5 mm，顶端微凹，基部合生；雄蕊通常8，或更多，长约12 mm，花药黄色；

子房无毛，花柱比雄蕊稍长，柱头 4 ～ 6 裂，线形。蒴果卵球形，长约 5 mm，盖裂。种子多数，扁球形，黑褐色，有光泽，表面有小疣状突起。花期 6—8 月，果期 7—9 月。

【分布区域】分布于洪湖市各乡镇。

【药用部位】干燥地上部分。

【炮制】马齿苋：取原药材，除去杂质，抢水洗净，稍润，切段，干燥。

蒸马齿苋：取原药材，除去杂质，蒸至上汽或蒸熟，切成 1 ～ 1.5 cm 长段，晒干。

【化学成分】全草含去甲肾上腺素、多巴胺、甜菜素、异甜菜素、甜菜苷、异甜菜苷、草酸、柠檬酸、谷氨酸、天冬氨酸、丙氨酸、葡萄糖、果糖、蔗糖和钾盐等。

【性味与归经】酸，寒。归肝、大肠经。

【功能与主治】清热解毒，凉血止血，止痢。用于热毒血痢，痈肿疔疮，湿疹，丹毒，蛇虫咬伤，便血，痔血，崩漏下血。

【用法与用量】煎汤，9 ～ 15 g。外用适量，捣敷患处。

【临床应用】①治赤白带下：马齿苋 45 g，鸡子白 1 枚，先温令热，乃下苋汁，微温取顿饮之。②治翻花疮：马齿苋 500 g，烧为炭，细研，以猪脂调敷。③治产后血痢：生马齿苋 45 g，煎一沸，下蜜 15 g 调，顿服。

土人参属 *Talinum* Adans.

一年生或多年生草本，有时为小灌木，常具粗根。茎直立，肉质，无毛。叶互生或部分对生，叶片扁平，全缘，无托叶。花成顶生总状花序或圆锥花序，稀单生于叶腋；萼片 2，分离或基部短合生，卵形，早落，花瓣 5，红色，常早落；雄蕊 5 ～ 30，通常贴生于花瓣基部；子房上位，1 室，胚珠多数，花柱顶端 3 裂。蒴果球形、卵形或椭圆形，薄膜质，3 瓣裂。种子近球形或扁球形，亮黑色，具瘤或棱，种阜淡白色。

洪湖市境内的土人参属植物有 1 种。

48. 土人参

【拉丁名】*Talinum paniculatum*（Jacq.）Gaertn.

【别名】土高丽参、波世兰、煮饭花、假人参。

【形态特征】一年生或多年生草本，全株无毛，高 30 ～ 100 cm。主根纺锤状，有分枝，皮黑褐色，断面乳白色。茎直立，肉质，基部近木质，多少分枝，圆柱形，有时具槽。叶互生或近对生，稍肉质，倒卵形或倒卵状长椭圆形，长 5 ～ 10 cm，宽 2.5 ～ 5 cm，先端急尖，有时微凹，具短尖头，基部狭楔形，全缘。圆锥花序顶生或腋生，常二叉状分枝；花总苞片绿色或近红色，圆形，顶端圆钝，长 3 ～ 4 mm；苞片 2，披针形，膜质；萼片卵形，紫红色，早落，花瓣粉红色或淡紫红色，长椭圆形、倒卵形或椭圆形；雄蕊 10 ～ 20；花柱线形，基部具关节，柱头 3 裂，稍开展，子房卵球形。蒴果近球形，直径约 4 mm，3 瓣裂，坚纸质。种子多数，扁圆形，直径约 1 mm，黑褐色或黑色，有光泽。花期 4—6 月，果期 6—11 月。

【分布区域】分布于洪湖市各乡镇。

【药用部位】根。

【炮制】8—9 月采挖后，洗净，除去细根，晒干或刮去表皮，蒸熟晒干。

【化学成分】土人参含甜菜色素、草酸、芸苔甾醇、β－谷甾醇、豆甾醇等。

【性味与归经】甘、淡，平。归脾、肺、肾经。

【功能与主治】补气润肺，止咳，调经。用于气虚劳倦，食少，泄泻，肺痨咯血，眩晕，潮热，盗汗，自汗，月经不调，带下，产妇乳汁不足。

【用法与用量】煎汤，30～60 g。外用适量，捣敷。

【临床应用】①治小儿脾虚腹泻：土人参根 150 g，粳米 60 g。炒黄研末，炼蜜为丸，每服 6 g，早晚各 1 次。②治脾虚泄泻：土人参 15～30 g，大枣 15 g，水煎服。

【注意】孕妇慎服。中阳衰微、寒湿困脾者慎服；忌食酸辣、芥菜、浓茶。

二十八、落葵科 Basellaceae

缠绕草质藤本，全株光滑无毛。单叶，互生，全缘，稍肉质，通常有叶柄；托叶无。穗状花序、总状花序或圆锥花序，花两性，小，少数为单性，辐射对称；苞片 3，早落，小苞片 2，宿存；花被片 5，离生或下部合生，通常白色或淡红色，在芽中覆瓦状排列；雄蕊 5，与萼片对生，花丝着生于花被上；雌蕊由 3 心皮合生，子房上位，1 室，胚珠 1，着生于子房基部，花柱 3。果为胞果，肉质，通常被宿存的小苞片和花被包围，不开裂。种子球形，种皮膜质，含有胚乳。

本科约有 4 属 25 种，主要分布于亚洲、非洲及拉丁美洲热带地区。我国有 2 属 3 种。

洪湖市境内的落葵科植物有 1 属 1 种。

落葵属 *Basella* L.

一年生或二年生肉质缠绕草本。叶互生。花序轴粗壮，排成腋生穗状花序；花小，无梗，通常淡红色或白色；苞片极小，早落，小苞片和坛状花被合生，肉质，花后膨大，卵球形，花期很少开放，花后肉质，包围果实；花被短 5 裂，钝圆，裂片有脊；雄蕊 5 枚，内藏，与花被片对生，着生于花被筒近顶部，花丝在芽中直立，花药背着，丁字形着生；子房上位，1 室，内含 1 胚珠，花柱 3，柱头线形。胞果球形，肉质。种子直立；胚螺旋状，有少量胚乳，子叶大而薄。

洪湖市境内的落葵属植物有 1 种。

49. 落葵

【拉丁名】*Basella alba* L.

【别名】蒹芭菜、胭脂菜、紫葵、豆腐菜、潺菜、藤菜。

【形态特征】一年生缠绕草本。茎长可达数米，无毛，肉质，绿色或略带紫红色。叶片卵形或近圆形，长 3～9 cm，宽 2～8 cm，先端渐尖，基部微心形或圆形，下延成柄，全缘，叶脉微凸起；叶柄长 1～

3 cm，上有凹槽。穗状花序腋生，长 3 ～ 20 cm；苞片极小，早落，小苞片 2，萼状，长圆形，宿存；花被片淡红色或淡紫色，卵状长圆形，全缘，顶端钝圆，下部白色，连合成筒；雄蕊着生于花被筒口，花丝短，基部扁宽，白色，花药淡黄色；柱头椭圆形。果实球形，直径 5 ～ 6 mm，红色至深红色或黑色，多汁液，外包宿存小苞片及花被。花期 5—9 月，果期 7—10 月。

【分布区域】分布于洪湖市各乡镇。

【药用部位】全草。

【炮制】夏、秋季采收叶或全草，洗净，除去杂质，鲜用或晒干。

【化学成分】叶含胡萝卜素、维生素 C、蛋白质及多种氨基酸、L- 阿拉伯糖、D- 半乳糖，其他尚含少量糖醛酸、鼠李糖。

【性味与归经】甘、淡，凉。归心、肝、脾、大肠、小肠经。

【功能与主治】清热，滑肠，凉血，解毒，接骨止痛。用于阑尾炎，痢疾，大便秘结，膀胱炎。外用于骨折，跌打损伤，外伤出血，烧烫伤。

【用法与用量】煎汤，10 ～ 15 g（鲜品 30 ～ 60 g）。外用适量，鲜品捣敷，或捣汁涂。

【临床应用】①治大便秘结：鲜落葵叶煮作副食。②治小便短涩：鲜落葵每次 60 g，煎汤代茶频饮。③治胸膈积热郁闷：鲜落葵每次 60 g，浓煎汤加温酒服。④治阑尾炎：鲜落葵 60 ～ 120 g，水煎服。⑤治外伤出血：鲜落葵叶和冰糖共捣烂敷患处。⑥治疔疮：鲜落葵 10 片，捣烂涂贴，日换 1 ～ 2 次。

【注意】脾虚者不可食。孕妇忌服。

二十九、石竹科 Caryophyllaceae

一年生或多年生草本，少数为小灌木。节部通常膨大。单叶，对生，稀互生或轮生，全缘，基部常连合。花通常为两性，辐射对称排列成聚伞花序或聚伞圆锥花序；萼片 5，稀 4，草质或膜质，宿存，覆瓦状排列或合生成筒状；花瓣 4 ～ 5，常有爪；雄蕊 10，2 轮排列，稀 5 或 2；雌蕊 1，由 2 ～ 5 合生心皮构成，子房上位，3室或基部1室，上部3～5室，特立中央胎座或基底胎座，胚珠1至多数，花柱1～5，有时基部合生。果实为蒴果，长椭圆形、圆柱形、卵形或圆球形，果皮顶端开裂，分裂数与花柱同数或为其2倍。种子弯生，常多数，稀1粒，肾形、卵形、圆盾形或圆形，微扁；种脐通常位于种子凹陷处；种皮纸质，表面具有以种脐为圆心的、整齐排列为数层半环形的颗粒状、短线纹或瘤状突起；种脊具槽，圆钝或锐，少数有流苏状篦齿或翅；胚环形或半圆形，环绕在胚乳周围，胚乳位于一侧；胚乳粉质。

本科约有80属2000种，主要分布于北半球的温带和暖温带地区，少数分布于非洲、大洋洲和南美洲。我国有30属388种。

洪湖市境内的石竹科植物有5属5种。

1. 花通常排成聚伞花序，少数单生；蒴果果瓣先端稍2裂。
  2. 花瓣先端不裂，有时微凹或呈流苏状，有时无花瓣……无心菜属 *Arenaria*
  2. 花瓣先端深2裂，有时浅2裂，极少数全缘或无花瓣。
    3. 花柱5，少数3～4，与萼片对生；蒴果有大小相等的10裂齿，先端偏斜或直立……卷耳属 *Cerastium*
    3. 花柱2～5，如为5，则必与萼片互生。
      4. 心皮5；花柱5……鹅肠菜属 *Myosoton*
      4. 心皮3，少数为2；花柱3，少数为2……繁缕属 *Stellaria*
1. 花多单生，少数为聚伞花序；蒴果果瓣先端不再裂……漆姑草属 *Sagina*

无心菜属 *Arenaria* L.

一年生或多年生草本。茎直立，稀铺散，常丛生。单叶对生，叶片全缘，扁平，卵形、椭圆形至线形。花常为聚伞花序；萼片全缘，稀顶端微凹，花瓣全缘或顶端齿裂至缝裂；雄蕊10，稀8或5；子房1室，含多数胚珠，花柱3，稀2。蒴果卵形，通常短于宿存萼，裂瓣与花柱的同数或为其2倍。种子稍扁，肾形或近圆卵形，具疣状突起，平滑或具狭翅。

洪湖市境内的无心菜属植物有1种。

50. 无心菜

【拉丁名】*Arenaria serpyllifolia* L.

【别名】卵叶蚤缀、鹅不食草、蚤缀、小无心菜。

【形态特征】一年生或二年生草本，高10～30 cm。主根细长。茎铺散丛生，密生白色短柔毛。叶片卵形，长4～12 mm，宽3～7 mm，基部狭，无柄，边缘具缘毛，顶端急尖，两面近无毛或疏生柔毛，下面具3脉，茎下部的叶较大，茎上部的叶较小。聚伞花序，苞片草质，卵形，长3～7 mm，通常密生柔毛；花梗长约1 cm，纤细，密生柔毛或腺毛；萼片5，披针形，长3～4 mm，边缘膜质，顶端尖，外面被柔毛，具显著的3脉；花瓣5，白色，倒卵形，顶端钝圆；雄蕊10；子房卵圆形，无毛，花柱3，线形。蒴果卵圆形，顶端6裂。种子肾形，表面粗糙，淡褐色。花期6—8月，果期8—9月。

【分布区域】分布于洪湖市各乡镇。

【药用部位】全草。

【炮制】夏、秋季采收全草，洗净，阴干备用。

【性味与归经】辛、苦，凉。归肝、肺经。

【功能与主治】止咳，明目，清热解毒。用于肺结核咳嗽，急性结膜炎，麦粒肿，咽喉痛，齿龈炎。

【用法与用量】煎汤，15 ～ 30 g。外用适量，捣敷或塞鼻。

卷耳属 *Cerastium* L.

一年生或多年生草本，多数被柔毛或腺毛。叶对生，叶片卵形或长椭圆形至披针形。花两性，白色，排成二歧聚伞花序，顶生；萼片 5，少数为 4，分离；花瓣 5，少数为 4，白色，顶端 2 裂，稀全缘或微凹；雄蕊 10，稀 5，花丝无毛或被毛；子房 1 室，具多数胚珠；花柱通常 5，与萼片对生。蒴果圆柱形，薄壳质，顶端裂齿为花柱数的 2 倍。种子多数，近肾形，稍扁，常具疣状突起。

洪湖市境内的卷耳属植物有 1 种。

51. 球序卷耳

【拉丁名】*Cerastium glomeratum* Thuill.

【别名】婆婆指甲菜、圆序卷耳。

【形态特征】一年生草本，高 10 ～ 20 cm。茎单生或丛生，密被柔毛，上部混生腺毛。茎下部叶片匙形；上部茎生叶倒卵状椭圆形，两面皆被长柔毛，边缘具缘毛，中脉明显。聚伞花序呈簇生状或头状；花序轴密被腺柔毛；苞片卵状椭圆形，密被柔毛；花梗细，密被柔毛；萼片 5，披针形，顶端尖，外面密被长腺毛，边缘狭膜质；花瓣 5，白色，线状长圆形，与萼片近等长或微长，顶端 2 浅裂，基部被疏柔毛；花柱 5。蒴果长圆柱形，顶端 10 齿裂。种子褐色，扁三角形，具疣状突起。花期 3—4 月，果期 5—6 月。

【分布区域】分布于洪湖市各乡镇。

【药用部位】全草。

【炮制】春、夏季采集，晒干或鲜用。

【化学成分】含糖类等成分。

【性味与归经】甘、微苦，寒。归肺、胃、肝经。

【功能与主治】清热，利湿，凉血，解毒。用于感冒发热，湿热泄泻，肠风下血，乳痈，疔疮，咳嗽，并有降压作用。

【用法与用量】煎汤，15 ~ 30 g。外用适量，鲜品捣烂或煎水洗。

鹅肠菜属 *Myosoton* Moench

二年生或多年生草本。茎下部匍匐生长。叶对生。花两性，白色，排列成顶生二歧聚伞花序；萼片 5，花瓣 5，2 深裂至基部；雄蕊 10；子房 1 室，花柱 5。蒴果卵形，比萼片稍长，5 瓣裂至中部，裂瓣顶端再 2 深裂。种子肾状圆形，种脊具疣状突起。

洪湖市境内的鹅肠菜属植物有 1 种。

52. 鹅肠菜

【拉丁名】*Myosoton aquaticum*（L.）Moench

【别名】鹅儿肠、大鹅儿肠、石灰菜、鹅肠草、牛繁缕。

【形态特征】二年生或多年生草本。茎多分枝，上部被腺毛。叶片卵形或宽卵形，长 2.5 ~ 5.5 cm，宽 1 ~ 3 cm，顶端急尖，基部稍心形，有时边缘有毛；叶柄长 5 ~ 15 mm，疏生柔毛。顶生二歧聚伞花序；苞片叶状，边缘具腺毛；花梗细，长 1 ~ 2 cm，密被腺毛；萼片卵状披针形或长卵形，长 4 ~ 5 mm，果期长达 7 mm，外面被腺柔毛，脉纹不明显；花瓣白色，先端 2 深裂达中部，裂片线形或披针状线形；

雄蕊 10，稍短于花瓣；子房长圆形，花柱短，线形。蒴果卵圆形，稍长于宿存萼。种子近肾形，直径约 1 mm，稍扁，褐色，具小疣。花期 5—8 月，果期 6—9 月。

【分布区域】分布于洪湖市各乡镇。

【药用部位】全草。

【炮制】夏、秋季采集，洗净切段，晒干或鲜用。

【性味与归经】甘、酸，平。归肝、胃经。

【功能与主治】清热凉血，消肿止痛，消积通乳。用于小儿疳积，牙痛，痢疾，痔疮肿痛，乳腺炎，乳汁不通。外用于疮疖。

【用法与用量】煎汤，15 ～ 30 g（鲜品 60 g）；或捣汁。外用适量，鲜品捣敷，或煎汤熏洗。

漆姑草属 *Sagina* L.

一年生或多年生小草本。茎多丛生。叶线形或线状锥形，基部合生成鞘状；无托叶。花两性，小，多单生于叶腋或顶生成聚伞花序，通常具长梗；萼片 4 ～ 5，先端圆钝；花瓣白色，4 ～ 5，有时无花瓣；雄蕊 4 ～ 5，有时为 8 或 10；子房 1 室，含多数胚珠；花柱 4 ～ 5，与萼片互生。蒴果卵圆形，4 ～ 5 瓣裂，裂瓣与萼片对生。种子细小，肾形，表面有小突起或平滑。

洪湖市境内的漆姑草属植物有 1 种。

53. 漆姑草

【拉丁名】*Sagina japonica*（Sw.）Ohwi

【别名】腺漆姑草、日本漆姑草、星宿草、瓜槌草、珍珠草、虎牙草、地兰。

【形态特征】一年生小草本，高 5 ~ 20 cm，上部被柔毛。茎铺散丛生。叶线形，长 5 ~ 20 mm，宽 0.8 ~ 1.5 mm，先端急尖，无毛。花小型，单生于枝端；花梗细，长 1 ~ 2 cm，被稀疏短柔毛；萼片 5，卵状椭圆形，长约 2 mm，顶端尖或钝，外面疏生短腺柔毛，边缘膜质；花瓣 5，狭卵形，稍短于萼片，白色，顶端圆钝，全缘；雄蕊 5；子房卵圆形，花柱 5，线形。蒴果卵圆形，5 瓣裂。种子细，圆肾形，微扁，褐色，表面具尖瘤状突起。花期 3—5 月，果期 5—6 月。

【分布区域】分布于洪湖市南门洲。

【药用部位】全草。

【炮制】4—5 月采集，洗净，鲜用或晒干。

【化学成分】全草含挥发油、皂苷和黄酮等成分。

【性味与归经】苦、辛，凉。归肝、胃经。

【功能与主治】凉血解毒，杀虫止痒。用于漆疮，秃疮，湿疹，丹毒，瘰疬，无名肿毒，毒蛇咬伤，鼻渊，龋齿痛，跌打内伤。

【用法与用量】煎汤，10 ~ 30 g；研末或绞汁。外用适量，捣敷，或绞汁涂。

【临床应用】①治淋病，痢疾：漆姑草 30 g，水煎服。②治跌打内伤：漆姑草 15 g，水煎服。③治蛇咬伤：漆姑草、雄黄各适量捣烂敷。④治咳嗽或小便不利：漆姑草 30 g，煨水服。⑤治瘰疬：漆姑草 15 ~ 30 g，煎服。外用鲜草捣绒敷。

繁缕属 *Stellaria* L.

一年生或多年生草本。茎常匍匐丛生。叶扁平。花多组成顶生聚伞花序，稀单生于叶腋；萼片 4 ~ 5，花瓣 4 ~ 5，常白色，2 深裂，有时无花瓣；雄蕊 10，有时少数；子房 1 室，少数 3 室，胚珠常多数，1 ~ 2 枚成熟；花柱 3，稀 2。蒴果圆球形或卵形，裂齿 4 ~ 6。种子多数，近肾形，微扁，具瘤或平滑；胚环形。

洪湖市境内的繁缕属植物有 1 种。

54. 繁缕

【拉丁名】*Stellaria media*（L.）Cyr.

【别名】鸡儿肠、鹅耳伸筋、鹅肠菜。

【形态特征】一年生或二年生草本，高 10 ～ 30 cm。茎细弱，基部多分枝，常带淡紫红色，一侧有一列细短柔毛。叶宽卵形或卵形，长 1.5 ～ 2.5 cm，宽 1 ～ 1.5 cm，顶端渐尖或急尖，基部渐狭或近心形，全缘；基生叶具长柄。疏聚伞花序顶生；花梗细弱，具 1 列短毛；萼片 5，卵状披针形，长约 4 mm，顶端稍钝或近圆形，边缘宽膜质，外面被短腺毛；花瓣 5，白色，先端深 2 裂，短于萼片，裂片近线形；雄蕊 3 ～ 5，短于花瓣；花柱 3，线形。蒴果卵形，成熟时顶端 6 裂。种子近圆形，稍扁，红褐色，表面具半球形瘤状突起。花期 6—7 月，果期 7—8 月。

【分布区域】分布于洪湖市各乡镇。

【药用部位】全草。

【炮制】春、夏、秋季花开时采集，去尽泥土，晒干。

【性味与归经】甘、酸，凉。归肝、大肠经。

【功能与主治】清热解毒，化瘀止痛，催乳。用于肠炎，痢疾，肝炎，阑尾炎，产后瘀血腹痛，牙痛，头发早白，乳汁不下，乳腺炎，跌打损伤，疮疡肿毒。

【用法与用量】煎汤，15 ～ 30 g（鲜品 30 ～ 60 g）；或捣汁。外用适量，捣敷；或烧存性研末调敷。

【临床应用】①治中暑呕吐：繁缕鲜品 21 g，檵木叶、腐婢、白牛膝各 12 g，水煮汁，饭前服。②治急、慢性阑尾炎，阑尾周围炎：繁缕 120 g，大血藤 30 g，冬瓜子 18 g，水煎去渣，每日服 1 剂。

③治子宫内膜炎，宫颈炎，附件炎：繁缕 90 g，桃仁 12 g，丹皮 9 g，每日水煎服 1 剂。④治痈疽，跌打损伤，软组织肿痛：鲜繁缕 90 g，黄酒 30 ～ 50 ml，加水同煎服。另外，可用鲜繁缕适量加甜酒酿少许，同捣为稀糊状，外敷局部。

三十、藜科 Chenopodiaceae

一年生草本或多年生草本，少数为小乔木、小灌木。叶互生或对生，较少退化成鳞片状；无托叶。花两性，少数为单性；有苞片或无苞片，或苞片与叶近同型；小苞片 2，舟状至鳞片状，或无小苞片；花被膜质、草质或肉质，1 ～ 5 深裂或全裂，花被片覆瓦状，很少排列成 2 轮，果时常常增大，变硬；雄蕊与花被片同数对生或较少，着生于花被基部或花盘上，花丝钻形或条形，离生或基部合生，花药 2 室；子房上位，卵形至球形，2 ～ 5 个心皮合成，离生，极少基部与花被合生，1 室；花柱顶生，通常短，柱头 2 ～ 5，丝形或钻形，有颗粒状或毛状突起；胚珠 1 个，弯生。果实为胞果，很少为盖果。种子直立、横生或斜生，扁平圆形、双凸镜形、肾形或斜卵形；种皮壳质、革质、膜质或肉质，内种皮膜质或无；胚乳为外胚乳，粉质或肉质，或无胚乳，胚环形、半环形或螺旋形，子叶通常狭细。

本科有 100 余属 1400 余种，分布于草原、荒漠、盐碱地。我国有 39 属 186 种。

洪湖市境内的藜科植物有 3 属 4 种。

1. 花两性或杂性。
    2. 结果后的萼片无翅或仅变硬……藜属 *Chenopodium*
    2. 结果后的萼片有翅或略增大……地肤属 *Kochia*
1. 花单性，雌雄异株……菠菜属 *Spinacia*

藜属 *Chenopodium* L.

一年生或多年生草本。茎被腺毛，少数光滑。叶互生，有柄或无柄；叶通常宽阔扁平，全缘或具不整齐锯齿或浅裂片。花两性，小苞片或无苞片，常数花聚集成团伞花序，较少为单生，并再排列成腋生或顶生的穗状、圆锥状或复二歧式聚伞状的花序；花被 3 ～ 5 裂，球形，绿色，裂片腹面凹；雄蕊 5 或较少，与花被裂片对生，花丝基部有时合生，花药矩圆形；常无花盘；子房球形，顶基稍扁，较少为卵形；柱头 2，很少 3 ～ 5，丝状或毛发状；胚珠几无柄。胞果卵形，双凸镜形或扁球形；果皮薄膜质或稍肉质，与种子贴生，不开裂。种子横生，少数直立；种皮壳质，平滑或具点洼，有光泽；胚环形、半环形或马蹄形；胚乳丰富，粉质。

洪湖市境内的藜属植物有 2 种。

1. 叶两侧边缘显然不平行，先端急尖或微钝……藜 *C.album*
1. 叶下面具黄色腺点，有强烈香味（揉搓叶片）……土荆芥 *C.ambrosioides*

55. 藜

【拉丁名】*Chenopodium album* L.

【别名】红心灰藋、胭脂菜、鹤顶草、灰苋菜、灰藜、灰蓼头草。

【形态特征】一年生草本，高 30 ～ 150 cm。茎直立，粗壮，有条棱及绿色或紫红色色条，多分枝。叶菱状卵形至宽披针形，长 3 ～ 6 cm，宽 2.5 ～ 5 cm，先端急尖或微钝，基部楔形至宽楔形，有时嫩叶的上叶面有紫红色粉，下叶面多少有粉，边缘有齿。花两性，花簇于枝上部排列成或大或小的穗状圆锥状或圆锥状花序；花被裂片 5，宽卵形至椭圆形，背面具纵隆脊，有粉，边缘膜质；雄蕊 5，柱头 2。胞果稍扁，果皮与种子紧贴。种子横生，双凸镜状，直径 1.2 ～ 1.5 mm，边缘钝，黑色，有光泽，表面具浅沟纹；胚环形。花期 6—9 月，果期 5—10 月。

【分布区域】分布于洪湖市各乡镇。

【药用部位】幼嫩全草。

【炮制】春、夏季割取全草，除去杂质，鲜用或晒干备用。

【性味与归经】甘，平。归肺、肝经。

【功能与主治】清热祛湿，解毒消肿，杀虫止痒。用于发热，咳嗽，痢疾，腹泻，腹痛，疝气，龋齿痛，湿疹，疥癣，白癜风，疮疡肿痛，毒蛇咬伤。

【用法与用量】煎汤，15 ～ 30 g。外用适量，煎水漱口或熏洗，或捣涂。

56. 土荆芥

【拉丁名】*Chenopodium ambrosioides* L.

【别名】臭草、钩虫草、杀虫芥、臭藜藿、鹅脚草。

【形态特征】一年生或多年生草本，高 50 ～ 80 cm，有强烈香味。茎直立，多分枝，有色条及钝条棱；枝通常细瘦，有短柔毛并兼有具节的长柔毛，有时近于无毛。叶片披针形，先端急尖或渐尖，边缘具稀疏不整齐的大锯齿，基部渐狭具短柄，上面平滑无毛，下面有散生油点并沿叶脉稍有毛，下部的叶长达 15 cm，宽达 5 cm，上部叶逐渐狭小而近全缘。花两性及雌性，通常 3 ～ 5，生于上部叶腋；花被裂片 3 ～ 5，绿色，果时通常闭合；雄蕊 5，花药长 0.5 mm；花柱不明显，柱头通常 3 ～ 4，丝形，伸出花被外。胞果扁球形，完全包于花被内。种子横生或斜生，黑色或暗红色，平滑，有光泽，边缘钝，直径约 0.7 mm。花期 6—9 月，果期 8—11 月。

【分布区域】分布于燕窝镇姚湖村。

【药用部位】带果穗全草。

【炮制】除去杂质及根，切细。

【化学成分】含松香芹酮、土荆芥酮、土荆芥苷等。

【性味与归经】辛、苦，温；有毒。归脾、胃经。

【功能与主治】祛风除湿，杀虫止痒，活血消肿。用于钩虫病，蛔虫病，蛲虫病，头虱，皮肤湿疹，疥癣，风湿痹痛，经闭，痛经，口舌生疮，咽喉肿痛，跌打损伤，蛇虫咬伤。

【用法与用量】煎汤，3～9 g（鲜品 15～24 g）；或入丸、散；或提取土荆芥油，成人常用量 0.8～1.2 ml，极量 1.5 ml，儿童每增加 1 岁增加 0.05 ml。外用适量，煎水洗或捣敷。

地肤属 *Kochia* Roth

一年生草本，有时呈灌木。茎直立或斜升，通常多分枝。叶互生，无柄或几无柄，圆柱状、半圆柱状，或为窄狭的平面叶，全缘。花两性兼有雌性，无梗，单生或簇生于叶腋，无小苞片；花被近球形，草质，通常有毛，5 深裂，裂片内曲，果时背面各具 1 横翅状附属物，翅状附属物膜质，有脉纹；雄蕊 5，着生于花被基部，花丝扁平；子房宽卵形，花柱纤细，柱头 2～3，丝状，有乳头状突起，胚珠近无柄。胞果扁球形；果皮膜质，不与种子贴生。种子横生，稍压扁，圆形或卵形；种皮膜质，平滑；胚细瘦，环形；胚乳较少。

洪湖市境内的地肤属植物有 1 种。

57. 地肤

【拉丁名】*Kochia scoparia*（L.）Schrad.

【别名】扫帚子、铁扫把子、扫帚苗、扫帚菜、观音菜、孔雀松。

【形态特征】一年生草本，高约 1 m。茎直立，圆柱状，淡绿色或带紫红色，有多数条棱，稍有短柔毛或下部无毛；分枝稀疏，斜上。叶披针形或条状披针形，长 2～5 cm，宽 3～7 mm，通常有 3 条明显的主脉，边缘有疏生的锈色绢状毛；茎上部叶较小，无柄，1 脉。花两性或雌性，疏穗状圆锥状花序，

花下有时有锈色长柔毛；花被近球形，淡绿色，花被裂片近三角形，无毛或先端稍有毛；翅端附属物三角形至倒卵形，有时近扇形，膜质，脉不很明显，边缘微波状或具缺刻；花丝丝状，花药淡黄色；柱头2，丝状，紫褐色。胞果扁球形，果皮膜质。种子卵形，黑褐色，长1.5～2 mm，稍有光泽；胚环形，胚乳块状。花期6—9月，果期7—10月。

【分布区域】分布于洪湖市各乡镇。

【药用部位】干燥成熟果实。

【炮制】地肤子：取原药材，除去杂质，筛土。

炒地肤子：取净地肤子，用文火炒至色变取出，放凉。

【化学成分】地肤子含地肤子皂苷、脂肪酸、生物碱、微量元素、维生素等。

【性味与归经】辛、苦，寒。归肾、膀胱经。

【功能与主治】清热利湿，祛风止痒。用于小便涩痛，阴痒带下，风疹，湿疹，皮肤瘙痒。

【用法与用量】煎汤，9～15 g。外用适量，煎汤熏洗。

【临床应用】①治痈：地肤子、莱菔子各30 g，文火煎水，趁热洗患处。每日2次，每次10～15 min。②治雷头风肿：地肤子同生姜研烂，热酒冲服，取汗愈。③治肢体疣目：地肤子、白矾各等份，煎汤频洗。

菠菜属 *Spinacia* L.

一年生草本，平滑无毛，直立。叶为平面叶，互生，有叶柄；叶片三角状卵形或戟形，全缘或具缺刻。花单性，集成团伞花序，雌雄异株。雄花通常再排列成顶生的穗状圆锥花序；花被片4～5深裂，长圆形；雄蕊与花被裂片同数，着生于花被基部，花丝毛发状，花药外伸；雌花生于叶腋，无花被，子房着生于2枚合生的小苞片内，苞片在果时革质或硬化，子房近球形，柱头4～5，丝状，胚珠近无柄。胞果扁，圆形；果皮膜质，与种皮贴生。种子直立，胚环形；胚乳丰富，粉质。

洪湖市境内的菠菜属植物有1种。

58. 菠菜

【拉丁名】*Spinacia oleracea* L.

【别名】角菜、红根菜、波斯草、甜茶、拉筋菜、敏菜、飞龙菜。

【形态特征】一年生草本，高可达1 m。茎直立，全株光滑无毛，中空，脆弱多汁。叶戟形或卵形，鲜绿色，柔嫩多汁，稍有光泽，全缘或齿状。雄花集成球形团伞花序，枝和茎的上部排列成有间断的穗状圆锥花序；花被片通常4，花丝丝形，扁平；雌花团集于叶腋，小苞片两侧稍扁，顶端残留2小齿，背面通常各具1棘状附属物；子房球形，柱头4或5，外伸。胞果卵形或近圆形，直径约2.5 mm，两侧扁；果皮褐色。

【分布区域】分布于洪湖市各乡镇。

【药用部位】带根全草，果实。

【炮制】冬、春季采收全草，除去泥土、杂质，洗净鲜用。6—7月种子成熟时采集加工，割取地上部分，打下果实，除去杂质，晒干或鲜用。

【化学成分】根含菠菜皂苷。叶含维生素C、β－胡萝卜素、组胺、乙醇胺、酪胺、菜豆酸、二氢菜豆酸、ADP－葡萄糖焦磷酸化酶、乙醇酸氧化酶等。果实含己糖胺、多种氨基酸、维生素与色素、γ－氨基丁酸等。

【性味与归经】根：甘，凉。归肝、胃、大肠、小肠经。

果实：微辛、甘，微温。归脾、肺经。

【功能与主治】根：滋阴平肝，止咳润肠。用于高血压，头痛，目眩，风火目赤，糖尿病，便秘。

果实：清肝明目，止咳平喘。用于风火目赤肿痛，咳喘。

【用法与用量】根：煮食或捣汁。

果实：煎汤，9～15 g；或研末。

【临床应用】①治消渴引饮：菠菜根、鸡内金各等份。为末。米饮服，三日。②治风火目赤：菠菜子、野菊花（或菊花脑）各适量，水煎服。③治尿闭：菠菜子 15 g，水煎服。④治咳嗽气喘：菠菜子，以文火炒黄，研成细末，每次服 5 g，每日 2 次，温水送服。

三十一、苋科 Amaranthaceae

一年生或多年生草本，少数为攀援藤本或小灌木。叶互生或对生，全缘，少数有微齿，无托叶。花小，两性或单性，同株或异株，或杂性，有时退化成不育花，花簇生于叶腋，成疏散或密集的穗状花序、头状花序、总状花序或圆锥花序；苞片1及小苞片2，绿色或着色；花被片3～5，覆瓦状排列，常和果实同脱落，少有宿存；雄蕊常和花被片等数且对生，偶较少，花丝分离，或基部合生成杯状或管状，花药2室或1室，有或无退化雄蕊；子房上位，1室，具基生胎座，胚珠1个或多数；花柱1～3，宿存，柱头头状或2～3裂。果实为胞果或小坚果，少数为浆果，果皮薄膜质，不裂、不规则开裂或顶端盖裂。种子1个或多数，凸镜状或近肾形，光滑或有小疣点，胚环状，胚乳粉质。

本科有60属850种，分布很广。我国有13属39种。

洪湖市境内的苋科植物有4属7种。

1. 叶对生。
   2. 茎四方形；花排成顶生及腋生的穗状花序，花药2室，有退化雄蕊……牛膝属 *Achyranthes*
   2. 茎圆柱状；花排成顶生或腋生的头状花序，花药1室，有或无退化雄蕊……莲子草属 *Alternanthera*
1. 叶互生。
   3. 花单性，雌雄同株或为杂性，花丝离生，子房内只有1胚珠……苋属 *Amaranthus*
   3. 花两性，花丝下部连合成杯状，子房内有胚珠2～8……青葙属 *Celosia*

牛膝属 *Achyranthes* L.

多年生草本或亚灌木。茎具明显节，枝对生。叶对生，有叶柄。穗状花序顶生或腋生；花两性，单生于宿存苞片基部，有2小苞片，小苞片有1长刺，基部加厚，两旁各有1短膜质翅；花被片4～5，顶端芒尖，花后变硬，包裹果实；雄蕊5，少数4或2，花丝下部合生，有退化雄蕊，花药2室；子房长椭圆形，1室1胚珠，花柱丝状，宿存，柱头头状。胞果卵状矩圆形、卵形或近球形，果实有1种子，胚环状。种子矩圆形，凸镜状。

洪湖市境内的牛膝属植物有1种。

59. 土牛膝

【拉丁名】*Achyranthes aspera* L.

【别名】倒钩草、倒梗草。

【形态特征】多年生草本，高20～120 cm。茎四棱形，有柔毛，节部稍膨大，分枝对生。叶纸质，宽卵状倒卵形或椭圆状矩圆形，长1.5～7 cm，宽0.4～4 cm，先端突尖，基部宽楔形或圆形，全缘或波状缘，两面被白色柔毛；叶柄短，密生柔毛或近无毛。穗状花序顶生，直立，长10～30 cm，花疏生；苞片披针形，长3～4 mm，顶端长渐尖，小苞片刺状，长2.5～4.5 mm，坚硬，光亮，常带紫色，基部两侧各有1个薄膜质翅，长1.5～2 mm，全缘，全部贴生在刺部，但易于分离；花被片披针形，长3.5～5 mm，长渐尖，花后变硬且锐尖，具1脉；雄蕊5，退化雄蕊有分枝流苏状长缘毛。胞果卵形，胞果外有苞片。种子卵形，不扁压，棕色。花期6—8月，果期8—10月。

【分布区域】分布于螺山镇龙潭村。

【药用部位】根及根茎。

【炮制】取原药材，除去杂质，洗净喷淋清水，稍润，切斜薄片或不规则的段状，干燥。

【性味与归经】甘、微苦、微酸，寒。归肝、肾经。

【功能与主治】活血祛瘀，泻火解毒，利尿通淋。用于经闭，跌打损伤，风湿性关节痛，痢疾，白喉，咽喉肿痛，痈疮，淋证，水肿。

【用法与用量】煎汤，9～15 g（鲜品 30～60 g）。外用适量，捣敷；或捣汁滴耳，或研末吹喉。

【注意】孕妇忌服。

莲子草属 *Alternanthera* Forsk.

一年生或多年生匍匐草本。叶对生，全缘。花两性，头状花序，单生于苞片腋部；苞片及小苞片干膜质，宿存；萼片 5，大小不等；雄蕊 2～5，花丝基部连合成管状或短筒状，花药 1 室，有时具退化雄蕊；子房球形或卵形，胚珠 1，垂生，花柱短或长，柱头头状。胞果球形或卵形，扁平，边缘翅状或变厚。种子倒生，凸镜状，胚环形，子叶线形。

洪湖市境内的莲子草属植物有 2 种。

1. 叶矩圆形或倒卵状披针形，头状花序是总花梗，有花药的雄蕊 5……………………………… 空心莲子草 *A.philoxeroides*

1. 叶倒卵状长椭圆形至线状披针形，头状花序无总花梗，有花药的雄蕊通常为 2 ～ 3……………………… 莲子草 *A.sessilis*

60. 空心莲子草

【拉丁名】*Alternanthera philoxeroides*（Mart.）Griseb.

【别名】水花生、喜旱莲子草、空心苋、革命草、水蕹菜。

【形态特征】多年生草本。茎下部匍匐，上部直立，中空，具不明显 4 棱，长 55 ～ 120 cm，具分枝，幼茎及叶腋有白色或锈色柔毛，茎老时无毛，仅在两侧纵沟内保留。叶片矩圆形、矩圆状倒卵形或倒卵状披针形，长 2.5 ～ 5 cm，宽 7 ～ 20 mm，先端钝尖，基部渐狭，全缘，两面无毛或上面有贴生毛及缘毛，下面有颗粒状突起。花密生，成具总花梗的头状花序，单生于叶腋，球形，直径 8 ～ 15 mm；苞片及小苞片白色，顶端渐尖，有 1 脉；花被片矩圆形，长 5 ～ 6 mm，白色，光亮，无毛，顶端急尖，背部侧扁；雄蕊花丝连合成杯状，退化雄蕊矩圆状条形，和雄蕊约等长，顶端裂成窄条；子房倒卵形，具短柄，背面侧扁，顶端圆形。花期 5—10 月，果期 8—10 月。

【分布区域】分布于洪湖市各乡镇。

【药用部位】全草。

【炮制】秋季采集，洗净鲜用。

【性味与归经】苦、甘，寒。

【功能与主治】清热利尿，凉血解毒。用于乙脑、流感初期，肺结核咯血。外用于湿疹，带状疱疹，疔疮，毒蛇咬伤，流行性出血性结膜炎。

【用法与用量】煎汤，鲜品 30 ～ 60 g。外用适量，鲜全草取汁外涂，或捣烂调蜜糖外敷。

61. 莲子草

【拉丁名】*Alternanthera sessilis*（L.）DC.

【别名】水牛膝、节节花、白花仔、虾钳菜、满天星、水花生。

【形态特征】多年生草本。茎匍匐或斜升，绿色或稍带紫色，有条纹及纵沟，在节间有 2 列白色柔毛。叶条状披针形、卵圆形，长 1 ～ 8 cm，宽 2 ～ 20 mm，先端急尖或圆钝，基部渐狭，全缘或有不明显锯齿，两面近无毛；近无柄。头状花序，1 ～ 4 个腋生，无总花梗；花密生，花轴密生白色柔毛；苞片及小苞片白色，无毛，苞片卵状披针形，小苞片钻形；花被片卵形，白色，无毛，具 1 脉；雄蕊 3，花丝基部连合成杯状，花药矩圆形，退化雄蕊三角状钻形；花柱极短，柱头短裂。胞果倒心形，侧扁状，边缘有狭翅，深棕色，包在宿存花被片内。种子卵球形，有小凹点。花期 5—7 月，果期 7—9 月。

【分布区域】分布于洪湖市各乡镇。

【药用部位】全草。

【炮制】夏、秋季采集，洗净晒干。

【性味与归经】微甘、淡，凉。归心、小肠经。

【功能与主治】清热凉血，利水消肿，拔毒止痒。用于痢疾，鼻衄，咯血，便血，尿道炎，咽炎，乳腺炎，小便不利。外用于疮疖肿毒，湿疹，皮炎，体癣，毒蛇咬伤。

【用法与用量】煎汤，5 ～ 30 g（鲜全草 60 ～ 120 g）；或绞汁炖温服。外用适量，鲜全草捣烂或水煎浓汁洗患处。

【注意】脾胃虚寒者慎服。孕妇忌服。

苋属 *Amaranthus* L.

一年生或二年生草本。茎直立或斜上。叶互生，先端常有小芒，有长叶柄。花单性，花小，雌雄同株或异株，或杂性，花簇腋生，圆锥或穗状花序；每花有 1 苞片及 2 小苞片；花被片 5，少数 1 ～ 4，绿色或着色，薄膜质；雄蕊 5，少数 1 ～ 4，花丝钻状或丝状，基部离生，花药 2 室，无退化雄蕊；子房具 1 胚珠，花柱短或无，柱头 2 ～ 3，钻状或条形，宿存，内面有细齿或微硬毛。胞果扁球形或卵形，膜质，环状开裂或不规则开裂，或不开裂。种子扁圆球形，黑色或褐色，光滑；胚环状。

洪湖市境内的苋属植物有 2 种。

1. 叶先端圆钝，有小突尖；胞果呈环状开裂……………………………………………………………………苋 *A.tricolor*

1. 叶先端通常凹缺；胞果不开裂……………………………………………………………………………凹头苋 *A.lividus*

62. 苋

【拉丁名】*Amaranthus tricolor* L.

【别名】三色苋、雁来红、老来少、红苋菜、青香苋。

【形态特征】一年生草本，高 80 ～ 150 cm。茎粗壮，绿色或红色，常分枝。叶片卵形、菱状卵形或披针形，长 4 ～ 10 cm，宽 2 ～ 7 cm，顶端圆钝或尖凹，具突尖，基部楔形，全缘或波状缘，无毛。花簇腋生或顶生，穗状花序；花簇球形，直径 5 ～ 15 mm，雄花和雌花混生；苞片及小苞片卵状披针形，透明，顶端有芒尖，背面有 1 隆起中脉；花被片矩圆形，绿色或黄绿色，有芒尖；雄蕊比花被片长或短。胞果卵状矩圆形，长 2 ～ 2.5 mm，环状横裂，包裹在宿存花被片内。种子近圆形或倒卵形，黑色或黑棕色，边缘有 1 条黄色条纹。花期 5—8 月，果期 7—9 月。

【分布区域】分布于洪湖市各乡镇。

【药用部位】种子和根。

【炮制】除去杂质，喷淋清水，稍润，切段，晒干。

【化学成分】全草含亚油酸、棕榈酸、苋菜红苷、花生酸、菠菜甾醇、游离脂肪酸、维生素等。

【性味与归经】甘，微寒。归大肠、小肠经。

【功能与主治】清热解毒，通利二便。用于痢疾，二便不通，蛇虫咬伤，疮毒。

【用法与用量】煎汤，30 ～ 60 g；或煮粥。外用适量，捣敷或煎液熏洗。

【临床应用】①治小儿紧唇：赤苋捣汁洗之。②治漆疮瘙痒：苋菜煎汤洗之。③治诸蛇咬人：紫苋捣汁饮 200 ml，以渣涂之。

【注意】脾虚便溏者慎服。恶蕨粉、鳖肉。痧胀滑泻者忌之。

63. 凹头苋

【拉丁名】*Amaranthus lividus* L.

【别名】野苋菜、光苋菜。

【形态特征】一年生草本，高 10 ～ 30 cm。茎近直立，从基部分枝，淡绿色或紫红色。叶片卵形或菱状卵形，长 1.5 ～ 4.5 cm，宽 1 ～ 3 cm，先端凹缺，有 1 芒尖，基部宽楔形，全缘或稍呈波状。花成腋生花簇，生于茎端和枝端者成穗状花序或圆锥花序；苞片及小苞片矩圆形，极短；花被片矩圆形或披针形，长 1.2 ～ 1.5 mm，淡绿色，顶端急尖，边缘内曲，背部有 1 隆起中脉；雄蕊稍短；柱头 3 或 2，果熟时脱落。胞果扁卵形，长 3 mm，不开裂，微皱缩而近平滑。种子环形，直径约 12 mm，黑色至黑褐色，边缘具环状边。花期 7—8 月，果期 8—9 月。

【分布区域】分布于洪湖市各乡镇。

【药用部位】全草和种子入药。

【炮制】除去杂质，喷淋清水，稍润，切段，晒干。

【化学成分】全草含苋菜红苷，叶含锦葵素 -3-O- 葡萄糖苷和芍药素 -3- 葡萄糖苷等。

【性味与归经】甘、淡，凉。

【功能与主治】清热利湿。用于肠炎，痢疾，咽炎，乳腺炎，痔疮肿痛出血，毒蛇咬伤。

【用法与用量】煎汤，12 ～ 18 g。外用适量，鲜草捣烂敷患处。

青葙属 *Celosia* L.

一年生或多年生草本。叶互生，有叶柄。花两性，排列成圆锥花序或穗状花序，顶生或腋生；每朵花有 3 苞片，干膜质，宿存；花被片 5，干膜质，光亮，无毛，直立开展，宿存；雄蕊 5，花丝钻状或丝状，基部连合成杯状，无退化雄蕊；子房 1 室，具 2 至多数胚珠，花柱 1，宿存，柱头头状，稍分裂。胞果卵形或球形，具薄壁，环状开裂，每胞果内具种子 2 ～ 8。种子肾形，两面微凸，黑色，光亮。

洪湖市境内的青葙属植物有 2 种。

1. 穗状花序圆柱状，花通常白色……………………………………………………………青葙 *C.argentea*

1. 穗状花序广阔扁平，形似鸡冠，半野生状态的有时不形成鸡冠状，花序较为疏松，花色多样而鲜艳……………………………………………………………………………………鸡冠花 *C.cristata*

64. 青葙

【拉丁名】*Celosia argentea* L.

【别名】狗尾草、百日红、野鸡冠花、指天笔、鸡冠花。

【形态特征】一年生草本，高 0.3 ～ 1 m。茎直立，有分枝，绿色或红色，有纵棱条。叶披针形或卵状圆形，长 5 ～ 8 cm，宽 1 ～ 3 cm，绿色常带红色，先端急尖或渐尖，具小芒尖，基部渐狭。花两性，塔状或圆柱状穗状花序，长 3 ～ 10 cm；苞片及小苞片披针形，长 3 ～ 4 mm，白色，光亮，顶端渐尖，延长成细芒，具 1 中脉，在背部隆起；花被片矩圆状披针形，长 6 ～ 10 mm，顶端渐尖，具 1 中脉，在背面凸起；花丝下部结合，花药紫色；子房有短柄，花柱紫色，长 3 ～ 5 mm。胞果卵形，长 3 ～ 3.5 mm，包裹在宿存花被片内。种子肾状圆形，黑色，有光泽。花期 5—8 月，果期 6—10 月。

【分布区域】分布于洪湖市各乡镇。

【药用部位】全草、茎叶及干燥成熟种子。

【炮制】取原药材，除去杂质，过筛去土即得。

【化学成分】全草含大量草酸、青葙苷、豆甾醇、β－谷甾醇、棕榈酸、齐墩果酸等。

【性味与归经】苦，微寒。归肝经。

【功能与主治】清肝泻火，明目退翳。用于肝热目赤，目生翳膜，视物昏花，肝火眩晕。

【用法与用量】煎汤，9 ～ 15 g。

【临床应用】①治鼻衄日夜不止，眩晕：青葙草不拘多少，捣绞取汁 20 ～ 40 ml，少灌入鼻中。②治疝气：青葙全草、腐婢、仙鹤草各 15 g，水煎，早、晚饭前服。③治下消：青葙全草 30 g，同青蛙炖服。④治皮肤风热疮疹瘙痒：青葙茎叶，水煎洗患处，洗时须避风。⑤治妇女阴痒：青葙茎叶 90 ～ 126 g，加水煎汁，熏洗患处。⑥治创伤出血：鲜青葙叶，捣烂，敷于伤处，纱布包扎。

【注意】有扩散瞳孔的作用，青光眼患者禁用。

65. 鸡冠花

【拉丁名】*Celosia cristata* L.

【别名】老来红、芦花鸡冠、笔鸡冠、小头鸡冠、凤尾鸡冠、红鸡冠。

【形态特征】一年生草本，高 0.3 ～ 1 m。茎直立，无毛。叶披针形或卵圆形，宽 2 ～ 6 cm。花多数，极密生，成扁平肉质鸡冠状、卷冠状或羽毛状的穗状花序，一个大花序下面有数个较小的分枝，圆锥状矩圆形，表面羽毛状；花被片红色、紫色、黄色、橙色或红色黄色相间。胞果卵圆形，内有多数种子，盖裂。种子小，棕黑色，有光泽。花果期 7—9 月。

【分布区域】分布于洪湖市各乡镇。

【药用部位】干燥花序。

【炮制】鸡冠花：除去杂质和残茎，切段。

鸡冠花炭：取净鸡冠花，照炒炭法炒至焦黑色。

【性味与归经】甘、涩，凉。归肝、大肠经。

【功能与主治】收敛止血，止带，止痢。用于吐血，崩漏，便血，痔血，赤白带下，久痢不止。

【用法与用量】煎汤，6 ～ 12 g。

三十二、仙人掌科 Cactaceae

多年生肉质草本、灌木或小乔木。茎直立或匍匐，圆柱状、球状、侧扁或叶状；节常缢缩，节间具棱、角、瘤突或平坦，有水汁；小窠螺旋状散生，或沿棱、角或瘤突着生，常有腋芽或刺，分枝和花均从小窠发出。叶扁平，全缘或圆柱状、圆锥状，互生。花单生，无梗，总状、聚伞状或圆锥状花序，常为两性花；花托常与子房合生，上部常延伸成花托筒，外层覆以苞片和小窠；花被片多数和无定数；雄蕊多数，花药基部着生，2 室，药室平行，纵裂，雄蕊常有蜜腺或蜜腺腔；雌蕊由 3 至多数心皮合生而成，子房通常下位，稀半下位或上位，1 室，具 3 至多数侧膜胎座，或侧膜胎座简化为基底胎座状或悬垂胎座状；胚珠多数至少数，弯生至倒生，花柱 1，顶生，柱头 3 至多数，内面具多数乳突。浆果肉质，常有黏液，稀干燥或开裂，散生鳞片和小窠。种子多数，种皮坚硬，有时具骨质假种皮和种阜；胚通常弯曲，胚乳存在或缺失；子叶扁平叶状至圆锥状。

我国有 60 余属 600 种以上。

洪湖市境内的仙人掌科植物有 1 属 1 种。

仙人掌属 *Opuntia* Mill.

多年生肉质草本、灌木或小乔木。茎直立、匍匐或上升，常具多数分枝，分枝侧扁、圆柱状、棍棒状或近球形，节缢缩，节间散生小窠；小窠具绵毛、倒刺刚毛和刺；直伸或弯曲，有时基部具鞘。叶钻形、针形、锥形或圆柱状，先端急尖至渐尖。花单生于二年生枝上部的小窠，无梗，白天开放，两性；花托常与子房合生，外面散生小窠以及与叶同型的鳞片，小窠具短绵毛、倒刺刚毛，通常具刺；花被片多数，贴生于花托檐部，开展或直立，外轮较小，内轮花瓣状，黄色至红色；雄蕊多数，螺旋状着生于花托喉部，开展或直伸，短于或长于内轮花被片，有蜜腺腔；子房下位，侧膜胎座，胚珠多数至少数，花柱圆柱状或基部上方膨大，柱头 5 ～ 10，长圆形至狭长圆形，直立至开展。浆果球形、倒卵球形或椭圆球形，紫色、红色、黄色或白色，肉质或干燥，顶端截形或凹陷；小窠散生，具短绵毛和倒刺刚毛，通常具刺。种子多数至少数，稀单生，具骨质假种皮，白色至黄褐色，肾状椭圆形至近圆形，边缘有时具角，无毛，稀被绵毛；种脐基生或近侧生；胚弯曲；子叶叶状，肥厚。

洪湖市境内的仙人掌属植物有 1 种。

66. 仙人掌

【拉丁名】*Opuntia stricta* var.*dillenii*（Ker-Gawl.）Benson

【别名】仙巴掌、霸王树、火焰、火掌、玉芙蓉。

【形态特征】多年生肉质灌木，高 1 ～ 3 m。上部分枝宽倒卵形、倒卵状椭圆形或近圆形，长 10 ～ 40 cm，宽 7.5 ～ 25 cm，厚达 1.2 ～ 2 cm，先端圆形，边缘通常不规则波状，基部楔形或渐狭，绿色至蓝绿色，无毛；小窠疏生，直径 0.2 ～ 0.9 cm，明显突出，成长后刺常增粗并增多，每小窠有 1 ～ 20 根刺，密生短绵毛和倒刺刚毛；刺黄色，有淡褐色横纹，粗钻形，坚硬，长 1.2 ～ 6 cm，宽 1 ～ 1.5 mm；倒刺刚毛暗褐色，直立，短绵毛灰色，宿存。叶钻形，长 4 ～ 6 mm，绿色，早落。花辐状；花托倒卵形，顶端截形并凹陷，基部渐狭，绿色，疏生凸出的小窠，小窠具短绵毛、倒刺刚毛和钻形刺；萼状花被片宽倒卵形至狭倒卵形，长 10 ～ 25 mm，宽 6 ～ 12 mm，先端急尖或圆形，具小尖头，黄色，具绿色中肋；瓣状花被片倒卵形或匙状倒卵形，长 25 ～ 30 mm，宽 12 ～ 23 mm，先端圆形、截形或微凹，边缘全缘或浅啮蚀状；花丝淡黄色，花药黄色；花柱淡黄色，柱头 5，黄白色。浆果倒卵球形，顶端凹陷，基部狭缩成柄状，长 4 ～ 6 cm，直径 2.5 ～ 4 cm，表面平滑无毛，紫红色，每侧具 5 ～ 10 个凸起的小窠，小窠具短绵毛、倒刺刚毛和钻形刺。种子多数，扁圆形，长 4 ～ 6 mm，宽 4 ～ 4.5 mm，厚约 2 mm，边缘稍不规则，无毛，淡黄褐色。花期 6—12 月。

【分布区域】分布于洪湖市各乡镇。

【药用部位】根及茎、全株。

【炮制】四季可采，鲜用或切片晒干。

【化学成分】含仙人掌醇、胡萝卜苷、对羟基苯甲酸、苹果酸、仙人掌苷、阿魏酸、吲哚类生物碱、糖类等。

【性味与归经】苦，寒。归心、肺、胃经。

【功能与主治】清热解毒，散瘀消肿，健胃止痛，镇咳。用于胃、十二指肠溃疡，急性痢疾，咳嗽。外用于流行性腮腺炎，乳腺炎，痈疖肿毒，蛇咬伤，烧烫伤。

【用法与用量】煎汤，10 ～ 30 g；或焙干研末，3 ～ 6 g。外用适量，鲜品捣敷。

【注意】孕妇慎用。忌铁器。

三十三、木兰科 Magnoliaceae

落叶或常绿乔木或灌木，植株有油细胞，常有芳香。单叶，叶互生或近轮生。花两性，花顶生或腋生；花萼片呈花瓣状，共 3 ～ 5 轮，每轮 3 片，覆瓦状排列；雄蕊多数分离；子房上位 1 室，胚珠 2 至多数，着生于腹缝线，胚小、胚乳丰富。

本科有 18 属 335 种。我国有 14 属 165 种，主要分布于东南部至西南部。

洪湖市境内的木兰科植物有 1 属 1 种。

木兰属 *Magnolia* L.

落叶或常绿乔木或灌木。树皮常灰色。小枝具环状的托叶痕；芽有芽鳞2。枝、叶及花芽具佛焰苞状苞片，包着节间，花柄上有数个环状苞片脱落痕。叶膜质或纸质，互生或假轮生，全缘。花两性，顶生，具芳香；花被片9～45，白色、粉红色或紫红色，每轮3～5片；雄蕊早落，花丝扁平，花药常延伸成短尖或长尖，雌蕊群和雄蕊群相连接；心皮分离，多数或少数，花柱向外弯曲，沿近轴面为具乳头状突起的柱头面，每心皮有胚珠2。果实为聚合果，常为圆柱形或卵圆形，常偏斜弯曲。种子1～2颗，外种皮橙红色或鲜红色，肉质，含油分，内种皮坚硬。

洪湖市境内的木兰属植物有1种。

67. 紫玉兰

【拉丁名】*Magnolia liliiflora* Desr.

【别名】辛夷、木笔、木兰。

【形态特征】落叶灌木，高达3 m，常丛生。树皮灰褐色，小枝绿紫色或淡褐紫色。叶椭圆状倒卵形或倒卵形，长8～18 cm，宽3～10 cm，先端急尖或渐尖，基部渐狭沿叶柄下延至托叶痕，有柔毛。花单生，在叶前开放，卵圆形，被淡黄色绢毛，直立于花梗上，稍有香气；花被片9～12，外轮3片萼片状，紫绿色，披针形，长2～3.5 cm，常早落，内2轮肉质，外面紫色或紫红色，内面带白色，花瓣状，椭圆状倒卵形，长8～10 cm，宽3～4.5 cm；雄蕊紫红色，长8～10 mm，花药侧向开裂；雌蕊群淡紫色，无毛。果实为聚合果，深紫褐色，圆柱形，长7～

10 cm。花期 3—4 月，果期 8—9 月。

【分布区域】分布于洪湖市各乡镇。

【药用部位】干燥花蕾。

【炮制】拣去杂质及花柄，簸去泥屑即得。

【化学成分】紫玉兰含木兰脂素及桉油精、α－蒎烯、丁香油酚、胡椒酚甲醚、桧烯、α－松油醇、枸橼醛等。鲜花含芦丁等。

【性味与归经】辛，温。归肺、胃经。

【功能与主治】散风寒，通鼻窍。用于风寒头痛，鼻塞流涕，鼻鼽，鼻渊。

【用法与用量】3 ～ 10 g，包煎。外用适量，捣敷。

三十四、蜡梅科 Calycanthaceae

落叶或常绿灌木，有油细胞。单叶对生，近全缘；羽状脉；有叶柄；无托叶。花两性，辐射对称，单生，常芳香，黄色、黄白色或褐红色，先于叶开放；花梗短；花被片多数，不分化为花萼和花瓣，着生于杯状的花托外围；雄蕊 5 ～ 30，着生于花托边缘，花丝短而明显，2 室，被短柔毛；心皮少数至多数，分离，着生于花托里面，每心皮有胚珠 2 颗，花托杯状。果实为聚合瘦果，包被在坛状的果托内。种子胚大，无胚乳。

本科有 2 属 7 种，分布于亚洲东部和美洲北部。我国有 2 属 4 种。

洪湖市境内的蜡梅科植物有 1 属 1 种。

蜡梅属 *Chimonanthus* Lindl.

落叶或常绿灌木。枝芽有多数覆瓦状鳞片。叶对生，羽状脉，有叶柄。花腋生，芳香，花被片 15 ～ 25，黄色或黄白色，有紫红色条纹，膜质；雄蕊 5 ～ 6，着生于杯状的花托上，花丝丝状，基部宽而连生，常被微毛，花药 2 室；心皮 5 ～ 15，离生，每心皮有胚珠 2 颗或 1 颗败育。果托坛状，被短柔毛；果为瘦果，长圆形，有种子。

洪湖市境内的蜡梅属植物有 1 种。

68. 蜡梅

【拉丁名】*Chimonanthus praecox*（L.）Link

【别名】蜡木、素心蜡梅、石凉茶、黄金茶、黄梅花、腊梅。

【形态特征】落叶灌木，高达 4 m。小枝微具棱，棕褐色，有皮孔；芽鳞片近圆形，覆瓦状排列，外面被短柔毛。叶纸质至近革质，卵状椭圆形或长圆状披针形，长 5 ~ 25 cm，宽 2 ~ 8 cm，顶端急尖至渐尖，有时具尾尖，基部急尖至圆形，叶背脉上被疏微毛。先花后叶，芳香，直径 2 ~ 4 cm；花被片圆形、长圆形、倒卵形、椭圆形或匙形，长 5 ~ 20 mm，宽 5 ~ 15 mm，无毛，基部有爪；雄蕊长 4 mm，花药向内弯，无毛；心皮基部被疏硬毛，花柱长达子房 3 倍，基部被毛。果托坛状或倒卵状椭圆形，口部收缩，形成蒴果状。花期 11 月至翌年 3 月，果期 4—11 月。

【分布区域】分布于洪湖市各乡镇。

【药用部位】花蕾。

【炮制】1—2 月采摘，晒干或烘干。以花心黄色、完整饱满而未开放者为佳。

【化学成分】花含挥发油，内含苄醇、乙酸苄酯、芳樟醇、金合欢醇、松油醇、吲哚等。种子含蜡梅碱等。

【性味与归经】甘，苦。

【功能与主治】理气止痛，散寒解毒。用于跌打，腰痛，风湿麻木，风寒感冒，刀伤出血。

花：解暑生津。用于心烦口渴，气郁胸闷。

花蕾：花蕾油治烫伤。

【用法与用量】煎汤，3 ~ 6 g。外用适量，浸油涂。

三十五、樟科 Lauraceae

常绿或落叶乔木或灌木，少数为缠绕性寄生草本。树皮常芳香；木材细密坚硬，黄色。叶互生、对生或轮生，具柄，全缘，少数分裂，含芳香油或具黏液的细胞，羽状脉，小脉常为密网状，无托叶。花小，常芳香；花两性或单性，雌雄同株或异株，辐射对称，通常 3 基数，亦有 2 基数；花被筒辐状，漏斗形或坛形，花被片 6，少数 4，2 轮，分离或基部稍合生；雄蕊通常为 12，常着生于花被管上，4 轮，每轮 3 枚，外轮与外花被片对生，以后各轮之间互生，常有一部分退化为退化雄蕊，有时一部分完全退化，第 3 轮或更多轮能育雄蕊的花丝基部常有腺体 2，花药 4 室或 2 室，内向或外向，裂片上卷；雌蕊 1，花柱及柱头单一，子房上位，1 室，胚珠 1，下垂，倒生，与花被管分离，或多少为其包被。果为浆果或核果，花被片宿存而增大，或脱落，花被管及花梗常增大，形成杯状物承托果下。种子有大而直的胚，无胚乳。

本科约有 45 属，2000 ～ 2500 种，产于热带及亚热带地区，分布中心在东南亚及巴西。我国约有 20 属 423 种 43 变种和 5 变型，大多数种集中分布在长江以南各地。

洪湖市境内的樟科植物有 1 属 1 种。

樟属 *Cinnamomum* Trew

常绿乔木或灌木。树皮、小枝和叶极芳香。叶互生、近对生或对生，有时聚生于枝顶，革质，离基三出脉，亦有羽状脉。花黄色或白色，圆锥花序或聚伞花序两性，少数为杂性；花被筒短，杯状或钟状，花被裂片 6；雄蕊 9，排成 3 轮，外两轮花药内向，花丝无腺体，内轮花药有 2 腺体，花药 4 室，第 4 轮退化雄蕊，具短柄；花柱纤细，柱头头状或盘状，有时具 3 圆裂。果肉质，有果托；果托杯状或边缘波状，或有不规则小齿。

洪湖市境内的樟属植物有 1 种。

69. 樟

【拉丁名】*Cinnamomum camphora*（L.）Presl

【别名】小叶樟、樟木子、香蕊、臭樟、栳樟、芳樟、香樟、樟树。

【形态特征】常绿大乔木，高可达 30 m。枝、叶及木材均有樟脑气味；树皮黄褐色，有不规则的纵裂。叶互生，薄革质，长圆状卵形至卵形，长 5 ～ 9 cm，宽 3.5 ～ 5 cm，先端渐尖而具急尖的尖头，基部渐狭，叶脉最下一对特别发育，成为离基三出脉，其外侧有脉数条，中脉上部另有侧脉 3 ～ 4 条，叶基部有细脉 2 条，沿叶缘向上，不到叶三分之一处即隐没，各主脉间有横脉相连，细网脉在叶两面均甚明显，各大脉交叉处有腺体；叶柄细弱，长 2.5 ～ 3.5 cm，上面有沟，无毛。花序圆锥状，较叶为短，无毛；花两性，花被筒短，花被片 6，长圆形，里面有柔毛；雄蕊 9，花丝基部有腺体 2，腺体无柄，花药 4 室，上下各 2 室；雌花子房卵圆形。果球形，直径 4 ～ 6 mm，果柄先端杯状。花期 4—5 月，果期 8—9 月。

【分布区域】分布于洪湖市各乡镇。

【药用部位】根、木材、树皮、叶及果实。

【炮制】根、木材、树皮全年可采，洗净阴干；叶随时可采；秋季采果实，晒干。通常在冬季砍取樟树树干，锯段，劈成小块后晒干。

【化学成分】含樟脑及芳香性挥发油（樟脑油）。樟脑油减压分馏，可得白油、赤油、蓝油。白油中含桉油精、α－蒎烯、莰烯、柠檬烯；赤油含黄樟醚、α－松油醇、香荆芥酚、丁香油酚；蓝油含毕澄茄烯、甜没药烯、α－樟脑烯、β－谷甾醇、多元醇、酮醇等。

【性味与归经】辛，微温。归肝、脾、胃、肺经。

【功能与主治】祛风散寒，理气活血，止痛止痒。

根：用于感冒头痛，风湿骨痛，跌打损伤，克山病。

木材：用于心腹冷痛，胃痛，风湿痹痛，宿食不消，霍乱腹胀，跌打损伤。

树皮：用于风湿痹痛，胃脘疼痛，呕吐泄泻，脚气肿痛，跌打损伤，疥癣疮毒。

叶：用于吐泻，胃痛，风湿痹痛，下肢溃疡，皮肤瘙痒；熏烟可驱杀蚊子。

果实：用于胃腹冷痛，食滞，腹胀，胃肠炎。

【用法与用量】根：煎汤，15 ～ 30 g。木材：煎汤，15 ～ 30 g。树皮：煎汤，10 ～ 20 g；或研末，3 ～ 6 g；或泡酒饮。外用适量，煎水洗。叶：煎汤，10 ～ 20 g；或研末，3 ～ 6 g；或泡酒饮。外用适量，煎水洗。

【临床应用】①治脚气，痰壅呕逆，心胸满闷，不下饮食：樟木 30 g（涂生姜汁炙令黄）捣筛为散。每服不计时候，以粥饮调下 3 g。②治风湿性关节炎：樟木 15 g，大血藤 15 g，三角风 15 g，细辛 6 g，白芷 6 g，生姜 3 片，水煎服。③治痛风：樟木屑 300 g，以水 10 l 熬沸，以樟木屑置于大桶内，令人坐桶边，放一脚在内，外围之，勿令汤气入眼，恐坏眼，其功甚捷。④治跌打损伤：樟木 30 g，白酒 250 g，浸泡 5 天后外擦。

【注意】孕妇禁服。

三十六、毛茛科 Ranunculaceae

多年生或一年生草本或小灌木。叶互生或基生，少数对生，常掌状分裂，无托叶；叶脉掌状。花两性，少有单性，雌雄同株或雌雄异株，常辐射对称，聚伞花序或总状花序；萼片 4 ～ 5，绿色，呈花瓣状，有颜色，花瓣 4 ～ 5，常有蜜腺并常特化成分泌器官；雄蕊多数，螺旋状排列，花药 2 室，纵裂，退化雄蕊有时存在；心皮常分生，多数至 1 枚；胚珠多数至 1 个，倒生。果实为蓇葖果或瘦果，少数为蒴果或浆果。种子胚小，胚乳丰富。

本科约有 50 属 2000 种，在世界各地广布，主要分布于北半球温带和寒温带地区。我国有 42 属约 720 种，全国广布，大多数分布于西南部山地。

洪湖市境内的毛茛科植物有 2 属 5 种。

1. 心皮有 1 个胚珠，成熟时为瘦果，少数为浆果……………………毛茛属 *Ranunculus*

1. 心皮有 2 个以上的胚珠，成熟时为蓇葖果，少数为蒴果或浆果；萼片花瓣状，无花瓣或有花瓣，有花瓣则通常较小，有为专司分泌作用的器官（蜜叶）……………………天葵属 *Semiaquilegia*

毛茛属 *Ranunculus* L.

一年生或多年生草本。须根或块根。茎直立或匍匐。单叶或三出复叶，3 裂或全缘；叶柄伸长扩大成鞘状。花单生或成聚伞花序；花两性，萼片 5，绿色，草质，花瓣 5 ～ 10，黄色，基部有爪，蜜槽呈点状或杯状袋穴，或有分离的小鳞片覆盖；雄蕊通常多数，向心发育，花药卵形或长圆形，花丝线形；心皮多数，离生，含 1 胚珠，生于花托上，花柱有柱头。聚合果球形或长圆形，瘦果卵球形或两侧压扁，背腹线有纵肋，或边缘有棱至宽翼；果皮有厚壁组织而较厚，喙较短，直伸或外弯。

洪湖市境内的毛茛属植物有 4 种。

1. 瘦果上有刺针……………………刺果毛茛 *R.muricatus*

1. 瘦果上无刺针。

 2. 茎单生或数个聚生，直立，上部常有多花。

  3. 叶裂片先端钝圆；瘦果 70 ～ 130……………………石龙芮 *R.sceleratus*

  3. 叶裂片或齿急尖或渐尖；瘦果少。

 2. 茎平卧或上升，或直立，矮小，常有单花或少数花。

  4. 根簇生，常呈萝卜形……………………猫爪草 *R.ternatus*

  4. 根常为线形……………………扬子毛茛 *R.sieboldii*

70. 刺果毛茛

【拉丁名】*Ranunculus muricatus* L.

【形态特征】一年生草本。须根扭转伸长。茎高 10 ～ 30 cm，自基部多分枝，近无毛。叶近圆形，长及宽为 2 ～ 5 cm，先端钝，基部截形或稍心形，3 裂，边缘有缺刻状浅裂或粗齿，通常无毛；叶柄长 2 ～ 6 cm，基部有膜质宽鞘。花多，直径 1 ～ 2 cm；花梗与叶对生，散生柔毛；萼片长椭圆形，长 5 ～ 6 mm，带膜质，或有柔毛；花瓣 5，狭倒卵形，长 5 ～ 10 mm，顶端圆，基部成爪状，蜜槽上有小鳞片；花药长圆形，长约 2 mm；花托疏生柔毛。聚合果球形，瘦果扁平，椭圆形，长约 5 mm，宽约 3 mm，周围有棱翼，两面各生有一圈 10 多枚刺，刺直伸或钩曲，有疣基，喙基部宽厚，顶端稍弯，长达 2 mm。花期 3—6 月，果期 4—7 月。

【分布区域】分布于洪湖市各乡镇。

【药用部位】全草。

【炮制】春、夏季采集，洗净，鲜用或晒干。

【化学成分】含刺果毛茛内酯、阿魏酸、对羟基香豆酸、原儿茶酸、咖啡酸、丹参素、丹参素甲酯、槲皮素 -7-O-β-D- 葡萄糖苷、山柰酚 -3-O-β-D- 葡萄糖 -7-O-β-D- 葡萄糖苷等。

【性味与归经】微苦、辛，温。

【功能与主治】除湿解毒。用于疮疖，堕胎。

【用法与用量】外用适量，捣敷。

71. 石龙芮

【拉丁名】*Ranunculus sceleratus* L.

【别名】清香草、水堇、水毛茛、姜苔、水姜苔、彭根、胡椒菜、鬼见愁。

【形态特征】一年生草本。须根簇生。茎直立，高 10 ～ 50 cm。叶片肾状圆形，长 1 ～ 4 cm，宽 1.5 ～ 5 cm，基部心形，3 深裂不达基部；叶柄长 3 ～ 15 cm，近无毛；茎生叶多数，下部叶与基生叶相似，上部叶 3 全裂，裂片披针形至线形，全缘，无毛，顶端钝圆，基部扩大成膜质宽鞘抱茎。聚伞花序有多数花；花小；萼片椭圆形，外面有短柔毛，花瓣 5，倒卵形，基部有短爪，蜜槽呈棱状袋穴；雄蕊 10 多枚，花药卵形，花托在果期呈圆柱形，有短柔毛。聚合果长圆形，瘦果倒卵球形，多数，紧密排列，稍扁，长 1 ～ 1.2 mm，无毛。花期 3—6 月，果期 5—8 月。

【分布区域】分布于滨湖街道原种场。

【药用部位】全草。

【炮制】夏季采收，洗净晒干或鲜用。

【化学成分】全草含原白头翁素、毛茛苷、5- 羟色胺、白头翁素，还含胆碱、不饱和甾醇类、没食子鞣质及黄酮类化合物。

【性味与归经】苦、辛，寒；有毒。归心、肺经。

【功能与主治】清热解毒，消肿散结，止痛，截疟。用于痈疖肿毒，毒蛇咬伤，痰核瘰疬，风湿性关节痛，牙痛，疟疾。

【用法与用量】煎汤，干品 3 ～ 9 g，也可炒研为散服，每次 1 ～ 1.5 g。外用适量，捣敷或煎膏涂患处及穴位。

【临床应用】①治血疝初起：胡椒菜叶按揉之。②治疟疾：石龙芮鲜全草捣烂，于疟发前 6 h 敷大椎穴上。③治风湿性关节痛：石龙芮鲜草捣成糊状，敷膝眼、曲池等穴（视病变部位而定）、8 ～ 10 h 有灼痛感时去除，局部生小水疱，逐渐连成大水疱，可用消毒镊子撕去水疱皮，以无菌纱布覆盖。

【注意】本品有毒，内服宜慎。

72. 扬子毛茛

【拉丁名】*Ranunculus sieboldii* Miq.

【别名】鸭脚板草、辣子草、野芹菜、水辣菜、地胡椒。

【形态特征】多年生草本。茎常匍匐生长，高 20 ～ 50 cm。有伸展的白色或淡黄色柔毛。基生叶与茎生叶相似，为三出复叶；叶片圆肾形至宽卵形，长 2 ～ 5 cm，宽 3 ～ 6 cm，基部心形，中央小叶宽卵形或菱状卵形，3 浅裂至较深裂，边缘有锯齿，小叶柄长 1 ～ 5 mm，生开展柔毛；侧生小叶不等地 2 裂，背面或两面疏生柔毛；叶柄长 2 ～ 5 cm。花与叶对生；花梗长 3 ～ 8 cm，密生柔毛；萼片狭卵形，外面生柔毛；花瓣 5，黄色，近椭圆形，长 6 ～ 10 mm，宽 3 ～ 5 mm，有 5 ～ 9 条或深色脉纹，下部渐窄成长爪，蜜槽小鳞片位于爪的基部；雄蕊 20 余枚，花药长约 2 mm；花托粗短，密生白柔毛。聚合果圆球形，瘦果扁平，长 3 ～ 5 mm，无毛，边缘有宽棱。花果期 5—10 月。

【分布区域】分布于滨湖街道原种场。

【药用部位】全草。

【炮制】春、夏季采集，洗净，鲜用或晒干。

【化学成分】含棕榈酸、硬脂酸、豆甾烯醇、β－谷甾醇、小毛茛内酯、尿囊素、硝酸钾、正三十一烷、

β－胡萝卜苷等。

【性味与归经】苦，热；有毒。归心经。

【功能与主治】除痰截疟，解毒消肿。用于疟疾，瘿肿，毒疮，跌打损伤。

【用法与用量】煎汤，3～9 g。外用适量，捣敷。

【注意】多作外用，内服宜慎。

73. 猫爪草

【拉丁名】*Ranunculus ternatus* Thunb.

【别名】小毛茛、猫爪儿草、三散草。

【形态特征】一年生小草本。簇生多数肉质小块根，块根卵球形或纺锤形，顶端质硬，形似猫爪，直径 3～5 mm。茎铺散，高 5～20 cm，多分枝，较柔软，大多无毛。基生叶有长柄，叶形状多变，单叶或三出复叶，宽卵形至圆肾形，长 5～40 mm，宽 4～25 mm，小叶 3 浅裂至 3 深裂或多次细裂，末回裂片倒卵形至线形，无毛，叶柄长 6～10 cm；茎生叶无柄，叶片较小，全裂或细裂，裂片线形，宽 1～3 mm。花单生于顶端；萼片 5～7，外面疏生柔毛；花瓣 5～7 或更多，黄色或后变白色，倒卵形，长 6～8 mm，基部有长约 0.8 mm 的爪，蜜槽棱形；花托无毛。聚合果近球形，直径约 6 mm。瘦果卵球形，长约 1.5 mm，无毛，边缘有纵肋。花期 3—5 月，果期 5—6 月。

【分布区域】分布于新堤街道柏枝村。

【药用部位】干燥块根。

【炮制】取原药材，除去杂质及非药用部位，抢水洗净，干燥。

【化学成分】含肉豆蔻酸十八醇酯、豆甾醇、β－谷甾醇、小毛茛内酯等。

【性味与归经】甘、辛，温。归肝、肺经。

【功能与主治】化痰散结，解毒消肿。用于瘰疬痰核，疔疮肿毒，蛇虫咬伤。

【用法与用量】煎汤，15～30 g，单味药可用至 120 g。

天葵属 *Semiaquilegia* Makino

多年生小草本，有块根。叶基生和茎生，为掌状三出复叶，基生叶具长柄。花序为简单的单歧或为蝎尾状的聚伞花序；花小，辐射对称；萼片 5 片，白色，花瓣状，狭椭圆形，花瓣 5，匙形，基部囊状；雄蕊 8 ～ 14，花药宽椭圆形，黄色，花丝丝形，退化雄蕊 2，白膜质；心皮 3 ～ 5，花柱短。蓇葖果微呈星状展开，卵状长椭圆形，先端有细喙，表面有横向脉纹，无毛。种子多数，小，黑褐色，有瘤状突起。

洪湖市境内的天葵属植物有 1 种。

74. 天葵

【拉丁名】*Semiaquilegia adoxoides*（DC.）Makino

【别名】耗子屎、紫背天葵、千年老鼠屎、麦无踪。

【形态特征】多年生小草本，有块根。块根长 1 ～ 2 cm，粗 3 ～ 6 mm，外皮棕黑色。茎 1 ～ 5 条，被稀疏的白色柔毛。基生叶多数，为掌状三出复叶，叶卵圆形至肾形，长 1.2 ～ 3 cm，小叶扇状菱形或倒卵状菱形，长 0.6 ～ 2.5 cm，宽 1 ～ 2.8 cm，3 深裂，两面均无毛，叶柄长 3 ～ 12 cm，基部扩大成鞘状；茎生叶与基生叶相似，向上渐小。花序有 2 至数朵花，花小，直径 4 ～ 6 mm；花梗纤细，长 1 ～ 2.5 cm，被白色短柔毛；萼片白色，常带淡紫色，狭椭圆形，长 4 ～ 6 mm，宽 1.2 ～ 2.5 mm，顶端急尖；花瓣匙形，长 2.5 ～ 3.5 mm，顶端近截形，基部凸起成囊状。蓇葖果卵状长椭圆形，表面具凸起的横向脉纹。种子卵状椭圆形，褐色至黑褐色，长约 1 mm，表面有许多小瘤状突起。花期 3—4 月，果期 4—5 月。

【分布区域】分布于乌林镇香山村。

【药用部位】干燥块根。

【炮制】春季叶茂时采收，晒干或鲜用。

【化学成分】含生物碱、内酯、香豆素、酚性成分及氨基酸、格列风内酯、紫草氰苷等。

【性味与归经】甘、苦，寒。归肝、胃经。

【功能与主治】清热解毒，消肿散结。用于痈肿疔疮，乳痈，瘰疬，蛇虫咬伤。

【用法与用量】煎汤，9～15 g。

【临床应用】①治瘰疽，乳癌：天葵根 1.5 g，象贝 6～9 g，煅牡蛎 9～12 g，甘草 3 g，同煎服数次。②治骨折：天葵子、桑白皮、水冬瓜皮、玉枇杷各 30 g，捣绒，正骨后包患处；再用本品 30 g，泡酒 500 g，每次服药酒 15 g。

三十七、小檗科 Berberidaceae

多年生草本或常绿或落叶灌木，少数为小乔木。叶互生，少数对生或基生，单叶或一至三回羽状复叶；叶脉羽状或掌状。花序顶生或腋生，花单生、簇生或组成总状花序、穗状花序、伞形花序、聚伞花序或圆锥花序；花两性，辐射对称，花被通常 3；萼片 6～9，常呈花瓣状，离生，2～3 轮；花瓣 6，扁平，盔状或呈距状，或变为蜜腺状；雄蕊与花瓣同数而对生，花药常 2 瓣裂或纵裂；子房上位，1 室，胚珠 1 至多数，着生于心皮的腹缝线或底部，花柱多数较短或无花柱，柱头通常为盾状。果实为浆果、蒴果、蓇葖果或瘦果。种子 1 至多数，富含胚乳；胚大或小。

本科有 17 属约 650 种，主产于北温带和亚热带高山地区。中国有 11 属约 320 种，全国各地均有分布，四川、云南、西藏种类较多。

洪湖市境内的小檗科植物有 1 属 1 种。

南天竹属 *Nandina* Thunb.

常绿灌木。叶互生，二至三回羽状复叶，叶轴具关节；小叶全缘，叶脉羽状；无托叶。大圆锥花序顶生或腋生；花两性，3 数，具小苞片；萼片多数，螺旋状排列，由外向内逐渐增大，花瓣 6，较萼片大，基部无蜜腺；雄蕊 6，1 轮，与花瓣对生，花药纵裂，花粉长球形，3 孔沟，外壁具明显网状雕纹；子房斜椭圆形，花柱短，柱头全缘或偶有数小裂。浆果球形，红色或橙红色，顶端具宿存花柱。种子 1～3 枚，灰色或淡棕褐色，无假种皮。

洪湖市境内的南天竹属植物有 1 种。

75. 南天竹

【拉丁名】*Nandina domestica* Thunb.

【别名】白天竹、天竹、南天烛、山黄芩、小铁树。

【形态特征】常绿小灌木。茎常丛生，分枝少，高 1 ～ 3 m，光滑无毛。叶互生，茎上部集生，三回羽状复叶，长 30 ～ 50 cm，二至三回羽片对生；小叶薄革质，椭圆形或椭圆状披针形，长 2 ～ 10 cm，宽 0.5 ～ 2 cm，顶端渐尖，基部楔形，全缘，上叶面叶脉处深绿色，冬季逐变红色，背面叶脉隆起，两面无毛；近无柄。圆锥花序直立，长 20 ～ 35 cm；花小，白色，具芳香，直径 6 ～ 7 mm；萼片多轮，外轮萼片卵状三角形，向内各轮渐大，最内轮萼片卵状长圆形，花瓣长圆形，先端圆钝；雄蕊 6，长约 3.5 mm，花丝短，花药纵裂，药隔延伸；子房 1 室，胚珠 1 ～ 3 枚。浆果球形，直径 5 ～ 8 mm，熟时鲜红色，稀橙红色。种子扁圆形。花期 3—6 月，果期 5—11 月。

【分布区域】分布于乌林镇青山村。

【药用部位】根、茎、叶及果实。

【炮制】根、茎全年可采，切片晒干。秋、冬季摘果，晒干。栽培品于栽后 2 ～ 3 年可以采果；栽后 3 ～ 4 年挖根。

【性味与归经】根：苦，寒。茎：苦，寒。叶：苦，寒。果实：苦，平；有小毒。

【功能与主治】根：清热除湿，通经活络。用于感冒发热，结膜炎，肺热咳嗽，湿热黄疸，急性胃肠炎，尿路感染，跌打损伤。

果实：止咳平喘，清肝明目。用于久咳，哮喘，百日咳，疟疾，下疳溃烂等。

【用法与用量】煎汤，根 9 ～ 30 g，茎 9 ～ 30 g，果实 9 g。

【临床应用】①治小儿天哮：南天竹、蜡梅花各 9 g，水蜒蚰 1 条，水煎服。②治下疳溃烂：南天竹，煅存性，3 g，梅花冰片 0.2 g，茶油调敷。③治百日咳：南天竹 9 ～ 15 g，水煎，调冰糖服。④治三阴疟：南天竹蒸熟，每岁服 1 粒，每日早晨白汤下。

三十八、木通科 Lardizabalaceae

落叶、常绿缠绕灌木或木质藤本，少数为直立灌木。茎缠绕或攀援，木质部有宽大的髓射线。叶互生，掌状或三出复叶，无托叶；叶柄和小柄两端膨大为节状。花辐射对称，单性，雌雄同株或异株，常组成总状花序或伞房状的总状花序；萼片6，呈花瓣状，排成2轮，覆瓦状或外轮的镊合状排列，少数为3；花瓣6，蜜腺状；雄蕊6，花丝离生或合生成管，花药2室，纵裂；退化心皮3枚，在雌花中有6枚退化雄蕊，心皮3或6～9，柱头显著，近无花柱，胚珠多数或仅1枚，倒生或直生，纵行排列。果为蓇葖果或浆果，不开裂或腹缝开裂。种子1枚至多数，卵形或肾形，有肉质、丰富的胚乳和小而直的胚。

本科有9属约50种，大部分产于亚洲东部。我国有7属42种2亚种4变种，南北地区均产，但多数分布于长江以南各地。

洪湖市境内的木通科植物有1属1种。

木通属 *Akebia* Decne.

落叶或半常绿木质缠绕藤本。掌状复叶互生，具长柄，通常有小叶3或5片，小叶全缘或边缘波状。花单性，雌雄同株同序，多朵组成腋生的总状花序或花序伞房状；雄花较小，生于花序上部；雌花大，1至数朵生于花序总轴基部；萼片3～6，花瓣状，紫红色，有时为绿白色，卵圆形，无花瓣。雄花：雄蕊6，离生，花丝极短或近无，花药外向，纵裂，退化心皮小。雌花：心皮3～12，圆柱形，柱头盾状，胚珠多数，着生于侧膜胎座上，胚珠间有毛状体。肉质蓇葖果长圆状圆柱形，成熟时沿腹缝开裂。种子多数，卵形，排成多行藏于果肉中，有胚乳，胚小。

洪湖市境内的木通属植物有1种。

76. 木通

【拉丁名】*Akebia quinata*（Houtt.）Decne.

【别名】五叶木通、预知子、羊开口、丁年藤、附通子、丁翁。

【形态特征】落叶缠绕木质藤本。茎纤细，圆柱形，有皮孔。掌状复叶互生或在短枝上的簇生，常具小叶5片；小叶纸质，倒卵形或倒卵状椭圆形，长2～5 cm，宽1.5～2.5 cm，先端圆或凹入，具小突尖，基部圆形或阔楔形，上面深绿色，下面青白色。伞房花序式的总状花序腋生，长6～12 cm，疏花；总花梗长2～5 cm，着生于缩短的侧枝上，基部为芽鳞片所包托；花略芳香；雄花花梗纤细，长7～10 mm，萼片3～5，淡紫色，兜状阔卵形，顶端圆形，雄蕊6～7，离生，花丝极短，花药长圆形，钝头，退化心皮3～6枚，小；雌花萼片暗紫色，偶有绿色或白色，阔椭圆形至近圆形，心皮3～9枚，离生，圆柱形，柱头盾状，顶生，退化雄蕊6～9枚。果长圆形或椭圆形，长5～8 cm，直径3～4 cm，成熟时紫色，腹缝开裂。种子多数，卵状长圆形，包裹在果肉内；种皮褐色或黑色，有光泽。花期4—5月，果期6—8月。

【分布区域】分布于乌林镇香山村。

【药用部位】藤茎。

【炮制】除去杂质，用水浸泡，泡透后捞出，切片，干燥。

【化学成分】木通茎含豆甾醇、β-谷甾醇、β-谷甾醇葡萄糖苷、木通皂苷（苷元为常春藤皂苷元和齐墩果酸）及白桦脂醇、内消旋肌醇等。

【性味与归经】苦，寒。归心、小肠、膀胱经。

【功能与主治】利尿通淋，清心除烦，通经下乳。用于淋证，水肿，心烦尿赤，口舌生疮，经闭乳少，湿热痹痛。

【用法与用量】煎汤，3～6 g；或入丸、散。

【临床应用】①治产后乳汁不下：木通、钟乳、栝楼根、甘草各 30 g，漏芦（去芦头）60 g。上 5 味，捣锉如麻豆大，每服 6 g，黍米 15 g 同煎，候米熟去渣，温服，不拘时。②治脚气遍身肿满，喘促烦闷：木通、苏叶、猪苓各 30 g，桑白皮、槟榔、赤茯苓各 60 g。为末，每服 12 g，加生姜 5 片，取葱白 7～16 cm，水煎，不拘时服。③治急性肾炎：木通、木贼各 9 g，龟壳 30 g，红枣 5 枚，水煎服。④治二便不通：木通茎 9 g，水煎温服，连服 2 次。⑤治尿血痛不可忍：木通、滑石各 30 g，黑丑 15 g，共研末。每服 6 g，灯心、葱白汤空腹服下。⑥治痢疾：木通、甘草各 9 g，鲜马齿苋 60 g，水煎服。

三十九、防己科 Menispermaceae

攀援或缠绕藤本，极少数是直立灌木或小乔木。木质部有髓射线。叶螺旋状排列，无托叶，单叶，常有掌状脉；叶柄两端肿胀。聚伞花序，极少退化为单花；苞片通常小，稀叶状；花通常小，单性，雌雄异株，通常花萼和花冠分化明显；萼片常轮生，每轮 2～4，花瓣 2 轮，较少 1 轮，每轮 3 片，覆瓦状排列或镊合状排列；雄蕊 6～8，花丝分离或合生，花药 1～2 室或假 4 室，纵裂或横裂，在雌花中有或无退化雄蕊；心皮 3～6，少数 1～2 或多数，离生，子房上位，1 室，内有胚珠 2 颗，其中 1 颗早期退化，花柱顶生，柱头分裂，较少全缘。核果，外果皮革质或膜质，中果皮常肉质，内果皮骨质或有时木质，较少革质，表面有皱纹或有各式突起，较少平坦。种子通常弯，种皮薄，胚通常弯，胚根小，对着花柱残迹，子叶扁平而叶状或厚而半柱状。

本科约有 65 属 350 种，分布于全世界的热带和亚热带地区，温带地区很少。我国有 19 属 78 种，主产于长江流域及其以南各地。

洪湖市境内的防己科植物有 2 属 2 种。

1. 叶明显呈盾状着生；雌花的心皮 2 ～ 4，雄花有雄蕊 12 ～ 18……………………………………………… 蝙蝠葛属 *Menispermum*

1. 叶不为盾状着生；雌花的心皮 3 或 6，雄花有雄蕊 6 或 9 ……………………………………………………………… 木防己属 *Cocculus*

木防己属 *Cocculus* DC.

落叶或常绿木质藤本，极少为直立灌木或小乔木。单叶，互生，全缘或分裂，具掌状脉。聚伞花序或聚伞圆锥花序；雄花萼片 6 或 9，排成 2 轮或 3 轮，外轮较小，内轮较大而凹，覆瓦状排列，花瓣 6，基部两侧内折成小耳状，顶端 2 裂，雄蕊 6 或 9，花丝分离，药室横裂；雌花萼片呈花瓣状，退化雄蕊 6 或没有，心皮 6 或 3，花柱柱状，柱头外弯伸展。核果倒卵形或近圆形，扁平，花柱残迹近基生，果核坚硬，背肋两侧有雕纹。种子马蹄形，胚乳少，子叶线形，扁平，胚根短。

洪湖市境内的木防己属植物有 1 种。

77. 木防己

【拉丁名】*Cocculus orbiculatus*（L.）DC.

【别名】土木香、青藤香、土防己、金锁匙、广防己。

【形态特征】落叶缠绕藤本。嫩茎有黄褐色柔毛，有条纹。叶纸质至近革质，线状披针形或阔卵状近圆形，有时卵状心形，先端有小突尖，有时微缺或 2 裂，边全缘或 3 裂，有时掌状 5 裂，长通常 3 ～ 8 cm，两面被密柔毛至疏柔毛；掌状脉 3 ～ 5 条，在下面微凸起；叶柄长约 13 cm，有白色柔毛。聚伞花序少花，腋生，或排成多花，狭窄聚伞圆锥花序，顶生或腋生，被柔毛；雄花小苞片 2 或 1，被柔毛；萼片 6，排成 2 轮，花瓣 6，抱着花丝，顶端 2 裂；雄蕊 6；雌花退化雄蕊 6，心皮 6。核果近球形，红色

至紫红色，直径常 7 ～ 8 mm；果核骨质，直径 5 ～ 6 mm，背部有横皱纹。

【分布区域】分布于龙口镇傍湖村。

【药用部位】根。

【炮制】洗净，切片，晒干。

【化学成分】含木兰花碱、木防己碱、异木防己碱、木防己胺、木防己宾碱、毛木防己碱、去甲毛木防己碱等。

【性味与归经】苦、辛，寒。归膀胱、脾、肾经。

【功能与主治】祛风止痛，利水消肿，降压，解毒。用于风湿痹痛，水肿，脚气，尿路感染，高血压。

【用法与用量】煎汤，4.5 ～ 9 g。外用适量，捣烂外敷治毒蛇咬伤。

【临床应用】①治膈间支饮：木防己 9 g，石膏（鸡子大）1 枚，桂枝 6 g，人参 12 g，水煎分 2 次服。②治小便淋涩：木防己、防风、葵子各 60 g。水 1000 ml，煎 500 ml，分 3 次服。③治水肿：木防己、黄芪、白术各 9 g，茯苓 18 g，桂心、芍药、炙甘草、生姜各 6 g，水煎服。④治风心病心衰：木防己 15 ～ 20 g，桂枝 6 ～ 10 g，红参 6 ～ 10 g，生石膏 10 ～ 25 g，益母草 15 ～ 30 g, 枳壳 6 ～ 10 g。每日 1 剂，重者 2 剂，10 日为 1 个疗程，可连服 1 ～ 3 个疗程。

蝙蝠葛属 *Menispermum* L.

多年生缠绕草本或藤本。单叶，盾状三角形，具掌状脉。圆锥花序腋生，雄花萼片 4 ～ 10，花瓣 6 ～ 8，近肉质，肾状心形至近圆形，边缘内卷；雄蕊 12 ～ 18，花丝柱状，花药近球状，纵裂，肾状心形至近圆形；雌花有退化雄蕊 6 ～ 12，心皮 2 ～ 4，具心皮柄，子房囊状半卵形，花柱短，柱头大而分裂，外弯。核果近扁球形；果核肾状圆形或阔半月形，侧扁，两面有鸡冠状突起。种子有丰富的胚乳，胚环状弯曲，子叶半柱状，比胚根稍长。

洪湖市境内的蝙蝠葛属植物有 1 种。

78. 蝙蝠葛

【拉丁名】*Menispermum dauricum* DC.

【别名】北豆根、黄条香、野豆根、蝙蝠藤。

【形态特征】落叶缠绕藤本。根状茎褐色，有条纹，无毛。叶纸质，呈心状扁圆形，长和宽均 3 ～ 12 cm，3 ～ 9 裂，很少近全缘，基部心形至近截平，两面无毛，下面有白粉；掌状脉 9 ～ 12 条；叶柄长 3 ～ 10 cm，有条纹。圆锥花序单生或双生，有细长的总梗，有花数朵至 20 余朵，花密集稍疏散，花梗纤细，长 5 ～ 10 mm。雄花：萼片 4 ～ 8，膜质，绿黄色，倒披针形至倒卵状椭圆形，长 1.4 ～ 3.5 mm，自外至内渐大，花瓣 6 ～ 8，肉质，凹成兜状，有短爪，长 1.5 ～ 2.5 mm；雄蕊通常 12，长 1.5 ～ 3 mm。雌花：退化雄蕊 6 ～ 12，长约 1 mm。核果紫黑色，直径约 1 cm；种子 1，半圆形。花期 6—7 月，果期 8—9 月。

【分布区域】分布于老湾回族乡江豚湾社区。

【药用部位】干燥根茎。

【炮制】除去杂质，洗净，润透，切厚片，干燥。

【性味与归经】苦，寒；有小毒。归肺、胃、大肠经。

【功能与主治】清热解毒，祛风止痛。用于咽喉肿痛，热毒泻痢，风湿痹痛。

【用法与用量】煎汤，3～9 g。

【临床应用】①治急性黄疸性肝炎，胆囊炎：蝙蝠葛 12 g，柴胡、栀子各 9 g，甘草 6 g，水煎服。②治肺炎，支气管炎，咳嗽：蝙蝠葛 9 g，麦冬 12 g，甘草 6 g，水煎服。③治疮肿疥癣：鲜蝙蝠葛适量，捣烂外敷。④治流行性腮腺炎：蝙蝠葛 12 g，玄参 9 g，水煎服。⑤治齿龈肿痛：蝙蝠葛 15 g，煎汁，含于口中，数分钟后吐出。

四十、睡莲科 Nymphaeaceae

多年生或一年生水生草本。根状茎和根都生长在水底泥土中。浮水叶或出水叶互生，心形至盾形；沉水叶细弱，有时细裂。花两性，辐射对称，单生于花梗顶端；萼片常 3～6，花瓣 3 至多数，或渐变成雄蕊；雄蕊 6 至多数；心皮 3 至多数，离生，或连合成一个多室子房，或嵌生于扩大的花托内，柱头离生，成辐射状或环状柱头盘，子房上位、半下位或下位，胚珠 1 至多数。果实为坚果或浆果。种子常有假种皮，有或无胚乳，胚有肉质子叶。

本科有 8 属约 100 种，广泛分布。我国有 5 属约 15 种。

洪湖市境内的睡莲科植物有 2 属 2 种。

1. 子房下位；花瓣 3 ～ 5 轮；花丝条形；一年生水生草本；叶柄、叶脉及果实有刺；叶片基部多无弯缺……芡属 *Euryale*

1. 子房半下位；花瓣多轮，有时内轮渐变成雄蕊；花丝花瓣状；多年生水生草本；叶柄、叶脉及果实无刺；叶片基部有弯缺……莲属 *Nelumbo*

芡属 *Euryale* Salisb.ex DC.

一年生水生草本。根状茎粗壮；茎不明显。初生叶沉在水中，次生叶浮在水面。萼片 4，自立，生于花托边缘，花瓣比萼片小；花丝条形，花药矩圆形，药隔先端截状；子房下位，8 室，每室有少数胚珠。浆果革质，球形，不整齐开裂，顶端有宿存萼片。种子多数，有浆质假种皮及黑色厚种皮，胚乳淀粉质。

洪湖市境内的芡属植物有 1 种。

79. 芡

【拉丁名】*Euryale ferox* Salisb. ex DC.

【别名】芡实、鸡头米、鸡头莲、鸡头荷、刺莲藕、假莲藕、湖南根。

【形态特征】一年生水生草本。沉水叶箭形或椭圆肾形，长 4 ～ 10 cm，两面无刺，叶柄无刺；浮水叶革质，椭圆肾形至圆形，直径 10 ～ 130 cm，弯缺或全缘，叶柄及花梗粗壮，长可达 25 cm，皆有硬刺。花长约 5 cm；萼片 4，披针形，长 1 ～ 1.5 cm，内面紫色，外面绿色，密生稍弯硬刺，花瓣矩圆状披针形或披针形，长 1.5 ～ 2 cm，紫红色，成数轮排列，向内渐变成雄蕊；无花柱，柱头红色，成凹入的柱头盘。浆果球形，直径 3 ～ 5 cm，海绵质，紫红色，外部密生硬刺。种子球形，直径 1 cm，黑色。花期 7—8 月，果期 8—9 月。

【分布区域】分布于洪湖市各乡镇。

【药用部位】成熟种仁。

【炮制】芡实：取原药材，除去硬壳及杂质。

炒芡实：取净芡实置锅内，用文火加热，炒至表面微黄色，取出放凉。

麸炒芡实：取麸皮，撒入热锅内，用中火加热，待冒烟时，加入净芡实，迅速拌炒至表面微黄色时，取出，筛去麸皮，放凉。每 100 kg 芡实，用麸皮 10 kg。

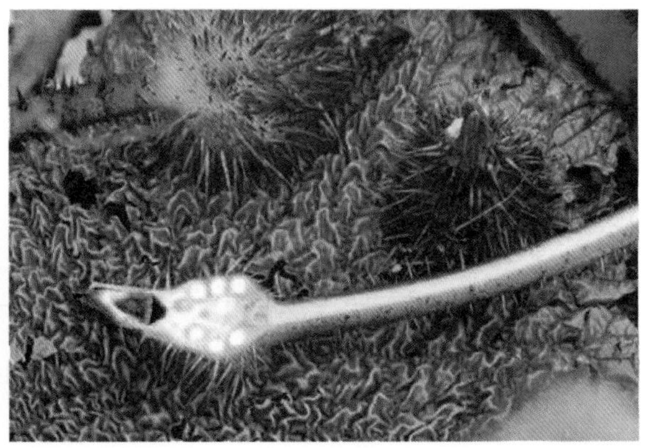

土炒芡实：取伏龙肝粉置锅内，用中火加热至土粉轻松灵活时，加入净芡实，拌炒至表面微黄色，取出，筛去伏龙肝粉，放凉。每 100 kg 芡实，用伏龙肝粉 20 kg。

盐炙芡实：取净芡实，用盐水拌匀，闷润至透，置热锅内，用文火加热，炒干，取出放凉。每 100 kg 芡实，用食盐 2 kg。

【化学成分】芡实含淀粉、蛋白质、脂肪、胡萝卜素、维生素 B_1、维生素 B_2、维生素 C、钙、磷、铁、烟酸、肽类化合物、黄酮类、糖苷类和酚类化合物等。

【性味与归经】甘、涩，平。归脾、肾经。

【功能与主治】益肾固精，补脾止泻，除湿止带。用于遗精，遗尿尿频，脾虚久泻，白浊，带下。

【用法与用量】煎汤，9 ～ 15 g。

【临床应用】①治滑精不止：炒沙苑蒺藜、蒸芡实、莲须各 60 g，炙龙骨、煅牡蛎各 30 g。共为末，莲子粉糊为丸，盐汤下。②治浊病：芡实粉、白茯苓粉各适量，黄蜡（化），蜜和丸，梧桐子大。每服百丸，盐汤下。③治老幼脾肾虚热及久痢：芡实、山药、茯苓、白术、莲肉、薏苡仁、白扁豆各 120 g，人参 30 g。俱炒燥为末，白汤调服。

莲属 *Nelumbo* Adans.

多年生水生草本。根状茎横生，粗壮，节上生须根，节间内部有多条孔道。叶漂浮或高出水面，近圆形，盾状，全缘，叶脉放射状。花大，伸出水面；萼片 4 ～ 5；花瓣大，黄色、红色、粉红色或白色，内轮渐变成雄蕊；雄蕊药隔先端成一细长内曲附属物；花柱短，柱头顶生；花托海绵质，果期膨大。坚果矩圆形或球形。种子无胚乳，子叶肥厚。

洪湖市境内的莲属植物有 1 种。

80. 莲

【拉丁名】*Nelumbo nucifera* Gaertn.

【别名】荷花、菡萏、芙蓉、芙蕖、莲花、碗莲、缸莲。

【形态特征】多年生水生草本。根状茎横生，粗壮，节间膨大，内有多数纵行通气孔道，节部缢缩，上生黑色鳞叶，下生须状不定根。叶圆形，盾状，直径 25 ～ 90 cm，全缘稍呈波状，上面光滑，具白粉；

叶柄粗壮，圆柱形，长 1 ～ 2 m，中空，外面散生小刺。花梗和叶柄等长或稍长，也散生小刺；花直径 10 ～ 20 cm，花瓣红色、粉红色或白色，矩圆状椭圆形至倒卵形，长 5 ～ 10 cm，宽 3 ～ 5 cm，由外向内渐小，有时变成雄蕊，先端圆钝或微尖；花药条形，花丝细长，着生在花托之下；花柱极短，柱头顶生；花托于果期膨大，海绵质。坚果椭圆形或卵形，长 1.8 ～ 2.5 cm，果皮革质，坚硬，熟时黑褐色。种子卵形或椭圆形，长 1.2 ～ 1.7 cm。花期 6—8 月，果期 8—10 月。

【分布区域】分布于洪湖市各乡镇。

【药用部位】果实、干燥幼叶及胚根、干燥花托、干燥雄蕊、干燥根茎节部。

【炮制】莲子：有心者，略浸，润透，切开，去心，干燥；或捣碎，去心。

莲子心：取出，晒干。

莲房炭：取净莲房，切碎，照煅炭法制炭。

莲须：夏季花开时选晴天采收，盖纸晒干或阴干。

藕节：除去杂质，洗净，干燥。

藕节炭：取净藕节，照炒炭法炒至表面黑褐色或焦黑色，内部黄褐色或棕褐色。

荷叶：夏、秋季采收，晒至七八成干时，除去叶柄，折成半圆形或折扇状，干燥。喷水，稍润，切丝，干燥。

【化学成分】含槲皮素、甲基莲心碱、荷叶碱、莲心碱、N- 去甲基荷叶碱、氧化黄心树宁碱、N- 去甲基亚美罂粟碱，以及水芹烯、蒎烯、β - 谷甾醇、β - 谷甾醇脂肪酸酯、叶绿素、棕榈酸、不饱和酮酸、淀粉、葡萄糖、蛋白质、脂肪、纤维素等。

【性味与归经】莲子：甘、涩，平。归脾、肾、心经。莲子心：苦，寒。归心、肾经。莲房：苦、涩，温。归肝经。莲须：甘、涩，平。归心、肾经。藕节：甘、涩，平。归肝、肺、胃经。荷叶：苦，平。归肝、脾、胃经。

【功能与主治】莲子：补脾止泻，止带，益肾涩精，养心安神。用于脾虚泄泻，带下，遗精，心悸失眠。

莲子心：清心安神，交通心肾，涩精止血。用于热入心包，神昏谵语，心肾不交，失眠遗精，血热吐血。

莲房：化瘀止血。用于崩漏，尿血，痔疮出血，产后瘀阻，恶露不净。

莲须：固肾涩精。用于遗精，带下，尿频。

藕节：收敛止血，化瘀。用于吐血，咯血，衄血，尿血，崩漏。

荷叶：清暑化湿，升发清阳，凉血止血。用于暑热烦渴，暑湿泄泻，血热吐衄，便血崩漏。

荷叶炭：收敛止血，化瘀。用于出血症或产后血晕。

【用法与用量】煎汤，莲子 6 ～ 15 g；莲子心 2 ～ 5 g；莲房 5 ～ 10 g；莲须 3 ～ 5 g；藕节 9 ～ 15 g；荷叶 3 ～ 10 g；荷叶炭 3 ～ 6 g。

【临床应用】①治心经虚热，小便赤浊：莲子心 180 g，炙甘草 30 g。为细末，每服 6 g，灯心煎汤调下。②治吐血，脾阴虚，脉数身热，咽痛声哑者：莲子、人参、白术、山药、茯苓、麦门冬、黄芪、白芍各 9 g，甘草 4.5 g，五味子 2.5 g，水煎，去头煎，只服 2 ～ 3 煎。③治产后胃寒咳逆，呕吐不食，或腹作胀：莲心 45 g，白茯苓 30 g，丁香 15 g。为末，每服 6 g，不拘时，用姜汤或米饮调下，每日 3 次。④治遗精白浊，心虚不宁：莲子肉、芡实、莲花蕊、藕节、茯苓、茯神、山药各 60 g。为细末，用金樱子 1 kg（去毛刺），槌碎，水熬去渣，再熬成膏。面糊为丸，梧桐子大。每服 50 ～ 70 丸，温米汤送下。

四十一、三白草科 Saururaceae

多年生草本。茎直立或匍匐状，具明显的节。单叶，叶互生，托叶贴生于叶柄上。花两性，穗状花序或总状花序，具总苞或无总苞，苞片显著，无花被；雄蕊 3、6 或 8，花丝分离，花药 2 室，纵裂；雌蕊由 3 ～ 4 心皮组成，若为离生心皮，则每心皮有胚珠 2 ～ 4 颗，若为合生心皮，则子房 1 室而具侧膜胎座，在每一胎座上有胚珠 6 ～ 8 颗或多数，花柱离生。果为蓇葖果或蒴果，由顶端开裂。种子有胚乳，胚小。

本科有 4 属约 7 种，分布于亚洲东部和北美洲。我国有 3 属 4 种，主产于中部以南各地。

洪湖市境内的三白草科植物有 1 属 1 种。

蕺菜属 *Houttuynia* Thunb.

多年生草本。叶全缘，心形，具柄；托叶鞘大，膜质。花小，穗状花序，花序基部有 4 片白色花瓣状的总苞片，有总梗；雄蕊 3，花丝长，下部与子房合生，花药长圆形，纵裂；雌蕊由 3 个部分合生的心皮组成，子房上位，1 室，侧膜胎座 3，每侧膜胎座有胚珠 6 ～ 8 颗，花柱 3 枚，柱头侧生。蒴果近球形，顶端开裂。种子多数，球形。

洪湖市境内的蕺菜属植物有 1 种。

81. 蕺菜

【拉丁名】*Houttuynia cordata* Thunb.

【别名】臭狗耳、独根草、丹根苗、臭猪草、臭草、侧耳根、臭菜、鱼腥草。

【形态特征】多年生草本，有腥臭味，无毛。根状茎细长，节上轮生小根。叶卵状心形，有腺点，长 4 ～ 10 cm，宽 2.5 ～ 6 cm，顶端短渐尖，基部心形，两面光滑无毛，叶脉 5 ～ 7 条；叶柄长 1 ～ 3.5 cm，无毛；托叶膜质，顶端钝，下部与叶柄合生而成长 8 ～ 20 mm 的鞘，且常有缘毛，基部扩大，略抱茎。花序长约 2 cm，宽 5 ～ 6 mm；总花梗无毛；总苞片 4，白色，长圆形或倒卵形，顶端钝圆。蒴果顶端有开裂。种子球形，有条纹。花期 4—7 月。

【分布区域】分布于螺山镇复兴村。

【药用部位】新鲜全草或干燥地上部分。

【炮制】鲜鱼腥草：夏季茎叶茂盛花穗多时采割，除去杂质。

干鱼腥草：除去杂质，迅速洗净，切段，干燥。

【化学成分】含癸酰乙醛、月桂醛、α－蒎烯、芳樟醇、甲基正壬基甲酮、金丝桃苷、绿原酸、β－谷甾醇、槲皮苷、异槲皮苷等。

【性味与归经】辛，微寒。归肺经。

【功能与主治】清热解毒，消痈排脓，利尿通淋。用于肺痈吐脓，痰热喘咳，热痢，热淋，痈肿疮毒。

【用法与用量】煎汤，15～25 g，不宜久煎；鲜品用量加倍，水煎或捣汁服。外用适量，捣敷或煎汤熏洗患处。

四十二、藤黄科 Guttiferae

灌木或乔木。单叶，全缘，对生或有时轮生，无托叶。花序聚伞状或伞状。花两性或单性，轮状排列或部分螺旋状排列，常整齐；萼片 2～6，覆瓦状排列或交互对生，花瓣 2～6，离生，覆瓦状排列或旋卷；雄蕊多数，离生或成 4～10 束，束离生或不同程度合生；子房上位，通常有 5 或 3 个多少合生的心皮，1～12 室，具中轴或侧生或基生的胎座，胚珠 1 至多数，花柱 1～5 或不存在，柱头 1～12，常呈放射状。果为蒴果、浆果或核果。种子 1 至多颗，有胚。

本科约有 40 属 1000 种，隶属于 5 亚科，主产于热带地区。我国有 8 属 87 种，隶属于 3 亚科，几乎遍布全国各地。

洪湖市境内的藤黄科植物有 1 属 2 种。

金丝桃属 *Hypericum* L.

一年生至多年生草本或灌木，具腺体。叶对生，全缘。花序为聚伞花序，花 1 至多数，常呈伞房状。花两性；萼片 4 或 5，覆瓦状排列，花瓣 4 或 5，黄色至金黄色，通常不对称，宿存或脱落；雄蕊连合成 3～5 束，每束具多至 80 枚的雄蕊，花丝纤细；子房 3～5 室或 1 室，花柱 2～5，柱头呈头状。果为蒴果，常有含树脂的条纹或囊状腺体。种子小，通常有龙骨状突起或具翅，表面有各种雕纹，无假种皮；胚纤细。

洪湖市境内的金丝桃属植物有 2 种。

1. 叶基部不合生……………………………………………………金丝桃 *H.monogynum*
1. 叶基部合生……………………………………………………元宝草 *H.sampsonii*

82. 金丝桃

【拉丁名】*Hypericum monogynum* L.

【别名】过路黄、金丝海棠、金线蝴蝶、狗胡花。

【形态特征】灌木，高 0.5～1.3 m。叶对生，无柄或具短柄，柄长达 1.5 mm；叶倒披针形或椭圆形至长圆形，长 2～11.2 cm，宽 1～4.1 cm，先端锐尖至圆形，常具小尖突，基部楔形至圆形或有时截形至心形，边缘平坦。花序具 1～30 花，疏松的近伞房状；花梗长 0.8～5 cm；苞片小，线状披针形，早落。花直径 3～6.5 cm，星状；花蕾卵珠形。萼片狭椭圆形或长圆形至披针形或倒披针形，先端锐尖至圆形，边缘全缘。花瓣金黄色至柠檬黄色，无红晕，有小尖突或无。雄蕊5束，每束有雄蕊25～35枚，花药黄色至暗橙色。子房卵珠形或卵珠状圆锥形至近球形，长2.5～5 mm，宽2.5～3 mm；花柱长1.2～2 cm；柱头小。蒴果宽卵珠形，长6～10 mm，宽4～7 mm。种子深红褐色，圆柱形，长约2 mm，有龙骨状突起，有线状纹。花期5—8月，果期8—9月。

【分布区域】分布于洪湖市各乡镇。

【药用部位】全株和根。

【炮制】四季均可采收，洗净，晒干。

【化学成分】果实含氨基酸、糖类、黄酮类和酚性成分。地上部分含挥发油等。

【性味与归经】苦，凉。归心、肝经。

【功能与主治】清热解毒，散瘀止痛，祛风湿。用于肝炎，肝脾肿大，急性咽喉炎，结膜炎，疮疖肿毒，蛇咬伤及蜂蜇伤，跌打损伤，风湿性腰痛。

【用法与用量】煎汤，15～30 g。外用鲜根或鲜叶适量，捣敷。

【临床应用】①治肺病：金丝桃9 g，麦冬9 g，阿胶4.5 g，淫羊藿9 g，水煎服。②治百日咳：金丝桃、粗金鸡尾、木桂花、酢浆草、木贼、蛇莓各等份，水煎服。③治肝炎：金丝桃根30 g，大枣10枚。同煮，每日分2次服，连服1～2周。④治风湿性腰痛：金丝桃根30 g，鸡蛋2个。水煎2 h，吃蛋喝汤，每日2次分服。⑤治蝮蛇、银环蛇咬伤：鲜金丝桃根加食盐适量，捣烂，外敷伤处。每日换1次。

83. 元宝草

【拉丁名】*Hypericum sampsonii* Hance

【别名】对叶草、哨子草、散血丹、黄叶连翘、蜡烛灯台、对月草。

【形态特征】多年生草本，高0.2～0.8 m。茎圆柱形，无腺点。叶对生，基部合生一体而茎贯穿其中心，或披针形至长圆形或倒披针形，长2～8 cm，宽0.7～3.5 cm，先端钝形或圆形，基部较宽，全缘，坚纸质，边缘和叶面有腺点，中脉直贯叶端，侧脉每边约4条。花序顶生，多花，伞房状，连同其下方腋生花枝整体形成一个庞大的疏松伞房状至圆柱状圆锥花序；苞片及小苞片线状披针形或线形，长达4 mm，先端渐尖；花直径6～15 mm，近扁平，基部为杯状，花蕾卵珠形，先端钝形，花梗长2～3 mm；萼片长圆形或长圆状匙形或长圆状线形，长3～10 mm，宽1～3 mm，先端圆形，全缘，全面散布黑色腺点或腺斑，果时直伸，花瓣淡黄色，椭圆状长圆形，宿存；雄蕊 3 束，宿存，每束具雄蕊 10 ～ 14 枚，花药淡黄色，具黑色腺点；子房卵珠形至狭圆锥形，长约 3 mm，3 室；花柱 3，长约 2 mm，自基部分离。蒴果宽卵珠状，长 6 ～ 9 mm，宽 4 ～ 5 mm，散布有黄褐色囊状腺体。种子黄褐色，长卵柱形，长约 1 mm，表面有明显的细蜂窝纹。花期 5—6 月，果期 7—8 月。

【分布区域】分布于乌林镇香山村。

【药用部位】全草。

【炮制】夏、秋季采收，拔取全草，除去泥沙及杂质，洗净，晒干或鲜用。

【化学成分】含金丝桃素、芦丁、金丝桃苷、槲皮素等。

【性味与归经】苦、辛，寒。归肝、脾经。

【功能与主治】凉血止血，清热解毒，活血调经，祛风通络。用于吐血，咯血，衄血，血淋，月经不调，痛经，带下，跌打损伤，风湿痹痛，腰腿痛。外用于头癣，口疮，目翳。

【用法与用量】煎汤，9 ～ 15 g（鲜品 30 ～ 60 g）。外用适量，鲜品洗净捣敷，或干品研末外敷。

【临床应用】①治月经不调：元宝草 5 ～ 30 g，益母草 9 g，金锦香根 15 g。水煎，黄酒为引，月经前，每日 1 剂，连服 5 剂。②治吐血，咯血，衄血：元宝草、墨旱莲各 30 g，虎杖 15 g，水煎服。③治慢性咽喉炎，喑哑：元宝草、光叶水苏、灯笼草各 30 g，筋骨草、玄参各 15 g，水煎服。④治乳痈：元宝草 15 g，酒、水各半煎，分 2 次服。⑤治跌打扭伤肿痛：鲜元宝草根 15 g，酒、水各半煎服；另用元宝草叶，加酒酿同捣匀敷伤处。

四十三、罂粟科 Papaveraceae

一年生或多年生草本，少数为灌木或小乔木，常有乳汁。基生叶常呈莲座状，茎生叶互生，少数对生或轮生，有时具卷须，无托叶。花单生，或排列成总状花序、聚伞花序或圆锥花序；花两性，辐射对称或左右对称；萼片2，少数为3～4，通常分离，覆瓦状排列，早落，花瓣4，少有4～12或无花瓣，排列成2轮；雄蕊多数，分离，排列成数轮，离生或4枚或6枚合成2束，花丝常丝状，花药2室，纵裂；子房上位，1至多数合生心皮组成，胚珠多数，花柱单生，有时近无。果为蒴果，瓣裂或顶孔开裂。种子细小，球形、卵圆形或近肾形；种脊有时具鸡冠状种阜；胚小，胚乳油质。

本科约有38属700种，主产于北温带地区，尤以地中海地区、西亚、中亚至东亚及北美洲西南部为多。我国有18属362种，南北地区均有分布，主要分布于西南部。

洪湖市境内的罂粟科植物有1属2种。

紫堇属 *Corydalis* DC.

一年生或多年生草本，无乳汁。茎直立、平卧或蔓生，单轴或合轴分枝。叶互生，三出或羽状分裂，或掌状分裂。花有苞片，总状花序，花梗纤细；萼片2，通常小，膜质；花冠两侧对称，花瓣4，紫色、蓝色、黄色、玫瑰色，稀白色；雄蕊6，合生成2束；子房1室，心皮2，胚珠少数至多数，排成1列或2列，花柱伸长。果多蒴果，通常线形或圆柱形，2瓣裂。种子肾形或近圆形，黑色或棕褐色，通常平滑且有光泽；种阜各式，通常紧贴种子。

洪湖市境内的紫堇属植物有2种。

1. 植株有块茎，茎叶少数；花紫红色、淡粉红色或淡蓝色……夏天无 *C.decumbens*
1. 植株无块茎，茎叶多数或稍多数；花粉红色或紫红色，少为白色……紫堇 *C.edulis*

84. 夏天无

【拉丁名】*Corydalis decumbens*（Thunb.）Pers.

【别名】伏生紫堇、落水珠、野延胡、飞来牡丹、伏地延胡索。

【形态特征】多年生草本。块茎近球形，较小。茎细弱，高10～25 cm，不分枝，具2～3叶。叶近三角形，二回三出全裂。总状花序疏具3～10花；苞片小，卵圆形，全缘，长5～8 mm；花梗长10～20 mm；花近白色至淡粉红色或淡蓝色；萼片早落，外花瓣顶端下凹，常具狭鸡冠状突起，上花瓣长14～17 mm，瓣片多少上弯，距稍短于瓣片，渐狭，平直或稍上弯，蜜腺体短，下花瓣宽匙形，内花瓣具超出顶端的宽而圆的鸡冠状突起。蒴果线形，多少扭曲，长13～18 mm，具6～14种子。种子具龙骨状突起和泡状小突起。花期3—4月，果期7—9月。

【分布区域】分布于新堤街道万家墩村。

【药用部位】块茎。

【炮制】春季或初夏出苗后采挖，除去茎、叶及须根，洗净，干燥。

【化学成分】含原阿片碱、巴马汀、罂粟碱、棕榈酸、β－谷甾醇等。

【性味与归经】苦、微辛，温。归肝经。

【功能与主治】活血止痛，舒筋活络，祛风除湿。用于中风偏瘫，头痛，跌扑损伤，风湿痹痛，腰腿疼痛。

【用法与用量】6～12 g，研末分 3 次服。

【临床应用】①治高血压：夏天无、钩藤、桑白皮、夏枯草各适量，煎服。②治中风偏瘫，风湿性关节炎，坐骨神经痛：夏天无注射液，每 2 ml 相当于 1 g 原生药。每月肌内注射 1～2 次，每次 2～4 ml。③治风湿性关节炎：夏天无粉，每次服 9 g，每日 2 次。④治腰肌劳损：夏天无全草 15 g，水煎服。

85. 紫堇

【拉丁名】*Corydalis edulis* Maxim.

【别名】蝎子花、麦黄草、断肠草、闷头花、山黄连、水黄连、羊不吃。

【形态特征】一年生草本，高 20～50 cm。茎分枝，具叶；花枝花葶状，常与叶对生。基生叶具长柄，叶片近三角形，长 5～9 cm，上面绿色，下面苍白色，一至二回羽状全裂，羽片 2～3 对，具短柄，二回羽片近无柄，羽状分裂，裂片狭卵圆形，顶端钝，近具短尖。总状花序具 3～10 花；苞片狭卵圆形至披针形，渐尖，全缘；花梗长约 5 mm；萼片小，近圆形，直径约 1.5 mm，具齿；花粉红色至紫红色，平展；柱头横向纺锤形，两端各具 1 乳突。蒴果线形，长 3～3.5 cm，具 1 列种子。种子黑色，直径约 1.5 mm，密生环状小凹点；种阜小，紧贴种子。花期 3—6 月，果期 5—9 月。

【分布区域】分布于洪湖市南门洲。

【药用部位】根或全草。

【炮制】根于秋季采挖，洗净晒干；夏季采集全草，晒干或鲜用。

【性味与归经】苦、涩，凉；有毒。归肺、肾、脾经。

【功能与主治】清热解毒。用于中暑头痛，腹痛，尿痛，肺结核咯血。外用于化脓性中耳炎，脱肛，疮疡肿毒，蛇咬伤。

【用法与用量】煎汤，6～9 g。外用鲜品适量，捣烂敷患处或干品煎水洗患处。

【临床应用】①治肺痨咯血：断肠草根 9 g，水煎或泡酒服。②治遗精：蝎子花 9～12 g，以米泔水浸泡并露 1 夜后，用原米泔水煎服，醪糟为引，连服 3～4 剂。③治毒疮，蛇咬伤，脱肛：鲜蝎子花根适量，捣烂外敷。④治化脓性中耳炎：鲜紫堇全草捣烂取汁，擦净患耳内脓液后，将药汁滴入耳内，每日 3～4 次。⑤治中暑头痛，腹痛，尿痛：紫堇 6～9 g，水煎服。

四十四、十字花科 Cruciferae

一年生、二年生或多年生草本，少数为灌木状。叶互生，很少对生，基生叶呈旋叠状或莲座状；通常无托叶。花两性，少有退化成单性的，总状花序，顶生或腋生，偶有单生的；萼片4片，分离，排成2轮，直立或开展，有时基部呈囊状，花瓣4片，分离，成十字形排列，花瓣白色、黄色、粉红色、淡紫色、淡紫红色或紫色，基部有时具爪；雄蕊常6，也排列成2轮，花丝基部常具蜜腺；雌蕊1，子房上位，由于假隔膜的形成，子房2室，少数无假隔膜时，子房1室，每室有胚珠1至多个，排列成1或2行，形成侧膜胎座，花柱短或缺，柱头单一或2裂。果实为长角果或短角果，迟裂或不裂；有的果实变为坚果状；果瓣扁平或凸起，或呈舟状，无脉或有1～3脉，少数顶端具或长或短的喙。种子表面光滑或具纹理，边缘有翅或无翅，有的湿时发黏，无胚乳。

本科约有300属3200种，主产于北温带地区，尤以地中海区域分布较多。我国有95属425种，全国各地均有分布，以西南、西北、东北高山区及丘陵地带为多，平原及沿海地区较少。

洪湖市境内的十字花科植物有7属13种。

1. 草本。
  2. 果成熟后不开裂。
    3. 匍匐草本；叶羽状分裂；花白色；果2个并生，小球形，侧扁……臭荠属 *Coronopus*
    3. 直立草本；叶形不一；花白色、淡红色、紫色或黄色……萝卜属 *Raphanus*
  2. 果成熟后开裂。
    4. 果为短角果。
      5. 植株无毛或有单毛。
        6. 花黄色……蔊菜属 *Rorippa*
        6. 花白色……独行菜属 *Lepidium*
      5. 植株有分叉毛或无毛……荠属 *Capsella*
    4. 果为长角果。
        7. 长角果有喙（宿存花柱）……芸薹属 *Brassica*
        7. 长角果无喙。
          8. 花白色、淡紫红色或紫色……碎米荠属 *Cardamine*

芸薹属 *Brassica* L.

一年生或多年生草本。茎直立，通常分枝，无毛或有单毛；根细或成块状。基生叶常成莲座状，茎生叶有柄或抱茎。总状花序伞房状；花黄色，少数白色；萼片近相等，内轮基部囊状，侧蜜腺柱状，中蜜腺近球形、长圆形或丝状；子房有5～45胚珠。长角果线形或长圆形，圆筒状，少有近压扁，常稍扭曲，喙多为锥状，喙部有1～3种子或无种子；果瓣无毛，有1明显中脉，柱头头状，近2裂；隔膜完全，透明。种子每室1行，球形或少数卵形，棕色，子叶对折。

洪湖市境内的芸薹属植物有4种。

1. 基生叶不发达，茎生叶无柄，抱茎……油白菜 *B. chinensis* var.*oleifera*
1. 基生叶发达，茎生叶无柄或有短柄，不抱茎或抱茎。
  2. 叶边缘有不规则的锯齿，茎生叶有柄，不抱茎……芥菜 *B. juncea*
  2. 叶边缘全缘或有不明显的齿，茎生叶抱茎。

3. 基生叶莲座状、圆卵形或倒卵形，叶墨绿色，不卷心……………………………………………………………塌棵菜 *B.narinosa*

3. 基生叶及下部茎生叶的叶柄宽扁而有翅，叶淡绿色或白色，卷心……………………………………………白菜 *B.pekinensis*

86. 油白菜

【拉丁名】*Brassica chinensis* var. *oleifera* Makino et Nemoto

【别名】油菜、芸薹、寒菜、胡菜、苦菜、薹芥、瓢儿菜。

【形态特征】一年生或二年生草本，高 25 ～ 70 cm，带粉霜。茎直立，有分枝。基生叶倒卵形或宽倒卵形，叶全缘或有不明显圆齿或波状齿，中脉白色，宽达 1.5 cm，有多条纵脉，叶柄长 3 ～ 5 cm；上部茎生叶倒卵形或椭圆形，长 3 ～ 7 cm，宽 1 ～ 3.5 cm，基部抱茎，宽展，两侧有垂耳，全缘，微带粉霜。总状花序顶生，呈圆锥状；花浅黄色，长约 1 cm；花梗细；萼片长圆形，长 3 ～ 4 mm，直立开展，白色或黄色，花瓣长圆形，长约 5 mm，顶端圆钝，有脉纹，具宽爪。长角果线形，长 2 ～ 6 cm，宽 3 ～ 4 mm，坚硬，无毛，果瓣有明显中脉及网结侧脉；喙顶端细，基部宽；果梗长 8 ～ 30 mm。种子球形，直径 1 ～ 1.5 mm，紫褐色，有蜂窝纹。花期 3—5 月，果期 5—6 月。

【分布区域】分布于洪湖市各乡镇。

【药用部位】茎叶和种子。

【炮制】茎叶：采收，鲜用。

油菜籽：除去杂质，用时捣碎。

【性味与归经】茎叶：甘，凉。归肝、脾、肺经。

油菜籽：辛、温。

【功能与主治】行滞活血，消肿解毒。用于痈肿丹毒，劳伤吐血，热疮，产后心、腹诸疾及恶露不下，产后泄泻，蛔虫性肠梗阻，破气消肿，血痢，胃痛，神经痛，头部充血。

【用法与用量】煎汤，9～12 g。

【临床应用】①治大肠风毒和下血不止：生油菜籽、炙甘草各 15 g，共捣为散，每次 6 g，用水一杯煎至五分，食前温服。②治小儿丹毒：油菜籽研细末，调香油敷患处，或用油菜叶捣汁涂擦。

87. 芥菜

【拉丁名】*Brassica juncea*（L.）Czern.

【别名】紫叶雪里蕻、盖菜、凤尾菜、油芥菜、雪菜、霜不老、冲菜。

【形态特征】一年生或二年生草本，高 30～150 cm，带粉霜，有辣味。茎直立，有分枝。基生叶宽卵形至倒卵形，长 15～35 cm，先端圆钝，基部楔形，大头羽裂，具 2～3 对裂片，或不裂，边缘均有缺刻或齿，叶柄具小裂片；茎下部叶较小，边缘具齿，不抱茎；茎上部叶窄披针形，长 2.5～5 cm，宽 4～9 mm，边缘具不明显疏齿或全缘。总状花序顶生；花黄色，直径 7～10 mm；花梗长 4～9 mm；萼片淡黄色，长圆状椭圆形，长 4～5 mm，直立开展，花瓣倒卵形。长角果线形，果瓣具 1 突出中脉，喙长 6～12 mm，果梗长 5～15 mm。种子球形，直径约 1 mm，紫褐色。花期 3—5 月，果期 5—6 月。

【分布区域】分布于洪湖市各乡镇。

【药用部位】种子。

【炮制】芥子：夏末秋初果实成熟时采割植株，打下种子，除去杂质。用时捣碎。

炒芥子：取净芥子，照清炒法炒至淡黄色或深黄色，有香辣气。用时捣碎。

【化学成分】含黑芥子苷、芥子酶、芥子酸、芥子碱、葡萄糖芜菁芥素、葡萄糖芸薹素、芥酸、新葡萄糖芸薹素等。

【性味与归经】辛，温。归肺经。

【功能与主治】温肺豁痰利气，散结通络止痛。用于寒痰咳嗽，胸胁胀痛，痰滞经络，关节麻木、疼痛，痰湿流注，阴疽肿毒。

【用法与用量】煎汤，3～9 g。外用适量，捣敷。

【临床应用】①治眉毛不生：芥子、半夏各等份，为末，生姜自然汁调搽。②治妇人中风、口噤、舌本缩：芥子 30 g，细研，以醋 240 ml，煎取 80 ml，涂颔颊下。③治淋巴结结核：芥子研末，加等量葱白，捣成泥状，调敷患处，每日 1 次。④治关节肿痛：芥子研末，加适量面粉，调敷肿痛处，以局部麻辣感为度。⑤治感冒发热，腹痛：将芥子粉末用水调和放入脐内，用热水袋隔衣熨之；单治感冒也可取芥子末 15 g，用鸡蛋清调如糊状，涂于涌泉穴上，用敷料胶布固定。

88. 塌棵菜

【拉丁名】*Brassica narinosa* L. H. Bailey

【别名】小白菜、塔菜、塌菜、塌地松、黑菜、乌塌菜、油菜、小菜薹。

【形态特征】二年生或栽培成一年生草本，高 30～40 cm。根粗大，茎丛生，上部有分枝。基生叶莲座状、圆卵形或倒卵形，长 10～20 cm，墨绿色，有光泽，皱缩，全缘或有疏生圆齿，中脉宽，有纵条纹，侧脉扇形，叶柄白色，宽 8～20 mm，稍有边缘，有时具小裂片；上部叶近圆形或长圆状卵形，长 4～10 cm，全缘，抱茎。总状花序顶生；花淡黄色，花梗长 1～1.5 cm；萼片长圆形，顶端圆钝，花瓣倒卵形或近圆形，多脉纹，有短爪。长角果长圆形，长 2～4 cm，宽 4～5 mm，扁平，果瓣具中脉及网状侧脉，喙宽且粗，长 4～8 mm；果梗粗壮，长 1～1.5 cm，伸展或上部弯曲。种子球形，直径约 1 mm，深棕色，有细网状窠穴，种脐显著。花期 3—4 月，果期 5 月。

【分布区域】分布于洪湖市各乡镇。

【药用部位】茎、叶。

【炮制】12 月至翌年 3 月上旬抽薹前，可渐次采收。

【性味与归经】甘，平。归肝、脾、大肠经。

【功能与主治】疏肝健脾，滑肠通便。用于肝脾不和，饮食积滞，脘腹痞胀，纳呆，便秘。

【用法与用量】适量，炒、煮食。

89. 白菜

【拉丁名】*Brassica pekinensis*（Lour.）Rupr.

【别名】菘、大白菜、黄芽白、绍菜。

【形态特征】二年生草本。茎高 40 ～ 60 cm，常全株无毛，有时叶下中脉有少数刺毛。基生叶多数，大，倒卵状长圆形至宽倒卵形，长 30 ～ 60 cm，顶端圆钝，边缘皱缩，波状，有时具不明显齿，中脉宽，白色，有多数粗壮侧脉，叶柄白色，扁平，长 5 ～ 9 cm，宽 2 ～ 8 cm，边缘有具缺刻的宽薄翅；上部茎生叶长圆状卵形、长圆状披针形至长披针形，长 2.5 ～ 7 cm，顶端圆钝至短急尖，全缘或有裂齿，有柄或抱茎，有粉霜。花鲜黄色，花梗长 4 ～ 6 mm；萼片长圆形或卵状披针形，直立，淡绿色至黄色；花瓣倒卵形，长 7 ～ 8 mm，基部渐窄成爪。果实为长角果，较粗短，长 3 ～ 6 cm，宽约 3 mm，两侧压扁，直立，喙长 4 ～ 10 mm，顶端圆。种子球形，直径 1 ～ 1.5 mm，棕色。花期 4—5 月，果期 6—7 月。

【分布区域】分布于洪湖市各乡镇。

【药用部位】鲜叶和根。

【炮制】10—12 月采收，除去根和老叶，洗净，晾干或鲜用。

【性味与归经】甘，平。归胃经。

【功能与主治】解热除烦，通利肠胃，养胃生津，除烦解渴，利尿通便。用于肺热咳嗽，便秘，丹毒，漆疮。

【用法与用量】煮食或捣汁饮。

荠属 *Capsella* Medic.

一年生或二年生草本，无毛、具单毛或分叉毛。基生叶有叶柄，莲座状，羽状分裂至全缘；茎上部叶无柄，叶边缘具弯缺齿至全缘，基部耳状，抱茎。总状花序伞房状；花梗丝状；萼片近直立，长圆形，基部不成囊状，花瓣白色或带粉红色，匙形；花丝线形，花药卵形，蜜腺成对，半月形，常有 1 外生附属物；

子房 2 室，有 12 ～ 24 胚珠，花柱极短。短角果倒三角形或倒心状三角形，扁平，开裂，无翅，无毛，果瓣近顶端最宽，具网状脉，隔膜窄椭圆形，膜质，无脉。种子多数，椭圆形，棕色；子叶背倚胚根。

洪湖市境内的荠属植物有 1 种。

90. 荠

【拉丁名】*Capsella bursa-pastoris*（L.）Medic.

【别名】护生草、净肠草、地地菜、香荠菜、地米菜、荠菜、菱角菜。

【形态特征】一年生或二年生草本。茎直立，高 7 ～ 50 cm，被单毛及星状毛。基生叶丛生成莲座状，大头羽状分裂，长可达 12 cm，宽可达 2.5 cm，顶裂片卵形至长圆形，长 5 ～ 30 mm，宽 2 ～ 20 mm，侧裂片 3 ～ 8 对，长圆形至卵形，长 5 ～ 15 mm，顶端渐尖，浅裂或有不规则粗锯齿或近全缘，叶柄长 5 ～ 40 mm；茎生叶窄披针形或披针形，长 5 ～ 6.5 mm，宽 2 ～ 15 mm，基部箭形，抱茎，边缘有缺刻或锯齿。总状花序顶生及腋生；花梗长 3 ～ 8 mm；萼片长圆形，长 1.5 ～ 2 mm；花瓣白色，卵形，长 2 ～ 3 mm，有短爪。果实为短角果，倒三角形，长 5 ～ 8 mm，宽 4 ～ 7 mm，扁平，无毛，顶端微凹，裂瓣具网脉，果梗长 5 ～ 15 mm。种子 2 行，长椭圆形，浅褐色。花果期 4—6 月。

【分布区域】分布于洪湖市各乡镇。

【药用部位】全草。

【炮制】3—5 月连根拔取，洗净，晒干。

【化学成分】全草含有机酸、糖类、黄酮类、生物碱、黑芥子苷、皂苷、葡萄糖胺及 β－谷甾醇，另含乙酰胆碱及延胡索酸等。

【性味与归经】甘，平。归肝、脾经。

【功能与主治】清热利尿，凉血止血，明目降压，消炎解毒。用于痢疾，肾结核尿血，肾炎水肿，产后子宫出血，月经过多，肺结核咯血，高血压，目赤肿痛，乳糜尿，肠炎，尿路结石。

【用法与用量】煎汤，10 ～ 30 g。外用适量，调敷、捣敷或捣汁点眼。

【临床应用】①治肿满，小便涩浊：甜葶苈（隔纸炒）、荠菜根各等份，研末，蜜丸弹子大，每服 1 丸，陈皮汤嚼下。②治阳证水肿：荠菜根、车前草各 30 g，水煎服。③治崩漏及月经过多：荠菜、龙芽草各 30 g，水煎服。④治小儿麻疹火盛：鲜荠菜 30 ～ 60 g（干品 24 ～ 36 g），白茅根 120 ～ 150 g。水煎，可代茶饮。⑤治痢疾：荠菜 60 g，水煎服。

碎米荠属 *Cardamine* L.

一年生、二年生或多年生草本，有毛或无毛，直生或匍匐延伸。茎不分枝或分枝。叶为单叶或羽裂至羽状复叶，常有叶柄。总状花序常无苞片，花初开时排列成伞房状；萼片卵形或长圆形，边缘膜质；花瓣白色、淡紫红色或紫色，倒卵形或倒心形，有时具爪；雄蕊花丝直立，细弱或扁平，稍扩大，侧蜜腺环状或半环状，有时成鳞片状，中蜜腺单一，乳突状或鳞片状；雌蕊柱状。长角果线形，扁平，果瓣平坦，无脉或基部有 1 不明显的脉，成熟时常自下而上开裂或弹裂卷起。种子每室 1 行，压扁状，椭圆形或长圆形，无翅或有窄的膜质翅；子叶扁平，通常背倚胚根。

洪湖市境内的碎米荠属植物有 2 种。

1. 茎不分枝或从基部分枝；果瓣开裂时不翻卷……………………碎米荠 *C.hirsuta*

1. 茎在上部分枝；果瓣开裂时向上翻卷成螺旋状……………………弹裂碎米荠 *C.impatiens*

91. 碎米荠

【拉丁名】*Cardamine hirsuta* L.

【别名】白带草、宝岛碎米荠、见肿消、毛碎米荠、雀儿菜。

【形态特征】一年生草本。茎直立或斜升，高 15 ～ 35 cm，被柔毛。基生叶具叶柄，有小叶 2 ～ 5

对，顶生小叶肾形或肾圆形，长 4 ～ 10 mm，宽 5 ～ 13 mm，边缘有 3 ～ 5 圆齿，小叶柄明显；侧生小叶卵形或圆形，较顶生的小，基部楔形而两侧稍歪斜，边缘有 2 ～ 3 圆齿，有或无小叶柄；茎生叶具短柄，有小叶 3 ～ 6 对，全部小叶两面稍有毛。总状花序顶生，花小，直径约 3 mm，花梗纤细，长 2.5 ～ 4 mm；萼片绿色或淡紫色，长椭圆形，长约 2 mm，边缘膜质，外面有疏毛；花瓣白色，倒卵形，长 3 ～ 5 mm，顶端钝，向基部渐狭；花丝稍扩大；雌蕊柱状，花柱极短，柱头扁球形。长角果线形，稍扁，无毛，长达 30 mm；果梗纤细，直立开展，长 4 ～ 12 mm。种子椭圆形，宽约 1 mm，顶端具明显的翅。花期 2—4 月，果期 4—6 月。

【分布区域】分布于洪湖市各乡镇。

【药用部位】全草。

【炮制】夏季采收，多鲜用。

【性味与归经】甘，平。

【功能与主治】清热解毒，祛风除湿。用于痢疾，泄泻，腹胀，带下，乳糜尿，外伤出血。

【用法与用量】煎汤，15 ～ 30 g。外用鲜草适量，捣烂敷患处。

92. 弹裂碎米荠

【拉丁名】*Cardamine impatiens* L.

【别名】水菜花、水花菜。

【形态特征】一年生或二年生草本。茎直立，高 20 ～ 60 cm，有时上部分枝。多数羽状复叶，基生叶有叶柄；茎生叶有柄或无柄，基部也有抱茎线形弯曲的耳，顶端渐尖，缘毛显著，小叶 5 ～ 8 对，顶生小叶卵形或卵状披针形。总状花序顶生和腋生，花多数，小型，直径约 2 mm，果期花序极延长，花梗纤细，长 2 ～ 6 mm；萼片长椭圆形，长约 2 mm，花瓣白色，狭长椭圆形，长 2 ～ 3 mm，基部稍狭；雌蕊柱状，无毛，花柱极短，柱头较花柱稍宽。长角果狭条形而扁，长 20 ～ 28 mm，果瓣无毛，成熟时由基部向上开裂；果梗长 10 ～ 15 mm，无毛。种子椭圆形，长约 1.3 mm，边缘有极狭的翅。花期 4—6 月，果期 5—7 月。

【分布区域】分布于螺山镇龙潭村。

【药用部位】全草。

【炮制】春季采收，鲜用或晒干。

【性味与归经】淡，平。

【功能与主治】活血调经，清热解毒，利尿通淋。用于月经不调，痈肿，淋证。

【用法与用量】煎汤，15 ～ 30 g。外用适量，捣敷。

臭荠属 *Coronopus* J.G.Zinn nom.cons.

一年生、二年生或多年生草本。茎匍匐或近直立，多分枝，无毛或有毛。基生叶有长柄，一回或二回羽状分裂；茎生叶有短柄，边缘有锯齿或全缘。腋生总状花序，花小；萼片短倒卵形或圆形，偏斜，开展，顶端圆钝；花瓣 4，白色，倒卵形或匙形，早落；雄蕊常有 2 或 4，有蜜腺；子房卵形或近圆形，2 裂，有 2 胚珠，花柱极短，柱头凹陷，稍 2 裂。果实为短角果，成 2 半球形室，和隔膜成垂直方向压扁，隔膜窄，成熟时分离，每室含 1 种子；果瓣强韧，近球形，皱缩或网状。种子卵形或半球形；子叶背倚胚根。

洪湖市境内的臭荠属植物有 1 种。

93. 臭荠

【拉丁名】*Coronopus didymus*（L.）J.E.Smith

【别名】臭独行菜、臭滨芥、臭草、肾果荠、芸荠、臭芸荠。

【形态特征】一年生或二年生匍匐草本。全草有臭气，高 5 ～ 30 cm；主茎短且不明显，基部多分枝，无毛或有长单毛。叶为一回或二回羽状全裂，裂片 3 ～ 5 对，线形或窄长圆形，长 4 ～ 8 mm，宽 0.5 ～

1 mm，先端急尖，基部楔形，全缘，无毛；叶柄长 5 ～ 8 mm。花极小，直径约 1 mm，萼片具白色膜质边缘，花瓣 4，白色，长圆形；雄蕊 2 或 4；果瓣半球形，表面有粗糙皱纹，成熟时分离成 2 瓣。种子肾形，长约 1 mm，红棕色。花期 3—4 月，果期 4—5 月。

【分布区域】分布于乌林镇香山村。

【药用部位】全草。

【炮制】鲜用或晒干。

【性味与归经】辛、微苦，平。

【功能与主治】清热明目，利尿通淋。用于火眼，热淋涩痛。

【用法与用量】煎汤，20 ～ 30 g。

独行菜属 *Lepidium* L.

草本，少数呈亚灌木状，直立或铺散，无毛或被毛。叶多为单叶，全缘或羽状分裂，或有锯齿。总状花序顶生，花小，白色，无苞片；萼片短，卵圆形，有毛或无毛；花瓣 2 ～ 4，有时无花瓣；雄蕊 2 ～ 6 或无。短角果圆形、长圆形、倒卵形或倒心形，扁平，先端微凹或全缘，果瓣舟形，无翅或有狭翅；种子每室 1，子叶背倚，少数缘倚。

洪湖市境内的独行菜属植物有 1 种。

94. 独行菜

【拉丁名】*Lepidium apetalum* Willd.

【别名】腺茎独行菜、辣辣菜、胡椒草、葶苈子、白花草。

【形态特征】一年生或二年生草本。茎直立，有分枝，高 5 ～ 30 cm，无毛或具微小头状毛。基生叶莲座状，狭匙形，一回羽状浅裂或深裂，长 3 ～ 5 cm，宽 1 ～ 1.5 cm，叶柄长 1 ～ 2 cm；茎上部叶线形，有疏齿或全缘。总状花序，果期延长；萼片早落，卵形，外面有柔毛；花瓣丝状，退化；雄蕊 2 或 4。短角果近圆形或宽椭圆形，扁平，长 2 ～ 3 mm，宽约 2 mm，顶端微缺，上部有短翅，隔膜宽不到 1 mm；果梗弧形，长约 3 mm。种子椭圆形，长约 1 mm，平滑，棕红色。花期 4—5 月，果期 5—7 月。

【分布区域】分布于乌林镇黄蓬山村。

【药用部位】干燥成熟种子。

【炮制】除去杂质和灰屑。

炒葶苈子：取净葶苈子，照清炒法炒至有爆裂声。

【性味与归经】辛、苦，大寒。归肺、膀胱经。

【功能与主治】泻肺平喘，行水消肿。用于痰涎壅肺，喘咳痰多，胸胁胀满，不得平卧，胸腹水肿，小便不利。

【用法与用量】3～10 g，包煎。

萝卜属 *Raphanus* L.

一年生或多年生草本，通常具肉质直根。茎直立，常有单毛。叶常大头羽状半裂。总状花序伞房状，无苞片；花大，白色或紫色；萼片直立，长圆形，近相等，内轮基部稍成囊状，花瓣倒卵形，常有紫色脉纹，具长爪；侧蜜腺微小，凹陷，中蜜腺近球形或柄状；子房钻状，2 节，具 2～21 胚珠，柱头头状。长角果圆筒形，下节极短，无种子，上节伸长，在相当种子间处稍缢缩，顶端有长喙。种子球形或卵形，棕色，无翅；子叶对折。

洪湖市境内的萝卜属植物有 1 种。

95. 萝卜

【拉丁名】*Raphanus sativus* L.

【别名】菜头、白萝卜、莱菔、水萝卜、蓝花子。

【形态特征】一年生或二年生草本。直根肉质，长圆形、球形或圆锥形，外皮绿色、白色或红色；茎直立，高 20～100 cm，有分枝，无毛，稍具粉霜。基生叶和下部茎生叶大头羽状半裂，长 8～30 cm，宽 3～5 cm，顶裂片卵形，侧裂片 4～6 对，长圆形，有钝齿，疏生粗毛，上部叶长圆形，有锯齿或近全缘。总状花序顶生及腋生；花白色或粉红色；花梗长 5～15 mm；萼片长圆形；花瓣倒卵形，具紫纹，下部有长 5 mm 的爪。长角果圆柱形，长 3～6 cm，宽 10～12 mm，在相当种子间处缢缩，并形成海绵质横隔；顶端喙长 1～1.5 cm；果梗长 1～1.5 cm。种子 1～6 个，卵形，微扁，长约 3 mm，红棕色，有细网纹。花期 4—5 月，果期 5—6 月。

【分布区域】分布于洪湖市各乡镇。

【药用部位】干燥成熟种子。

【炮制】莱菔子：除去杂质，洗净，干燥。用时捣碎。

炒莱菔子：取净莱菔子，照清炒法炒至微鼓起。用时捣碎。

【化学成分】含芥子碱、芥酸、亚油酸、22- 去氢菜油甾醇、莱菔素等。

【性味与归经】辛、甘，平。归肺、脾、胃经。

【功能与主治】消食除胀，降气化痰。用于饮食停滞，脘腹胀痛，大便秘结，积滞泻痢，痰壅喘咳。

【用法与用量】煎汤，5～12 g。

蔊菜属 *Rorippa* Scop.

一年生、二年生或多年生草本，植株无毛或有毛。茎直立或呈铺散状，多数有分枝。叶全缘，浅裂或羽状分裂。花小，黄色，总状花序顶生，有时生于叶状苞片腋部；萼片 4，开展，长圆形或宽披针形；花瓣 4，倒卵形，基部较狭，稀具爪；雄蕊 6 或较少。角果球形至狭线形，果瓣凸出，有时成 4 瓣裂；柱头全缘或 2 裂。种子细小，多数，每室 1 列或 2 列；子叶缘倚胚根。

洪湖市境内的蔊菜属植物有 3 种。

1. 总状花序顶生，花具叶状苞片，几乎无小花梗……………………………………广州蔊菜 *R.cantoniensis*
1. 总状花序顶生，不具苞片，花有明显的小梗。
    2. 角果线状圆柱形……………………………………………………………………蔊菜 *R.indica*
    2. 角果长椭圆形……………………………………………………………………风花菜 *R.globosa*

96. 广州蔊菜

【拉丁名】*Rorippa cantoniensis*（Lour.）Ohwi

【别名】细子蔊菜、包蔊菜、广东葶苈、沙地菜。

【形态特征】一年生直立草本，高 10 ～ 30 cm，植株无毛。茎直立或呈铺散状分枝。基生叶有柄，基部扩大贴茎，叶羽状深裂或浅裂，长 4 ～ 7 cm，宽 1 ～ 2 cm，裂片 4 ～ 6，边缘具 2 ～ 3 缺刻状齿；茎生叶无柄，基部呈短耳状，抱茎，叶片倒卵状长圆形或匙形，边缘常呈不规则齿裂，向上渐小。总状花序顶生，花黄色，近无柄，每花生于叶状苞片腋部；萼片 4，宽披针形，长 1.5 ～ 2 mm，宽约 1 mm；花瓣 4，倒卵形；雄蕊 6，花丝线形；柱头短，头状。短角果圆柱形，长 6 ～ 8 mm，宽 1.5 ～ 2 mm。种子极多数，细小，扁卵形，红褐色，表面具网纹，一端凹缺；子叶缘倚胚根。花期 3—4 月，果期 4—6 月。

【分布区域】分布于洪湖市各乡镇。

【药用部位】全草。

【炮制】夏、秋季采收，晒干备用。

【化学成分】全草含蔊菜素、有机酸、黄酮类化合物及微量生物碱等。

【性味与归经】苦、甘，凉。归肺、肝经。

【功能与主治】祛痰止咳，解表散寒，活血解毒，利湿退黄。用于咳嗽痰喘，感冒发热，麻疹透发不畅，风湿痹痛，咽喉肿痛，疔疮痈肿，漆疮，经闭，跌打损伤，黄疸，水肿。

【用法与用量】煎汤，10 ～ 30 g（鲜品加倍）；或捣绞汁服。外用适量，捣敷。

97. 蔊菜

【拉丁名】*Rorippa indica*（L.）Hiern

【别名】印度蔊菜、葶苈、香荠菜、野油菜、干油菜、天菜子。

【形态特征】一年生或二年生直立草本，高 20 ～ 40 cm。茎表面具纵沟。叶互生，基生叶及茎下部叶具长柄，叶形多变化，大头羽状分裂，长 4 ～ 10 cm，宽 1.5 ～ 2.5 cm，顶端裂片大，卵状披针形，边缘具不整齐齿，侧裂片 1 ～ 5 对；茎上部叶片宽披针形或匙形，边缘具疏齿，具短柄或基部耳状抱茎。

总状花序顶生或侧生；花小，多数，具细花梗；萼片 4，卵状长圆形，长 3 ～ 4 mm；花瓣 4，黄色，匙形，基部渐狭成短爪，与萼片近等长；雄蕊 6 枚，2 枚稍短。长角果线状圆柱形，短而粗，长 1 ～ 2 cm，宽 1 ～ 1.5 mm，直立或稍内弯，成熟时果瓣隆起；果梗纤细，长 3 ～ 5 mm。种子每室 2 行，多数，细小，卵圆形而扁，一端微凹，表面褐色，具细网纹；子叶缘倚胚根。花期 4—6 月，果期 6—8 月。

【分布区域】分布于洪湖市各乡镇。

【药用部位】全草或花。

【炮制】5—7 月采收，洗净，晒干，切碎用。

【性味与归经】辛，凉。归肝、肺经。

【功能与主治】清热，利尿，活血，通经。用于感冒，热咳，咽痛，麻疹透发不畅，风湿性关节炎，黄疸，水肿，疔肿，经闭，跌打损伤。

【用法与用量】煎汤，15 ～ 30 g（鲜品 30 ～ 60 g）。外用适量，捣敷。

【临床应用】①治风寒感冒：蔊菜 30 ～ 60 g，葱白 9 ～ 15 g，水煎服。②治热咳：野油菜 45 g，水煎服。③治头晕目眩：野油菜（嫩的）切碎调鸡蛋，用油炒食。④治胃脘痛：干蔊菜 30 g，水煎服。⑤治风湿性关节痛：鲜蔊菜 60 g，水煎服。

【注意】本品不宜与黄荆叶同用，同用则使人肢体麻木。

98. 风花菜

【拉丁名】*Rorippa globosa*（Turcz.）Hayek

【别名】沼生蔊菜、云南亚麻荠、球果蔊菜、圆果蔊菜、银条菜。

【形态特征】一年生或二年生直立粗壮草本，高 20 ～ 80 cm，植株被白色硬毛或近无毛。茎斜上，基部木质化，下部被白色长毛，上部近无毛，分枝或不分枝。茎下部叶具柄，上部叶无柄，叶长圆形至倒卵状披针形，长 5 ～ 15 cm，宽 1 ～ 2.5 cm，基部渐狭，下延成短耳状而半抱茎，边缘具不整齐粗齿，两面被疏毛，尤以叶脉为著。总状花序多数，呈圆锥花序式排列；花小，黄色，具细梗，长 4 ～ 5 mm；萼片 4，长卵形，长约 1.5 mm，开展，边缘膜质；花瓣 4，倒卵形；雄蕊 6 或 4。短角果长椭圆形，直径约 2 mm，果瓣隆起，平滑无毛，有不明显网纹，顶端具宿存短花柱；果梗纤细，长 4 ～ 6 mm。种子多数，淡褐色，极细小，扁卵形，一端微凹；子叶缘倚胚根。花期 4—6 月，果期 7—9 月。

【分布区域】分布于洪湖市各乡镇。

【药用部位】全草。

【炮制】7—8 月采收全草，切段，晒干。

【化学成分】含胡萝卜素、糖类、有机酸、皂苷、维生素 C、钾、钙等。

【性味与归经】苦、辛，凉。归心、肝、肺经。

【功能与主治】清热利尿，解毒消肿。用于黄疸，水肿，淋证，咽痛，痈肿，烫伤。

【用法与用量】煎汤，6 ～ 15 g。外用适量，捣敷。

【临床应用】①治黄疸，肝炎：风花菜配萹蓄、苦荞叶、茵陈，煎汤服。②治无名肿毒及骨髓炎：风花菜配牛耳大黄、蒲公英、墨地叶，捣烂敷患处。③治腹水过多：风花菜配播娘蒿子、大黄，煎汤服。

四十五、景天科 Crassulaceae

草本、半灌木或灌木，常有肥厚、肉质的茎、叶，无毛或有毛。叶不具托叶，互生、对生或轮生，常为单叶，全缘或稍有缺刻，少为浅裂或为单数羽状复叶。花常为聚伞花序，或为伞房状、穗状、总状或圆锥状花序，有时单生；花两性，或为单性而雌雄异株，辐射对称，花常为 5 数或其倍数，少为 3、4 或 6 ～ 32 数或其倍数；萼片自基部分离或少数在基部以上合生，宿存，花瓣分离，或多少合生；雄蕊 1 轮或 2 轮，与萼片或花瓣同数或为其 2 倍，分离，或与花瓣或花冠筒部多少合生，花丝丝状或钻形，少有变宽的，花药基生，少有背着，内向开裂；心皮常与萼片或花瓣同数，分离或基部合生，常在基部外侧有腺状鳞片 1 枚，花柱钻形，柱头头状或不显著，胚珠倒生，有 2 层珠被，常多数，排成 2 行，沿腹缝线排列，少数较少或只有 1 个。蓇葖果有膜质或革质的皮，稀为蒴果。种子小，长椭圆形，种皮有皱纹或微乳头状突起，胚乳不发达或缺。

本科有 34 属约 1500 种，分布于非洲、亚洲、欧洲、美洲。以我国西南部、非洲南部及墨西哥种类较多。我国有 10 属 242 种。

洪湖市境内的景天科植物有 1 属 3 种。

景天属 *Sedum* L.

一年生或多年生草本。少数茎基部呈木质，无毛或被腺毛，肉质，直立或外倾，有时丛生或藓状。叶各式，对生、互生或轮生，全缘或有锯齿，少有线形的。花序聚伞状或伞房状，腋生或顶生；花白色、黄色、红色、紫色；常为两性，稀退化为单性；常为不等 5 基数，少有 4 ～ 9 基数；花瓣分离或基部合生；雄蕊通常为花瓣数的 2 倍，花瓣对生的雄蕊贴生在花瓣基部；鳞片全缘或有微缺；心皮分离或在基部合生，花柱短。蓇葖果与花瓣同数，有种子多数或少数。

洪湖市境内的景天属植物有 3 种。

1. 叶互生或对生，叶狭楔形，叶腋有珠芽……………………………………珠芽景天 *S.bulbiferum*

1. 叶常为 3 ～ 4 叶轮生。

2. 叶线形至倒披针形……………………………………………………………佛甲草 *S.lineare*

2. 叶倒披针形至长圆形…………………………………………………………垂盆草 *S.sarmentosum*

99. 珠芽景天

【拉丁名】*Sedum bulbiferum* Makino

【别名】鼠芽半枝莲、马尿花、零余子景天。

【形态特征】多年生草本。根须状。茎高 7 ～ 22 cm，茎下部常横卧。叶腋常有圆球形、肉质、小型珠芽着生。基部叶常对生，上部的互生，下部叶卵状匙形，上部叶匙状倒披针形，长 10 ～ 15 mm，宽 2 ～ 4 mm，先端钝，基部渐狭。花序聚伞状，分枝 3，常再二歧分枝；萼片 5，披针形至倒披针形，长 3 ～ 4 mm，宽达 1 mm 左右，有短距，先端钝；花瓣 5，黄色，披针形，先端有短尖；雄蕊 10；心皮 5，略叉开，基部合生。花期 4—5 月，果期 6—7 月。

【分布区域】分布于洪湖市南门洲。

【药用部位】全草。

【炮制】夏季采收，晒干或鲜用。

【性味与归经】辛、涩，温。

【功能与主治】散寒，理气，止痛，截疟。用于食积腹痛，风湿瘫痪，疟疾。

【用法与用量】煎汤，12 ～ 24 g。

100. 佛甲草

【拉丁名】*Sedum lineare* Thunb.

【别名】火烧草、火焰草、佛指甲、狗牙半支、铁指甲、禾雀舌、禾雀蜊、万年草、午时花、小叶刀掀草、金枪药、狗牙瓣、枉开口、鼠牙半枝莲、猪牙齿、土三七、养鸡草。

【形态特征】多年生肉质草本，全体无毛。茎纤细倾卧，长 10 ～ 15 cm，着地部分节节生根。叶 3 ～ 4 片轮生，近无柄，线形至倒披针形，长 2 ～ 2.5 cm，先端近短尖，基部有短距。聚伞花序顶生，花黄色，细小；萼 5 片，线状披针形，长 1.5 ～ 7 mm，钝头，通常不相等；花瓣 5，黄色，长 4 ～ 6 mm，先端短尖，基部渐狭；雄蕊 10；心皮 5，成熟时稍开，长 4 ～ 5 mm，花柱短。蓇葖果。花期 4—5 月，果期 6—7 月。

【分布区域】分布于洪湖市大同湖管理区古村河社区。

【药用部位】干燥全草。

【炮制】除去杂质，切段。

【化学成分】全草含金圣草素、红车轴草素、香豌豆苷、三十三烷及谷甾醇等。

【性味与归经】甘、淡，寒。归心、肺、肝、脾经。

【功能与主治】清热解毒，利湿止血。用于咽喉肿痛，目赤肿毒，热毒痈肿，疔疮，丹毒，缠腰火丹，烫火伤，毒蛇咬伤，黄疸，湿热泻痢，便血，崩漏，外伤出血，扁平疣。

【用法与用量】煎汤，9 ～ 15 g（鲜品 20 ～ 30 g）；或捣汁。外用适量，鲜品捣敷；或捣汁含漱、点眼。

【临床应用】①治红、白痢疾：佛甲草水煎服，或捣烂敷疮散毒。②治迁延性肝炎：佛甲草 30 g，当归 9 g，红枣 10 个。水煎服，每日 1 剂。③治乳痈红肿：狗牙瓣、蒲公英、金银花各适量，加甜酒捣烂外敷。④治牙疼：铁指甲煅末，擦之。

101. 垂盆草

【拉丁名】*Sedum sarmentosum* Bunge

【别名】狗牙瓣、石头菜、佛甲草、爬景天、火连草、水马齿苋、野马齿苋。

【形态特征】多年生草本。不育枝及花茎细，匍匐而节上生根，直到花序之下，长 10 ~ 25 cm。叶为 3 叶轮生，倒披针形至长圆形，长 15 ~ 28 mm，宽 3 ~ 7 mm，先端近急尖，基部急狭，有距。聚伞花序，有 3 ~ 5 分枝，花少，宽 5 ~ 6 cm；花无梗；萼片 5，披针形至长圆形，长 3.5 ~ 5 mm，先端钝，基部无距；花瓣 5，黄色，披针形至长圆形，长 5 ~ 8 mm，先端有长尖；雄蕊 10，较花瓣短；鳞片 10，楔状四方形，长 0.5 mm，先端稍有微缺；心皮 5，长圆形，长 5 ~ 6 mm，略叉开，有长花柱。种子卵形，长 0.5 mm。花期 5—7 月，果期 7—8 月。

【分布区域】分布于洪湖市各乡镇。

【药用部位】干燥全草。

【炮制】除去杂质，切段。

【化学成分】含甲基异石榴皮碱、N- 甲基异石榴皮碱、二氢 -N- 甲基异石榴皮碱、景天庚糖、葡萄糖、蔗糖、果糖，并含垂盆草苷及多种氨基酸、槲皮素、山柰素、异鼠李素、消旋甲基异石榴皮碱、二氧异石榴皮碱等。

【性味与归经】甘、淡，凉。归肝、胆、小肠经。

【功能与主治】利湿退黄，清热解毒。用于湿热黄疸，小便不利，痈肿疮疡。

【用法与用量】煎汤，15 ~ 30 g。

四十六、虎耳草科 Saxifragaceae

多年生草本、灌木、小乔木或藤本。单叶或复叶，互生或对生，常无托叶。通常为聚伞状、圆锥状或总状花序，少数单花；花两性，少数单性，下位或多少上位，稀周位，一般为双被，稀单被；花被片 4 ~ 5，少数为 6 ~ 10，覆瓦状、镊合状或旋转状排列；萼片有时花瓣状，花冠辐射对称，稀两侧对称，花瓣一般离生；雄蕊 4 ~ 10，或多数，一般外轮对瓣，或为单轮，如与花瓣同数，则与之互生，花丝离生，花药 2 室，有时具退化雄蕊；心皮 2，稀 3 ~ 10，通常多少合生，子房上位至下位，胚珠多数，具 1 ~ 2 层珠被，花柱离生或多少合生。果为蒴果或浆果。种子小，胚乳丰富，稀核型，胚小。

本科约有 80 属 1200 种，分布极广，主产于温带地区。我国有 28 属约 500 种，南北地区均产，主产于西南地区。

洪湖市境内的虎耳草科植物有 2 属 2 种。

1. 花多数，常组成花序，少数单生；雄蕊 10 ～ 16，均发育，花瓣 5 ～ 8……………………扯根菜属 *Penthorum*

1. 花多数，常组成花序，少数单生；雄蕊 10，均发育，有花瓣……………………虎耳草属 *Saxifraga*

扯根菜属 *Penthorum* Gronov.ex L.

多年生草本。茎直立。叶互生，膜质，狭披针形或披针形。螺旋状聚伞花序；花两性，多数，小型；萼片 5 或 8；花瓣 5 ～ 8；雄蕊 2 轮，10 ～ 16；心皮 5 ～ 8，下部合生，花柱短，胚珠多数。蒴果 5 ～ 8，浅裂，裂瓣先端喙形。种子多数，细小。

洪湖市境内的扯根菜属植物有 1 种。

102. 扯根菜

【拉丁名】*Penthorum chinense* Pursh

【别名】水泽兰、水杨柳、干黄草。

【形态特征】多年生草本，高 40 ～ 90 cm。根状茎分枝；茎紫红色，不分枝或少有分枝，具多数叶，中下部无毛，上部疏生黑褐色腺毛。叶互生，无柄或近无柄，披针形至狭披针形，长 4 ～ 10 cm，宽 0.4 ～ 1.2 cm，先端渐尖，边缘具细锯齿，无毛。聚伞花序具多花，长 1.5 ～ 4 cm，花序分枝与花梗均被褐色腺毛，花梗长 1 ～ 2.2 mm；苞片小，卵形至狭卵形；花小，黄白色；萼片 5，革质，三角形，长约 1.5 mm，宽约 1.1 mm，无毛，单脉；无花瓣；雄蕊 10，长约 2.5 mm；雌蕊长约 3.1 mm，心皮 5 ～ 6，下部合生，子房 5 ～ 6 室，胚珠多数，花柱 5 ～ 6，较粗。蒴果红紫色，直径 4 ～ 5 mm。种子多数，卵状长圆形，

表面具小丘状突起。花期 7—10 月，果期 8—10 月。

【分布区域】分布于万全镇指南村。

【药用部位】全草。

【炮制】秋后割取全草，晒干。

【化学成分】全草含紫云英苷、异槲皮苷等。

【性味与归经】甘，温。

【功能与主治】利水除湿，祛瘀止痛。用于经闭，水肿，血崩，带下，跌打损伤。

【用法与用量】煎汤，15 ～ 30 g。外用适量，捣敷。

虎耳草属 *Saxifraga* Tourn.ex L.

多年生草本。基生叶成簇，单叶全部基生或兼茎生，有柄或无柄，叶片全缘、具齿或分裂；茎生叶通常互生，稀对生。花两性，辐射对称，黄色、白色、红色或紫红色，多组成聚伞花序，有时单生，具苞片；花托杯状或扁平，内壁完全与子房下部愈合；萼片 5；花瓣 5，通常全缘，脉显著，具痂体或无痂体；雄蕊 10，花丝棒状或钻形；心皮 2，通常基部合生，花柱 2，柱头小；子房常 2 室，胚珠多数。果实为蒴果，稀为蓇葖果。种子多数，小，有时有小突起或尾状物。

洪湖市境内的虎耳草属植物有 1 种。

103. 虎耳草

【拉丁名】*Saxifraga stolonifera* Curt.

【别名】红线草、石荷叶、天荷叶、丝棉吊梅、耳朵草、通耳草、天青地红、金线吊芙蓉、老虎耳。

【形态特征】多年生草本，高 8 ～ 45 cm。匍匐枝细长，密被卷曲长腺毛，具鳞片状叶。茎被长腺毛，具 1 ～ 4 枚苞片状叶。基生叶具长柄，叶片近心形、肾形至扁圆形，长 1.5 ～ 7.5 cm，宽 2 ～ 12 cm，先端钝或急尖，基部近截形、圆形至心形，5 ～ 11 浅裂或不明显，裂片边缘具不规则锯齿和腺毛，腹面绿色，被腺毛，背面通常红紫色，被腺毛，有斑点，具掌状达缘脉序，叶柄长 1.5 ～ 21 cm，被长柔毛。聚伞花序圆锥状，长 7.3 ～ 26 cm；花序分枝长 2.5 ～ 8 cm，被腺毛，具 2 ～ 5 花；花梗长 0.5 ～ 1.6 cm，细弱，被腺毛；花两侧对称；萼片在花期反折，卵形；花瓣 5，白色，其中 3 枚较短，卵形；先端急尖，基部有爪，羽状脉序；雄蕊长 4 ～ 7 mm，花丝棒状；花盘半环状，围绕于子房一侧，边缘具瘤突；心皮 2，长 3.8 ～ 6 mm；子房卵球形，花柱 2，叉开。种子卵形。花期 5—8 月，果期 7—11 月。

【分布区域】分布于新堤街道柏枝村。

【药用部位】全草。

【炮制】全年可采，晒干。

【化学成分】全草含熊果酚苷、马栗树皮素、去甲岩白菜素、三甲基去甲岩白菜素、虎耳草苷、槲皮素、岩白菜素、槲皮素 -3- 鼠李糖苷、没食子酸、原儿茶酸、琥珀酸等。

【性味与归经】微苦、辛，寒；有小毒。

【功能与主治】祛风，清热，凉血解毒。用于风疹，湿疹，中耳炎，丹毒，咳嗽吐血，肺痈，崩漏。

【用法与用量】煎汤，9 ～ 15 g。外用适量，捣汁滴或煎水熏洗。

【临床应用】①治荨麻疹：虎耳草、青黛各等份，水煎服。②治肺痈吐臭脓：虎耳草 12 g，忍冬叶 30 g，水煎 2 次，分服。③治慢性支气管炎：鲜虎耳草 1000 g，鲜蒲公英 300 g（制成蒲虎合剂）；或鲜虎耳草 1000 g，金银花 100 g（制成银虎合剂），加苯甲酸钠 5 g，尼泊金乙酯 0.5 g，均制成 1000 ml，每日服 2 次，每次 15 ～ 20 ml，最大剂量每次可用 50 ml。④治中耳炎：鲜虎耳草 60 g，洗净捣烂取汁（或加冰片粉少许），滴耳，每日 1 ～ 2 次。

四十七、海桐花科 Pittosporaceae

常绿乔木或灌木。叶互生或偶为对生，多数革质，全缘，无托叶。花通常两性，辐射对称；除子房外，花的各轮均为 5 数，单生或为伞形花序、伞房花序或圆锥花序，有苞片及小苞片；萼片常分离，或略连合；花瓣分离或连合，白色、黄色、蓝色或红色；雄蕊与萼片对生，花丝线形，花药基部或背部着生，2 室，纵裂或孔开；子房上位，子房柄存在或缺，心皮 2 ～ 3 个，有时 5 个，通常 1 室或不完全 2 ～ 5 室，倒生胚珠通常多数，侧膜胎座、中轴胎座或基生胎座，花柱短，简单或 2 ～ 5 裂，宿存或脱落。果为蒴果或浆果，沿腹缝裂开。种子胚乳发达，胚小。

本科有 9 属约 360 种，分布于旧大陆热带和亚热带地区。我国有 1 属 44 种。

洪湖市境内的海桐花科植物有 1 属 1 种。

海桐花属 *Pittosporum* Banks

常绿乔木或灌木，有时被毛。叶互生，常聚生于枝顶，全缘或有波状浅齿或皱褶。花两性，稀为杂性，单生或排成伞形花序、伞房花序或圆锥花序，生于枝顶或枝顶叶腋；萼片 5，通常短小而离生，花瓣 5，分离或部分合生；雄蕊 5，花丝无毛，花药背部着生，多少呈箭形，直裂；子房上位，被毛或秃净，常有子房柄，心皮 2 ～ 3 个，稀为 4 ～ 5 个，1 室或不完全 2 ～ 5 室；胚珠多数，有时 1 ～ 4 个，侧膜胎座与心皮同数；花柱短，简单或 2 ～ 5 裂，常宿存。蒴果椭圆形或扁圆球形，有时压扁，2 ～ 5 片裂开，裂片木质或革质。种子稍肥厚，有黏质或油状物包着。

洪湖市境内的海桐花属植物有 1 种。

104. 海桐

【拉丁名】*Pittosporum tobira*（Thunb.）Ait.

【别名】山矾花、七里香。

【形态特征】常绿灌木或小乔木，高达 6 m。叶互生，薄革质，倒卵形或倒卵状披针形，长 4 ～ 9 cm，宽 1.5 ～ 4 cm，先端圆形或钝，常微凹入或为微心形，基部窄楔形，侧脉 6 ～ 8 对，全缘，边稍反卷，无毛；叶柄长达 2 cm。伞房状伞形花序顶生，密被黄褐色柔毛，花梗长 1 ～ 2 cm；苞片披针形，长 4 ～ 5 mm，小苞片长 2 ～ 3 mm，均被褐色毛；花白色，有芳香，后变黄色；萼片卵形，长 3 ～ 4 mm，被柔毛；花瓣倒披针形；雄蕊 2，退化雄蕊的花丝长 2 ～ 3 mm，正常雄蕊的花丝长 5 ～ 6 mm，花药长圆形；子房长卵形，密被柔毛，胚珠多数。蒴果圆球形，有棱或呈三角形，3 片裂开，内侧黄褐色，有光泽，具横格。种子多数，多角形，橘红色。花期 4—5 月，果期 6—7 月。

【分布区域】分布于洪湖市各乡镇。

【药用部位】根、枝、叶和种子。

【炮制】根：全年可采，洗净，切片，晒干。

叶：随时可采，可鲜用。

种子：11 月采果，晒至足干，使果皮脆硬，呈棕褐色，击破果壳，筛取种子。

【化学成分】叶含倍半萜烯苷、异鼠李素 -3- 葡萄糖苷、皂苷和皂苷元。根含软脂酸、β – 谷甾醇、胡萝卜苷、豆甾醇等。

【性味与归经】海桐根：苦、辛，温。海桐叶：苦，寒。海桐子：苦，寒。

【功能与主治】海桐根：祛风活络，散瘀止痛。用于风湿性关节炎，坐骨神经痛，骨折，骨痛，牙痛，高血压，神经衰弱，梦遗滑精。

海桐叶：解毒，止血。外用于毒蛇咬伤，疮疖，外伤出血。

海桐子：涩肠固精。用于肠炎，带下，滑精。

【用法与用量】海桐根：煎汤，15 ～ 30 g。

海桐子：煎汤，5 ～ 9 g。

海桐叶：外用适量，捣烂敷患处。

四十八、金缕梅科 Hamamelidaceae

常绿或落叶木本，常具有星状毛。叶互生，单叶，有托叶。花两性或单性，辐射对称，少有左右对称，腋生，常成头状或穗状花序；萼 4 ～ 5 裂，萼筒多少与子房贴生；花瓣 4 ～ 5，有时无，着生萼上；雄蕊 2 ～ 8，分离，周位，花药 2 室，纵裂或向上翻卷的瓣裂；子房有 2 心皮，2 室，半下位至下位，上部常分离，中轴胎座，每室胚珠 1 至多数，下垂，花柱及柱头 2。蒴果外果皮木质至革质；种子有大而直的胚，胚乳薄。

全世界有 27 属约 140 种，主要分布于亚洲东部。作为现代分布中心的亚洲，金缕梅科植物特别集中于中国南部，有 17 属 75 种 16 变种。

洪湖市境内的金缕梅科植物有 1 属 1 种。

檵木属 *Loropetalum* R.Brown

常绿或半落叶灌木至小乔木。叶互生，革质，卵形，全缘，稍偏斜，有短柄，托叶膜质。花 4 ～ 8 朵排成头状或短穗状花序，两性，4 数；萼筒倒锥形，与子房合生，外侧被星毛，萼齿卵形，脱落性；花瓣带状，白色，在花芽时向内卷曲；雄蕊周位着生，花丝极短，花药有 4 个花粉囊，瓣裂，药隔突出；退化雄蕊鳞片状，与雄蕊互生；子房半下位，2 室，被星状毛，花柱 2 个，胚珠每室 1 个，垂生。蒴果木质，卵圆形，被星状毛；果梗极短或不存在。种子 1 个，长卵形，黑色，有光泽，种脐白色；种皮角质，胚乳肉质。

洪湖市境内的檵木属植物有 1 种。

105. 红花檵木

【拉丁名】*Loropetalum chinense* var.*rubrum* Yieh

【别名】红檵花、红桎木、红檵木、红花桎木。

【形态特征】小乔木或灌木，多分枝，小枝有星状毛。叶革质，卵形，长 2 ～ 5 cm，宽 1.5 ～ 2.5 cm，先端锐尖，基部钝，不等侧；叶柄长 2 ～ 5 mm，有星状毛；托叶膜质，三角状披针形。花 3 ～ 8 朵簇生，有短花梗，白色，花序柄长约 1 cm，被毛；苞片线形，长 3 mm；萼筒杯状，被星状毛，萼齿卵形，长约 2 mm，花后脱落，花瓣 4 片，带状，长 1 ～ 2 cm，先端圆或钝；雄蕊 4，花丝极短，药隔突出成角状，退化雄蕊 4，鳞片状，与雄蕊互生；子房完全下位，被星状毛，花柱极短，长约 1 mm，胚珠 1 个。蒴果卵圆形，长 7 ～ 8 mm，宽 6 ～ 7 mm，先端圆，被褐色星状茸毛。种子圆卵形，长 4 ～ 5 mm，黑色，发亮。花期 3—4 月，果期 5—7 月。

【分布区域】分布于洪湖市各乡镇。

【药用部位】花、根、叶。

【炮制】花：4—5 月采收，晒干。

根：全年均可采挖，洗净，切块，晒干或鲜用。拣去杂质，切成小片，筛去灰屑。

叶：全年均可采摘，晒干。取原药材，除去杂质及细梢，筛去灰屑。

【性味与归经】花：苦、涩，平。归肝、胃、大肠经。根：苦、涩，微温。归肝、脾、大肠经。叶：苦、涩，凉。归肝、胃、大肠经。

【功能与主治】花：收敛止血，清热解毒，止泻。用于肺热咳嗽，咯血，鼻衄，便血，痢疾，泄泻，崩漏。

根：止血，活血，收敛固涩。用于咯血，吐血，便血，外伤出血，崩漏，产后恶露不净，风湿性关节痛，跌打损伤，泄泻，痢疾，带下，脱肛。

叶：收敛止血，清热解毒。用于咯血，吐血，便血，崩漏，产后恶露不净，紫癜，暑热泻痢，跌打损伤，创伤出血，肝热目赤，喉痛。

【用法与用量】花：煎汤，6 ～ 10 g。外用适量，研末撒；或鲜品揉团塞鼻。

根：煎汤，15 ～ 30 g。外用适量，研末敷。

叶：煎汤，15 ～ 30 g；或捣汁。外用适量，捣敷或研末敷；或煎水洗，或含漱。

【注意】本品有剧毒，脾胃虚寒者、孕妇、儿童慎用。

四十九、蔷薇科 Rosaceae

草本、灌木或乔木，常有刺。叶互生，单叶或复叶，有明显托叶。花两性，少数单性，通常整齐，花被 2 轮，常为周位花；花瓣 4 ～ 5，萼片常 4 ～ 5，覆瓦状排列；雄蕊 5 至多数，花丝离生；心皮 1 至多数，离生或合生，有时与花托连合，每心皮有 1 至数个直立的或悬垂的倒生胚珠；花柱与心皮同数，有时连合，顶生、侧生或基生。果实为蓇葖果、瘦果、梨果或核果，稀蒴果。种子胚小，通常不含胚乳；子叶背部隆起。

本科约有 124 属 3300 种，分布于全世界，北温带地区较多。我国约有 51 属 1000 种，产于全国各地。

洪湖市境内的蔷薇科植物有 8 属 13 种。

1. 子房下位，心皮 2 ～ 5，多数和杯状花托内壁连合，萼筒与花托在果时变为肉质梨果或浆果……枇杷属 *Eriobotrya*

1. 子房上位，少数下位。

 2. 心皮多数，生长在膨大的花托上，或仅 1 或 2 心皮生长在宿萼上，每心皮有 1 ～ 2 胚珠。

  3. 瘦果，生在杯状或坛状花托里……蔷薇属 *Rosa*

  3. 瘦果或小核果，着生在扁平或隆起的花托上。

   4. 心皮各有胚珠 2；小核果相互连合成聚合果；茎常有刺……悬钩子属 *Rubus*

   4. 心皮各有胚珠 1；瘦果，相互分离。

    5. 花托在成熟时变为肉质；草本；叶基生，小叶 3……蛇莓属 *Duchesnea*

    5. 花托在成熟时干燥；草本或灌木；叶茎生或基生，小叶 3 至多数……委陵菜属 *Potentilla*

 2. 心皮常为 1，少数 2 或 5，核果，萼常脱落；单叶有托叶。

  6. 花单生或 2 ～ 3 朵簇生，几无梗或具短梗。

   7. 果实外皮无毛，常被蜡粉……李属 *Prunus*

   7. 果实外皮有毛，极稀无毛……桃属 *Amygdalus*

  6. 花常数朵着生在伞形、伞房状或短总状花序上，常有花梗……樱属 *Cerasus*

桃属 *Amygdalus* L.

落叶乔木或灌木，枝无刺或有刺。幼叶在芽中呈对折状，后于花开放，叶柄或叶边常具腺体。花单生，稀 2 朵生于 1 芽内，粉红色，罕白色；雄蕊多数；雌蕊 1，子房常具柔毛，1 室具 2 胚珠。果实为核果，大，外被毛，成熟时果肉多汁不开裂，或干燥开裂，腹部有明显的缝合线；核扁圆形至椭圆形，与果肉粘连或分离，表面具深浅不同的纵、横沟纹和孔穴；种皮厚，种仁味苦或甜。

洪湖市境内的桃属植物有 1 种。

106. 桃

【拉丁名】*Amygdalus persica* L.

【别名】桃子、粘核油桃、粘核桃、离核油桃、盘桃、粘核毛桃。

【形态特征】落叶小乔木，高 3 ～ 8 m。叶长圆状披针形、椭圆状披针形或倒卵状披针形，长 7 ～ 15 cm，宽 2 ～ 3.5 cm，先端渐尖，基部宽楔形，两面无毛或下面脉腋间有须状毛，叶边具锯齿；叶柄粗壮，长 1 ～ 2 cm。花单生，先于叶开放，直径 2.5 ～ 3.5 cm；近无梗；萼筒钟形，被短柔毛，花瓣长圆状椭圆形至宽倒卵形，粉红色；雄蕊 20 ～ 30，花药绯红色；花柱几与雄蕊等长或稍短，子房被短柔毛。果实卵形、宽椭圆形或扁圆形，大，直径 3 ～ 12 cm，向阳面具红晕，外面密被短柔毛，腹缝明显，果梗短而深入果洼；果肉白色、浅绿白色、黄色、橙黄色或红色，多汁有香味，甜或酸甜；核大，离核或粘核，扁圆形或近圆形，顶端渐尖，表面有深凹孔及沟条；种仁常苦。花期 3—4 月，果期 8—9 月。

【分布区域】分布于洪湖市各乡镇。

【药用部位】干燥成熟种子、枝条。

【炮制】桃仁：除去杂质。用时捣碎。

桃枝：除去杂质，洗净，稍润，切段，干燥。

【化学成分】桃仁含苦杏仁苷、野樱苷、脂质、糖类、蛋白质、氨基酸等。桃枝含糖类、黄酮、皂苷、有机酸、蛋白质、鞣质及酚类等。

【性味与归经】桃仁：苦、甘，平。归心、肝、大肠经。桃枝：苦，平。归心、肝经。

【功能与主治】桃仁：活血祛瘀，润肠通便，止咳平喘。用于经闭痛经，癥瘕痞块，肺痈肠痈，跌扑损伤，肠燥便秘，咳嗽气喘。

桃枝：活血通络，解毒杀虫。用于心腹刺痛，风湿痹痛，跌打损伤，疮癣。

【用法与用量】桃仁：煎汤，5 ～ 10 g。

桃枝：煎汤，9 ～ 15 g。

【临床应用】①治痧症血结不散：桃仁、红花、苏木各 3 g，青皮 2.5 g，乌药 1 g，独活 2 g，白蒺藜捣末 3.5 g，水煎服。②治下焦蓄血：桃仁 9 g，当归 9 g，芍药 9 g，牡丹皮 9 g，大黄 15 g，芒硝 6 g，水煎分 3 次服。③治血燥便秘：桃仁 15 g，麻油 30 g，桃仁炸后去渣，1 次服。④治慢性肝炎：桃仁、柏子仁、郁金、生地黄、香附、五灵脂、橘叶各 150 g，当归 120 g，柴胡 90 g，白芍 180 g，红糖 125 g，加水熬成 500 ml，日服 3 次，每次 15 ml。⑤治流行性出血热少尿期并发急性肺水肿：大黄 50 g，芒硝 15 g，桔梗 12 g，全栝楼 12 g，浙贝母 10 g，葶苈子 5 g，桃仁 40 g，红枣 3 枚，炙甘草 3 g。水煎服，早、晚各 1 剂。

【注意】孕妇慎用。

樱属 *Cerasus* Mill.

落叶乔木或灌木。幼叶在芽中为对折状，后于花开放或与花同时开放；叶有叶柄和脱落的托叶，叶边有锯齿，叶柄、托叶和锯齿常有腺体。花常数朵着生在伞形、伞房状或短总状花序上，或 1 ～ 2 花生于叶腋内，常有花梗，花序基部有芽鳞宿存或有明显苞片；萼筒钟状或管状，萼片反折或直立开张，花瓣白色或粉红色，先端圆钝、微缺或深裂；雄蕊 15 ～ 50；雌蕊 1，花柱和子房有毛或无毛。核果成熟时肉质多汁，不开裂；核球形或卵球形，核面平滑或稍有皱纹。

洪湖市境内的樱属植物有 1 种。

107. 樱桃

【拉丁名】*Cerasus pseudocerasus*（Lindl.）G.Don

【别名】含桃、朱樱、樱珠、家樱桃。

【形态特征】乔木，高 2 ～ 6 m，树皮灰白色。小枝灰褐色，嫩枝绿色，无毛或被疏柔毛。叶卵形或长圆状卵形，长 5 ～ 12 cm，宽 3 ～ 5 cm，先端渐尖或尾状渐尖，基部圆形，边有尖锐重锯齿，齿端有小腺体，上面暗绿色，近无毛，下面淡绿色，沿脉或脉间有稀疏柔毛，侧脉 9 ～ 11 对；叶柄长 0.7 ～ 1.5 cm，被疏柔毛，先端有 1 或 2 个腺体；托叶早落，披针形，有羽裂腺齿。花序伞房状或近伞形，有花 3 ～ 6 朵，先于叶开放；总苞倒卵状椭圆形，褐色，长约 5 mm，宽约 3 mm，边有腺齿；花梗长 0.8 ～ 1.9 cm，密被疏柔毛；萼筒钟状，长 3 ～ 6 mm，宽 2 ～ 3 mm，外面被疏柔毛，萼片三角状卵形或卵状长圆形，比萼筒短，反折；花瓣白色，卵圆形，先端微凹；雄蕊 30 ～ 35，栽培的为 50 以上；花柱与雄蕊近等长，无毛。核果近球形，红色，直径 0.9 ～ 1.3 cm。花期 3—4 月，果期 5—6 月。

【分布区域】分布于洪湖市各乡镇。

【药用部位】叶及核。

【炮制】夏季采叶及果实，捡果核洗净，晒干。

【化学成分】种子含氰苷。树皮中含芫花素、樱花素和甾体化合物。

【性味与归经】甘，温。归脾、胃、肾经。

【功能与主治】益脾养胃，滋养肝肾，涩精止泻，祛风除湿。用于脾虚泄泻，肾虚遗精，腰腿疼痛，四肢不仁，瘫痪。

【用法与用量】煎汤，30 ～ 150 g；或浸酒。外用适量，浸酒涂擦或捣敷。

蛇莓属 *Duchesnea* J.E.Smith

多年生草本。根茎短，匍匐茎细长，在节处生不定根。叶为三出复叶，有长叶柄，小叶片边缘有锯齿；托叶与柄贴生。花黄色，两性，腋生，有细梗；副萼片、萼片及花瓣各 5 个，萼片宿存；花瓣黄色；雄蕊 20 ～ 30；心皮多数，离生；花托半球形或陀螺形，在果期增大，海绵质，红色。瘦果扁卵形。种子 1 个，肾形，光滑。

洪湖市境内的蛇莓属植物有 1 种。

108. 蛇莓

【拉丁名】*Duchesnea indica*（Andr.）Focke

【别名】三爪风、龙吐珠、蛇泡草、东方草莓、红顶果、紫莓草。

【形态特征】多年生草本。匍匐茎铺生，有柔毛。小叶片倒卵形至椭圆形，长 2 ～ 5 cm，宽 1 ～ 3 cm，先端圆钝，边缘有钝锯齿，两面皆有柔毛，叶柄长 1 ～ 5 cm，有柔毛；托叶窄卵形至宽披针形，有时有 3 裂。花单生于叶腋，直径 1.5 ～ 2.5 cm，花梗长 3 ～ 6 cm，有柔毛；萼片卵形，长 4 ～ 6 mm，先端锐尖，外面有散生柔毛，副萼片倒卵形，长 5 ～ 8 mm，先端常具 3 ～ 5 锯齿；花瓣倒卵形，长 5 ～ 10 mm，黄色，先端圆钝；雄蕊 20 ～ 30；心皮多数，离生；花托在果期膨大，海绵质，鲜红色，有光泽，直径 10 ～ 20 mm，外面有长柔毛。瘦果卵形，长约 1.5 mm。花期 6—8 月，果期 8—10 月。

【分布区域】分布于洪湖市各乡镇。

【药用部位】全草。

【炮制】夏、秋季采收全草，鲜用或洗净晒干。

【化学成分】含 β－谷甾醇、羽扇豆醇、木栓酮、β－香树脂素、甲氧基去氢胆甾醇。种子油中的

主要脂肪酸为亚油酸等。

【性味与归经】甘、酸，寒；有小毒。

【功能与主治】清热解毒，散瘀消肿。用于感冒发热，咳嗽，小儿高热惊风，咽喉肿痛，白喉，黄疸性肝炎，细菌性痢疾，阿米巴痢疾，月经过多。外用于腮腺炎，毒蛇咬伤，结膜炎，疔疮肿毒，带状疱疹，湿疹。

【用法与用量】煎汤，9～15 g（鲜品 30～60 g）；或捣汁。外用适量，鲜品捣烂外敷。

【临床应用】①治痢疾：鲜蛇莓 30 g，鲜野荞麦、鲜地锦草各 60 g，水煎服。②治咽喉肿痛：蛇莓、土牛膝、寒水石各 15 g，水煎服。③治急性扁桃体炎：鲜蛇莓 30 g，鲜寒泡刺 30 g，捣烂。取石头小块，烧红放入药内，用沸水冲泡，取汤内服。④治蛇咬伤：鲜蛇莓 60 g，青木香茎叶 30 g，捣烂敷伤处。⑤治癌肿：蛇莓、龙葵、蜀羊泉、蚤休各 15 g，水煎服。

枇杷属 *Eriobotrya* Lindl.

常绿乔木或灌木。单叶互生，边缘有锯齿或近全缘，羽状网脉明显，通常有叶柄或近无柄，托叶多早落。花成顶生圆锥花序，常有茸毛；萼筒杯状或倒圆锥状，萼片 5，宿存，花瓣 5，倒卵形或圆形，芽时呈卷旋状或双盖覆瓦状排列；雄蕊 20～40；花柱 2～5，基部合生，子房下位，2～5 室，每室有 2 胚珠。果实为梨果，内果皮膜质，种子 1 或少数，大。

洪湖市境内的枇杷属植物有 1 种。

109. 枇杷

【拉丁名】*Eriobotrya japonica*（Thunb.）Lindl.

【别名】卢橘、金丸。

【形态特征】常绿小乔木，高达 10 m。小枝粗壮，黄褐色，密生锈色或灰棕色茸毛。叶互生，革质，披针形、倒卵形或椭圆状长圆形，长 12～30 cm，宽 3～9 cm，先端渐尖，基部渐狭成叶柄，边缘有疏锯齿，基部全缘，叶上面光亮，叶下面密生锈色茸毛，叶柄长 6～10 mm；托叶钻形，先端急尖，有毛。圆锥花序顶生，总花梗和花梗密生锈色茸毛，花梗长 2～8 mm；苞片钻形，长 2～5 mm，密生锈色茸毛；花直径 12～20 mm；萼筒浅杯状，萼片三角状卵形，萼筒及萼片外面有锈色茸毛，花瓣白色，长圆形或卵形，有锈色茸毛；雄蕊 20；花柱 5，离生，柱头头状，无毛，子房顶端有锈色柔毛，5 室，每室有 2 胚珠。果实球形或长圆形，直径 2～5 cm，黄色或橘黄色，外有锈色柔毛。种子 1～5，球形或扁球形，直径 1～1.5 cm。花期 10—12 月，果期 5—6 月。

【分布区域】分布于洪湖市各乡镇。

【药用部位】叶、果。

【炮制】叶：全年均可采收，晒至七八成干时，扎成小把，再晒干。除去茸毛，用水喷润，切丝，干燥。

果：枇杷果实因成熟不一致，宜分次采收。

【化学成分】新鲜枇杷叶含挥发油，主要成分为橙花叔醇、芳樟醇及其氧化物等，含单环倍半萜苷、苦杏仁苷及齐墩果酸、熊果酸、金合欢醇、β－谷固醇、山楂酸、枸橼酸等。

【性味与归经】叶：苦，微寒。归肺、胃经。果：甘、酸，凉。归脾、肺、肝经。

【功能与主治】叶：清肺止咳，降逆止呕。用于肺热咳嗽，气逆喘急，胃热呕逆，烦热口渴。

果：润肺下气，止渴。用于肺热咳喘，吐逆，烦渴。

【用法与用量】叶：煎汤，6 ~ 10 g。

果：生食或煎汤，30 ~ 60 g。

【临床应用】①治哕逆不止，饮食不入：炙枇杷叶 120 g，陈橘皮 150 g，炙甘草 90 g，粗捣筛。每服 6 g，加水 250 ml，入生姜（1 枣大），切，同煎至七分，去渣稍热服，不拘时候。②治咳嗽，喉中有痰声：枇杷叶 15 g，川贝母 4.5 g，杏仁 6 g，广陈皮 6 g，共为末。每服 3 ~ 6 g，开水送下。③治急性支气管炎：枇杷叶 12 g，杭菊、北杏、川贝各 9 g，生地黄 12 g，茅根 24 g，甘草 4.5 g，水煎服。④治百日咳：枇杷叶 1000 g，桑白皮 500 g，百部 250 g，蜂蜜 500 g，煎成糖浆 2000 ml。1 岁以下每次服 10 ml,3 ~ 4 岁服 20 ~ 30 ml,5 ~ 6 岁服 30 ~ 50 ml。日服 3 ~ 5 次。⑤治慢性支气管炎：枇杷叶 2 g，黄芪 1.5 g，陈皮 1.5 g，炮附子 1 g，白芍 1 g，炙甘草 1 g，肉桂 1 g，干姜 1 g。以上为 1 日量，共为细末，水泛为丸，每日分 2 次服，连服 2 个月。

委陵菜属 *Potentilla* L.

多年生草本，少数为灌木。茎直立、上升或匍匐。叶为复叶；托叶与叶柄不同程度合生。花通常两性，单生、聚伞花序或聚伞圆锥花序；萼筒下凹，多呈半球形，萼片 5，镊合状排列，副萼片 5，与萼片互生；花瓣 5，通常黄色，稀白色或紫红色；雄蕊通常 20 枚，花药 2 室；雌蕊多数，着生在微凸起的花托上，彼此分离，花柱顶生、侧生或基生，每心皮有胚珠1。瘦果多数，着生在干的花托上，萼片宿存。种子1颗，种皮膜质。

洪湖市境内的委陵菜属植物有2种。

1. 叶为5小叶的掌状复叶……………………………………………………………………蛇含委陵菜 *P. kleiniana*

1. 叶为羽状复叶，但从不为5小叶的掌状复叶……………………………………………………朝天委陵菜 *P. supina*

110. 蛇含委陵菜

【拉丁名】*Potentilla kleiniana* Wight et Arn.

【别名】五皮草、五皮风、蛇含、五爪龙。

【形态特征】多年生草本。茎高20～40 cm，上升或匍匐，疏被柔毛。叶数个着生，基生叶有长柄，托叶高合生，离生部分狭三角形，渐尖；茎生叶托叶合生部分短，离生部分卵形，常有齿，小叶5，在茎上部有时小叶3，掌状，狭卵形至宽倒披针形，长1.5～5 cm，宽8～20 mm，先端钝，叶上面稍无毛，下面淡绿色，脉上有伏毛。聚伞花序，花梗长1～1.5 cm，有白毛；花直径0.8～1 cm；萼片三角状卵形，顶端急尖或渐尖，副萼片披针形或椭圆状披针形，顶端急尖或渐尖，外被稀疏长柔毛；花瓣黄色，倒卵形，顶端微凹；花柱圆锥形，基部膨大，柱头扩大。瘦果卵圆形，直径约0.5 mm，有皱纹。花期4—7月，果期6—9月。

【分布区域】分布于新堤街道叶家门社区。

【药用部位】全草或带根全草。

【炮制】挖取全草，抖净泥沙，拣去杂质，晒干。

【化学成分】含 β-谷甾醇、齐墩果酸、熊果酸、委陵菜酸等。

【性味与归经】苦，微寒。归肝、肺经。

【功能与主治】清热解毒，止咳化痰。用于外感咳嗽，百日咳，咽喉肿痛，小儿高热惊风，疟疾，痢疾。外用于腮腺炎，乳腺炎，毒蛇咬伤，带状疱疹，疔疮，痔疮，外伤出血。

【用法与用量】煎汤，4.5～9 g（鲜品 30～60 g）。外用适量，煎水洗；或捣敷，或煎水含漱。

【临床应用】①治顽癣：蛇含委陵菜 20 g，枯矾 6 g，共研末，调醋搽患处。②治百日咳：蛇含 15 g，百部 9 g，天冬 9 g，水煎服。③治乳腺炎：蛇含委陵菜、黄香瓜各等量，捣烂，加甜酒适量，调敷患处。④治骨折：蛇含委陵菜全草、牛骨髓、土牛膝各适量，共打碎，酒炒敷患处。

111. 朝天委陵菜

【拉丁名】*Potentilla supina* L.

【别名】鸡毛菜、铺地委陵菜、仰卧委陵菜。

【形态特征】一年生或二年生草本。茎上升或直立，叉状分枝，长 20～50 cm，常被疏柔毛。羽状复叶，有小叶 2～5 对，叶柄被疏柔毛；小叶互生或对生，无柄，最上面 1～2 对小叶基部下延与叶轴合生，小叶片长圆形或倒卵状长圆形，通常长 1～2.5 cm，宽 0.5～1.5 cm，顶端圆钝或急尖，基部楔形或宽楔形，边缘有圆钝或缺刻状锯齿，两面绿色，常被柔毛；托叶卵圆形，有齿或分裂。花为伞房状聚伞花序，花梗长 0.8～1.5 cm，常密被短柔毛；萼片三角状卵形，顶端急尖，副萼片长椭圆形或椭圆状披针形，顶端急尖，花瓣黄色，倒卵形，顶端微凹；花柱基部乳头状膨大，花柱扩大。瘦果长圆形，先端尖，表面具脉纹。花期 3—6 月，果期 6—10 月。

【分布区域】分布于乌林镇香山村。

【药用部位】全草。

【炮制】晾干或鲜用。

【性味与归经】苦，寒。归肝、大肠经。

【功能与主治】清热解毒，凉血，止痢。用于感冒发热，肠炎，热毒泻痢，痢疾，各种出血。鲜品外用于疮毒痈肿及蛇虫咬伤。

【用法与用量】10 ～ 20 g，水煎服。外用适量，鲜品捣敷。

李属 *Prunus* L.

落叶小乔木或灌木。分枝较多。单叶互生，幼叶在芽中为席卷状或对折状，有叶柄，在叶片基部边缘或叶柄顶端常有 2 小腺体；托叶早落。花单生或 2 ～ 3 朵簇生，具短梗，先于叶开放或与叶同时开放；有小苞片，早落；萼片和花瓣覆瓦状排列；雄蕊 20 ～ 30；雌蕊 1，周位花，子房上位，心皮无毛，1 室有 2 胚珠。果为核果，有 1 个成熟种子，外部光滑常被蜡粉；核两侧扁平，平滑；子叶肥厚。

洪湖市境内的李属植物有 1 种。

112. 李

【拉丁名】*Prunus salicina* Lindl.

【别名】玉皇李、嘉应子、嘉庆子。

【形态特征】落叶乔木，高 9 ～ 12 m。叶长圆状倒卵形或长椭圆形，长 6 ～ 12 cm，宽 3 ～ 5 cm，先端渐尖、急尖或短尾尖，基部楔形，边缘有圆钝重锯齿，常混有单锯齿，幼时齿尖带腺，上面深绿色，有光泽，侧脉 6 ～ 10 对，两面均无毛；托叶膜质，线形，早落，叶柄长 1 ～ 2 cm。花常 3 朵并生，花梗长 1 ～ 2 cm；花直径 1.5 ～ 2.2 cm；萼筒钟状，萼片长圆状卵形，长约 5 mm，先端急尖或圆钝，边有疏齿；花瓣白色，长圆状倒卵形，先端啮蚀状，基部楔形，具短爪；雄蕊多数，花丝长短不等，排成不规则 2 轮；雌蕊 1，柱头盘状。核果球形、卵球形或近圆锥形，直径 3.5 ～ 5 cm，栽培品种可达 7 cm，黄色或红色，有时为绿色或紫色，外被蜡粉；核卵圆形或长圆形，有皱纹。花期 4 月，果期 7—8 月。

【分布区域】分布于新堤街道万家墩村。

【药用部位】果实。

【炮制】7—8 月果实成熟时采摘，鲜用。

【化学成分】果肉中含天门冬素、丝氨酸、甘氨酸、脯氨酸、苏氨酸、丙氨酸、γ－氨基丁酸等。

【性味与归经】甘、酸，平。归肝、脾、肾经。

【功能与主治】清热，生津，消积。用于虚劳骨蒸，消渴，食积。

【用法与用量】煎汤，10 ～ 15 g；鲜品生食，每次 100 ～ 300 g。

蔷薇属 *Rosa* L.

直立或攀援灌木，通常茎上有刺。叶互生，奇数羽状复叶，小叶边缘有锯齿，托叶与叶柄分离或贴生。花单生或伞房状；花托球形、坛形至杯形，颈部缢缩；萼片 5，稀 4，开展，覆瓦状排列，有时呈羽状分裂，花瓣 5，稀 4，开展，覆瓦状排列，白色、黄色、粉红色至红色；雄蕊多数，着生在环状花盘周围；心皮多数，着生在花托内，常有柔毛，花柱分离或合生，胚珠单生，下垂。瘦果多数，木质，着生在花托上。种子下垂。

洪湖市境内的蔷薇属植物有 3 种。

1. 小叶及皮刺被茸毛；叶上面有皱纹 ………………………………………… 玫瑰 *R.rugosa*
1. 小叶及刺不被茸毛；叶上面无皱纹。
    2. 托叶大部贴生于叶柄，仅顶端分离部分成耳状 ………………………… 月季 *R.chinensis*
    2. 托叶篦齿状分裂或有腺状齿 ………………………………………… 野蔷薇 *R.multiflora*

113. 月季

【拉丁名】*Rosa chinensis* Jacq.

【别名】胜春、斗雪红、月季花、月月花、月月红、勒泡。

【形态特征】矮小直立灌木，高 1 ～ 2 m。小枝圆柱形，粗壮，有短粗的钩状皮刺或无瘤。小叶 3 ～

5，少数为 7，小叶片宽卵形至卵状长圆形，长 2.5 ～ 6 cm，宽 1 ～ 3 cm，先端长渐尖或渐尖，基部近圆形或宽楔形，边缘有锐锯齿，两面近无毛；托叶常有腺毛。花数朵聚生，花梗常有腺毛；萼片卵形，先端尾状渐尖，边缘常有羽状裂片，花瓣重瓣至半重瓣，红色、粉红色至白色，倒卵形，先端有凹缺，基部楔形；花柱分离，伸出萼筒口外。果卵球形或梨形，长 1 ～ 2 cm，红色，萼片脱落。花期 4—9 月，果期 6—11 月。

【分布区域】分布于洪湖市各乡镇。

【药用部位】干燥花、根、叶。

【炮制】月季花：夏、秋季采收半开放的花朵，晾干，或用微火烘干。

月季根：全年均可采，挖根，洗净，切段晒干。

月季叶：春至秋季，枝叶茂盛时采叶，鲜用或晒干。

【化学成分】含挥发油、金丝桃苷、异槲皮苷、橙花醇、牻牛儿醇、香茅醇、没食子酸等。

【性味与归经】月季花：甘，温。归肝经。月季根：甘，温。归肝经。月季叶：微苦，平。归肝经。

【功能与主治】月季花：活血调经，疏肝解郁。用于气滞血瘀，月经不调，痛经，经闭，胸胁胀痛。

月季根：活血调经，消肿散结，涩精止带。用于月经不调，痛经，经闭，血崩，跌打损伤，瘰疬，遗精，带下。

月季叶：活血消肿，解毒，止血。用于疮疡肿毒，瘰疬，跌打损伤，腰膝肿痛，外伤出血。

【用法与用量】月季花：煎汤，3 ～ 6 g。外用适量，捣敷。

月季根：煎汤，9 ～ 15 g。

月季叶：煎汤，3 ～ 9 g。外用适量，嫩叶捣敷。

【临床应用】①治痛经：月季根 30 g，鸡冠花 30 g，益母草 9 g，水煎炖蛋服。②治风湿性关节炎：月季根、威灵仙、络石藤、野葡萄根各 15 g，水煎，服时兑酒少许。③治赤白带下：月季根、苎麻根各 18 g，椿根白皮 15 g, 水煎服。

114. 野蔷薇

【拉丁名】*Rosa multiflora* Thunb.

【别名】蔷薇、多花蔷薇、营实墙蘼、刺花、墙蘼、白花蔷薇、七姐妹。

【形态特征】攀援灌木。小枝圆柱形，通常无毛，有皮刺。小叶 5 ～ 9，小叶片倒卵形、长圆形或卵形，长 1.5 ～ 5 cm，宽 8 ～ 28 mm，先端急尖或圆钝，基部近圆形或楔形，边缘有齿，上面无毛，下面有柔毛，小叶柄和叶轴有散生腺毛；托叶篦齿状。花多朵，排成圆锥状花序，花梗长 1.5 ～ 2.5 cm；花直径 1.5 ～ 2 cm，萼片披针形，花瓣白色，宽倒卵形，先端微凹，基部楔形；花柱结合成束，无毛。果近球形，直径 6 ～ 8 mm，红褐色或紫褐色，有光泽，无毛，萼片脱落。

【分布区域】分布于洪湖市各乡镇。

【药用部位】花、果、根、茎。

【炮制】根：取原药材，除去杂质，洗净，润透，切厚片，干燥，筛去碎屑。

【化学成分】花含香叶醇、香草醇、紫云英苷等。鲜叶含维生素 C。果实含 β－谷甾醇、5α－豆甾烷 -3，6- 二酮、6,7- 二甲氧基香豆素等。根含 β－谷甾醇、野蔷薇苷、委陵菜酸等。根皮含鞣质等。

【性味与归经】果：酸，温。根：苦、涩，寒。

【功能与主治】花：清暑热，化湿浊，顺气和胃。用于口热烦闷，吐血，呕血，耳痛，截疟。

根：清热解毒，祛风，活血，通络，解毒。用于关节炎，半身不遂，月经不调，小便不禁，带下，便血，尿频，跌打损伤，疮疖，疥癣。

果：通经，利水消肿。用于风湿，痈疮，肾炎，水肿。

【用法与用量】花：煎汤，3 ～ 9 g。

根：煎汤，15 ～ 30 g。外用适量，研末调敷。

【临床应用】①治暑热胸闷：野蔷薇花 9 g，佩兰 9 g，水煎服。②治脘腹刺痛：野蔷薇花 9 g，香附 9 g，枳壳 4.5 g，生蒲黄 4.5 g，五灵脂 4.5 g，水煎服。③治关节炎：野蔷薇根加白酒 500 ml，浸泡 7

天，早晚各服 10 ml；或野蔷薇根 15 g，木瓜 9 g，白芍 9 g，水煎服。④治口腔糜烂：野蔷薇花、银花、连翘、玄参、生地黄各适量，水煎服。⑤治月经不调，痛经：野蔷薇根 15 g，水煎服；或野蔷薇花、丹参各 9 g，水煎服。⑥治白带过多：野蔷薇根 15 g，水煎服；或野蔷薇根、白果（打碎）各 12 g，水煎服。

115. 玫瑰

【拉丁名】*Rosa rugosa* Thunb.

【别名】滨茄子、滨梨、海棠花、刺玫。

【形态特征】直立灌木，高可达 2 m。茎粗壮，小枝被茸毛，并有针刺和腺毛。小叶 5 ～ 9，小叶片椭圆形或椭圆状倒卵形，长 1.5 ～ 4.5 cm，宽 1 ～ 2.5 cm，先端急尖或圆钝，基部圆形或宽楔形，边缘有锯齿，上面深绿色，无毛，叶脉下陷，有褶皱，下面灰绿色，中脉凸起，网脉明显，密被茸毛和腺毛，叶柄和叶轴密被茸毛和腺毛；托叶大部贴生于叶柄，离生部分卵形，边缘有带腺锯齿，下面被茸毛。花单生或数朵簇生，苞片卵形，边缘有腺毛，外被茸毛；花梗长 5 ～ 22.5 mm，密被茸毛和腺毛；花直径 4 ～ 5.5 cm；萼片卵状披针形，花瓣倒卵形，重瓣至半重瓣，芳香，紫红色至白色；花柱离生，被毛。果扁球形，直径 2 ～ 2.5 cm，砖红色，肉质，平滑，萼片宿存。花期 5—6 月，果期 8—9 月。

【分布区域】分布于洪湖市各乡镇。

【药用部位】干燥花蕾。

【炮制】春末夏初花将开放时分批采摘，及时低温干燥。

【性味与归经】甘、微苦，温。归肝、脾经。

【功能与主治】行气解郁，和血，止痛。用于肝胃气痛，食少呕恶，月经不调，跌扑伤痛。

【用法与用量】煎汤，3 ～ 6 g。

悬钩子属 *Rubus* L.

多年生匍匐草本或灌木。茎直立、攀援、平铺或匍匐，有刺毛和腺毛，稀无刺。叶互生，单叶、掌状复叶或羽状复叶，边缘常具锯齿或裂片，有叶柄；托叶与叶柄合生，常较狭窄，线形、钻形或披针形，不分裂，宿存，或着生于叶柄基部及茎上，离生，较宽大，常分裂，宿存或脱落。花常两性，组成聚伞状圆锥花序、总状花序、伞房花序；花萼 5 裂或 3 ～ 7 裂，萼片直立或反折，果时宿存，花瓣 5 或无，白色或红色；雄蕊多数，着生在花萼上部，心皮分离，着生于球形或圆锥形的花托上，花柱近顶生，子房1室，每室2胚珠。果实为由小核果集生于花托上而成的聚合果，红色、黄色或黑色。种子下垂，种皮膜质。

洪湖市境内的悬钩子属植物有3种。

1. 托叶线形或丝状，贴生在叶柄上；叶有小叶3枚以上，如为单叶时，则为盾形，或只有1～4花腋生……茅莓 *R. parvifolius*
1. 托叶宽，分离或稍分离。
   2. 萼片卵形，顶端急尖，全缘……灰白毛莓 *R. tephrodes*
   2. 萼片狭披针形，顶端尾尖，边缘稍具茸毛，外萼片边缘常浅条裂，裂片线形，在果期常直立……五裂悬钩子 *R. lobatus*

116. 五裂悬钩子

【拉丁名】*Rubus lobatus* Yu et Lu

【别名】山莓、吊杆泡、木暗桐、对嘴藨、薅秧藨、黄莓、大麦泡。

【形态特征】攀援灌木，高1～2 m。枝圆柱形，棕褐色，密被腺毛和刺毛，有小皮刺。单叶，近圆形，长和宽各10～20 cm，顶端短渐尖，基部心形，两面均被柔毛，沿叶脉具红褐色腺毛和刺毛，边缘3～5裂，裂片三角形，顶端急尖至短渐尖，顶生裂片比侧生者稍大，有锯齿，基部具掌状五出脉，侧脉4～5对，叶柄长4～8 cm，具腺毛、刺毛和柔毛；托叶离生，长1～1.5 cm，褐色，具长柔毛和腺毛，掌状深裂，裂片披针形或线状披针形，脱落。花成大型圆锥花序，总花梗、花梗和花萼均密被红褐色腺毛、刺毛和长柔毛；花直径1～1.5 cm；萼片狭披针形，花瓣宽倒卵形，白色，基部具爪；雄蕊多数，花丝线形，花药具长柔毛；花柱长于雄蕊，子房无毛。果实近球形，直径约1 cm，红色，无毛，包藏在宿萼内；核稍具皱纹。花期6—7月，果期8—9月。

【分布区域】分布于螺山镇龙潭村。

【药用部位】未成熟果实。

【炮制】果实已饱满尚呈绿色时采摘，除净梗叶，用沸水浸1～2 min，置烈日下晒干。

【性味与归经】酸，平。

【功能与主治】醒酒，止渴，祛痰，解毒。用于痛风，丹毒，遗精。

【用法与用量】煎汤，9～15 g；或生食。外用适量，捣汁涂。

117. 茅莓

【拉丁名】*Rubus parvifolius* L.

【别名】婆婆头、牙鹰勒、蛇泡勒、草杨梅子、茅莓悬钩子、小叶悬钩子、红梅消、三月泡。

【形态特征】灌木，高 1～2 m。枝被柔毛和皮刺。小叶 3 枚或 5 枚，菱状圆形或倒卵形，长 2.5～6 cm，宽 2～6 cm，顶端圆钝或急尖，基部圆形或宽楔形，上面伏生疏柔毛，下面密被灰白色茸毛，边缘有锯齿，常浅裂，叶柄长 2.5～5 cm；托叶线形，长 5～7 mm，具柔毛。伞房花序或短总状，被柔毛和细刺；花梗长 0.5～1.5 cm，具柔毛和稀疏小皮刺；苞片线形，有柔毛；花直径约 1 cm；花萼外面密被柔毛和针刺，萼片卵状披针形或披针形，花瓣卵圆形或长圆形，粉红色至紫红色，基部具爪；雄蕊花丝白色，稍短于花瓣；子房具柔毛。果实卵球形，直径 1～1.5 cm，红色；核有浅皱纹。花期 5—6 月，果期 7—8 月。

【分布区域】分布于乌林镇香山村。

【药用部位】根或茎、叶。

【炮制】取原药材，除去杂质，洗净，润透，切厚片，干燥，筛去碎屑。

【化学成分】根和叶含鞣质。茎含酚类、鞣质。

【性味与归经】苦、涩，凉。归肝、脾、大肠经。

【功能与主治】清热凉血，散结，止痛，利尿消肿，解毒杀虫。用于感冒发热，咽喉肿痛，咯血，吐血，痢疾，肠炎，肝炎，肝脾肿大，肾炎水肿，尿路感染，结石，月经不调，带下，风湿骨痛，跌打肿痛。外用于湿疹，皮炎。

【用法与用量】煎汤，15 ～ 30 g。外用适量，鲜叶捣烂外敷，或煎水熏洗。

118. 灰白毛莓

【拉丁名】*Rubus tephrodes* Hance

【别名】乌苞、黑乌苞、蛇乌苞、倒水莲、乌龙摆尾、灰绿悬钩子。

【形态特征】攀援灌木，高 3 ～ 4 m。枝密被灰白色茸毛，刺疏生，具刺毛和腺毛，下弯。单叶，近圆形，长、宽各 5 ～ 11 cm，顶端急尖或圆钝，基部心形，上面有疏柔毛或疏腺毛，下面密被灰白色茸毛，侧脉 3 ～ 4 对，主脉上有时疏生刺毛和小皮刺，基部有掌状五出脉，边缘有明显 5 ～ 7 圆钝裂片和不整齐锯齿；叶柄长 1 ～ 3 cm，具茸毛，疏生小皮刺或刺毛及腺毛；托叶小，离生，脱落。大型圆锥花序顶生，总花梗和花梗密被柔毛，花梗短，长仅达 1 cm；苞片与托叶相似；花直径约 1 cm；花萼外密被茸毛，萼片卵形，顶端急尖，全缘，花瓣小，白色，近圆形至长圆形，比萼片短；雄蕊多数，花丝基部稍膨大；雌蕊 30 ～ 50，无毛，长于雄蕊。果实球形，直径 1.4 cm，紫黑色，无毛，由多数小核果组成；核有皱纹。花期 6—8 月，果期 8—10 月。

【分布区域】分布于洪湖市南门洲。

【药用部位】根。

【炮制】秋、冬季挖根，除去茎干和须根，洗净，切片晒干。

【化学成分】灰白毛莓鲜果含总花色苷等。

【性味与归经】酸、甘，平。归肝经。

【功能与主治】活血化瘀，祛风通络。用于经闭，腰痛，腹痛，筋骨疼痛，跌打损伤，感冒，痢疾。

【用法与用量】煎汤，10 ～ 20 g。

五十、豆科 Leguminosae

乔木、灌木、亚灌木或草本，直立或攀援，常有能固氮的根瘤。叶常绿或落叶，通常互生，稀对生，常为一回或二回羽状复叶，少数为掌状复叶或 3 小叶、单小叶，或单叶，罕可变为叶状柄，叶具叶柄或无；托叶有或无，有时叶或变为棘刺。花两性，稀单性，辐射对称或两侧对称，通常排成总状花序、聚伞花序、穗状花序、头状花序或圆锥花序；花被 2 轮；萼片 3 ～ 6，分离或连合成管，有时二唇形，稀退化或消失，花瓣 0 ～ 6，常与萼片的数目相等，稀较少或无，分离或连合成具花冠裂片的管，大小有时可不等，或有时构成蝶形花冠，近轴的 1 片称旗瓣，侧生的 2 片称翼瓣，远轴的 2 片常合生，称龙骨瓣，遮盖住雄蕊和雌蕊；雄蕊通常 10 枚，有时 5 枚或多数（含羞草亚科），分离或连合成管，单体或二体雄蕊，花药 2 室，纵裂或有时孔裂，花粉单粒或常成复合花粉；雌蕊通常由单心皮组成，稀较多且离生，子房上位，1 室，基部常有柄或无，沿腹缝线具侧膜胎座，胚珠 2 至多颗，悬垂或上升，排成互生的 2 列，为横生、倒生或弯生的胚珠，花柱和柱头单一，顶生。果为荚果，成熟后沿缝线开裂或不裂，或断裂成含单粒种子的荚节。种子具革质或膜质的种皮，生于珠柄上，有时由珠柄形成肉质的假种皮，胚大，内胚乳无或极薄。

本科约有 650 属 18000 种，广布于全世界。我国有 172 属 1485 种 13 亚种 153 变种 16 变型，各省区均有分布。

洪湖市境内的豆科植物有 15 属 17 种。

1. 花辐射对称，花瓣镊合状排列，中下部常合生……合欢属 *Albizia*
1. 花两侧对称，花瓣覆瓦状排列。
  2. 花冠不为蝶形，各瓣稍不相似，花瓣在芽中通常为上升的覆瓦状排列，即在上的 1 花瓣位于最内方……决明属 *Cassia*
  2. 花冠蝶形，各瓣极不相似，花瓣在芽内为下降的覆瓦状排列，即在上的 1 旗瓣位于最外方，少数各瓣退化，仅剩 1 旗瓣。
    3. 荚果如含有 2 枚以上种子时，不在种子间裂为节荚，通常为二瓣裂开或不裂开。
      4. 叶有小叶 3，少数仅小叶 1，或多至 9。
        5. 叶为掌状或羽状复叶，小叶边缘通常有锯齿，托叶常与叶柄相连合；子房基部无鞘状花盘；草本。
          6. 叶有 3 小叶，为羽状复叶。
            7. 荚果直或微弯曲，但从不弯作马蹄形或镰形……草木犀属 *Melilotus*
            7. 荚果弯曲成马蹄形或卷成螺旋形，少数为镰形……苜蓿属 *Medicago*
          6. 叶为有 3 小叶的掌状复叶……车轴草属 *Trifolium*
        5. 叶为羽状或有时为掌状复叶，小叶全缘或有裂片，托叶不与叶柄相连合；子房基部常有鞘状花盘包围。

8. 花单生或簇生，常为总状花序，其花轴延续一致而无节瘤，花柱光滑无毛……………………大豆属 *Glycine*

8. 花亦常为总状花序，但其花轴于花的着生处常凸出为节，或隆起如瘤，花柱有茸毛或无茸毛；通常有小托叶……………………豇豆属 *Vigna*

4. 叶为 4 枚乃至多数小叶所成的复叶，少数仅具小叶 1 ～ 3。

9. 叶通常为双数羽状复叶，在叶轴顶端多半具卷须或变为刚毛状。

10. 花柱为圆柱形，在其上部四周被长柔毛或在其顶端外面有一丛须状毛……………………野豌豆属 *Vicia*

10. 花柱扁，只在其上部里面有长柔毛……………………豌豆属 *Pisum*

9. 叶为单数羽状复叶，若为双数复叶时，则顶端不具卷须，仅叶的小叶轴有时延伸呈刺状。

11. 花序总状或复总状，顶生或腋生，有时与叶对生，或生于老枝上……………………紫藤属 *Wisteria*

11. 花序为圆锥状或总状，也有为伞形或头状的，少数花单生或簇生，但通常均为腋生。

12. 荚果扁平……………………刺槐属 *Robinia*

12. 荚果通常膨大或肿胀，或为圆筒形……………………黄芪属 *Astragalus*

3. 荚果当含 2 种子以上时，则于种子间横裂或紧缩为 2 至数节，各节荚常具网状纹，含 1 种子即不裂开，或有时荚果退化仅有 1 节。

13. 雄蕊合生为单体或分为 5 与 5 的 2 组；通常无小托叶……………………田菁属 *Sesbania*

13. 雄蕊通常合生为 9 与 1 的 2 组，后方的 1 枚雄蕊完全分离，或仅基部分离，其余的仍与雄蕊管多少连合。

14. 托叶细小，钻形，脱落；灌木或草本……………………胡枝子属 *Lespedeza*

14. 托叶大，膜质，宿存；一年生草本……………………鸡眼草属 *Kummerowia*

合欢属 *Albizia* Durazz.

乔木或灌木，稀为藤本，通常无刺，很少托叶变为刺状。二回羽状复叶，互生，通常落叶，羽片 1 至多对，总叶柄及叶轴上有腺体；小叶对生，1 至多对。花小，常两型，5 基数，两性，稀杂性，有梗或无梗，组成头状花序、聚伞花序或穗状花序，再排成腋生或顶生的圆锥花序；花萼钟状或漏斗状，具 5 齿或 5 浅裂；花瓣常在中部以下合生成漏斗状，上部具 5 裂片；雄蕊 20 ～ 50，花丝突出于花冠之外，基部合生成管，花药小，无或有腺体；子房有胚珠多颗。荚果带状，扁平，果皮薄，种子间无间隔，不开裂或迟裂。种子圆形或卵形，扁平，无假种皮，种皮厚，具马蹄形痕。

洪湖市境内的合欢属植物有 1 种。

119. 合欢

【拉丁名】*Albizia julibrissin* Durazz.

【别名】马缨花、绒花树、夜合合、合昏、乌绒树、拂绒、拂缨。

【形态特征】落叶乔木，高可达 16 m，树冠开展。小枝有棱角，嫩枝、花序和叶轴被茸毛或短柔毛。托叶线状披针形，较小叶小，早落；二回羽状复叶，总叶柄近基部及最顶一对羽片着生处各有 1 枚腺体，羽片 4 ～ 12 对，栽培的有时达 20 对；小叶 10 ～ 30 对，线形至长圆形，长 6 ～ 12 mm，宽 1 ～ 4 mm，向上偏斜，先端有小尖头，有缘毛，有时在下面或仅中脉上有短柔毛，中脉紧靠上边缘。头状花序于枝顶排成圆锥花序；花粉红色；花萼管状，长 3 mm，花冠长 8 mm，裂片三角形，长 1.5 mm，花萼、花冠外均被短柔毛；花丝长 2.5 cm。荚果带状，长 9 ～ 15 cm，宽 1.5 ～ 2.5 cm，嫩荚有柔毛，老荚无毛。花期 6—7 月，果期 8—10 月。

【分布区域】分布于新堤街道。

【药用部位】花、花蕾或树皮。

【炮制】合欢皮：夏、秋季剥取，晒干。除去杂质，洗净，润透，切丝或块，干燥。

合欢花：夏季花开放时择晴天采收或花蕾形成时采收，及时晒干。

【化学成分】含鞣质、黄酮类、皂苷及其苷元、挥发油、固醇类、有机酸酯、糖苷等。

【性味与归经】合欢皮：甘，平。归心、肝、肺经。合欢花：甘，平。归心、肝经。

【功能与主治】合欢皮：解郁安神，活血消肿。用于心神不安，忧郁失眠，肺痈，疮肿，跌扑伤痛。

合欢花：解郁安神。用于心神不安，忧郁失眠。

【用法与用量】合欢皮：煎汤，6 ～ 12 g。外用适量，研末调敷。

合欢花：煎汤，5 ～ 10 g。

【临床应用】①配白蒺藜，治血虚肝郁，胸胁刺痛。②配白蔹、鱼腥草、桔梗，治肺痈。③配白芍，治头晕，心律失常，失眠，神经衰弱。④配阿胶，治肺痿吐血。⑤配当归、川芎、赤芍，治跌打损伤，骨折，肿痛等。⑥配丹参、夜交藤、柏子仁，治失眠，抑郁，胸闷，神经衰弱。

黄芪属 *Astragalus* L.

草本，稀为小灌木或半灌木，具单毛或丁字毛，稀无毛。茎发达或短缩，稀无茎或不明显。羽状复叶，稀三出复叶或单叶，少数种叶柄和叶轴退化成硬刺；托叶与叶柄离生或贴生；小叶全缘，不具小托叶。总状花序密集成穗状、头状与伞形花序，稀花单生、腋生或由根状茎（叶腋）发出；花紫红色、紫色、青紫色、淡黄色或白色；苞片通常小，膜质，小苞片极小或缺；花萼管状或钟状，萼筒基部近偏斜，或在花期前后呈囊状，具5齿，包被或不包被荚果，花瓣近等长翼瓣，龙骨瓣较旗瓣短，下部常渐狭成瓣柄，旗瓣直立，卵形、长圆形或提琴形，翼瓣长圆形，全缘，极稀顶端2裂，瓣片基部具耳，龙骨瓣向内弯，近直立，先端钝，稀尖，一般上部黏合；雄蕊二体，均能育，花药同型；子房含有胚珠，花柱丝形，劲直或弯曲，极稀上部内侧有毛；柱头小，顶生，头形。荚果形状多样，由线形至球形，先端喙状，1室，有时因背缝隔膜侵入分为不完全假2室或假2室，开裂或不开裂，果瓣膜质、革质或软骨质。种子通常肾形，无种阜，珠柄丝形。

洪湖市境内的黄芪属植物有1种。

120. 紫云英

【拉丁名】*Astragalus sinicus* L.

【别名】红花草籽、苕子菜、沙蒺藜、红花草、翘摇。

【形态特征】二年生草本，多分枝，匍匐，高10～30 cm，被白色疏柔毛。奇数羽状复叶，具7～13片小叶，长5～15 cm，叶柄较叶轴短；托叶离生，卵形，长3～6 mm，先端尖，基部多少合生，具缘毛；小叶倒卵形或椭圆形，长10～15 mm，宽4～10 mm，先端钝圆或微凹，基部宽楔形，上面近无毛，下面散生白色柔毛，具短柄。总状花序生5～10花，呈伞形；总花梗腋生，较叶长；苞片三角状卵形，长约0.5 mm，花梗短；花萼钟状，长约4 mm，被白色柔毛，萼齿披针形，长约为萼筒的1/2；花冠紫红色或橙黄色，旗瓣倒卵形，长10～11 mm，先端微凹，基部渐狭成瓣柄，翼瓣较旗瓣短，长约8 mm，瓣片长圆形，基部具短耳，瓣柄长约为瓣片的1/2，龙骨瓣与旗瓣近等长，瓣片半圆形，瓣柄长约等于瓣片的1/3；子房无毛或疏被白色短柔毛，具短柄。荚果线状长圆形，稍弯曲，长12～20 mm，宽约4 mm，具短喙，黑色，具隆起的网纹。种子肾形，栗褐色，长约3 mm。花期2—6月，果期3—7月。

【分布区域】分布于洪湖市南门洲。

【药用部位】根、全草和种子。

【炮制】春、夏季果实成熟时，割下全草，打下种子，晒干。

【性味与归经】根、全草：微辛、微甘，平。种子：辛，凉。归肝经。

【功能与主治】祛风明目，健脾益气，解毒止痛。

根：用于肝炎，营养性浮肿，带下，月经不调。

全草：用于急性结膜炎，神经痛，带状疱疹，疮疖肿痛，痔疮。

【用法与用量】鲜根：煎汤，6 ~ 9 g。

全草：煎汤，15 ~ 30 g。外用适量，鲜草捣烂敷，或干草研粉调敷。

种子：煎汤，6 ~ 9 g。

【临床应用】治急性结膜炎，神经痛，带状疱疹，疮疖肿痛，痔疮：紫云英子 6 ~ 9 g，研粉调服。

决明属 *Cassia* L.

乔木、灌木、亚灌木或草本。叶丛生，偶数羽状复叶；叶柄和叶轴上常有腺体；小叶对生，无柄或具短柄；托叶多样，无小托叶。花通常黄色，组成腋生的总状花序或顶生的圆锥花序，或有时 1 至数朵簇生于叶腋；苞片与小苞片多样；萼筒很短，裂片 5，覆瓦状排列，花瓣通常 5 片，近相等或下面 2 片较大；雄蕊 4 ~ 10 枚，常不相等，其中有些花药退化，花药背着或基着，孔裂或短纵裂；子房纤细，有时弯扭，无柄或有柄，有胚珠多颗，花柱内弯，柱头小。荚果圆柱形或扁平，很少具 4 棱或有翅，木质、革质或膜质，2 瓣裂或不开裂，内面于种子之间有横隔。种子横生或纵生，有胚乳。

洪湖市境内的决明属植物有 1 种。

121. 望江南

【拉丁名】*Cassia occidentalis* L.

【别名】黎茶、羊角豆、狗屎豆、野扁豆、茳芒决明。

【形态特征】直立、少分枝的亚灌木或灌木，无毛，高 0.8 ~ 1.5 m。枝草质，有棱，根黑色。叶长约 20 cm，叶柄近基部有大而带褐色、圆锥形的腺体 1 枚；小叶 4 ~ 5 对，膜质，卵形至卵状披针形，长 4 ~ 9 cm，宽 2 ~ 3.5 cm，顶端渐尖，有小缘毛，小叶柄长 1 ~ 1.5 mm，揉之有腐败气味；托叶膜质，卵状披针形，早落。花数朵组成伞房状总状花序，腋生和顶生，长约 5 cm；苞片线状披针形或长卵形，长渐尖，早脱；花长约 2 cm，萼片不等大，外生的近圆形，长 6 mm，内生的卵形，长 8 ~ 9 mm；花瓣黄色，外生的卵形，长约 15 mm，宽 9 ~ 10 mm，其余可长达 20 mm，宽 15 mm，顶端圆形，均有短狭的瓣柄；雄蕊 7 枚发育，3 枚不育，无花药。荚果带状镰形，褐色，压扁，长 10 ~ 13 cm，宽 8 ~ 9 mm，稍弯曲，边较淡色，加厚，有尖头；果柄长 1 ~ 1.5 cm。种子 30 ~ 40 颗，种子间有薄隔膜。花期 4—8 月，果期 6—10 月。

【分布区域】分布于新堤街道江滩公园。

【药用部位】茎叶、荚果或种子。

【炮制】茎叶：夏季植株生长旺盛时采收，阴干。鲜用者可随采新鲜茎叶供药用。

荚果或种子：秋季果实成熟时采收，剪下荚果，晒干。除去果柄，拣净杂质，切成小段；或搓去果壳，将种子晒干。

【性味与归经】茎叶：苦，寒。归肺、肝、胃经。荚果或种子：甘、苦，凉；有毒。

【功能与主治】茎叶：肃肺，清肝，利尿，通便，解毒消肿。用于咳嗽气喘，头痛目赤，小便血淋，大便秘结，痈肿疮毒，蛇虫咬伤。

荚果或种子：清肝明目，健胃，通便，解毒。用于目赤肿痛，头晕头胀，消化不良，胃痛，腹痛，痢疾，便秘。

【用法与用量】煎汤，6～9 g。外用 15～30 g，研末调敷。

大豆属 *Glycine* Willd.

一年生或多年生草本。根草质或木质，通常具根瘤；茎粗壮或纤细，缠绕、攀援、匍匐或直立。羽状复叶通常具 3 小叶，罕为 4～7；托叶小，和叶柄离生，通常脱落，小托叶存在。总状花序腋生，在植株下部的常单生或簇生；苞片小，着生于花梗的基部，小苞片成对，着生于花萼基部；花萼膜质，钟状，有毛，深裂，近二唇形，上部 2 裂片通常合生，下部 3 裂片披针形至刚毛状；花冠微伸出萼外，通常紫色、淡紫色或白色，无毛，各瓣均具长瓣柄，旗瓣大，近圆形或倒卵形，基部有不很显著的耳，翼瓣狭，与龙骨瓣稍贴连，龙骨瓣钝，比翼瓣短，先端不扭曲；雄蕊单体（10）或对旗瓣的 1 枚离生而成二体（9+1）；子房近无柄，有胚珠数颗，花柱微内弯，柱头顶生，头状。荚果线形或长椭圆形，扁平或稍膨胀，直或弯镰状，具果颈，种子间有隔膜，果瓣于开裂后扭曲。种子 1～5 颗，卵状长椭圆形、近扁圆状方形、扁圆形或球形。

洪湖市境内的大豆属植物有 1 种。

122. 野大豆

【拉丁名】*Glycine soja* Sieb.et Zucc.

【别名】乌豆、小落豆、小落豆秧、山黄豆、落豆秧、野黄豆。

【形态特征】一年生缠绕草本，长 1～4 m。茎、小枝纤细，全体疏被褐色长硬毛。叶具 3 小叶，长可达 14 cm；托叶卵状披针形，急尖，被黄色柔毛；顶生小叶卵圆形或卵状披针形，长 3.5～6 cm，宽 1.5～2.5 cm，先端锐尖至钝圆，基部近圆形，全缘，两面均被绢状的糙伏毛，侧生小叶斜卵状披针形。总状花序短，花小，长约 5 mm，花梗密生黄色长硬毛；苞片披针形；花萼钟状，密生长毛，裂片 5，三角状披针形，先端锐尖；花冠淡红紫色或白色，旗瓣近圆形，先端微凹，基部具短瓣柄，翼瓣斜倒卵形，有明显的耳，龙骨瓣比旗瓣及翼瓣短小，密被长毛；花柱短而向一侧弯曲。荚果长圆形，稍弯，两侧稍扁，长 17 ～ 23 mm，宽 4 ～ 5 mm，密被长硬毛，种子间稍缢缩，干时易裂。种子 3 ～ 4 颗，椭圆形，稍扁，长 2.5 ～ 4 mm，宽 1.8 ～ 2.5 mm，褐色至黑色。花期 7—8 月，果期 8—10 月。

【分布区域】分布于新堤街道大兴社区。

【药用部位】茎、叶、根和果实。

【炮制】秋季果实成熟时，割取全株，晒干，打开果荚，收集种子，再晒至足干。

【化学成分】含脂肪油、蛋白质、糖类及维生素。

【性味与归经】茎、根：苦、酸，平。归胃、脾、肝经。果实：甘，温。归肾经。

【功能与主治】茎、根：祛风除湿，活血，解毒。用于风湿痹痛，头痛，牙痛，腰脊疼痛，瘀血腹痛，产褥热，瘰疬，痈肿疮毒，跌打损伤，烫火伤。

果实：补益肝肾，祛风解毒，止汗。用于阴亏目昏，肾虚腰痛，盗汗自汗，产后风痉，筋骨肿痛，小儿疳积。

【用法与用量】煎汤，9 ～ 30 g。外用适量，捣敷。

【临床应用】①治小儿肠炎：野大豆藤适量，水煎，趁热洗腹部，每日 2 次。②治伤筋：鲜野大豆根、蛇葡萄根皮各适量，加酒糟或酒捣烂，烘热包敷患处。③治盗汗：野大豆藤 30 ～ 120 g，红枣 30 ～ 60 g，加糖煮服。

鸡眼草属 *Kummerowia* Schindl.

一年生草本，多分枝。叶为三出羽状复叶，托叶膜质，大而宿存，比叶柄长。花通常 1 ～ 2 朵簇生于叶腋，稀 3 朵或更多；小苞片 4 枚生于花萼下方，其中有 1 枚较小；花小，旗瓣与翼瓣近等长，均较龙骨瓣短，正常花的花冠和雄蕊管在果时脱落，闭锁花或不发达的花的花冠、雄蕊管和花柱在果时与花托分离连在荚果上至后期才脱落；雄蕊二体（9+1）；子房有 1 胚珠。荚果扁平，具 1 节，1 种子，不开裂。

洪湖市境内的鸡眼草属植物有 1 种。

123. 鸡眼草

【拉丁名】*Kummerowia striata*（Thunb.）Schindl.

【别名】公母草、牛黄黄、掐不齐、三叶人字草、鸡眼豆。

【形态特征】一年生草本，披散或平卧，多分枝，高 10 ～ 45 cm，茎和枝上被倒生的白色细毛。叶为三出羽状复叶；托叶大，膜质，卵状长圆形，比叶柄长，长 3 ～ 4 mm，具条纹，有缘毛，叶柄极短；小叶纸质，倒卵形、长倒卵形或长圆形，较小，长 6 ～ 22 mm，宽 3 ～ 8 mm，先端圆形，稀微缺，基部近圆形或宽楔形，全缘，两面沿中脉及边缘有白色粗毛，侧脉多而密。花小，单生或 2 ～ 3 朵簇生于叶腋，花梗下端具 2 枚大小不等的苞片，萼基部具 4 枚小苞片，其中 1 枚极小，位于花梗关节处，小苞片常具 5 ～ 7 条纵脉；花萼钟状，紫色，5 裂，裂片宽卵形，具网状脉，外面及边缘具白色毛；花冠粉红色或紫色，长 5 ～ 6 mm，旗瓣椭圆形，下部渐狭成瓣柄，具耳，龙骨瓣比旗瓣稍长或近等长，翼瓣比龙骨瓣稍短。荚果圆形或倒卵形，稍侧扁，长 3.5 ～ 5 mm，先端短尖，被小柔毛。花期 7—9 月，果期 8—10 月。

【分布区域】分布于新堤街道江滩公园。

【药用部位】全草。

【炮制】夏、秋季采收，洗净，切细，晒干。亦可鲜用。

【化学成分】含黄酮类、葡萄糖苷。

【性味与归经】甘、辛、微苦，平。归肝、脾、肺、肾经。

【功能与主治】清热解毒，健脾利湿，活血止血。用于感冒发热，暑湿吐泻，黄疸，痈肿疮疖，痢疾，小儿疳积，血淋，咯血，衄血，跌打损伤，赤白带下。

【用法与用量】煎汤，9 ～ 30 g（鲜品 30 ～ 60 g）；或捣汁，或研末。外用适量，捣敷。

【临床应用】①治急性胃肠炎，痢疾：鸡眼草、铁苋草、仙鹤草各 30 g，辣蓼 15 g，水煎服。②治风热感冒，咳嗽：鸡眼草 30 g，桑叶、菊花、紫苏叶各 9 g，水煎服。③治急性黄疸性肝炎：鸡眼草、金银花、马兰、绣花针（虎刺）各 30 g，水煎服。④治小儿疳积：鸡眼草、截叶铁扫帚、白马骨（六月雪草）各 9 g，独脚金 3 g，水煎服。⑤治红白痢疾：公母草 15 g，六月霜 6 g。水煎去渣，红痢加红糖，白痢加白糖。⑥治黄疸性肝炎：鲜鸡眼草、鲜车前草各 60 g，水煎服。

胡枝子属 *Lespedeza* Michx.

多年生草本、半灌木或灌木。羽状复叶具 3 小叶；托叶小，钻形或线形，宿存或早落，无小托叶；小叶全缘，先端有小刺尖，网状脉。花多数组成腋生的总状花序或花束；苞片小，宿存，小苞片 2，着生于花基部；花常二型，一种有花冠，结实或不结实，另一种为闭锁花，花冠退化，不伸出花萼，结实；花萼钟形，5 裂，裂片披针形或线形，上方 2 裂片通常下部合生，上部分离；花冠超出花萼，花瓣具瓣柄，旗瓣倒卵形或长圆形，翼瓣长圆形，与龙骨瓣稍附着或分离，龙骨瓣钝头、内弯；雄蕊 10，二体（9+1）；子房上位，具 1 胚珠，花柱内弯，柱头顶生。荚果卵形、倒卵形或椭圆形，稀稍呈球形，双凸镜状，有网纹。种子 1 颗，不开裂。

洪湖市境内的胡枝子属植物有 1 种。

124. 截叶铁扫帚

【拉丁名】*Lespedeza cuneata*（Dum. – Cours）G.Don

【别名】夜关门、苍蝇翼、铁马鞭、三叶公母草、鱼串草。

【形态特征】小灌木，高达 1 m。茎直立或斜升，被毛，上部分枝，分枝斜上举。叶密集，柄短，小叶楔形或线状楔形，长 1 ～ 3 cm，宽 2 ～ 5 mm，先端截形，具小刺尖，基部楔形，上面近无毛，下面密被伏毛。总状花序腋生，具 2 ～ 4 朵花，总花梗极短；小苞片卵形或狭卵形，长 1 ～ 1.5 mm，先端渐尖，背面被白色伏毛，边具缘毛；花萼狭钟形，密被伏毛，5 深裂，裂片披针形；花冠淡黄色或白色，旗瓣基部有紫斑，有时龙骨瓣先端带紫色，翼瓣与旗瓣近等长，龙骨瓣稍长；闭锁花簇生于叶腋。荚果宽卵形或近球形，被伏毛，长 2.5 ～ 3.5 mm，宽约 2.5 mm。花期 7—8 月，果期 9—10 月。

【分布区域】分布于乌林镇香山村。

【药用部位】根和全株。

【炮制】夏、秋季挖根及全株，洗净，切碎，晒干。

【化学成分】含蒎立醇、黄酮类、酚性物质、鞣质以及 β – 谷甾醇。

【性味与归经】苦、涩，凉。归肺、肝、肾经。

【功能与主治】补肾涩精，健脾利湿，清热解毒。用于肾虚，遗精，尿频，白浊，带下，泄泻，痢疾，水肿，小儿疳积，咳嗽气喘，跌打损伤，目赤肿痛，疮痈肿毒，毒虫咬伤。

【用法与用量】煎汤，15 ～ 30 g（鲜品 30 ～ 60 g）；或炖肉。外用适量，煎水熏洗；或捣敷。

【临床应用】①治慢性支气管炎：全草 60 g，加水煎 1 ～ 2 h，浓缩至 100 ml，加白糖适量。每次 50 ml，日服 2 次。②治毒蛇咬伤：截叶铁扫帚及假花生各等量，晒干研粉，加少量淀粉压片，每片含生药 0.3 g。用温开水送服或研碎后灌服，每次 15 ～ 20 片，每日 2 ～ 3 次。③治急性胃炎，痢疾：取根、茎、叶 100 g，洗净，切碎，加水 1200 ml，文火煎煮浓缩至 200 ml 过滤；成人每服 50 ml，3 ～

4 h服1次，必要时日夜连续服用。儿童、老年人或体弱者可酌情减量。疗程1～7日，必要时可延长至2～4周。

苜蓿属 *Medicago* L.

一年生或多年生草本，稀灌木。羽状复叶，互生；托叶部分与叶柄合生，全缘或齿裂；小叶3，边缘具锯齿，侧脉直伸至齿尖。总状花序腋生，有时呈头状或单生，花小，一般具花梗；苞片小或无；花萼钟形或筒形，萼齿5，等长；花冠黄色、紫色、堇青色、褐色等，旗瓣倒卵形至长圆形，基部窄，常反折，翼瓣长圆形，一侧有齿尖凸起与龙骨瓣的耳状体互相钩住，授粉后脱开，龙骨瓣钝头；雄蕊二体，花丝顶端不膨大，花药同型；花柱短，锥形或线形，两侧略扁，无毛，柱头顶生，子房线形，无柄或具短柄，胚珠1至多数。荚果螺旋形转曲、肾形、镰形或近于挺直，比萼长，背缝常具棱或刺，有种子1至多数。种子小，平滑，多少呈肾形，无种阜；子叶基部不膨大，也无关节。

洪湖市境内的苜蓿属植物有1种。

125. 天蓝苜蓿

【拉丁名】*Medicago lupulina* L.

【别名】苜蓿、连花生。

【形态特征】草本，高15～60 cm，全株被柔毛或有腺毛。主根浅，须根发达；茎平卧或上升，多分枝，叶茂盛。羽状三出复叶；托叶卵状披针形，长可达1 cm，先端渐尖，基部圆或戟状，常齿裂；下部叶柄长1～2 cm，上部叶柄比小叶短；小叶倒卵形、阔倒卵形或倒心形，长5～20 mm，宽4～16 mm，纸质，先端截平或微凹，具细尖，基部楔形，上半部边缘具不明显尖齿，两面均被毛，侧脉近10对，平行达叶边，几不分叉，上下均平坦；顶生小叶较大，小叶柄长2～6 mm，侧生小叶柄甚短。花序小头状，具花10～20朵；总花梗细，挺直，比叶长，密被贴伏柔毛；苞片刺毛状，甚小；花长2～2.2 mm，花梗短，长不到 1 mm；花萼钟形，长约 2 mm，密被毛，萼齿线状披针形，稍不等长，比萼筒略长或等长；花冠黄色，旗瓣近圆形，顶端微凹，翼瓣和龙骨瓣近等长，均比旗瓣短：子房阔卵形，被毛，花柱弯曲，胚珠 1 粒。荚果肾形，表面具同心弧形脉纹，被稀疏毛，熟时变黑，有种子 1 粒。种子卵形，褐色，平滑。花期 7—9 月，果期 8—10 月。

【分布区域】分布于新堤街道叶家门社区。

【药用部位】全草或根。

【炮制】夏、秋季采收，洗净，鲜用或晒干。

【化学成分】含氨基酸、维生素 B_1、维生素 B_2、木脂素、酚性物质、黄酮、半乳甘露聚糖和锰、铁、铜、锌等。

【性味与归经】甘、微涩，平。归肝、肾经。

【功能与主治】清热利湿，凉血止血，舒筋活络。用于黄疸性肝炎，便血，痔疮出血，白血病，坐骨神经痛，风湿骨痛，腰肌劳损。外用于蛇咬伤。

【用法与用量】煎汤，15 ～ 30 g。外用适量，鲜草捣烂外敷。

草木犀属 *Melilotus* Miller

一年生、二年生或多年生草本。主根直，茎直立，多分枝。叶互生，羽状三出复叶；托叶全缘或具齿裂，先端锥尖，基部与叶柄合生；顶生小叶具较长小叶柄，侧小叶几无柄，边缘具锯齿，有时不明显；无小托叶。总状花序细长，着生于叶腋，花序轴伸长，多花疏列；苞片针刺状，无小苞片；花小，萼钟形，无毛或被毛，萼齿 5，近等长，具短梗；花冠黄色或白色，偶带淡紫色晕斑，花瓣分离，旗瓣长圆状卵形，先端钝或微凹，基部几无瓣柄，翼瓣狭长圆形，等长或稍短于旗瓣，龙骨瓣阔镰形，钝头，通常最短；雄蕊二体，上方 1 枚完全离生或中部连合于雄蕊筒，其余 9 枚花丝合生成雄蕊筒，花丝顶端不膨大，花药同型；子房具胚珠 2 ～ 8 粒，无毛或被微毛，花柱细长，先端上弯，果时常宿存，柱头点状。荚果阔卵形、球形或长圆形，伸出萼外，表面具网状或波状脉纹或皱褶；果梗在果熟时与荚果一起脱落，有种子 1 ～ 2 粒。种子阔卵形，光滑或具细疣点。

洪湖市境内的草木犀属植物有 1 种。

126. 草木犀

【拉丁名】*Melilotus officinalis*（L.）Pall.

【别名】白香草木犀、黄香草木犀、辟汗草、黄花草木樨、铁扫把、省头草、野苜蓿。

【形态特征】二年生草本，高 40 ～ 100 cm。茎直立，粗壮，多分枝，具纵棱，被柔毛。羽状三出复叶；托叶镰状线形，长 3 ～ 5 mm，中央有 1 条脉纹，全缘或基部有 1 尖齿；叶柄细长；小叶倒卵形、阔卵形、倒披针形至线形，长 15 ～ 25 mm，宽 5 ～ 15 mm，先端钝圆或截形，基部阔楔形，边缘具不整齐疏浅齿，上面无毛，粗糙，下面散生短柔毛，侧脉 8 ～ 12 对，平行直达齿尖，两面均不隆起，顶生小叶稍大，具较长的小叶柄，侧小叶的小叶柄短。总状花序长 6 ～ 15 cm，腋生，具花 30 ～ 70 朵，花序轴在花期中显著伸展；苞片刺毛状，长约 1 mm；花长 3.5 ～ 7 mm；花萼钟形，长约 2 mm，脉纹 5 条，清晰，萼齿三角状披针形，比萼筒短；花冠黄色，旗瓣倒卵形，与翼瓣近等长，龙骨瓣稍短或三者均近等长；雄蕊筒在花后常宿存包于果外；子房卵状披针形，花柱长于子房。荚果卵形，长 3 ～ 5 mm，宽约 2 mm，先端具宿存花柱，表面具凹凸不平的横向细网纹，棕黑色，有种子 1 ～ 2 粒。种子卵形，长 2.5 mm，黄褐色，平滑。花期 5—9 月，果期 6—10 月。

【分布区域】分布于老湾回族乡珂里村。

【药用部位】地上部分。

【炮制】取原药材，除去杂质，抢水洗净，润透，切段，干燥。

【性味与归经】辛、甘、微苦，凉。

【功能与主治】清暑化湿，健胃和中。用于暑湿胸闷，头胀头痛，痢疾，疟疾，淋证，带下，口疮，口臭，疮疡，湿疮，疥癣，淋巴结结核。

【用法与用量】煎汤，9～15 g；或浸酒。外用适量，捣敷；或煎水洗，或烧烟熏。

【注意】内服不可过量。

豌豆属 *Pisum* L.

一年生或多年生柔软草本。茎方形，空心，无毛。叶具小叶2～6片，卵形至椭圆形，全缘或多少有锯齿，下面被粉霜；托叶大，叶状，叶轴顶端具羽状分枝的卷须。花白色或颜色多样，单生或数朵排成总状花序腋生，具柄；萼钟状，偏斜或在基部为浅束状，萼片呈叶片状；花冠蝶形，旗瓣扁倒卵形，翼瓣稍与龙骨瓣连生；雄蕊二体（9+1）；子房近无柄，有胚珠多颗，花柱内弯，压扁，内侧面有纵列的髯毛。荚果肿胀，长椭圆形，顶端斜急尖。种子数颗，球形。

洪湖市境内的豌豆属植物有1种。

127. 豌豆

【拉丁名】*Pisum sativum* L.

【别名】荷兰豆、雪豆、麦豆、毕豆、回鹘豆、耳朵豆。

【形态特征】一年生攀援草本，高0.5～2 m。全株绿色，光滑无毛，被粉霜。叶具小叶4～6片；托叶比小叶大，叶状，心形，下缘具细齿，小叶卵圆形，长2～5 cm，宽1～2.5 cm。花于叶腋单生或数朵排列为总状花序；花萼钟状，深5裂，裂片披针形；花冠多为白色和紫色；雄蕊二体（9+1）；子房无毛，花柱扁，内面有髯毛。荚果肿胀，长椭圆形，长2.5～10 cm，宽0.7～14 cm，顶端斜急尖，背部近于伸直，内侧有坚硬纸质的内皮。种子2～10颗，圆形，青绿色，有皱纹或无，干后变为黄色。花期6—7月，果期7—9月。

【分布区域】分布于新堤街道万家墩村。

【药用部位】嫩苗、叶、花、果荚和种子。

【炮制】叶、花春季采收，果荚、种子春末采收；均鲜用或晒干。

【化学成分】种子含植物凝集素、止杈素及赤霉素 A_{20}。未成熟种子含4-氯吲哚基-3-乙酰-L-天门冬氨酸甲酯。豆荚含赤霉素 A_{20}。

【性味与归经】甘，平。归脾、胃经。

【功能与主治】和中下气，利小便，解疮毒。用于霍乱转筋，脚气，痈肿。

【用法与用量】适量，煎汤。

【临床应用】①治霍乱，吐泻转筋，心膈烦闷：豌豆 45 g，香薷 90 g。以水 450 ml，煎至 300 ml，去滓，分为 3 服，温温服之。②治消渴：青豌豆煮熟淡食，或嫩豌豆之苗，捣烂绞汁，每次 50 ml，1 日 2 次。③治高血压，心脏病：豌豆苗 30 g，洗净捣烂，包布榨汁，每次 30 ml，略加温服，1 日 2 次。④治呕逆：豌豆 60 ～ 120 g，水煎服。

刺槐属 *Robinia* L.

乔木或灌木，有时具腺刚毛。无顶芽，腋芽为叶柄下芽。奇数羽状复叶；托叶刚毛状或刺状；小叶全缘；具小叶柄及小托叶。总状花序腋生，下垂；苞片膜质，早落；花萼钟状，5 齿裂，上方 2 萼齿近合生；花冠白色、粉红色或玫瑰红色，花瓣具柄，旗瓣大，反折，翼瓣弯曲，龙骨瓣内弯，钝头；雄蕊二体，对旗瓣的 1 枚分离，其余 9 枚合生，花药同型，2 室纵裂；子房具柄，花柱钻状，顶端具毛，柱头小，顶生，胚珠多数。荚果扁平，沿腹缝线具狭翅，果瓣薄，有时外面密被刚毛。种子长圆形或偏斜肾形，无种阜。

洪湖市境内的刺槐属植物有 1 种。

128. 刺槐

【拉丁名】*Robinia pseudoacacia* L.

【别名】洋槐、槐花、伞形洋槐、塔形洋槐。

【形态特征】落叶乔木，高 10 ～ 25 m。树皮灰褐色至黑褐色，浅裂至深纵裂，稀光滑，小枝灰褐色，具托叶刺，冬芽小，被毛。羽状复叶长 10 ～ 25 cm，叶轴上面具沟槽；小叶 2 ～ 12 对，对生，椭圆形或卵形，长 2 ～ 5 cm，宽 1.5 ～ 2.2 cm，先端圆，微凹，具小尖头，基部圆形至阔楔形，全缘，上面绿色，下面灰绿色，幼时被短柔毛，后变无毛，小叶柄长 1 ～ 3 mm；小托叶针芒状。总状花序腋生，长 10 ～ 20 cm，下垂，花多数，芳香；苞片早落；花梗长 7 ～ 8 mm；花萼斜钟状，长 7 ～ 9 mm，萼齿 5，三角形至卵状三角形，密被柔毛；花冠白色，各瓣均具瓣柄，旗瓣近圆形，先端凹缺，基部圆，反折，内有黄斑，翼瓣斜倒卵形，与旗瓣几等长，基部一侧具圆耳，龙骨瓣镰状，三角形，与翼瓣等长或稍短，前缘合生，先端钝尖；雄蕊二体，对旗瓣的 1 枚分离；子房线形，长约 1.2 cm，无毛，柄长 2 ～ 3 mm，花柱钻形，上弯，顶端具毛，柱头顶生。荚果褐色，或具红褐色斑纹，线状长圆形，长 5 ～ 12 cm，宽 1 ～ 1.3 cm，扁平，先端上弯，具尖头，果颈短，沿腹缝线具狭翅，有种子 2 ～ 15 粒。种子褐色至黑褐色，微具光泽，有时具斑纹，近肾形，长 5 ～ 6 mm，宽约 3 mm，种脐圆形，偏于一端。花期 4—6 月，果期 8—9 月。

【分布区域】分布于乌林镇香山村。

【药用部位】花。

【炮制】花盛开时采收花序，摘下花，晾干。

【化学成分】含洋槐苷、刀豆酸、蛋白质、鞣质及黄酮类成分。

【性味与归经】甘，平。归肝经。

【功能与主治】止血。用于大肠下血，咯血，吐血，崩漏。

【用法与用量】煎汤，9 ～ 15 g；或泡茶饮。

田菁属 *Sesbania* Scop.

草本或落叶灌木，稀乔木。偶数羽状复叶；叶柄和叶轴上面常有凹槽；托叶小，早落；小叶多数，全缘，具小柄；小托叶小或缺如。总状花序腋生于枝端；苞片和小苞片钻形，早落；花梗纤细；花萼阔钟状，萼齿5，近等大，稀近二唇形；花冠黄色或具斑点，稀白色、红色或紫黑色，伸出萼外，无毛，旗瓣宽，瓣柄上有2个胼胝体，翼瓣镰状长圆形，龙骨瓣弯曲，下缘合生，与翼瓣均具耳，瓣柄均较旗瓣的长；雄蕊二体，花药同型，背着，2室纵裂，雄蕊管较花丝分离部分为长；雌蕊常无毛，子房线形，具柄，花柱细长弯曲，柱头小，头状顶生，胚珠多数。荚果常为细长圆柱形，先端具喙，基部具果颈，熟时开裂，种子间具横隔，有多数种子。种子圆柱形，种脐圆形。

洪湖市境内的田菁属植物有1种。

129. 田菁

【拉丁名】*Sesbania cannabina*（Retz.）Poir.

【别名】向天蜈蚣、叶顶珠、铁精草、细叶木兰。

【形态特征】一年生草本，高3～3.5 m。茎绿色，有时带褐色、红色，微被白粉，有不明显淡绿色线纹，平滑，基部有多数不定根；幼枝疏被白色绢毛，折断有白色黏液，枝髓粗大充实。羽状复叶，叶轴长15～25 cm，上面具沟槽，幼时疏被绢毛，后无毛；托叶披针形，早落；小叶20～30对，对生或近对生，线状长圆形，长8～20 mm，宽2.5～4 mm，先端钝至截平，具小尖头，基部圆形，两侧不对称，上面无毛，两面被紫色小腺点，下面尤密，小叶柄长约1 mm，疏被毛；小托叶钻形，宿存。总状花序长3～10 cm，具2～6朵花，疏松；总花梗及花梗纤细，下垂，疏被绢毛；苞片线状披针形，小苞片2枚，均早落；花萼斜钟状，长3～4 mm，无毛，萼齿短三角形，先端锐齿，齿间常有1～3腺状附属物，内面边缘具白色细长曲柔毛；花冠黄色，旗瓣近圆形，长9～10 mm，先端微凹至圆形，基部近圆形，外面散生大小不等的紫黑点和线，胼胝体小，梨形，翼瓣倒卵状长圆形，与旗瓣近等长，基部具短耳，中部具较深色的斑块，并横向皱褶，龙骨瓣较翼瓣短，三角状阔卵形，先端圆钝，平三角形；雄蕊二体，对旗瓣的1枚分离，花药卵形至长圆形；雌蕊无毛，柱头头状，顶生。荚果细长，长圆柱形，长12～22 cm，宽2.5～3.5 mm，微弯，外面具黑褐色斑纹，喙尖；果颈长约5 mm，开裂；种子间具横隔，有种子 20 ～ 35 粒；种子绿褐色，有光泽，短圆柱状，长约 4 mm，直径 2 ～ 3 mm，种脐圆形，稍偏于一端。花果期 7—12 月。

【分布区域】分布于新堤街道大兴社区。

【药用部位】叶、种子。

【炮制】叶：夏季采收，鲜用或晒干。种子：成熟时采收，去壳，晒干。

【化学成分】种子含生物碱、皂苷、黄酮类、酚类、鞣质、有机酸、香豆素和糖类等。

【性味与归经】甘、微苦，平。归心、肾、膀胱经。

【功能与主治】清热凉血，解毒利尿。用于发热，目赤肿痛，小便淋痛，尿血，毒蛇咬伤。

【用法与用量】煎汤，15 ～ 60 g；或捣汁。外用适量，捣敷。

车轴草属 *Trifolium* L.

一年生或多年生草本。茎直立、匍匐或上升，有时具横出的根茎。掌状复叶，小叶通常 3 枚，偶为 5 ～ 9 枚；托叶显著，全缘，部分合生于叶柄上；小叶具锯齿。花具梗或近无梗，集合成头状或短总状花序，偶为单生，花序腋生或假顶生，基部常具总苞或无；萼筒形或钟形，或花后增大，萼喉开张，或具二唇状胼胝体而闭合，或具一圈环毛，萼筒具脉纹 5、6、10、20 条，偶有 30 条；花冠红色、黄色、白色或紫色，也有具双色的，无毛，宿存，旗瓣离生或基部和翼瓣、龙骨瓣连合，后二者相互贴生；雄蕊 10 枚，二体，上方 1 枚离生，全部或 5 枚花丝的顶端膨大，花药同型；子房无柄或具柄，胚珠 2 ～ 8 粒。荚果不开裂，包藏于宿存花萼或花冠中，稀伸出，果瓣多为膜质，阔卵形、长圆形至线形，通常有种子 1 ～ 2

粒，稀 4 ～ 8 粒。种子形状各样。

洪湖市境内的车轴草属植物有 2 种。

1. 茎直立，有疏毛；花冠紫红色至淡红色……………………………………………………………………红车轴草 *T. pratense*

1. 茎匍匐，无毛；花冠白色至淡红色……………………………………………………………………白车轴草 *T. repens*

130. 红车轴草

【拉丁名】*Trifolium pratense* L.

【别名】红花车子、红三叶、红菽草、红荷兰翘摇、红花苜蓿、金花菜、三叶草。

【形态特征】多年生草本。茎粗壮，具纵棱，直立或平卧上升，疏生柔毛或秃净。掌状三出复叶；托叶近卵形，膜质，每侧具脉纹 8 ～ 9 条，基部抱茎，先端离生部分渐尖，具锥刺状尖头，叶柄较长，茎上部的叶柄短，被伸展毛或秃净；小叶卵状椭圆形至倒卵形，长 1.5 ～ 3.5 cm，宽 1 ～ 2 cm，先端钝，有时微凹，基部阔楔形，两面疏生褐色长柔毛，叶面上常有 V 字形白斑，侧脉约 15 对，在叶边处分叉隆起，形成不明显的钝齿，小叶柄短，长约 1.5 mm。花序球状或卵状，顶生，无总花梗或具短总花梗，包于顶生叶的托叶内，托叶扩展成焰苞状；花 30 ～ 70 朵，密集；花长 12 ～ 14 mm，几无花梗；萼钟形，被长柔毛，具脉纹 10 条，萼齿丝状，锥尖，比萼筒长，最下方 1 齿比其余萼齿长 1 倍，萼喉开张，具一多毛的加厚环；花冠紫红色至淡红色，旗瓣匙形，先端圆形，微凹缺，基部狭楔形，明显比翼瓣和龙骨瓣长，龙骨瓣稍比翼瓣短；子房椭圆形，花柱丝状细长，胚珠 1 ～ 2 粒。荚果卵形；通常有 1 粒扁圆形种子。花果期 5—9 月。

【分布区域】分布于新堤街道万家墩村。

【药用部位】花序及带花枝叶。

【炮制】夏季采摘花序或带花嫩枝叶，阴干。

【化学成分】含车轴花素、葡萄糖苷等。

【性味与归经】甘、苦，微寒。归肺经。

【功能与主治】清热止咳，散结消肿。用于感冒，咳喘，硬肿，烧伤。

【用法与用量】煎汤，15 ～ 30 g。外用适量，捣敷；或制成软膏涂敷。

【临床应用】镇痉，止咳，止喘：取红车轴草的败坏翘摇素，作为抗凝血剂，制成软膏，可用于治疗局部溃疡。

131. 白车轴草

【拉丁名】*Trifolium repens* L.

【别名】荷兰翘摇、白三叶、三叶草、白花苜蓿、三消草、螃蟹花、金花草、菽草翘摇。

【形态特征】多年生草本，高 10 ～ 30 cm。主根短，侧根和须根发达，茎匍匐蔓生，节上生根，全株无毛。掌状三出复叶；托叶卵状披针形，膜质，基部抱茎成鞘状，离生部分锐尖，叶柄较长，长 10 ～ 30 cm；小叶倒卵形至近圆形，长 8 ～ 20 mm，宽 8 ～ 16 mm，先端凹头至钝圆，基部楔形渐窄至小叶柄，中脉在下面隆起，侧脉约 13 对，两面均隆起，近叶边分叉并伸达锯齿齿尖，小叶柄微被柔毛。花序球形，顶生，直径 15 ～ 40 mm；总花梗甚长，比叶柄长近 1 倍，具花 20 ～ 50 朵，密集；无总苞；苞片披针形，膜质，锥尖；花长 7 ～ 12 mm，花梗比花萼稍长或等长，开花后立即下垂，萼钟形，具脉纹 10 条，萼齿 5，披针形，稍不等长，短于萼筒，萼喉开张，无毛；花冠白色、乳黄色或淡红色，具香气，旗瓣椭圆形，比翼瓣和龙骨瓣长近 1 倍，龙骨瓣比翼瓣稍短；子房线状长圆形，花柱比子房略长，胚珠 3 ～ 4 粒。荚果长圆形，种子通常 3 粒。种子阔卵形。花果期 5—10 月。

【分布区域】分布于新堤街道万家墩村。

【药用部位】全草。

【化学成分】含异槲皮苷、亚麻子苷、百脉根苷、香豆雌酚、生育酚、皂苷、染料木素等。

【性味与归经】微甘，平。

【功能与主治】清热，凉血，宁心。用于癫痫，痔疮出血，硬结肿块。

【用法与用量】煎汤，15 ～ 30 g。外用适量，捣敷。

【临床应用】①治癫痫：全草 15 g，水煎服。并用 15 g，捣烂包患者额上。②治痔疮出血：全草 15 g，酒水各半，煎服。

野豌豆属 *Vicia* L.

一年生、二年生或多年生草本。茎细长，具棱，多分枝，攀援、蔓生或匍匐，稀直立；根部常膨大成木质化块状，表皮黑褐色，具根瘤。偶数羽状复叶，叶轴先端具卷须或短尖头；托叶通常半箭头形，少数种类具腺点，无小托叶；小叶 2 ～ 12 对，长圆形、卵形、披针形至线形，先端圆、平截或渐尖，微凹，有细尖，全缘。花序腋生，总状或复总状；花多数、密集着生于长花序轴上部，稀单生或 2 ～ 4 朵簇生于叶腋，苞片甚小而且多数早落；花萼近钟状，基部偏斜，上萼齿通常短于下萼齿，多少被柔毛；花冠淡蓝色、蓝紫色或紫红色，稀黄色或白色，旗瓣倒卵形、长圆形或提琴形，先端微凹，下方具较大的瓣柄，翼瓣与龙骨瓣耳部相互嵌合；雄蕊二体（9+1），雄蕊管上部偏斜，花药同型；子房近无柄，胚珠 2 ～ 7，花柱圆柱形，顶端四周被毛，或侧向压扁于远轴端具一束髯毛。荚果扁（蚕豆除外），两端渐尖，无（稀有）种隔膜，腹缝开裂。种子 2 ～ 7，球形、扁球形、肾形或扁圆柱形，种皮褐色、灰褐色或棕黑色，稀具紫黑色斑点或花纹；种脐相当于种子周长的 1/6 ～ 1/3，胚乳微量，子叶扁平，不出土。

洪湖市境内的野豌豆属植物有 2 种。

1. 卷须不发达而变为针状……蚕豆 *V. faba*

1. 卷须发达……救荒野豌豆 *V. sativa*

132. 蚕豆

【拉丁名】*Vicia faba* L.

【别名】南豆、胡豆、竖豆、佛豆、马齿豆、仙豆、寒豆、湾豆、罗泛豆、夏豆。

【形态特征】一年生草本，高 30 ～ 100 cm。主根短粗，多须根，根瘤粉红色，密集；茎粗壮，直立，直径 0.7 ～ 1 cm，具 4 棱，中空、无毛。偶数羽状复叶，叶轴顶端卷须短缩为短尖头；托叶戟形或近三角状卵形，长 1 ～ 2.5 cm，宽约 0.5 cm，略有锯齿，具深紫色密腺点；小叶通常 1 ～ 3 对，互生，上部小叶可达 4 ～ 5 对，基部较少，小叶椭圆形、长圆形或倒卵形，稀圆形，长 4 ～ 6 cm，宽 1.5 ～ 4 cm，先端圆钝，具短尖头，基部楔形，全缘，两面均无毛。总状花序腋生，花梗近无；花萼钟形，萼齿披针形，下萼齿较长；花 2 ～ 4 朵呈丛状着生于叶腋，花冠白色，具紫色脉纹及黑色斑晕，长 2 ～ 3.5 cm，旗瓣中部缢缩，基部渐狭，翼瓣短于旗瓣，长于龙骨瓣；雄蕊二体（9+1）；子房线形无柄，胚珠 2 ～ 4，花柱密被白色柔毛，顶端远轴面有一束髯毛。荚果肥厚，长 5 ～ 10 cm，宽 2 ～ 3 cm，表皮绿色，被茸毛，内有白色海绵状横隔膜，成熟后表皮变为黑色。种子 2 ～ 4，长方圆形，中间内凹，种皮革质，青绿色、灰绿色至棕褐色，稀紫色或黑色；种脐线形，黑色，位于种子一端。花期 4—5 月，果期 5—6 月。

【分布区域】分布于乌林镇香山村。

【药用部位】果实、花、荚壳、茎、叶及嫩苗。

【炮制】种子：夏季豆荚成熟呈黑褐色时拔取全株，晒干，打下种子，扬净后再晒干。或鲜嫩时用。

花：清明节前后开花时采收，晒干或烘干。

荚壳：夏季豆荚成熟时采收，剥下果仁，晒干。

茎：夏季采收，晒干。

种皮：取蚕豆放水中浸透，剥下豆壳，晒干；或剥取嫩蚕豆之种皮用。

叶或嫩苗：夏季采收，晒干。

【化学成分】含丙氨酸、L- 酪氨酸、3，4- 二羟基苯丙氨酸、桦木醇、蚕豆苷、D- 甘油酸、鞣质、β - 半乳糖苷酶、儿茶素、花青素、游离氨基酸、蛋白质等。

【性味与归经】果实：甘，平。归脾、胃经。花：甘，平。归肝、脾经。荚壳：苦、涩，平。归心、肝经。茎：苦，温。归脾、大肠经。种皮：甘、淡，平。归肾、胃经。叶或嫩苗：苦、微甘，温。归肺、心、脾经。

【功能与主治】果实：健脾，利湿。用于膈食，水肿。

花：凉血，止血。用于咯血，鼻衄，血痢，带下，高血压。

荚壳：止血，敛疮。用于咯血，衄血，吐血，便血，尿血，手术出血，烧烫伤，天疱疮。

茎：止血，止泻，解毒敛疮。用于各种内出血，水泻，烫伤。

种皮：利尿渗湿止血，解毒。用于水肿，脚气，小便不利，吐血，胎漏，天疱疮，黄水疮，瘰疬。

叶或嫩苗：止血，解毒。用于咯血，吐血，外伤出血，臁疮。

【用法与用量】果实：适量，煎汤或研末。外用适量，捣敷。

花：煎汤，9～15 g；或捣汁。

荚壳：煎汤，15～30 g。外用适量，炒炭研细末调敷。

茎：煎汤，15～30 g；或焙干研末，9 g。外用适量，烧灰调敷。

种皮：煎汤，9～15 g。外用适量，煅存性研末调敷。

叶或嫩苗：捣汁，30～60 g。外用适量，捣敷；或研末撒。

【临床应用】叶：①治臁疮臭烂，多年不愈：蚕豆叶 60 g，捶烂敷患处。②治大便下血：蚕豆叶 60 g，捣烂冲酒去渣服。③治慢性中耳炎：新鲜蚕豆叶几片，挤汁，滴入耳中。④治水肿：蚕豆叶 60 g，煎水洗。⑤治肺结核咯血、消化道出血等出血症：鲜蚕豆叶适量，捣烂挤汁，每服 20 ml，每日 2 次。⑥治酒精中毒：鲜蚕豆叶 60 g，煎水代茶饮。

荚壳：①治小便日久不通，难忍欲死：蚕豆壳 90 g，煎汤服之。如无鲜壳，取干壳代之。②治吐血：蚕豆壳，四五年陈者炒，煎汤饮之。③治大人小儿头面黄水疮：蚕豆壳炒成炭，研细。加东丹少许和匀，以菜油调涂，频以油润之。④治胎漏：炒熟蚕豆壳磨末，每服 9～12 g，加砂糖少许调服。⑤治头面部急性湿疹：蚕豆皮焙黄，研极细面。香油调敷，每日换药 1 次。⑥治产后风：蚕豆皮 15 g，焙干为末，黄酒送下。

133. 救荒野豌豆

【拉丁名】*Vicia sativa* L.

【别名】苕子、马豆、野毛豆、雀雀豆、山扁豆、草藤、箭舌野豌豆、野菉豆、野豌豆、大巢菜。

【形态特征】一年生或二年生草本，高 15 ～ 90 cm。茎斜升或攀援，单一或多分枝，具棱，被微柔毛。偶数羽状复叶长 2 ～ 10 cm，叶轴顶端卷须有 2 ～ 3 分支；托叶戟形，通常 2 ～ 4 裂齿，长 0.3 ～ 0.4 cm，宽 0.15 ～ 0.35 cm；小叶 2 ～ 7 对，长椭圆形或近心形，长 0.9 ～ 2.5 cm，宽 0.3 ～ 1 cm，先端圆或平截有凹，具短尖头，基部楔形，侧脉不甚明显，两面被贴伏黄色柔毛。花 1 ～ 2 腋生，近无梗；萼钟形，外面被柔毛，萼齿披针形或锥形；花冠紫红色或红色，旗瓣长倒卵圆形，先端圆，微凹，中部缢缩，翼瓣短于旗瓣，长于龙骨瓣；子房线形，微被柔毛，胚珠 4 ～ 8，子房具柄短，花柱上部被淡黄白色髯毛。荚果线长圆形，长 4 ～ 6 cm，宽 0.5 ～ 0.8 cm，表皮土黄色，种间缢缩，有毛，成熟时背腹开裂，果瓣扭曲。种子 4 ～ 8，圆球形，棕色或黑褐色；种脐长相当于种子周长的 1/5。花期 4—7 月，果期 7—9 月。

【分布区域】分布于新堤街道叶家门社区。

【药用部位】全草。

【炮制】夏季采收，晒干或鲜用。

【性味与归经】甘、辛，温。

【功能与主治】补肾调经，祛痰止咳。用于肾虚腰痛，遗精，月经不调，咳嗽痰多。外用适量治疔疮。

【用法与用量】煎汤，15 ～ 30 g。外用适量，鲜草捣烂敷或煎水洗患处。

豇豆属 *Vigna* Savi

缠绕或直立草本，稀为亚灌木。羽状复叶具 3 小叶；托叶盾状着生或基着。总状花序或 1 至多花的花簇腋生或顶生，花序轴上花梗着生处常增厚并有腺体；苞片及小苞片早落；花萼 5 裂，二唇形，下唇 3 裂，中裂片最长，上唇中 2 裂片完全或部分合生；花冠小或中等大，白色、黄色、蓝色或紫色；旗瓣圆形，基部具附属体，翼瓣远较旗瓣为短，龙骨瓣与翼瓣近等长，无喙或有一内弯、稍旋卷的喙；雄蕊二体，对旗瓣的一枚雄蕊离生，其余合生，花药一式；子房无柄，胚珠 3 至多数，花柱线形，上部增厚，内侧具髯毛或粗毛，下部喙状，柱头侧生。荚果线形或线状长圆形、圆柱形或扁平，直或稍弯曲，二瓣裂，通常多少具隔膜；种子通常肾形或近四方形；种脐小或延长，有假种皮或无。

洪湖市境内的豇豆属植物有 1 种。

134. 绿豆

【拉丁名】*Vigna radiata*（L.）Wilczek

【别名】青小豆。

【形态特征】一年生直立草本，高 20 ～ 60 cm。茎被褐色长硬毛。羽状复叶具 3 小叶；托叶盾状着生，卵形，长 0.8 ～ 1.2 cm，具缘毛；小托叶显著，披针形；小叶卵形，长 5 ～ 16 cm，宽 3 ～ 12 cm，侧生的多少偏斜，全缘，先端渐尖，基部阔楔形或浑圆，两面多少被疏长毛，基部 3 脉明显，叶柄长 5 ～ 21 cm，叶轴长 1.5 ～ 4 cm，小叶柄长 3 ～ 6 mm。总状花序腋生，有花 4 至数朵，最多可达 25 朵；总花梗长 2.5 ～ 9.5 cm，花梗长 2 ～ 3 mm；小苞片线状披针形或长圆形，长 4 ～ 7 mm，有线条，近宿存；萼管无毛，长 3 ～ 4 mm，裂片狭三角形，长 1.5 ～ 4 mm，具缘毛，上方的一对合生成一先端 2 裂的裂片；旗瓣近方形，长 1.2 cm，宽 1.6 cm，外面黄绿色，里面有时粉红色，顶端微凹，内弯，无毛；翼瓣卵形，黄色；龙骨瓣镰刀状，绿色而染粉红色，右侧有显著的囊。荚果线状圆柱形，平展，长 4 ～ 9 cm，宽 5 ～ 6 mm，被淡褐色、散生的长硬毛。种子 8 ～ 14 颗，淡绿色或黄褐色，短圆柱形，长 2.5 ～ 4 mm，宽 2.5 ～ 3 mm；种脐白色而不凹陷。花期初夏，果期 6—8 月。

【分布区域】分布于洪湖市各乡镇。

【药用部位】种子、花、种皮、豆芽菜、叶、真粉。

【炮制】种子：立秋后种子成熟时采收，晒干。

花：6—7 月摘取花朵，晒干。

种皮：将绿豆用水浸胖，揉搓取种皮。

豆芽菜：种子经浸后发出的嫩芽。

叶：夏、秋季采收，随采随用。

真粉：种子经水磨加工而得的淀粉。

【化学成分】含蛋白质、脂肪、胡萝卜素、维生素 B_2、磷脂等。

【性味与归经】种子：甘，寒。归心、胃经。花：甘，寒。归脾、胃经。种皮：甘，寒。归肺、肝经。豆芽菜：甘，凉。归胃、三焦经。叶：苦，寒。归肝、大肠经。真粉：甘，寒。归胃、肠、肝经。

【功能与主治】种子：清热，消暑，利水，解毒。用于暑热烦渴，感冒发热，霍乱吐泻，痰热哮喘，头痛目赤，口舌生疮，水肿尿少，疮疡痈肿，风疹丹毒，药物及食物中毒。

花：解酒毒。用于急慢性酒精中毒。

种皮：清暑止渴，利尿解毒，退目翳。用于暑热烦渴，泄泻，痢疾，水肿，丹毒，目翳。

豆芽菜：清热消暑，解毒利尿。用于暑热烦渴，小便不利，目翳。

叶：和胃，解毒。用于霍乱吐泻，斑疹，疔疮，疥癣，药毒，火毒。

真粉：清热消暑，凉血解毒。用于暑热烦渴，痈肿疮疡，丹毒，烧烫伤，跌打损伤，肠风下血。

【用法与用量】种子：煎汤，15 ~ 30 g（大剂量可用 120 g）；或研末，或生研绞汁。外用适量，研末调敷。

花：煎汤，30 ~ 60 g。

种皮：煎汤，9 ~ 30 g；或研末。外用适量，研末和水洗。

豆芽菜：煎汤，30 ~ 60 g；或捣烂绞汁。

叶：煎汤，15 ~ 30 g；或捣烂绞汁。外用适量，捣烂布包擦。

真粉：水调，9 ~ 30 g。外用适量，调敷。

【临床应用】①治小便不通：绿豆 15 g，冬麻子 45 g（捣碎，以水 400 ml 淘，绞取汁），陈橘皮 15 g。以上用冬麻子汁煮陈橘皮、绿豆令熟食之。②解乌头毒：绿豆 120 g，生甘草 60 g，水煎服。③治皮肤干燥：绿豆 100 g，猪脂 50 g，大枣 20 枚，冰糖适量，加水共煮，至绿豆开即可服用。每日 1 剂，分 2 次服完，连续服用 7 ~ 10 日有效。④绿豆三金牛膝散治尿路结石：新绿豆 250 g，金钱草、鸡内金、海金沙、川牛膝各 60 g。尿血者加白茅根、茜草各 25 g；气虚者加黄芪、当归各 60 g；脾虚者加山药、茯苓各 60 g；大便干结者加大黄 15 g，芒硝 12 g；腹痛甚者加元胡、木香各 30 g；腰痛甚者加杜仲、桑寄生各 30 g。上药研细末和匀。每日上午 10 时，下午 3 时各服 15 g。服药后 30 min，加食西瓜 1 ～ 2 kg，稍歇后，跳跃及局部叩击，多活动。1 个月为 1 个疗程（6—8 月用药最宜）。

紫藤属 *Wisteria* Nutt.

落叶大藤本。冬芽球形至卵形，芽鳞 3 ～ 5 枚。奇数羽状复叶互生；托叶早落；小叶全缘；具小托叶。总状花序顶生，下垂；花多数，散生于花序轴上；苞片早落，无小苞片；具花梗；花萼杯状，萼齿 5，略呈二唇形，上方 2 枚短，大部分合生，最下 1 枚较长，钻形；花冠蓝紫色或白色，通常大，旗瓣圆形，基部具 2 胼胝体，花开后反折，翼瓣长圆状镰形，有耳，与龙骨瓣离生或先端稍黏合，龙骨瓣内弯，钝头；雄蕊二体，对旗瓣的 1 枚离生或在中部与雄蕊管黏合，花丝顶端不扩大，花药同型；花盘明显被密腺环；子房具柄，花柱无毛，圆柱形，上弯，柱头小，点状，顶生，胚珠多数。荚果线形，伸长，具颈，种子间缢缩，迟裂，瓣片革质。种子大，肾形，无种阜。

洪湖市境内的紫藤属植物有 1 种。

135. 紫藤

【拉丁名】*Wisteria sinensis*（Sims）DC.

【别名】紫藤萝、白花紫藤、招豆藤、朱藤、藤花菜、小黄藤、紫金藤、轿藤、黄环、藤萝、黄纤藤、小黄草。

【形态特征】落叶藤本。茎左旋，枝较粗壮，嫩枝被白色柔毛，后秃净；冬芽卵形。奇数羽状复叶长 15 ～ 25 cm；托叶线形，早落；小叶 3 ～ 6 对，纸质，卵状椭圆形至卵状披针形，上部小叶较大，基部 1 对最小，长 5 ～ 8 cm，宽 2 ～ 4 cm，先端渐尖至尾尖，基部钝圆或楔形，嫩叶两面被平伏毛，后秃净，小叶柄长 3 ～ 4 mm，被柔毛；小托叶刺毛状，长 4 ～ 5 mm，宿存。总状花序出自短枝的腋芽或顶芽，长 15 ～ 30 cm，直径 8 ～ 10 cm，花序轴被白色柔毛；苞片披针形，早落；花长 2 ～ 2.5 cm，芳香，花梗细，长 2 ～ 3 cm；花萼杯状，长 5 ～ 6 mm，宽 7 ～ 8 mm，密被细绢毛，上方 2 齿甚钝，下方 3 齿卵状三角形；花冠紫色，旗瓣圆形，先端略凹陷，花开后反折，基部有 2 胼胝体，翼瓣长圆形，基部圆，龙骨瓣较翼瓣短，阔镰形；子房线形，密被茸毛，花柱无毛，上弯，胚珠 6 ～ 8 粒。荚果倒披针形，长 10 ～ 15 cm，宽 1.5 ～ 2 cm，密被茸毛，悬垂枝上不脱落，有种子 1 ～ 3 粒。种子褐色，具光泽，圆形，扁平。花期 4 月中旬至 5 月上旬，果期 5—8 月。

【分布区域】分布于乌林镇香山村。

【药用部位】根、茎或茎皮、果实。

【炮制】根：全年可采。

茎或茎皮：夏季采收茎或茎皮，晒干。

果实：果实成熟时采收，除去果壳，晒干。

【化学成分】含 β – 谷甾醇、三十烷醇、12– 羟基三十烷 –4，7– 二酮、原甾醇 、山柰酚、挥发油等。

【性味与归经】根：甘，温。归肝、肾、心经。茎或茎皮：甘、苦，微温；有小毒。归肾经。果实：甘，微温；有小毒。归肝、胃、大肠经。

【功能与主治】根：祛风除湿，舒筋活络。用于痛风，痹症。

茎或茎皮：利水，除痹，杀虫。用于浮肿，关节疼痛，肠道寄生虫病。

果实：活血，通络，解毒，驱虫。用于筋骨疼痛，腹痛吐泻，小儿蛲虫病。

【用法与用量】根：煎汤，9～15 g。

茎或茎皮：煎汤，9～15 g。

果实：煎汤（炒熟），15～30 g；或浸酒。

【临床应用】①治食物中毒，腹痛吐泻，肠道寄生虫病：紫藤果 30 g（炒熟），鱼腥草 12～15 g，醉鱼草根 21～24 g，水煎服，早晚各服 1 次。②治关节炎：紫藤根 30 g，枸骨根 30 g，菝葜 30 g，大活血 30 g，均为鲜品，水煎兑酒服。③治蛲虫病：紫藤 3 g，水煎服。④治癔症：紫藤树皮适量作煎剂和糖服。

【注意】本品有毒，内服须炒透。

五十一、酢浆草科 Oxalidaceae

一年生或多年生草本，极少为灌木或乔木。根茎或鳞茎状块茎，通常肉质，或有地上茎。指状或羽状复叶或小叶萎缩而成单叶，基生或茎生；小叶在芽时或晚间背折而下垂，通常全缘；无托叶或有而细小。花两性，辐射对称，单花或组成近伞形花序或伞房花序，少有总状花序或聚伞花序；萼片5，离生或基部合生，覆瓦状排列，少数为镊合状排列；花瓣5，有时基部合生，旋转排列；雄蕊10枚，2轮，5枚长5枚短，外转与花瓣对生，花丝基部通常连合，有时5枚无药，花药2室，纵裂；雌蕊由5枚合生心皮组成，子房上位，5室，每室有1至数颗胚珠，中轴胎座，花柱5枚，离生，宿存，柱头通常头状，有时浅裂。果为开裂的蒴果或为肉质浆果。种子通常为肉质，干燥时形成有弹力的外种皮，或极少具假种皮，胚乳肉质。

本科有7～10属，1000余种，其中酢浆草属约800种。我国有3属约10种，分布于南北各地。

洪湖市境内的酢浆草科植物有1属3种。

酢浆草属 *Oxalis* L.

一年生或多年生草本。根具肉质鳞茎状或块茎状地下根茎；茎匍匐或披散。叶互生或基生，指状复叶，通常有3小叶，小叶在闭光时闭合下垂；无托叶或托叶极小。花基生或为聚伞花序式，总花梗腋生或基生；花黄色、红色、淡紫色或白色；萼片5，覆瓦状排列；花瓣5，覆瓦状排列，有时基部微合生；雄蕊10，长短互间，全部具花药，花丝基部合生或分离；子房5室，每室具1至多数胚珠，花柱5，常二型或三型，分离。果为室背开裂的蒴果，果瓣宿存于中轴上。种子具2瓣状的假种皮，种皮光滑，有横或纵肋纹；胚乳肉质，胚直立。

洪湖市境内的酢浆草属植物有3种。

1. 叶片紫色……三角紫叶酢浆草 *O.triangularis*
1. 叶片淡绿色。
   2. 花黄色；茎匍匐，叶互生……酢浆草 *O.corniculata*
   2. 花淡紫色；地下部分有鳞茎，叶基生……红花酢浆草 *O.corymbosa*

136. 三角紫叶酢浆草

【拉丁名】*Oxalis triangularis* A.St.–Hil.

【别名】三角酢浆草、截叶酢浆草、紫蝴蝶、幸运宝石。

【形态特征】多年生草本，株高15～20 cm。根状茎直立，地下块状根茎粗大成纺锤形。叶丛生，具长柄，掌状复叶，紫色，全部为根生叶，小叶3枚，叶片紫红色，宽倒三角形，质软，叶大而紫红色，被少量白色毛。花序基生，与叶等长或稍长，伞形花序，花12～14朵，花瓣5枚，淡紫色、白色，先端呈淡粉色，有时一年开2次花。果实为蒴果，成熟后自动开裂，蒴果短条形，角果状，有毛。花期4—11月。

【分布区域】分布于新滩镇江夏村。

【药用部位】全草。

【炮制】夏、秋季采集，晒干。

【化学成分】含草酸盐、柠檬酸、酒石酸、苹果酸等。

【性味与归经】酸、微辛，平。

【功能与主治】活血化瘀，清热解毒。用于劳伤疼痛，麻风，无名肿毒，癞子，疥癣，小儿鹅口疮，烫火伤，蛇咬伤，脱肛，跌打扭伤。

【用法与用量】煎汤，3 ～ 9 g。外用适量，研末兑茶油擦；或煎汤洗，或捣烂敷患处。

137. 酢浆草

【拉丁名】*Oxalis corniculata* L.

【别名】酸三叶、酸醋酱、鸠酸、酸味草、酸浆草。

【形态特征】草本，高 10 ～ 35 cm，全株被柔毛。根茎稍肥厚；茎细弱，多分枝，直立或匍匐，匍匐茎节上生根。叶基生或茎上互生；托叶小，长圆形或卵形，边缘被密长柔毛，基部与叶柄合生，叶柄长 1 ～ 13 cm，基部具关节；小叶 3，无柄，倒心形，长 4 ～ 16 mm，宽 4 ～ 22 mm，先端凹入，基部宽楔形，两面被柔毛或表面无毛，沿脉被毛较密，边缘具贴伏缘毛。花单生或数朵集为伞形花序状，腋生，总花梗淡红色，与叶近等长；花梗长 4 ～ 15 mm，果后延伸；小苞片 2，披针形，长 2.5 ～ 4 mm，膜质；萼片 5，披针形，长 3 ～ 5 mm，背面和边缘被柔毛，宿存；花瓣 5，黄色，长圆状倒卵形，长 6 ～ 8 mm，宽 4 ～ 5 mm；雄蕊 10，花丝白色半透明，有时被疏短柔毛，基部合生，长、短互间，长者花药较大且早熟；子房长圆形，5 室，被短伏毛，花柱 5，柱头头状。蒴果长圆柱形，长 1 ～ 2.5 cm，5 棱。种子长卵形，长 1 ～ 1.5 mm，褐色或红棕色，具横向肋状网纹。花果期 2—9 月。

【分布区域】分布于螺山镇龙潭村。

【药用部位】全草。

【炮制】全年均可采收，取原药材，除去残根及杂质，抢水洗净，切段，干燥。

【性味与归经】酸，寒。归肝、肺、膀胱经。

【功能与主治】清热利湿，凉血散瘀，解毒消肿。用于湿热泄泻，痢疾，淋病，带下，吐血，衄血，尿血，月经不调，跌打损伤，咽喉肿痛，痈疽疔疮，丹毒，湿疹，带状疱疹，疥癣，烫火伤，毒蛇咬伤。

【用法与用量】煎汤，9～15 g（鲜品 30～60 g）；或研末，或鲜品绞汁饮。外用适量，煎水洗；或捣烂敷、捣汁涂，或煎水漱口。

【临床应用】①酸浆酒治小便不通，气满闷：酸浆草 50 g，研取自然汁，与醇酒相半，和服；不饮酒，用甘草 10 cm，生姜 1 枣大，锉，同研，用井华水 50 ml，滤取汁和服亦得。②治跌打新老损伤：鲜酢浆草 4 份，葱头 2 份，生姜 1 份，酒酿糟 5 份。同杵烂，炒热，布包熨之，俟温敷伤处。③治急性肝炎：酢浆草、夏枯草、车前草、茵陈各 15 g，加水 1000 ml，煎成 750 ml，再加白糖 60 g，待溶解后，3 次分服。小儿用量酌减。④治小儿上呼吸道感染，支气管炎：酢浆草、半边莲、水蜈蚣各 30 g，海金沙 9 g。水煎分 3 次服，每日 1 剂。⑤治神经衰弱失眠：酢浆草 5000 g，松针 1000 g，大枣 500 g。取鲜酢浆草洗净，与松针加水 8000 ml 煎 1 h，过滤去渣。另将大枣捣碎加水 2000 ml，煎 1 h，过滤去渣，将两液混合，加适量防腐剂。每服 15～20 ml，每日 3 次。⑥治流行性腮腺炎：鲜酢浆草（全草）30 g（1 日量），水煎频饮。另用鲜酢浆草适量，加盐少许，捣烂后敷患处。每日 1～2 次，连用 2～4 日。

【注意】孕妇及体虚者慎服。

138. 红花酢浆草

【拉丁名】*Oxalis corymbosa* DC.

【别名】多花酢浆草、紫花酢浆草、南天七、铜锤草、大酸味草。

【形态特征】多年生直立草本。无地上茎，地下部分有球状鳞茎，外层鳞片膜质，褐色，背具 3 条肋状纵脉，被长缘毛，内层鳞片呈三角形，无毛。叶基生，叶柄长 5～30 cm，被毛；小叶 3，扁圆状倒心形，长 1～4 cm，宽 1.5～6 cm，顶端凹入，两侧角圆形，基部宽楔形，表面绿色，背面浅绿色，两面或仅边缘有棕黑色的小腺体，背面尤甚并被疏毛；托叶长圆形，顶部狭尖，与叶柄基部合生。总花梗基生，二歧聚伞花序，通常排列成伞形花序式，总花梗长 10～40 cm，花梗、苞片、萼片均被毛；花梗长 5～25 mm，有披针形干膜质苞片 2 枚；萼片 5，披针形，长 4～7 mm，先端有暗红色长圆形的小腺体 2 枚，顶部腹面被疏柔毛；花瓣 5，倒心形，长 1.5～2 cm，为萼长的 2～4 倍，淡紫色至紫红色，基部颜色较深；雄蕊 10 枚，长的 5 枚超出花柱，另 5 枚长至子房中部，花丝被长柔毛；子房 5 室，花柱 5，被锈色长柔毛，柱头浅 2 裂。花果期 3—12 月。

【分布区域】分布于新堤街道大兴社区。

【药用部位】全草。

【炮制】夏、秋季采收，鲜用或晒干。

【化学成分】含草酸盐等。

【性味与归经】酸，寒。

【功能与主治】清热解毒，散瘀消肿，调经。用于肾盂肾炎，痢疾，咽炎，牙痛，月经不调，带下。外用适量治毒蛇咬伤，跌打损伤，烧烫伤。

【用法与用量】煎汤，9 ～ 15 g；或浸酒服。外用适量，鲜草捣烂敷患处。

【注意】孕妇忌服。

五十二、牻牛儿苗科 Geraniaceae

草本，稀为亚灌木或灌木。叶互生或对生，叶片掌状或羽状分裂，具托叶。聚伞花序腋生或顶生，稀花单生；花两性，整齐，辐射对称或两侧对称；萼片通常5或4，覆瓦状排列；花瓣5或4，覆瓦状排列；雄蕊10～15，2轮，外轮与花瓣对生，花丝基部合生或分离，花药丁字形着生，纵裂，蜜腺通常5，与花瓣互生；子房上位，心皮2～5室，通常3～5室，每室具1～2倒生胚珠，花柱与心皮同数，通常下部合生，上部分离。果实为蒴果，由中轴延伸成喙，稀无喙，室间开裂或不开裂，每果瓣具1种子，成熟时果瓣通常爆裂或稀不开裂，开裂的果瓣常由基部向上反卷或成螺旋状卷曲，顶部通常附着于中轴顶端。种子具微小胚乳或无胚乳，子叶折叠。

本科有11属，约750种。广泛分布于温带、亚热带和热带山地。我国有4属，约67种，各属主要分布于温带地区，少数分布于亚热带山地。

洪湖市境内的牻牛儿苗科植物有1属1种。

老鹳草属 *Geranium* L.

草本，稀为亚灌木或灌木，通常被倒向毛。茎具明显的节。叶对生或互生，具托叶，叶柄长；叶片通常掌状分裂，稀二回羽状或仅边缘具齿。花序聚伞状或单生，每总花梗通常具2花，稀为单花或多花；总花梗具腺毛或无腺毛；花整齐，花萼和花瓣5，覆瓦状排列，腺体5，每室具2胚珠。蒴果具长喙，5果瓣，每果瓣具1种子，果瓣在喙顶部合生，成熟时沿主轴从基部向上端反卷开裂，弹出种子或种子与果瓣同时脱落，附着于主轴的顶部，果瓣内无毛。种子具胚乳或无。

洪湖市境内的老鹳草属植物有1种。

139. 野老鹳草

【拉丁名】*Geranium carolinianum* L.

【别名】五叶草、五齿耙、破铜钱、短嘴老颧草。

【形态特征】一年生草本，高20～60 cm。根纤细，单一或分枝，茎直立或仰卧，单一或多数，具棱角，密被倒向短柔毛。基生叶早枯，茎生叶互生或最上部对生；托叶披针形或三角状披针形，长5～7 mm，宽1.5～2.5 mm，外被短柔毛；茎下部叶具长柄，柄长为叶片的2～3倍，被倒向短柔毛，上部叶柄渐短；叶片圆肾形，长2～3 cm，宽4～6 cm，基部心形，掌状5～7裂近基部，裂片楔状倒卵形或菱形，下部楔形、全缘，上部羽状深裂，小裂片条状矩圆形，先端急尖，表面被短伏毛，背面主要沿脉被短伏毛。花序腋生和顶生，长于叶，被倒生短柔毛和开展的长腺毛，每总花梗具2花，顶生总花梗常数个集生，花序呈伞形状；花梗与总花梗相似，等于或稍短于花；苞片钻状，长3～4 mm，被短柔毛；萼片长卵形或近椭圆形，长5～7 mm，宽3～4 mm，先端急尖，具长约1 mm尖头，外被短柔毛或沿脉被开展的糙柔毛和腺毛；花瓣淡紫红色，倒卵形，稍长于萼，先端圆形，基部宽楔形；雄蕊稍短于萼片，中部以下被长糙柔毛；雌蕊稍长于雄蕊，密被糙柔毛。蒴果长约2 cm，被短糙毛，果瓣由喙上部先裂向下卷曲。花期4—7月，果期5—9月。

【分布区域】分布于新堤街道叶家门社区。

【药用部位】干燥地上部分，

【炮制】夏、秋季果实近成熟时采割，除去残根及杂质，略洗，切段，晒干。

【性味与归经】辛、苦，平。归肝、肾、脾经。

【功能与主治】祛风湿，通经络，止泻痢。用于风湿痹痛，麻木拘挛，筋骨酸痛，泄泻痢疾。

【用法与用量】煎汤，9～15 g。

五十三、大戟科 Euphorbiaceae

乔木、灌木或草本。木质根，稀为肉质块根；通常无刺；常有乳状汁液，白色，稀为淡红色。叶互生，少有对生或轮生，单叶，稀为复叶，或叶退化成鳞片状，边缘全缘或有锯齿，稀为掌状深裂；具羽状脉或掌状脉；叶柄长至极短，基部或顶端有时具有1～2枚腺体；托叶2，着生于叶柄的基部两侧，早落或宿存，稀托叶鞘状，脱落后具环状托叶痕。花单性，雌雄同株或异株，单花或组成各式花序，通常为聚伞或总状花序，在大戟类中为特殊化的杯状花序；萼片分离或在基部合生，覆瓦状或镊合状排列，在特化的花序中有时萼片极度退化或无；花瓣有或无；花盘环状或分裂成腺体状，稀无花盘；雄蕊1枚至多数，花丝分离或合生成柱状，在花蕾时内弯或直立，花药外向或内向，基生或背部着生，药室2，稀3～4，纵裂，稀顶孔开裂或横裂，药隔截平或凸起；雄花常有退化雌蕊，子房上位，3室，稀2室或4室或更多或更少，每室有1～2颗胚珠着生于中轴胎座上，花柱与子房室同数，分离或基部连合，顶端常2至多裂，直立、平展或卷曲，柱头形状多变，常呈头状、线状、流苏状、折扇形或羽状分裂，表面平滑或有小颗粒状突起，稀被毛或有皮刺。果为蒴果，常从宿存的中央轴柱分离成分果爿，或为浆果状或核果状。种子常有显著种阜，胚乳丰富，肉质或油质，胚大而直或弯曲，子叶通常扁而宽，稀卷叠式。

本科约有 300 属 5000 种，广布于全球，但主产于热带和亚热带地区。我国约有 70 属 460 种，分布于全国各地，但主产地为西南地区至台湾。

洪湖市境内的大戟科植物有 5 属 9 种。

1. 子房每室有 2 颗胚珠。
  2. 花有花盘……叶下珠属 *Phyllanthus*
  2. 花无花盘……秋枫属 *Bischofia*
1. 子房每室有 1 颗胚珠。
  3. 植株无乳汁管组织；单叶，稀复叶；花瓣存在或退化；花粉粒双核，多数具三沟孔……铁苋菜属 *Acalypha*
  3. 植株具有乳汁管组织；单叶全缘至掌状分裂，或复叶；花瓣大多数存在；花粉粒双核或三核。
    4. 灌木或乔木；穗状花序，稀总状花序……乌桕属 *Sapium*
    4. 草本或木本；杯状聚伞花序……大戟属 *Euphorbia*

叶下珠属 *Phyllanthus* L.

灌木或草本，少数为乔木；无乳汁。单叶，互生，通常在侧枝上排成2列，呈羽状复叶状，全缘；羽状脉；具短柄；托叶 2，小，着生于叶柄基部两侧，常早落。花通常小，单性，雌雄同株或异株，单生、簇生或组成聚伞、团伞、总状或圆锥花序；花梗纤细；无花瓣；雄花萼片 3 ～ 6，离生，1 ～ 2 轮，覆瓦状排列；花盘通常分裂为离生，且与萼片互生的腺体 3 ～ 6 枚；雄蕊 2 ～ 6，花丝离生或合生成柱状，花药 2 室，外向，药室平行、基部叉开或完全分离，纵裂、斜裂或横裂，药隔不明显；无退化雌蕊，雌花萼片与雄花的同数或较多，花盘腺体通常小，离生或合生成环状或坛状，围绕子房；子房通常 3 室，稀 4 ～ 12 室，每室有胚珠 2 颗，花柱与子房室同数，分离或合生，顶端全缘或 2 裂，直立、伸展或下弯。蒴果，通常基顶压扁呈扁球形，成熟后常开裂为 3 个 2 裂的分果爿，中轴通常宿存。种子三棱形，种皮平滑或有网纹，无假种皮和种阜。

洪湖市境内的叶下珠属植物有 1 种。

140. 叶下珠

【拉丁名】 *Phyllanthus urinaria* L.

【别名】 阴阳草、假油树、珍珠草、珠仔草、蓖其草。

【形态特征】 一年生草本，高 10 ～ 60 cm。茎直立，基部分枝，枝倾卧而后上升，枝具翅状纵棱，上部被纵列疏短柔毛。叶片纸质，因叶柄扭转而成羽状排列，长圆形或倒卵形，长 4 ～ 10 mm，宽 2 ～ 5 mm，顶端圆、钝或急尖而有小尖头，下面灰绿色，近边缘或边缘有 1 ～ 3 列短粗毛，侧脉每边 4 ～ 5 条，明显，叶柄极短；托叶卵状披针形，长约 1.5 mm。花雌雄同株，直径约 4 mm；雄花 2 ～ 4 朵簇生于叶腋，通常仅上面 1 朵开花，下面的很小，花梗长约 0.5 mm，基部有苞片 1 ～ 2 枚；萼片 6，倒卵形，长约 0.6 mm，顶端钝；雄蕊 3，花丝全部合生成柱状；花粉粒长球形，通常具 5 孔沟，少数具 3、4、6 孔沟，内孔横长椭圆形，花盘腺体 6，分离，与萼片互生；雌花单生于小枝中下部的叶腋内；花梗长约 0.5 mm；萼片 6，近相等，卵状披针形，长约 1 mm，边缘膜质，黄白色，花盘圆盘状，边全缘；子房卵状，有鳞片状突起，花柱分离，顶端 2 裂，裂片弯卷。蒴果圆球状，直径 1 ～ 2 mm，红色，表面具小凸刺，有宿存的花柱和萼片，开裂后轴柱宿存。种子长 1.2 mm，橙黄色。花期 4—6 月，果期 7—11 月。

【分布区域】分布于新堤街道叶家门社区。

【药用部位】全草。

【炮制】夏、秋季采收，除去杂质，洗净，稍润至软，切段，干燥。

【化学成分】含槲皮素、紫云英苷、槲皮苷、异槲皮苷、芦丁、没食子酸、鞣质、蛋白质、糖类、维生素 C、三萜等。

【性味与归经】微苦，凉。归肝、脾、肾经。

【功能与主治】清热解毒，利水消肿，明目，消积。用于痢疾，泄泻，黄疸，水肿，热淋，石淋，目赤，夜盲，小儿疳积，痈肿，毒蛇咬伤。

【用法与用量】煎汤，15 ～ 30 g。外用适量，捣敷。

秋枫属 *Bischofia* Bl.

乔木，有乳汁管组织，汁液呈红色或淡红色。叶互生，三出复叶，稀 5 小叶，具长柄，小叶片边缘具细锯齿；托叶小，早落。花单性，雌雄异株，稀同株，组成腋生圆锥花序或总状花序，花序通常下垂；无花瓣及花盘；萼片 5，离生；雄花萼片镊合状排列，初时包围着雄蕊，后外弯；雄蕊 5，分离，与萼片对生，花丝短，花药大，药室 2，平行，内向，纵裂；退化雌蕊短而宽，有短柄；雌花萼片覆瓦状排列，形状和大小与雄花的相同；子房上位，3 室，稀 4 室，每室有胚珠 2 颗，花柱 2 ～ 4，长而肥厚，顶端伸长，直立或外弯。果实小，浆果状，圆球形，不分裂，外果皮肉质，内果皮坚纸质。种子 3 ～ 6 个，长圆形，无种阜，外种皮脆壳质，胚乳肉质，胚直立，子叶宽而扁平。

洪湖市境内的秋枫属植物有 1 种。

141. 秋枫

【拉丁名】*Bischofia javanica* Bl.

【别名】万年青树、赤木、茄冬、秋风子、朱桐、茄当、木梁木、三叶红、鸭脚枫、千金不倒、丢了棒。

【形态特征】常绿或半常绿乔木，高达40 m，胸径可达2.3 m。树干圆满通直，但分枝低，主干较短；树皮灰褐色至棕褐色，厚约1 cm，近平滑，老树皮粗糙，内皮纤维质，稍脆，砍伤树皮后流出红色汁液，干凝后变瘀血状；木材鲜时有酸味，干后无味，表面槽棱凸起；小枝无毛。三出复叶，稀5小叶，总叶柄长8～20 cm；小叶片纸质，卵形、椭圆形、倒卵形或椭圆状卵形，长7～15 cm，宽4～8 cm，顶端急尖或短尾状渐尖，基部宽楔形至钝，边缘有浅锯齿，每厘米长有2～3个，幼时仅叶脉上被疏短柔毛，老渐无毛，顶生小叶柄长2～5 cm，侧生小叶柄长5～20 mm；托叶膜质，披针形，长约8 mm，早落。花小，雌雄异株，多朵组成腋生的圆锥花序；雄花序长8～13 cm，被微柔毛至无毛；雌花序长15～27 cm，下垂；雄花直径达2.5 mm，萼片膜质，半圆形，内面凹成勺状，外面被疏微柔毛，花丝短，退化雌蕊小，盾状，被短柔毛；雌花萼片长圆状卵形，内面凹成勺状，外面被疏微柔毛，边缘膜质，子房光滑无毛，3～4室，花柱3～4，线形，顶端不分裂。果实浆果状，圆球形或近圆球形，直径6～13 mm，淡褐色。种子长圆形，长约5 mm。花期4—5月，果期8—10月。

【分布区域】分布于龙口镇傍湖村。

【药用部位】根、树皮、枝叶。

【炮制】夏、秋季采收，鲜用或晒干。

【性味与归经】辛、涩，凉。归心经。

【功能与主治】祛风除湿，化瘀消积。用于风湿骨痛，噎膈，反胃，痢疾。

【用法与用量】煎汤，9～15 g；或浸酒。外用适量，捣敷或煎水洗。

铁苋菜属 *Acalypha* L.

一年生或多年生草本，灌木或小乔木。叶互生，膜质或纸质，叶缘具齿或近全缘，具基出脉3～5条或为羽状脉；叶柄长或短；托叶披针形或钻状，有的很小，凋落。雌雄同株，稀异株，花序腋生或顶生，雌雄花同序或异序；雄花序穗状，雄花多朵簇生于苞腋或在苞腋排成团伞花序；雌花序总状或穗状花序，通常每苞腋具雌花1～3朵，雌花的苞片具齿或裂片，花后通常增大；雌花和雄花同序，花的排列形式多样，通常雄花生于花序的上部，呈穗状，雌花 1 ～ 3 朵，位于花序下部；花无花瓣，无花盘；雄花花萼花蕾时闭合，花萼裂片 4 枚，镊合状排列；雄蕊通常 8 枚，花丝离生，花药 2 室，药室叉开或悬垂，细长、扭转，蠕虫状，不育雌蕊缺；雌花萼片 3 ～ 5 枚，覆瓦状排列，近基部合生，子房 3 或 2 室，每室具胚珠 1 颗；花柱离生或基部合生，撕裂为多条线状的花柱枝。蒴果小，通常具 3 个分果，果皮具毛或软刺。种子近球形或卵圆形，种皮壳质，有时具明显种脐或种阜，胚乳肉质，子叶阔、扁平。

洪湖市境内的铁苋菜属植物有 1 种。

142. 铁苋菜

【拉丁名】*Acalypha australis* L.

【别名】海蚌含珠、人苋、血见愁、蚌壳草、叶里仙桃、金盘野苋菜、下合草、瓦片草。

【形态特征】一年生草本，高 0.2 ～ 0.5 m。小枝细长，被贴柔毛，毛逐渐稀疏。叶膜质，长卵形、近菱状卵形或阔披针形，长 3 ～ 9 cm，宽 1 ～ 5 cm，顶端短渐尖，基部楔形，稀圆钝，边缘具圆锯齿，上面无毛，下面沿中脉具柔毛；基出脉 3 条，侧脉 3 对；叶柄长 2 ～ 6 cm，具短柔毛；托叶披针形，长 1.5 ～ 2 mm，具短柔毛。雌雄花同序，花序腋生，稀顶生，长 1.5 ～ 5 cm，花序梗长 0.5 ～ 3 cm，花序轴具短毛，雌花苞片 1 ～ 2 枚，卵状心形，花后增大，长 1.4 ～ 2.5 cm，宽 1 ～ 2 cm，边缘具三角形齿，外面沿掌状脉具疏柔毛，苞腋具雌花 1 ～ 3 朵，花梗无；雄花生于花序上部，排列成穗状或头状，雄花苞片卵形，长约 0.5 mm，苞腋具雄花 5 ～ 7 朵，簇生；花梗长 0.5 mm；雄花花蕾时近球形，无毛，花萼裂片 4 枚，卵形，长约 0.5 mm，雄蕊 7 ～ 8 枚；雌花萼片 3 枚，长卵形，长 0.5 ～ 1 mm，具疏毛；子房具疏毛，花柱 3 枚，长约 2 mm，撕裂 5 ～ 7 条。蒴果直径 4 mm，具 3 个分果爿，果皮具疏生毛和毛基变厚的小瘤体。

种子近卵状，长 1.5 ～ 2 mm，种皮平滑，假种阜细长。花果期 4—12 月。

【分布区域】分布于乌林镇黄蓬山村。

【药用部位】全草。

【炮制】5—7 月采收，除去泥土，晒干或鲜用。

【化学成分】含正三十烷醇、没食子酸。

【性味与归经】苦、涩，凉。归心、肺、大肠、小肠经。

【功能与主治】清热利湿，凉血解毒，消积。用于痢疾，泄泻，吐血，衄血，尿血，崩漏，小儿疳积，痈疽疮疡，皮肤湿疹。

【用法与用量】煎汤，10 ～ 15 g（鲜品 30 ～ 60 g）。外用适量，煎水洗或捣敷。

【临床应用】①治附骨疽：铁苋菜（干品）60 ～ 80 g，勾儿茶干茎根 60 g，酒、水各半煎服。②治痢疾坠胀：铁苋菜、辰沙草、过路黄各适量，水煎服。③治阿米巴痢疾：铁苋菜根（鲜品）、凤尾草根（鲜品）各 30 g，腹痛加鲜南瓜藤卷须 15 g。水煎浓汁，早晚空腹服。④治蛇咬伤：铁苋菜、半边蓬、大青叶各 30 g，水煎服。⑤治伤寒：鲜铁苋菜 60 g，消山虎 15 ～ 30 g，水煎服。⑥治婴儿腹泻：铁苋菜、地锦草、马齿苋、仙鹤草各等份，制成铁苋菜合剂，每日服 3 次，每次 10 ～ 15 ml。

【注意】孕妇忌用，老弱气虚者少用。

乌桕属 *Sapium* P.Br.

乔木或灌木。叶互生，罕有近对生，全缘或有锯齿，具羽状脉；叶柄顶端有 2 腺体或罕有不存在；托叶小。花单性，雌雄同株或有时异株，若为雌雄同序则雌花生于花序轴下部，雄花生于花序轴上部，密集成顶生的穗状花序、穗状圆锥花序或总状花序，稀生于上部叶腋内，无花瓣和花盘，苞片基部具 2 腺体；雄花小，黄色或淡黄色，数朵聚生于苞腋内，无退化雌蕊；花萼膜质，杯状，2 ～ 3 浅裂或具 2 ～ 3 小齿；雄蕊 2 ～ 3 枚，花丝离生，常短，花药 2 室，纵裂；雌花比雄花大，每一苞腋内仅 1 朵雌花；花萼杯状，3 深裂或管状而具 3 齿，稀为 2 ～ 3 萼片；子房 2 ～ 3 室，每室具 1 胚珠，花柱通常 3 枚，分离或下部合生，柱头外卷。蒴果球形、梨形，稀浆果状，通常 3 室，室背不整齐开裂或有时不裂。种子近球形，常附于三角柱状宿存的中轴上，迟落，外面被蜡质的假种皮或否，外种皮坚硬；胚乳肉质，子叶宽而平坦。

洪湖市境内的乌桕属植物有 1 种。

143. 乌桕

【拉丁名】*Sapium sebiferum*（L.）Roxb.

【别名】木子树、桕子树、腊子树、米桕、糠桕、多果乌桕、桂林乌桕。

【形态特征】乔木，高可达 15 m，各部均无毛而具乳状汁液。树皮暗灰色，有纵裂纹；枝广展，具皮孔。叶互生，纸质，叶片菱形、菱状卵形，稀菱状倒卵形，长 3 ～ 8 cm，宽 3 ～ 9 cm，顶端骤然紧缩具长短不等的尖头，基部阔楔形或钝，全缘；中脉两面微凸起，侧脉 6 ～ 10 对，纤细，斜上升，离缘 2 ～ 5 mm 弯拱网结，网状脉明显；叶柄纤细，长 2.5 ～ 6 cm，顶端具 2 腺体；托叶顶端钝，长约 1 mm。花单性，雌雄同株，聚集成长 6 ～ 12 cm 顶生的总状花序，雌花通常生于花序轴最下部，雄花生于花序轴上部或有时整个花序全为雄花。雄花：花梗纤细，长 1 ～ 3 mm，向上渐粗，苞片阔卵形，长和宽近相等，

约 2 mm，顶端略尖，基部两侧各具一近肾形的腺体，每一苞片内具 10 ～ 15 朵花；小苞片 3，不等大，边缘撕裂状；花萼杯状，3 浅裂，裂片钝，具不规则的细齿；雄蕊 2 枚，罕有 3 枚，伸出于花萼之外，花丝分离，与球状花药近等长。雌花：花梗粗壮，长 3 ～ 3.5 mm，苞片 3 深裂，裂片渐尖，基部两侧的腺体与雄花的相同，每一苞片内仅 1 雌花，间有 1 雌花和数雄花同聚生于苞腋内；花萼 3 深裂，裂片卵形至卵状披针形，顶端短尖至渐尖；子房卵球形，平滑，3 室，花柱 3，基部合生，柱头外卷。蒴果梨状球形，成熟时黑色，直径 1 ～ 1.5 cm，具 3 种子。种子扁球形，黑色，长约 8 mm，宽 6 ～ 7 mm，外被白色、蜡质的假种皮。花期 4—8 月。

【分布区域】分布于新堤街道江滩公园。

【药用部位】根皮、树皮、叶和种子。

【炮制】根皮及树皮：四季可采，切片晒干。

叶：全年可采，或鲜用晒干。

种子：熟时采摘，取出种子，鲜用或晒干。

【化学成分】含黄酮类、多酚类、香豆素类、鞣花酸类、萜类等。

【性味与归经】根皮及树皮：苦，微温；有小毒。归肺、脾、肾、大肠经。叶：苦，微温；有毒。

【功能与主治】根皮及树皮：杀虫，解毒，利尿，通便。用于血吸虫病，肝硬化腹水，大小便不利，毒蛇咬伤；外用适量治疗疮，鸡眼，乳腺炎，跌打损伤，湿疹，皮炎。

叶：用于痈肿疔疮，疥疮，脚癣，湿疹，蛇咬伤，阴道炎。

种子：杀虫，利水，通便。用于疥疮，湿疹，皮肤皲裂，水肿，便秘。

【用法与用量】根皮：煎汤，3 ～ 9 g。

叶：煎汤，4.5 ～ 12 g；或捣汁冲酒。外用适量，捣敷；或煎水洗。

种子：煎汤，3 ～ 9 g。外用适量，榨油涂、捣烂敷或煎水洗。

【临床应用】①治水肿：乌柏 3 ～ 9 g，木通 3 ～ 9 g，水煎服。②治臌胀：乌柏 3 ～ 9 g，黄芪 15 ～ 30 g，水煎服。③治烫伤：乌柏、大蓟各适量，研末外用。

【注意】副作用为呕吐较剧，溃疡病患者忌服。种子有毒，慎用。

大戟属 *Euphorbia* L.

一年生、二年生或多年生草本，灌木或乔木；具乳状液汁。根圆柱状，或纤维状，或具不规则块根。

叶常互生或对生，少轮生，常全缘，少分裂或具齿或不规则；叶常无叶柄，少数具叶柄；托叶常无，少数存在或呈钻状或刺状。杯状聚伞花序，单生或组成复花序，复花序呈单歧或二歧或多歧分枝，多生于枝顶或植株上部，少数腋生；每个杯状聚伞花序由 1 枚位于中间的雌花和多枚位于周围的雄花同生于 1 个杯状总苞内而组成，为本属所特有，故又称大戟花序；雄花无花被，仅有 1 枚雄蕊，花丝与花梗间具不明显的关节；雌花常无花被，少数具退化的且不明显的花被；子房 3 室，每室有 1 个胚珠；花柱 3，常分裂或基部合生，柱头 2 裂或不裂。蒴果，成熟时分裂为 3 个 2 裂的分果爿。种子每室 1 枚，常呈卵球状，种皮革质，深褐色或淡黄色，具纹饰或否；种阜存在或否。胚乳丰富，子叶肥大。

洪湖市境内的大戟属植物有 5 种。

1. 匍匐状小草本，叶小。
  2. 茎和果通常无毛；种子卵球形……地锦草 *E.humifusa*
  2. 茎和果有柔毛；种子有角棱……斑地锦 *E.maculata*
1. 直立草本。
  3. 叶对生或交互对生。
    4. 茎无毛或稍被柔毛；叶两面疏生柔毛或无毛，托叶三角形……通奶草 *E.hypericifolia*
    4. 茎被硬毛；叶两面有柔毛，下面及沿脉的毛较密，托叶披针形或线状披针形……飞扬草 *E.hirta*
  3. 叶互生或下部的互生……泽漆 *E.helioscopia*

144. 地锦草

【拉丁名】*Euphorbia humifusa* Willd.

【别名】奶浆草、铺地锦、血见愁、卧蛋草、雀儿卧蛋、小虫儿卧蛋。

【形态特征】一年生草本。根纤细，长 10 ～ 18 cm，直径 2 ～ 3 mm，常不分枝；茎匍匐，自基部以上多分枝，偶先端斜向上伸展，基部常呈红色或淡红色，长达 20 cm，直径 1 ～ 3 mm，被柔毛或疏柔毛。叶对生，矩圆形或椭圆形，长 5 ～ 10 mm，宽 3 ～ 6 mm，先端钝圆，基部偏斜，略渐狭，边缘常于中部以上具细锯齿；叶面绿色，叶背淡绿色，有时淡红色，两面被疏柔毛；叶柄极短，长 1 ～ 2 mm。花序单生于叶腋，基部具长 1 ～ 3 mm 的短柄；总苞陀螺状，高与直径各约 1 mm，边缘 4 裂，裂片三角形；腺体 4，矩圆形，边缘具白色或淡红色附属物；雄花数枚，近与总苞边缘等长；雌花 1 枚，子房柄伸出至总苞边缘；子房三棱状卵球形，光滑无毛；花柱 3，分离，柱头 2 裂。蒴果三棱状卵球形，长约 2 mm，直径约 2.2 mm，成熟时分裂为 3 个分果爿，花柱宿存。种子三棱状卵球形，长约 1.3 mm，直径约 0.9 mm，

灰色，每个棱面无横沟，无种阜。花果期5—10月。

【分布区域】分布于新堤街道大兴社区。

【药用部位】全草。

【炮制】夏、秋季采收，除去杂质，去根，喷淋清水，稍润，切段，晒干。

【化学成分】含槲皮素、没食子酸、鞣质等。

【性味与归经】辛，平。归肝、大肠经。

【功能与主治】清热解毒，凉血止血。用于痢疾，泄泻，咯血，尿血，便血，崩漏，痈肿疮疖。

【用法与用量】煎汤，9～20 g（鲜品30～60 g）。外用适量，捣敷。

【临床应用】①治细菌性痢疾：地锦草30 g，铁苋草30 g，凤尾草30 g，水煎服。②治小儿疳积：地锦草30 g，鸡眼草15 g，龙芽草6 g，水煎服。③治急性尿路感染：铺地锦、海金沙、爵床各60 g，车前草45 g，水煎服。④复方地锦止痢片治细菌性痢疾：地锦草、水辣蓼各30 g，紫金皮3 g，水煎浓缩酒精提取，制成18片（1日量），分3次服。

145. 斑地锦

【拉丁名】*Euphorbia maculata* L.

【别名】斑地锦草、血筋草。

【形态特征】一年生草本。根纤细，长4～7 cm，直径约2 mm；茎匍匐，长10～17 cm，直径约1 mm，被白色疏柔毛。叶对生，长椭圆形至肾状长圆形，长6～12 mm，宽2～4 mm，先端钝，基部偏斜，不对称，略呈渐圆形，边缘中部以下全缘，中部以上常具细小疏锯齿；叶面绿色，中部常具有一个长圆形的紫色斑点，叶背淡绿色或灰绿色，新鲜时可见紫色斑，干时不清楚，两面无毛；叶柄极短，长约1 mm；托叶钻状，不分裂，边缘具毛。花序单生于叶腋，基部具短柄，柄长1～2 mm；总苞狭杯状，高0.7～1 mm，直径约0.5 mm，外部具白色疏柔毛，边缘5裂，裂片三角状圆形；腺体4，黄绿色，横椭圆形，边缘具白色附属物；雄花4～5，微伸出总苞外；雌花1，子房柄伸出总苞外，且被柔毛；子房被疏柔毛，花柱短，近基部合生，柱头2裂。蒴果三角状卵形，长约2 mm，直径约2 mm，被疏柔毛，成熟时易分裂为3个分果爿。种子卵状四棱形，长约1 mm，直径约0.7 mm，灰色或灰棕色，每个棱面具5个横沟，无种阜。花果期4—9月。

【分布区域】分布于新堤街道大兴社区。

【药用部位】全草。

【炮制】夏、秋季采收全草，除去杂质，晒干。

【化学成分】含三萜类化合物、鞣质、山柰酚、槲皮素、异槲皮苷、胡萝卜苷和棕榈酸等。

【性味与归经】苦、涩，寒。归大肠、胃、肝经。

【功能与主治】止血，清湿热，通乳。用于黄疸，泄泻，小儿疳积，血痢，尿血，血崩，外伤出血，乳汁不多，痈肿疮毒。

【用法与用量】煎汤，9 ～ 30 g（大剂量可用至 60 g）；或和鸡肝煮服。外用适量，捣敷。

【临床应用】①治四肢疮肿：干斑地锦 60 g，红牛膝 12 ～ 15 g，土茯苓 30 g。水煎，冲黄酒、红糖，早、晚饭前各服 1 次。②治小儿疳积：干斑地锦 30 g，鲤鱼献子（华紫珠）根、白马骨、紫青藤、醉鱼草根各 12 ～ 15 g，黑豆半生半熟 10 余粒。水煎，冲糖服。

146. 通奶草

【拉丁名】*Euphorbia hypericifolia* L.

【别名】乳汁草、小飞扬草、痢疾草。

【形态特征】一年生草本。根纤细，长 10 ～ 15 cm，直径 2 ～ 3.5 mm，常不分枝，少数由末端分枝；茎直立，自基部分枝或不分枝，高 15 ～ 30 cm，直径 1 ～ 3 mm，无毛或被少许短柔毛。叶对生，狭长圆形或倒卵形，长 1 ～ 2.5 cm，宽 4 ～ 8 mm，先端钝或圆，基部圆形，通常偏斜，不对称，边缘全缘或基部以上具细锯齿，上面深绿色，下面淡绿色，有时略带紫红色，两面被稀疏的柔毛，或上面的毛早脱落；叶柄极短，长 1 ～ 2 mm；托叶三角形，分离或合生；苞叶 2 枚，与茎生叶同型。花序数个簇生于叶腋或枝顶，每个花序基部具纤细的柄，柄长 3 ～ 5 mm，总苞陀螺状，高与直径各约 1 mm 或稍大，边缘 5 裂，裂片卵状三角形，腺体 4，边缘具白色或淡粉色附属物；雄花数枚，微伸出总苞外；雌花 1 枚，子房柄长于总苞，子房三棱状，无毛；花柱 3，分离，柱头 2 浅裂。蒴果三棱状，长约 1.5 mm，直径约 2 mm，无毛，成熟时分裂为 3 个分果爿。种子卵棱状，长约 1.2 mm，直径约 0.8 mm，每个棱面具数个皱纹，无种阜。花果期 8—12 月。

【分布区域】分布于小港农场莲子溪村。

【药用部位】全草。

【性味与归经】微酸、涩，微凉。

【功能与主治】清热利湿，收敛止痒。用于细菌性痢疾，肠炎腹泻，痔疮出血；外用于湿疹，过敏

性皮炎，皮肤瘙痒。

【用法与用量】煎汤，6 ～ 15 g。

147. 飞扬草

【拉丁名】*Euphorbia hirta* L.

【别名】飞相草、乳籽草、大飞扬。

【形态特征】一年生草本。根纤细，长 5 ～ 11 cm，直径 3 ～ 5 mm，常不分枝，偶 3 ～ 5 分枝；茎单一，自中部向上分枝或不分枝，高 30 ～ 60 cm，直径约 3 mm，被褐色或黄褐色的多细胞粗硬毛。叶对生，披针状长圆形、长椭圆状卵形或卵状披针形，长 1 ～ 5 cm，宽 5 ～ 13 mm，先端极尖或钝，基部略偏斜，边缘于中部以上有细锯齿，中部以下较少或全缘；叶面绿色，叶背灰绿色，有时具紫色斑，两面均具柔毛，叶背面脉上的毛较密；叶柄极短，长 1 ～ 2 mm。花序多数，于叶腋处密集成头状，基部无梗或仅具极短的柄，变化较大，且具柔毛，总苞钟状，高与直径各约 1 mm，被柔毛，边缘 5 裂，裂片三角状卵形；腺体 4，近于杯状，边缘具白色附属物；雄花数枚，微达总苞边缘；雌花 1 枚，具短梗，伸出总苞之外；子房三棱状，被少许柔毛；花柱 3，分离，柱头 2 浅裂。蒴果三棱状，长与直径均 1 ～ 1.5 mm，被短柔毛，成熟时分裂为 3 个分果爿。种子有近圆状四棱，每个棱面有数个纵槽，无种阜。花果期 6—12 月。

【分布区域】分布于新滩镇江夏村。

【药用部位】干燥全草。

【炮制】夏、秋季采挖，除去杂质，洗净，稍润，切段，干燥。

【化学成分】含蒲公英赛醇、槲皮素等。

【性味与归经】辛、酸，凉。归肺、膀胱、大肠经。

【功能与主治】清热解毒，利湿止痒，通乳。用于肺痈，乳痈，疔疮肿毒，牙疳，痢疾，泄泻，热淋，尿血，湿疹，脚癣，皮肤瘙痒，产后少乳。

【用法与用量】煎汤，6 ～ 9 g。外用适量，煎水洗。

【注意】孕妇慎用。

148. 泽漆

【拉丁名】*Euphorbia helioscopia* L.

【别名】五风草、五灯草、五朵云、猫儿眼草、眼疼花、漆茎、鹅脚板。

【形态特征】一年生草本。根纤细，长 7 ～ 10 cm，直径 3 ～ 5 mm，下部分枝。茎直立，单一或自基部多分枝，分枝斜展向上，高 10 ～ 30 cm，直径 3 ～ 5 mm，光滑无毛。叶互生，倒卵形或匙形，长 1 ～ 3.5 cm，宽 5 ～ 15 mm，先端具齿，中部以下渐狭或呈楔形；总苞叶 5 枚，倒卵状长圆形，长 3 ～ 4 cm，宽 8 ～ 14 mm，先端具齿，基部略渐狭，无柄；总伞幅 5 枚，长 2 ～ 4 cm；苞叶 2 枚，卵圆形，先端具齿，基部呈圆形。花序单生，有柄或近无柄，总苞钟状，高约 2.5 mm，直径约 2 mm，光滑无毛，边缘 5 裂，裂片半圆形，边缘和内侧具柔毛，腺体 4, 盘状，中部内凹，基部具短柄，淡褐色；雄花数枚，明显伸出总苞外；雌花 1 枚，子房柄略伸出总苞边缘。蒴果三棱状阔圆形，光滑，无毛，具明显的三纵沟，长 2.5 ～ 3 mm，直径 3 ～ 4.5 mm，成熟时分裂为 3 个分果爿。种子卵状，长约 2 mm，直径约 1.5 mm，暗褐色，具明显的脊网；种阜扁平状，无柄。花果期 4—10 月。

【分布区域】分布于沙口镇乔岭村。

【药用部位】全草。

【炮制】4—5 月开花时采收，除去根及泥沙，晒干。

【化学成分】含泽漆皂苷、三萜、丁酸、泽漆醇、β－二氢岩藻甾醇、葡萄糖、果糖、麦芽糖等。

【性味与归经】辛、苦，微寒；有毒。归大肠、小肠、脾、肺经。

【功能与主治】行水消肿，化痰止咳，解毒杀虫。用于水气肿满，痰饮喘咳，疟疾，细菌性痢疾，瘰疬，结核性瘘管，骨髓炎。

【用法与用量】煎汤，3 ～ 9 g；或熬膏，或入丸、散用。外用适量，煎水洗；熬膏涂或研末调敷。

【临床应用】①治咳逆上气：泽漆（先煎取汁）1050 g，半夏 15 g，紫参、生姜、白前各 175 g，甘草、黄芩、人参、桂枝各 45 g。为粗末，加入泽漆汁中煮取 1000 ml，每服 100 ml，温服，至夜服尽。②治小儿暴寒：泽漆、青木香各 7 g，吴茱萸 11 g，白术、茯苓、当归、芍药、桔梗各 18 g，大黄 4 g，水煎服。③治水气，通身浮肿：泽漆根 300 g，赤小豆 90 g，茯苓 90 g，鲤鱼 1 条（重 2.5 kg），姜 240 g，人参、麦门冬、炙甘草各 60 g。先煮鲤鱼、赤小豆，取汁煎药，分 9 次服，每日 3 次。④治肺热壅盛：泽漆、杏仁、贝母、半夏、猪苓、汉防己、葶苈、陈皮各 30 g，羌活 60 g，旋覆花、前胡、大腹皮、桑白皮各

1 g。研为散，每服 9 g，加姜 0.3 g，大枣 3 枚，水煎服。⑤治胃癌：泽漆 120 g，葶苈（熬）、大黄各 60 g。研为细末，混匀，炼蜜为丸，每服 2 丸，日服 3 次。⑥治宫颈癌：泽漆、二色补血草、小叶贯众各 30 g，水煎服。如出血多，将二色补血草加至 60 g。⑦治食道癌，胃癌：泽漆 15 g，石竹根 30 g，刘寄奴 9 g，水煎服。

【注意】气血虚者禁用。

五十四、芸香科 Rutaceae

常绿或落叶乔木，灌木或草本，稀攀援性灌木。通常有油点，有或无刺，无托叶。叶互生或对生，单叶或复叶。花两性或单性，稀杂性同株，辐射对称，很少两侧对称；聚伞花序，稀总状或穗状花序，更少单花或叶上生花；萼片 4 片或 5 片，离生或部分合生；花瓣 4 片或 5 片，很少 2 ～ 3 片，离生，极少下部合生，覆瓦状排列，稀镊合状排列，极少无花瓣与萼片之分，则花被片 5 ～ 8 片，且排列成 1 轮；雄蕊 4 枚或 5 枚，或为花瓣数的倍数，花丝分离或部分连生成多束或呈环状，花药纵裂，药隔顶端常有油点；雌蕊通常由 4 个或 5 个，稀较少或更多心皮组成，心皮离生或合生，蜜盆明显，环状，有时变态成子房柄，子房上位，稀半下位，花柱分离或合生，柱头常增大，很少与花柱同粗，中轴胎座，稀侧膜胎座，每心皮有上下叠置，稀两侧并列的胚珠 2 颗，稀 1 颗或较多，胚珠向上转，倒生或半倒生。果为蓇葖果、蒴果、翅果、核果，或具革质果皮，或具翼，或果皮稍近肉质的浆果。种子有或无胚乳，子叶平凸或皱褶，常富含油点，胚直立或弯生，很少多胚。

本科约有 150 属 1600 种。全世界分布，主产于热带和亚热带地区，少数分布至温带地区。我国连引进栽培的共有 28 属约 151 种 28 变种，分布于全国各地，主产于西南和南部地区。

洪湖市境内的芸香科植物有 2 属 4 种。

1. 果为蓇葖果或为蒴果……………………………………………………………………花椒属 *Zanthoxylum*

1. 果为核果、浆果或柑果……………………………………………………………………柑橘属 *Citrus*

花椒属 *Zanthoxylum* L.

乔木或灌木，或木质藤本，常绿或落叶。茎枝有皮刺。叶互生，奇数羽状复叶，稀单叶或 3 小叶，小叶互生或对生，全缘或通常叶缘有小裂齿，齿缝处常有较大的油点。圆锥花序或伞房状聚伞花序，顶生或腋生；花单性，若花被片排列成 1 轮，则花被片 4 ～ 8 片，无萼片与花瓣之分，若排成 2 轮，则外轮为萼片，内轮为花瓣，均 4 片或 5 片；雄花的雄蕊 4 ～ 10 枚，药隔顶部常有 1 油点，退化雌蕊垫状突起，花柱 2 ～ 4 裂，稀不裂；雌花无退化雄蕊，若有则呈鳞片或短柱状，极个别的雄蕊具花药，花盘细小，雌蕊由 2 ～ 5 个离生心皮组成，每心皮有并列的胚珠 2 颗，花柱靠合或彼此分离而略向背弯，柱头头状。蓇葖果，外果皮红色，有油点，内果皮干后软骨质，成熟时内外果皮彼此分离，每分果瓣有种子 1 粒，极少2粒，贴着于增大的珠柄上。种脐短线状，平坦，外种皮脆壳质，褐黑色，有光泽，外种皮脱离后有细点状网纹，胚乳肉质，含油丰富，胚直立或弯生，罕有多胚，子叶扁平，胚根短。

洪湖市境内的花椒属植物有2种。

1. 果有子房柄……野花椒 *Z.simulans*

1. 果无子房柄……竹叶花椒 *Z.armatum*

149. 野花椒

【拉丁名】*Zanthoxylum simulans* Hance

【别名】香椒、黄总管、大角椒、大花椒、黄椒、刺椒。

【形态特征】灌木或小乔木。枝干散生基部宽而扁的锐刺，嫩枝及小叶背面沿中脉或仅中脉基部两侧均被短柔毛，或有时嫩枝及小叶背面及侧脉均被短柔毛，或各部均无毛。叶有小叶5～15片；叶轴有狭窄的叶质边缘，腹面呈沟状凹陷；小叶对生，无柄或位于叶轴基部的有短的小叶柄，卵形、卵状椭圆形或披针形，长2.5～7 cm，宽1.5～4 cm，两侧略不对称，顶部急尖或短尖，常有凹口，油点多，干后半透明且常微凸起，间有窝状凹陷，叶面常有刚毛状细刺，中脉凹陷，叶缘有疏离而浅的钝裂齿。花序顶生，长1～5 cm，花被片5～8片，狭披针形、宽卵形或近于三角形，大小及形状有时不相同，长约2 mm，淡黄绿色；雄花的雄蕊5～8枚，花丝及半圆形凸起的退化雌蕊均为淡绿色，药隔顶端有1干后暗褐黑色的油点；雌花的花被片为狭长披针形，心皮2～3个，花柱斜向背弯。果红褐色，分果瓣基部变狭窄且略延长1～2 mm成柄状，油点多，微凸起，单个分果瓣直径约5 mm。种子长4～4.5 mm。花期3—5月，果期7—9月。

【分布区域】分布于滨湖街道原种场。

【药用部位】果实、种子、根、根皮或茎皮、叶。

【炮制】果实：7—10 月采收成熟的果实，除去杂质，晒干。

根皮或茎皮：春、夏、秋季剥皮，鲜用或晒干。

叶：7—9 月采收带叶的小枝，晒干或鲜用。

【化学成分】含挥发油、马栗树皮素二甲醚等。

【性味与归经】果实：辛，温；有小毒。归胃经。根皮或茎皮：辛，温。叶：辛，温。

【功能与主治】果实：温中止痛，杀虫止痒。用于脾胃虚寒，脘腹冷痛，呕吐，泄泻，蛔虫腹痛，湿疹，皮肤瘙痒，阴痒，龋齿疼痛。

根：用于积劳损伤，胸腹酸痛麻木，蛇咬伤及胃肠痛。

根皮或茎皮：祛风除湿，散寒止痛，解毒。用于风寒湿痹，筋骨麻木，脘腹冷痛，吐泻，牙痛，皮肤疮疡，毒蛇咬伤。

叶：祛风除湿，活血通络。用于风寒湿痹，经闭，跌打损伤，阴痒，皮肤瘙痒。

【用法与用量】果实：煎汤，3 ～ 6 g；或研粉，1 ～ 2 g。外用适量，捣敷。

根：煎汤，15 ～ 30 g。

根皮或茎皮：煎汤，6 ～ 9 g；或研末，2 ～ 3 g。外用适量，捣敷。

叶：煎汤 9 ～ 15 g；或泡酒。外用适量，捣敷。

【临床应用】①治胃腹冷痛，呕吐，寒湿腹泻，蛔虫病：野花椒根皮 1.5 ～ 3 g，水煎服。②治水肿胀满：野花椒子 1.5 ～ 3 g，水煎服。③治寒疹腹痛：野花椒根皮、牡丹枝嫩叶、辣蓼顶端嫩叶各 15 g，吴茱萸 9 g，共研细末。每次 2 ～ 3 g，温开水送服。④治风湿性关节炎：野花椒根 3 ～ 9 g，水煎服。⑤治毒蛇咬伤：鲜野花椒根 60 ～ 90 g，水煎，分 2 次服，每日 1 剂。⑥治风湿腿痛：野花椒鲜叶 30 g，白芙蓉鲜叶、鲜艾叶各 15 g，生姜 30 g，麻油 120 ml。放锅内炸至各药焦黑为度，去药取油，搽患处，以愈为度。

150. 竹叶花椒

【拉丁名】*Zanthoxylum armatum* DC.

【别名】蜀椒、秦椒、崖椒、野花椒、狗椒、山花椒、竹叶总管、白总管、万花针、土花椒、狗花椒、竹叶椒。

【形态特征】高 3 ～ 5 m 的落叶小乔木。茎枝多锐刺，刺基部宽而扁，红褐色，小枝上的刺劲直，水平抽出，小叶背面中脉上常有小刺，仅叶背基部中脉两侧有丛状柔毛，或嫩枝梢及花序轴均被褐锈色短柔毛。叶有小叶 3 ～ 9 片，翼叶明显，稀仅有痕迹，小叶对生，披针形，长 3 ～ 12 cm，宽 1 ～ 3 cm，两端尖，有时基部宽楔形，干后叶缘略向背卷，叶面稍粗皱，或为椭圆形，长 4 ～ 9 cm，宽 2 ～ 4.5 cm，顶端中央一片最大，基部一对最小，有时为卵形，叶缘有甚小且疏离的裂齿，或近于全缘，仅在齿缝处或沿小叶边缘有油点；小叶柄甚短或无柄。花序近腋生或同时生于侧枝之顶，长 2 ～ 5 cm，有花约 30 朵，花被片 6 ～ 8 片，形状与大小几乎相同，长约 1.5 mm；雄花的雄蕊 5 ～ 6 枚，药隔顶端有 1 干后变褐黑色油点，不育雌蕊垫状突起，顶端 2 ～ 3 浅裂；雌花有心皮 2 ～ 3 个，背部近顶侧各有 1 油点，花柱斜向背弯，不育雄蕊短线状。果紫红色，有少数微凸起油点，单个分果瓣直径 4 ～ 5 mm。种子直径 3 ～ 4 mm，褐黑色。花期 4—5 月，果期 8—10 月。

【分布区域】分布于乌林镇香山村。

【药用部位】果实、根皮或根。

【炮制】果实：果实成熟时采收，将果皮晒干，除去种子备用。

根皮或根：全年均可采，洗净，根皮鲜用或连根切片晒干备用。

【化学成分】含 β－白檀酮、细辛素、香草酸、β－胡萝卜苷、L－竹叶椒脂素等。

【性味与归经】果实：辛、微苦，温；有小毒。归肺、大肠经。根皮或根：辛、苦，温；有小毒。归肺经。

【功能与主治】果实：温中燥湿，散寒止痛，驱虫止痒。用于脘腹冷痛，寒湿吐泻，蛔厥腹痛，龋齿牙痛，湿疹，疥癣疮痒。

根皮或根：祛风散寒，温中理气，活血止痛。用于风湿痹痛，胃脘冷痛，泄泻，痢疾，感冒头痛，牙痛，跌打损伤，痛经，刀伤出血，顽癣，毒蛇咬伤。

【用法与用量】果实：煎汤，6 ～ 9 g；或研末，1 ～ 3 g。外用适量，捣敷。

根皮或根：煎汤，9 ～ 30 g（鲜品 60 ～ 90 g）；或研末，3 g；或泡酒。外用适量，捣敷。

柑橘属 *Citrus* L.

小乔木。枝有刺，新枝扁而具棱。单身复叶，翼叶通常明显，很少甚窄至仅具痕迹，单叶的仅 1 种（香橼，但香橼的杂交种常具翼叶），叶缘有细钝裂齿，很少全缘，密生有芳香气味的透明油点。花两性，或因发育不全而趋于单性，单花腋生或数花簇生，或为少花的总状花序；花萼杯状，3 ～ 5 浅裂，很少被毛；花瓣 5 片，覆瓦状排列，盛花时常向背卷，白色或背面紫红色，芳香；雄蕊 20 ～ 25 枚，很少多达 60 枚；子房 7 ～ 15 室或更多，每室有胚珠 4 ～ 8 或更多，柱头大，花盘明显，有密腺。柑果，果蒂的一端称为果底或果基或基部，相对一端称为果顶或顶部，外果皮由外表皮和下表皮细胞组织构成，密生油点，外果皮和中果皮的外层构成果皮的有色部分，内含多种色素体，中果皮的最内层由白色线网状组成，称为橘白或橘络，内果皮由多个心皮发育而成，发育成熟的心皮称为瓤囊，瓤囊内壁上的细胞发育成菱形或纺锤形半透明晶体状的肉条称为汁胞，汁胞常有纤细的柄。种子甚多或经人工选育成为无籽，种皮平滑或有肋状棱，子叶及胚乳白色或绿色，很少乳黄色，单胚或多胚，多胚的其中有一个可能是有性胚，其余为无性胚，种子萌发时子叶不出土。

洪湖市境内的柑橘属植物有 2 种。

1. 果中心柱大而常空，稀充实，瓤囊 7 ～ 14 瓣，稀较多，囊壁薄或略厚，柔嫩或颇韧……………………柑橘 *C.reticulata*

1. 果心实但松软，瓤囊 10 ～ 15 瓣或多至 19 瓣，汁胞白色、粉红色或鲜红色，少有乳黄色……………………柚 *C.maxima*

151. 柑橘

【拉丁名】*Citrus reticulata* Blanco

【别名】番橘、橘仔、桔子、橘子、立花橘。

【形态特征】小乔木。分枝多，枝扩展或略下垂，刺较少。单身复叶，翼叶通常狭窄，或仅有痕迹，叶片披针形、椭圆形或阔卵形，顶端常有凹口，中脉由基部至凹口附近成叉状分枝，叶缘上半段通常有钝或圆裂齿，很少全缘。花单生或 2 ～ 3 朵簇生；花萼不规则 3 ～ 5 浅裂；花瓣通常长 1.5 cm 以内；雄蕊 20 ～ 25 枚，花柱细长，柱头头状。果形扁圆形至近圆球形，果皮甚薄而光滑，或厚而粗糙，淡黄色、朱红色或深红色，易剥离，橘络甚多或较少，呈网状，易分离，通常柔嫩，中心柱大而常空，稀充实，瓤囊 7 ～ 14 瓣，稀较多，囊壁薄或略厚，柔嫩或颇韧；汁胞通常纺锤形，短而膨大，稀细长；果肉酸或甜，或有苦味，或另有特异气味。种子或多数或少数，稀无籽，通常卵形，顶部狭尖，基部浑圆，子叶深绿色、淡绿色或间有近于乳白色，合点紫色，多胚，少有单胚。花期 4—5 月，果期 10—12 月。

【分布区域】分布于洪湖市各乡镇。

【药用部位】果实、外层果皮（橘红）、种子（橘核）、果皮内层筋络（橘络）。

【炮制】果实：10—12 月果实成熟时，摘下果实，鲜用或冷藏备用。

橘红：秋末冬初果实成熟后采收，用刀削下外果皮，晒干或阴干。

橘核：果实成熟后收集，洗净，晒干。

橘络：12 月至翌年 1 月采集果实，将橘皮剥下，自皮内或橘瓤外表撕下白色筋络，晒干或微火烘干。

【性味与归经】果实：甘、酸，平。归肺、胃经。橘红：辛、苦，温。归肺、脾经。橘核：苦，平。归肝、肾经。橘络：甘、苦，平。归肝、脾经。

【功能与主治】果实：润肺生津，理气和胃。用于消渴，胸膈结气。

橘红：理中宽气，燥湿化痰。用于咳嗽痰多，食积伤酒，呕恶痞闷。

橘核：理气，散结，止痛。用于疝气疼痛，睾丸肿痛，乳痈乳癖。

橘络：通络，理气，化痰。用于经络气滞，久咳胸痛，痰中带血，伤酒口渴。

【用法与用量】果实：煎汤，3～9 g。

橘红：煎汤，3～10 g。

橘核：煎汤，3～9 g。

橘络：煎汤，2.5～4.5 g。外用适量，搽涂。

【注意】风寒咳嗽及有痰饮者不宜食。

152. 柚

【拉丁名】*Citrus maxima*（Burm.）Merr.

【别名】气柑、朱栾、文旦、柚子。

【形态特征】乔木。嫩枝、叶背、花梗、花萼及子房均被柔毛，嫩叶通常暗紫红色，嫩枝扁且有棱。叶质颇厚，色浓绿，阔卵形或椭圆形，连翼叶长 9～16 cm，宽 4～8 cm，或更大，顶端钝或圆，有时短尖，基部圆，翼叶长 2～4 cm，宽 0.5～3 cm，个别品种的翼叶甚狭窄。总状花序，有时兼有腋生单花；花蕾淡紫红色，稀乳白色；花萼不规则 3～5 浅裂；花瓣长 1.5～2 cm；雄蕊 25～35 枚，有时部分雄蕊不育；花柱粗长，柱头略较子房大。果圆球形、扁圆形、梨形或阔圆锥状，横径通常 10 cm 以上，淡黄色或黄绿色，杂交种有朱红色的。果皮甚厚或薄，海绵质，油胞大，凸起，果心实但松软，瓤囊 10～15 瓣或多至 19 瓣，汁胞白色、粉红色或鲜红色，少有乳黄色。种子多达 200 余粒，亦有无籽的，形状不规则，通常近似长方形，上部质薄且常截平，下部饱满，多兼有发育不全的明显纵肋棱，子叶乳白色，单胚。花期 4—5 月，果期 9—12 月。

【分布区域】分布于洪湖市各乡镇。

【药用部位】果皮、叶。

【化学成分】含柚皮苷、枳属苷、新橙皮苷、柠檬醛、牻牛儿醇、芳樟醇和邻氨基苯甲酸甲酯。

【性味与归经】甘、酸，寒。归肝、脾、胃经。

【功能与主治】消食，化痰，醒酒。用于饮食积滞，食欲不振，醉酒。

【临床应用】治痰气咳嗽：朱栾，去核，切，砂瓶内浸酒，封固一夜，煮烂，蜜拌匀，时时含咽。

五十五、楝科 Meliaceae

乔木或灌木，稀为亚灌木。叶互生，很少对生，通常羽状复叶，很少3小叶或单叶；小叶对生或互生，很少有锯齿，基部多少偏斜。花两性或杂性异株，辐射对称，通常组成圆锥花序、总状花序或穗状花序；萼小，常浅杯状或短管状，4～5齿裂或由4～5萼片组成，芽时覆瓦状或镊合状排列；花瓣4～5，芽时覆瓦状、镊合状或旋转排列，分离或下部与雄蕊管合生；雄蕊4～10，花丝合生成一短于花瓣的圆筒形、球形或陀螺形的管或分离，花药无柄，直立，内向，着生于管的内面或顶部，内藏或突出；花盘生于雄蕊管的内面或缺，成环状、管状或柄状；子房上位，2～5室，每室有胚珠1～2颗或更多；花柱单生或缺，柱头盘状或头状，顶部有槽纹或有小齿2～4个。果为蒴果、浆果或核果，开裂或不开裂；果皮革质、木质或很少肉质。种子有胚乳或无胚乳，常有假种皮。

本科约有50属1400种，分布于热带和亚热带地区，少数分布至温带地区。我国产15属62种12变种。

洪湖市境内的楝科植物有1属1种。

楝属 *Melia* L.

落叶乔木或灌木，幼嫩部分常被星状粉状毛；小枝有明显的叶痕和皮孔。叶互生，一至三回羽状复叶；小叶具柄，通常有锯齿或全缘。圆锥花序腋生，多分枝，由多个二歧聚伞花序组成；花两性；花萼5～6深裂，覆瓦状排列；花瓣白色或紫色，5～6片，分离，线状匙形，开展，旋转排列；雄蕊管圆筒形，管顶有10～12齿裂，管部有线纹10～12条，口部扩展，花药10～12枚，着生于雄蕊管上部的裂齿间，内藏或部分突出；花盘环状；子房近球形，3～6室，每室有叠生的胚珠2颗，花柱细长，柱头头状，3～6裂。果为核果，近肉质，核骨质，每室有种子1颗。种子下垂，外种皮硬壳质，胚乳肉质，薄或无胚乳，子叶叶状，薄，胚根圆柱形。

洪湖市境内的楝属植物有1种。

153. 楝

【拉丁名】*Melia azedarach* L.

【别名】苦楝树、金铃子、川楝子、森树、紫花树、楝树、苦楝、川楝。

【形态特征】落叶乔木，高达10 m。树皮灰褐色，纵裂；分枝广展，小枝有叶痕。叶为二至三回奇数羽状复叶，长 20 ～ 40 cm；小叶对生，卵形、椭圆形至披针形，顶生一片通常略大，长 3 ～ 7 cm，宽 2 ～ 3 cm，先端短渐尖，基部楔形或宽楔形，多少偏斜，边缘有钝锯齿，幼时被星状毛，后两面均无毛，侧脉每边 12 ～ 16 条，广展，向上斜举。圆锥花序约与叶等长，无毛或幼时被鳞片状短柔毛，花芳香；花萼 5 深裂，裂片卵形或长圆状卵形，先端急尖，外面被微柔毛；花瓣淡紫色，倒卵状匙形，长约 1 cm，两面均被微柔毛，通常外面较密；雄蕊管紫色，长 7 ～ 8 mm，有纵细脉，管口有钻形、2 ～ 3 齿裂的狭裂片 10 枚，花药 10 枚，着生于裂片内侧，且与裂片互生，长椭圆形，顶端微突尖；子房近球形，5 ～ 6 室，无毛，每室有胚珠 2 颗，花柱细长，柱头头状，顶端具 5 齿，不伸出雄蕊管。核果球形至椭圆形，长 1 ～ 2 cm，宽 8 ～ 15 mm，内果皮木质，4 ～ 5 室，每室有种子 1 颗。种子椭圆形。花期 4—5 月，果期 10—12 月。

【分布区域】分布于乌林镇香山村。

【药用部位】树皮及根皮。

【炮制】全年或春、秋季采收，剥取干皮或根皮，除去泥沙，洗净，润透，切丝，干燥。

【化学成分】含黄酮苷、苦楝新醇、苦楝醇、苦楝酮、苦楝二醇、香草醛、香草酸等。

【性味与归经】苦，寒；有毒。归肝、脾、胃经。

【功能与主治】杀虫，疗癣。用于蛔虫病，蛲虫病，虫积腹痛；外用于疥癣瘙痒。

【用法与用量】煎汤，3 ～ 6 g（鲜品 15 ～ 30 g）；或入丸、散。外用适量，研末，用猪脂调敷患处。

【注意】孕妇及肝肾功能不全者慎用。

五十六、凤仙花科 Balsaminaceae

一年生或多年生草本。茎通常肉质，直立或平卧，下部节上生根。单叶，螺旋状排列，对生或轮生，具柄或无柄，无托叶或有时叶柄基具 1 对托叶状腺体，羽状脉，边缘具圆齿或锯齿，齿端具小尖头，齿基部常具腺状小尖。花两性，雄蕊先熟，两侧对称，常呈 180° 倒置，排成腋生或近顶生总状或假伞形花序，或无总花梗，束生或单生；萼片 3 枚，稀 5 枚，侧生萼片离生或合生，全缘或具齿，下面倒置的 1 枚萼片大，花瓣状，通常呈舟状、漏斗状或囊状，基部渐狭或急收缩成具蜜腺的距，距短或细长，直，内弯或拳卷，顶端肿胀，急尖或稀 2 裂，稀无距；花瓣 5 枚，分离，位于背面的 1 枚花瓣离生，小或大，扁平或兜状，背面常有鸡冠状突起，下面的侧生花瓣对合生成 2 裂的翼瓣，基部裂片小于上部的裂片；雄蕊 5 枚，与花瓣互生，花丝短，扁平，内侧具鳞片状附属物，在柱头成熟前脱落，花药 2 室，缝裂或孔裂；雌蕊由 4 或 5 心皮组成，子房上位，4 室或 5 室，每室具 2 至多数倒生胚珠，花柱 1，极短或无花柱，柱头 1 ~ 5。果实为假浆果或多少肉质，4 ~ 5 裂片弹裂的蒴果。种子从开裂的裂片中弹出，无胚乳，种皮光滑或具小瘤状突起。

本科仅有 2 属，全世界有 900 余种，主要分布于亚洲热带和亚热带地区及非洲，少数种分布于欧洲，亚洲温带地区及北美洲也有分布。我国 2 属均产，已知有 220 余种。

洪湖市境内的凤仙花科植物有 1 属 1 种。

凤仙花属 *Impatiens* L.

本属的形态特征与科描述相同，但下面 4 枚侧生的花瓣对合生成翼瓣；果实为多少肉质弹裂的蒴果。果实成熟时种子从裂片中弹出。

洪湖市境内的凤仙花属植物有 1 种。

154. 凤仙花

【拉丁名】*Impatiens balsamina* L.

【别名】指甲花、急性子、灯盏花、好女儿花、海莲花、金童花、竹盏花。

【形态特征】一年生草本，高 60 ~ 100 cm。茎粗壮，肉质，直立，不分枝或有分枝，无毛或幼时被疏柔毛，基部直径可达 8 mm，具多数纤维状根，下部节常膨大。叶互生，最下部叶有时对生；叶片披针形、狭椭圆形或倒披针形，长 4 ~ 12 cm，宽 1.5 ~ 3 cm，先端尖或渐尖，基部楔形，边缘有锐锯齿，基部常有数对无柄的黑色腺体，两面无毛或被疏柔毛，侧脉 4 ~ 7 对；叶柄长 1 ~ 3 cm，上面有浅沟，两侧具数对具柄的腺体。花单生或 2 ~ 3 朵簇生于叶腋，无总花梗，白色、粉红色或紫色，单瓣或重瓣；花梗长 2 ~ 2.5 cm，密被柔毛；苞片线形，位于花梗的基部；侧生萼片 2，卵形或卵状披针形，长 2 ~ 3 mm，唇瓣深舟状，长 13 ~ 19 mm，宽 4 ~ 8 mm，被柔毛，基部急尖成长 1 ~ 2.5 cm 内弯的距；旗瓣圆形，兜状，先端微凹，背面中肋具狭龙骨状突起，顶端具小尖，翼瓣具短柄，长 23 ～ 35 mm，2 裂，下部裂片小，倒卵状长圆形，上部裂片近圆形，先端 2 浅裂，外缘近基部具小耳；雄蕊 5，花丝线形，花药卵球形，顶端钝；子房纺锤形，密被柔毛。蒴果宽纺锤形，长 10 ～ 20 mm，两端尖，密被柔毛。种子多数，圆球形，直径 1.5 ～ 3 mm，黑褐色。花期 7—10 月。

【分布区域】分布于新堤街道柏枝村。

【药用部位】花（凤仙花）、种子（急性子）、茎（凤仙透骨草）。

【炮制】凤仙花：夏、秋季花盛开时采收，鲜用或阴干、烘干。

急性子：夏、秋季果实即将成熟时采收，晒干，除去果皮和杂质。

凤仙透骨草：夏、秋季植株生长茂盛时割取地上部分，除去叶及花果，洗净，晒干。

【化学成分】含凤仙萜四醇皂苷 K、花色苷、矢车菊素、飞燕草素、蹄纹天竺素、锦葵花素、山柰酚、槲皮素、萘醌。

【性味与归经】凤仙花：甘，温；有小毒。急性子：微苦、辛，温；有小毒。归肺、肝经。凤仙透骨草：苦、辛，温；有小毒。

【功能与主治】凤仙花：祛风除湿，活血止痛，解毒杀虫。用于风湿肢体痿废，腰胁疼痛，妇女经闭腹痛，产后瘀血未尽，跌打损伤，骨折，痈疽疮毒，毒蛇咬伤，带下，鹅掌风，灰指甲。

急性子：破血，软坚，消积。用于癥瘕痞块，经闭，噎膈。

凤仙透骨草：祛风湿，活血，解毒。用于风湿痹痛，跌打肿痛，经闭，痛经，痈肿，丹毒，鹅掌风，蛇虫咬伤。

【用法与用量】凤仙花：煎汤，1.5～3 g（鲜品可用至3～9 g）；或研末，或浸酒。外用适量，鲜品研烂涂；或煎水洗。

急性子：煎汤，3～5 g。

凤仙透骨草：煎汤，3～9 g；或鲜品捣汁。外用适量，鲜品捣敷；或煎汤熏洗。

【临床应用】①治风湿卧床不起：凤仙花、柏子仁、朴硝、木瓜各适量，煎汤洗浴。每日2～3次。内服独活寄生汤。②治腰胁引痛不可忍者：凤仙花，研饼，晒干，为末，空心每服9 g。③治跌伤筋骨，并血脉不行：凤仙花90 g，当归尾60 g，浸酒饮。

【注意】急性子：孕妇慎用。

五十七、冬青科 Aquifoliaceae

乔木或灌木，常绿或落叶。单叶，互生，稀对生或假轮生，叶片通常革质、纸质，稀膜质，具锯齿、腺状锯齿或刺齿，或全缘，具柄；托叶无或小，早落。花小，辐射对称，单性，稀两性或杂性，雌雄异株，排列成腋生、腋外生或近顶生的聚伞花序、假伞形花序、总状花序、圆锥花序或簇生，稀单生；花萼4～6片，覆瓦状排列，宿存或早落；花瓣4～6，分离或基部合生，通常圆形，或先端具1内折的小尖头，覆瓦状排列，稀镊合状排列；雄蕊与花瓣同数，且与之互生，花丝短，花药2室，内向，纵裂，或4～12，1轮，花丝短而粗或缺，药隔增厚，花药延长或增厚成花瓣状；花盘缺；子房上位，心皮2～5，合生，2至多室，每室具1枚，稀2枚悬垂、横生或弯生的胚珠，花柱短或无，柱头头状、盘状或浅裂。果为浆果状核果，具2至多数分核，通常4枚，每分核具1粒种子。种子含丰富的胚乳，胚小，直立，子房扁平。

本科有4属400～500种，分布中心为热带美洲和热带至暖温带亚洲，仅有3种到达欧洲。我国产1属约204种，分布于秦岭南坡、长江流域及其以南地区，以西南地区最盛。

洪湖市境内的冬青科植物有1属1种。

冬青属 *Ilex* L.

常绿或落叶乔木或灌木。单叶互生，稀对生；叶片革质、纸质或膜质，长圆形、椭圆形、卵形或披针形，全缘或具锯齿或具刺，具柄或近无柄；托叶小，胼胝质，通常宿存。花序为聚伞花序或伞形花序，单生于叶腋内或簇生于二年生枝条的叶腋内，稀单花腋生；花小，白色、粉红色或红色，辐射对称，异基数，常由于败育而呈单性，雌雄异株；雄花花萼盘状，4～6裂，覆瓦状排列，花瓣4～8枚，基部略合生；雄蕊通常与花瓣同数，互生，花丝短，花药长圆状卵形，内向，纵裂；败育子房上位，近球形，具喙；雌花花萼4～8裂，花瓣4～8，伸展，基部稍合生；败育雄蕊箭头状或心形；子房上位，卵球形，4～8室，无毛或被短柔毛，花柱稀发育，柱头头状、盘状或柱状。果为浆果状核果，球形，成熟时红色，稀黑色，外果皮膜质或坚纸质，中果皮肉质或明显革质，内果皮木质或石质；分核通常4～6粒，表面平滑，具条纹、棱及沟槽，具 1 种子。

洪湖市境内的冬青属植物有 1 种。

155. 枸骨

【拉丁名】*Ilex cornuta* Lindl.et Paxt.

【别名】功劳叶、枸骨冬青、鸟不落、无刺枸骨、羊角刺、老鼠刺、猫儿刺、六角茶、六角刺、八角刺、鸟不宿、鹅掌簕、苦丁茶。

【形态特征】常绿灌木或小乔木，高 1 ~ 3 m。幼枝具纵脊及沟，沟内被微柔毛或无毛，二年生枝褐色，三年生枝灰白色，具纵裂缝及隆起的叶痕，无皮孔。叶片厚革质，二型，四角状长圆形或卵形，长 4 ~ 9 cm，宽 2 ~ 4 cm，先端具 3 枚尖硬刺齿，中央刺齿常反曲，基部圆形或近截形，两侧各具 1 ~ 2 刺齿，有时全缘；叶面深绿色，具光泽，背淡绿色，无光泽，两面无毛，主脉在上面凹下，背面隆起，侧脉 5 对或 6 对，于叶缘附近网结，在叶面不明显，在背面凸起，网状脉两面不明显；叶柄长 4 ~ 8 mm，上面具狭沟，被微柔毛；托叶胼胝质，宽三角形。花序簇生于二年生枝的叶腋内，基部宿存鳞片，被柔毛，具缘毛，苞片卵形，先端钝或具短尖头，被短柔毛和缘毛；花淡黄色，4 基数。雄花：花梗长 5 ~ 6 mm，无毛，基部具 1 ~ 2 枚阔三角形的小苞片；花萼盘状，裂片膜质，阔三角形，长约 0.7 mm，宽约 1.5 mm，疏被微柔毛，具缘毛；花冠辐状，花瓣长圆状卵形，长 3 ~ 4 mm，反折，基部合生；雄蕊与花瓣近等长或稍长，花药长圆状卵形，长约 1 mm；退化子房近球形，先端钝或圆形，不明显 4 裂。雌花：花梗长 8 ~ 9 mm，果期长 13 ~ 14 mm，无毛，基部具 2 枚小的阔三角形苞片，花萼与花瓣像雄花；退化雄蕊长为花瓣的 4/5，略长于子房，败育花药卵状箭头形；子房长圆状卵球形，长 3 ~ 4 mm，直径 2 mm，柱头盘状，4 浅裂。果球形，直径 8 ~ 10 mm，成熟时鲜红色，基部具四角形宿存花萼，顶端宿存柱头盘状，明显 4 裂；果梗长 8 ~ 14 mm，分核 4，轮廓倒卵形或椭圆形，长 7 ~ 8 mm，背部宽约 5 mm，遍布皱纹和皱纹状纹孔，背部中央具 1 纵沟，内果皮骨质。花期 4—5 月，果期 10—12 月。

【分布区域】分布于螺山镇龙潭村。

【药用部位】叶、根、树皮、果实。

【炮制】叶：秋季采收，除去杂质，晒干。

根：全年可采。

树皮：全年均可采剥，去净杂质，晒干。

果实：冬季采摘成熟的果实，拣去果柄及杂质，晒干。

【化学成分】含生物碱、皂苷、鞣质、苦味质、强心苷、脂肪油等。

【性味与归经】叶：苦，凉。归肝、肾经。根：微苦、酸，平。树皮：微苦，凉。归肝、肾经。果实：苦、涩，微温。归肝、肾经。

【功能与主治】叶：清热养阴，益肾，平肝。用于肺痨咯血，骨蒸潮热，头晕目眩。

根：补肝肾，清风热。用于腰膝痿弱，关节疼痛，头风，赤眼，牙痛。

树皮：补肝肾，强腰膝。用于肝血不足。

果实：补肝肾，强筋活络，固涩下焦。用于体虚低热，筋骨疼痛，崩漏，带下，泄泻。

【用法与用量】叶：煎汤，9 ～ 15 g。

根：煎汤，6 ～ 15 g（鲜品 7 ～ 22 g）。外用适量，煎水洗。

树皮：煎汤，15 ～ 30 g；或浸酒。

果实：煎汤，6 ～ 10 g；或泡酒。

【临床应用】①治急性黄疸性肝炎：枸骨根 60 g，梓实 15 g。水煎服，每日 1 剂。②治头风：功劳根 30 g，水煎服。③治赤眼：功劳根 15 g，车前草 15 ～ 30 g，水煎服。④治牙痛：功劳根 15 g，水煎服。⑤治痄腮：枸骨根，七蒸七晒，每次 30 g，水煎服。⑥治臁疮溃烂：枸骨根 120 g，煎汤洗涤，每日 1 ～ 2 次。⑦治百日咳：枸骨根 9 ～ 15 g，水煎服。

五十八、卫矛科 Celastraceae

常绿或落叶乔木、灌木或藤本灌木及匍匐小灌木。单叶对生或互生，少为三叶轮生并类似互生；托叶细小，早落或无，稀明显而与叶俱存。花两性或退化为功能性不育的单性花，杂性同株，较少异株，聚伞花序 1 至多次分枝，具较小的苞片和小苞片；花 4 ～ 5 数，花同数或心皮减数，花萼花冠分化明显，极少萼冠相似或花冠退化，花萼基部通常与花盘合生，花萼分为 4 ～ 5 萼片，花冠具 4 ～ 5 分离花瓣，少为基部贴合，具明显肥厚花盘，极少花盘不明显或近无；雄蕊与花瓣同数，着生于花盘之上或花盘之下，花药 2 室或 1 室；心皮 2 ～ 5，合生，子房下部常陷入花盘而与之合生，或仅基部与花盘相连，大部游离，子房室与心皮同数或退化成不完全室或 1 室，倒生胚珠，通常每室 2 ～ 6，少为 1，轴生、室顶垂生，较少基生。多为蒴果，亦有核果、翅果或浆果。种子被肉质具色假种皮包围，稀无假种皮，胚乳肉质丰富。

本科约有 60 属 850 种，主要分布于热带、亚热带及温暖地区，少数分布于寒温带地区。我国有 12 属 201 种，全国各地均有分布。

洪湖市境内的卫矛科植物有 3 属 3 种。

1. 果为开裂的蒴果。

　2. 叶对生……………………………………………………………………………………卫矛属 *Euonymus*

2. 叶互生……………………………………………………………………………………………………南蛇藤属 *Celastrus*

1. 果为不开裂的浆果或翅果……………………………………………………………………………雷公藤属 *Tripterygium*

卫矛属 *Euonymus* L.

常绿、落叶灌木或小乔木，或倾斜、披散以至藤本。叶对生，极少为互生或 3 叶轮生。花为三出至多次分枝的聚伞圆锥花序；花两性，较小，直径一般 5 ～ 12 mm，4 ～ 5 数，花萼绿色，宽短半圆形；花瓣较花萼长大，多为白绿色或黄绿色，偶为紫红色；花盘发达，一般肥厚扁平，有时 4 ～ 5 浅裂；雄蕊着生于花盘上面，多在靠近边缘处，少在靠近子房处，花药个字形着生或基着，2 室或 1 室，药隔发达，托于半药之下，常使花粉囊呈皿状，花丝细长或短或仅呈凸起状；子房半沉于花盘内，4 ～ 5 室，胚珠每室 2 ～ 12，轴生或室顶角垂生，花柱单一，明显或极短，柱头细小或小圆头状。蒴果近球状、倒锥状，不分裂或上部 4 ～ 5 浅凹，或 4 ～ 5 深裂至近基部，果皮平滑或被刺突或瘤突，心皮背部有时延长外伸成扁翅状，成熟时胞间开裂，果皮完全裂开或内层果皮不裂而与外层分离在果内凸起呈假轴状。种子每室多为 1 ～ 2 个成熟，稀多至 6 个以上，外被红色或黄色肉质假种皮；假种皮包围种子的全部，或仅包围一部分而成杯状、舟状或盔状。

洪湖市境内的卫矛属植物有 1 种。

156. 扶芳藤

【拉丁名】*Euonymus fortunei*（Turcz.）Hand.–Mazz.

【别名】滂藤、岩青藤、万年青、千斤藤、山百足、抬络藤、土杜仲、坐转藤、爬墙虎、换骨筋。

【形态特征】常绿藤本灌木，高 1 至数米。小枝方棱不明显。叶薄革质，椭圆形、长方椭圆形或长倒卵形，长 3.5 ～ 8 cm，宽 1.5 ～ 4 cm，先端钝或急尖，基部楔形，边缘齿浅不明显，侧脉细微和小脉不明显；叶柄长 3 ～ 6 mm。聚伞花序 3 ～ 4 次分枝，花序梗长 1.5 ～ 3 cm，第一次分枝长 5 ～ 10 mm，第二次分枝长 5 mm 以下，最终小聚伞花密集，有花 4 ～ 7 朵，分枝中央有单花，小花梗长约 5 mm；花白绿色，4 数，直径约 6 mm，花盘方形，直径约 2.5 mm；花丝细长，长 2 ～ 3 mm，花药圆心形；子房三角锥状，4 棱，粗壮明显，花柱长约 1 mm。蒴果粉红色，果皮光滑，近球状，直径 6 ～ 12 mm；果序梗长 2 ～ 3.5 cm；小果梗长 5 ～ 8 mm。种子长方椭圆状，棕褐色，假种皮鲜红色，全包种子。花期 6 月，果期 10 月。

【分布区域】分布于乌林镇香山村。

【药用部位】带叶茎枝。

【炮制】全年可采，除去杂质，切碎，晒干。

【化学成分】含卫矛醇、番茄红素、γ－胡萝卜素等。

【性味与归经】苦、甘、微辛，微温。归肝、脾、肾经。

【功能与主治】舒筋活络，益肾壮腰，止血消瘀。用于肾虚腰膝酸痛，半身不遂，风湿痹痛，小儿惊风，咯血，吐血，血崩，月经不调，子宫脱垂，跌打骨折，创伤出血。

【用法与用量】煎汤，15～30 g；或浸酒，或入丸、散。外用适量，研粉调敷；或捣敷，或煎水熏洗。

【临床应用】①治慢性腹泻：扶芳藤 30 g，白扁豆 30 g，红枣 10 枚，水煎服。②治腰肌劳损，关节酸痛：扶芳藤 30 g，大血藤 15 g，梵天花根 15 g。水煎，冲红糖、黄酒服。③治咯血：扶芳藤 18 g，水煎服。④治风湿性关节痛，月经不调：扶芳藤 6～12 g，水煎服。⑤治跌打损伤：扶芳藤适量，捣烂敷患处。

【注意】孕妇忌服。

南蛇藤属 *Celastrus* L.

落叶或常绿藤状灌木，高 1 m 以上。小枝圆柱状，稀具纵棱，光滑无毛，具多数长椭圆形或圆形灰白色皮孔。单叶互生，边缘具各种锯齿，叶脉为羽状网脉；托叶小，线形，常早落。花常功能性单性，异株或杂性，稀两性，聚伞花序成圆锥状或总状，有时单出或分枝，腋生或顶生，或顶生与腋生并存；花黄绿色或黄白色，直径 6～8 mm，小花梗具关节，花 5 数；花萼钟状，5 片，三角形、半圆形或长方形；花瓣椭圆形或长方形，全缘或具腺状缘毛或为啮蚀状；花盘膜质，浅杯状，稀肉质扁平，全缘或 5 浅裂；雄蕊着生于花盘边缘，稀出自扁平花盘下面，花丝一般丝状，在雌花中花丝短，花药不育；子房上位，与花盘离生，稀微连合，通常 3 室，稀 1 室，每室 2 胚珠或 1 胚珠，着生于子房室基部，胚珠基部具杯状假种皮，柱头 3 裂，每裂常又 2 裂，在雄花中雌蕊小而不育。蒴果类球状，黄色，顶端具宿存花柱，基部有宿存花萼，熟时室背开裂，果轴宿存，种子 1～6 个，椭圆状或新月形至半圆形，假种皮肉质红色，全包种子，胚直立，具丰富胚乳。

洪湖市境内的南蛇藤属植物有 1 种。

157. 南蛇藤

【拉丁名】*Celastrus orbiculatus* Thunb.

【别名】蔓性落霜红、南蛇风、大南蛇、香龙草、果山藤。

【形态特征】小枝光滑无毛，灰棕色或棕褐色，具稀而不明显的皮孔；腋芽小，卵状至卵圆状，长 1～3 mm。叶通常阔倒卵形、近圆形或长方椭圆形，长 5～13 cm，宽 3～9 cm，先端圆阔，有小尖头或短渐尖，基部阔楔形至近钝圆形，边缘具锯齿，两面光滑无毛或叶背脉上具稀疏短柔毛，侧脉 3～5 对；叶柄细，长 1～2 cm。聚伞花序腋生，间有顶生，花序长 1～3 cm，小花 1～3 朵，偶仅 1～2 朵，小花梗关节在中部以下或近基部；雄花萼片钝三角形，花瓣倒卵状椭圆形或长方形，长 3～4 cm，宽 2～2.5 mm；花盘浅杯状，裂片浅，顶端圆钝，雄蕊长 2～3 mm，退化雌蕊不发达；雌花花冠较雄花窄小，花盘稍深厚，肉质，退化雄蕊极短小；子房近球状，花柱长约 1.5 mm，柱头 3 深裂，裂端再 2 浅裂。蒴果近球状，直径 8 ～ 10 mm。种子椭圆状稍扁，长 4 ～ 5 mm，直径 2.5 ～ 3 mm，赤褐色。花期 5—6 月，果期 7—10 月。

【分布区域】分布于乌林镇香山村。

【药用部位】藤茎。

【炮制】春、秋季采收，鲜用或切段晒干。

【化学成分】含卫矛醇、脂肪油等。

【性味与归经】苦、辛，微温。归肝、膀胱经。

【功能与主治】祛风除湿，通经止痛，活血解毒。用于风湿性关节痛，四肢麻木，瘫痪，头痛，牙痛，疝气，痛经，经闭，小儿惊风，跌打扭伤，痢疾，带状疱疹。

【用法与用量】煎汤，9 ～ 10 g；或浸酒。

【临床应用】①治风湿性筋骨痛，腰痛，关节痛：南蛇藤、凌霄花各 120 g，八角枫根 60 g。白酒 250 ml，浸 7 日，每日临睡服 15 ml。②治小儿惊风：南蛇藤 9 g，大青根 5 g，水煎服。③治经闭：南蛇藤、金樱子根各 15 g，当归 30 g，佩兰 9 g，水煎服。

【注意】孕妇慎服。

雷公藤属 *Tripterygium* Hook.f.

藤本灌木。小枝常有 4 ～ 6 锐棱，表皮密被细点状与表皮同色的皮孔，密被锈色毡毛状毛或光滑无毛。叶互生，有柄，托叶细小，早落。聚伞圆锥花序，常单歧分枝，小聚伞有 2 ～ 3 花，花序梗及分枝均较粗壮，小花梗通常纤细；花杂性，5 数，白色、绿色或黄绿色，较小，一般直径 3 ～ 5 mm，多为两性；萼片 5；花瓣 5，花盘扁平，全缘或极浅 5 裂；雄蕊 5，着生于花盘外缘，花丝细长，花药侧裂；子房下部与花盘愈合，上部三角锥状，不完全 3 室，每室有 2 胚珠，只 1 室 1 胚珠发育成种了，花柱通常圆柱状，柱头常稍膨大。蒴果细窄，具 3 膜质翅包围果体。种子 1，细窄，无假种皮。

洪湖市境内的雷公藤属植物有 1 种。

158. 雷公藤

【拉丁名】*Tripterygium wilfordii* Hook.f.

【别名】紫金皮、黄药、水莽草、断肠草、三棱花、旱禾花、黄藤木、红紫根、黄藤草、黄藤根。

【形态特征】藤本灌木，高 1 ～ 3 m，小枝棕红色，具 4 ～ 6 细棱，被密毛及细密皮孔。叶椭圆形、倒卵状椭圆形、长方椭圆形或卵形，长 4 ～ 7.5 cm，宽 3 ～ 4 cm，先端急尖或短渐尖，基部阔楔形或圆形，边缘有细锯齿，侧脉 4 ～ 7 对，达叶缘后稍上弯；叶柄长 5 ～ 8 mm，密被锈色毛。圆锥聚伞花序较窄小，长 5 ～ 7 cm，宽 3 ～ 4 cm，通常有 3 ～ 5 分枝，花序、分枝及小花梗均被锈色毛，花序梗长 1 ～ 2 cm，小花梗细长达 4 mm；花白色，直径 4 ～ 5 mm，萼片先端急尖，花瓣长方卵形，边缘微蚀，花盘略 5 裂；雄蕊插生于花盘外缘，花丝长达 3 mm；子房具 3 棱，花柱柱状，柱头稍膨大，3 裂。翅果长圆状，长 1 ～ 1.5 cm，直径 1 ～ 1.2 cm，中央果体较大，占全长 1/2 ～ 2/3，中央脉及两侧脉共 5 条，分离，占翅宽 2/3，小果梗细圆，长达 5 mm。种子细柱状，长达 10 mm。

【分布区域】分布于新堤街道万家墩村。

【药用部位】根、叶、花及果。

【炮制】根：秋季采挖，除去杂质，洗净，稍闷，切片、丝，干燥。

叶：夏季采收，除去杂质，洗净，稍闷，切片、丝，干燥。

花果：夏、秋季采收，除去杂质，花摘除花柄及蒂。

【化学成分】含雷藤素、雷公藤内酯醇、雷公藤内酯酮、雷醇内酯、雷公藤内酯甲、雷公藤碱等。

【性味与归经】辛、苦；有毒。归肝、脾、肾经。

【功能与主治】祛风除湿，活血通络，消肿止痛，杀虫解毒。用于类风湿性关节炎，风湿性关节炎，肾小球肾炎，肾病综合征，红斑狼疮，口眼干燥综合征，白塞综合征，湿疹，银屑病，麻风病，疥疮，顽癣等。

【用法与用量】煎汤，1 ～ 6 g。外用适量，研末调敷；或捣敷，或捣汁涂。

【临床应用】①治强直性脊柱炎：雷公藤、鹿角胶、附子、肉桂、淫羊藿、杜仲、狗脊、巴戟天、制川乌、制草乌、桑枝、牛膝各 6 ～ 9 g，水煎服。②治强直性脊柱炎（风湿痹阻经脉，兼有瘀滞型）：雷公藤 25 g，生地黄 30 g，川续断 15 g，双花 30 g，蒲公英 30 g，川牛膝 18 g，赤芍 15 g。水煎服，每日 1 剂。③治老年类风湿性关节炎：急性期用雷公藤、黄柏、苍术等制成片剂，每次服 3 ～ 4 片，每日 3 次。慢性期用雷公藤、细辛、桂枝、牛膝、秦艽、黄精、山药、鹿角霜等制成水丸，每次服 6 g，每日 2 次。均饭后服用。④治慢性肾炎：雷公藤 20 g，党参 30 g，黄芪 60 g，白术 10 g，益母草 30 g，金樱子 20 g，大黄 10 g，薏苡仁 30 g，丹参 30 g，墨旱莲 30 g。煎水 300 ml，早、晚 2 次分服，每日 1 剂，连服 3 个月。

【注意】内服宜慎，外敷时间不宜超过 30 min。孕妇忌用。肝、胃病及白细胞减少者慎用。

五十九、鼠李科 Rhamnaceae

灌木、藤状灌木或乔木，稀草本，通常具刺，或无刺。单叶互生或近对生，全缘或具齿，羽状脉，或三至五基出脉；托叶小，早落或宿存，或有时变为刺。花小，整齐，两性或单性，稀杂性，雌雄异株，常排成聚伞花序、穗状圆锥花序、聚伞总状花序、聚伞圆锥花序，或有时单生或数个簇生，通常 4 基数，稀 5 基数；萼钟状或筒状，淡黄绿色，萼片镊合状排列，常坚硬，内面中肋中部有时具喙状突起，与花瓣互生；花瓣较萼片小，极凹，匙形或兜状，基部具爪，或有时无花瓣，着生于花盘边缘下的萼筒上；雄蕊与花瓣对生，花丝着生于花药外面或基部，与花瓣爪部离生，花药 2 室，纵裂，花盘明显发育，贴生于萼筒上，或填塞于萼筒内面，杯状、壳斗状或盘状，全缘，具圆齿或浅裂；子房上位、半下位至下位，通常 3 室或 2 室，稀 4 室，每室有 1 基生的倒生胚珠，花柱不分裂或上部 3 裂。核果或蒴果，沿腹缝线开裂或不开裂，有时果实顶端具纵向的翅或具平展的翅状边缘，基部常为宿存的萼筒所包围，1 ～ 4 室，具 2 ～ 4 个开裂或不开裂的分核，每分核具 1 种子。种子背部无沟或具沟，基部具孔状开口，有少而明显分离的胚乳或有时无胚乳，胚大而直，黄色或绿色。

本科约有 58 属 900 种，广泛分布于温带至热带地区。我国有 14 属 133 种 32 变种 1 变型，全国各地均有分布，以西南地区和华南地区的种类较为丰富。

洪湖市境内的鼠李科植物有 1 属 1 种。

枣属 *Ziziphus* Mill.

落叶或常绿乔木，或藤状灌木。枝常具皮刺。叶互生，具柄，边缘具齿，稀全缘，具基生三出脉，稀五出脉；托叶通常变成针刺。花小，黄绿色，两性，5 基数，常排成腋生具总花梗的聚伞花序，或腋生或顶生聚伞总状或聚伞圆锥花序；萼片卵状三角形或三角形，内面有突起的中肋；花瓣具爪，倒卵圆形或匙形，有时无花瓣，与雄蕊等长；花盘厚，肉质，5 或 10 裂；子房球形，下半部或大部藏于花盘内，且部分合生，2 室，稀 3 ～ 4 室，每室有 1 胚珠，花柱 2，稀 3 ～ 4 浅裂或半裂，稀深裂。核果圆球形或矩圆形，不开裂，顶端有小尖头，基部有宿存的萼筒，中果皮肉质或软木栓质，内果皮硬骨质或木质，1 ～ 2 室，稀 3 ～ 4 室，每室具 1 种子。种子无或有稀少的胚乳；子叶肥厚。

洪湖市境内的枣属植物有 1 种。

159. 枣

【拉丁名】*Ziziphus jujuba* Mill.

【别名】老鼠屎、贯枣、枣子树、红枣树、大枣、枣子、扎手树、红卵树。

【形态特征】落叶小乔木，稀灌木，高达 10 m。树皮褐色或灰褐色；有长枝、短枝和无芽小枝，紫红色或灰褐色，呈之字形曲折，具 2 个托叶刺，长刺可达 3 cm，粗直，短刺下弯，长 4 ～ 6 mm；短枝短粗，矩状，自老枝发出；当年生小枝绿色，下垂，单生或 2 ～ 7 个簇生于短枝上。叶纸质，卵形、卵状椭圆形或卵状矩圆形，长 3 ～ 7 cm，宽 1.5 ～ 4 cm，顶端钝或圆形，具小尖头，基部稍不对称，近圆形，边缘具圆齿状锯齿，上面深绿色，无毛，下面浅绿色，无毛或仅沿脉多少被疏微毛，基生三出脉；叶柄长 1 ～ 6 mm，或在长枝上的可达 1 cm，无毛或有疏微毛；托叶刺纤细，后期常脱落。花黄绿色，两性，5 基数，无毛，具短总花梗，单生或 2 ～ 8 个密集成腋生聚伞花序，花梗长 2 ～ 3 mm；萼片卵状三角形，花瓣倒卵圆形，基部有爪，与雄蕊等长；花盘厚，肉质，圆形，5 裂；子房下部藏于花盘内，与花盘合生，2 室，每室有 1 胚珠，花柱 2 半裂。核果矩圆形或长卵圆形，长 2 ～ 3.5 cm，直径 1.5 ～ 2 cm，成熟时红色，后变红紫色，中果皮肉质，厚，味甜，核顶端锐尖，基部锐尖或钝，2 室，具 1 或 2 种子，果梗长 2 ～ 5 mm。种子扁椭圆形，长约 1 cm，宽 8 mm。花期 5—7 月，果期 8—9 月。

【分布区域】分布于滨湖街道新旗村八组。

【药用部位】果核、根、树皮、叶。

【炮制】果核：加工枣肉食品时，收集枣核。

根、树皮：全年皆可采收，春季最佳，从枣树主干上将老皮刮下，晒干。

叶：春、夏季采收，鲜用或晒干。

【化学成分】含有机酸、喹啉生物碱、三萜类、糖类、蛋白质、氨基酸、维生素等。

【性味与归经】果核：苦，平。归肝、肾经。根：甘，温。归肝、脾、肾经。树皮：苦、涩，温。归肺、大肠经。叶：甘，温。

【功能与主治】果核：解毒，敛疮。用于臁疮，牙疳。

根：调经止血，祛风止痛，补脾止泻。用于月经不调，不孕，崩漏，吐血，胃痛，痹痛，脾虚泄泻，风疹，丹毒。

树皮：涩肠止泻，镇咳止血。用于泄泻，痢疾，咳嗽，崩漏，外伤出血，烧烫伤。

叶：清热解毒。用于小儿发热，疮疖，热痱，烂脚，烫火伤。

【用法与用量】果核：外用适量，烧后研末敷。

根：煎汤，10 ～ 30 g。外用适量，煎水洗。

树皮：煎汤，6 ～ 9 g；研末，1.5 ～ 3 g。外用适量，煎水洗；或研末撒。

叶：煎汤，3 ～ 10 g。外用适量，煎水洗。

【临床应用】树皮：①治目昏不明：枣树皮、老桑树皮各等份，烧研，每用 15 g，井水煎，澄，取清洗目。

1 月 3 洗，昏者复明。忌荤、酒、房事。②治腹泻：枣树皮 90 g，炒焦为末。车前子 9 g，煎汤送下，早晚各服 1.5 g，饭前服。③治刀伤：枣树皮 90 g，当归 3 g，各炒为极细末，瓶装备用。如遇刀伤，流血不止，以此药粉干撒患处，结痂牢固，不易感染。④治烧烫伤：枣树皮，烘干研粉，加倍量的 50% ～ 60% 酒精浸泡 24 h，过滤。滤液每 100 ml 加樟脑 5 g，蟾酥 2.5 g。用时喷雾于伤面，或用棉球轻轻擦拭。

叶：①治反胃呕吐不止：干枣叶 37 g，藿香 18 g，丁香 0.6 g，上药捣细为散，每服 7.4 g，以水 200 ml，入生姜 0.2 g，煎至六分，即去生姜，不计时候，和滓热服。②治腰痛，腿痛，筋骨麻木：干枣树叶炒黄，趁热用布包好，敷患处。

根：①治荨麻疹：枣树根同樟树皮煎水洗浴，每日 2 次。②治关节酸痛：枣树根 30 g，五加皮 15 g，水煎服。

果核：治走马牙疳，陈年南枣核，烧灰研末撒之。

六十、葡萄科 Vitaceae

攀援木质藤本，具卷须，或直立灌木，无卷须。单叶、羽状或掌状复叶，互生；托叶通常小而脱落，稀大而宿存。花小，两性或杂性同株或异株，排列成伞房状多歧聚伞花序、复二歧聚伞花序或圆锥状多歧聚伞花序，4 ～ 5 基数；萼呈碟形或浅杯状，萼片细小；花瓣与萼片同数，分离或凋谢时呈帽状黏合脱落；雄蕊与花瓣对生，在两性花中雄蕊发育良好，在单性花雌花中雄蕊常较小或极不发达，败育；花盘呈环状或分裂，稀极不明显；子房上位，通常 2 室，每室有 2 颗胚珠，或多室而每室有 1 颗胚珠。果实为浆果，有种子 1 至数颗。胚小，胚乳形状各异，W 形、T 形或呈嚼烂状。

本科有 16 属约 700 种，主要分布于热带和亚热带地区，少数种类分布于温带地区。我国有 9 属 150 余种，南北各地均产，野生种类主要集中分布于华中、华南及西南各地，东北、华北各地种类较少，新疆和青海迄今未发现有野生种类。

洪湖市境内的葡萄科植物有 4 属 5 种。

1. 花瓣在顶部互相粘着，花谢时整个脱落，狭圆锥花序；树皮无皮孔，髓褐色；叶多为单叶……………………葡萄属 *Vitis*
1. 花瓣分生，聚伞花序；树皮有皮孔，髓白色。
  2. 花瓣、雄蕊各 5，花序与叶对生或顶生。
    3. 卷须顶端不扩大；花盘明显……………………蛇葡萄属 *Ampelopsis*
    3. 卷须顶端常扩大成吸盘；花盘不明显或不存在……………………地锦属 *Parthenocissus*
  2. 花瓣、雄蕊各 4……………………乌蔹莓属 *Cayratia*

葡萄属 *Vitis* L.

木质藤本，有卷须。叶为单叶、掌状或羽状复叶；有托叶，通常早落。花 5 数，通常杂性异株，稀两性，排成聚伞圆锥花序；萼呈碟状，萼片细小；花瓣凋谢时呈帽状黏合脱落，花盘明显，5裂；雄蕊与花瓣对生，在雌花中不发达，败育；子房2室，每室有2颗胚珠，花柱纤细，柱头微扩大。果实为肉质浆果，有种子2～4颗。种子倒卵圆形或倒卵状椭圆形，基部有短喙，种脐在种子背部呈圆形或近圆形，腹面两侧洼穴狭窄呈沟状或较阔呈倒卵状长圆形，从种子基部向上通常达种子1/3处；胚乳呈M形。

洪湖市境内的葡萄属植物有2种。

1. 叶3～5浅裂，最多分裂至中部……葡萄 *V.vinifera*

1. 叶3深裂，一回裂片浅裂或深裂……蘡薁 *V.bryoniifolia*

160. 蘡薁

【拉丁名】*Vitis bryoniifolia* Bunge

【别名】野葡萄、华北葡萄。

【形态特征】木质藤本。小枝圆柱形，有棱纹，嫩枝密被蛛丝状茸毛或柔毛，后脱落变稀疏，卷须2叉分枝，每隔2节间断与叶对生。叶长圆卵形，长2.5～8 cm，宽2～5 cm，叶片3～5深裂或浅裂，中裂片顶端急尖至渐尖，基部常缢缩凹成圆形，边缘每侧有9～16缺刻粗齿或成羽状分裂，基部心形或深心形，基缺凹成圆形，下面密被蛛丝状茸毛和柔毛，后脱落变稀疏；基生脉五出，中脉有侧脉4～6对，上面网脉不明显或微突出，下面有时茸毛脱落后柔毛明显可见；叶柄长0.5～4.5 cm，初时密被蛛丝状茸毛，后脱落变稀疏；托叶卵状长圆形或长圆状披针形，膜质，褐色，长3.5～8 mm，宽2.5～4 mm，顶端钝，边缘全缘，无毛。花杂性异株，圆锥花序与叶对生，花序梗长0.5～2.5 cm，初时被蛛丝状茸毛，后变稀疏；花梗长1.5～3 mm，无毛；花蕾倒卵状椭圆形或近球形，高1.5～2.2 mm，顶端圆形；萼碟形，高约0.2 mm，近全缘，无毛，花瓣5，呈帽状黏合脱落；雄蕊5，花丝丝状，长1.5～1.8 mm，花药黄色，椭圆形，长0.4～0.5 mm，在雌花内雄蕊短而不发达，败育，花盘发达，5裂；雌蕊1，子房椭圆状卵形，花柱细短，柱头扩大。果实球形，成熟时紫红色，直径0.5～0.8 cm。种子倒卵形，顶端微凹，基部有短喙，种脐在种子背面中部呈圆形或椭圆形，腹面中棱脊突出，两侧洼穴狭窄，向上达种子3/4处。花期4—8月，果期6—10月。

【分布区域】分布于黄家口镇西湖村。

【药用部位】果实、茎叶。

【炮制】夏、秋季果实成熟时采收，鲜用或晒干。茎叶于7—8月采收。

【性味与归经】果实：甘、酸，平。归肝、胃经。茎叶：甘，平。

【功能与主治】果实：生津止渴。用于暑月伤津口干。

茎叶：祛湿，利小便，解毒。用于淋病，痢疾，痹痛，哕逆，瘰疬，乳痈，湿疹，臁疮。

【用法与用量】适量，嚼食。

161. 葡萄

【拉丁名】*Vitis vinifera* L.

【别名】蒲陶、草龙珠、赐紫樱桃、菩提子、山葫芦、草龙珠、琐琐葡萄、索索葡萄、乌珠玛、葡萄秋。

【形态特征】木质藤本。小枝圆柱形，有纵棱纹，无毛或被稀疏柔毛；卷须2叉分枝，每隔2节间断与叶对生。叶卵圆形，显著3～5浅裂或中裂，长7～18 cm，宽6～16 cm，中裂片顶端急尖，裂片常靠合，基部常缢缩，裂缺狭窄，基部深心形，基缺凹成圆形，两侧常靠合，边缘有22～27个锯齿，齿深而粗大，不整齐，齿端急尖，上面绿色，下面浅绿色，无毛或被疏柔毛；基生脉五出，中脉有侧脉4～5对，网脉不明显突出；叶柄长4～9 cm，几无毛；托叶早落。圆锥花序密集或疏散，多花，与叶对生，基部分枝发达，长10～20 cm，花序梗长2～4 cm，几无毛或疏生蛛丝状茸毛；花梗长1.5～2.5 mm，无毛，花蕾倒卵圆形，高2～3 mm，顶端近圆形；萼浅碟形，边缘呈波状，外面无毛，花瓣5，呈帽状黏合脱落；雄蕊5，花丝丝状，长0.6～1 mm，花药黄色，卵圆形，长0.4～0.8 mm，在雌花内显著短而败育或完全退化，花盘发达，5浅裂；雌蕊1，在雄花中完全退化，子房卵圆形，花柱短，柱头扩大。果实球形或椭圆形，直径1.5～2 cm。种子倒卵状椭圆形，顶端近圆形，基部有短喙，种脐在种子背面

中部呈椭圆形，种脊微突出，腹面中棱脊突出，两侧洼穴宽沟状，向上达种子 1/4 处。花期 4—5 月，果期 8—9 月。

【分布区域】分布于洪湖市各乡镇。

【药用部位】果实。

【炮制】夏、秋季果实成熟时采收，鲜用或风干。

【化学成分】含多糖、黄酮、三萜类化合物、维生素、有机酸、微量元素和蛋白质等。

【性味与归经】甘、酸，平。归肺、脾、肾经。

【功能与主治】补气血，强筋骨，利小便。用于气血虚弱，肺虚咳嗽，心悸盗汗，烦渴，风湿痹痛，淋病，水肿，痘疹不透。

【用法与用量】煎汤，15 ～ 30 g；或捣汁，或熬膏，或浸酒。外用适量，浸酒涂擦；或捣汁含咽，或研末撒。

蛇葡萄属 *Ampelopsis* Michaux

木质藤本，卷须 2 ～ 3 分枝。叶为单叶、羽状复叶或掌状复叶，互生。花 5 数，两性或杂性同株，组成伞房状多歧聚伞花序或复二歧聚伞花序；花瓣 5，展开，各自分离脱落；雄蕊 5，花盘发达，边缘波状浅裂；花柱明显，柱头不明显扩大，子房 2 室，每室有 2 个胚珠。浆果球形，有种子 1 ～ 4 颗。种子倒卵圆形，种脐在种子背面中部呈椭圆形或带形，两侧洼穴呈倒卵形或狭窄，从基部向上达种子近中部；胚乳横切面呈 W 形。

洪湖市境内的蛇葡萄属植物有 1 种。

162. 蛇葡萄

【拉丁名】*Ampelopsis sinica*（Miq.）W.T.Wang

【别名】酸廉、野葡萄、烟火藤、母猪藤、见肿消、见毒消、山葡萄、山天罗。

【形态特征】落叶木质藤本。小枝、花序及叶有较密的锈色短柔毛，枝条粗壮，具皮孔，髓白色；卷须与叶对生，分叉，顶端不膨大。叶互生，纸质；叶柄长 4 ～ 5 cm，越向枝条上部越短，被毛；叶片心状卵形或心形，不分裂或极不明显的 3 浅裂，长、宽各 6 ～ 12 cm，顶端渐尖，基部心形或截平，边缘具有小尖头的圆锯齿，上面深绿色，下面浅绿色，无白粉，脉上被短柔毛，或密或疏，基出脉 3，侧生的一对常分枝，宛如 5 基出脉。聚伞花序，常比叶短，与叶对生，总花梗长 2.5 ～ 3.5 cm；花两性，黄绿色萼浅杯状，5 浅裂；花瓣 5，长圆形，长约 2 mm，雄蕊 5；花柱细短，圆柱状，子房 2 室。浆果球形，直径 6 ～ 8 mm，熟时蓝紫色。花期 4—8 月，果期 7—11 月。

【分布区域】分布于洪湖市各乡镇。

【药用部位】根皮。

【炮制】春、秋季采后去木心，切段晒干或鲜用。

【化学成分】含黄酮类、氨基酸、酚类等。

【性味与归经】辛、苦，凉。

【功能与主治】清热解毒，祛风活络，止痛，止血，敛疮。用于风湿性关节炎，呕吐，腹泻，溃疡，

跌打损伤肿痛，疮疡肿毒，外伤止血，烧烫伤。

【用法与用量】煎汤，3 ～ 9 g。外用适量，鲜品捣烂敷患处。

【临床应用】①治关节肿痛：蛇葡萄鲜根 60 g，细柱五加根 15 g，紫茉莉根 30 g，金银花藤 15 g，水煎服。②治结毒疮伤：蛇葡萄根皮（去栓皮）、苦参、野桑根皮各适量，捣烂，拌酒糟或黄酒做饼，烘热敷患处。③治骨折肿痛（复位后）：蛇葡萄根 4 份，松树嫩头 3 份，杏香兔耳风 1 份半，生南星 1 份，生草乌半份，共研末，黄酒调匀，外敷患处。④治毒蛇咬伤：鲜蛇葡萄根皮、大蓟根各等量，加醋适量，共捣烂，敷伤口周围。

地锦属 *Parthenocissus* Planch.

木质藤本。卷须总状多分枝，嫩时顶端膨大或细尖微卷曲而不膨大，后遇附着物扩大成吸盘。叶为单叶、3 小叶或掌状 5 小叶，互生。花 5 数，两性，组成圆锥状或伞房状疏散多歧聚伞花序；花瓣展开，各自分离脱落；雄蕊 5，花盘不明显或偶有 5 个蜜腺状的花盘；花柱明显，子房 2 室，每室有 2 个胚珠。浆果球形，有种子 1 ～ 4 颗。种子倒卵圆形，种脐在背面中部呈圆形，腹部中棱脊突出，两侧洼穴呈沟状从基部向上斜展达种子顶端，胚乳横切面呈 W 形。

洪湖市境内的地锦属植物有 1 种。

163. 地锦

【拉丁名】*Parthenocissus tricuspidata*（Sieb.et Zucc.）Planch.

【别名】假葡萄藤、走游藤、飞天蜈蚣、枫藤、爬墙虎。

【形态特征】木质藤本。小枝圆柱形，几无毛或微被疏柔毛。卷须5～9分枝，相隔2节间断与叶对生。卷须顶端嫩时膨大成圆珠形，后遇附着物扩大成吸盘。叶为单叶，通常着生在短枝上为3浅裂，时有着生在长枝上者小型不裂，叶片通常倒卵圆形，长4.5～17 cm，宽4～16 cm，顶端裂片急尖，基部心形，边缘有粗锯齿，上面绿色，无毛，下面浅绿色，无毛或中脉上疏生短柔毛，基出脉5，中央脉有侧脉3～5对，网脉上面不明显，下面微突出；叶柄长4～12 cm，无毛或疏生短柔毛。花序着生在短枝上，基部分枝，形成多歧聚伞花序，长2.5～12.5 cm，主轴不明显；花序梗长1～3.5 cm，几无毛；花梗长2～3 mm，无毛；花蕾倒卵状椭圆形，高2～3 mm，顶端圆形；萼碟形，边缘全缘或呈波状，无毛；花瓣5，长椭圆形，高1.8～2.7 mm，无毛；雄蕊5，花丝长1.5～2.4 mm，花药长椭圆状卵形，长0.7～1.4 mm，花盘不明显；子房椭球形，花柱明显，基部粗，柱头不扩大。果实球形，直径1～1.5 cm，有种子1～3颗；种子倒卵圆形，顶端圆形，基部急尖成短喙，种脐在背面中部呈圆形，腹部中棱脊突出，两侧洼穴呈沟状，从种子基部向上达种子顶端。花期5—8月，果期9—10月。

【分布区域】分布于洪湖市各乡镇。

【药用部位】藤茎和根。

【炮制】落叶前采茎，切段晒干备用。根全年可采。

【性味与归经】甘、涩，温。

【功能与主治】祛风通络，活血解毒。用于风湿痹痛，中风半身不遂，偏头痛，产后血瘀，腹生结块，跌打损伤，痈肿疮毒，溃疡不敛。

【用法与用量】7.5～15 g，水煎或泡酒服。外用适量，根皮捣烂，酒调敷患处。

乌蔹莓属 *Cayratia* Juss.

木质藤本。卷须通常 2 ～ 3 叉分枝，稀总状多分枝。叶为 3 小叶或鸟足状 5 小叶，互生。花 4 数，两性或杂性同株，伞房状多歧聚伞花序或复二歧聚伞花序；花瓣展开，各自分离脱落；雄蕊 4，花盘发达，边缘 4 浅裂或波状浅裂；花柱短，柱头微扩大或不明显扩大；子房 2 室，每室有 2 个胚珠。浆果球形或近球形，有种子 1 ～ 4 颗。种子呈半球形，背面凸起，腹部平，有一近圆形孔被膜封闭，或种子倒卵圆形，腹部中棱脊突出，两侧洼穴呈倒卵形、半月形或沟状，种脐与种脊一体成带形或在种子中部呈椭圆形；胚乳横切面呈半月形或 T 形。

洪湖市境内的乌蔹莓属植物有 1 种。

164. 乌蔹莓

【拉丁名】*Cayratia japonica*（Thunb.）Gagnep.

【别名】虎葛、五爪龙、五叶莓、地五加、过山龙、五将草、五龙草、五叶藤、母猪藤。

【形态特征】草质藤本。小枝圆柱形，有纵棱纹，无毛或微被疏柔毛；卷须 2 ～ 3 叉分枝，相隔 2 节间断与叶对生。叶为鸟足状 5 小叶，中央小叶长椭圆形或椭圆状披针形，长 2.5 ～ 4.5 cm，宽 1.5 ～ 4.5 cm，顶端急尖，下面浅绿色，无毛或微被毛；侧脉 5 ～ 9 对，网脉不明显；叶柄长 1.5 ～ 10 cm，中央小叶柄长 0.5 ～ 2.5 cm，侧生小叶无柄或有短柄，侧生小叶总柄长 0.5 ～ 1.5 cm，无毛或微被毛；托叶早落。花序腋生，复二歧聚伞花序；花序梗长 1 ～ 13 cm，无毛或微被毛；花梗长 1 ～ 2 mm，几无毛；花蕾卵圆形，高 1 ～ 2 mm，顶端圆形；萼碟形，边缘全缘或波状浅裂，外面被乳突状毛或几无毛；花瓣 4，三角状卵圆形，高 1 ～ 1.5 mm，外面被乳突状毛；雄蕊 4，花药卵圆形，长、宽近相等；花盘发达，4 浅裂；子房下部与花盘合生，花柱短，柱头微扩大。果实近球形，直径约 1 cm，有种子 2 ～ 4 颗。种子三角状倒卵形，顶端微凹，基部有短喙，种脐在种子背面近中部呈带状椭圆形，上部种脊突出，表面有突出肋纹，腹部中棱脊突出，两侧洼穴呈半月形，从近基部向上达种子近顶端。花期 3—8 月，果期 8—11 月。

【分布区域】分布于黄家口镇革丹村。

【药用部位】全草或根。

【炮制】夏、秋季割取藤茎或挖出根部，除去杂质，洗净，切段，晒干或鲜用。

【化学成分】含阿聚糖、黄酮类、酚类、樟脑、香桧烯、δ－荜澄茄醇、α－松油醇、乌蔹色苷等。

【性味与归经】苦、酸，寒。归心、肝、胃经。

【功能与主治】清热利湿，解毒消肿。用于热毒痈肿，疔疮，丹毒，咽喉肿痛，蛇虫咬伤，水火烫伤，风湿痹痛，黄疸，泻痢，白浊，尿血。

【用法与用量】煎汤，15～30 g；浸酒或捣汁饮。外用适量，捣敷。

【临床应用】①治一切肿毒：五叶藤或根 60 g，生姜 1 块，捣烂，入好酒 200 ml，绞汁热服，取汁，以渣敷之。用大蒜代生姜亦可。②治喉痹：马兰菊、五爪龙草、车前草各 60 g，杵汁，徐徐饮之。③治肺痨咯血：乌蔹莓根 9～12 g，煎服，或加侧柏、地榆、青石蚕各 9 g，同煎服。④治白浊，利小便：乌蔹莓根捣汁饮。⑤治毒蛇咬伤：鲜乌蔹莓全草，捣烂绞取汁 60 g，米酒冲服；外用适量鲜全草捣烂敷伤处。⑥治蜂蜇伤：五爪龙鲜叶，煎水洗。⑦治乳腺炎：鲜乌蔹莓捣烂敷患处。⑧治淋巴结炎：乌蔹莓叶适量，和等量水仙花鳞茎，红糖少许，共捣烂加温敷患处。⑨治带状疱疹：乌蔹莓根块，磨汁，和烧酒与雄黄，抹患处。

六十一、锦葵科 Malvaceae

草本、灌木至乔木。叶互生，单叶或分裂，叶脉通常掌状，具托叶。花腋生或顶生，单生、簇生、聚伞花序至圆锥花序；花两性，辐射对称；萼片 3～5 片，分离或合生，其下附有总苞状的小苞片 3 至多数；花瓣 5 片，彼此分离，但与雄蕊管的基部合生；雄蕊多数，连合成一管称雄蕊柱，花药 1 室，花粉被刺；子房上位，2 至多室，通常以 5 室较多，由 2～5 枚或较多的心皮环绕中轴而成，花柱上部分枝或者为棒状，每室被胚珠 1 至多枚，花柱与心皮同数或为其 2 倍。蒴果，常几枚果爿分裂，很少浆果状。种子肾形或倒卵形，被毛至光滑无毛，有胚乳。子叶扁平，折叠状或回旋状。

本科约有 50 属 1000 种，分布于热带至温带地区。我国有 16 属 81 种 36 变种或变型，产于全国各地，以热带和亚热带地区种类较多。

洪湖市境内的锦葵科植物有 4 属 5 种。

1. 果裂成分果；子房由数个分离心皮组成。
   2. 果盘状，分果爿先端无芒……………………蜀葵属 *Althaea*
   2. 果近球形，分果爿先端具芒或无芒。
      3. 叶互生，基部心形，掌状叶脉……………………苘麻属 *Abutilon*
      3. 叶为单叶或稍分裂……………………黄花稔属 *Sida*
1. 果为室背开裂蒴果，子房由数个合生心皮组成……………………木槿属 *Hibiscus*

蜀葵属 *Althaea* L.

一年生至多年生草本，直立，被长硬毛。叶近圆形，多少浅裂或深裂；托叶宽卵形，先端 3 裂。花单生或排列成总状花序生于枝端，腋生；小苞片6～9，杯状，裂片三角形，基部合生，密被绵毛和刺，萼钟形，5齿裂，基部合生，被绵毛和密刺；花冠漏斗形，各色，花瓣倒卵状楔形，爪被髯毛；雄蕊柱顶端着生有花药；子房室多数，每室具胚珠1个，花柱丝形。果盘状，分果爿有30枚至更多，成熟时与中轴分离。

洪湖市境内的蜀葵属植物有1种。

165. 蜀葵

【拉丁名】*Althaea rosea* (L.) Cavan.

【别名】斗蓬花、栽秧花、棋盘花、麻杆花、一丈红、淑气。

【形态特征】二年生直立草本，高达2 m，茎枝密被刺毛。叶近圆心形，直径6～16 cm，掌状5～7浅裂或具波状棱角，裂片三角形或圆形，中裂片长约3 cm，宽4～6 cm，上面疏被星状柔毛，粗糙，下面被星状长硬毛或茸毛；叶柄长5～15 cm，被星状长硬毛；托叶卵形，长约8 mm，先端具3尖。花腋生、单生或近簇生，排列成总状花序，具叶状苞片，花梗长约5 mm，果时延长至1～2.5 cm，被星状长硬毛；小苞片杯状，常6～7裂，裂片卵状披针形，长10 mm，密被星状粗硬毛，基部合生；萼钟状，直径2～3 cm，5齿裂，裂片卵状三角形，长1.2～1.5 cm，密被星状粗硬毛；花大，直径6～10 cm，有红、紫、白、粉红、黄和黑紫等色，单瓣或重瓣，花瓣倒卵状三角形，长约4 cm，先端凹缺，基部狭，爪被长髯毛；雄蕊柱无毛，长约2 cm，花丝纤细，长约2 mm，花药黄色；花柱分枝多数，微被细毛。果盘状，直径约2 cm，被短柔毛，分果爿近圆形，多数，背部厚达1 mm，具纵槽。花期2—8月，果期4—10月。

【分布区域】分布于大同湖管理区瓦子湾社区。

【药用部位】根、叶、花、种子。

【炮制】春、秋季采根，晒干切片；夏季采花，阴干；花前采叶；秋季果实成熟后摘取果实，晒干，打下种子，筛去杂质，再晒干。

【化学成分】含飞燕草素-3-O-葡萄糖苷、黄色素等。

【性味与归经】甘，凉。

【功能与主治】根：清热凉血，利尿排脓。用于淋证，带下，尿血，吐血，血崩，肠痈，疮肿。

种子：利尿通淋，解毒排脓，润肠。用于水肿，淋证，带下，乳汁不通，疥疮，无名肿毒。脾胃虚寒者及孕妇忌服。

花：和血润燥，通利二便。用于痢疾，吐血，血崩，带下，二便不通，疟疾，小儿风疹。

花、叶：外用适量治痈肿疮疡，烧烫伤。

【用法与用量】根：煎汤，9～18 g。

种子、花：煎汤，均为3～6 g。

花、叶：外用适量，捣烂敷或煎水洗患处。

【临床应用】①治小便淋漓：蜀葵根15 g，洗净，锉碎，用水煎至五七沸服。②治肠痈：蜀葵根3 g，大黄3 g，水煎服。

苘麻属 *Abutilon* Miller

亚灌木状草本或灌木。叶互生，基部心形，掌状叶脉。花顶生或腋生，单生或排列成圆锥花序状；小苞片缺如；花萼钟状，裂片5；花冠钟形、轮形，很少管形，花瓣5，基部连合，与雄蕊柱合生；雄蕊柱顶端具多数花丝；子房具心皮8～20，花柱分枝与心皮同数，子房每室具胚珠2～9。蒴果近球形，陀螺状、磨盘状或灯笼状，分果爿8～20。种子肾形。

洪湖市境内的苘麻属植物有1种。

166. 苘麻

【拉丁名】*Abutilon theophrasti* Medicus

【别名】苘、车轮草、磨盘草、桐麻、白麻、青麻、孔麻、塘麻、椿麻。

【形态特征】一年生亚灌木状草本，高达1～2 m。茎枝被柔毛。叶互生，圆心形，长5～10 cm，先端长渐尖，基部心形，边缘具细圆锯齿，两面均密被星状柔毛；叶柄长3～12 cm，被星状细柔毛；托叶早落。花单生于叶腋，花梗长1～13 cm，被柔毛，近顶端具节；花萼杯状，密被短茸毛，裂片5，卵形，长约6 mm；花黄色，花瓣倒卵形，长约1 cm；雄蕊柱平滑无毛；心皮15～20，长1～1.5 cm，顶端平截，具扩展、被毛的长芒2，排列成轮状，密被软毛。蒴果半球形，直径约2 cm，长约1.2 cm，分果爿15～20，被粗毛，顶端具长芒2。种子肾形，褐色，被星状柔毛。花期7—8月。

【分布区域】分布于洪湖市各乡镇。

【药用部位】全草、叶、种子或根。

【炮制】叶夏季采收，鲜用或晒干。秋季采收成熟果实，晒干，打下种子，除去杂质。立冬后拔取根部，除去茎叶，洗净晒干。

【化学成分】含油、氨基酸等。

【性味与归经】全草和叶：苦，平。归脾、胃经。根：苦，平。归肾、膀胱经。种子：苦，平。归大肠、小肠、膀胱经。

【功能与主治】全草和叶：清热利湿，解毒开窍。用于痢疾，中耳炎，耳鸣，耳聋，睾丸炎，化脓性扁桃体炎，痈疽肿毒。

根：利湿解毒。用于小便淋漓，痢疾，急性中耳炎，睾丸炎。

种子：清热利湿，解毒，退翳。用于赤白痢疾，淋病涩痛，痈肿，目翳。

【用法与用量】全草和叶：煎汤，10 ～ 30 g。外用适量，捣敷。

根：煎汤，30 ～ 60 g。

种子：煎汤，3 ～ 9 g。

【临床应用】①治化脓性扁桃体炎：苘麻、一枝黄花各 15 g，天胡荽 9 g，水煎服，或捣烂绞汁服。②治痈疽肿毒：苘麻鲜叶和蜜捣敷。如漫肿无头者，取鲜叶和红糖捣敷，内服子实 1 枚，日服 2 次。③治尿道炎，小便涩痛：苘麻 15 g，水煎服。④治痢疾：苘麻全草 30 g，水煎服。

黄花稔属 *Sida* L.

草本或亚灌木，具星状毛。叶为单叶或稍分裂。花单生，簇生或圆锥花序式，腋生或顶生；无小苞片；萼钟状或杯状，5 裂；花瓣黄色，5 片，分离，基部合生；雄蕊柱顶端着生多数花药；子房具心皮，花柱枝与心皮同数，柱头头状，每心皮具 1 胚珠。蒴果盘状或球形，分果爿顶端具 2 芒或无芒，成熟时与中轴分离。

洪湖市境内的黄花稔属植物有 1 种。

167. 黄花稔

【拉丁名】*Sida acuta* Burm.F.

【别名】小本黄花草、吸血仔、四吻草、索血草、山鸡、拔毒散、脓见消、单鞭救主、梅肉草、柑仔蜜、蛇总管、四米草、尖叶嗽血草、麻芡麻、灶江、扫把麻。

【形态特征】直立亚灌木状草本，高 1 ～ 2 m。分枝多，小枝被柔毛至近无毛。叶互生，叶柄长 4 ～ 6 mm，疏被柔毛；托叶线形，与叶柄近等长，常宿存；叶披针形，长 2 ～ 5 cm，宽 4 ～ 10 mm，先端短尖或渐尖，基部圆或钝，具锯齿，两面均无毛或疏被星状柔毛，上面偶被单毛。花单朵或成对生于叶腋，花梗长 4 ～ 12 mm，被柔毛，中部具节；萼浅杯状，无毛，长约 6 mm，下半部合生，裂片 5，尾状渐尖；花黄色，直径 8 ～ 10 mm，花瓣倒卵形，先端圆，基部狭，长 6 ～ 7 mm，被纤毛；雄蕊柱长约 4 mm，疏被硬毛。蒴果近圆球形，分果爿 4 ～ 9，但常为 5 ～ 6，长约 3.5 mm，先端具 2 短芒，果皮具网状皱纹。花期冬、春季。

【分布区域】分布于黄家口镇西湖村。

【药用部位】叶或根。

【炮制】叶片在夏、秋季采收，鲜用或晾干或晒干。根部在早春植株萌芽前挖取，洗去泥沙，切片，晒干。

【化学成分】含胆碱、甜菜碱、β-谷甾醇、丁香苷、胡萝卜苷等。

【性味与归经】辛，凉。归肺、肝、大肠经。

【功能与主治】清湿热，解毒消肿，活血止痛。用于湿热泻痢，乳痈，痔疮，疮疡肿毒，跌打损伤，骨折，外伤出血。

【用法与用量】煎汤，15 ～ 30 g。外用适量，捣敷或研粉撒敷。

【临床应用】治乳腺炎：黄花稔、蒲公英各适量，水煎服。外用适量，黄花稔加鲜白菜、红糖，捣敷患处。

木槿属 *Hibiscus* L.

草本、灌木或乔木。叶互生，掌状分裂或不分裂，具掌状叶脉，具托叶。花两性，5数，花常单生于叶腋间；小苞片5或多数，分离或于基部合生；花萼钟状，少为浅杯状或管状，5齿裂，宿存；花瓣5，各色，基部与雄蕊柱合生；雄蕊柱顶端平截或5齿裂，花药多数，生于柱顶；子房5室，每室具胚珠3至多数，花柱5裂，柱头头状。蒴果胞背开裂成5果爿。种子肾形，被毛或为腺状乳突。

洪湖市境内的木槿属植物有2种。

1. 叶宽卵形至圆卵形或心形，常5～7裂，裂片三角形，先端渐尖……………………………………木芙蓉 *H.mutabilis*
1. 叶菱形至三角状卵形，具深浅不同的3裂或不裂，先端钝………………………………………………………木槿 *H.syriacus*

168. 木槿

【拉丁名】*Hibiscus syriacus* L.

【别名】木棉、喇叭花、荆条、朝开暮落花、白花木槿、鸡肉花、白饭花、篱障花、大红花。

【形态特征】落叶灌木，高3～4 m，小枝密被黄色星状茸毛。叶菱形至三角状卵形，长3～10 cm，宽2～4 cm，具深浅不同的3裂或不裂，先端钝，基部楔形，边缘具不整齐齿缺，下面沿叶脉微被毛或近无毛；叶柄长5～25 mm，上面被星状柔毛；托叶线形，长约6 mm，疏被柔毛。花单生于枝端叶腋间，花梗长4～14 mm，被星状短茸毛；小苞片6～8，线形，长6～15 mm，宽1～2 mm，密被星状疏茸毛；花萼钟形，长14～20 mm，密被星状短茸毛，裂片5，三角形；花钟形，淡紫色，直径5～6 cm，花瓣倒卵形，长3.5～4.5 cm，外面疏被纤毛和星状长柔毛；雄蕊柱长约3 cm；花柱枝无毛。蒴果卵圆形，直径约12 mm，密被黄色星状茸毛。种子肾形，背部被黄白色长柔毛。花期7—10月。

【分布区域】分布于洪湖市各乡镇。

【药用部位】根、皮、叶、花、果实。

【炮制】木槿根：全年均可采挖，洗净，切片，鲜用或晒干。

木槿皮：4—5月剥下茎皮或根皮，洗净稍浸，润透，切段，晒干。

木槿叶：全年均可采，鲜用或晒干。

木槿花：夏、秋季选晴天早晨，花半开时采摘，晒干。

木槿子：9—10月果实黄绿色时采收，晒干。

【性味与归经】木槿根：甘，凉。归肺、肾、大肠经。

木槿皮：甘、苦，微寒。归大肠、肝、心、肺、胃、脾经。

木槿叶：苦，寒。归心、胃、大肠经。

木槿花：甘、苦，凉。归脾、肺、肝经。

木槿子：甘，寒。归肺、心、肝经。

【功能与主治】木槿根：清热解毒，消痈肿。用于肠风，痢疾，肺痈，肠痈，痔疮肿痛，赤白带下，疥癣，肺结核。

木槿皮：清热利湿，杀虫止痒。用于湿热泻痢，肠风泻血，脱肛，痔疮，赤白带下，滴虫性阴道炎，皮肤疥癣，阴囊湿疹。

木槿叶：清热解毒。用于赤白痢疾，肠风，痈肿疮毒。

木槿花：清热利湿，凉血解毒。用于肠风泻血，赤白下痢，痔疮出血，肺热咳嗽，咯血，带下，疮疖痈肿，烫伤。

木槿子：清肺化痰，止头痛，解毒。用于痰喘咳嗽，支气管炎，偏头痛，黄水疮，湿疹。

【用法与用量】木槿根：煎汤，15 ～ 25 g（鲜品 50 ～ 100 g）。外用适量，煎水熏洗。

木槿皮：煎汤，3 ～ 9 g。外用适量，酒浸搽擦或煎水熏洗。

木槿叶：煎汤，3 ～ 9 g（鲜品 30 ～ 60 g）。外用适量，捣敷。

木槿花：煎汤，3 ～ 9 g（鲜品 30 ～ 60 g）。外用适量，研末或鲜品捣烂调敷。

木槿子：煎汤，9 ～ 15 g。外用适量，煎水熏洗。

【注意】①本品苦寒，脾胃虚弱者慎用。②无湿热者不宜服本品。

169. 木芙蓉

【拉丁名】*Hibiscus mutabilis* L.

【别名】地芙蓉、霜降花、酒醉芙蓉、芙蓉花、重瓣木芙蓉。

【形态特征】落叶灌木或小乔木，高 2 ～ 5 m。小枝、叶柄、花梗和花萼均密被星状毛或细绵毛。叶宽卵形至圆卵形或心形，直径 10 ～ 15 cm，常 5 ～ 7 裂，裂片三角形，先端渐尖，具钝圆锯齿，上面疏被星状细毛和点，下面密被星状细茸毛，主脉 7 ～ 11 条，叶柄长 5 ～ 20 cm；托叶披针形，长 5 ～ 8 mm，常早落。花单生于枝端叶腋间，花梗长 5 ～ 8 cm，近端具节；小苞片 8，线形，长 10 ～ 16 mm，宽约 2 mm，密被星状绵毛，基部合生；萼钟形，长 2.5 ～ 3 cm，裂片 5，卵形，渐尖头；花初开时白色或淡红色，后变深红色，直径约 8 cm，花瓣近圆形，直径 4 ～ 5 cm，外面被毛，基部具髯毛；雄蕊柱长 2.5 ～ 3 cm，无毛；花柱枝 5，疏被毛。蒴果扁球形，直径约 2.5 cm，被淡黄色刚毛和绵毛，果爿 5。种子肾形，背面被长柔毛。花期 8—10 月。

【分布区域】分布于新堤街道江滩公园。

【药用部位】花、叶或根。

【炮制】夏、秋季采摘初开放的花朵，晒干；夏、秋季剪下叶片，晒干，须经常复晒。

【化学成分】含阿聚糖、半乳聚糖、鼠李聚糖等。

【性味与归经】辛，平。归肺、肝经。

【功能与主治】清热解毒，消肿排脓，凉血止血。用于肺热咳嗽，月经过多，带下；外用适量治腮腺炎，乳腺炎，淋巴结炎，烧烫伤，痈肿疮疖，毒蛇咬伤，跌打损伤。

【用法与用量】煎汤，9～30 g。外用适量，以鲜叶、花捣烂敷患处，或干叶、花研末，用油、凡士林、酒、醋或浓茶调敷。

【临床应用】①治缠身蛇丹（带状疱疹）：木芙蓉叶，阴干研末，调米浆涂患处。②治烫火灼伤：木芙蓉研末，油调敷。③治风湿性关节炎，关节酸痛：木芙蓉叶晒干研末，冷茶调敷患处。

【注意】虚寒患者及孕妇禁服。

六十二、椴树科 Tiliaceae

乔木、灌木或草本。单叶互生，稀对生，具基出脉，全缘或有锯齿，有时浅裂；托叶存在或缺。花两性或单性雌雄异株，辐射对称，排成聚伞花序或再组成圆锥花序；苞片早落，有时大而宿存；萼片通常5，有时为4，分离或多少连生，镊合状排列；花瓣与萼片同数，分离，有时或缺；内侧常有腺体，或有花瓣状退化雄蕊，与花瓣对生；雌雄蕊柄存在或缺；雄蕊多数，稀5数，离生或基部连生成束，花药2室，纵裂或顶端孔裂；子房上位，2～6室，有时更多，每室有胚珠1至数颗，生于中轴胎座，花柱单生，有时分裂，柱头锥状或盾状，常有分裂。果为核果、蒴果、裂果，有时为浆果状或翅果状，2～10室。种子无假种皮，胚乳存在，胚直，子叶扁平。

本科约有52属500种，主要分布于热带及亚热带地区。我国有13属85种。

洪湖市境内的椴树科植物有2属2种。

1. 叶基部无腺体；花有5枚退化雄蕊；果无棱，角果状，从下部开裂……田麻属 *Corchoropsis*
1. 叶基部有腺体变成的线状体；雄蕊全部发育；蒴果长筒形或球形，有棱或有短角……黄麻属 *Corchorus*

田麻属 *Corchoropsis* Sieb.et Zucc.

一年生草本。茎被星状柔毛或平展柔毛。叶互生，边缘具牙齿状齿或锯齿，被星状柔毛，基出3脉，具叶柄；托叶细小，早落。花黄色，单生于叶腋；萼片5片，狭窄披针形；花瓣与萼片同数，倒卵形；雄蕊20枚，其中5枚无花药，与萼片对生，匙状条形，其余能育的15枚中每3枚连成一束；子房被短茸毛或无毛，3室，每室有胚珠多数，花柱近棒状，柱头顶端截平，3齿裂。蒴果角状圆筒形，3爿裂开。种子多数。

洪湖市境内的田麻属植物有1种。

170. 田麻

【拉丁名】*Corchoropsis tomentosa*（Thunb.）Makino

【别名】黄花喉草、白喉草、野络麻。

【形态特征】一年生草本，高40～60 cm。分枝有星状短柔毛。叶卵形或狭卵形，长2.5～6 cm，宽1～3 cm，边缘有钝齿，两面均密生星状短柔毛，基出脉3条，叶柄长0.2～2.3 cm；托叶钻形，长2～4 mm，脱落。花有细柄，单生于叶腋，直径1.5～2 cm；萼片5片，狭窄披针形，长约5 mm；花瓣5片，黄色，倒卵形；发育雄蕊15枚，每3枚成一束，退化雄蕊5枚，与萼片对生，匙状条形，长约1 cm；花柱单一，子房3室，子房被短茸毛。蒴果角状圆筒形，长1.7～3 cm，有星状柔毛。种子长卵形。果期秋季。

【分布区域】分布于黄家口镇革丹村。

【药用部位】全草。

【炮制】夏、秋季采收，切段，鲜用或晒干。

【性味与归经】苦，凉。

【功能与主治】消积，利湿，解毒，止血。用于痈疖肿毒，咽喉肿痛，疥疮，小儿疳积，白带过多，外伤出血。

【用法与用量】煎汤，9～15 g（大剂量可用至30～60 g）。外用适量，鲜品捣敷。

黄麻属 *Corchorus* L.

草本或亚灌木。叶纸质，基部有三出脉，两侧常有伸长的线状小裂片，边缘有锯齿，叶柄明显；托叶2片，线形。花两性，黄色，单生或数朵排成腋生或腋外生的聚伞花序；萼片4～5片；花瓣与萼片同数，腺体不存在；雄蕊多数，着生于雌雄蕊柄上，离生，缺退化雄蕊；子房2～5室，每室有多个胚珠，花柱短，柱头盾状或盘状，全缘或浅裂。蒴果长筒形或球形，有棱或有短角，室背开裂为2～5爿。

种子多数。

洪湖市境内的黄麻属植物有 1 种。

171. 甜麻

【拉丁名】*Corchorus aestuans* L.

【别名】假黄麻、针筒草。

【形态特征】一年生草本，高约 1 m。茎红褐色，稍被淡黄色柔毛；枝细长，披散。叶卵形或阔卵形，长 4.5 ～ 6.5 cm，宽 3 ～ 4 cm，顶端短渐尖或急尖，基部圆形，两面均有稀疏的长粗毛，边缘有锯齿，近基部一对锯齿往往延伸成尾状的小裂片，基出脉 5 ～ 7 条；叶柄长 0.9 ～ 1.6 cm，被淡黄色的长粗毛。花单独或数朵组成聚伞花序生于叶腋或腋外，花序柄或花柄均极短或近于无；萼片 5 片，狭窄长圆形，长约 5 mm，上部半凹陷如舟状，顶端具角，外面紫红色；花瓣 5 片，与萼片近等长，倒卵形，黄色；雄蕊多数，长约 3 mm，黄色；子房长圆柱形，被柔毛，花柱圆棒状，柱头如喙，5 齿裂。蒴果长筒形，长约 2.5 cm，直径约 5 mm，具 6 条纵棱，其中 3 ～ 4 棱呈翅状突起，顶端有 3 ～ 4 条向外延伸的角，角 2 叉，成熟时 3 ～ 4 瓣裂，果瓣有浅横隔。种子多数。花期夏季。

【分布区域】分布于新堤街道。

【药用部位】全草。

【炮制】夏、秋季采收，晒干。

【化学成分】全草含槲皮素。

【性味与归经】苦，寒。

【功能与主治】清热利湿，消肿拔毒。用于中暑发热，痢疾，咽喉疼痛；外用适量治疮疖肿毒。

【用法与用量】煎汤，7 ～ 15 g。外用适量，鲜叶捣烂敷患处。

【注意】孕妇忌服。

六十三、梧桐科 Sterculiaceae

乔木或灌木，稀为草本或藤本。幼嫩部分常有星状毛，树皮常有黏液和富于纤维。叶互生，单叶，稀为掌状复叶，全缘、具齿或深裂，通常有托叶。花序腋生，稀顶生，排成圆锥花序、聚伞花序、总状花序或伞房花序，稀为单生花；花单性、两性或杂性；萼片 5 枚，稀为 3 ～ 4 枚，或多或少合生，稀完全分离，镊合状排列；花瓣 5 片或无花瓣，分离或基部与雌雄蕊柄合生，排成旋转的覆瓦状排列，通常有雌雄蕊柄；雄蕊的花丝常合生成管状，有 5 枚舌状或线状的退化雄蕊与萼片对生，或无退化雄蕊，花药 2 室，纵裂；雌蕊由 2 ～ 5 个多少合生的心皮或单心皮组成，子房上位，室数与心皮数相同，每室有胚珠 2 个或多个，稀为 1 个，花柱 1 枚或与心皮同数。果通常为蒴果或蓇葖果，开裂或不开裂，极少为浆果或核果。种子有胚乳或无胚乳，胚直立或弯生，胚轴短。

本科有 68 属约 1100 种，分布于东、西两半球的热带和亚热带地区，只有个别种可分布于温带地区。

洪湖市境内的梧桐科植物有 1 属 1 种。

马松子属 *Melochia* L.

草本或半灌木，稀为乔木，略被星状柔毛。叶卵形或广心形，有锯齿。花小，两性，排成聚伞花序或团伞花序；萼 5 深裂或浅裂，钟状；花瓣 5 片，匙形或矩圆形，宿存；雄蕊 5 枚，与花瓣对生，基部连合成管状，花药 2 室，外向，药室平行；退化雄蕊无，稀为细齿状；子房无柄或有短柄，5 室，每室有胚珠 1 ～ 2 个，花柱 5 枚，分离或在基部合生，柱头略增厚。蒴果室背开裂为 5 个果瓣，每室有种子 1 个。种子倒卵形，略有胚乳，子叶扁平。

洪湖市境内的马松子属植物有 1 种。

172. 马松子

【拉丁名】*Melochia corchorifolia* L.

【别名】野路葵、假络麻、野棉花秸。

【形态特征】半灌木状草本，高不及 1 m。枝黄褐色，略被星状短柔毛。叶薄纸质，卵形、矩圆状卵形或披针形，稀有不明显的 3 浅裂，长 2.5 ～ 7 cm，宽 1 ～ 1.3 cm，顶端急尖或钝，基部圆形或心形，边缘有锯齿，上面近于无毛，下面略被星状短柔毛，基生脉 5 条，叶柄长 5 ～ 25 mm；托叶条形，长 2 ～ 4 mm。花排成顶生或腋生的密聚伞花序或团伞花序；小苞片条形，混生在花序内；萼钟状，5 浅裂，长约 2.5 mm，外面被长柔毛和刚毛，内面无毛，裂片三角形；花瓣 5 片，白色，后变为淡红色，矩圆形，长约 6 mm，基部收缩；雄蕊 5 枚，下部连合成筒，与花瓣对生；子房无柄，5 室，密被柔毛，花柱 5 枚，线状。蒴果圆球形，有 5 棱，直径 5 ～ 6 mm，被长柔毛，每室有种子 1 ～ 2 个。种子卵圆形，略呈三角状，褐黑色，长 2 ～ 3 mm。花期夏、秋季。

【分布区域】分布于乌林镇黄蓬山村。

【药用部位】根、叶。

【化学成分】含马松子素、β－谷甾醇、β－胡萝卜苷、齐墩果烷等。

【性味与归经】辛、苦，温。归心经。

【功能与主治】止痒退疹。用于皮肤瘙痒，荨麻疹，湿疮，湿疹，阴部湿痒等。

【用法与用量】煎汤，3～6 g。外用适量，煎水洗或研末敷患处。

六十四、大风子科 Flacourtiaceae

常绿或落叶乔木或灌木，多数无刺，稀有枝刺和皮刺。单叶，互生，稀对生和轮生，有时排成2列或螺旋式，全缘或有锯齿，多数在齿尖有圆腺体，或透明或半透明的腺点和腺条，有时在叶基有腺体和腺点；叶柄基部和顶部增粗，有的有腺点；托叶小，通常早落或缺，稀有大的和叶状的，或宿存。花通常小，两性或单性，雌雄异株或杂性同株，单生或簇生，排成顶生或腋生的总状花序、圆锥花序、聚伞花序，花梗常在基部或中部处有关节；萼片2～7片或更多，覆瓦状排列，稀镊合状和螺旋状排列，分离或在基部连合成萼管；花瓣2～7片，稀为有翼瓣片，分离或基部连合，通常花瓣与萼片相似而同数，覆瓦状排列，或镊合状排列，排列整齐，早落或宿存，通常与萼片互生；花托通常有腺体，或腺体开展成花盘，有的花盘中央变深而成为花盘管；雄蕊通常多数，有的与花瓣同数而和花瓣对生，花丝分离，药隔有一短的附属物；雌蕊由2～10个心皮形成，子房上位、半下位，稀完全下位，通常1室，有2～10个侧膜胎座和2至多数胚珠，侧膜胎座有时向内突出到子房室的中央而形成多室的中轴胎座，胚珠倒生或半倒生。果实为浆果和蒴果，有的有棱条，角状或多刺，有1至多粒种子。种子有时有假种皮，或种子边缘有翅，稀被绢状毛，通常有丰富的、肉质的胚乳，胚直立或弯曲，子叶通常较大，心状或叶状。

本科约有93属1300种，主要分布于热带和亚热带地区。我国现有13属2栽培属，约54种。主产于华南、西南地区，少数种类分布到秦岭和长江以南各地。

洪湖市境内的大风子科植物有 1 属 1 种。

柞木属 *Xylosma* G.Forst.

小乔木或灌木。树干和枝上通常有刺。单叶，互生，薄革质，边缘有锯齿，稀全缘，有短柄；托叶缺。花小，单性，雌雄异株，稀杂性，排成腋生花束或短的总状花序、圆锥花序，苞片小，早落，花萼小，4 ～ 5 片，覆瓦状排列，花瓣缺；雄花的花盘通常 4 ～ 8 裂，稀全缘，雄蕊多数，花丝丝状，花药基部着生，顶端无附属物，退化子房缺；雌花的花盘环状，子房 1 室，侧膜胎座 2 个，稀 3 ～ 6 个，每个胎座上有胚珠 2 至多颗，花柱短或缺，柱头头状，或 2 ～ 6 裂。浆果核果状，黑色，果皮薄革质。种子少数，倒卵形，种皮骨质，光滑，子叶宽大，绿色。

洪湖市境内的柞木属植物有 1 种。

173. 柞木

【拉丁名】*Xylosma congesta*（Loureiro）Merrill

【别名】红心刺、葫芦刺、蒙子树、凿子树、柞树。

【形态特征】常绿大灌木或小乔木，高 4 ～ 15 m。树皮棕灰色，不规则从下面向上反卷呈小片，裂片向上反卷；幼时有枝刺，结果株无刺；枝条近无毛或有疏短毛。叶薄革质，雌雄株稍有区别，通常雌株的叶有变化，菱状椭圆形至卵状椭圆形，长 4 ～ 8 cm，宽 2.5 ～ 3.5 cm，先端渐尖，基部楔形或圆形，边缘有锯齿，两面无毛或在近基部中脉有污毛；叶柄短，长约 2 mm，有短毛。花小，总状花序腋生，长 1 ～ 2 cm，花梗极短，长约 3 mm，花萼 4 ～ 6 片，卵形，长 2.5 ～ 3.5 mm，外面有短毛，花瓣缺；

雄花有多数雄蕊，花丝细长，长约 4.5 mm，花药椭圆形，底着药，花盘由多数腺体组成，包围着雄蕊；雌花的萼片与雄花同，子房椭圆形，无毛，长约 4.5 mm，1 室，有 2 侧膜胎座，花柱短，柱头 2 裂，花盘圆形，边缘稍波状。浆果黑色，球形，顶端有宿存花柱，直径 4 ～ 5 mm。种子 2 ～ 3 粒，卵形，长 2 ～ 3 mm，鲜时绿色，干后褐色，有黑色条纹。花期春季，果期冬季。

【分布区域】分布于乌林镇香山村。

【药用部位】叶、枝、茎皮、根皮。

【炮制】叶、枝：全年可采，晒干。茎皮：夏、秋季剥取。根皮：秋后挖取。

枝：除去杂质，用清水浸泡至透，切长 1 cm 的小段，摊开烘干或晒干，筛去碎末。

【性味与归经】苦、涩，寒。叶：归心经。枝：归肝经。茎皮、根皮：归肝、脾经。

【功能与主治】清热利湿，散瘀止血，消肿止痛。根皮、茎皮用于黄疸水肿，死胎不下；根、叶用于跌打肿痛，骨折，脱臼，外伤出血。

【用法与用量】煎汤，9 ～ 12 g。外用适量，捣烂敷患处，或用叶以 30% 的酒精制成浓度为 30% 的搽剂，供外搽或湿敷用。

【临床应用】①治小儿腹泻：柞树皮 6 g，独根草 6 g，山楂 6 g，葎草 20 g。上药煎服，每日 3 次。②治痢疾，肠炎，腹泻：柞树皮 15 g，水煎，每日 3 次。③治黄疸：柞树皮，煅炭研末。每次 6 g，每日 3 次。④治痔疮：鲜柞树皮捣烂，敷患处。⑤治小儿腹泻：取柞树皮 90 g，洗净切碎，加水 4000 ml，煎成 1000 ml，用此煎液泡脚，每次半小时。病重者，口服煎液 20 ml，每日 2 ～ 3 次。

【注意】孕妇禁用。

六十五、堇菜科 Violaceae

多年生草本、半灌木或小灌木。叶为单叶，互生，少数对生，全缘、有锯齿或分裂，有叶柄；托叶小或叶状。花两性或单性，少有杂性，辐射对称或两侧对称，单生或组成腋生或顶生的穗状、总状或圆锥状花序，有 2 枚小苞片，有时有闭花受精花；萼片下位，5，同型或异型，覆瓦状，宿存；花瓣下位，5，覆瓦状或旋转状，异型，下面 1 枚通常较大，基部囊状或有距；雄蕊 5，通常下位，花药直立，分离或围绕子房成环状靠合，药隔延伸于药室顶端成膜质附属物，花丝很短或无，下方 2 枚雄蕊基部有距状蜜腺；子房上位，完全被雄蕊覆盖，1 室，由 3 ～ 5 心皮连合构成，具 3 ～ 5 侧膜胎座，花柱单一，稀分裂，柱头形状多变化，胚珠 1 至多数，倒生。果实为沿室背弹裂的蒴果。种子无柄或具极短的种柄，种皮坚硬，有光泽，常有油质体，有时具翅，胚乳丰富，肉质，胚直立。

本科约有 22 属 900 种，广布于世界各地，温带、亚热带及热带地区均产。我国有 4 属约 130 种。

洪湖市境内的堇菜科植物有 1 属 2 种。

堇菜属 *Viola* L.

多年生或二年生草本，稀为半灌木。具根状茎，地上茎发达或缺少，有时具匍匐枝。叶为单叶，互生或基生，全缘、具齿或分裂；托叶小或大，呈叶状，离生或不同程度地与叶柄合生。花两性，两侧对称，单生，稀为 2 花，花梗腋生，有 2 枚小苞片；萼片 5，略同型，基部延伸成明显或不明显的附属物；花瓣 5，异型，稀同型，下方 1 瓣通常稍大且基部延伸成距；雄蕊 5，花丝极短，花药环生于雌蕊周围，药隔顶端延伸成膜质附属物，下方 2 枚雄蕊的药隔背方近基部处形成距状蜜腺，伸入下方花瓣的距中；子房 1 室，心皮 3，侧膜胎座，有多数胚珠，花柱棍棒状，基部较细，稍膝曲，顶端浑圆、平坦或微凹，有各种不同的附属物，前方具喙或无喙，柱头孔位于喙端或在柱头上。蒴果球形、长圆形或卵圆状，成熟时 3 瓣裂，果瓣舟状，有厚而硬的龙骨，当薄的部分干燥而收缩时，果瓣向外弯曲将种子弹射出。种子倒卵状，种皮坚硬，有光泽，内含丰富的内胚乳。

洪湖市境内的堇菜属植物有 2 种。

1. 托叶分离部分钻状三角形，有睫毛状毛；叶片狭卵状披针形或长圆状卵形，边缘具浅圆齿；花紫堇色，侧瓣内有毛或无毛……紫花地丁 *V.philippica*

1. 托叶全缘或具齿……长萼堇菜 *V.inconspicua*

174. 紫花地丁

【拉丁名】*Viola philippica* Cav.

【别名】辽堇菜、野堇菜、光瓣堇菜、铧头草。

【形态特征】多年生草本，高 4 ～ 14 cm，无地上茎。根状茎短，淡褐色，长 4 ～ 13 mm，粗 2 ～ 7 mm，节密生，有数条淡褐色或近白色的细根。叶多数，基生，莲座状；叶片下部者通常较小，呈三角状卵形或狭卵形，上部者较长，呈长圆形、狭卵状披针形或长圆状卵形，长 1.5 ～ 4 cm，宽 0.5 ～ 1 cm，先端圆钝，基部截形或楔形，稀微心形，边缘具较平的圆齿，两面无毛或被细短毛，或仅下面沿叶脉被短毛；叶柄在花期通常长于叶片 1 ～ 2 倍，上部具极狭的翅，果期长可达 10 cm，上部具较宽之翅，无毛或被细短毛；托叶膜质，苍白色或淡绿色，长 1.5 ～ 2.5 cm，2/3 ～ 4/5 与叶柄合生，离生部分线状披针形，边缘疏生具腺体的流苏状细齿或近全缘。花中等大，紫堇色或淡紫色，喉部色较淡并带有紫色条纹；花梗通常细弱，与叶片等长或高出于叶片，无毛或有短毛，中部附近有 2 枚线形小苞片；萼片卵状披针形或披针形，长 5 ～ 7 mm，先端渐尖，基部附属物短，长 1 ～ 1.5 mm，末端圆形或截形，边缘具膜质白边，无毛或有短毛；花瓣倒卵形或长圆状倒卵形，侧方花瓣长，为 1 ～ 1.2 cm，里面无毛或有须毛；花药长约 2 mm，药隔顶部的附属物长约 1.5 mm，下方 2 枚雄蕊背部的距细管状，长 4 ～ 6 mm，末端稍细；子房卵形，无毛，花柱棍棒状，比子房稍长，基部稍膝曲，柱头三角形，两侧及后方稍增厚成微隆起的缘边，顶部略平，前方具短喙。蒴果长圆形，长 5 ～ 12 mm，无毛。种子卵球形，长 1.8 mm，淡黄色。花果期 4 月中下旬至 9 月。

【分布区域】分布于新堤街道叶家门社区。

【药用部位】干燥全草。

【炮制】除去杂质，洗净，切碎，干燥。

【性味与归经】苦、辛，寒。归心、肝经。

【功能与主治】清热解毒，凉血消肿。用于疔疮肿毒，痈疽发背，丹毒，毒蛇咬伤。

【用法与用量】煎汤，15 ～ 30 g。外用鲜品适量，捣烂敷患处。

【注意】紫花地丁多用于热毒壅盛之时，内服多与银花、连翘、野菊花等同用；外用可取新鲜紫花地丁适量捣烂外敷痈疮局部。

175. 长萼堇菜

【拉丁名】*Viola inconspicua* Blume

【别名】湖南堇菜、犁头草。

【形态特征】多年生草本，无地上茎。根状茎垂直或斜生，较粗壮，长 1 ～ 2 cm，粗 2 ～ 8 mm，节密生，通常包被残留的褐色托叶。叶均基生，呈莲座状；叶片三角形、三角状卵形或戟形，长 1.5 ～ 7 cm，宽 1 ～ 3.5 cm，最宽处在叶的基部，中部向上渐变狭，先端渐尖或尖，基部宽心形，弯缺呈宽半圆形，两侧垂片发达，通常平展，稍下延于叶柄成狭翅，边缘具圆锯齿，两面通常无毛，上面密生乳头状小白点；叶柄无毛，长 2 ～ 7 cm；托叶 3/4 与叶柄合生，分离部分披针形，长 3 ～ 5 mm，先端渐尖，边缘疏生流苏状短齿，稀全缘，通常有褐色锈点。花淡紫色，有暗色条纹；花梗细弱，通常与叶片等长或稍高出于叶，无毛或上部被柔毛，中部稍上处有 2 枚线形小苞片；萼片卵状披针形或披针形，长 4 ～ 7 mm，顶端渐尖，基部附属物伸长，长 2 ～ 3 mm，末端具缺刻状浅齿，具狭膜质缘，无毛或具纤毛；花瓣长圆状倒卵形，长 7 ～ 9 mm，侧方花瓣里面基部有须毛，下方花瓣连距长 10 ～ 12 mm，距管状，长 2.5 ～ 3 mm，末端钝；下方雄蕊背部的距角状，长约 2.5 mm，顶端尖，基部宽；子房球形，无毛，花柱棍棒状，长约 2 mm，基部稍膝曲，顶端平，两侧具较宽的缘边，前方具明显的短喙，喙端具向上开口的柱头孔。蒴果长圆形，长 8 ～ 10 mm，无毛。种子卵球形，长 1 ～ 1.5 mm，直径 0.8 mm，深绿色。花期 3—10 月，果期 4—11 月。

【分布区域】分布于黄家口镇革丹村。

【药用部位】全草。

【炮制】夏、秋季开花时采集全草，洗净，鲜用或晒干。

【性味与归经】苦、微辛，寒。归肝、脾经。

【功能与主治】清热解毒，凉血消肿。用于急性结膜炎，咽喉炎，急性黄疸性肝炎，乳腺炎，痈疖肿毒，化脓性骨髓炎，毒蛇咬伤。

【用法与用量】煎汤，9 ～ 15 g；或捣汁，或入丸剂。外用适量，捣敷；或研末调敷。服药后不可喝热水、吃热食。

六十六、葫芦科 Cucurbitaceae

一年生或多年生草质或木质藤本，稀为灌木或乔木状。一年生植物的根为须根，多年生植物常为球状或圆柱状块根；茎通常具纵沟纹，匍匐或借助卷须攀援；具卷须或极稀无卷须，卷须侧生叶柄基部，单一，或 2 至多歧，大多数在分歧点之上旋卷，少数在分歧点上下同时旋卷，稀伸直，仅顶端钩状。叶互生，通常为 2/5 叶序，无托叶，具叶柄；叶片不分裂，或掌状浅裂至深裂，稀为鸟足状复叶，边缘具锯齿或稀全缘，具掌状脉。花单性，雌雄同株或异株，单生、簇生或集成总状花序、圆锥花序或近伞形花序；雄花花萼辐状、钟状或管状，5 裂，裂片覆瓦状排列或开放式，花冠插生于花萼筒的檐部，基部合生成筒状或钟状，或完全分离，5 裂，裂片在芽中覆瓦状排列或内卷式镊合状排列，全缘或边缘成流苏状，雄蕊 5 或 3，插生在花萼筒基部、近中部或檐部，花丝分离或合生成柱状，花药分离或靠合，药室通直、弓曲或 S 形折曲至多回折曲，药隔伸出或不伸出，纵向开裂，花粉粒圆形或椭圆形，退化雌蕊有或无；雌花花萼与花冠同雄花，退化雄蕊有或无；子房下位或稀半下位，通常由 3 心皮合生而成，3 室或有时为假 4 ～ 5 室，侧膜胎座，胚珠通常多数，在胎座上常排列成 2 列，水平生、下垂或上升成倒生胚珠，花柱单一或在顶端3裂，稀完全分离，柱头膨大，2裂或流苏状。果实为肉质浆果状或果皮木质，不开裂或在成熟后盖裂或3瓣纵裂，1室或3室。种子常多数，扁压状，种皮骨质、硬革质或膜质，有各种纹饰，边缘全缘或有齿；无胚乳，胚直，具短胚根，子叶大、扁平，常含丰富的油脂。

本科约有113属800种，大多数分布于热带和亚热带地区，少数种类散布到温带地区。我国有32属154种35变种，主要分布于西南部和南部，少数散布到北部。

洪湖市境内的葫芦科植物有10属11种。

1. 花冠裂片不呈流苏状。
 2. 雄蕊5，药室卵形而笔直。
  3. 花小，花冠裂片长不及1 cm；果熟时盖裂；叶心状戟形……盒子草属 *Actinostemma*
  3. 花较大，花冠裂片长约2 cm；果实不开裂，浆果状；叶通常心形，极稀分裂……赤瓟属 *Thladiantha*
 2. 雄蕊3，稀5而药室扭曲。
  4. 花及果均小型……马瓟儿属 *Zehneria*
  4. 花及果中等大或大型。
   5. 花冠辐状。
    6. 雄花萼筒短，钟状、杯状或短漏斗状；雄蕊常伸出。
     7. 花梗上有盾状苞片；果实表面常有明显的瘤状突起，成熟后有时3瓣裂……苦瓜属 *Momordica*
     7. 花梗上有兜状苞片；果实表面平滑或具瘤状突起……黄瓜属 *Cucumis*
     7. 花梗上无兜状苞片。
      8. 雄花成总状花序……丝瓜属 *Luffa*
      8. 雄花单生……冬瓜属 *Benincasa*
       9. 花单生，花白色；叶片基部具2明显腺体……葫芦属 *Lagenaria*
   5. 花冠钟状，5中裂……南瓜属 *Cucurbita*
1. 花冠裂片呈流苏状……栝楼属 *Trichosanthes*

盒子草属 *Actinostemma* Griff.

纤细攀援草本。叶有柄，叶片心状戟形、卵形、宽卵形，或披针状三角形，不分裂或3～5裂，边缘有疏锯齿，或微波状；卷须分2叉或稀单一。花单性，雌雄同株或稀两性，雄花序总状或圆锥状，稀单生或双生；花萼辐状，筒部杯状，裂片线状披针形；花冠辐状，裂片披针形，尾状渐尖；雄蕊5，离生，花丝短，丝状，花药近卵形，外向，基底着生药隔在花药背面乳头状突出，1室，纵缝开裂，无退化雌蕊；雌花单生，簇生或稀雌雄同序，花萼和花冠与雄花同型，子房卵珠形，常具疣状突起，1室，花柱短，柱头3，肾形。胚珠2～4枚，着生于室壁近顶端因而胚珠成下垂生。果实卵状，自中部以上环状盖裂，顶盖圆锥状，具2～4枚种子。种子稍扁，卵形，种皮有不规则的雕纹。

洪湖市境内的盒子草属植物有1种。

176. 盒子草

【拉丁名】*Actinostemma tenerum* Griff.

【别名】黄丝藤、葫篓棵子、天球草、鸳鸯木鳖、盒儿藤、龟儿草。

【形态特征】柔弱草本。枝纤细，疏被长柔毛，后变无毛。叶柄细，长 2 ~ 6 cm，被短柔毛。叶心状戟形、心状狭卵形或披针状三角形，不分裂或 3 ~ 5 裂或仅在基部分裂，边缘波状或具小圆齿或具疏齿，基部弯缺半圆形、长圆形、深心形，裂片顶端狭三角形，先端稍钝或渐尖，顶端有小尖头，两面具疏散疣状突起，长 3 ~ 12 cm，宽 2 ~ 8 cm；卷须细，2 歧。雄花总状，有时圆锥状，小花序基部具叶状 3 裂总苞片，罕 1 ~ 3 花生于短缩的总梗上；花序轴细弱，长 1 ~ 13 cm，被短柔毛；苞片线形，长约 3 mm，密被短柔毛，长 3 ~ 12 mm；花萼裂片线状披针形，边缘有疏小齿，长 2 ~ 3 mm，宽 0.5 ~ 1 mm；花冠裂片披针形，先端尾状钻形，具 1 脉或稀 3 脉，疏生短柔毛，长 3 ~ 7 mm，宽 1 ~ 1.5 mm；雄蕊 5，花丝被柔毛或无毛，药隔稍伸出于花药成乳头状；雌花单生，双生或雌雄同序；雌花梗具关节，长 4 ~ 8 cm，花萼和花冠同雄花；子房卵状，有疣状突起。果实绿色，卵形、阔卵形、长圆状椭圆形，长 1.6 ~ 2.5 cm，直径 1 ~ 2 cm，疏生暗绿色鳞片状突起，近中部盖裂，果盖锥形，具种子 2 ~ 4 枚。种子表面有不规则雕纹，长 11 ~ 13 mm，宽 8 ~ 9 mm，厚 3 ~ 4 mm。花期 7—9 月，果期 9—11 月。

【分布区域】分布于黄家口镇革丹村。

【药用部位】全草、种子和叶。

【炮制】除去杂质，洗净，干燥。

【性味与归经】苦，寒。归肾、膀胱经。

【功能与主治】利水消肿，清热解毒。用于水肿，臌胀，小儿疳积，湿疹，疮疡，毒蛇咬伤。

【用法与用量】煎汤，15 ~ 30 g。外用适量，捣敷或煎水熏洗。

冬瓜属 *Benincasa* Savi

一年生蔓生草本，全株密被硬毛。叶掌状 5 浅裂，叶柄无腺体；卷须 2 ~ 3 歧。花大型，黄色，通常雌雄同株，单独腋生；雄花花萼筒宽钟状，裂片 5，近叶状，有锯齿，反折；花冠辐状，通常 5 裂，裂片倒卵形，全缘；雄蕊 3，离生，着生在花被筒上，花丝短粗，花药 1 枚 1 室，其他 2 室，药室多回折曲，药隔宽；退化子房腺体状；雌花花萼和花冠同雄花，退化雄蕊 3；子房卵珠状，具 3 胎座，胚珠多数，水平生；花柱插生在盘上，柱头 3，膨大，2 裂。果实大型，长圆柱状或近球状，具糙硬毛及白霜，不开裂，具多数种子。种子圆形，扁，边缘肿胀。

洪湖市境内的冬瓜属植物有 1 种。

177. 冬瓜

【拉丁名】*Benincasa hispida*（Thunb.）Cogn.

【别名】广瓜、枕瓜、白瓜、扁蒲、大瓠子，瓠子瓜、蒲瓜、葫芦瓜、节瓜。

【形态特征】一年生蔓生或架生草本。茎被黄褐色硬毛及长柔毛，有棱沟。叶柄粗壮，长 5 ~ 20 cm，被黄褐色的硬毛和长柔毛；叶片肾状近圆形，宽 15 ~ 30 cm，5 ~ 7 浅裂或有时中裂，裂片宽三角形或卵形，先端急尖，边缘有小齿，基部深心形，弯缺张开，近圆形，表面深绿色，稍粗糙，有疏柔毛，老后渐脱落，背面粗糙，灰白色，有粗硬毛；叶脉在叶背面稍隆起，密被毛；卷须 2 ~ 3 歧，被粗硬毛和长柔毛。雌雄同株；花单生，雄花梗长 5 ~ 15 cm，密被黄褐色短刚毛和长柔毛，在花梗的基部具一苞片，苞片卵形或宽长圆形，长 6 ~ 10 mm，先端急尖，有短柔毛，花萼筒宽钟形，宽 12 ~ 15 mm，密生刚毛状长柔毛；裂片披针形，长 8 ~ 12 mm，有锯齿，反折；花冠黄色，辐状，裂片宽倒卵形，长 3 ~ 6 cm，宽 2.5 ~ 3.5 cm，两面有稀疏的柔毛，先端钝圆，具 5 脉；雄蕊 3，离生，花丝长 2 ~ 3 mm，基部膨大，被毛；花药长 5 mm，宽 7 ~ 10 mm，药室三回折曲；雌花梗长不及 5 cm，密生黄褐色硬毛和长柔毛；子房卵形或圆筒形，密生黄褐色茸毛状硬毛，长 2 ~ 4 cm；花柱长 2 ~ 3 mm，柱头 3，长 12 ~ 15 mm，2 裂。果实长圆柱状或近球状，大型，有硬毛和白霜，长 25 ~ 60 cm，直径 10 ~ 25 cm。种子卵形，白色或淡黄色，压扁，有边缘，长 10 ~ 11 mm，宽 5 ~ 7 mm，厚 2 mm。

【分布区域】分布于洪湖市各乡镇。

【药用部位】果皮、种子。

【炮制】夏末秋初果实成熟时采摘，除去杂质，洗净，切块或宽丝，晒干。

【化学成分】含羽扇豆醇、甘露醇、β－谷甾醇、葡萄糖、鼠李糖及多种维生素等。

【性味与归经】甘、淡，凉。归肺、大肠、小肠、膀胱经。

【功能与主治】利水消痰，清热解毒。用于水肿，胀满，小便不利，淋漓涩痛，脚气，咳喘，暑热烦闷，消渴，鱼、蟹、酒中毒。

【用法与用量】煎汤，10～15 g；或研末服。外用适量，研膏涂敷。

【临床应用】①治急慢性肾炎，水肿，肝病伴有腹水等症：冬瓜 500 g（连皮），赤小豆 60 g，鲜生鱼 150 g，煮服之。②治暑日口渴心烦，肺热咳嗽，痰黄稠，小便短赤，口疮：鲜冬瓜 500 g，鲜荷叶 1 块。将鲜冬瓜、鲜荷叶剪成小块，加水煮汤，加盐少许，熟后饮汤吃冬瓜。③治暑疖和痱子过多，膀胱湿热，小便短黄，口干烦渴：冬瓜 500 g，薏米 50 g，水煎代茶饮。

【注意】久服寒中，脾胃虚寒者慎用。

黄瓜属 *Cucumis* L.

一年生攀援或蔓生草本。茎、枝有棱沟，密被白色或稍黄色的糙硬毛；卷须纤细，不分歧。叶片近圆形、肾形或心状卵形，不分裂或 3～7 浅裂，具锯齿，两面粗糙，被短刚毛。雌雄同株，稀异株。雄花：簇生或稀单生；花萼筒钟状或近陀螺状，5 裂，裂片近钻形；花冠辐状或近钟状，黄色，5 裂，裂片长圆形或卵形；雄蕊 3，离生，着生在花被筒上，花丝短，花药长圆形，1 枚 1 室，2 枚 2 室，药室线形，折曲或稀弓曲，药隔伸出，成乳头状；退化雌蕊腺体状。雌花：单生或稀簇生；花萼和花冠与雄花相同，退化雄蕊缺如；子房纺锤形或近圆筒形，具 3～5 胎座，花柱短，柱头 3～5，靠合；胚珠多数，水平着生。果实多形，肉质或质硬，通常不开裂，平滑或具瘤状突起。种子多数，扁压，光滑，无毛，种子边缘不拱起。

洪湖市境内的黄瓜属植物有 2 种。

1. 果实小，长圆形、球形或陀螺状，有香味，不甜，成熟后有甜味，果肉极薄……………………马瓟瓜 *C.melo* var.*agrestis*
1. 果实大，长圆形或圆柱形，长超过 5 cm，表面粗糙，有具刺尖的瘤状突起，极稀近于平滑………………黄瓜 *C.sativus*

178. 马瓟瓜

【拉丁名】*Cucumis melo* var.*agrestis* Naud.

【别名】马宝、小野瓜、小马泡、马泡瓜。

【形态特征】一年生匍匐或攀援草本。植株纤细，茎、枝有棱，有黄褐色或白色的糙硬毛和疣状突起；卷须纤细，单一，被微柔毛。叶有柄，呈楔形或心形，叶面较粗糙，有刺毛。花黄色，雌雄同株同花，花冠具有 3～5 裂；雄花花梗纤细，长 0.5～2 cm，被柔毛；花萼筒狭钟形，密被白色长柔毛，长 6～8 mm，裂片近钻形，直立或开展，比筒部短；花冠黄色，长 2 cm，裂片长圆形急尖；雄蕊 3，花丝极短，药室折曲，药隔顶端引长；退化雌蕊长约 1 mm；雌花单生，花梗粗糙，被柔毛；子房密被微柔毛和糙硬毛，花柱长 1～2 mm，柱头靠合，长约 2 mm。果实小，长圆形、球形或陀螺状，有香味，不甜，成熟后有甜味，果肉极薄。种子污白色或黄白色，卵形或长圆形，先端尖，基部钝，表面光滑，无边缘。

【分布区域】分布于黄家口镇黄家口村。

【药用部位】成熟果实。

【炮制】除去杂质，洗净，切块或宽丝，鲜用或晒干。

【化学成分】含维生素 C、维生素 E、黄瓜酶、精氨酸、丙氨酸、谷氨酸等。

【性味与归经】甘、苦，凉。归脾、胃、大肠经。

【功能与主治】清热解毒，利尿。用于烦渴，火眼，咽喉肿痛，烫伤。

【用法与用量】煎汤，10 ～ 15 g。

179. 黄瓜

【拉丁名】*Cucumis sativus* L.

【别名】青瓜、胡瓜、旱黄瓜。

【形态特征】一年生蔓生或攀援草本。茎、枝伸长，有棱沟，被白色的糙硬毛；卷须细，不分歧，具白色柔毛。叶柄稍粗糙，有糙硬毛，长 10 ～ 16 cm；叶片宽卵状心形，膜质，长、宽均 7 ～ 20 cm，两面甚粗糙，被糙硬毛，3 ～ 5 个角或浅裂，裂片三角形，有齿，有时边缘有缘毛，先端急尖或渐尖，基部弯缺半圆形，宽 2 ～ 3 cm，深 2 ～ 2.5 cm，有时基部向后靠合。雌雄同株。雄花：常数朵在叶腋簇生；花梗纤细，长 0.5 ～ 1.5 cm，被微柔毛；花萼筒狭钟状或近圆筒状，长 8 ～ 10 mm，密被白色的长柔毛，花萼裂片钻形，开展，与花萼筒近等长；花冠黄白色，长约 2 cm，花冠裂片长圆状披针形，急尖；雄蕊 3，花丝近无，花药长 3 ～ 4 mm，药隔伸出，长约 1 mm。雌花：单生或稀簇生；花梗粗壮，被柔毛，长 1 ～ 2 cm；子房纺锤形，粗糙，有小刺状突起。果实长圆形或圆柱形，长 10 ～ 30 cm，熟时黄绿色，表面粗糙，

有具刺尖的瘤状突起，极稀近于平滑。种子小，狭卵形，白色，无边缘，两端近急尖，长 5 ～ 10 mm。花果期夏季。

【分布区域】分布于洪湖市各乡镇。

【药用部位】果实、藤、秧、霜和果皮。

【炮制】洗净，鲜用。

【化学成分】含芦丁、异槲皮苷、精氨酸葡萄糖苷、咖啡酸、绿原酸、游离氨基酸、葫芦素、α-菠甾醇。

【性味与归经】甘，凉。归肺、脾、胃经。

【功能与主治】黄瓜：清热利尿。用于热病口渴，小便短赤，水肿尿少，水火烫伤，紫白癜风，痱疮。

黄瓜藤：消炎，祛痰，镇痉。用于腹泻，痢疾，癫痫。

黄瓜秧：用于高血压。

黄瓜霜：清热消肿。用于扁桃体炎。

黄瓜皮：清热，利水，通淋。用于水肿尿少，热结膀胱，小便淋痛。

【用法与用量】适量，煮熟或生啖；或绞汁服。外用适量，生擦或捣汁涂。

【临床应用】①治紫白癜风：黄瓜 1 段，去瓤子，硼砂 3 g，研末，放入黄瓜内，置净瓶中，隔夜取其汁水涂擦患处。②治咽喉肿痛：老黄瓜 1 条，去瓤，入硝填满，阴干为末。每以少许吹之。③治火眼赤痛：五月取老黄瓜 1 条，上开小孔，去瓤，入芒硝令满，悬阴处，待硝透出刮下，留点眼。④治高血压：黄瓜藤 50 kg，海带根 15 kg。制成片剂，每片重 0.35 g，分别以黄瓜藤片、海带根片和复方黄瓜藤片口服，每次 4 ～ 6 片，每日 3 次，服药 4 ～ 8 周。

【注意】动寒痰，胃冷者食之，腹痛吐泻。

南瓜属 *Cucurbita* L.

一年生蔓生草本。茎、枝稍粗壮。叶具浅裂，基部心形；卷须 2 至多歧。雌雄同株，花单生，黄色。雄花：花萼筒钟状，稀伸长，裂片 5，披针形或顶端扩大成叶状；花冠合瓣，钟状，5 裂仅达中部；雄蕊 3 枚，花丝离生，花药靠合成头状，1 枚 1 室，其他 2 室，药室线形，折曲，药隔不伸长；无退化雌蕊。雌花：花梗短；花萼和花冠同雄花，退化雄蕊 3，短三角形；子房长圆状或球状，具 3 胎座；花柱短，柱头 3，具 2 浅裂或 2 分歧，胚珠多数，水平着生。果实通常大型，肉质，不开裂。种子多数，扁平，光滑。

洪湖市境内的南瓜属植物有 1 种。

180. 南瓜

【拉丁名】*Cucurbita moschata*（Duch. ex Lam.）Duch. ex Poiret

【别名】倭瓜、番瓜、饭瓜、番南瓜、北瓜。

【形态特征】一年生蔓生草本。茎常节部生根，长达 2 ～ 5 m，密被白色短刚毛。叶柄粗壮，长 8 ～ 19 cm，被短刚毛；叶片宽卵形或卵圆形，质稍柔软，有 5 角或 5 浅裂，稀钝，长 12 ～ 25 cm，宽 20 ～ 30 cm，侧裂片较小，中间裂片较大，三角形，上面密被黄白色刚毛和茸毛，常有白斑，叶脉隆起，各裂片之中脉常延伸至顶端，成一小尖头，背面色较淡，毛更明显，边缘有小而密的细齿，顶端稍钝；卷须稍粗壮，与叶柄一样被短刚毛和茸毛，3 ～ 5 歧。雌雄同株；雄花单生，花萼筒钟形，长 5 ～ 6 mm，裂片条形，长 1 ～ 1.5 cm，被柔毛，上部扩大成叶状；花冠黄色，钟状，5 中裂，裂片边缘反卷，具皱褶，先端急尖；雄蕊 3，花丝腺体状，长 5 ～ 8 mm，花药靠合，长 15 mm，药室折曲；雌花单生，子房 1 室，花柱短，柱头 3，膨大，顶端 2 裂。果梗粗壮，有棱和槽，长 5 ～ 7 cm，瓜蒂扩大成喇叭状；瓠果形状多样，因品种而异，外面常有数条纵沟或无。种子多数，长卵形或长圆形，灰白色，边缘薄，长 10 ～ 15 mm，宽 7 ～ 10 mm。

【分布区域】分布于洪湖市各乡镇。

【药用部位】种子。

【炮制】除去杂质，洗净，晒干。

【化学成分】含果糖、水苏糖、果酸、草酸、奎尼酸、酒石酸、烟酸、隐黄质、类脂、甘油单酯、甾醇酯等。

【性味与归经】甘，平。归大肠经。

【功能与主治】杀虫，下乳，利水消肿。用于绦虫病，蛔虫病，血吸虫病，钩虫病，蛲虫病，产后缺乳，产后手足浮肿，百日咳，痔疮。

【用法与用量】煎汤，30 ～ 60 g；或研末，或制成乳剂。外用适量，煎水熏洗。

【临床应用】①治鸦片中毒：生南瓜捣汁频灌。②治火药伤人及烫火伤：生南瓜捣敷。③治各种水火烫伤：生南瓜适量，捣烂外敷于患处。

葫芦属 *Lagenaria* Ser.

攀援草本；植株被黏毛。卷须 2 分叉。叶卵状心形或肾状心形，或近圆形，具锯齿；叶柄顶端有 2 腺体。花大，白色，雌雄同株，稀雌雄异株，单生于叶腋；雄花柄较长，花萼钟形或漏斗形，5 裂，裂片披针形或钻状，开展，花瓣 5，分离，开展，倒心形或倒卵形，先端微凹或具短尖；雄蕊 3，着生于萼筒内，花丝分离，花药合生，1 药具 1 室，另 2 药具 2 室；雌花花梗较短，花萼和花冠与雄花的相似；子房长椭圆形，花柱短厚，柱头 3，2 裂，胚珠多数，胎座 3，水平着生。果实大，不开裂，形状各式；种子多数，扁平，具边缘。

洪湖市境内的葫芦属植物有 1 种。

181. 葫芦

【拉丁名】*Lagenaria siceraria*（Molina）Standl.

【别名】瓠、瓠瓜、大葫芦、小葫芦。

【形态特征】一年生攀援草本。茎、枝具沟纹，被黏质长柔毛，老后渐脱落，近无毛。叶柄纤细，长 16 ~ 20 cm，有和茎枝一样的毛被，顶端有 2 腺体；叶片卵状心形或肾状卵形，长、宽均 10 ~ 35 cm，不分裂或 3 ~ 5 裂，具 5 ~ 7 掌状脉，先端锐尖，边缘有不规则的齿，基部心形，弯缺开张，半圆形或近圆形，深 1 ~ 3 cm，宽 2 ~ 6 cm，两面均被微柔毛，叶背及脉上较密；卷须纤细，初时有微柔毛，后渐脱落，变光滑无毛，上部分 2 歧。雌雄同株，雌、雄花均单生；雄花花梗细，比叶柄稍长，花梗、花萼、花冠均被微柔毛，花萼筒漏斗状，长约 2 cm，裂片披针形，长 5 mm；花冠黄色，裂片皱波状，长 3 ~ 4 cm，宽 2 ~ 3 cm，先端微缺而顶端有小尖头，5 脉；雄蕊 3，花丝长 3 ~ 4 mm，花药长 8 ~ 10 mm，长圆形，药室折曲；雌花花梗比叶柄稍短或近等长，花萼和花冠似雄花；花萼筒长 2 ~ 3 mm，子房中间缢细，密生黏质长柔毛，花柱粗短，柱头 3，膨大，2 裂。果实初为绿色，后变白色至带黄色，果形变异很大，有的呈哑铃状，中间缢细，下部和上部膨大，有的呈扁球形、棒状或勺状，成熟后果皮变木质。种子白色，倒卵形或三角形，顶端截形或 2 齿裂，稀圆形，长约 20 mm。花期夏季，果期秋季。

【分布区域】分布于洪湖市各乡镇。

【药用部位】果皮及种子。

【炮制】立冬前后，摘下果实，剖开，掏出种子，分别晒干。

【化学成分】含葡萄糖、戊聚糖、木质素等。

【性味与归经】酸、涩，温。归肺、小肠经。

【功能与主治】利水消肿，止渴除烦，通淋散结。用于水肿腹水，脚气肿胀，烦热口渴，疮毒，黄疸，淋病，痈肿等。

【用法与用量】煎汤，6～30 g。

【临床应用】①利湿退黄，可与茵陈蒿、栀子、金钱草等同用。②利水通淋：配伍滑石、木通、车前子等，用于热淋；配伍扁蓄、白茅根、小蓟，用于血淋。

【注意】①不适宜人群：脾胃虚寒者。②不宜与芦笋、西瓜同食。

丝瓜属 *Luffa* Mill.

一年生攀援草本，无毛或被短柔毛；卷须稍粗糙，2 歧或多歧。叶柄顶端无腺体，叶片通常 5～7 裂。花黄色或白色，雌雄异株；雄花生于伸长的总状花序上，花萼筒倒锥形，裂片 5，三角形或披针形，花冠裂片 5，离生，开展，全缘或啮蚀状，雄蕊 3 或 5 枚，离生，若为 3 枚时，1 枚 1 室，2 枚 2 室，5 枚时，全部为 1 室，药室线形，多回折曲，药隔通常膨大，退化雌蕊缺或稀为腺体状；雌花单生，具长或短的花梗，花被与雄花同，退化雄蕊 3 枚，稀 4～5 枚，子房圆柱形，柱头 3，3 胎座，胚珠多数，水平着生。果实长圆形或圆柱状，未成熟时肉质，成熟后变干燥，里面呈网状纤维，成熟时由顶端盖裂。种子多数，长圆形，扁压。

洪湖市境内的丝瓜属植物有 1 种。

182. 丝瓜

【拉丁名】*Luffa cylindrica*（L.）Roem.

【别名】天丝瓜、天罗、蛮瓜、绵瓜、布瓜、天骷髅、菜瓜、絮瓜。

【形态特征】一年生攀援藤本。茎、枝粗糙，有棱沟，被微柔毛；卷须稍粗壮，被短柔毛，通常 2～4 歧。叶柄粗糙，长 10～12 cm，具不明显的沟，近无毛；叶片三角形或近圆形，长、宽为 10～20 cm，通常掌状 5～7 裂，裂片三角形，中间的较长，长 8～12 cm，顶端急尖或渐尖，边缘有锯齿，基部深心形，弯缺深 2～3 cm，宽 2～2.5 cm，上面深绿色，粗糙，有疣点，下面浅绿色，有短柔毛，脉掌状，具白色的短柔毛。雌雄同株；雄花通常 15～20 朵，生于总状花序上部，花序梗粗壮，长 12～14 cm，被柔毛；花梗长 1～2 cm，花萼筒宽钟形，直径 0.5～0.9 cm，被短柔毛，裂片卵状披针形或近三角形，上端向外反折，长 0.8～1.3 cm，宽 0.4～0.7 cm，里面密被短柔毛，外面毛被较少，先端渐尖，具 3 脉；花冠黄色，辐状，开展时直径 5～9 cm，裂片长圆形，长 2～4 cm，宽 2～2.8 cm，里面基部密被黄白色长柔毛，外面具 3～5 条凸起的脉，脉上密被短柔毛，顶端钝圆，基部狭窄；雄蕊通常 5 枚，稀 3 枚，花丝长 6～8 mm，基部有白色短柔毛，花初开放时稍靠合，最后完全分离，药室多回折曲；雌花单生，花梗长 2～10 cm；子房长圆柱状，有柔毛，柱头 3，膨大。果实圆柱状，直或稍弯，长 15～30 cm，直径 5～8 cm，表面平滑，有深色纵条纹，未成熟时肉质，成熟后变干燥，里面呈网状纤维，由顶端盖裂。种子多数，黑色，卵形，扁，平滑，边缘狭翼状。花果期夏、秋季。

【分布区域】分布于洪湖市各乡镇，均有栽培。

【药用部位】丝瓜藤、丝瓜皮、丝瓜根、丝瓜子、丝瓜叶。

【炮制】丝瓜藤、丝瓜皮、丝瓜根、丝瓜子、丝瓜叶鲜用。

丝瓜络：洗净晒干，切段。

炒丝瓜络：切段，用麸皮拌炒，筛去麸皮。

丝瓜络炭：切段，微火烧煅。

【化学成分】含木聚糖、纤维素等。

【性味与归经】丝瓜络：甘，平。归肺、胃、肝经。丝瓜藤：苦，微寒。归心、脾、肾经。丝瓜子：苦，寒。丝瓜皮：苦，微寒。

【功能与主治】丝瓜络：祛风，通络，活血，下乳。用于痹痛拘挛，胸胁胀痛，乳汁不通，乳痈肿痛。

丝瓜根：清热解毒，化痰定惊。用于痘疮不起，咽喉肿痛，癫狂。

丝瓜藤：舒筋活血，止咳化痰，解毒杀虫。用于腰膝酸痛，肢体麻木，月经不调，咳嗽痰多，牙宣。

丝瓜子：清热，利水，通便，驱虫。用于水肿，石淋，肺热咳嗽，肠风下血，痔漏，便秘，蛔虫病。

丝瓜皮、丝瓜叶：清热解毒，止血，祛暑。用于痈疽，疔肿，疮癣，蛇咬伤，烫火伤，咽喉肿痛，创伤出血，暑热烦渴。

【用法与用量】丝瓜根：煎汤，3～9 g（鲜品 30～60 g）；或烧存性研末。外用适量，煎水洗；或捣汁涂。

丝瓜藤：煎汤，30～60 g；或烧存性，研末，每次 3～6 g。外用适量，煅存性研末调敷。

丝瓜子：煎汤，6～9 g；或炒焦研末。外用适量，研末调敷。

丝瓜叶：煎汤，6～15 g（鲜品 15～60 g）；或捣汁，或研末。外用适量，煎水洗；或捣敷，或研末调敷。

丝瓜皮：煎汤，9～15 g；或入散剂。外用适量，研末调敷，或捣敷。

丝瓜络：煎汤，5～12 g；或烧存性研末。外用适量，煅存性研末调敷。

【临床应用】①治痔漏脱肛：丝瓜烧灰，多年石灰、雄黄各 15 g，为末，以猪胆、鸡子清及香油调和贴之，收上为止。②治肛门久痔：丝瓜烧存性，研末，酒服 6 g。③治干血气痛，妇人血气不行，上冲心膈，变为干血气者：丝瓜 1 枚，烧存性，空腹温酒服。④治久咳：丝瓜 1 条，将丝瓜烧存性研细末，用枣糊丸，早晚用白酒送服 9 g。

苦瓜属 *Momordica* L.

攀援草本，光滑或有毛。卷须不分叉。叶心形或卵状心形，全缘或分裂成具 3 ～ 7 枚鸟足状小叶。花冠黄色或白色，雌雄同株或异株，花梗通常具 1 枚大苞片；雄花单生或成总状花序，花萼短，钟形，基部有 2 ～ 3 枚鳞片，5 裂，裂片卵形或披针形，花冠辐状或阔钟形，通常 5 裂几达基部，裂片倒卵形，雄蕊 3，稀 2，花丝短，分离，花药初时黏合，后则分离，1 药具 1 室，其余的具 2 室，药室扭曲，稀直；雌花单生，花萼和花冠与雄花的相同，子房长圆形或纺锤形，花柱细长，柱头 3，胚珠多数，水平着生。果实长圆形、纺锤形或圆柱形，浆果状，有小疣状突起，不开裂或 3 瓣裂。种子少数或多数，倒卵形，扁平，平滑或有各种皱纹。

洪湖市境内的苦瓜属植物有 1 种。

183. 苦瓜

【拉丁名】*Momordica charantia* L.

【别名】癞葡萄、凉瓜、癞瓜、锦荔枝。

【形态特征】一年生攀援状柔弱草本。多分枝，茎、枝被柔毛；卷须纤细，长达 20 cm，具微柔毛，不分歧。叶柄细，初时被白色柔毛，后变近无毛，长 4 ～ 6 cm；叶片轮廓卵状肾形或近圆形，膜质，长、宽均为 4 ～ 12 cm，上面绿色，背面淡绿色，脉上密被明显的微柔毛，其余毛较稀疏，5 ～ 7 深裂，裂片卵状长圆形，边缘具粗齿或有不规则小裂片，先端多半钝圆形稀急尖，基部弯缺半圆形，叶脉掌状。雌雄同株。雄花：单生于叶腋，花梗纤细，被微柔毛，长 3 ～ 7 cm，中部或下部具 1 苞片，苞片绿色，肾形或圆形，全缘，稍有缘毛，两面被疏柔毛，长、宽均为 5 ～ 15 mm；花萼裂片卵状披针形，被白色柔毛，长 4 ～ 6 mm，宽 2 ～ 3 mm，急尖；花冠黄色，裂片倒卵形，先端钝，急尖或微凹，长 1.5 ～ 2 cm，宽 0.8 ～ 1.2 cm，被柔毛；雄蕊 3，离生，药室二回折曲。雌花：单生，花梗被微柔毛，长 10 ～ 12 cm，基部常具 1 苞片；子房纺锤形，密生瘤状突起，柱头 3，膨大，2 裂。果实纺锤形或圆柱形，多瘤皱，长 10 ～ 20 cm，成熟后橙黄色，由顶端 3 瓣裂。种子多数，长圆形，具红色假种皮，两端各具 3 小齿，两面有刻纹，长 1.5 ～ 2 cm，宽 1 ～ 1.5 cm。花果期 5—10 月。

【分布区域】分布于洪湖市各乡镇，均有栽培。

【药用部位】果实、根、藤及叶。

【炮制】秋季采收果实，切片晒干或鲜用。

【性味与归经】苦，寒。归心、肝、脾、肺经。

【功能与主治】清暑涤热，明目，解毒。用于暑热烦渴，消渴，赤眼疼痛，痢疾，疮痈肿毒。

【用法与用量】煎汤，6～15 g（鲜品 30～60 g）；或煅存性研末。外用适量，鲜品捣敷，或取汁涂。

【临床应用】①治肝热目赤或疼痛：苦瓜干 15 g，菊花 10 g，水煎服。②治暑天感冒发热、身痛口苦：苦瓜干 15 g，连须葱白 10 g，生姜 6 g，水煎服。③治胃疼：苦瓜烧成炭研末，每次 1 g，开水送服，每日 2～3 次。

【注意】①脾胃虚寒者，食之令人吐泻腹痛。②孕妇慎用。

赤爬属 *Thladiantha* Bunge

多年生草质藤本，攀援或匍匐生。根块状，稀须根；茎草质，具纵向棱沟；卷须单一或 2 歧。叶多为单叶，心形，边缘有锯齿，极稀掌状分裂或呈鸟趾状 3～5 小叶。雌雄异株；雄花序总状或圆锥状，稀为单生，雄花花萼筒短钟状或杯状，裂片 5，线形、披针形、卵状披针形或长圆形，1～3 脉；花冠钟状，黄色，5 深裂，裂片全缘，长圆形或宽卵形、倒卵形，常 5～7 条脉，雄蕊 5，插生于花萼筒部，分离，通常 4 枚两两成对，第 5 枚分离，花丝短，花药长圆形或卵形，全部 1 室，药室通直，退化子房腺体状；雌花单生、双生或 3～4 朵簇生于一短梗上，花萼和花冠同雄花，子房卵形、长圆形或纺锤形，表面平滑或有瘤状突起，花柱 3 裂，柱头 2 裂，肾形，具 3 胎座，胚珠多数，水平生。果实中等大，浆质，不开裂，平滑或具多数瘤状突起，有明显纵肋或无。种子多数，水平生。

洪湖市境内的赤爬属植物有 1 种。

184. 南赤爬

【拉丁名】*Thladiantha nudiflora* Hemsl. ex Forbes et Hemsl.

【别名】野丝瓜、丝瓜南、赤爬儿、地黄瓜、野冬瓜、野瓜蒌、麻皮栝楼。

【形态特征】草质藤本，全体密生柔毛状硬毛。根块状；茎草质攀援状，有较深的棱沟；卷须稍粗壮，密被硬毛，下部有明显的沟纹，上部 2 歧。叶柄粗壮，长 3～10 cm；叶片质稍硬，卵状心形，长 5～15 cm，宽 4～12 cm，先端渐尖或锐尖，边缘具胼胝状小尖头的细锯齿，基部弯缺开放或有时闭合，上面深绿色，粗糙，有短而密的细刚毛，背面色淡，密被淡黄色短柔毛，基部侧脉沿叶基弯缺向外展开。雌雄异株；雄花为总状花序，花集生于花序轴的上部，花序轴纤细密生短柔毛，花萼密生淡黄色长柔毛，筒部宽钟形，上部宽 5～6 mm，裂片卵状披针形，顶端急尖，3 脉；花冠黄色，裂片卵状长圆形，顶端急尖或稍钝，5 脉；雄蕊 5，着生在花萼筒的檐部，花丝有微柔毛，花药卵状长圆形；雌花单生，花梗细，有长柔毛，花萼和花冠同雄花，但较之为大；子房狭长圆形，长 1.2～1.5 cm，直径 0.4～0.5 cm，密被淡黄色的长柔毛状硬毛，上部渐狭，基部钝圆，花柱粗短，自 2 mm 长处 3 裂，分生部分长 1.5 mm，柱头膨大，圆肾形，2 浅裂；退化雄蕊 5，棒状，长 1.5 mm。果梗粗壮，长 2.5～5.5 cm，果实长圆形，干后红色或红褐色，长 4～5 cm，直径 3～3.5 cm，顶端稍钝或有时渐狭，基部钝圆，有时密生毛及不甚明显的纵纹，后渐无毛。种子卵形或宽卵形，顶端尖，基部圆，表面有明显的网纹，两面稍拱起。春、夏季开花，秋季果成熟。

【分布区域】分布于螺山镇龙潭村。

【药用部位】根或叶。

【炮制】除杂，洗净，鲜用或晒干。

【性味与归经】苦，凉。归胃、大肠经。

【功能与主治】清热解毒，消食化滞。用于痢疾，肠炎，消化不良，脘腹胀闷，毒蛇咬伤。

【用法与用量】煎汤，9～18 g。外用鲜品适量，捣敷。

【注意】孕妇慎用。

栝楼属 *Trichosanthes* L.

一年生或多年生藤本，具块状根。茎攀援或匍匐，多分枝，具纵向棱及槽；卷须2～5歧，稀单一。单叶互生，具柄，叶片膜质、纸质或革质，卵状心形或圆心形，全缘或3～7裂，边缘具细齿，稀为具3～5小叶的复叶。花雌雄异株或同株。雄花通常排列成总状花序，有时有1单花与之并生，或为1单花；通常具苞片，稀无；花萼筒筒状，延长，通常自基部向顶端逐渐扩大，5裂，裂片披针形，全缘、具锯齿或条裂；花冠白色，稀红色，5裂，裂片披针形、倒卵形或扇形，先端具流苏；雄蕊3，着生于花被筒内，花丝短，分离，花药外向，靠合，1枚1室，2枚2室，药室对折，药隔狭，不伸长；花粉粒球形，无刺，具3槽，3～4孔。雌花单生，极稀为总状花序，花萼与花冠同雄花，子房下位，纺锤形或卵球形，1室，具3个侧膜胎座，花柱纤细，伸长，柱头3，全缘或2裂；胚珠多数，水平生或半下垂。果实肉质，不开裂，球形、卵形或纺锤形，无毛且平滑，稀被长柔毛，具多数种子。种子褐色，1室，长圆形、椭圆形或卵形，压扁，或3室，两侧室空。

洪湖市境内的栝楼属植物有1种。

185. 栝楼

【拉丁名】*Trichosanthes kirilowii* Maxim.

【别名】药瓜、瓜楼、瓜蒌。

【形态特征】攀援藤本，长达10 m。块根圆柱状，粗大肥厚，富含淀粉，淡黄褐色。茎较粗，多分枝，具纵棱及槽，被白色伸展柔毛。卷须3～7歧，被柔毛。叶片纸质，轮廓近圆形，长、宽均5～20 cm，常3～

5 浅裂至中裂，稀深裂或不分裂而仅有不等大的粗齿，裂片菱状倒卵形、长圆形，先端钝，急尖，边缘常再浅裂；叶基心形，弯缺深 2 ～ 4 cm，上表面深绿色，粗糙，背面淡绿色，两面沿脉被长柔毛状硬毛，基出掌状脉 5 条，细脉网状；叶柄长 3 ～ 10 cm，具纵条纹，被长柔毛。花雌雄异株。雄总状花序单生，或与一单花并生，或在枝条上部者单生，总状花序长 10 ～ 20 cm，粗壮，具纵棱与槽，被微柔毛，顶端有 5 ～ 8 花，小苞片倒卵形或阔卵形，长 1.5 ～ 2.5 cm，宽 1 ～ 2 cm，中上部具粗齿，基部具柄，被短柔毛；花萼筒筒状，顶端扩大，被短柔毛；裂片披针形，长 10 ～ 15 mm，宽 3 ～ 5 mm，全缘；花冠白色，裂片倒卵形，顶端中央具 1 绿色尖头，两侧具丝状流苏，被柔毛；花药靠合，花丝分离，粗壮，被长柔毛。雌花单生，花梗被短柔毛，花萼筒圆筒形，裂片和花冠同雄花；子房椭圆形，绿色，长 2 cm，直径 1 cm，花柱长 2 cm，柱头 3。果梗粗壮，长 4 ～ 11 cm；果实椭圆形或圆形，长 7 ～ 10.5 cm，成熟时黄褐色或橙黄色。种子卵状椭圆形，压扁，长 11 ～ 16 mm，宽 7 ～ 12 mm，淡黄褐色，近边缘处具棱线。花期 5—8 月，果期 8—10 月。

【分布区域】分布于燕窝镇新合村。

【药用部位】根、皮及种子。

【炮制】栝楼根（天花粉）：秋、冬季采挖，洗净，除去外皮，切段或纵剖成瓣，切厚片，干燥。

栝楼皮（瓜蒌皮）：秋季果实成熟时，连果梗一并剪下，置通风处阴干。压扁，切丝或切块。

栝楼子（瓜蒌子）：秋季采摘成熟果实，剖开，取出种子，除去杂质和干瘪的种子，洗净，晒干。用时捣碎。

炒瓜蒌子：取净瓜蒌子，清炒。用时捣碎。

瓜蒌仁霜：瓜蒌仁碾细，去油。

【化学成分】含三萜皂苷、有机酸、树脂、糖类、氨基酸、色素和3，29-二苯甲酰基栝楼仁三醇等。

【性味与归经】栝楼根（天花粉）：甘、微苦，微寒。归肺、胃经。栝楼皮（瓜蒌皮）：甘、微苦，寒。归肺、胃、大肠经。栝楼子（瓜蒌子）：甘、微苦，寒。归肺、胃、大肠经。

【功能与主治】栝楼根（天花粉）：清热泻火，生津止渴，消肿排脓。用于热病烦渴，肺热燥咳，内热消渴，疮疡肿毒。

栝楼皮（瓜蒌皮）：清热涤痰，宽胸散结，润燥滑肠。用于肺热咳嗽，痰浊黄稠，胸痹心痛，结胸痞满，乳痈，肺痈，肠痈，大便秘结。

栝楼子（瓜蒌子）：润肺化痰，滑肠通便。用于燥咳痰黏，肠燥便秘。

【用法与用量】栝楼根（天花粉）：煎汤，10～15 g。

栝楼皮（瓜蒌皮）：煎汤，9～15 g。

栝楼子（瓜蒌子）：煎汤，9～15 g。

【注意】①不宜与乌头类药材同用。②脾胃虚寒大便滑泄者忌服栝楼根（天花粉），孕妇慎用。

马瓟儿属 *Zehneria* Endl.

攀援或平卧草本。卷须纤细，单一或稀2歧。叶三角形，全缘或3～5分裂，具柄。雌雄同株；雄花序总状或近伞房状，稀同时单生；花萼钟状，裂片5；花冠钟状，黄色或黄白色，裂片5；雄蕊3枚，着生于萼筒基部，花药全部为2室或2枚2室，1枚1室，长圆形或卵状长圆形，药室通直，药隔稍伸出或不伸出，退化雌蕊形状不变；雌花单生或少数几朵呈伞房状，花萼和花冠同雄花，子房卵球形或纺锤形，3室，胚珠多数，水平着生，花柱柱状，柱头3。果实卵珠形或纺锤形，不开裂。种子多数，卵珠形，扁平。

洪湖市境内的马瓟儿属植物有1种。

186. 马瓟儿

【拉丁名】*Zehneria indica*（Lour.）Keraudren

【别名】老鼠拉冬瓜、野苦瓜、扣子草、玉钮子。

【形态特征】攀援草本。茎纤细，有沟；卷须不分枝。叶柄细，长2.5～3.5 cm，叶片膜质，卵状三角形，不分裂或3～5浅裂，长3～6 cm，宽2.5～5 cm，上面深绿色，脉上被极短柔毛，背面淡绿色，无毛，先端渐尖，基部弯缺半圆形，边缘具不规则锯齿。雌雄同株；雄花单生或稀2～3朵生于短的总状花序上，花梗丝状，花萼宽钟形，萼齿5，花冠5裂，淡黄色，被短毛，雄蕊3枚，2枚2室，1枚1室，有时全部2室；雌花单生或稀双生，子房狭卵形，有疣状突起，花柱短，柱头3裂，退化雄蕊腺体状。果实狭卵形，长1～1.5 cm，成熟后白色。种子灰白色，卵形，平滑。花期4—7月，果期7—10月。

【分布区域】分布于燕窝镇新合村。

【药用部位】块根或全草。

【炮制】除杂，洗净，鲜用或晒干。

【性味与归经】甘、苦，凉。归肺、肝、脾经。

【功能与主治】清热解毒，消肿散结，化痰利尿。用于痈疮疖肿，痰咳瘰疬，咽喉肿痛，痄腮，石淋，小便不利，皮肤湿疹，目赤黄疸，痔漏，脱肛，外伤出血，毒蛇咬伤。

【用法与用量】煎汤，15 ～ 60 g。外用适量，捣敷，或煎水洗。

【临床应用】①治淋巴结结核 : 马瓟儿根 15 g，夏枯草 9 g，水煎服。②治骨髓炎 : 马瓟儿根、山芝麻、蒲公英各 9 g，猪脚爪 1 只。炖烂，调酒少许，饭后服。③治多发性脓肿 : 马瓟儿根、地耳草各等量，捣烂敷患处。④治瘘管 : 马瓟儿根 30 g，猪大肠适量，食盐少许，水炖服。

六十七、千屈菜科 Lythraceae

草本、灌木或乔木。叶对生，稀轮生或互生，全缘；托叶细小或无。花两性，辐射对称，稀左右对称，单生或簇生，成顶生或腋生的穗状、总状或圆锥花序；花萼管状，3 ～ 6 裂，少有 16 裂，镊合状排列，裂片间有或无附属体；花瓣与萼裂片同数或无花瓣，常生萼筒边缘；雄蕊通常为花瓣 2 倍或多倍，着生于萼筒上，花丝长短不一，在芽时常内折，花药 2 室，纵裂；子房上位，通常无柄，2 ～ 16 室，每室具倒生胚珠数颗，极少减少到 2 或 3 颗，着生于中轴胎座上，花柱 1，长短不一，柱头头状，稀 2 裂。蒴果 2 ～ 6 室，稀 1 室，横裂、瓣裂或不规则开裂，稀不裂。种子多数，形状不一，无胚乳；子叶平坦，稀折叠。

本科约有 25 属，550 种，广布于全世界，但主要分布于热带和亚热带地区。我国有 11 属，约 47 种，南北地区均有。

洪湖市境内的千屈菜科植物有 2 属 2 种。

1. 多为草本；子房的下部有纵直隔膜，花瓣为 4 基数……………………………………水苋菜属 *Ammannia*

1. 木本植物；子房全部具纵隔膜，花瓣 5 ～ 8 片，雄蕊多数……………………………紫薇属 *Lagerstroemia*

水苋菜属 *Ammannia* L.

一年生草本。枝通常具 4 棱。叶对生或互生，有时轮生，全缘；近无柄；无托叶。花小，4 基数，单生或组成腋生的聚伞花序；苞片通常 2 枚；萼筒钟形或管状钟形，4 ～ 6 裂；花瓣与萼裂片同数，细小，贴生于萼筒上部；雄蕊 2 ～ 8，通常 4；子房矩圆形或球形，包于萼管内，2 ～ 4 室，花柱细长或短，柱头头状；胚珠多数，生于中轴胎座上。蒴果球形或长椭圆形，膜质，下半部为宿存萼管包围，2 ～ 3 横裂或不规则周裂，果壁无平行的横条纹。种子多数，细小，有棱，椭圆形或半球形，种皮革质。

洪湖市境内的水苋菜属植物有 1 种。

187. 水苋菜

【拉丁名】*Ammannia baccifera* L.

【别名】浆果水苋、细叶水苋、仙桃草、结筋草、水灵丹、节节花。

【形态特征】一年生草本，无毛，高 10 ～ 52 cm。茎直立，多分枝，带淡紫色，稍呈 4 棱。叶对生，长椭圆形、矩圆形或披针形，生于茎上的长可达 7 cm，生于侧枝的较小，长 6 ～ 15 mm，宽 3 ～ 5 mm，基部渐狭，近无柄。聚伞花序腋生，结果时稍疏松，几无总花梗，花梗长 1.5 mm；花长约 1 mm，绿色或淡紫色；花萼蕾期钟形，裂片 4，正三角形，结果时半球形，包围蒴果的下半部，无棱，附属体褶叠状或小齿状，通常无花瓣；雄蕊 4，贴生于萼筒中部，与花萼裂片等长或较短；子房球形，花柱极短或无花柱。蒴果球形，紫红色，直径 1.2 ～ 1.5 mm，中部以上不规则周裂。种子小，近三角形，黑色。花期 8—10 月，果期 9—12 月。

【分布区域】分布于万全社区。

【药用部位】全草。

【炮制】除杂，洗净，切碎，鲜用或晒干。

【化学成分】含酚类、氨基酸、黄酮苷。

【性味与归经】苦、涩，微寒。归肝、肾经。

【功能与主治】散瘀止血，除湿解毒。用于跌打损伤，内外伤出血，骨折，风湿痹痛，蛇咬伤，痈疮肿毒，疥癣。

【用法与用量】煎汤，3 ～ 9 g；或浸酒，或研末。外用适量，捣敷或研末撒。

【临床应用】①治内伤吐血：水苋菜 6 g，瓜子莲 9 g。水煎服，每日服 3 次。②治用力过度、劳伤疼痛：水苋菜全草 60 g，研末开水冲服。③治外伤出血：水苋菜 30 g（焙干），冰片 0.9 g，共研末，撒伤处；或水苋菜、鹅不食草共捣烂敷伤处。④治跌打损伤：水苋菜全草适量，捣烂兑烧酒服。⑤治蛇咬伤：水苋菜全草 3 g，蛇不过 4.5 g，大蒜 1 瓣，捣烂敷。

紫薇属 *Lagerstroemia* L.

落叶或常绿灌木或乔木。叶对生或上部互生，全缘；托叶圆锥状，早脱。花两性，辐射对称，顶生或腋生的圆锥花序；花梗在小苞片着生处具关节；花萼半球形或钟形，革质，常具棱或翅，5 ～ 9 裂；花瓣通常 6，或与花萼裂片同数，基部有细长的爪，边缘波状或有皱纹；雄蕊多数，着生于萼筒近基部，花丝细长；子房 3 ～ 6 室，花柱长，柱头头状。蒴果为萼筒所包围，成熟时室背开裂为 3 ～ 6 果瓣。种子顶端有翅。

洪湖市境内的紫薇属植物有 1 种。

188. 紫薇

【拉丁名】*Lagerstroemia indica* L.

【别名】千日红、无皮树、百日红、西洋水杨梅、蚊子花、紫兰花、紫金花、痒痒树、痒痒花。

【形态特征】落叶灌木或小乔木，高可达 7 m。树皮平滑，灰褐色；小枝纤细，具 4 棱，略成翅状。叶互生或对生，纸质，椭圆形至倒卵形，长 2.5 ～ 7 cm，宽 1.5 ～ 4 cm，顶端短尖或钝形，基部阔楔形或近圆形，无毛或沿中脉有短毛；无柄或叶柄短。花淡红色或紫色、白色，直径 3 ～ 4 cm，常组成 7 ～ 20 cm 的顶生圆锥花序；花梗长 3 ～ 15 mm，中轴及花梗均被柔毛；花萼长 7 ～ 10 mm，外面平滑无棱，但少有萼筒有微凸起短棱，两面无毛，裂片 6；花瓣 6，皱缩，长 12 ～ 20 mm，具长爪；雄蕊 36 ～ 42 枚，外面 6 枚较长着生于花萼上；子房 3 ～ 6 室，无毛。蒴果近球形，长 1 ～ 1.3 cm，幼时绿色至黄色，成熟时或干燥时呈紫黑色，室背开裂。种子有翅，长约 8 mm。花期 6—9 月，果期 9—12 月。

【分布区域】分布于新堤街道河岭村。

【药用部位】根、树皮。

【炮制】除杂，洗净，切片，晒干，或鲜用。

【化学成分】含生物碱、紫薇缩醛、紫薇碱、β- 香树脂醇、β- 谷甾醇、棕榈酸乙酯等。

【性味与归经】微苦、涩，平。

【功能与主治】活血，止血，解毒，消肿。用于各种出血，骨折，乳腺炎，湿疹，肝炎，肝硬化腹水。

【用法与用量】煎汤，10 ～ 15 g。外用适量，研末调敷，或煎水洗。

【临床应用】①治湿疹：紫薇叶嚼烂敷，或煎水洗。②治急性传染性肝炎：紫薇根、紫薇叶各 15 g，水煎服。

【注意】孕妇忌服。

六十八、菱科 Trapaceae

一年生水生草本。根二型：着泥根细长，黑色，呈铁丝状；同化根由托叶边缘演生，生于沉水叶叶痕两侧，对生或轮生状，呈羽状丝裂，淡绿褐色。茎常细长柔软，出水后节间缩短。叶二型：沉水叶互生，叶片小，宽圆形，边缘具锯齿，叶柄半圆柱状，肉质，早落；浮水叶互生或轮生，聚于茎顶，呈旋叠莲座状镶嵌排列，形成菱盘，边缘中上部具凹圆形或不整齐的缺刻状锯齿，边缘中下部宽楔形或半圆形，全缘，叶柄上部膨大成海绵质气囊。托叶 2 枚，着生在水下的常演生出羽状丝裂的同化根。花小，两性，单生于浮水叶叶腋，水面开花，具短柄；花萼短，与子房基部合生，裂片 4，排成 2 轮；花瓣 4，在芽内呈覆瓦状排列，白色或带淡紫色，着生在上部花盘的边缘；花盘常呈鸡冠状分裂或全缘；雄蕊 4，与花瓣交互对生，花丝纤细，花药背着，呈丁字形着生；雌蕊基部膨大为子房，花柱细，柱头头状，子房半下位或稍呈周位，2 室，下垂，仅 1 胚珠发育。果实坚果状，有刺状角 1 ～ 4 个，不开裂，果的顶端具 1 果喙，胚芽、胚根和胚茎三者共形成一个锥状体，藏于果颈和果喙内的空腔中，胚根向上，萌发时由果喙伸出果外。种子 1 颗，子叶 2 片，通常 1 大 1 小，其间有一细小子叶柄相连接，胚乳不存在；子叶肥大，充满果腔，内富含淀粉。

本科仅有 1 属，约 30 种和变种。分布于欧亚及非洲热带、亚热带和温带地区，北美和澳大利亚有引种栽培。我国有 15 种和 11 变种，产于全国各地，以长江流域亚热带地区分布与栽培最多。

洪湖市境内的菱科植物有 1 属 2 种。

菱属 *Trapa* L.

一年生水生草本。根二型：着泥根细长，黑色，呈铁丝状；同化根由托叶边缘演生，生于沉水叶叶痕两侧，对生或轮生状，呈羽状丝裂，淡绿褐色。茎常细长柔软，出水后节间缩短。叶二型：沉水叶互生，叶片小，宽圆形，边缘具锯齿，叶柄半圆柱状，肉质，早落；浮水叶互生或轮生，聚于茎顶，呈旋叠莲座状镶嵌排列，形成菱盘，边缘中上部具凹圆形或不整齐的缺刻状锯齿，边缘中下部宽楔形或半圆形，全缘，叶柄上部膨大成海绵质气囊。托叶 2 枚，着生在水下的常演生出羽状丝裂的同化根。花小，两性，单生于浮水叶叶腋，水面开花，具短柄；花萼短，与子房基部合生，裂片 4，排成 2 轮；花瓣 4，在芽内呈覆瓦状排列，白色或带淡紫色，着生在上部花盘的边缘；花盘常呈鸡冠状分裂或全缘；雄蕊 4，与花瓣交互对生，花丝纤细，花药背着，呈丁字形着生；雌蕊基部膨大为子房，花柱细，柱头头状，子房半下位或稍呈周位，2 室，下垂，仅 1 胚珠发育。果实坚果状，有刺状角 1 ～ 4 个，不开裂，果的顶端具 1 果喙。种子 1 颗，子叶 2 片，通常 1 大 1 小，其间有一细小子叶柄相连接，胚乳不存在；子叶肥大，充满果腔，内富含淀粉。

洪湖市境内的菱属植物有 2 种。

1. 叶下面脉上被毛，叶柄被毛；坚果较大，宽 4 cm 以上……………………菱 *T. natans*

1. 叶两面无毛，叶柄无毛；坚果小，宽 1 ～ 1.2 cm……………………细果野菱 *T. incisa*

189. 欧菱

【拉丁名】*Trapa natans* L.

【别名】芰、水栗、芰实、菱角、水菱、沙角、菱实。

【形态特征】一年生水生草本。叶二型，沉水叶羽状细裂；浮水叶聚生于茎顶，成莲座状；叶柄长 5 ～ 10 cm，中部膨胀成宽 1 cm 的海绵质气囊，被柔毛；叶三角形，长、宽各 2 ～ 4 cm，边缘具齿，近基部全缘。花两性，白色，单生于叶腋；花萼 4 深裂，花瓣 4；雄蕊 4；子房半下位，2 室，花盘鸡冠状。坚果倒三角形，两端有刺，两刺间距离 3 ～ 4 cm。花期 6—7 月，果期 9—10 月。

【分布区域】分布于洪湖市各乡镇，均有栽培。

处有蜜腺；花柱白色，长 4 ～ 6 mm，下部被毛；柱头近球状，5 裂，淡绿色，直径 1.5 ～ 2 mm；子房被毛，花梗长 2.5 ～ 6.5 cm。蒴果淡褐色，圆柱状，具 10 条纵棱，果皮薄，不规则开裂；果梗长 2.5 ～ 7 cm，被长柔毛或变无毛。种子在每室单列纵向排列嵌入木质硬内果皮内，椭圆状，长 1 ～ 1.3 mm。花期 5—8 月，果期 8—11 月。

【分布区域】分布于滨湖街道新旗村八组。

【药用部位】全草。

【炮制】除杂，洗净，鲜用或晒干。

【性味与归经】苦、微甘，寒。归肺、膀胱经。

【功能与主治】清热，利尿，解毒。用于感冒发热，燥热咳嗽，高热烦渴，淋痛，水肿，咽痛，喉肿，口疮，风火牙痛；外用适量于疮痈疔肿，烫火伤，跌打伤肿，腮腺炎，带状疱疹，湿疹，皮炎，毒蛇咬伤。

【用法与用量】煎汤，10 ～ 60 g。外用鲜品适量，捣烂敷或烧灰调敷患处；或煎汤洗。

193. 丁香蓼

【拉丁名】*Ludwigia prostrata* Roxb.

【别名】小疔药、小石榴叶、小石榴树。

【形态特征】一年生直立草本。茎高 25 ～ 60 cm，粗 2.5 ～ 4.5 mm，下部圆柱状，上部四棱形，淡红色，近无毛，多分枝。叶狭椭圆形，长 3 ～ 9 cm，宽 1.2 ～ 2.8 cm，先端锐尖或稍钝，基部狭楔形，侧脉每侧 5 ～ 11 条，两面近无毛或幼时脉上疏生微柔毛；叶柄长 5 ～ 18 mm，稍具翅；托叶几乎全退化。萼片 4，三角状卵形至披针形，长 1.5 ～ 3 mm，宽 0.8 ～ 1.2 mm，疏被微柔毛或近无毛；花瓣黄色，匙形，长 1.2 ～ 2 mm，宽 0.4 ～ 0.8 mm，先端近圆形，基部楔形；雄蕊 4，花丝长 0.8 ～ 1.2 mm，花药扁圆形，宽 0.4 ～ 0.5 mm，开花时以四合花粉直接授在柱头上；花柱长约 1 mm，柱头近卵状或球状，花盘围以花柱基部，稍隆起，无毛。蒴果四棱形，长 1.2 ～ 2.3 cm，粗 1.5 ～ 2 mm，淡褐色，无毛，不规则室背开裂；果梗长 3 ～ 5 mm。种子呈一列横卧于每室内，里生，卵状，长 0.5 ～ 0.6 mm，直径约 0.3 mm，顶端稍偏斜，具小尖头，表面有横条排成的棕褐色纵横条纹；种脊线形，长约 0.4 mm。花期 6—7 月，果期 8—9 月。

【分布区域】分布于新堤街道园丁花苑。

【药用部位】全草、根。

【炮制】全草：秋季结果时采收，切段，鲜用或晒干。

根：秋季挖根，洗净，晒干或鲜用。

【化学成分】含没食子酸、诃子次酸三乙酯。

【性味与归经】全草：苦，寒。归肺、肝、胃、膀胱经。根：苦，凉。归肾、小肠经。

【功能与主治】全草：清热解毒，利尿通淋，化瘀止血。用于肺热咳嗽，咽喉肿痛，目赤肿痛，湿热泻痢，黄疸，淋痛，水肿，带下，吐血，尿血，肠风便血，疔肿，疥疮，跌打伤肿，外伤出血，蛇虫、狂犬咬伤。

根：清热利尿，消肿生肌。用于急性肾炎，刀伤。

【用法与用量】全草：煎汤，15 ～ 30 g；或泡酒。外用适量，捣敷。

根：煎汤，9 ～ 15 g。外用适量，捣敷。

七十一、八角枫科 Alangiaceae

灌木或乔木。高 4 ～ 5 m，树皮光滑，淡灰色，树枝平伸。单叶互生，叶薄或纸质，心形至椭圆形，长约 15 cm，宽 7.5 cm，先端渐尖，基部偏斜，通常 5 脉，全缘或有阔角；叶柄长 2 ～ 3.5 cm。花两性，聚伞花序腋生，有花 8 ～ 30 朵，两两相对；花瓣 6 ～ 8 片，白色，长不及 1.5 cm；雄蕊与花瓣同数，有短花丝，花药红色。果卵形。花期 5—6 月。

洪湖市境内的八角枫科植物有 1 属 1 种。

八角枫属 *Alangium* Lam.

落叶乔木或灌木，稀攀援，极稀有刺。单叶互生，有叶柄，无托叶，全缘或掌状分裂，基部两侧常不对称，羽状叶脉或由基部生出 3 ～ 7 条主脉成掌状。花序腋生，聚伞状，小花梗常分节；苞片线形、钻形或三角形，早落；花两性，淡白色或淡黄色，通常有香气；花萼小，萼管钟形与子房合生，具4～10齿状的小裂片或近截形；花瓣4～10，线形，在花芽中彼此密接，镊合状排列，花开后花瓣的上部常向外反卷；雄蕊与花瓣同数而互生或为花瓣数目的2～4倍，花丝略扁，线形，分离或其基部和花瓣微黏合，花药线形，2室，纵裂；花盘肉质，子房下位，1～2室，花柱位于花盘的中部，柱头头状或棒状，不分裂或2～4裂，胚珠单生，下垂，有2层珠被。核果椭圆形、卵形或近球形，顶端有宿存的萼齿和花盘。种子1颗，有胚乳；子叶叶状。

洪湖市境内的八角枫属植物有1种。

194. 八角枫

【拉丁名】*Alangium chinense*（Lour.）Harms

【别名】枢木、华瓜木、豆腐柴、白金条、白龙须、八角王、八角梧桐、八角将军、割舌罗、五角枫、七角枫、野罗桐、花冠木。

【形态特征】落叶乔木或灌木，高3～5 m。幼枝紫绿色，无毛或有稀疏的柔毛；冬芽锥形，生于叶柄的基部内，鳞片细小。叶纸质，近圆形或椭圆形、卵形，顶端短锐尖或钝尖，基部两侧常不对称，一侧微向下扩张，另一侧向上倾斜，阔楔形、截形，长13～26 cm，宽9～22 cm，不分裂或3～9裂，裂片短锐尖或钝尖，仅脉腋有毛和沿脉有短毛；基出脉3～7，呈掌状，侧脉3～5对；叶柄长2.5～3.5 cm，紫绿色或淡黄色，幼时有微柔毛，后无毛。聚伞花序腋生，长3～4 cm，被稀疏微柔毛，有7～50花，花梗长5～15 mm；小苞片线形或披针形，长3 mm，常早落；总花梗长1～1.5 cm，常分节；花冠圆筒形，长1～1.5 cm，花萼5～8裂，疏生柔毛；花瓣6～8，长1～1.5 cm，基部黏合，上部开花后反卷，外面有微柔毛；雄蕊和花瓣同数而近等长，花丝略扁，长2～3 mm，有短柔毛，花药长6～8 mm，药隔无毛，外面有时有褶皱；花盘近球形，子房2室，花柱无毛，柱头头状，常2～4裂。核果卵圆形，长5～7 mm，黑色，顶端有宿存的萼齿和花盘。种子1颗。花期6—8月，果期8—9月。

【分布区域】分布于螺山镇龙潭村。

【药用部位】根、须根、叶、花。

【炮制】除杂，洗净，晒干。

【化学成分】含消旋毒藜碱、喜树次碱、水杨苷等。

【性味与归经】辛、苦，微温；有小毒。归肝、肾、心经。

【功能与主治】祛风除湿，舒筋活络，散瘀止痛。用于风湿性关节痛，跌打损伤，精神分裂症。

【用法与用量】煎汤，须根 1 ～ 3 g，根 3 ～ 6 g；或浸酒。外用适量，捣敷或煎汤洗。

【临床应用】①治鹤膝风：白金条节 15 g，松节 9 g，红、白牛膝各 9 g，切细，加烧酒 500 g 浸泡。每服药酒 15 g，常服。②治劳伤腰痛：白金条 6 g，牛膝（炒）30 g，生杜仲 30 g，酒、水各 180 g，煎服。③治跌打损伤：八角枫干根 6 g，算盘子根皮 15 g，刺五加 30 g，泡酒服。

【注意】有毒，孕妇忌服，小儿和年老体弱者慎用。

七十二、蓝果树科 Nyssaceae

落叶乔木，稀灌木。单叶互生，有叶柄，无托叶，卵形、椭圆形或矩圆状椭圆形，全缘或边缘锯齿状。花序头状、总状或伞形。雄花：花萼小，裂片齿状或短裂片状或不发育；花瓣 5，稀更多，覆瓦状排列；雄蕊常为花瓣的 2 倍或较少，常排列成 2 轮，花丝线形或钻形，花药内向，椭圆形；花盘肉质，垫状，无毛。雌花：花萼的管状部分常与子房合生，上部裂成齿状的裂片 5，花瓣小，5 或 10，排列成覆瓦状；子房下位，1 室或 6 ～ 10 室，每室有 1 枚下垂的倒生胚珠，花柱钻形，上部微弯曲，有时分枝。果实为核果或翅果，顶端有宿存的花萼和花盘，1 室或 3 ～ 5 室，每室有下垂种子 1 颗，外种皮很薄；胚乳肉质，近叶状，胚根圆筒状。

本科有 3 属，约 10 种，分布于亚洲和美洲。

洪湖市境内的蓝果树科植物有 1 属 1 种。

喜树属 *Camptotheca* Decne.

落叶乔木。叶互生，卵形，顶端锐尖，基部近圆形，叶脉羽状。头状花序近球形，苞片肉质；花杂性；花萼杯状，上部裂成 5 齿状的裂片；花瓣 5, 卵形，覆瓦状排列；雄蕊 10，不等长，着生于花盘外侧，排列成 2 轮，花药 4 室；子房下位，在雄花中不发育，在雌花及两性花中发育良好，1 室，胚珠 1 颗，下垂，花柱的上部常分 2 枝。果实为矩圆形翅果，顶端截形，有宿存的花盘，1 室 1 种子，无果梗，着生成头状果序；子叶很薄，胚根圆筒形。

洪湖市境内的喜树属植物有 1 种。

195. 喜树

【拉丁名】*Camptotheca acuminata* Decne.

【别名】千丈树、旱莲木、薄叶喜树、旱莲、水桐树、天梓树、野芭蕉、水漠子、南京梧桐、水栗子、水冬瓜、秋青树、圆木、土八角。

【形态特征】落叶乔木，高约 20 m。树皮灰色或浅灰色，纵裂成浅沟状；小枝圆柱形，平展，当年生枝紫绿色，有灰色微柔毛，多年生枝淡褐色或浅灰色，无毛；冬芽腋生，锥状，有4对卵形的鳞片，外面有短柔毛。叶互生，纸质，矩圆状卵形或矩圆状椭圆形，长12～28 cm，宽6～12 cm，顶端短锐尖，基部近圆形或阔楔形，全缘，上面亮绿色，幼时脉上有短柔毛，下面淡绿色，疏生短柔毛，叶脉上更密，侧脉11～15对，在上面显著，在下面略凸起；叶柄长1.5～3 cm，上面扁平或略呈浅沟状，下面圆形，幼时有微柔毛。头状花序近球形，直径1.5～2 cm，常由2～9个头状花序组成圆锥花序，顶生或腋生，通常上部为雌花序，下部为雄花序，总花梗圆柱形，长4～6 cm，幼时有微柔毛，其后无毛；花杂性，同株，苞片3枚，三角状卵形，长2.5～3 mm，内外两面均有短柔毛；花萼杯状，5浅裂，裂片齿状，边缘睫毛状；花瓣5枚，淡绿色，矩圆形或矩圆状卵形，顶端锐尖，外面密被短柔毛，早落；花盘显著，微裂；雄蕊10枚，外轮5枚较长，常长于花瓣，内轮5枚较短，花丝纤细，无毛，花药4室；子房在两性花中发育良好，下位，花柱无毛，顶端通常分2枝。翅果矩圆形，长2～2.5 cm，顶端具宿存的花盘，两侧具窄翅，幼时绿色，干燥后黄褐色，着生成近球形的头状果序。花期5—7月，果期9月。

【分布区域】分布于新堤街道万家墩村。

【药用部位】果实、根及根皮。

【炮制】果实：10—11月成熟时采收，晒干。

根及根皮：全年可采，但以秋季采挖为好，除去外层粗皮，晒干或烘干。

【化学成分】含喜树碱、羟基喜树碱、甲氧基喜树碱、喜树次碱、喜果苷等。

【性味与归经】苦、辛，寒；有毒。归脾、胃肝经。

【功能与主治】清热解毒，散结消癥。用于食道癌，贲门癌，胃癌，肠癌，肝癌，白血病，牛皮癣，疮肿。

【用法与用量】煎汤，根皮9～15 g，果实3～9 g；或研末吞，或制成针剂、片剂。

【临床应用】①治牛皮癣：喜树皮切碎，水煎浓缩，然后加羊毛脂、凡士林，调成10%～20%油膏外搽。另取30～60 g喜树皮水煎服，每日1剂。②治癌肿，白血病：用喜树皮提取喜树碱，制成注射液，每日10～20 mg肌内注射，10～14日为1个疗程，以后每3日注射1次，作维持量。③治胃癌，结肠癌，直肠癌，肝癌，膀胱癌，急、慢性白血病：喜树根皮9～15 g，水煎服。

【注意】内服不宜过量。

七十三、小二仙草科 Haloragidaceae

陆生、沼生或水生草本。单叶互生、对生或轮生。花两性或单性，单生或组成穗状花序、圆锥花序、伞房花序；萼筒与子房合生，萼片 2 ～ 4 或缺；花瓣 2 ～ 4 或缺；花药基着生，2 室，纵裂；子房下位，2 或 4 室，花柱 2 或 4，胚珠每室 1，悬垂，花粉粒具 3 或 4 孔，扁球形至圆球形。果为坚果或为核果状，小型，有时有翅，不开裂，或很少瓣裂。种子具胚乳，胚直立。

洪湖市境内的小二仙草科植物有 1 属 1 种。

狐尾藻属 *Myriophyllum* L.

水生或半湿生草本。根系发达，在水底泥中蔓生。叶对生、互生或轮生，无柄或近无柄，线形至卵形，全缘，有锯齿或篦齿状分裂。花水上生，很小，无柄，单生于叶腋或轮生，或少有成穗状花序；苞片 2，全缘或分裂；花单性同株或两性，稀雌雄异株；雄花具短萼筒，先端 2 ～ 4 裂或全缘；花瓣 2 ～ 4，早落；雄蕊 2 ～ 8，分离，花丝丝状；花药线状长圆形，基着生，纵裂；雌花萼筒与子房合生，具 4 深槽，萼裂 4 或不裂；花瓣小，早落或缺；子房下位，4 室，稀 2 室，每室具 1 倒生胚珠；花柱 4 裂，少 2 裂，通常弯曲，柱头羽毛状。果实成熟后分裂成 4 或 2 小坚果状的果瓣，果皮光滑或有瘤状物，每小坚果状的果瓣具 1 种子。种子圆柱形，种皮膜质，胚具胚乳。

洪湖市境内的狐尾藻属植物有 1 种。

196. 狐尾藻

【拉丁名】*Myriophyllum verticillatum* L.

【别名】轮叶狐尾藻、水蕴、鳃草、藻、金鱼草、草纱、小二仙草、狗尾巴草、狐尾草。

【形态特征】多年生粗壮沉水草本。根状茎发达，在水底泥中蔓延，节部生根。茎圆柱形，长 20 ～ 40 cm，多分枝。叶 3 ～ 5 片轮生，水中叶较长，长 4 ～ 5 cm，丝状全裂，无叶柄，裂片 8 ～ 13 对，互生，长 0.7 ～ 1.5 cm；水上叶互生，披针形，较强壮，鲜绿色，长约 1.5 cm，裂片较宽；秋季于叶腋中生出棍棒状冬芽而越冬。苞片羽状篦齿状分裂；花单性，雌雄同株或杂性，单生于水上叶腋内，每轮具 4 朵花，花无柄，比叶片短；雌花生于水上茎下部叶腋中，萼片与子房合生，顶端 4 裂，裂片较小，长不到 1 mm，卵状三角形；花瓣 4，舟状，早落；雌蕊 1，子房广卵形，4 室，柱头 4 裂，裂片三角形；花瓣 4，椭圆形，长 2 ～ 3 mm，早落；雄花雄蕊 8，花药椭圆形，长 2 mm，淡黄色，花丝丝状，开花后伸出花冠外。果实广卵形，长 3 mm，具 4 条浅槽，顶端具残存的萼片及花柱。

【分布区域】分布于滨湖街道新旗村八组。

【药用部位】全草。

【炮制】除杂，洗净，鲜用。

【化学成分】含脱植基叶绿素等。

【性味与归经】甘、淡，寒。

【功能与主治】清热，凉血，解毒。用于热病烦渴，赤白痢，丹毒，疮疖，烫伤。

【用法与用量】煎汤，鲜品 15 ～ 30 g；或捣汁。外用适量，鲜品捣敷。

七十四、伞形科 Apiaceae

一年生至多年生草本。根通常肉质而粗，有时为圆锥形或有分枝自根颈斜出；茎直立或匍匐上升，通常圆形，有棱和槽，空心或有髓。叶互生，通常一回掌状分裂或一至四回羽状分裂，叶柄的基部有叶鞘，无托叶。花小，两性或杂性，成顶生或腋生的复伞形花序或单伞形花序，很少为头状花序；伞形花序的基部有总苞片，全缘、齿裂，很少羽状分裂；小伞形花序的基部有小总苞片，全缘或很少羽状分裂；花萼与子房贴生，萼齿 5 或无；花瓣 5，在花蕾时呈覆瓦状或镊合状排列，基部窄狭，有时成爪或内卷成小囊，顶端钝圆或有内折的小舌片或顶端延长如细线；雄蕊 5，与花瓣互生；子房下位，2 室，每室有 1 个倒悬的胚珠，顶部有盘状或短圆锥状的花柱基，花柱 2，直立或外曲，柱头头状。果实在大多数情况下是干果，通常裂成 2 个分生果。果实由 2 个背面或侧面扁压的心皮合成，成熟时 2 心皮从合生面分离，每个心皮有 1 纤细的心皮柄和果柄相连而倒悬其上，心皮柄顶端分裂或裂至基部，心皮的外面有 5 条主棱，外果皮表面平滑或有毛、皮刺、瘤状突起，棱和棱之间有沟槽，有时槽处发展为次棱，而主棱不发育，中果皮层内的棱槽内和合生面通常有纵走的油管 1 至多数。胚乳软骨质，胚乳的腹面有平直、凸出或凹入的，胚小。

洪湖市境内的伞形科植物有 8 属 8 种。

1. 单伞形花序。
   2. 果实心状圆形，表面无网纹……天胡荽属 *Hydrocotyle*
   2. 果实肾形或圆形，表面网状……积雪草属 *Centella*

1. 复伞形花序。

3. 子房和果实有刺毛、刚毛、皮刺、小瘤、乳头状毛或硬毛。

4. 总苞片和小总苞片羽状分裂；果实有刚毛，次棱成窄翅且有刺……胡萝卜属 *Daucus*

4. 总苞片和小总苞片不呈羽状裂；果实次棱不成窄翅，有刺，刺的基部呈小瘤状……窃衣属 *Torilis*

3. 子房和果实具柔毛或无毛。

5. 果实的横切面背部圆形或两侧压扁；果棱无明显的翅。

6. 小伞形花序外缘花的花瓣为辐射瓣；外果皮薄而坚硬，果棱不明显，油管不明显……芫荽属 *Coriandrum*

6. 小伞形花序外缘花的花瓣很少为辐射瓣；外果皮薄而软；果棱明显，有显著油管。

7. 萼齿不明显或极细小……芹属 *Apium*

7. 萼齿大而明显……水芹属 *Oenanthe*

5. 子房与果实的横剖面背部扁平；果棱全部或部分有翅……蛇床属 *Cnidium*

芹属 *Apium* L.

一年生至多年生草本。根圆锥形；茎直立或匍匐，有分枝，无毛。叶膜质，一回羽状分裂至三出式羽状多裂，裂片近圆形、卵形至线形；叶柄基部有膜质叶鞘。花序为疏松或紧密的单伞形花序或复伞形花序，花序梗顶生或侧生，有些伞形花序无梗；总苞片和小总苞片缺乏或显著；伞辐上升开展；花柄不等长；花白色或稍带黄绿色；萼齿细小或退化；花瓣近圆形至卵形，顶端有内折的小舌片；花柱基幼时通常扁压，花柱短或向外反曲。果实近圆形、卵形、圆心形或椭圆形，侧面扁压，合生面有时收缩；果棱尖锐或圆钝，每棱槽内有油管 1，合生面有油管 2；分生果横剖面近圆形，胚乳腹面平直，心皮柄不分裂或顶端 2 浅裂至 2 深裂。

洪湖市境内的芹属植物有 1 种。

197. 细叶旱芹

【拉丁名】*Apium leptophyllum*（Pers.）F. Muell.

【别名】红叶香芹、法香、法国蕃芫荽、山萝卜。

【形态特征】一年生草本，高 25 ～ 45 cm。茎多分枝，光滑。根生叶有柄，柄长 2 ～ 11 cm，基部边缘略扩大成膜质叶鞘；叶片轮廓呈长圆形至长圆状卵形，长 2 ～ 10 cm，宽 2 ～ 8 cm，三至四回羽状多裂，裂片线形至丝状；茎生叶通常三出式羽状多裂，裂片线形，长 10 ～ 15 mm。复伞形花序顶生或腋生，通常无梗，或少有短梗，无总苞片和小总苞片；伞辐 2 ～ 5，长 1 ～ 2 cm，无毛；小伞形花序有花 5 ～ 23，花柄不等长，无萼齿；花瓣白色、绿白色或略带粉红色，卵圆形，长约 0.8 mm，宽 0.6 mm，顶端内折，有中脉 1 条；花丝短于花瓣，少与花瓣同长，花药近圆形，长约 0.1 mm；花柱基扁压，花柱极短。果实圆心

形或圆卵形，长、宽各 1.5 ~ 2 mm，分生果棱 5 条，圆钝；胚乳腹面平直，每棱槽内有油管 1，合生面有油管 2，心皮柄顶端 2 浅裂。花期 5 月，果期 6—7 月。

【分布区域】分布于老湾回族乡珂里村。

【药用部位】嫩茎和叶。

【炮制】除杂，洗净鲜用。

【化学成分】含芹菜苷、佛手柑内酯、挥发油、有机酸、胡萝卜素、维生素 C、糖类等。

【性味与归经】甘，温。

【功能与主治】清热解毒。用于平肝降压，防癌抗癌，养血补虚，醒酒保胃。

【用法与用量】煎汤，9 ~ 15 g（鲜品 15 ~ 30 g）；捣汁或入丸剂。外用适量，捣敷。

积雪草属 *Centella* L.

多年生草本，有匍匐茎。叶有长柄，圆形、肾形或马蹄形，边缘有钝齿，基部心形，光滑或有柔毛；叶柄基部有鞘。单伞形花序，梗极短，单生或 2 ~ 4 个聚生于叶腋，伞形花序通常有花 3 ~ 4；花近无柄，草黄色、白色至紫红色；苞片 2，卵形，膜质；萼齿细小；花瓣 5，花蕾时覆瓦状排列，卵圆形，顶端稍内卷；雄蕊 5，与花瓣互生；花柱与花丝等长，基部膨大。果实肾形或圆形，两侧扁压，合生面收缩，分果有主棱 5，棱间有小横脉，表面网状；内果皮骨质。种子侧扁，横剖面狭长圆形，棱槽内油管不显著。

洪湖市境内的积雪草属植物有 1 种。

198. 积雪草

【拉丁名】*Centella asiatica*（L.）Urban

【别名】马蹄草、钱齿草、崩大碗、铜钱草、雷公根。

【形态特征】多年生草本，茎匍匐，细长，节上生根。叶片圆形、肾形或马蹄形，长 1 ~ 2.8 cm，宽 1.5 ~ 5 cm，边缘有钝锯齿，基部阔心形，两面无毛或在背面脉上疏生柔毛；掌状脉 5 ~ 7，两面隆起，脉上部分叉，叶柄长 1.5 ~ 27 cm，无毛或上部有柔毛，基部叶鞘透明，膜质。伞形花序梗 2 ~ 4 个，聚生于叶腋，有或无毛；苞片通常 2，很少 3，卵形；每伞形花序有花 3 ~ 4，聚集成头状；花瓣卵形，紫红色或乳白色；花柱长约 0.6 mm；花丝短于花瓣，与花柱等长。果实两侧扁压，圆球形，基部心形至平截形，每侧有纵棱数条，棱间有明显的小横脉，网状，表面有毛或平滑。花果期 4—10 月。

【分布区域】分布于洪湖市境内。

【药用部位】全草。

【炮制】夏、秋季采收全草，除去泥杂，晒干或鲜用。

【化学成分】含积雪草苷、羟基积雪草苷、积雪草酸、积雪草糖等。

【性味与归经】苦、辛，寒。归肝、脾、肾经。

【功能与主治】清热利湿，解毒消肿。用于湿热黄疸，中暑腹泻，石淋，血淋，痈肿疮毒，跌打损伤。

【用法与用量】煎汤，15～30 g。外用适量，捣敷或捣汁涂。

【临床应用】①治感冒头痛：积雪草 30 g，生姜 9 g，捣烂，敷额上。②治外感发热，烦渴谵语：积雪草 60 g，白颈蚯蚓 4 条，共捣烂，用水煲 2 h 后取汁服。③治肺热咳嗽：积雪草 30 g，地麦冬 30 g，白茅根 30 g，枇杷叶 15 g，桑叶 15 g，水煎服。④治哮喘：干积雪草全草 30 g，黄疸草、薜荔藤各 15 g，水煎服。⑤治痢疾：鲜积雪草全草 60 g，或加凤尾草、紫花地丁鲜全草各 30 g。水煎，调适量冰糖和蜜服。⑥治黄疸性肝炎：鲜积雪草全草 15～30 g，或加茵陈 15 g，栀子 6 g，白糖 15 g，水煎服。⑦治咯血，吐血，鼻出血：鲜积雪草全草 60～90 g，水煎或捣汁服。

蛇床属 *Cnidium* Cuss.

一年生至多年生草本。叶通常为二至三回羽状复叶，稀为一回羽状复叶，末回裂片线形、披针形至倒卵形。复伞形花序顶生或侧生；总苞片线形至披针形；小总苞片线形、长卵形至倒卵形，常具膜质边缘；花白色，稀带粉红色；萼齿不明显；花柱 2，向下反曲。果实卵形至长圆形，果棱翅状，常木栓化；分生果横剖面近五角形，每棱槽内有油管 1，合生面有油管 2；胚乳腹面近于平直。

洪湖市境内的蛇床属植物有 1 种。

199. 蛇床

【拉丁名】*Cnidium monnieri*（L.）Cuss.

【别名】野茴香、野胡萝卜子、山胡萝卜、蛇米、蛇床子、蛇珠、蛇粟、蛇床仁、蛇床实、气果、双肾子、癞头花子。

【形态特征】一年生草本，高 10 ～ 60 cm。根圆锥状，较细长；茎直立或斜上，多分枝，中空，表面具深条棱，粗糙。下部叶具短柄，叶鞘短宽，边缘膜质；上部叶柄全部鞘状；叶片轮廓卵形至三角状卵形，长 3 ～ 8 cm，宽 2 ～ 5 cm，二至三回三出式羽状全裂，羽片轮廓卵形至卵状披针形，长 1 ～ 3 cm，宽 0.5 ～ 1 cm，先端常略呈尾状，末回裂片线形至线状披针形，长 3 ～ 10 mm，宽 1 ～ 1.5 mm，具小尖头，边缘及脉上粗糙。复伞形花序直径 2 ～ 3 cm，总苞片 6 ～ 10，线形至线状披针形，长约 5 mm，具细睫毛状毛；伞辐 8 ～ 20，不等长，长 0.5 ～ 2 cm，棱上粗糙；小总苞片多数，线形，长 3 ～ 5 mm，边缘具细睫毛状毛；小伞形花序具花 15 ～ 20，萼齿无；花瓣白色，先端具内折小舌片；花柱基略隆起，花柱长 1 ～ 1.5 mm，向下反曲。分生果长圆状，长 1.5 ～ 3 mm，宽 1 ～ 2 mm，横剖面近五角形，主棱 5，均扩大成翅；每棱槽内有油管 1，合生面有油管 2；胚乳腹面平直。花期 4—7 月，果期 6—10 月。

【分布区域】分布于乌林镇香山村。

【药用部位】果实。

【炮制】夏、秋季果实成熟时采收，除去杂质，洗净，晒干。

【化学成分】含蛇床子素、香豆素、茨烯、异戊酸龙脑酯、柠烯、β－桉叶醇等。

【性味与归经】辛、苦，温；有小毒。归肾经。

【功能与主治】燥湿祛风，杀虫止痒，温肾壮阳。用于阴痒带下，湿疹瘙痒，湿痹腰痛，肾虚阳痿，宫寒不孕。

【用法与用量】煎汤，3 ～ 9 g。外用适量，多煎汤熏洗，或研末调敷。

【临床应用】①治妇人阴寒，温阴中坐药：蛇床仁，一味末之，以白粉少许，和合相得，如枣大，绵裹纳之，自然温。②治阳痿，宫寒不孕：蛇床子、菟丝子、五味子各等份为丸如梧子大，每服 30 丸，日服 3 次。③治急性湿疹：蛇床子 30 g，苦参 30 g，威灵仙 9 g，苍术 9 g，黄柏 9 g，明矾 9 g，煎水熏洗患处。④治荨麻疹：蛇床子、当归、防风、荆芥、蝉蜕、红花、苦参、苍术、马鞭草、甘草各 9 g，煎水洗。⑤治婴儿湿疹，汗疱疹：蛇床子 18 g，研粉，调凡士林外涂患处。

芫荽属 *Coriandrum* L.

一年生或二年生草本，光滑，有强烈气味。根细长，纺锤形。叶柄有鞘；叶片膜质，一回或多回羽状分裂。复伞形花序顶生或与叶对生；总苞片常缺，有时仅有 1 枚，线形，全缘或分裂；小总苞片数枚，线形；伞辐少数，开展；花白色、玫瑰色或淡紫红色；萼齿小，短尖，大小不等；花瓣倒卵形，顶端内凹，在伞形花序外缘的花瓣通常有辐射瓣；花柱基圆锥形；花柱细长而开展。果实圆球形，外果皮坚硬，无毛，背面主棱及相邻的次棱明显；胚乳腹面凹陷；油管不明显或有 1 个位于次棱的下方。

洪湖市境内的芫荽属植物有 1 种。

200. 芫荽

【拉丁名】*Coriandrum sativum* L.

【别名】胡荽、香荽、香菜、延荽、圆荽。

【形态特征】一年生或二年生，有强烈气味的草本，高 20 ～ 100 cm。根纺锤形，细长，有多数纤细的支根；茎圆柱形，直立，多分枝，有条纹，通常光滑。根生叶有柄，柄长 2 ～ 8 cm，叶片一或二回羽状全裂，羽片广卵形或扇形半裂，长 1 ～ 2 cm，宽 1 ～ 1.5 cm，边缘有钝锯齿、缺刻或深裂；上部的茎生叶三回至多回羽状分裂，末回裂片狭线形，长 5 ～ 10 mm，宽 0.5 ～ 1 mm，顶端钝，全缘。伞形花序顶生或与叶对生，花序梗长 2 ～ 8 cm，伞辐 3 ～ 7，长 1 ～ 2.5 cm；小总苞片 2 ～ 5，线形，全缘；小伞形花序有孕花 3 ～ 9，花白色或带淡紫色；萼齿通常大小不等，小的卵状三角形，大的长卵形；花瓣倒卵形，长 1 ～ 1.2 mm，宽约 1 mm，顶端有内凹的小舌片，辐射瓣长 2 ～ 3.5 mm，宽 1 ～ 2 mm，通常全缘，有 3 ～ 5 脉；花丝长 1 ～ 2 mm，花药卵形，长约 0.7 mm；花柱幼时直立，果熟时向外反曲。果实圆球形，背面主棱及相邻的次棱明显。胚乳腹面内凹，油管不明显，或有 1 个位于次棱的下方。花果期 4—11 月。

【分布区域】分布于老湾回族乡江豚湾社区。

【药用部位】全草、果实。

【炮制】除杂，洗净，鲜用或晒干。

【化学成分】含 α－蒎烯、桧烯、月桂烯、水芹烯、萜品烯、对伞花素、罗勒烯、芫荽醇、香叶醇、癸醛等。

【性味与归经】辛，温。归肺、胃经。

【功能与主治】发表透疹，消食下气。用于小儿麻疹初起，透发不快，发热无汗，食物积滞，大小肠结气，头痛。

【用法与用量】全草：煎汤，9 ～ 15 g；或捣汁。外用适量，煎水熏洗或捣敷。

果实：煎汤，6 ～ 12 g；或入散剂。外用适量，煎水熏洗。

【临床应用】①治肠风下血不止，痔疮：胡荽子、补骨脂各 15 g，研末。每服 6 g，米饮下，食前服。②治食欲不振，消化不良：胡荽子 6 g，陈皮、六曲各 9 g，生姜 3 片，水煎服。③治脱肛痔漏：胡荽子 30 g，粟糠 15 g，乳香少许。上先泥成炉子，留一小眼，可抵肛门大小，不令透烟火，熏之。④治麻疹初起未透：胡荽子 120 g，捣后入火瓦罐或铝锅中，盛满清水，置病室内用炭火煮沸，使蒸气充满病室，并随时增加炭、水；待麻疹透齐后，停止使用。

胡萝卜属 *Daucus* L.

二年生草本，少为一年生或多年生，根肉质。茎直立，有分枝。叶有柄，叶柄具鞘；叶片薄膜质，羽状分裂，末回裂片窄小。复伞形花序顶生或腋生，总苞具多数羽状分裂或不分裂的苞片；小总苞片多数，3 裂、不裂或缺乏；伞辐少数至多数，开展；花白色或黄色，小伞形花序中心的花呈紫色，通常不孕；花柄开展，不等长；萼齿小或不明显；花瓣倒卵形，先端凹陷，有 1 内折的小舌片，靠外缘的花瓣为辐射瓣；花柱基短圆锥形，花柱短。果实长圆形至圆卵形，棱上有刚毛或刺毛，每棱槽内有油管 1，合生面有油管 2；胚乳腹面略凹陷或近平直，心皮柄不分裂或顶端 2 裂。

洪湖市境内的胡萝卜属植物有 1 种。

201. 野胡萝卜

【拉丁名】*Daucus carota* L.

【别名】鹤虱草、虱子草、野胡萝卜子。

【形态特征】二年生草本，高 15 ～ 120 cm。茎单生，全体有白色粗硬毛。基生叶薄膜质，长圆形，二至三回羽状全裂，末回裂片线形或披针形，长 2 ～ 15 mm，宽 0.5 ～ 4 mm，顶端锐尖，光滑或有糙硬毛；叶柄长 3 ～ 12 cm；茎生叶近无柄，有叶鞘，末回裂片小或细长。复伞形花序，花序梗长 10 ～ 55 cm，有糙硬毛；总苞有多数苞片，呈叶状，羽状分裂，少有不裂的，裂片线形，长 3 ～ 30 mm；伞辐多数，长 2 ～ 7.5 cm，结果时外缘的伞辐向内弯曲；小总苞片 5 ～ 7，线形，不裂或 2 ～ 3 裂，边缘膜质，具纤毛；花通常白色，有时带淡红色；花柄不等长，长 3 ～ 10 mm。果实圆卵形，长 3 ～ 4 mm，宽 2 mm，棱上有白色刺毛。花果期 5—9 月。

【分布区域】分布于乌林镇香山村。

【药用部位】果实。

【炮制】除杂，洗净，晒干。

【性味与归经】苦、辛，平；有小毒。归脾、胃、大肠经。

【功能与主治】杀虫，消积，止痒。用于蛔虫病，蛲虫病，绦虫病，钩虫病，虫积腹痛，小儿疳积，阴痒。

【用法与用量】煎汤，6 ～ 9 g；或入丸、散。外用适量，煎水熏洗。

天胡荽属 *Hydrocotyle* L.

多年生草本。茎细长，匍匐或直立。叶片心形、圆形、肾形或五角形，有裂齿或掌状分裂；叶柄细长，无叶鞘；托叶细小，膜质。花序通常为单伞形花序，细小，有多数小花，密集成头状；花序梗通常生自叶腋，短或长于叶柄；花白色、绿色或淡黄色；无萼齿；花瓣卵形，在花蕾时镊合状排列。果实心状圆形，两侧扁压，背部圆钝，背棱和中棱显著，侧棱常藏于合生面，表面无网纹，油管不明显，内果皮有 1 层厚壁细胞，围绕着种子胚乳。

洪湖市境内的天胡荽属植物有 1 种。

202. 破铜钱

【拉丁名】*Hydrocotyle sibthorpioides* var. *batrachium*（Hance）Hand. –Mazz.

【别名】小叶铜钱草、铜钱草、鹅不食草、遍地锦、天星草、满天星、天胡荽、落得打。

【形态特征】多年生草本。匍匐茎纤弱细长，平铺地上成片，茎节上生根。单叶互生，圆形或圆肾形，直径 0.5 ～ 1.6 cm，基部心形，5 ～ 7 浅裂，裂片短，有 2 ～ 3 个钝齿，上面深绿色，下面绿色或有柔毛，或两面均光滑至微有柔毛；叶柄纤弱，长 0.5 ～ 9 cm。伞形花序与叶对生，单生于节上；伞梗长 0.5 ～ 3 cm；总苞片 4 ～ 10，倒披针形，长约 2 mm；小伞形花序具花 10 ～ 15 朵，花无柄或有柄，萼齿缺乏，花瓣卵形，呈镊合状排列，绿白色。双悬果近心形，长 1 ～ 1.25 mm，宽 1.5 ～ 2 mm；分果侧面扁平，光滑或有斑点，背棱略锐。花果期 4—6 月。

【分布区域】分布于螺山镇龙潭村。

【药用部位】全草。

【炮制】除杂，洗净，鲜用或晒干。

【性味与归经】辛，平。归肺、胆、肝、脾经。

【功能与主治】宣肺止咳，利湿去浊，利尿通淋。用于肺气不宣咳嗽，咳痰，肝胆湿热，黄疸，口苦，头晕目眩，喜呕，两肋胀满，湿热淋证。

【用法与用量】煎汤，9 ~ 18 g。外用适量，鲜品捣烂敷患处。

水芹属 *Oenanthe* L.

二年生至多年生光滑草本，很少为一年生，有成簇的须根。茎细弱或粗大，通常呈匍匐性的上升或直立，下部节上常生根。叶有柄，基部有叶鞘；叶片羽状分裂至多回羽状分裂，羽片或末回裂片卵形至线形，边缘有锯齿呈羽状半裂，或叶片有时简化成线形管状的叶柄。复伞形花序顶生或侧生；总苞缺或有少数狭窄的苞片；小总苞片多数，狭窄，比花柄短；伞辐多数，开展；花白色，萼齿披针形，宿存；小伞形花序外缘花具辐射瓣；花柱基平压或圆锥形，花柱伸长，花后挺直，很少脱落。果实圆卵形至长圆形，光滑，侧面略扁平，果棱钝圆，木栓质，两个心皮的侧棱通常略相连，较背棱和中棱宽而大；分生果背部扁压，每棱槽中有油管 1，合生面有油管 2；胚乳腹面平直；无心皮柄。

洪湖市境内的水芹属植物有 1 种。

203. 短辐水芹

【拉丁名】*Oenanthe benghalensis* Benth. et Hook. f.

【别名】少花水芹、水芹菜。

【形态特征】多年生草本，高 17 ~ 60 cm，全体无毛，有较多须根。茎自基部多分枝，有棱。叶片轮廓三角形，一至二回羽状分裂，末回裂片卵形至菱状披针形，长 1.5 ~ 2 cm，宽约 0.5 cm，顶端钝，边缘有钝齿。复伞形花序顶生和侧生，花序梗通常与叶对生，长 1 ~ 2 cm；无总苞片；伞辐 4 ~ 10，较短，长 0.5 ~ 1 cm，直立并开展；小总苞片披针形，多数，长 2 ~ 2.5 mm；小伞形花序有花 10 余朵，花柄长 1.5 ~ 2 mm；萼齿线状披针形，长 0.3 ~ 0.4 mm；花瓣白色，倒卵形，长 1 mm，宽不及 0.8 mm，顶端有一内折的小舌片；花柱基圆锥形，花柱直立或两侧分开，长约 0.5 mm。果实椭圆形或筒状长圆形，长 2 ~ 3 mm，宽 1 ~ 1.5 mm，侧棱较背棱和中棱隆起，木栓质；分生果的横剖面半圆形，棱槽内有油管 1，合生面有油管 2。花期 5 月，果期 5—6 月。

【分布区域】分布于洪湖市南门洲。

【药用部位】全草。

【炮制】除杂，洗净，切段晒干，或鲜用。

【性味与归经】辛、甘，凉。归肺、肝经。

【功能与主治】清热透疹，平肝安神。用于麻疹初期，肝阳上亢，失眠多梦，高血压头痛，眩晕，水肿，消化不良，食欲不振。

【用法与用量】煎汤，10 ～ 30 g；或捣汁。

【临床应用】①治小儿发热，月余不退：水芹菜、大麦芽、车前子各适量，水煎服。②治带下：水芹菜 12 g，景天 6 g，水煎服。③治小便不利：水芹菜 9 g，水煎服。

窃衣属 *Torilis* Adans.

一年生或多年生草本，全体被刺毛、粗毛或柔毛。根细长，圆锥形；茎直立，单生，有分枝。叶有柄，柄有鞘；叶片近膜质，一至二回羽状分裂或多裂，一回羽片卵状披针形，边缘羽状深裂或全缘，有短柄；末回裂片狭窄。复伞形花序顶生、腋生或与叶对生，疏松，总苞片数枚或无；小总苞片 2 ～ 8，线形或钻形；伞辐 2 ～ 12，直立，开展；花白色或紫红色，萼齿三角形，尖锐；花瓣倒圆卵形，有狭窄内凹的顶端，背部中间至基部有粗伏毛；花柱基圆锥形，花柱短、直立或向外反曲，心皮柄顶端 2 浅裂。果实圆卵形或长圆形，主棱线状，棱间有直立或呈钩状的皮刺，皮刺基部阔展、粗糙；胚乳腹面凹陷，在每一次棱下方有油管 1，合生面有油管 2。

洪湖市境内的窃衣属植物有 1 种。

204. 窃衣

【拉丁名】*Torilis scabra*（Thunb.）DC.

【别名】华南鹤虱、水防风。

【形态特征】一年生或多年生草本，高 10 ～ 70 cm。全株有贴生短硬毛。茎单生，有分枝，有细直纹和刺毛。叶卵形，一至二回羽状分裂或多裂，小叶片披针状卵形，羽状深裂；末回裂片披针形至长圆形，长 2 ～ 10 mm，宽 2 ～ 5 mm，边缘有条裂状粗齿至缺刻或分裂。复伞形花序顶生或腋生，花序梗长 2 ～ 8 cm；总苞片通常无，少 1，钻形或线形；伞辐 2 ～ 4，长 1 ～ 5 cm，粗壮，有纵棱及向上紧贴的硬毛；小总苞片 5 ～ 8，钻形或线形；小伞形花序有花 4 ～ 12；萼齿细小，三角状披针形；花瓣白色，倒圆卵形，先端内折；花柱基圆锥状，花柱向外反曲。果实长圆形，长 4 ～ 7 mm，宽 2 ～ 3 mm，有内弯或呈钩状的皮刺，粗糙，每棱槽下方有油管 1。花期 4—9 月，果期 9—11 月。

【分布区域】分布于滨湖街道原种场。

【药用部位】果实或全草。

【炮制】除杂，洗净，晒干或鲜用。

【化学成分】含葎草烯、窃衣内酯等。

【性味与归经】苦、辛，平；有小毒。归脾、大肠经。

【功能与主治】杀虫止泻，收湿止痒。用于虫积腹痛，泄泻，疮疡溃烂，阴痒带下，风湿疹。

【用法与用量】煎汤，6 ～ 9 g。外用适量，捣汁涂，或煎水洗。

【临床应用】①治疮疡溃烂，久不收口：窃衣果实适量，煎水冲洗。②治滴虫性阴道炎：窃衣果实适量，煎水冲洗。

七十五、杜鹃花科 Ericaceae

常绿木本植物，灌木或乔木，少有半常绿或落叶；有具芽鳞的冬芽。叶革质，少纸质，互生，极少假轮生，稀交互对生，全缘或有锯齿，不分裂，被各式毛或鳞片，或无覆被物；不具托叶。花单生或组成总状、圆锥状或伞形总状花序，顶生或腋生，两性，辐射对称或略两侧对称；具苞片；花萼 4 ～ 5 裂，宿存，有时花后肉质；花瓣合生成钟状、坛状、漏斗状或高脚碟状，稀离生，花冠通常 5 裂，稀 4、6、8 裂，裂片覆瓦状排列；雄蕊为花冠裂片的 2 倍，花丝分离，除杜鹃花亚科外，花药背部或顶部通常有芒状或距状附属物，或顶部具伸长的管，顶孔开裂，稀纵裂，花盘盘状，具厚圆齿；子房上位或下位，2 ～ 12 室，每室有胚珠多数，稀 1 枚，花柱和柱头单一。蒴果或浆果，少有浆果状蒴果。种子小，粒状或锯屑状，无翅或有狭翅，或两端具伸长的尾状附属物；胚圆柱形，胚乳丰富。

本科约有 103 属 3350 种，全世界分布，除沙漠地区外，广布于南、北半球的温带及北半球亚寒带地区，少数属、种环北极分布，也分布于热带高山，大洋洲种类极少。我国有 15 属，约 757 种，分布于全国各地，主产于西南部山区。

洪湖市境内的杜鹃花科植物有 1 属 1 种。

杜鹃花属 *Rhododendron* L.

灌木或乔木，有时矮小成垫状。植株无毛或被各式毛或鳞片。叶常绿或落叶、半落叶，互生，全缘，稀有不明显的小齿。花芽被多数形态大小有变异的芽鳞。花显著，通常排列成伞形总状或短总状花序，稀单花，通常顶生，少有腋生；花萼 5 ～ 8 裂或环状无明显裂片，宿存；花冠漏斗状、钟状、管状或高脚碟状，整齐或略两侧对称，5 ～ 8 裂，裂片在芽内覆瓦状；雄蕊 5 ～ 10，着生于花冠基部，花药无附属物，顶孔开裂或为略微偏斜的孔裂；花盘多少增厚而显著，5 ～ 14 裂；子房通常 5 室，花柱细长劲直或粗短而呈弯弓状，宿存。蒴果自顶部向下室间开裂，果瓣木质。种子多数，细小，纺锤形，具膜质薄翅，或种子两端有鳍状翅，或无翅但两端具狭长或尾状附属物。

洪湖市境内的杜鹃花属植物有 1 种。

205. 杜鹃

【拉丁名】*Rhododendron simsii* Planch.

【别名】红踯躅、山石榴、映山红、艳山红、艳山花、山归来、杜鹃花、满山红、清明花、灯盏红花、迎山红。

【形态特征】落叶灌木，高 2 ～ 5 m；分枝多而纤细，密被亮棕褐色扁平糙伏毛。叶革质，常集生于枝端，卵形、倒卵形或倒披针形，长 1.5 ～ 5 cm，宽 0.5 ～ 3 cm，先端短渐尖，基部楔形或宽楔形，边缘微反卷，具细齿，上面深绿色，疏被糙伏毛，下面淡白色，密被褐色糙伏毛，中脉在上面凹陷，下面凸出；叶柄长 2 ～ 6 mm，密被亮棕褐色扁平糙伏毛。花芽卵球形，鳞片外面被糙伏毛，边缘具睫毛状毛。花 2 ～ 6 朵簇生于枝顶；花梗长 8 mm，密被亮棕褐色糙伏毛；花萼 5 深裂，裂片三角状长卵形，长 5 mm，被糙伏毛，边缘具睫毛状毛；花冠阔漏斗形，玫瑰色、鲜红色或暗红色，长 3.5 ～ 4 cm，宽 1.5 ～ 2 cm，裂片 5，倒卵形，长 2.5 ～ 3 cm，上部裂片具深红色斑点；雄蕊 10，长约与花冠相等，花丝线状，中部以下被微柔毛；子房卵球形，10 室，密被亮棕褐色糙伏毛，花柱伸出花冠外，无毛。蒴果卵球形，密被糙伏毛。花期 4—5 月，果期 6—8 月。

【分布区域】分布于新堤街道万家墩村。

【药用部位】叶、根、花。

【炮制】除杂，洗净，鲜用或切片晒干。

【化学成分】含黄酮、三萜及其苷、酚类、鞣质、挥发油等。

【性味与归经】酸、甘，温。归肺、脾经。

【功能与主治】和血，调经，祛风湿。用于月经不调，经闭，崩漏，跌打损伤，风湿痛，吐血，衄血。

【用法与用量】花：水煎服，15 ～ 30 g。果实：研末服，3 ～ 5 g。

【临床应用】①治经闭：杜鹃 60 g，水煎服。②治跌打疼痛：杜鹃（研末）5 g，用酒吞服。③治流鼻血：映山红（生品）15 ～ 30 g，水煎服。④治带下：杜鹃花（白花）15 g，和猪脚爪适量同煮，喝汤食肉。

七十六、报春花科 Primulaceae

多年生或一年生草本，稀为亚灌木。茎直立或匍匐，叶互生、对生或轮生，或无地上茎而叶全部基生，并常形成稠密的莲座丛。花两性，辐射对称，单生或组成总状、伞形或穗状花序；花萼 4 ～ 9 裂，通常 5 裂，宿存；花冠下部合生成短或长筒，上部通常 5 裂，稀 4 裂或 6 ～ 9 裂，稀无花冠；雄蕊多少贴生于花冠上，与花冠裂片同数而对生，极少具 1 轮鳞片状退化雄蕊，花丝分离或下部连合成筒，子房上位，少半下位，1 室，花柱单一；胚珠通常多数，生于特立中央胎座上。蒴果通常 5 齿裂或瓣裂，稀盖裂。种子小，有棱角，常为盾状，种脐位于腹面的中心；胚小而直，藏于丰富的胚乳中。

本科有 22 属约 1000 种，分布于全世界，主产于北半球温带地区。我国有 13 属近 500 种，产于全国各地，尤以西部高原和山区种类特别丰富。

洪湖市境内的报春花科植物有 1 属 3 种。

珍珠菜属 *Lysimachia* L.

直立或匍匐草本，极少为亚灌木，无毛或被多细胞毛，通常有腺点。叶互生、对生或轮生，全缘。花单出腋生或排成顶生或腋生的总状花序或伞形花序，总状花序常缩短成近头状或有时复出而成圆锥花序；花萼 5 深裂，极少 6 ～ 9 裂，宿存；花冠白色或黄色，稀为淡红色或淡紫红色，辐状或钟状，5 深裂，稀 6 ～ 9 裂，裂片在花蕾中旋转状排列；雄蕊与花冠裂片同数而对生，花丝分离或基部合生成筒，多少贴生于花冠上，花药基着或中着，顶孔开裂或纵裂，花粉粒具 3 孔沟，圆球形至长球形，表面近于平滑或具网状纹饰；子房球形，花柱丝状或棒状，柱头钝。蒴果卵圆形或球形，通常 5 瓣开裂。种子具棱角或有翅。

洪湖市境内的珍珠菜属植物有 3 种。

1. 花黄色，单出腋生或排成总状花序或伞形花序，总状花序常缩成近头状，花丝下部合生成筒或浅环与花冠基部合生……过路黄 *L. christinae*

1. 花白色或淡紫色，排成顶生的总状花序。

  2. 茎粗壮，高达 75 cm；叶卵状披针形或椭圆形，宽 1 ～ 3.5 cm；花冠比花萼短或近等长……北延叶珍珠菜 *L. silvestrii*

  2. 茎高通常 10 ～ 30 cm；叶倒披针形或线形，宽不超过 1.5 cm；花冠明显较花萼长……泽珍珠菜 *L. candida*

206. 过路黄

【拉丁名】*Lysimachia christinae* Hance

【别名】金钱草、真金草、走游草、铺地莲、大金钱草、对座草、路边黄、遍地黄、铜钱草、一串钱、寸骨七。

【形态特征】草质茎柔弱，平卧延伸，长 20 ～ 60 cm，幼嫩部分密被褐色无柄腺体，下部节间较短，常发出不定根，中部节间长 1.5 ～ 10 cm。叶对生，卵圆形至肾圆形，长 1.5 ～ 8 cm，宽 1 ～ 6 cm，先端锐尖或圆钝，基部截形，鲜时透光可见密布的透明腺条，干时腺条变黑色，两面无毛或密被糙伏毛；叶柄比叶片短或与之等长。花单生于叶腋；花梗长 1 ～ 5 cm，具褐色无柄腺体；花萼长 4 ～ 10 mm，分裂近达基部，裂片披针形、椭圆状披针形或上部稍扩大而近匙形，先端锐尖或稍钝，无毛、被柔毛或仅边缘具缘毛；花冠黄色，长 7 ～ 15 mm，基部合生部分长 2 ～ 4 mm，裂片狭卵形至近披针形，先端锐尖或钝，质地稍厚，具黑色长腺条；花丝长 6 ～ 8 mm，下半部合生成筒；花药卵圆形，长 1 ～ 1.5 mm；花粉粒具 3 孔沟，近球形，表面具网状纹饰；子房卵珠形，花柱长 6 ～ 8 mm。蒴果球形，直径 4 ～ 5 mm，无毛，有稀疏黑色腺条。花期 5—7 月，果期 7—10 月。

【分布区域】分布于老湾回族乡江豚湾社区。

【药用部位】全草。

【炮制】除去杂质，略洗，切段，晒干。

【化学成分】含糖类、黄酮类、皂苷、内酯类和有机酸等。

【性味与归经】甘、咸，微寒。归肝、胆、肾、膀胱经。

【功能与主治】清热利湿，通淋，消肿。用于热淋，石淋，尿涩作痛，黄疸尿赤，痈肿疔疮，毒蛇咬伤，肝胆结石，尿路结石。

【用法与用量】煎汤，15 ～ 60 g（鲜品加倍）。

207. 北延叶珍珠菜

【拉丁名】*Lysimachia silvestrii*（Pamp.）Hand. –Mazz.

【形态特征】一年生草本，全体无毛。茎直立，稍粗壮，高 30 ～ 75 cm，圆柱形，单一或上部分枝。叶互生，卵状披针形或椭圆形，稀为卵形，长 3 ～ 7 cm，宽 1 ～ 3.5 cm，先端渐尖，基部渐狭，干时近膜质，上面绿色，下面淡绿色，边缘和先端有暗紫色或黑色粗腺条；叶柄长 1.5 ～ 3 cm。总状花序顶生，疏花；花序最下方的苞片叶状，上部的渐次缩小成钻形，长约 6 mm；花梗长 1 ～ 2 cm；花萼长约 6 mm，分裂近达基部，裂片披针形，先端渐尖，常向外反曲，背面有暗紫色或黑色短腺条，先端尤密；花冠白色，长约 6 mm，基部合生部分长约 2 mm，裂片倒卵状长圆形，先端钝或稍锐尖，裂片间的弯缺圆钝；雄蕊比花冠略短或花药顶端露出花冠外，花丝贴生于花冠裂片的基部，分离部分长 2.5 mm；花药狭椭圆形，长约 1 mm，花粉粒具 3 孔沟，长球形，表面具网状纹饰；子房无毛，花柱长 4 mm。蒴果球形，直径 3 ～ 4 mm。花期 5—7 月，果期 8—10 月。

【分布区域】分布于乌林镇黄蓬山村。

【药用部位】根或全草。

【炮制】除杂，洗净，鲜用或晒干。

【性味与归经】苦、辛，平。归肝、脾经。

【功能与主治】清热利湿，活血化瘀，解毒消痈。用于水肿，热淋，黄疸，痢疾，风湿热痹，带下，经闭，跌打损伤，外伤出血，乳痈，疔疮，蛇咬伤。

【用法与用量】煎汤，15 ～ 30 g；或泡酒，或鲜品捣汁。外用适量，煎水洗，或鲜品捣敷。

208. 泽珍珠菜

【拉丁名】*Lysimachia candida* Lindl.

【别名】泽星宿菜、白水花、水硼砂。

【形态特征】一年生或二年生草本，全体无毛。茎单生或数条簇生，直立，高 10 ～ 30 cm，单一或有分枝。基生叶匙形或倒披针形，长 2.5 ～ 6 cm，宽 0.5 ～ 2 cm，具有狭翅的柄，开花时存在或早凋；茎叶互生，少对生，叶片倒卵形、倒披针形或线形，长 1 ～ 5 cm，宽 2 ～ 12 mm，先端渐尖或钝，基部渐狭，下延，边缘全缘或微皱呈波状，两面均有黑色或带红色的小腺点，无柄或近于无柄。总状花序顶生，初时因花密集而呈阔圆锥形，其后渐伸长，果时长 5 ～ 10 cm；苞片线形，长 4 ～ 6 mm；花梗长约为苞片的 2 倍，花序最下方的长达 1.5 cm；花萼长 3 ～ 5 mm，分裂近达基部，裂片披针形，边缘膜质，背面沿中肋两侧有黑色短腺条；花冠白色，长 6 ～ 12 mm，筒部长 3 ～ 6 mm，裂片长圆形或倒卵状长圆形，先端圆钝；雄蕊稍短于花冠，花丝贴生至花冠的中下部，分离部分长约 1.5 mm；花药近线形，长约 1.5 mm；花粉粒具 3 孔沟，长球形，表面具网状纹饰；子房无毛，花柱长约 5 mm。蒴果球形，直径 2 ～ 3 mm。花期 3—6 月，果期 4—7 月。

【分布区域】分布于老湾回族乡珂里村。

【药用部位】全草。

【炮制】除杂，洗净，鲜用或晒干。

【性味与归经】苦，凉；有毒。

【功能与主治】清热解毒，消肿散结。用于无名肿痛，痈疮疖肿，稻田性皮炎，跌打骨折。

【用法与用量】鲜全草适量，煎水加醋外洗；捣烂外敷，或用干全草研粉，加酒精炒热外敷。

七十七、柿科 Ebenaceae

乔木或直立灌木，无乳汁，少数有枝刺。叶为单叶，互生，少对生，排成2列，全缘，无托叶，具羽状叶脉。花多单生，雌雄异株或为杂性，雌花腋生，雄花常生在小聚伞花序上，整齐；花萼3～7深裂，在雌花或两性花中宿存，常在果时增大，裂片在花蕾中镊合状或覆瓦状排列，花冠3～7裂，早落，裂片旋转排列，少覆瓦状排列或镊合状排列；雄蕊离生或着生在花冠管的基部，常为花冠裂片数的2～4倍，很少和花冠裂片同数而与之互生，花丝分离或两枚连生成对，花药基着，2室，内向，纵裂，雌花常具退化雄蕊或无雄蕊；子房上位，2～16室，每室具1～2悬垂的胚珠；花柱2～8枚，分离或基部合生，柱头小，全缘或2裂；在雄花中，雌蕊退化或缺。浆果多肉质。种子有胚乳，胚乳有时为嚼烂状，胚小，子叶大，叶状；种脐小。

本科有3属500余种，主要分布于两半球热带地区，在亚洲的温带和美洲的北部种类少。我国有1属约57种。

洪湖市境内的柿科植物有1属1种。

柿属 *Diospyros* L.

落叶或常绿乔木或灌木，无顶芽。叶互生，有微小的透明斑点。花单性，雌雄异株或杂性；雄花常较雌花小，组成聚伞花序，雄花序腋生在当年生枝上，或很少在较老的枝上侧生，雌花常单生于叶腋；萼通常深裂，有时顶端截平，绿色，雌花的萼结果时常增大；花冠壶形、钟形或管状，浅裂或深裂，3～7裂，裂片向右旋转排列，很少覆瓦状排列；雄蕊4至多数，通常16枚，常2枚连生成对而形成2列；子房2～16室，花柱2～5枚，分离或在基部合生，通常顶端2裂，每室有胚珠1～2颗；在雌花中有退化雄蕊1～16枚或无雄蕊。浆果肉质，基部通常有增大的宿存萼。种子较大，通常两侧压扁。

洪湖市境内的柿属植物有1种。

209. 柿

【拉丁名】*Diospyros kaki* Thunb.

【别名】柿子。

【形态特征】落叶大乔木，高10 m以上，胸径达65 cm。树皮深灰色至灰黑色，沟纹较密，裂成长方块状；树冠球形或长圆球形，直径10～18 m。枝开展，绿色至褐色，无毛，散生纵裂的长圆形或狭长圆形皮孔；嫩枝初时有棱，有棕色柔毛或茸毛或无毛。冬芽小，卵形，长2～3 mm，先端钝。叶纸质，卵状椭圆形至近圆形，长 5 ～ 18 cm，宽 2.8 ～ 9 cm，先端渐尖或钝，基部楔形，新叶疏生柔毛，老叶上面有光泽，深绿色，无毛，下面绿色；叶柄长 8 ～ 20 mm，无毛，上面有浅槽。花雌雄异株，聚伞花序腋生；雄花序小，花 3 ～ 5 朵，长 1 ～ 1.5 cm，弯垂，有短柔毛或茸毛；总花梗长约 5 mm，有微小苞片；雄花小，花萼钟状，两面有毛，深 4 裂，裂片卵形，有睫毛状毛；花冠钟状，黄白色，4 裂，裂片卵形或心形，开展，两面有绢毛或外面脊上有长伏柔毛，先端钝；雄蕊 16 ～ 24 枚，着生在花冠管的基部，连生成对，腹面 1 枚较短，花丝短，先端有柔毛，花药椭圆状长圆形，顶端渐尖，药隔背部有柔毛，退化子房微小；雌花单生于叶腋，花萼绿色，有光泽，深 4 裂，萼管近球状钟形，肉质，外面密生伏柔毛，里面有绢毛；花冠淡黄白色或黄白色带紫红色，壶形或近钟形；退化雄蕊 8 枚，着生在花冠管的基部；子房近扁球形，8 室，每室有胚珠 1 颗；花柱 4 深裂，柱头 2 浅裂。果柄粗壮，果为球形、扁球形或卵形，基部通常有棱，嫩时绿色，后变黄色，果肉脆硬，老熟时果肉柔软多汁，呈橙红色或大红色，有种子数颗。种子褐色，椭圆状，侧扁；栽培品种通常无种子或有少数种子。花期 5—6 月，果期 9—10 月。

【分布区域】分布于龙口镇傍湖村。

【药用部位】根、根皮、叶、花、果实、果皮、柿蒂、柿霜。

【炮制】除杂，洗净，鲜用或晒干。

【化学成分】含花青素、瓜氨酸、山柰酚、槲皮素、白桦脂酸、齐墩果酸及维生素 C 等。

【性味与归经】根或根皮：涩，平。叶：苦、涩，凉。归肺经。花：甘，平。归脾、肺经。果实：甘，寒。归心、肺、大肠经。柿蒂：苦、涩，平。归胃经。柿霜：甘，凉。归心、肺、胃经。

【功能与主治】根：清热凉血。用于吐血，痔疮出血。

叶：降压。用于高血压。

果实：润肺生津，降压止血。用于肺燥咳嗽，咽喉干痛，胃肠出血，高血压。

果皮：外用于疔疮，无名肿毒。

柿蒂：降气止呃。用于呃逆，嗳气，夜尿症。

柿霜：生津利咽，润肺止咳。用于口疮，咽喉痛，咽干咳嗽。

【用法与用量】根：50 ～ 100 g，水煎服。外用适量，捣烂炒敷。

叶：5 ～ 15 g，水煎服。外用适量，研末敷。

花：煎汤，3 ～ 6 g。外用适量，研末搽。

果实：内服或捣汁服。

柿饼：生食、煎汤或烧存性入散剂。

柿蒂：4.5 ～ 9 g，水煎服，或入散剂。

【临床应用】①治咳嗽吐痰：干柿烧灰存性，炼蜜为丸，滚水下。②治百日咳：柿蒂 12 g，乌梅核中之白仁 10 个，加白糖 9 g。用水 500 ml，煎至 250 ml。每日数回分服，连服数日。③治呃逆不止：柿蒂 3 ～ 5 个，刀豆子 15 ～ 18 g，水煎服。

七十八、山矾科 Symplocaceae

灌木或乔木。单叶互生，通常具锯齿、腺质锯齿或全缘，无托叶。花辐射对称，两性，稀杂性，排成穗状花序、总状花序、圆锥花序或团伞花序，很少单生；花通常为 1 枚苞片和 2 枚小苞片所承托；萼 3 ～ 5 深裂或浅裂，裂片镊合状排列或覆瓦状排列，常宿存；花冠裂片分裂至近基部或中部，裂片 3 ～ 11 片，覆瓦状排列；雄蕊通常多数，很少 4 ～ 5 枚，着生于花冠筒上，花丝呈各式连生或分离，排成 1 ～ 5 列，花药近球形，2 室，纵裂；子房下位或半下位，顶端常具花盘和腺点，2 ～ 5 室，通常 3 室，花柱 1，纤细，柱头小，头状或 2 ～ 5 裂；胚珠每室 2 ～ 4 颗，下垂。果为核果，顶端冠以宿存的萼裂片，通常具薄的中果皮和坚硬木质的核；核光滑或具棱，1 ～ 5 室，每室有种子 1 颗，具丰富的胚乳，子叶很短，线形。

本科有 1 属约 300 种，广布于亚洲、大洋洲和美洲的热带和亚热带地区，非洲不产。我国有 77 种，主要分布于西南部至东南部，以西南部的种类较多，东北部仅有 1 种。

洪湖市境内的山矾科植物有 1 属 1 种。

山矾属 *Symplocos* Jacq.

灌木或乔木。单叶互生，通常具锯齿、腺质锯齿或全缘，无托叶。花辐射对称，两性，稀杂性，排成穗状花序、总状花序、圆锥花序或团伞花序，很少单生；花通常为 1 枚苞片和 2 枚小苞片所承托；萼 3 ～ 5 深裂或浅裂，通常 5 裂，裂片镊合状排列或覆瓦状排列，通常宿存；花冠裂片分裂至近基部或中部，裂片 3 ～ 11 片，通常 5 片，覆瓦状排列；雄蕊通常多数，很少 4 ～ 5 枚，着生于花冠筒上，花丝呈各式连生或分离，排成 1 ～ 5 列，花药近球形，2 室，纵裂；子房下位或半下位，顶端常具花盘和腺点，2 ～ 5 室，通常 3 室，花柱 1，纤细，柱头小，头状或 2 ～ 5 裂；胚珠每室 2 ～ 4 颗，下垂。果为核果，顶端冠以宿存的萼裂片，通常具薄的中果皮和坚硬木质的核，核光滑或具棱，1 ～ 5 室，每室有种子 1 颗，具丰富的胚乳，胚直或弯曲，子叶很短，线形。

洪湖市境内的山矾属植物有 1 种。

210. 白檀

【拉丁名】*Symplocos paniculata*（Thunb.）Miq.

【别名】土常山、乌子树、碎米子树、十里香、华山矾、日本白檀。

【形态特征】落叶灌木或小乔木。嫩枝有灰白色柔毛，老枝无毛。叶膜质或薄纸质，阔倒卵形、椭圆状倒卵形或卵形，长 3 ～ 11 cm，宽 2 ～ 4 cm，先端急尖或渐尖，基部阔楔形或近圆形，边缘有细尖锯齿，叶面无毛或有柔毛，叶背通常有柔毛或仅脉上有柔毛；中脉在叶面凹下，侧脉在叶面平坦或微凸起，每边 4 ～ 8 条；叶柄长 3 ～ 5 mm。圆锥花序长 5 ～ 8 cm，通常有柔毛；苞片早落，通常条形，有褐色腺点；花萼长 2 ～ 3 mm，萼筒褐色，无毛或有疏柔毛，裂片半圆形或卵形，稍长于萼筒，淡黄色，有纵脉纹，边缘有毛；花冠白色，长 4 ～ 5 mm，5 深裂几达基部；雄蕊 40 ～ 60 枚；子房 2 室，花盘具 5 凸起的腺点。核果熟时蓝色，卵状球形，稍偏斜，长 5 ～ 8 mm，顶端宿萼裂片直立。花果期 4—8 月。

【分布区域】分布于乌林镇香山村。

【药用部位】根、叶、花或种子。

【炮制】除杂，洗净，晒干。

【化学成分】含挥发油、芥子醛、香草醛等。

【性味与归经】苦、涩，微寒。

【功能与主治】清热解毒，调气散结，祛风止痒。用于乳腺炎，淋巴腺炎，肠痈，疮疖，疝气，荨麻疹，皮肤瘙痒。

【用法与用量】煎汤，9 ～ 24 g，单用根可至 30 ～ 45 g。外用适量，煎水洗。

七十九、木犀科 Oleaceae

乔木，直立或藤状灌木。叶对生，稀互生或轮生，单叶、三出复叶或羽状复叶，稀羽状分裂，全缘或具齿；具叶柄，无托叶。花辐射对称，两性，稀单性或杂性，雌雄同株、异株或杂性异株，通常聚伞花序排列成圆锥花序，或为总状、伞状、头状花序，顶生或腋生，或聚伞花序簇生于叶腋，稀花单生；花萼 4 裂，有时多达 12 裂，稀无花萼；花冠 4 裂，有时多达 12 裂，浅裂、深裂至近离生，或有时在基部成对合生，稀无花冠，花蕾时呈覆瓦状或镊合状排列；雄蕊 2 枚，稀 4 枚，着生于花冠管上或花冠裂片基部，花药纵裂，花粉通常具 3 沟；子房上位，由 2 心皮组成 2 室，每室具胚珠 2 枚，有时 1 枚或多枚，胚珠下垂，稀向上，花柱单一或无花柱，柱头 2 裂或头状。果为翅果、蒴果、核果或浆果。种子具 1 枚伸直的胚；子叶扁平，胚根向下或向上。

本科约有 27 属 400 种，广布于两半球的热带和温带地区，亚洲地区种类尤为丰富。我国有 12 属 178 种，6 亚种，25 变种，15 变型，其中 14 种，1 亚种，7 变型系栽培种，南北各地均有分布。

洪湖市境内的木犀科植物有 3 属 4 种。

1. 核果。

  2. 花冠裂片在芽中覆瓦状排列，花芳香，成簇生或短圆锥花序……木犀属 *Osmanthus*

  2. 花冠裂片在芽中镊合状排列……女贞属 *Ligustrum*

1. 浆果……素馨属 *Jasminum*

素馨属 *Jasminum* L.

小乔木，直立或攀援状灌木，常绿或落叶。小枝圆柱形或具棱角和沟。叶对生或互生，稀轮生，单叶、三出复叶或为奇数羽状复叶，全缘或深裂；叶柄有时具关节，无托叶。花两性，聚伞花序排列成圆锥状、总状、伞房状、伞状或头状；苞片常呈锥形或线形，有时花序基部的苞片呈小叶状；花常芳香，花萼钟状、杯状或漏斗状，具齿 4 ～ 12 枚；花冠常呈白色或黄色，稀红色或紫色，高脚碟状或漏斗状，裂片 4 ～ 12

枚，花蕾时呈覆瓦状排列；雄蕊 2 枚，内藏，着生于花冠管近中部，花丝短，花药背着，药室内向侧裂；子房 2 室，每室具向上胚珠 1 ～ 2 枚，花柱常异长，丝状，柱头头状或 2 裂。浆果双生或其中一个不育而成单生，果成熟时呈黑色或蓝黑色，果皮肥厚或膜质，果爿球形或椭圆形。种子无胚乳，胚根向下。

洪湖市境内的素馨属植物有 2 种。

1. 叶为单叶……………………………………………………………………………………………………茉莉花 *J. sambac*

1. 叶为复叶…………………………………………………………………………………………………迎春花 *J. nudiflorum*

211. 茉莉花

【拉丁名】*Jasminum sambac*（L.）Aiton

【别名】茉莉、柰花、鬘华、木梨花。

【形态特征】直立或攀援灌木，高达 3 m。小枝圆柱形或稍压扁状，有时中空，疏被柔毛。叶对生，单叶，叶片纸质，圆形、椭圆形、卵状椭圆形或倒卵形，长 4 ～ 12.5 cm，宽 2 ～ 7.5 cm，两端圆或钝，基部有时微心形，侧脉 4 ～ 6 对，上面稍凹入，下面凸起，细脉在两面常明显，微凸起，下面脉腋间常具簇毛，其余无毛；叶柄长 2 ～ 6 mm，被短柔毛，具关节。聚伞花序顶生，通常有花 3 朵，有时单花或多达 5 朵；花序梗长 1 ～ 4.5 cm，被短柔毛；苞片微小，锥形，长 4 ～ 8 mm；花梗长 0.3 ～ 2 cm，花极芳香，花萼无毛或疏被短柔毛，裂片线形，长 5 ～ 7 mm；花冠白色，花冠管长 0.7 ～ 1.5 cm，裂片长圆形至近圆形，宽 5 ～ 9 mm，先端圆或钝。果球形，直径约 1 cm，呈紫黑色。花期 5—8 月，果期 7—9 月。

【分布区域】分布于新堤街道。

【药用部位】花、根、叶。

【炮制】花：夏季花初开时采收，立即晒干或烘干。

根：秋、冬季采挖根部，洗净，切片，鲜用或晒干。

叶：夏、秋季采收，洗净，鲜用或晒干。

【性味与归经】花：辛、微甘，温。归脾、胃、肝经。根：苦，温；有毒。叶：辛、微苦，温。归肺、胃经。

【功能与主治】花：理气止痛，辟秽开郁。用于湿浊中阻，胸膈不舒，泻痢腹痛，头晕头痛，目赤，疮毒。

根：麻醉，止痛。用于跌损筋骨，龋齿，头顶痛，失眠。

叶：疏风解表，消肿止痛。用于外感发热，泻痢腹胀，脚气肿痛，毒虫咬伤。

【用法与用量】花：水煎服，3 ～ 10 g；或代茶饮。外用适量，煎水洗目或菜油浸滴耳。

根：研末，1 ～ 1.5 g；或磨汁。外用适量，捣敷或塞龋洞。

叶：煎汤，6～10 g。外用适量，煎水洗或捣敷。

212. 迎春花

【拉丁名】*Jasminum nudiflorum* Lindl.

【别名】重瓣迎春、金腰带、清明花、金梅花。

【形态特征】落叶灌木，直立或匍匐，高 0.3～5 m，枝条下垂。枝稍扭曲，光滑无毛，小枝四棱形，棱上多少具狭翼。叶对生，三出复叶，小枝基部常具单叶；叶轴具狭翼，叶柄长 3～10 mm，无毛；叶片和小叶片幼时两面稍被毛，老时仅叶缘具睫毛状毛；小叶片卵形、长卵形或椭圆形，先端锐尖或钝，具短尖头，基部楔形，叶缘反卷，中脉在上面微凹入，下面凸起，侧脉不明显；顶生小叶片较大，长 1～3 cm，宽 0.3～1.1 cm，无柄或基部延伸成短柄；侧生小叶片长 0.6～2.3 cm，宽 0.2～11 cm，无柄。花单生于去年生小枝的叶腋，稀生于小枝顶端；苞片小叶状，披针形、卵形或椭圆形，长 3～8 mm，宽 1.5～4 mm；花梗长 2～3 mm；花萼绿色，裂片 5～6 枚，窄披针形，长 4～6 mm，宽 1.5～2.5 mm，先端锐尖；花冠黄色，直径 2～2.5 cm，花冠管长 0.8～2 cm，基部直径 1.5～2 mm，向上渐扩大，裂片 5～6 枚，长圆形或椭圆形，长 0.8～1.3 cm，宽 3～6 mm，先端锐尖或圆钝。花期 6 月。

【分布区域】分布于新堤街道柏枝村。

【药用部位】花。

【炮制】开花时采收，鲜用或晾干。

【性味与归经】苦、微辛，平。归肾、膀胱经。

【功能与主治】清热解毒，活血消肿。用于发热头痛，咽喉肿痛，小便热痛，恶疮肿毒，跌打损伤。

【用法与用量】煎汤，10～15 g；或研末。外用适量，捣敷或调麻油搽。

木犀属 *Osmanthus* Lour.

常绿灌木或小乔木。叶对生，单叶，叶片革质，全缘或具锯齿，两面通常具腺点；具叶柄。花两性，通常雌蕊或雄蕊不育而成单性花，雌雄异株或雄花、两性花异株，聚伞花序簇生于叶腋，或再组成腋生或顶生的短小圆锥花序；苞片 2 枚，基部合生；花萼钟状，4 裂；花冠白色或黄白色，少数栽培品种为橘红色，呈钟状、圆柱形或坛状，浅裂或深裂至基部，裂片 4 枚，花蕾时呈覆瓦状排列；雄蕊 2 枚，稀 4 枚，着生于花冠管上部，药隔常延伸呈小尖头；子房 2 室，每室具下垂胚珠 2 枚，花柱长于或短于子房，柱头头状或 2 浅裂，不育雌蕊呈钻状或圆锥状。果为核果，椭圆形或歪斜椭圆形，内果皮坚硬或骨质，常具种子 1 枚；胚乳肉质，子叶扁平，胚根向上。

洪湖市境内的木犀属植物有 1 种。

213. 木犀

【拉丁名】*Osmanthus fragrans*（Thunb.）Lour.

【别名】桂花、岩桂、九里香、金粟、丹桂、刺桂、四季桂、银桂、桂、彩桂。

【形态特征】常绿乔木或灌木，高可达 18 m。树皮灰褐色；小枝黄褐色，无毛。叶对生，叶柄长 0.8～1.2 cm；叶片革质，椭圆形、长椭圆形或椭圆状披针形，长 7～14.5 cm，宽 2.6～4.5 cm，先端渐尖，基部渐狭成楔形，全缘或通常上半部具细锯齿，腺点在两面连成小水泡状突起。聚伞花序簇生于叶腋，或近于帚状，每腋内有花多朵；苞片 2，宽卵形，质厚，长 2～4 mm，具小尖头，基部合生；花梗细弱，花极芳香，花萼钟状，4 裂，长约 1 mm，裂片稍不整齐；花冠裂片 4，黄白色、淡黄色、黄色或橘红色，长 3～4 mm，花冠管仅长 0.5～1 mm；雄蕊 2，着生于花冠管中部，花丝极短，药隔在花药先端稍延伸成不明显的小尖头；雌蕊长约 1.5 mm，花柱长约 0.5 mm。果歪斜，椭圆形，长 1～1.5 cm，呈紫黑色。花期 9—10 月，果期翌年 3 月。

【分布区域】分布于洪湖市各乡镇，均有栽培。

【药用部位】花。

【炮制】9—10 月开花时采收，拣去杂质，阴干，密闭储藏。

【化学成分】含癸酸内酯、紫罗兰酮、芳樟醇氧化物、芳樟醇、壬醛、月桂酸、肉豆蔻酸、棕榈酸、硬脂酸。

【性味与归经】辛，温。归肺、脾、肾经。

【功能与主治】温肺化饮，散寒止痛。用于痰饮咳喘，脘腹冷痛，肠风血痢，经闭痛经，寒疝腹痛，牙痛，口臭。

【用法与用量】煎汤，3 ～ 9 g；或泡茶饮。外用适量，煎汤含漱或蒸热外熨。

女贞属 *Ligustrum* L.

落叶或常绿、半常绿的灌木或乔木。叶对生，单叶，叶片纸质或革质，全缘；具叶柄。聚伞花序常排列成圆锥花序，多顶生于小枝顶端，稀腋生；花两性；花萼钟状，先端截形或具 4 齿，或为不规则齿裂；花冠白色，近辐状、漏斗状或高脚碟状，花冠管长于裂片或近等长，裂片 4 枚，花蕾时呈镊合状排列；雄蕊 2 枚，着生于近花冠管喉部，内藏或伸出，花药椭圆形、长圆形至披针形，药室近外向开裂；子房近球形，2 室，每室具下垂胚珠 2 枚，花柱丝状，长或短，柱头肥厚，常 2 浅裂。果为浆果状核果，内果皮膜质或纸质，稀为核果状而室背开裂。种子 1 ～ 4 枚，种皮薄，胚乳肉质；子叶扁平，狭卵形；胚根短，向上。

214. 女贞

【拉丁名】*Ligustrum lucidum* Ait.

【别名】青蜡树、大叶蜡树、白蜡树、蜡树。

【形态特征】灌木或乔木，高可达 25 m。树皮灰褐色；枝黄褐色、灰色或紫红色，圆柱形，疏生圆形或长圆形皮孔。叶片常绿，革质，卵形、长卵形或椭圆形，长 6 ～ 17 cm，宽 3 ～ 8 cm，先端锐尖或钝，基部圆形或近圆形，有时宽楔形或渐狭，叶缘平坦，上面光亮，两面无毛，中脉在上面凹入，下面凸起，侧脉 4 ～ 9 对，两面稍凸起或有时不明显；叶柄长 1 ～ 3 cm，上面具沟，无毛。圆锥花序顶生，长 8 ～ 20 cm，宽 8 ～ 25 cm；花序梗长 0 ～ 3 cm；花序轴及分枝轴无毛，紫色或黄棕色，果时具棱；花序基部苞片与叶同型，小苞片披针形或线形，长 0.5 ～ 6 cm，宽 0.2 ～ 1.5 cm，凋落；花无梗或近无梗，长不超过 1 mm；花萼无毛，长 1.5 ～ 2 mm，齿不明显或近截形；花冠长 4 ～ 5 mm，花冠管长 1.5 ～ 3 mm，裂片长 2 ～ 2.5 mm，反折；花丝长 1.5 ～ 3 mm，花药长圆形，长 1 ～ 1.5 mm；花柱长 1.5 ～ 2 mm，柱头棒状。果肾形或近肾形，长 7 ～ 10 mm，直径 4 ～ 6 mm，深蓝黑色，成熟时呈红黑色，被白粉；果梗长 0 ～ 5 mm。花期 5—7 月，果期 7 月至翌年 5 月。

【分布区域】分布于新堤街道万家墩村。

【药用部位】果实。

【炮制】女贞子：冬季果实成熟时采收，除去枝叶，稍蒸或置沸水中略烫后干燥，或直接干燥，拣去杂质，洗净，晒干。

酒女贞子：取净女贞子 50 kg，加黄酒 10 kg 拌匀，置罐内或适宜容器内，密闭，坐水锅中，隔水炖至酒吸尽，取出，干燥。

【化学成分】含特女贞苷、红景天苷等。

【性味与归经】甘、苦，凉。归肝、肾经。

【功能与主治】滋补肝肾，明目乌发。用于肝肾阴虚，眩晕耳鸣，腰膝酸软，须发早白，目暗不明，内热消渴，骨蒸潮热。

【用法与用量】煎汤，6 ～ 15 g；或入丸剂。外用适量，敷膏点眼。

【注意】脾胃虚寒泄泻及阳虚者忌服。

八十、夹竹桃科 Apocynaceae

乔木、灌木或木质藤本，或为多年生草本；具乳汁或水液，无刺，稀有刺。单叶对生、轮生，稀互生，全缘，稀有细齿；羽状脉；通常无托叶或退化成腺体，稀有假托叶。花两性，辐射对称，聚伞花序顶生或腋生；花萼裂片 5 枚，稀 4 枚，基部合生成筒状或钟状，裂片通常为双盖覆瓦状排列，基部内面通常有腺体；花冠合瓣，高脚碟状、漏斗状、坛状、钟状、盆状，稀辐状，裂片 5 枚，稀 4 枚，覆瓦状排列，其基部边缘向左或向右覆盖，稀镊合状排列，花冠喉部通常有副花冠或鳞片或膜质或毛状附属体；雄蕊 5 枚，着生在花冠筒上或花冠喉部，内藏或伸出，花丝分离，花药长圆形或箭头状，2 室，分离或互相黏合并贴生在柱头上；花粉颗粒状；花盘环状、杯状或舌状，稀无花盘；子房上位，稀半下位，1 ～ 2 室，或为 2 枚离生或合生心皮所组成；花柱 1 枚，基部合生或裂开；柱头通常环状、头状或棍棒状，顶端通常 2 裂，胚珠 1 至多颗，着生于腹面的侧膜胎座上。果为浆果、核果、蒴果或蓇葖果。种子通常一端被毛，稀两端被毛或仅有膜翅或毛翅均缺，通常有胚乳及直胚。

本科约有 250 属 2000 种，分布于全世界热带、亚热带地区，少数在温带地区。我国有 46 属 176 种 33 变种，主要分布于长江以南各地，少数分布于北部及西北部。

洪湖市境内的夹竹桃科植物有3属3种。

1. 花冠裂片向左覆盖；种子无毛 ·· 长春花属 *Catharanthus*
1. 花冠裂片向右覆盖；种子顶部有种毛，很少早落。
   2. 直立灌木；叶轮生；种毛常早落 ·· 夹竹桃属 *Nerium*
   2. 木质藤本；叶对生；种毛宿存 ·· 络石属 *Trachelospermum*

长春花属 *Catharanthus* G. Don

一年生或多年生草本，有水液。叶草质，对生；叶腋内和叶腋间有腺体。花2～3朵组成聚伞花序，顶生或腋生；花萼5深裂，基部内面无腺体；花冠高脚碟状，花冠筒圆筒状，花冠喉部紧缩，内面具刚毛，花冠裂片向左覆盖；雄蕊着生于花冠筒中部之上，但并不露出，花丝圆形，比花药为短，花药长圆状披针形，花盘为2片舌状腺体所组成，与心皮互生而较长；子房为2个离生心皮所组成，胚珠多数，花柱丝状，柱头头状。蓇葖果双生，直立，圆筒状具条纹。种子15～30粒，长圆状圆筒形，两端截形，黑色，具颗粒状小瘤；胚乳肉质，胚直立；子叶卵圆形。

洪湖市境内的长春花属植物有1种。

215. 长春花

【拉丁名】*Catharanthus roseus*（L.）G. Don

【别名】雁来红、日日草、日日新、三万花、四时春。

【形态特征】半灌木，略有分枝，高达60 cm，有水液，全株无毛或仅有微毛。茎近方形，有条纹，灰绿色，节间长1～3.5 cm。叶膜质，倒卵状长圆形，长3～4 cm，宽1.5～2.5 cm，先端浑圆，有短尖头，基部广楔形至楔形，渐狭而成叶柄；叶脉在叶面扁平，在叶背略隆起，侧脉约8对。聚伞花序腋生或顶生，有花2～3朵；花萼5深裂，内面无腺体或腺体不明显，萼片披针形或钻状渐尖，长约3 mm；花冠红色，高脚碟状，花冠筒圆筒状，长约2.6 cm，内面具疏柔毛，喉部紧缩，具刚毛；花冠裂片宽倒卵形，长和宽约1.5 cm；雄蕊着生于花冠筒的上半部，但花药隐藏于花喉之内，与柱头离生；子房和花盘与属的特征相同。蓇葖果双生，直立，平行或略叉开，长约2.5 cm，直径3 mm；外果皮厚纸质，有条纹，被柔毛。种子黑色，长圆状圆筒形，两端截形，具有颗粒状小瘤。花果期几乎全年。

【分布区域】分布于燕窝镇群力村。

【药用部位】全草。

【炮制】除杂，洗净，切段，晒干。

【化学成分】含长春碱、长春新碱、环氧长春碱、长春胺、四氢鸭脚木碱等。

【性味与归经】苦，寒；有毒。归肝、肾经。

【功能与主治】解毒抗癌，清热平肝。用于多种癌肿，高血压，痈肿疮毒，烫伤。

【用法与用量】煎汤，5～10 g。外用适量，捣敷，或研末调敷。

【临床应用】治高血压：长春花 12 g，豨莶草、决明子、菊花各 10 g。水煎服，每日 1 次。

夹竹桃属 *Nerium* L.

直立灌木。枝条灰绿色，含水液。叶轮生，稀对生，具柄，革质，羽状脉，侧脉密生而平行。伞房状聚伞花序顶生，具总花梗；花萼 5 裂，裂片披针形，双盖覆瓦状排列，内面基部具腺体；花冠漏斗状，红色，栽培品为白色或黄色，花冠筒圆筒形，上部扩大成钟状，喉部具 5 枚阔鳞片状副花冠，每片顶端撕裂；花冠裂片 5，或更多而呈重瓣，斜倒卵形，花蕾时向右覆盖；雄蕊 5，着生在花冠筒中部以上，花丝短，花药箭头状，附着在柱头周围，基部具耳，顶端渐尖，药隔延长成丝状，被长柔毛，无花盘；子房由 2 枚离生心皮组成，花柱丝状或中部以上加厚，柱头近球状，基部膜质环状，顶端具尖头，每心皮有胚珠多颗。蓇葖果 2，离生，长圆形。种子长圆形，种皮被短柔毛，顶端具种毛。

洪湖市境内的夹竹桃属植物有 1 种。

216. 夹竹桃

【拉丁名】*Nerium indicum* Mill.

【别名】红花夹竹桃、柳叶桃树、洋桃、叫出冬、柳叶树、洋桃梅。

【形态特征】常绿直立大灌木，高达 5 m。枝条灰绿色，含水液；嫩枝条具棱，被微毛，老时毛脱落。叶 3～4 枚轮生，下枝为对生，窄披针形，顶端急尖，基部楔形，叶缘反卷，叶面深绿色，无毛，叶背浅绿色，有多数洼点，幼时被疏微毛，老时毛渐脱落；中脉在叶面陷入，在叶背凸起，侧脉两面扁平，密生而平行，直达叶缘；叶柄扁平，内具腺体。聚伞花序顶生；总花梗长约 3 cm，被微毛；苞片披针形，花芳香；花萼 5 深裂，红色，披针形，外面无毛，内面基部具腺体；花冠深红色或粉红色，栽培品有白色或黄色，花冠筒内面被长柔毛，花冠喉部具 5 片宽鳞片状副花冠，每片其顶端撕裂，并伸出花冠喉部之外；雄蕊着生在花冠筒中部以上，花丝短，被长柔毛，花药箭头状，内藏，与柱头连生，基部具耳，顶端渐尖，药隔延长成丝状，被柔毛，无花盘；心皮 2，离生，被柔毛，花柱丝状，长 7～8 mm，柱头近圆球形，顶端突尖，每心皮有胚珠多颗。蓇葖果 2，离生，长圆形，两端较窄，绿色，无毛，具细纵条纹。种子长圆形，顶端钝，褐色，种皮被锈色短柔毛，顶端具黄褐色绢质种毛。花期几乎全年，果期一般在冬、春季，栽培品很少结果。

【分布区域】分布于新堤街道江滩公园。

【药用部位】叶及枝皮。

【炮制】除杂，洗净，晒干或炕干。

【化学成分】含羽扇豆醇、β－谷甾醇、槲皮素－3－O－洋槐糖苷、芦丁和夹竹桃苷等。

【性味与归经】苦，寒；有大毒。归心经。

【功能与主治】强心利尿，祛痰定喘，镇痛，祛瘀。用于心力衰竭，喘咳，癫痫，跌打肿痛，血瘀经闭。

【用法与用量】煎汤，0.3 ～ 0.9 g；研末，0.05 ～ 0.1 g。外用适量，捣敷或制成面剂外涂。

【注意】体弱者及孕妇忌服。

络石属 *Trachelospermum* Lem.

攀援灌木，全株具白色乳汁，无毛或被柔毛。叶对生，具羽状脉。花序聚伞状，有时呈聚伞圆锥状，顶生、腋生或近腋生；花白色或紫色，花萼 5 裂，裂片双盖覆瓦状排列，花萼内面基部具 5 ～ 10 枚腺体，通常腺体顶端呈细齿状；花冠高脚碟状，花冠筒圆筒形，5 棱，在雄蕊着生处膨大，喉部缢缩，顶端 5 裂，裂片长圆状镰形或斜倒卵状长圆形，向右覆盖；雄蕊 5 枚，着生在花冠筒膨大之处，通常隐藏，稀花药顶端露出花喉外，花丝短，花药箭头状，基部具耳，顶部短渐尖，腹部黏生在柱头的基部，花盘环状，5 裂；子房由 2 枚离生心皮组成，花柱丝状，柱头圆锥状或卵圆形，每心皮有胚珠多颗。蓇葖果双生，长圆状披针形。种子线状长圆形，顶端具种毛；种毛白色绢质。

洪湖市境内的络石属植物有 1 种。

217. 络石

【拉丁名】*Trachelospermum jasminoides*（Lindl.）Lem.

【别名】万字茉莉、络石藤、风车藤、花叶络石、三色络石、黄金络石、变色络石、石血、骑墙虎、石邦藤、过桥风。

【形态特征】常绿木质藤本，长达 10 m，具乳汁。茎赤褐色，圆柱形，有皮孔；小枝被黄色柔毛，老时渐无毛。叶革质，椭圆形或宽倒卵形，长 2 ～ 10 cm，宽 1 ～ 4.5 cm，顶端锐尖或钝，有时微凹或有小突尖，基部渐狭至钝，叶面无毛，叶背被疏短柔毛，老渐无毛；叶面中脉微凹，侧脉扁平，叶背中脉凸起，侧脉每边 6 ～ 12 条，扁平或稍凸起；叶柄短，叶柄内和叶腋外腺体钻形。二歧聚伞花序腋生或顶生；花白色，芳香；总花梗长 2 ～ 5 cm，被柔毛，老时渐无毛；苞片及小苞片狭披针形，长 1 ～ 2 mm；花萼 5 深裂，裂片线状披针形，顶部反卷，长 2 ～ 5 mm，外面被长柔毛及缘毛，内面无毛，基部具 10 枚鳞片状腺体；花蕾顶端钝，花冠筒圆筒形，中部膨大，外面无毛，内面在喉部及雄蕊着生处被短柔毛，长 5 ～ 10 mm，花冠裂片长 5 ～ 10 mm，无毛；雄蕊着生在花冠筒中部，腹部黏生在柱头上，花药箭头状，基部具耳，隐藏在花喉内；花盘环状 5 裂与子房等长；子房由 2 个离生心皮组成，无毛，花柱圆柱状，柱头卵圆形，顶端全缘；每心皮有胚珠多颗，着生于 2 个并生的侧膜胎座上。蓇葖果双生，叉开，无毛，线状披针形，向先端渐尖，长 10 ～ 20 cm，宽 3 ～ 10 mm。种子多颗，褐色，线形，顶端具白色绢质种毛。花期 3—7 月，果期 7—12 月。

【分布区域】分布于乌林镇香山村。

【药用部位】带叶藤茎。

【炮制】除杂，洗净，浸泡，润透，切断，晒干。

【化学成分】含络石苷、牛蒡苷、芹菜素、木犀草素、谷甾醇、豆甾醇等。

【性味与归经】苦、辛，微寒。归心、肝、肾经。

【功能与主治】通络止痛，凉血清热，解毒消肿。用于风湿痹痛，腰膝酸痛，筋脉拘挛，咽喉肿痛，疔疮肿毒，跌打损伤，外伤出血。

【用法与用量】煎汤，6 ～ 15 g（单味可用至 30 g）；浸酒，30 ～ 60 g；或入丸、散。外用适量，研末调敷或捣汁涂。

八十一、萝藦科 Asclepiadaceae

多年生草本、藤本、直立或攀援灌木；根部木质或肉质成块状。叶对生或轮生，具柄，全缘，羽状脉；叶柄顶端通常具丛生的腺体；通常无托叶。聚伞花序有时成伞房状或总状，腋生或顶生；花两性，整齐，

5 数；花萼筒短，裂片 5，双盖覆瓦状或镊合状排列，内面基部通常有腺体；花冠合瓣，辐状、坛状，稀高脚碟状，顶端 5 裂，裂片旋转，覆瓦状或镊合状排列，副花冠由 5 枚离生或基部合生的裂片或鳞片组成，有时双轮，生在花冠筒上或雄蕊背部或合蕊冠上，稀退化成 2 纵列毛或瘤状突起；雄蕊 5，与雌蕊合生成中心柱，称合蕊柱，花药连生成一环而腹部贴生于柱头基部的膨大处，花丝合生成 1 个有蜜腺的筒，称合蕊冠，或花丝离生，药隔顶端通常有阔卵形而内弯的膜片；花粉粒连合包在 1 层软韧的薄膜内而成块状，称花粉块，通常通过花粉块柄而系结于着粉腺上，每花药有花粉块 2 个或 4 个，或花粉器通常为匙形，直立，其上部为载粉器，内藏有四合花粉，载粉器下面有 1 载粉器柄，基部有 1 黏盘，黏于柱头上，与花药互生，稀有 4 个载粉器黏生成短柱状，基部有 1 共同的载粉器柄和黏盘，无花盘；雌蕊 1，子房上位，由 2 个离生心皮组成，花柱 2，合生，柱头基部具 5 棱，顶端各式，胚珠多数，数排，着生于腹面的侧膜胎座上。蓇葖果双生，或因 1 个不发育而成单生。种子多数，其顶端具丛生绢质的种毛；胚直立，子叶扁平。

本科约有 180 属 2200 种，分布于世界热带、亚热带地区，以及少数温带地区。我国有 44 属 245 种，主要分布于西南及东南部，少数分布于西北与东北各省区。

洪湖市境内的萝藦科植物有 1 属 1 种。

萝藦属 *Metaplexis* R. Br.

多年生草质藤本或藤状半灌木，具乳汁。叶对生，卵状心形，具柄。聚伞花序总状，腋生，总花梗长；花中型；花萼 5 深裂，裂片双盖覆瓦状排列，花萼内面基部具 5 个小腺体；花冠近辐状，花冠筒短，裂片 5，向左覆盖；副花冠环状，着生于合蕊冠上，5 短裂，裂片兜状；雄蕊 5，着生于花冠基部，腹部与雌蕊合生，花丝合生成短筒状，花药顶端具内弯的膜片，花粉块每室 1 个，下垂；子房由 2 枚离生心皮组成，每心皮有胚珠多数，花柱短，柱头延伸成 1 长喙，顶端 2 裂。蓇葖果叉生，纺锤形或长圆形，外果皮粗糙或平滑。种子顶端具白色绢质种毛。

洪湖市境内的萝藦属植物有 1 种。

218. 萝藦

【拉丁名】*Metaplexis japonica*（Thunb.）Makino

【别名】芄兰、雀瓢、婆婆针线包、奶浆草、斑风藤、洋飘飘。

【形态特征】多年生草质藤本，长达 8 m。全株具乳汁；茎下部木质化，上部较柔韧，有纵条纹，幼叶密被短柔毛，老时毛渐脱落。叶对生，膜质；叶柄长 3 ～ 6 cm，先端具丛生腺体；叶片卵状心形，长 5 ～ 12 cm，宽 4 ～ 7 cm，先端短渐尖，基部心形，叶耳圆，长 1 ～ 2 cm，叶面绿色，叶背粉绿色，两面无毛；侧脉每边 10 ～ 12 对，在叶背略明显。总状式聚伞花序腋生或腋外生；总花梗长 6 ～ 12 cm，被短柔毛；花梗长约 8 mm，被短柔毛；小苞片膜质，披针形，先端渐尖；花萼裂片披针形，外面被微毛；花冠白色，有淡紫红色斑纹，近辐状，花冠裂片张开，先端反折，基部向左覆盖；副花冠环状，着生于合蕊冠上，短 5 裂，裂片兜状；雄蕊连生成圆锥状，并包围雌蕊在其中，花粉块下垂；子房由 2 枚离生心皮组成，无毛，柱头延伸成 1 长喙，先端 2 裂。蓇葖果叉生，纺锤形，平滑无毛，长 8 ～ 9 cm，先端渐尖，基部膨大。种子扁平，褐色，有膜质边，先端具白色绢质种毛。花期 7—8 月，果期 9—12 月。

【分布区域】分布于螺山镇龙潭村。

【药用部位】全草和根。

【炮制】除去杂质，浸水洗净，润透，切段，鲜用或晒干。

【化学成分】含萝藦苷元、肉珊瑚苷元、夜来香素、去羟基肉珊瑚苷元等。

【性味与归经】甘、辛，平。

【功能与主治】补精益气，通乳，解毒。用于虚损劳伤，阳痿，遗精，带下，乳汁不足，丹毒，瘰疬，疔疮，蛇虫咬伤。

【用法与用量】煎汤，15～60 g。外用鲜品适量，捣敷。

【临床应用】①治吐血虚损：萝藦、地骨皮、柏子仁、五味子各 90 g。上为细末，空心米饭下。②治阳痿：萝藦根、淫羊藿根、仙茅根各 10 g。水煎服，每日 1 剂。③治五步蛇咬伤：萝藦根 10 g，兔耳风根 6 g，龙胆草根 6 g。水煎服，白糖为引。④治支气管炎：萝藦、金佛草各 10 g，前胡 6 g，枇杷叶 10 g，水煎服。

八十二、茜草科 Rubiaceae

乔木、灌木或草本，有时为藤本。叶对生或轮生，通常全缘，极少有齿缺；托叶通常生于叶柄间，较少生于叶柄内，分离或程度不等地合生，宿存或脱落，极少退化至仅存 1 条联结对生叶叶柄间的横线纹，里面常有黏液毛。花序各式，均由聚伞花序复合而成，很少单花或少花的聚伞花序；花两性、单性或杂性，辐射对称；花萼通常 4～5 裂，有时其中 1 或几个裂片明显增大成叶状，其色白或艳丽；花冠合瓣，管状、漏斗状、高脚碟状或辐状，通常 4～5 裂，很少 3 裂或 8～10 裂，裂片镊合状、覆瓦状或旋转状排列；雄蕊与花冠裂片同数而互生，着生在花冠管的内壁上，花药 2 室，纵裂或少有顶孔开裂；雌蕊通常由 2 心皮、极少 3 个或更多个心皮组成，合生，子房下位，极罕上位或半下位，子房室数与心皮数相同，有时隔膜消失而为 1 室，或由于假隔膜的形成而为多室，通常为中轴胎座或有时为侧膜胎座，花柱顶生，具头状或分裂的柱头；胚珠每室 1 至多数。果为浆果、蒴果或核果。种子有时有翅或有附属物，胚乳核型，肉质或角质，子叶扁平或半柱状，靠近种脐或远离，位于上方或下方。

本科约有 800 属 6000 种，广布于全世界的热带和亚热带地区，少数分布至北温带地区。我国有 98 属约 676 种，主要分布于东南部、南部和西南部，少数分布于西北部和东北部。

洪湖市境内的茜草科植物有 4 属 5 种。

1. 木本。
  2. 胚珠每室 2 ～ 3 颗……栀子属 *Gardenia*
  2. 胚珠每室 1 颗……鸡矢藤属 *Paederia*
1. 草本。
  3. 花 5 基数；果实肉质……茜草属 *Rubia*
  3. 花 4 基数；果实干燥或近干燥……拉拉藤属 *Galium*

栀子属 *Gardenia* J. Ellis

灌木，稀为乔木，无刺或很少具刺。叶对生，少有 3 片轮生；托叶生于叶柄内，三角形，基部常合生。花大，腋生或顶生，单生或簇生，很少组成伞房状的聚伞花序；萼管常为卵形或倒圆锥形，萼檐管状或佛焰苞状，顶部常 5 ～ 8 裂，裂片宿存，稀脱落；花冠高脚碟状、漏斗状或钟状，裂片 5 ～ 12，扩展或外弯，旋转排列；雄蕊与花冠裂片同数，着生于花冠喉部，花丝极短或缺，花药背着，内藏或伸出，花盘通常环状或圆锥形；子房下位，1 室，或因胎座沿轴粘连而为假 2 室，花柱粗厚，有或无槽，柱头棒形或纺锤形，全缘或 2 裂，胚珠多数，2 列，着生于 2 ～ 6 个侧膜胎座上。浆果较大，平滑或具纵棱，革质或肉质。种子多数，常与肉质的胎座胶结而成一球状体，扁平或肿胀，种皮革质或膜质，胚乳常角质。

洪湖市境内的栀子属植物有 1 种。

219. 栀子

【拉丁名】 *Gardenia jasminoides* Ellis

【别名】 黄栀子、栀子花、小叶栀子、山栀子、水栀子。

【形态特征】 灌木，高 0.3 ～ 3 m。嫩枝常被短毛，圆柱形，灰色。叶对生，革质，稀为纸质，少为 3 枚轮生，叶通常为长圆状披针形、倒卵状长圆形、倒卵形或椭圆形，长 3 ～ 25 cm，宽 1.5 ～ 8 cm，顶端渐尖或短尖而钝，基部楔形或短尖，两面常无毛，上面亮绿色，下面色较暗；侧脉 8 ～ 15 对，在下面凸起，在上面平；叶柄长 0.2 ～ 1 cm；托叶膜质。花芳香，通常单朵生于枝顶，花梗长 3 ～ 5 mm；萼管倒圆锥形或卵形，长 8 ～ 25 mm，有纵棱，萼檐管形，膨大，顶部 5 ～ 8 裂，裂片披针形或线状披针形，长 10 ～ 30 mm，宽 1 ～ 4 mm，结果时增长，宿存；花冠白色或乳黄色，高脚碟状，喉部有疏柔毛，冠管狭圆筒形，长 3 ～

5 cm，宽 4 ～ 6 mm，顶部 5 ～ 8 裂，裂片广展，倒卵形或倒卵状长圆形，长 1.5 ～ 4 cm，宽 0.6 ～ 2.8 cm；花丝极短，花药线形，长 1.5 ～ 2.2 cm，伸出；花柱粗厚，长约 4.5 cm，柱头纺锤形，伸出，长 1 ～ 1.5 cm，宽 3 ～ 7 mm，子房直径约 3 mm，黄色，平滑。果卵形、近球形、椭圆形或长圆形，黄色或橙红色，有翅状纵棱 5 ～ 9 条，顶部的宿存萼片长达 4 cm，宽达 6 mm。种子多数，扁平，近圆形而稍有棱角。花期 3—7 月，果期 5 月至翌年 2 月。

【分布区域】分布于大同湖管理区瓦子湾社区。

【药用部位】果实及根。

【炮制】栀子：除去杂质，洗净，晒干，碾碎。

炒栀子：取净栀子，照清炒法炒至黄褐色。

【化学成分】含栀子苷、山栀苷、栀子黄素等。

【性味与归经】苦，寒。归心、肺、三焦经。

【功能与主治】果实：泻火除烦，清热利尿，凉血解毒，消肿止痛。用于热病心烦，湿热黄疸，淋证涩痛，血热吐衄，目赤肿痛，火毒疮疡。外用于扭挫伤痛。

根：泻火解毒，清热利湿，凉血散瘀。用于传染性肝炎，跌打损伤，风火牙痛。

【用法与用量】果实：煎汤，6 ～ 9 g。外用生品适量，研末调敷。

根：煎汤，15 ～ 30 g。外用适量，捣敷。

【临床应用】①治伤寒身黄发热：栀子 15 个（剖），甘草 30 g（炙），黄柏 60 g。上 3 味，以水 1200 ml，煮取约 300 ml，温服。②治小便不通：栀子仁 7 枚，盐花少许，独颗蒜 1 枚。捣烂，摊纸花上贴脐，或涂阴囊上，良久即通。③治口疮、咽喉中塞痛，食不得：大青 120 g，山栀子、黄柏各 30 g，白蜜 250 g。上药，以水 1000 ml，煎取 300 ml，去滓，下蜜更煎一二沸，含之。④治伤寒发汗吐下后，虚烦不得眠，心中懊恼：栀子 14 个（剖），香豉 12 g（绵裹）。上 2 味，以水 1200 ml，先煮栀子得 700 ml，纳豉，煮取 450 ml，去滓，分为 2 服。温进 1 服，得吐者止后服。⑤治折伤肿痛：栀子、白面同捣，涂之。⑥治火丹毒：栀子适量，捣和水调敷之。⑦治火疮未起：栀子仁灰，麻油和封，惟厚为佳。

鸡矢藤属 *Paederia* L.

柔弱缠绕灌木或藤本，揉之发出强烈的臭味。茎圆柱形。叶对生，很少 3 枚轮生，具柄，通常膜质；

托叶在叶柄内，三角形，脱落。花排成腋生或顶生的圆锥花序式的聚伞花序，具小苞片或无；花萼管陀螺形或卵形，萼檐4～5裂，裂片宿存；花冠管漏斗形或管形，被毛，喉部无毛或被茸毛，顶部4～5裂，裂片扩展，镊合状排列，边缘皱褶；雄蕊4～5，生于冠管喉部，内藏，花丝极短，花药背着或基着，线状长圆形，顶部钝，花盘肿胀；子房2室，柱头2，纤毛状，旋卷；胚珠每室1颗，由基部直立，倒生。果球形，或扁球形，外果皮膜质，脆，有光泽，分裂为2个圆形小坚果；小坚果膜质或革质，背面压扁。种子与小坚果合生，种皮薄；子叶阔心形，胚茎短而向下。

洪湖市境内的鸡矢藤属植物有1种。

220. 鸡矢藤

【拉丁名】*Paederia foetida* L.

【别名】臭鸡矢藤、鸡屎藤、牛皮冻、臭藤。

【形态特征】藤状灌木，无毛或被柔毛。叶对生，膜质，卵形或披针形，长5～10 cm，宽2～4 cm，顶端短尖或锐尖，基部浑圆，有时心状，叶上面无毛，在下面脉上被微毛；侧脉每边4～5条，在上面柔弱，在下面凸起；叶柄长1～3 cm；托叶卵状披针形，长2～3 mm，顶部2裂。圆锥花序腋生或顶生，长6～18 cm，扩展；小苞片微小，卵形或锥形，有小睫毛状毛；花有小梗，生于柔弱的3歧常作蝎尾状的聚伞花序上；花萼钟形，萼檐裂片钝齿形；花冠紫蓝色，长12～16 mm，通常被茸毛，裂片短。果阔椭圆形，压扁，光亮，顶部冠以圆锥形的花盘和微小宿存的萼檐裂片；小坚果浅黑色，具1阔翅。花期5—6月。

【分布区域】分布于洪湖市南门洲。

【药用部位】地上部分及根。

【炮制】除去杂质，洗净，地上部分切段，根切片，鲜用或晒干。

【化学成分】含猪殃殃苷、鸡矢藤苷、鸡矢藤次苷、挥发油等。

【性味与归经】甘、苦，微寒。归脾、肝、胃、肺经。

【功能与主治】祛风利湿，止痛解毒，消食化积，活血消肿。用于风湿筋骨痛，跌打损伤，外伤性疼痛，肝胆及胃肠绞痛，消化不良，小儿疳积，支气管炎，放射反应引起的白细胞减少症。外用于皮炎，湿疹及疮疡肿毒。

【用法与用量】煎服，15～60 g。外用适量，捣敷或煎水洗。

【临床应用】①治肝脾肿大：鸡屎藤15 g，鳖甲12 g，丹参9 g，红枣3颗，水煎服。②治慢性支气管炎：鸡屎藤、鼠曲草、鱼腥草各3份，桔梗、牛蒡子各1份。水煎2次，过滤浓缩，加入适量蜂蜜、冰糖及防腐剂。每日2～3次，每次口服25 ml，连服10日为1个疗程。③治百日咳：鸡屎藤30 g，水煎服。④治食积腹泻：鸡屎藤30 g，水煎服。

茜草属 *Rubia* L.

直立或攀援草本，基部有时木质，通常有糙毛或小皮刺。茎延长，有直棱或翅。叶无柄或有柄，通常4～6个，有时多个轮生，极罕对生而有托叶，具掌状脉或羽状脉。花小，通常两性，有花梗，聚伞花序腋生或顶生；萼管卵圆形或球形，萼檐不明显；花冠辐状或近钟状，冠檐部5裂或很少4裂，裂片镊合状排列；雄蕊5或有时4，生于冠管上，花丝短，花药2室，内藏或稍伸出，花盘小，肿胀；子房2室或有时退化为1室，花柱2裂，短，柱头头状；胚珠每室1颗，直立，生在中隔壁上，横生胚珠。果2裂，肉质浆果状。种子近直立，腹面平坦或无网纹，和果皮贴连，种皮膜质，胚乳角质；胚近内弯，子叶叶状，胚根延长，向下。

洪湖市境内的茜草属植物有1种。

221. 茜草

【拉丁名】*Rubia cordifolia* L.

【别名】锯锯藤、拉拉秧、活血草、红茜草、四轮车、挂拉豆、红线草、小血藤、血见愁。

【形态特征】草质攀援藤本，长1.5～3.5 m。根状茎和其节上的须根均红色；茎多条，从根状茎的节上发出，细长，方柱形，有4棱，棱上生倒生皮刺，中部以上多分枝。叶通常4片轮生，纸质，披针形或长圆状披针形，长0.7～3.5 cm，顶端渐尖或钝尖，基部心形，边缘有齿状皮刺，两面粗糙，脉上有微小皮刺；基出脉3条，极少外侧有1对很小的基出脉；叶柄长1～2.5 cm，有倒生皮刺。聚伞花序腋生和顶生，多回分枝，有花10余朵至数十朵，花序和分枝均细瘦，有微小皮刺；花冠淡黄色，干时淡褐色，盛开时花冠檐部直径3～3.5 mm，5裂，花冠裂片近卵形，微伸展，外面无毛；雄蕊5枚；花柱2裂。果球形，成熟时橘黄色。花期8—9月，果期10—11月。

【分布区域】分布于螺山镇龙潭村。

【药用部位】根及根茎。

【炮制】除去杂质，洗净，润透，切厚片或段，干燥。

茜草炭：取茜草片或段，照炒炭法炒至表面

焦黑色。

【化学成分】含大叶茜草素、羟基茜草素等。

【性味与归经】苦，寒。归肝经。

【功能与主治】凉血，止血，祛瘀，通经。用于吐血，衄血，崩漏，外伤出血，经闭瘀阻，关节痹痛，跌扑肿痛。

【用法与用量】煎汤，6～9 g；或入丸、散，或浸酒。

【临床应用】①治吐血后虚热燥渴：茜草、雄黑豆、甘草（炙）各等份，捣罗为细末。井水和丸如弹子大，每服 1 丸。温水化下，不拘时候。②治吐血：茜草根 5 g，三七 3 g，鸡血藤膏 6 g，水煎服。③治荨麻疹：茜草根 15 g，阴地蕨 9 g。水煎，加黄酒 60 ml 冲服。④治吐血，咯血，呕血：茜草、当归、白芍、生地黄各 9 g，川芎 6 g，水煎服。⑤治慢性支气管炎：鲜茜草 18 g（干品 9 g），橙皮 18 g。加水 200 ml，煎成 100 ml，日服 2 次，每次 50 ml。或将茜草、橙皮煎汁浓缩压片，每片 0.6 g。日服 3 次，每次 10～15 片，10 日为 1 个疗程。

拉拉藤属 *Galium* L.

一年生或多年生草本，稀基部木质而成灌木状。茎直立或斜升，柔弱，具 4 棱，无毛、具毛或具小皮刺。叶 3 至多片轮生，稀 2 片对生，宽或狭，无柄或具柄；托叶叶状。花小，两性，稀单性同株，4 数，稀 3 数或 5 数，组成腋生或顶生的聚伞花序，或再排成圆锥花序，无总苞；萼管卵形或球形，萼檐不明显；花冠辐状，稀钟状或短漏斗状，通常深 4 裂，裂片镊合状排列，冠管常很短；雄蕊与花冠裂片互生，花丝短，花药双生，伸出，花盘环状；子房下位，2 室，每室有胚珠 1 颗，胚珠横生，着生在隔膜上，花柱 2，短，柱头头状。果为小坚果，革质或近肉质，有时膨大，干燥，不开裂，常为双生分果爿，稀单生，平滑或有小瘤状突起，无毛或有毛，毛常为钩状硬毛。种子附着在外果皮上，背面凸，腹面具沟纹，外种皮膜质，胚乳角质；胚弯，子叶叶状，胚根伸长，圆柱形，下位。

洪湖市境内的拉拉藤属植物有 2 种。

1. 叶 6～8 片轮生 ······ 拉拉藤 *G. spurium*

1. 叶 4 片轮生 ······ 四叶葎 *G. bungei*

222. 拉拉藤

【拉丁名】*Galium spurium* L.

【别名】猪殃殃、爬拉殃、八仙草。

【形态特征】多枝、蔓生或攀援状草本，通常高 30～90 cm。茎有 4 棱角，棱上、叶缘、叶脉上均有倒生的小刺毛。叶纸质或近膜质，6～8 片轮生，稀为 4～5 片，带状倒披针形或长圆状倒披针形，两面常有紧贴的刺状毛，干时常卷缩，1 脉，近无柄。聚伞花序腋生或顶生，少至多花，花小，4 数，有纤细的花梗；花萼被钩毛，萼檐近截平；花冠黄绿色或白色，辐状，裂片长圆形，镊合状排列；子房被毛，花柱2裂至中部，柱头头状。果干燥，有1或2个近球状的分果爿，肿胀，密被钩毛，果柄直，较粗，每室有1颗平凸的种子。花期3—7月，果期4—11月。

【分布区域】分布于滨湖街道洪狮村。

【药用部位】全草。

【炮制】除杂，洗净，晒干或鲜用。

【性味与归经】甘、苦，寒。

【功能与主治】清热利尿，解毒，消肿止痛。用于热淋，石淋，小便不利，腹泻，痢疾，肺热咳嗽。捣碎外敷可治疗痈疖肿痛、蛇咬伤；煎水洗可治疗湿疹。

【用法与用量】煎汤，15～30 g。外用适量，鲜品捣烂敷或绞汁涂患处。

223. 四叶葎

【拉丁名】*Galium bungei* Steud.

【别名】四叶草、小拉马藤、散血丹、冷水丹、风车草、四叶蛇舌草。

【形态特征】多年生草本，高5～50 cm。根红色丝状；茎4棱，常无毛或节上有微毛。叶纸质，4片轮生，卵状长圆形或线状披针形，长0.6～3.4 cm，宽2～6 mm，顶端尖或稍钝，基部楔形，中脉和边缘常有刺状硬毛，有时两面亦有糙伏毛，1脉，近无柄或有短柄。聚伞花序顶生和腋生，有花数十朵，排列稠密或稍疏散，总花梗纤细；花小，花萼及花冠4裂；花冠黄绿色或白色，辐状，直径1.4～2 mm，无毛，花冠裂片卵形或长圆形。雄蕊4；子房下位，2室，花柱2枚，基部连合，柱头头状。果爿近球状，双生，有小疣点、小鳞片或短钩毛；果柄纤细，常比果长，长可达9 mm。花期4—9月，果期5月至翌年1月。

【分布区域】分布于新堤街道叶家门社区。

【药用部位】全草。

【炮制】除杂，洗净，鲜用或晒干。

【化学成分】含银线草内酯、欧亚活血丹内酯、金粟兰内酯、苍术内酯、银线草螺二烯醇、异嗪皮啶、银线草醇A及东莨菪素等。

【性味与归经】甘，平。

【功能与主治】清热解毒，利尿，止血，消食。用于痢疾，尿路感染，小儿疳积，带下，咯血，跌打损伤，蛇头疔。

【用法与用量】煎汤，15 ～ 30 g。外用适量，鲜草捣烂敷患处。

八十三、旋花科 Convolvulaceae

草本、亚灌木或灌木。茎缠绕或攀援，平卧或匍匐，偶有直立。叶互生，螺旋排列，寄生种类无叶或退化成小鳞片，通常为单叶，全缘，或不同深度的掌状或羽状分裂，甚至全裂，叶基常心形或戟形；无托叶，有时有假托叶；通常有叶柄。花通常美丽，单生于叶腋，或少花至多花组成腋生聚伞花序，有时总状、圆锥状、伞形或头状，极少为二歧蝎尾状聚伞花序；苞片成对，通常很小，有时叶状，有时总苞状；花整齐，两性，5 数；花萼分离或仅基部连合，外萼片常比内萼片大，宿存，有时在果期增大；花冠合瓣，漏斗状、钟状、高脚碟状或坛状；冠檐近全缘或 5 裂，蕾期旋转折扇状或镊合状至内向镊合状；花冠外常有 5 条明显的毛被或无毛的瓣中带；雄蕊与花冠裂片等数互生，着生于花冠管基部或中部稍下，花丝丝状，有时基部稍扩大，等长或不等长；花药2室，内向开裂或侧向纵长开裂；花粉粒无刺或有刺；在菟丝子属中，花冠管内雄蕊之下有流苏状的鳞片。花盘环状或杯状；子房上位，由2～5心皮组成，1～2室，或因有发育的假隔膜而为4室，稀3室，心皮合生，极少深2裂；中轴胎座，每室有2枚倒生无柄胚珠，子房4室时每室1胚珠；花柱1～2，丝状，顶生或少有着生心皮基底间，不裂或上部2尖裂，或几无花柱，柱头各式。通常为蒴果，室背开裂、周裂、盖裂或不规则破裂，或为不开裂的肉质浆果，或果皮干燥坚硬呈坚果状。种子和胚珠同数，或由于不育而减少，通常呈三棱形，种皮光滑或有各式毛；胚乳小，肉质至软骨质；胚大，子叶折扇状，菟丝子属的胚线形，无子叶或退化为细小的鳞片状。

本科约有56属，1800种以上，广泛分布于热带、亚热带和温带地区，主产于美洲和亚洲的热带、亚热带地区。我国有22属，约125种，南北地区均有，大部分属种产于西南和华南地区。

洪湖市境内的旋花科植物有6属6种。

1. 寄生植物；茎缠绕，有吸器；叶退化；花小，花冠内面有5个流苏状鳞片……菟丝子属 *Cuscuta*
1. 非寄生植物；茎有营养叶；花通常明显。
  2. 子房分裂，花柱2，基生于离生心皮之间……马蹄金属 *Dichondra*
  2. 子房不裂，花柱顶生。
    3. 花萼包藏在2大型苞片内，柱头2，长圆形或椭圆形，扁平……打碗花属 *Calystegia*
    3. 花萼不为苞片所包，柱头2裂，球形。
      4. 雄蕊和花柱内藏，花冠漏斗状或钟状。
        5. 萼片顶端钝至锐尖，子室2或4室，有4胚珠……鱼黄草属 *Merremia*
        5. 萼片顶端为长而狭的渐尖；有硬毛或贴生的柔毛；子房3室，有6胚珠……牵牛属 *Pharbitis*
      4. 雄蕊和花柱外露，花冠高脚碟状……茑萝属 *Quamoclit*

打碗花属 *Calystegia* R. Br.

多年生缠绕或平卧草本，通常无毛，有时被短柔毛。叶箭形或戟形，具圆形、有角或分裂的基裂片。花腋生，单一或稀为少花的聚伞花序；苞片2，叶状、卵形或椭圆形，包藏着花萼，宿存；萼片5，近相等，卵形至长圆形，锐尖或钝，草质，宿存；花冠钟状或漏斗状，白色或粉红色，外面具5条明显的瓣中带，冠檐不明显5裂或近全缘；雄蕊及花柱内藏，雄蕊5，贴生于花冠管，花丝近等长，基部扩大；花粉粒球形，平滑；花盘环状；子房1室或不完全的2室，4胚珠；花柱1，柱头2，长圆形或椭圆形，扁平。蒴果卵形或球形，1室，4瓣裂。种子4，光滑或具小疣。

洪湖市境内的打碗花属植物有1种。

224. 打碗花

【拉丁名】*Calystegia hederacea* Wall.

【别名】老母猪草、旋花苦蔓、扶子苗、扶苗、狗儿秧、小旋花、狗耳苗、狗耳丸、喇叭花、面根藤、盘肠参。

【形态特征】一年生草本，植株矮小，不被毛。常自基部分枝，具细长白色的根；茎细，平卧，有细棱。基部叶片长圆形，长2～5.5 cm，宽1～2.5 cm，顶端圆，基部戟形；上部叶片3裂，中

裂片长圆形或长圆状披针形，侧裂片近三角形，全缘或2～3裂，叶片基部心形或戟形；叶柄长1～5 cm。花腋生，1朵，花梗长于叶柄，有细棱；苞片宽卵形，长0.8～1.6 cm，顶端钝或锐尖；萼片长圆形，长0.6～1 cm，顶端钝，具小短尖头，内萼片稍短；花冠淡紫色或淡红色，钟状，长2～4 cm，冠檐近截形或微裂；雄蕊5，花丝基部扩大，贴生花冠管基部，被小鳞毛；子房无毛，柱头2裂，裂片长圆形，扁平。蒴果卵球形，微尖，光滑无毛。种子黑褐色，长4～5 mm，表面有小疣。

【分布区域】分布于乌林镇香山村。

【药用部位】根状茎、花。

【炮制】根状茎：除杂，洗净，晒干或鲜用。花：夏、秋季采收，鲜用。

【性味与归经】甘、淡，平。

【功能与主治】根状茎：健脾益气，利尿，调经，止带。用于脾虚消化不良，月经不调，带下，乳汁稀少。花：止痛。用于牙痛。

【用法与用量】根状茎：煎汤，30～60 g。花：外用适量，捣敷。

菟丝子属 *Cuscuta* L.

寄生草本，无根，全体不被毛。茎缠绕，细长，线形，黄色或红色，借助吸器固着于寄主。无叶，或退化成小的鳞片。花小，白色或淡红色，无梗或有短梗，成穗状、总状或簇生成头状的花序；苞片小或无；花4～5基数；萼片近等长，基部或多或少连合；花冠管状、壶状、球形或钟状，在花冠管内面基部雄蕊之下具有边缘分裂或流苏状的鳞片；雄蕊5或4，着生于花冠喉部或花冠裂片相邻处，通常稍微伸出，具短的花丝及内向的花药；花粉粒椭圆形，无刺；子房2室，每室2胚珠，花柱2，完全分离或多少连合，柱头球形或伸长。蒴果球形或卵形，有时稍肉质，周裂或不规则破裂。种子1～4，无毛；胚乳肉质，无子叶。

洪湖市境内的菟丝子属植物有 1 种。

225. 菟丝子

【拉丁名】*Cuscuta chinensis* Lam.

【别名】豆寄生、吐丝子、无根草、黄丝、黄丝藤、无娘藤、金黄丝子。

【形态特征】一年生寄生草本。茎缠绕，黄色，纤细，直径为 1 mm，无叶。花序侧生，少花或多花簇生成小伞形或小团伞花序，近于无总花梗；苞片及小苞片小，鳞片状；花梗稍粗壮，长仅 1 mm；花萼杯状，中部以下连合，裂片三角状，长约 1.5 mm，顶端钝；花冠白色，壶形，长约 3 mm，裂片三角状卵形，顶端锐尖或钝，向外反折，宿存；雄蕊着生于花冠裂片弯缺微下处，鳞片长圆形，边缘长流苏状；子房近球形，花柱 2，等长或不等长，柱头球形。蒴果球形，直径约 3 mm，几乎全为宿存花冠所包围，成熟时有整齐的周裂。种子 2 ～ 4，淡褐色，卵形，长约 1 mm，表面粗糙。花期 7—9 月，果期 8—10 月。

【分布区域】分布于新堤街道大兴社区。

【药用部位】种子。

【炮制】菟丝子：除去杂质，洗净，晒干。

酒菟丝子：取净菟丝子置锅内，加适量水煮至开裂，不断翻动，待水被吸尽呈稠粥状时，加入黄酒、白面拌匀，取出，压成大片，切成长方块，干燥（每 100 kg 菟丝子，用黄酒 15 kg，白面 15 kg）。

盐菟丝子：取净菟丝子用盐水拌匀，稍闷，置锅内，用文火加热炒干，取出放凉（每 100 kg 菟丝子，用食盐 2 kg）。

炒菟丝子：取净菟丝子置锅内，用文火加热炒至微黄，有爆裂声时，取出放凉。

【化学成分】含树脂、糖类、胡萝卜素、叶黄素、槲皮素、紫云英苷、金丝桃苷等。

【性味与归经】甘，温。归肝、肾、脾经。

【功能与主治】滋补肝肾，固精缩尿，安胎，明目，止泻；外用消风祛斑。用于肝肾不足，腰膝酸软，阳痿遗精，遗尿尿频，肾虚胎漏，胎动不安，目昏耳鸣，脾肾虚泻；外用于白癜风。

【用法与用量】煎汤，6～12 g；或入丸、散。外用适量，炒研调敷。

【临床应用】①补肾气，壮阳道，助精神，轻腰脚：菟丝子 500 g，附子（制）120 g。共为末，酒糊丸，梧子大，酒下 50 丸。②治腰痛：菟丝子、杜仲各等份。为细末，以山药糊丸如梧子大。每服 50 丸，盐酒或盐汤下。③治小便多或不禁：菟丝子 60 g，桑螵蛸 15 g，牡蛎 30 g，肉苁蓉 60 g，附子、五味子各 30 g，鹿茸 30 g。上为末，酒糊丸，如梧子大。每服 70 丸，食前盐酒任下。④治肾气不足，冲任不固而致的滑胎：菟丝子 240 g，续断、鹿角霜、巴戟天、杜仲、枸杞子、白术各 90 g，当归 60 g，阿胶、党参各 120 g，砂仁 15 g，大枣（去核）50 颗，熟地黄 150 g。上为末，炼蜜为丸。每次 6 g，每日 3 次，月经期间停服。⑤治肾虚腰痛，阳痿，遗精：菟丝子 15 g，枸杞子、杜仲各 12 g，莲须、韭菜子、五味子各 6 g，补骨脂 9 g。水煎服或制成蜜丸，每服 9 g，每日 2～3 次。⑥治先兆流产：菟丝子、续断各 10 g，炒白术、苎麻根、桑寄生各 12 g，水煎服。

马蹄金属 *Dichondra* J. R. et G. Forst.

匍匐小草本。叶小，具叶柄，肾形或圆心形，全缘。花小，单生于叶腋；苞片小；萼片 5，分离，近等长；通常匙形，草质；花冠宽钟形，深 5 裂，裂片内向镊合状，或近覆瓦状排列；雄蕊较花冠短，花丝丝状，花药小，花粉粒平滑；花盘小，杯状；子房深 2 裂，2 室，每室 2 胚珠，花柱 2，基生，丝状，柱头头状。蒴果，分离成两个直立果瓣，不裂或不整齐 2 裂，各具 1 粒或稀 2 粒种子。种子近球形，光滑，种皮薄，硬壳质，子叶长圆形至线形，折叠。

洪湖市境内的马蹄金属植物有 1 种。

226. 马蹄金

【拉丁名】*Dichondra repens* Forst.

【别名】金马蹄草、小灯盏、小金钱、小铜钱草、小半边钱、落地金钱、小元宝草、玉馄饨、金钱草、黄疸草、小马蹄金、金锁匙、肉馄饨草、荷苞草。

【形态特征】多年生匍匐小草本。茎细长，被灰色短柔毛，节上生根。叶肾形至圆形，直径 4～25 mm，先端宽圆形或微缺，基部阔心形，叶面微被毛，背面被贴生短柔毛，全缘；具长叶柄，叶柄长 1.5～6 cm。花单生于叶腋，花柄短于叶柄，丝状；萼片倒卵状长圆形至匙形，钝，长 2～3 mm，背面及边缘被毛；花冠钟状，黄色，深 5 裂，裂片长圆状披针形，无毛；雄蕊 5，着生于花冠 2 裂片间弯缺处，花丝短，等长；子房被疏柔毛，2 室，具 4 枚胚珠，花柱 2，柱头头状。蒴果近球形，小，直径约 1.5 mm，膜质。种子 1～2，黄色至褐色，无毛。

【分布区域】分布于新堤街道柏枝村。

【药用部位】全草。

【炮制】除去杂质，洗净，切段，干燥，筛去灰屑。

【化学成分】含 β－谷甾醇、香荚兰醛、正三十八烷、麦芽酚、乌苏酸、东莨菪素、伞形花内酯、黄酮类、黄酮醇类、异黄酮类等。

 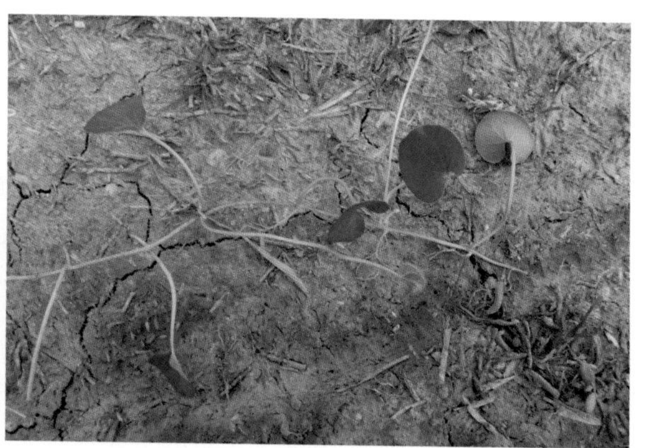

【性味与归经】苦、辛，凉。归肺、肝、大肠经。

【功能与主治】清热，利湿，解毒。用于黄疸，痢疾，石淋，白浊，水肿，疔疮肿毒，跌打损伤，毒蛇咬伤。

【用法与用量】煎汤，6～15 g（鲜品 30～60 g）。外用适量，捣敷。

【注意】忌盐及辛辣食物。

牵牛属 *Pharbitis* Choisy

一年生或多年生缠绕草本。茎通常具糙硬毛或绵状毛，很少无毛。叶心形，全缘或 3～5 裂。花大，鲜艳显著，腋生，单朵或数朵组成二歧聚伞花序；萼片 5，相等或偶有不等长，草质，顶端通常为或长或短的渐尖，外面常被硬毛；花冠钟状或钟状漏斗状；雄蕊和花柱内藏，雄蕊 5，不等长；花柱 1，柱头头状；子房 3 室，每室 2 胚珠。蒴果 3 室，具 4 或 6 种子。

洪湖市境内的牵牛属植物有 1 种。

227. 牵牛

【拉丁名】*Pharbitis nil*（L.）Choisy

【别名】裂叶牵牛、勤娘子、大牵牛花、筋角拉子、喇叭花、牵牛花、朝颜、二牛子、黑白丑、紫花牵牛。

【形态特征】一年生缠绕草本。茎长 2 m 以上，分枝，被短柔毛或长硬毛。叶互生，宽卵形或近圆形，深或浅的 3 裂，长 4～15 cm，宽 4.5～14 cm，基部圆心形，中裂片长圆形或卵圆形，渐尖或骤尖，侧裂片较短，三角形，叶面被柔毛；叶柄长 2～15 cm。花腋生，单朵或 2 朵着生于花序梗顶，花序梗通常短于叶柄，毛被同茎；苞片线形或叶状，被开展的微硬毛；花梗长 2～7 mm；小苞片线形；萼片近等长，长 2～2.5 cm，线状披针形，内面 2 片稍狭，外面被开展的刚毛，基部更密；花冠漏斗状，长 5～10 cm，蓝紫色或紫红色，花冠管色淡；雄蕊及花柱内藏，雄蕊 5，不等长，花丝基部被柔毛；子房无毛，柱头头状。蒴果近球形，直径 0.8～1.3 cm，3 瓣裂。种子卵状三棱形，长约 6 mm，黑褐色或米黄色，被褐色短茸毛。

【分布区域】分布于黄家口镇黄家口村。

【药用部位】种子。

【炮制】除去杂质，洗净，晒干，用时捣碎。

炒牵牛子：取净牵牛子，照清炒法炒至稍鼓起，用时捣碎。

【性味与归经】苦，寒；有毒。归肺、肾、大肠经。

【功能与主治】泻水通便，消痰涤饮，杀虫攻积。用于水肿胀满，大小便不通，痰饮积聚，气逆喘咳，虫积腹痛。

【用法与用量】煎汤，3～6 g。

【临床应用】①治大小便不通：牵牛子 30 g，大黄 30 g，槟榔 15 g，陈橘皮 30 g。上 4 味，捣罗为散。每服 6 g，空腹时用生姜、蜜水调下。②治阳水，阳黄，便秘：黑牵牛 120 g，茴香 30 g。上为细末，以生姜汁调 3～6 g，临卧服。③治痔疮：黑白丑、金银花、鱼腥草各 30 g，米醋、水各适量，煮开后取蒸气熏患处。④治小儿腹胀：牵牛子生研 3 g，青皮汤空心下。加木香减半，丸服。

【注意】孕妇及胃弱气虚者忌服，不宜与巴豆、巴豆霜同用。

鱼黄草属 *Merremia* Dennst.

草本或灌木，通常缠绕，但也有匍匐或直立状，或为下部直立的灌木。叶具柄，全缘或具齿，分裂成掌状 3 小叶或鸟足状分裂或复出。花腋生，少花或多花组成各式分枝的聚伞花序；苞片通常小；萼片 5，通常近等大或外面 2 片稍短，椭圆形或披针形，锐尖或渐尖，钝头或微缺，通常具小短尖头，有时结果时增大；花冠整齐，漏斗状或钟状，白色、黄色或橘红色，通常有 5 条明显有脉的瓣中带，冠檐浅 5 裂；雄蕊 5，内藏，花药通常旋扭，花丝丝状，通常不等，基部扩大，花粉粒无刺；子房 2 或 4 室，4 胚珠；花柱 1，丝状；柱头 2，头状；花盘环状。蒴果 4 瓣裂，或多少成不规则开裂，1～4 室。种子 4 或因败育而更少，无毛或被微柔毛。

洪湖市境内的鱼黄草属植物有 1 种。

228. 北鱼黄草

【拉丁名】*Merremia sibirica*（L.）Hall. F.

【别名】钻之灵、西伯利亚鱼黄草、北茉栾藤、钻芝灵、小瓠花。

【形态特征】缠绕草本，无毛。茎圆柱状，具细棱。叶卵状心形，长 3～13 cm，宽 1.7～7.5 cm，顶端渐尖，基部心形，全缘或波状，侧脉 7 ～ 9 对，纤细，近于平行射出，近边缘弧曲向上；叶柄长 2 ～ 7 cm，基部具小耳状假托叶。聚伞花序腋生，有 3 ～ 7 朵花，花序梗通常比叶柄短，长 1 ～ 6.5 cm，明显具棱或狭翅；苞片小，线形；花梗长 0.3 ～ 0.9 cm，向上增粗；萼片椭圆形，近于相等，长 0.5 ～ 0.7 cm，顶端具钻状短尖头，无毛；花冠淡红色，钟状，长 1.2 ～ 1.9 cm，无毛，冠檐具三角形裂片；花药不扭曲；子房无毛，2 室。蒴果近球形，顶端圆，高 5 ～ 7 mm，无毛，4 瓣裂。种子 4 或较少，黑色，椭圆状三棱形，顶端钝圆，长 3 ～ 4 mm，无毛。

【分布区域】分布于老湾回族乡珂里村。

【药用部位】全草。

【炮制】除杂，洗净，鲜用或晒干。

【化学成分】含多糖、二烯酸、三烯酸等。

【性味与归经】辛、微苦，微寒。

【功能与主治】活血解毒。用于劳伤疼痛，下肢肿痛及疔疮。

【用法与用量】煎汤，3 ～ 10 g。外用适量，捣敷。

茑萝属 *Quamoclit* Mill.

一年生柔弱缠绕草本，通常无毛。叶心形或卵形，角裂或掌状 3 ～ 5 裂，稀羽状深裂。花腋生，通常组成二歧聚伞花序，稀单生；萼片 5，草质至膜质，无毛，顶端为芒状，近等长或外萼片较短；花冠高脚碟状，通常亮红色，稀黄色或白色，无毛，管长，上部稍扩大，冠檐平展，全缘或浅裂；雄蕊 5，外伸，花丝不等长；子房无毛，4 室，4 胚珠；花柱伸出，柱头头状。蒴果 4 室，4 瓣裂。种子 4，无毛或稀被微柔毛，暗黑色。

洪湖市境内的茑萝属植物有 1 种。

229. 茑萝松

【拉丁名】*Quamoclit pennata*（Desr.）Boj.

【别名】翠翎草、茑萝、女罗、锦屏封、金丝线、五角星花、羽叶茑萝。

【形态特征】一年生柔弱缠绕草本，无毛。叶卵形或长圆形，长 2 ～ 10 cm，宽 1 ～ 6 cm，羽状深裂至中脉，具 10 ～ 18 对线形至丝状的平展的细裂片，裂片先端锐尖；叶柄长 8 ～ 40 mm，基部常具假托叶。花序腋生，由少数花组成聚伞花序；总花梗大多超过叶，长 1.5 ～ 10 cm，花直立，花柄较花萼长，长 9 ～ 20 mm，在果时增厚成棒状；萼片绿色，稍不等长，椭圆形至长圆状匙形，外面 1 个稍短，长约 5 mm，先端钝而具小突尖；花冠高脚碟状，长 2.5 cm 以上，深红色，无毛，管柔弱，上部稍膨大，冠檐开展，直径 1.7 ～ 2 cm，5 浅裂；雄蕊及花柱伸出，花丝基部具毛；子房无毛。蒴果卵形，长 7 ～ 8 mm，4 室，4 瓣裂，隔膜宿存，透明。种子 4，卵状长圆形，长 5 ～ 6 mm，黑褐色。花期 4—11 月。

【分布区域】分布于新堤街道园丁花苑。

【药用部位】全草或根。

【炮制】夏季采收，鲜用或晒干备用。

【化学成分】含牵牛子苷等。

【性味与归经】苦，凉。

【功能与主治】清热解毒，凉血止痢。用于感冒发热，痈疽疔疖，痢疾，肠风下血，崩漏，痔疮，便血。

【用法与用量】煎汤，6 ～ 9 g。外用适量，捣汁涂或煎水洗。

八十四、紫草科 Boraginaceae

多数为草本，较少为灌木或乔木，被硬毛或刚毛。单叶互生，极少对生，全缘或有锯齿，无托叶。花序为聚伞花序或镰状聚伞花序，极少花单生，有苞片或无苞片。花两性，辐射对称，很少左右对称；花萼具 5 个基部至中部合生的萼片，大多宿存；花冠筒状、钟状、漏斗状或高脚碟状，檐部 5 裂，裂片在蕾中覆瓦状排列，很少旋转状，喉部或筒部具或不具 5 个附属物，附属物大多为梯形，较少为其他形状；雄蕊 5，着生于花冠筒部，稀上升到喉部，轮状排列，极少螺旋状排列，内藏，稀伸出花冠外，花药内向，2 室，纵裂；蜜腺在花冠筒内面基部环状排列，或在子房下的花盘上；雌蕊由 2 心皮组成，子房 2 室，每室含 2 胚珠，或由内果皮形成隔膜而成 4 室，每室含 1 胚珠，花柱顶生或室生。果实为含 1 ～ 4 粒种子的核果，或为子房 2 ～ 4 裂瓣形成的 2 ～ 4 个小坚果，果皮多汁或大多干燥，常具各种附属物。种子直立或斜生，种皮膜质，无胚乳，稀含少量内胚乳；胚伸直，很少弯曲，子叶平，肉质，胚根在上方。

本科约有 100 属 2000 种，分布于世界的温带和热带地区，地中海地区为其分布中心。我国有 48 属 269 种，遍布全国，但以西南部最为丰富。

洪湖市境内的紫草科植物有 2 属 2 种。

1. 小坚果密生细小的瘤状突起，腹面中部有凹陷……斑种草属 *Bothriospermum*

1. 小坚果稀具瘤状突起，腹面无凹陷……附地菜属 *Trigonotis*

斑种草属 *Bothriospermum* Bge.

一年生或二年生草本，被伏毛及硬毛，硬毛基部具基盘。茎直立或伏卧。叶互生，卵形、披针形或倒披针形。花小，蓝色或白色，具柄，排列为具苞片的镰状聚伞花序；花萼 5 裂，裂片披针形，有时稍增大；花冠辐状，筒短，喉部有 5 个鳞片状附属物，附属物近闭锁，裂片 5，圆钝，在芽中覆瓦状排列，开放时呈辐射状展开；雄蕊 5，着生于花冠筒部，内藏，花药卵形，圆钝，花丝极短；子房 4 裂，裂片分离，各具 1 粒倒生胚珠，花柱短，柱头头状，雌蕊基平。小坚果 4，背面圆，具瘤状突起，腹面有长圆形、椭圆形或圆形的环状凹陷。种子通常不弯曲，子叶平展。

洪湖市境内的斑种草属植物有 1 种。

230. 斑种草

【拉丁名】 *Bothriospermum chinense* Bge.

【别名】 蛤蟆草。

【形态特征】一年生草本，高 20 ～ 30 cm，密生硬毛。直根，细长，不分枝；茎数条丛生，直立或斜升，由中部以上分枝或不分枝。基生叶及茎下部叶具长柄，匙形或倒披针形，通常长 3 ～ 6 cm，宽 1 ～ 1.5 cm，先端圆钝，基部渐狭为叶柄，边缘皱波状或近全缘，上下两面均被基部具基盘的长硬毛及伏毛；茎中部及上部叶无柄，长圆形或狭长圆形，长 1.5 ～ 2.5 cm，宽 0.5 ～ 1 cm，先端尖，基部楔形，上面被向上贴伏的硬毛，下面被硬毛及伏毛。花序长 5 ～ 15 cm，具苞片，苞片卵形或狭卵形；花梗短，花期长 2 ～ 3 mm，果期伸长；花萼长 2.5 ～ 4 mm，外面密生向上开展的硬毛及短伏毛，裂片披针形，裂至近基部；花冠淡蓝色，长 3.5 ～ 4 mm，檐部直径 4 ～ 5 mm，裂片圆形，喉部有 5 个先端深 2 裂的梯形附属物；花药卵圆形或长圆形，花丝极短，着生于花冠筒基部以上 1 mm 处；花柱短，长约为花萼的 1/2。小坚果肾形，长约 2.5 mm，有网状皱褶及稠密的粒状突起，腹面有椭圆形的横凹陷。4—6 月开花。

【分布区域】 分布于新堤街道万家墩村。

【药用部位】 全草。

【炮制】除杂，洗净，晒干。

【性味与归经】微苦，凉。

【功能与主治】解毒消肿，利湿止痒。用于痔疮，肛门肿痛，湿疹。

【用法与用量】外用适量，煎水洗患处。

附地菜属 *Trigonotis* Stev.

一年生或多年生草本。茎细弱或铺散，通常被糙毛或柔毛，稀无毛。单叶互生。花有柄，呈镰状聚伞花序，无苞片或下部的花梗具苞片；花萼5裂；花冠小型，蓝色或白色，花筒通常较萼为短，裂片5，覆瓦状排列，圆钝，开展，喉部附属物5，半月形或梯形；雄蕊5，内藏，花药长圆形或椭圆形，先端钝或尖；子房深4裂，花柱线形，通常短于花冠筒，柱头头状。小坚果4，四面体形，平滑无毛，具光泽，或被短柔毛，稀具瘤状突起，背面平或凸起，有锐棱或具软骨质钝棱。胚直生，子叶卵形。

洪湖市境内的附地菜属植物有1种。

231. 附地菜

【拉丁名】*Trigonotis peduncularis*（Trev.）Benth. ex Baker et Moore

【别名】地胡椒、黄瓜香、鸡肠、鸡肠草、搓不死、伏地菜、伏地草、山苦菜、地瓜香。

【形态特征】一年生或二年生草本。茎通常多条丛生，密集而铺散，高5～30 cm，基部多分枝，被短糙伏毛。基生叶呈莲座状，有叶柄，叶片匙形，长 2 ～ 5 cm，先端圆钝，基部楔形或渐狭，两面被糙伏毛；茎上部叶长圆形或椭圆形，无叶柄或具短柄。花序生于茎顶，幼时卷曲，后渐次伸长，长 5 ～ 20 cm，在基部具 2 ～ 3 个叶状苞片，其余部分无苞片；花梗短，花后伸长，长 3 ～ 5 mm，顶端与花萼连接部分变粗成棒状；花萼裂片卵形，长 1 ～ 3 mm，先端急尖；花冠淡蓝色或粉色，筒部甚短，檐部直径 1.5 ～ 2.5 mm，裂片平展，倒卵形，先端圆钝，喉部附属物 5，白色或黄色；雄蕊 5，花药卵形，长 0.3 mm，先端具短尖；子房上位，4 深裂，花柱基生。小坚果 4，斜三棱锥状四面体形，长 0.8 ～ 1 mm，背面三角状卵形，具 3 锐棱，腹面的 2 个侧面近等大而基底面略小，凸起，具短柄，柄长约 1 mm，向一侧弯曲。早春开花，花期甚长。

【分布区域】分布于新堤街道叶家门社区。

【药用部位】全草。

【炮制】除杂，洗净，鲜用或晒干。

【化学成分】含飞燕草素 -3，5- 二葡萄糖苷、牻牛儿醇、α - 松油醇等。

【性味与归经】辛、苦，平。归心、肝、脾、肾经。

【功能与主治】行气止痛，解毒消肿。用于胃痛吐酸，痢疾，热毒痈肿，手脚麻木。

【用法与用量】煎汤，15 ～ 30 g；或研末服。外用适量，捣敷或研末擦。

八十五、马鞭草科 Verbenaceae

草本、藤本、灌木或乔木。叶对生，很少轮生或互生，单叶或掌状复叶，很少羽状复叶；无托叶。花序顶生或腋生，多数为聚伞、总状、穗状、伞房状聚伞或圆锥花序，通常4～5裂；花萼宿存，一般在果实成熟后增大或不增大，或有颜色；花冠管圆柱形，通常管口裂为二唇形或略不相等的4～5裂，全缘或下唇中间1裂片的边缘呈流苏状；雄蕊4，二强，极少2枚或5～6枚，着生于花冠管的上部或基部，花丝分离，花药通常2室，基部或背部着生于花丝上，内向纵裂或顶端先开裂而成孔裂；花盘小而不显著，子房上位，通常由2心皮组成，全缘或微凹或4浅裂，极稀深裂，通常2～4室，有时有假隔膜分为4～10室，每室有1～2胚珠；胚珠倒生而基生，半倒生而侧生，或直立，或顶生而悬垂，珠孔向下；花柱顶生，极少数多少下陷于子房裂片中，柱头明显分裂或不裂。果实为核果、蒴果或浆果状核果，核单一或可分为多个分核。种子通常无胚乳，胚直立，有扁平或稍厚的子叶，胚根短，通常下位。

本科有80余属3000余种，主要分布于热带和亚热带地区。我国现有21属175种。

洪湖市境内的马鞭草科植物有4属4种。

1. 花序为穗状花序。
  2. 匍匐草本；叶片不分裂；穗状花序，腋生……过江藤属 *Phyla*
  2. 多年生草本；叶片深裂；穗状花序狭长，顶生……马鞭草属 *Verbena*
1. 聚伞花序或由聚伞花序再组成其他花序。
  3. 花萼在结果时增大……大青属 *Clerodendrum*
  3. 花萼在结果时稍增大……牡荆属 *Vitex*

大青属 *Clerodendrum* L.

落叶或半常绿灌木或小乔木，少为攀援状藤本或草本。幼枝四棱形至近圆柱形，有棱槽。叶对生，少为3～5叶轮生，边缘全缘、波状或有锯齿。聚伞花序或由聚伞花序组成疏展或紧密的伞房状或圆锥状花序，短缩近头状，顶生、假顶生或腋生；苞片宿存或早落；花萼有色泽，钟状或很少管状，有5钝齿至5深裂，偶见6齿或6裂，宿存；花冠高脚杯状或漏斗状，花冠管通常长于花萼，顶端5裂，裂片近等长或有2片较短，多少偏斜，稀6裂；雄蕊通常4，花丝等长或2长2短，稀有5～6雄蕊，着生于花冠管上部，蕾时内卷，开花后通常伸出花冠外，花药卵形或长卵形，纵裂；子房4室，每室有1下垂或侧生胚珠；花柱线形，柱头2浅裂。浆果状核果，外面常有4浅槽或成熟后分裂为4分核。种子长圆形，无胚乳。

洪湖市境内的大青属植物有1种。

232. 臭牡丹

【拉丁名】*Clerodendrum bungei* Steud.

【别名】臭八宝、臭梧桐、矮桐子、大红袍、野朱桐、臭枫草、臭珠桐、逢仙草、臭茉莉、臭芙蓉。

【形态特征】灌木，高 1 ～ 2 m，触之有强烈臭味。嫩枝被柔毛，髓坚实。叶卵形，长 8 ～ 20 cm，宽 5 ～ 15 cm，顶端尖，基部截形或心形，边缘具锯齿，表面散生短柔毛，有腺点；花序轴、叶柄密被褐色、黄褐色或紫色的柔毛；叶柄长 4 ～ 17 cm。聚伞花序伞房状，顶生，密集；苞片叶状，披针形；花萼钟状，被短柔毛及少数腺体，萼齿三角形，长 1 ～ 3 mm；花冠淡红色、红色或紫红色，花冠管长 2 ～ 3 cm；雄蕊及花柱均伸出花冠外，柱头 2 裂，子房 4 室。核果近球形，成熟时蓝黑色。花果期 5—11 月。

【分布区域】分布于燕窝镇群力村。

【药用部位】茎、叶（以枝嫩、叶多者为佳）。

【炮制】夏季采集茎、叶，鲜用或切段晒干。

【化学成分】含生物碱等。

【性味与归经】辛、苦，平。归心、肝、脾经。

【功能与主治】解毒消肿，祛风湿。用于痈疽，疔疮，发背，乳痈，痔疮，湿疹，丹毒，风湿痹痛，高血压。

【用法与用量】煎汤，10 ～ 15 g（鲜品 30 ～ 60 g）；或捣汁，或入丸剂。外用适量，煎水熏洗；或捣敷，或研末调敷。

【临床应用】①治乳腺炎：鲜臭牡丹叶 250 g，蒲公英 9 g，麦冬全草 120 g。水煎冲黄酒、红糖服。②治头痛：臭牡丹叶 9 g，川芎 6 g，头花千金藤根 3 g，水煎服。③治高血压：臭牡丹 30 g，玉米须 30 g，夏枯草 30 g，野菊花 10 g，豨莶草 10 g，水煎服。④治风湿性关节炎：臭牡丹 30 g，豨莶草 30 g，桑枝 30 g，虎杖根 15 g, 五加皮 15 g，水煎服。⑤治水肿，咳、喘、时肿时消：臭牡丹根 100 g，紫茉莉根 100 g，石斛 50 g，厚朴叶 30 g，血满草 30 g，天花粉 30 g，水煎服。⑥治中风·中脏腑：臭牡丹根 30 g，生花生壳 20 g，萝卜汁 8 g，菊花 12 g。将药物捣汁，加蜂蜜冲服，每日数次。

过江藤属 *Phyla* Lour.

匍匐草本，茎四方形，有时基部木质化，节上生根。叶对生，边缘有齿。花序头状或穗状，在结果时延长；花小，有柄；花萼二唇形；花冠细软，下部管状，上部扩展成二唇形，上唇较小，下唇较大，3 深裂；雄蕊 4 枚，着生于花冠管的中部，2 枚在上，2 枚在下；子房 2 室，每室有 1 胚珠，花柱短，柱头头状膨大。果成熟后干燥，分为 2 个分核。

洪湖市境内的过江藤属植物有 1 种。

233. 过江藤

【拉丁名】*Phyla nodiflora*（L.）Greene

【别名】过江龙、水黄芹、虾子草、大二郎箭、铜锤草、鸭脚板、水马齿苋、苦舌草、蓬莱草。

【形态特征】多年生匍匐草本，有木质宿根，多分枝，有紧贴丁字状短毛。叶近无柄，匙形、倒卵形至倒披针形，长 1 ～ 3 cm，宽 0.5 ～ 1.5 cm，顶端钝或近圆形，基部狭楔形，中部以上的边缘有锐锯齿。穗状花序腋生，卵形或圆柱形，长 0.5 ～ 3 cm，宽约 0.6 cm，有长 1 ～ 7 cm 的花序梗；苞片宽倒卵形，宽约 3 mm；花萼膜质，长约 2 mm；花冠白色、粉红色至紫红色，内外无毛；雄蕊短小，不伸出花冠外；子房无毛。果实淡黄色，长约 1.5 mm，内藏于膜质的花萼内。花果期 6—10 月。

【分布区域】分布于新堤街道江滩公园。

【药用部位】全草。

【炮制】夏、秋季采收，鲜用或晒干。

【化学成分】花含 6- 羟基木犀草素、尼泊尔黄酮素、薇甘菊素、木犀草素 -7-O- 葡萄糖苷等。

【性味与归经】辛、微苦，平。

【功能与主治】清热解毒，散瘀消肿。用于痢疾，急性扁桃体炎，咳嗽咯血，跌打损伤。外用于痈疽疔毒，带状疱疹，慢性湿疹。

【用法与用量】煎汤，15～30 g。外用适量，鲜品捣烂敷患处。

马鞭草属 *Verbena* L.

草本或亚灌木。茎4棱，无毛或有毛。叶对生，稀轮生或互生，近无柄，边缘有齿至羽状深裂。穗状花序顶生，有时为圆锥状或伞房状，稀有腋生花序，花后因穗轴延长而花疏离，穗轴无凹穴；花生于狭窄的苞片腋内，蓝色或淡红色；花萼膜质，管状，有5棱；花冠管直或弯，向上扩展成开展的5裂片，裂片长圆形，顶端钝、圆或微凹，在芽中覆瓦状排列；雄蕊4枚，着生于花冠管的中部，2枚在上，2枚在下；花药卵形，药室平行或微叉开；子房不分裂或顶端浅4裂，4室，每室有1直立向底部侧面着生的胚珠；花柱短，柱头2浅裂。蒴果包藏于萼内，成熟后4瓣裂为4个狭小的分核。种子无胚乳，幼根向下。

洪湖市境内的马鞭草属植物有1种。

234. 马鞭草

【拉丁名】*Verbena officinalis* L.

【别名】蜻蜓饭、蜻蜓草、风须草、土马鞭、粘身蓝被、兔子草、蛤蟆棵、透骨草、马鞭稍、马鞭子、铁马鞭、紫顶龙芽、散血草。

【形态特征】多年生草本，高约1 m。茎直立，基部木质化，上部有分枝，四棱形，节和棱上有白色透明的硬毛。叶对生，叶片倒卵形或长椭圆形，长2～8 cm，宽1～5 cm，先端尖，基部楔形，羽状深裂，裂片上疏生粗锯齿，两面均有硬毛。穗状花序顶生和腋生，果期长达25 cm，花小，无柄，结果时成疏松果穗；苞片稍短于花萼，有硬毛；花萼长约2 mm，有硬毛，先端5浅裂；花冠唇形，淡紫色至蓝色，5裂；雄蕊4，着生于花冠管的中部，花丝短；子房上位，4室；花柱顶生，柱头2裂。蒴果长圆形，成熟时4瓣裂。花期6—8月，果期7—10月。

【分布区域】分布于乌林镇香山村。

【药用部位】地上部分。

【炮制】取原药材，除去残根及杂质，洗净，稍润，切段，晒干。

【化学成分】全草含马鞭草苷、戟叶马鞭草苷、羽扇豆醇、β-谷甾醇、熊果酸、桃叶珊瑚苷、咖啡酸、齐墩果酸、马鞭草新苷等。叶中含马鞭草新苷、腺苷及β-胡萝卜素。根茎中含水苏糖等。

【性味与归经】苦，凉。归肝、脾经。

【功能与主治】活血化瘀，解毒，利水，退黄。用于癥瘕积聚，经闭痛经，疟疾，喉痹，痈肿，水肿，黄疸。

【用法与用量】煎汤，5～10 g。

【临床应用】①治酒积下血：马鞭草灰12 g，白芷3 g，蒸饼为丸如梧子大，每服50丸。②治腹水：马鞭草、鼠尾草各5 kg，水50 l，煮取25 l，去渣更煎，以粉和为丸如豆大，初服2丸，加至4～5丸。禁肥肉，生冷勿食。③治胆石症：马鞭草、金钱草各30 g，乌梅、大黄、鸡内金、郁金、海金沙、枳实各 15 g，柴胡、黄芩各 20 g，玄明粉 10 g，水煎服。④治慢性肾炎：马鞭草、益母草、赤芍各 15 g，地龙、当归、桃仁、泽兰各 10 g，红花 6 g，生黄芪 30 g，水煎服。⑤治小儿霉菌性肠炎：马鞭草、鱼腥草各 15 g，防风 5 g，广木香 3 g，石榴皮 4 g，淮山药 8 g，炒山楂 6 g，甘草 3 g。剂量可根据患儿个体差异稍作调整。若脾虚甚者，加太子参、白术；大便黄稀黏液多而臭者，加川黄连。每日 1 剂，以水煎至 150 ml，分 3 ～ 4 次口服。⑥治急性胃肠炎：鲜马鞭草 60 g，鲜鱼腥草 30 g。洗净，捣烂，加冷开水适量，搅匀后，绞取药汁。服药水，每日 2 次。

牡荆属 *Vitex* L.

落叶灌木或乔木。枝通常四棱形，无毛或有微柔毛。叶对生，有柄，掌状复叶，小叶 3 ～ 8，稀单叶，小叶片全缘或有锯齿，浅裂以至深裂。花序顶生或腋生，为有梗或无梗的聚伞花序，或为聚伞花序组成圆锥状、伞房状以至近穗状花序；苞片小；花萼钟状，稀管状或漏斗状，顶端近截平或有 5 小齿，有时略为二唇形，外面常有微柔毛和黄色腺点，宿存，结果时稍增大；花冠白色、淡蓝紫色或淡黄色，略长于萼，二唇形，上唇 2 裂，下唇 3 裂，中间的裂片较大；雄蕊 4，2 长 2 短或近等长，内藏或伸出花冠外；子房近圆形或微卵形，2 ～ 4 室，每室有胚珠 1 ～ 2；花柱丝状，柱头 2 裂。果实球形、卵形至倒卵形，中果皮肉质，内果皮骨质。种子倒卵形、长圆形或近圆形，无胚乳，子叶通常肉质。

洪湖市境内的牡荆属植物有 1 种。

235. 牡荆

【拉丁名】*Vitex negundo* var. *cannabifolia*（Sieb. et Zucc.）Hand. –Mazz.

【别名】铺香、午时草、土柴胡、蚊子柴。

【形态特征】落叶灌木或小乔木；小枝四棱形。叶对生，掌状复叶，小叶 5，少有 3；小叶片披针形或椭圆状披针形，顶端渐尖，基部楔形，边缘有粗锯齿，表面绿色，背面淡绿色，通常被柔毛。圆锥花序顶生，长 10 ~ 20 cm；花冠淡紫色。果实近球形，黑色。花期 6—7 月，果期 8—11 月。

【分布区域】分布于乌林镇香山村。

【药用部位】果实、叶。

【炮制】叶阴干备用，亦可鲜用。秋季果实成熟时采收，用手搓下果实，晒干。

【化学成分】牡荆子含丁香酸、香草酸、牡荆木脂素、棕榈酸、硬脂酸、油酸、亚油酸和挥发油。牡荆叶含挥发油等。

【性味与归经】辛、微苦，温。归肺经。

【功能与主治】果实：祛风解表，除湿，杀虫，止痛。用于风寒感冒，痧气腹痛吐泻，痢疾，风湿痛，脚气，流火，痈肿，足癣。

叶：祛痰，止咳，平喘。用于咳嗽痰多。

【用法与用量】煎汤，3 ~ 15 g（鲜品 30 ~ 60 g）；或捣汁。外用适量，捣敷或煎水熏洗。

【临床应用】①治风寒感冒：鲜牡荆叶 24 g，或加鲜紫苏叶 15 g，水煎服。②预防中暑：牡荆干嫩叶 6 ~ 9 g，水煎代茶饮。③治痧气腹痛及胃痛：鲜牡荆叶 20 片，放口中，嚼烂咽汁。④治急性胃肠炎：

牡荆鲜茎叶 30 ～ 60 g，水煎服。⑤治久痢不愈：牡荆鲜茎叶 15 ～ 24 g，加冰糖，冲开水炖 1 h，饭前服，每日 2 次。

八十六、唇形科 Lamiaceae

草本，稀灌木，含芳香油；具 4 棱带沟槽的茎。单叶，全缘具锯齿，浅裂至深裂，稀复叶，对生，稀轮生或互生。常为聚伞式轮伞花序，或由数个轮伞花序聚合成顶生或腋生的总状花序、穗状花序、圆锥状花序、复合花序；苞叶常在茎上过渡成苞片，每花下常又有 1 对纤小的小苞片；花萼钟状、管状或杯状，4 ～ 5 裂，常为二唇形；花冠合瓣，筒内有时有毛环，基部极稀具囊或距，内有蜜腺，冠檐 4 ～ 5 裂，通常二唇形，稀成假单唇或单唇形；雄蕊 4 枚，二强，有时退化为 2 枚，通常伸出花冠筒外，稀内藏；花丝直伸，稀在芽时内卷，有时较长，后对花丝基部有附属器；花药长圆形、卵圆形至线形，稀球形，2 室，常纵裂叉开，有时贯通为 1 室；下位花盘通常肉质，全缘或分裂；雌蕊由 2 个心皮形成，早期分裂为 4 枚具胚珠的裂片；子房上位，无柄，胚珠单被，倒生，直立或基生，着生于中轴胎座上，花柱顶端具 2 等长，稀不等长的裂片，稀不裂或 4 裂。果裂成 4 枚果皮干燥的小坚果，稀核果状。种子每坚果单生，胚乳极不发育。

本科约有 220 属 3500 种。我国有 99 属 800 余种。

洪湖市境内的唇形科植物有 14 属 18 种。

1. 子房不裂以至深 4 裂，花柱着生点高于子房基部；小坚果有大而显著的果脐；花冠单唇（花冠裂片全部形成下唇）、假单唇（上唇不发达）或二唇形……筋骨草属 *Ajuga*
1. 子房 4 全裂，花柱着生于子房基部；果脐通常小；花冠二唇形。
    2. 种子多少横生；果萼 2 裂，上裂片通常有鳞片状盾片，早落，下裂片宿存；子房有柄……黄芩属 *Scutellaria*
    2. 种子直生；果萼无盾片；子房通常无柄。
        3. 雄蕊下倾，平卧于花冠下唇上或包于其内……香茶菜属 *Isodon*
        3. 雄蕊上升或平展而直伸向前。
            4. 花冠筒内藏；叶掌状分裂……夏至草属 *Lagopsis*
            4. 花冠筒通常不藏于花萼内。
                5. 花冠二唇形。
                    6. 雄蕊 4，花药卵形。
                        7. 后对雄蕊长于前对雄蕊……活血丹属 *Glechoma*
                        7. 后对雄蕊短于前对雄蕊。
                            8. 萼齿极不相等，呈二唇形，喉部在果成熟时由于下唇 2 齿向上斜伸以致闭合，上唇顶端截形，有 3 短齿，花冠上唇盔状……夏枯草属 *Prunella*

8. 萼齿多少相等，喉部在果成熟时开张。

9. 小坚果多少尖三棱形，顶不平截。

10. 花冠具膨大喉部及伸长筒部，萼齿非针刺状……野芝麻属 *Lamium*

10. 花冠喉部不膨大，花冠筒稍伸出或内藏，萼齿针刺状……益母草属 *Leonurus*

9. 小坚果卵形，顶端钝圆……水苏属 *Stachys*

6. 雄蕊 2，花药线形，与花丝有关节相连成丁字形……鼠尾草属 *Salvia*

5. 花冠近于辐射对称；花药卵形。

11. 雄蕊上升于花冠上唇之下，花萼具 13 脉，二唇形……风轮菜属 *Clinopodium*

11. 雄蕊从基部上升，如展开则直伸。

12. 能育雄蕊 2……石荠苎属 *Mosla*

12. 能育雄蕊 4。

13 花冠近辐射对称，4 裂……薄荷属 *Mentha*

13. 花冠二唇形，上唇微缺，下唇 3 裂……紫苏属 *Perilla*

筋骨草属 *Ajuga* L.

草本或灌木，具匍匐茎。茎四棱形。单叶对生，通常为纸质，边缘具齿或缺刻；苞叶与茎叶同型，或下部与茎叶同型而上部变小呈苞片状。轮伞花序具 2 至多花，组成间断或密集或下部间断上部密集的穗状花序；花两性，通常无梗；花萼卵状或球状、钟状或漏斗状，通常具 10 脉，其中 5 副脉有时不明显，萼齿 5，近整齐；花冠通常为紫色至蓝色，有时黄色或白色，冠筒基部呈曲膝状或微膨大，喉部稍膨大，内面常有毛环；雄蕊 4，二强，花丝挺直或微弯曲，花药 2 室，其后横裂并贯通为 1 室；花柱细长，着生于子房底部，先端近相等 2 浅裂，裂片钻形，细尖；花盘环状，裂片不明显，等大或指状膨大，子房 4 裂。小坚果倒卵状三棱形，背部具网纹，侧腹面具宽大果脐，有 1 油质体。

洪湖市境内的筋骨草属植物有 1 种。

236. 紫背金盘

【拉丁名】*Ajuga nipponensis* Makino

【别名】筋骨草、破血丹、石灰菜、散血草、退血草、见血青、白毛夏枯草。

【形态特征】草本。茎直立，四棱形，从基部分枝，高 10 ～ 20 cm 或 20 cm 以上，被长柔毛，基部带紫色。基生叶无或少数；茎生叶具柄，柄长 1 ～ 1.5 cm，具狭翅，有时呈紫绿色，椭圆形，叶片纸质，长 2 ～ 4.5 cm，宽 1.5 ～ 2.5 cm，先端钝，基部楔形下延，边缘具波状圆齿，具缘毛，两面被疏糙伏毛，下部茎叶背面带紫色，侧脉 4 ～ 5 对，与中脉在上面微隆起，下面凸起。轮伞花序多花，密集成顶生穗状花序；苞叶卵形至阔披针形，绿色，全缘或具缺刻，具缘毛；花萼钟形，外面上部及齿缘被长柔毛，内面无毛，具 10 脉，萼齿 5，三角形，近整齐，先端渐尖；花冠淡蓝色或蓝紫色，具深色条纹，筒状，外面疏被短柔毛，内面无毛，近基部有毛环；雄蕊 4，二强，伸出，花丝粗壮，直立或微弯，无毛；花柱细弱，超出雄蕊，先端 2 浅裂，裂片细尖；花盘环状，裂片不明显，子房无毛。小坚果卵状三棱形，背部具网状皱纹。在我国东部花期为 4—6 月，果期为 5—7 月；在西南部花期为 12 月至翌年 3 月，果期为 1—5 月。

【分布区域】分布于洪湖市各乡镇。

【药用部位】全草或根。

【炮制】春、夏季采收，洗净，晒干或鲜用。

【性味与归经】苦、辛，寒。

【功能与主治】清热解毒，凉血散瘀，消肿止痛。用于肺热咳嗽，咯血，咽喉肿痛，乳痈，肠痈，疮疖肿毒，痔疮出血，跌打肿痛，外伤出血，水火烫伤，毒蛇咬伤。

【用法与用量】煎汤，15 ～ 30 g。外用适量，捣敷。

【注意】孕妇慎服。

风轮菜属 *Clinopodium* L.

多年生草本。叶具齿。轮伞花序少花或多花，稀疏或密集，偏向于一侧或不偏向于一侧，圆球状，生于主茎及分枝的上部叶腋中，聚集成紧缩圆锥花序或多头圆锥花序；苞叶叶状，通常向上渐小至苞片状；苞片线形或针状，与花萼等长或较之短许多；花萼管状，具 13 脉，基部常一边膨胀，直伸或微弯，喉部内面疏生毛茸，二唇形，上唇 3 齿，较短，下唇 2 齿，较长，平伸，齿尖均为芒尖，齿缘均被毛；花冠紫红色、淡红色或白色，冠筒超出花萼，外面常被微柔毛，内面在下唇片下方的喉部常具 2 列毛茸，均向上渐宽大，至喉部最宽大，冠檐二唇形，上唇直伸，先端微缺，下唇 3 裂，中裂片较大，先端微缺或全缘，侧裂片全缘；雄蕊 4，有时后对退化，内藏；花柱先端极不相等 2 裂，前裂片扁平，披针形，后裂片常不显著；花盘平顶；子房 4 裂，无毛。小坚果极小，卵球形或近球形，褐色，无毛，具 1 基生小果脐。

洪湖市境内的风轮菜属植物有 3 种。

1. 轮伞花序总梗极多分枝，多花密集，常偏向一侧……风轮菜 *C. chinense*

1. 轮伞花序总梗不明显，不为极多分枝，也不偏向一侧。

  2. 轮伞花序具苞叶，萼筒等宽，外面无毛或沿脉上有极少的毛，上唇 3 齿果时不向上反折……邻近风轮菜 *C. confine*

  2. 轮伞花序不具苞叶，萼筒不等宽，外面沿脉上被短硬毛，上唇 3 齿果时向上反折……细风轮菜 *C. gracile*

237. 风轮菜

【拉丁名】*Clinopodium chinense*（Benth.）O. Ktze.

【别名】野薄荷、山薄荷、九层塔、苦刀草、野凉粉藤。

【形态特征】多年生草本。茎基部匍匐生根，上部上升，多分枝，四棱形，具细条纹，密被短柔毛及腺柔毛。叶卵圆形，不偏斜，长 2 ～ 4 cm，宽 1.3 ～ 2.6 cm，先端急尖，基部圆形，边缘具圆齿状锯齿，上面密被平伏短硬毛，下面被疏柔毛，脉上尤密，侧脉 5 ～ 7 对；叶柄腹凹背凸，密被疏柔毛。轮伞花序多花密集，半球状；苞叶叶状，苞片针状；花萼狭管状，紫红色，外面沿脉上被柔毛，内面在齿上被疏柔毛，上唇 3 齿，下唇 2 齿，齿稍长，直伸，先端芒尖；花冠紫红色，长约 9 mm，上唇直伸，先端微缺，下唇 3 裂。小坚果倒卵形，长约 1.2 mm，宽约 0.9 mm，黄褐色。花期 5—8 月，果期 8—10 月。

【分布区域】分布于老湾回族乡江豚湾社区。

【药用部位】全草。

【炮制】夏、秋季采收，洗净，切段，晒干或鲜用。

【化学成分】全草含风轮菜皂苷 A、香蜂草苷、橙皮苷、异樱花素、芹菜素、熊果酸等。

【性味与归经】辛、苦，凉。

【功能与主治】疏风清热，解毒消肿，止血。用于感冒发热，中暑，咽喉肿痛，白喉，急性胆囊炎，肝炎，肠炎，痢疾，乳腺炎，疔疮肿毒，过敏性皮炎，急性结膜炎，尿血，崩漏，牙龈出血，外伤出血。

【用法与用量】煎汤，10 ~ 15 g；或捣汁。外用适量，捣敷或煎水洗。

238. 邻近风轮菜

【拉丁名】*Clinopodium confine*（Hance）O. Ktze.

【别名】迴文草、四季草、球花邻近风轮菜、节节花、剪刀草、野仙草。

【形态特征】一年生或二年生草本，高 7 ~ 30 cm。茎四棱形，无毛或有微柔毛。叶对生，有柄，叶片菱形至卵形，长 8 ~ 20 mm，宽 6 ~ 15 mm，先端锐尖或钝，基部楔形，边缘有稀疏的圆锯齿，两面无毛。花数十朵集成轮伞花序，对生于叶腋或顶生于枝端，具苞片；花萼管状，紫色，外面无毛，或仅脉上有极稀少的毛，上部 5 齿裂，边缘有羽状缘毛，上唇 3 齿果时不向上反折；花冠紫红色，下部管状，上唇短，下唇稍长。小坚果倒卵形，淡黄色，光滑。花期 5—6 月。

【分布区域】分布于洪湖市各乡镇。

【药用部位】全草。

【炮制】春、夏季采收，洗净，鲜用或晒干。

【性味与归经】苦、辛，凉。

【功能与主治】清热解毒，止血。外用于痈疖，乳腺炎，无名肿毒，刀伤。

【用法与用量】鲜品捣烂外敷。荨麻疹、过敏性皮炎，全草煎汁外洗。

239. 细风轮菜

【拉丁名】*Clinopodium gracile*（Benth.）Matsum.

【别名】瘦风轮、小叶仙人草、苦草、野仙人草、野薄荷、玉如意、箭头草、剪刀草、假仙菜、假韩酸草、野凉粉草、细密草、断血流、山薄荷。

【形态特征】草本。茎多数，自匍匐茎生出，柔弱，不分枝或基部具分枝，高 8 ～ 30 cm，直径约 1.5 mm，四棱形，具槽，被倒向的短柔毛。叶卵形，较大，长 1.2 ～ 3.4 cm，宽 1 ～ 2.4 cm，先端钝，基部圆形或楔形，边缘具疏齿或圆齿状锯齿，薄纸质，上面呈橄榄绿，近无毛，下面色较淡，脉上被疏短硬毛，侧脉 2 ～ 3 对，中肋两面微隆起且下面明显呈白绿色；叶柄长 0.3 ～ 1.8 cm，腹凹背凸，基部紫红色，密被短柔毛；上部叶及苞叶卵状披针形，先端锐尖，边缘具锯齿。轮伞花序分离，或密集于茎端成短总状花序；苞片针状，较花梗短，花梗被微柔毛；花萼管状，基部圆形，具 13 脉，脉外被短硬毛，内面喉部被稀疏小柔毛，上唇 3 齿，短，三角形；花冠白色至紫红色，超过花萼长，外面被微柔毛，内面在喉部被微柔毛，冠筒向上渐扩大，冠檐二唇形，上唇直伸，先端微缺，下唇 3 裂，中裂片较大；雄蕊 4，花药 2 室，室略叉开；花柱先端略增粗，2 浅裂，前裂片扁平，披针形，后裂片消失；花盘平顶；子房无毛。小坚果卵球形，褐色，光滑。花期 6—8 月，果期 8—10 月。

【分布区域】分布于乌林镇黄蓬山村。

【药用部位】全草。

【炮制】夏、秋季采收，洗净，鲜用或晒干备用。

【化学成分】含醉鱼草皂苷Ⅳ、瘦风轮皂苷Ⅰ～Ⅴ，以及柴胡皂苷 A 等。

【性味与归经】辛、苦，微寒。

【功能与主治】清热解毒，消肿止痛，凉血止痢，祛风止痒，止血。用于感冒头痛，中暑腹痛，痢疾，乳腺炎，痈疽肿毒，荨麻疹，过敏性皮炎，跌打损伤等。

活血丹属 *Glechoma* L.

多年生草本。茎上升或匍匐状，逐节生根，分枝全部具叶。叶具长柄，对生，叶片为圆形、心形或肾形，薄纸质，先端钝或急尖，基部心形，边缘具圆齿或粗齿。轮伞花序2～6花；苞叶与茎叶同型，苞片常为钻形；花两性，为雌花两性花异株或雌花两性花同株；花萼管状或钟状，近喉部微弯，具15脉，齿5，锐三角形或卵状三角形至卵形，二唇形，上唇3齿，略长，下唇2齿，较短；花冠管状，上部膨大；雄蕊4，前对着生于下唇侧裂片下，后对着生于上唇下近喉部，花丝纤细，无毛，药室长圆形，平行或略叉开；花柱纤细，先端近相等2裂；花盘杯状，全缘或稀具微齿，前方呈指状膨大。小坚果长圆状卵形，深褐色，光滑或有小凹点。

洪湖市境内的活血丹属植物有1种。

240. 活血丹

【拉丁名】*Glechoma longituba*（Nakai）Kupr.

【别名】赶山鞭、小过桥风、大金钱草、遍地金钱、方梗金钱草、金钱草、连钱草、佛耳草、钹儿草、落地金钱。

【形态特征】多年生草本，有匍匐茎，茎高10～30 cm，幼枝部分被疏长柔毛。茎下部叶较小，心形或近肾形，上部叶较大，心形，长1.8～2.6 cm，宽2～3 cm，边缘具圆齿或粗锯齿状圆齿，上面被疏粗伏毛，下面紫色，被疏柔毛，叶柄长为叶片的1～2倍。轮伞花序少花；苞片刺芒状；花萼筒状，长9～11 mm，齿5，长披针形，顶端芒状，呈二唇形，上唇3齿，较长，下唇2齿，略短；花冠淡蓝色至紫色，筒有长短两型，长者1.7～2.2 cm，短者1～1.4 cm，檐部二唇形，上唇较短，倒心形，顶端2深裂，下唇3裂，中裂片最大，肾形，先端凹；雄蕊4枚，二强，花丝顶端2歧，其中1枚着生于花药；子房4裂，花柱光滑，柱头2裂。小坚果长圆状卵形，褐色。花期3—4月，果期5—6月。

【分布区域】分布于老湾回族乡珂里村。

【药用部位】全草。

【炮制】4—6月采收全草，晒干或鲜用。

【性味与归经】苦、辛，凉。归肝、胆、膀胱经。

【功能与主治】利湿通淋，清热解毒，散瘀消肿。用于热淋，石淋，湿热黄疸，中暑，伤风咳嗽，小儿疳积，疮痈肿痛，牙痛，痹痛，跌打损伤，蛇咬伤，疥疮。

【用法与用量】煎汤，15 ～ 30 g；或浸酒，或捣汁。外用适量，捣敷或绞汁涂敷。

夏至草属 *Lagopsis* Bunge ex Benth.

矮小多年生草本，披散或上升。叶阔卵形、圆形、肾状圆形至心形，掌状浅裂或深裂。轮伞花序腋生；小苞片针刺状；花小，白色、黄色至褐紫色；花萼管形或管状钟形，具 10 脉，齿 5，不等大，其中 2 齿稍大，在果时尤为明显且展开；花冠筒内面无毛环，冠檐二唇形，上唇直伸，全缘或间有微缺，下唇 3 裂，展开，中裂片宽大，心形；雄蕊 4，细小，前对较长，均内藏于花冠筒内，花丝短小，花药 2 室，叉开；花盘平顶，花柱内藏，先端 2 浅裂。小坚果卵圆状三棱形，光滑，或具细网纹。

洪湖市境内的夏至草属植物有 1 种。

241. 夏至草

【拉丁名】*Lagopsis supina*（Steph.）Ik. –Gal.

【别名】白花益母、白花夏枯、夏枯草、灯笼棵、小益母草。

【形态特征】多年生草本，主根圆锥形。茎高 15 ～ 35 cm，四棱形，具沟槽，紫红色，密被微柔毛，常在基部分枝。叶圆形，长、宽均 1.5 ～ 2 cm，基部心形，3 深裂，裂片有圆齿或长圆形齿，叶片两面均绿色，上面疏生微柔毛，下面沿脉上被长柔毛，余部具腺点，边缘具纤毛，脉掌状，三至五出；叶柄长，基生叶长 2 ～ 3 cm，上部叶较短，通常在 1 cm 左右，扁平，上面微具沟槽。轮伞花序疏花，直径约 1 cm；小苞片稍短于萼筒，弯曲，刺状，密被微柔毛；花萼管状钟形，外密被微柔毛，内面无毛，脉 5，凸出，齿 5，不等大，三角形，先端刺尖，边缘有细纤毛，在果时明显展开，且 2 齿稍大；花冠白色，稀粉红色，稍伸出于萼筒，外面被绵状长柔毛，内面被微柔毛，在花丝基部有短柔毛，冠檐二唇形，上唇直伸，比下唇长，长圆形，全缘，下唇斜展，3 浅裂，中裂片扁圆形，2 侧裂片椭圆形；雄蕊 4，着生于冠筒中部稍下，不伸出，后对较短；花药卵圆形，2 室；花柱先端 2 浅裂，花盘平顶。小坚果长卵形，褐色。花期 3—4 月，果期 5—6 月。

【分布区域】分布于大沙湖管理区横墩社区。

【药用部位】全草。

【炮制】夏至前盛花期采收，晒干或鲜用。

【性味与归经】辛、微苦，寒。归肝经。

【功能与主治】养血活血，清热利湿。用于月经不调，产后瘀滞腹痛，血虚头昏，半身不遂，跌打损伤，水肿，小便不利，目赤肿痛，疮痈，冻疮，牙痛。

【用法与用量】煎汤，9～12 g，或熬膏。

野芝麻属 *Lamium* L.

一年生或多年生草本。叶圆形、肾形至卵圆形或卵圆状披针形，边缘具极深的圆齿或为牙齿状锯齿；苞叶与茎叶同型，比花序长许多。轮伞花序 4～14 花；苞片小，披针状钻形或线形，早落。花萼管状钟形，具 5 肋及其间不明显的副脉，外面被毛，喉部微倾斜或等齐，萼齿 5，近相等，锥尖，与萼筒等长或比萼筒长；花冠紫红色、粉红色、浅黄色至污白色，通常较花萼长 1 倍，稀至 2 倍，外面被毛，内面在冠筒近基部有或无毛环，冠筒直伸或弯曲，等大或在毛环上渐扩展；冠檐二唇形，上唇直伸，长圆形，先端圆形或微凹，呈盔状内弯，下唇向下伸展，3 裂，中裂片较大，倒心形，先端微缺或深 2 裂，侧裂片为不明显的浅半圆形，边缘有 1 至多个锐尖小齿；雄蕊 4，前对较长，花丝丝状，被毛，插生在花冠喉部，花药被毛，2 室，室水平叉开；花柱丝状，先端近相等 2 浅裂，花盘平顶，具圆齿，子房裂片先端截形，无毛或具疣，少数有膜质边缘。

洪湖市境内的野芝麻属植物有 2 种。

1. 叶圆形或肾形；花紫红色或粉红色……………………………………………宝盖草 *L. amplexicaule*
1. 叶卵形或卵圆状披针形；花白色或淡黄色……………………………………………野芝麻 *L. barbatum*

242. 宝盖草

【拉丁名】*Lamium amplexicaule* L.

【别名】莲台夏枯草、接骨草、珍珠莲、灯笼草、大铜钱七。

【形态特征】一年生或二年生草本。茎高 10～30 cm，基部多分枝，四棱形，具浅槽，深蓝色，中空几无毛。茎下部叶具长柄，上部叶无柄，叶片圆形或肾形，基部截形或截状阔楔形，半抱茎，边缘具深圆齿，上面呈暗橄榄绿，下面色稍淡，两面均疏生小糙伏毛。轮伞花序 6～10 花；苞片披针状钻形，具缘毛；花萼管状钟形，外面密被白色长柔毛，内面除萼上被白色长柔毛外，余部无毛，萼齿 5，披针状锥形；花冠紫红色或粉红色，上唇被较密紫红色短柔毛，内面无毛环，冠筒细长，冠檐二唇形，上唇直伸，长圆形，先端微弯，下唇稍长，3 裂，中裂片倒心形，先端深凹，基部收缩，侧裂片浅圆裂片状；雄蕊花丝无毛，花药被长硬毛；花柱丝状，先端不相等 2 浅裂；花盘杯状，具圆齿；子房无毛。小坚果倒卵圆形，具 3 棱，先端近截状，基部收缩，淡灰黄色，表面有白色大疣状突起。花期 3—5 月，果期 7—8 月。

【分布区域】分布于滨湖街道洪狮村。

【药用部位】全草。

【炮制】6—8 月采收全草，晒干或鲜用。

【化学成分】含多种环烯醚萜苷类、野芝麻苷、山栀苷甲酯、假杜鹃素等。

【性味与归经】辛、苦，微温。

【功能与主治】清热利湿，活血祛风，消肿解毒。用于黄疸性肝炎，淋巴结结核，高血压，面神经麻痹，半身不遂。外用于跌打伤痛，骨折，黄水疮。

【用法与用量】煎汤，9 ～ 15 g。外用适量，捣烂敷或研粉撒患处。

【临床应用】①治骨折筋伤：接骨草 60 g，紫葛根 30 g，石斛 30 g，巴戟 30 g，丁香 30 g，续断 30 g，阿魏 30 g。上药，捣散。不计时候，以温酒调下 6 g。②治跌打损伤，足伤红肿，不能履地：接骨草、苎麻根、大蓟各适量，用鸡蛋清、蜂蜜共捣烂敷患处，一宿一换。若日久疼痛，加葱、姜再包。③治痰火，手足红肿疼痛：接骨草 15 g，鸡脚刺根 6 g，土黄连 6 g，共捣烂，点烧酒包患处 3 次。肿消痛止后加苍耳、白芷、川芎，点水酒煎服 3 次。④治口歪，半身不遂：接骨草、防风、钩藤、胆星各适量，水煎，点水酒、烧酒各半服。⑤治瘰疬，跌打损伤：宝盖草捣烂敷患处。⑥治黄水疱，跌打伤痛：宝盖草捣烂敷或研粉撒患处。⑦治女子两腿生核，形如桃李，红肿结硬：接骨草 6 g，水煎，点水酒服；又发，加威灵仙、防风、虎掌草，3 服。

243. 野芝麻

【拉丁名】*Lamium barbatum* Sieb. et Zucc.

【别名】龙脑薄荷、山苏子、山麦胡、野藿香、地蚤、坚硬野芝麻、硬毛野芝麻、白花益母草、白花菜、白花野芝麻、糯米饭草、吸吸草、包团草、泡花草、野油麻。

【形态特征】多年生草本，高 30 ～ 80 cm；几无毛，根状茎具地下长匍匐枝。叶对生，卵形或卵状心形至卵圆状披针形，长 3 ～ 9 cm，宽 1 ～ 5.5 cm，先端长尾尖，边缘具粗齿，基部心形，有时近截形，两面均被短硬毛，叶柄长 1 ～ 7 cm，向上渐短。轮伞花序生于上部叶腋间；苞片线形，长 1.8 ～ 5 mm，具毛；花萼钟状，长约 1.5 cm，齿 5，披针状钻形，具毛；花冠白色或淡黄色，长约 2 cm，筒内有毛环，上唇直伸，下唇 3 裂，中裂片倒肾形，顶端深凹，基部急收缩，侧裂片浅圆裂片状，顶端有一针状小齿；药室平叉开，有毛。小坚果三角状倒卵形，暗褐色，长约 3 mm。花期 5—6 月，果期 6—7 月。

【分布区域】分布于螺山镇龙潭村。

【药用部位】全草、根、花。

【炮制】全草：5—6 月采收，阴干或鲜用。

根：夏、秋季采收，洗净，晒干或鲜用。

花：4—6 月采收，阴干。

【化学成分】叶含鞣质、挥发油、维生素 C、胡萝卜素、皂苷。花含黄酮苷。全株尚含水苏碱。

【性味与归经】全草：辛、甘，平。根：微甘，平。花：甘、辛，平。

【功能与主治】全草：凉血止血，活血止痛，利湿消肿。用于肺热咯血，血淋，月经不调，崩漏，水肿，带下，胃痛，小儿疳积，跌打损伤，肿毒。

根：清肝利湿，活血消肿。用于眩晕，肝炎，咳嗽咯血，水肿，带下，小儿疳积，痔疮，肿毒。

花：活血调经，凉血清热。用于月经不调，痛经，赤白带下，肺热咯血，小便淋痛。

【用法与用量】全草：煎汤，9 ~ 15 g；或研末。外用适量，捣敷。

根：煎汤，9 ~ 15 g；或研末，3 ~ 9 g。外用适量，鲜品捣敷。

花：煎汤，10 ~ 25 g。外用适量，鲜品捣敷；或研末调敷。

【临床应用】①治肺结核：野芝麻全草 30 g，光叶水苏、肺形草、匍伏堇各 15 g，百部 9 g，水煎服。每日 1 剂，3 个月为 1 个疗程。②治崩漏：野芝麻全草、龙芽草各 30 g，卷柏 6 g，水煎服。③治小儿虚热：野芝麻 9 g，地骨皮 9 g，石斛 12 g，水煎服。④治腰闪挫扭伤：土蚕子（野芝麻）鲜全草 120 g，鲜佩兰 120 g，鲜栀子叶 120 g，共捣烂外敷。⑤治骨折：包团草、铁线草、接骨丹、接筋藤各等量，共捣烂炒热包伤处。⑥治肿毒，毒虫咬伤：野芝麻、山莴苣、萱草各适量，共捣烂敷患处。⑦治宫颈炎，小便不利，月经不调：野芝麻 15 g，水煎，日服 2 次。⑧治血淋：野芝麻炒后研末，每服 9 g，热米酒冲服。

益母草属 *Leonurus* L.

一年生、二年生或多年生直立草本。叶 3 ~ 5 裂，下部叶宽大，近掌状分裂，上部茎叶及花序上的苞叶渐狭，全缘，具缺刻或 3 裂。轮伞花序多花密集，腋生，多数排列成长穗状花序；小苞片钻形或刺状，坚硬或柔软；花萼倒圆锥形或管状钟形，5 脉，齿 5，近等大，不明显二唇形，下唇 2 齿较长，开展或不甚开展，上唇 3 齿直立；花冠白色、粉红色至淡紫色，冠筒比萼筒长，内面无毛环或具斜向或近水平向的毛环，在毛环上膨大或不膨大，冠檐二唇形，上唇长圆形、倒卵形或卵状圆形，全缘，直伸，外面被柔毛或无毛，下唇直伸或开张，有斑纹，3 裂，中裂片与侧裂片等大，长圆状卵圆形，或中裂片大于侧裂片，微心形，边缘膜质，而侧裂片短小，卵形；雄蕊 4，前对较长，开花时卷曲或向下弯，后对平行排列于上唇片之下，花药 2 室，室平行；花柱先端相等 2 裂，裂片钻形，花盘平顶。小坚果锐三棱形，顶端截平，基部楔形。

洪湖市境内的益母草属植物有 1 种。

244. 益母草

【拉丁名】*Leonurus japonicus* Houttuyn

【别名】益母蒿、益母艾、红花艾、坤草、茺蔚、四楞子棵、益母夏枯、三角小胡麻、鸭母草、云母草、野天麻、鸡母草、六角天麻、溪麻、野芝麻、铁麻干。

【形态特征】一年生或二年生草本。茎直立，高 30 ～ 120 cm，钝四棱形，具槽，密被倒向糙伏毛。叶对生，形状不一，密被细柔毛，基生叶在开花时已枯萎，具长柄，叶片圆形至卵状椭圆形，边缘有 5 ～ 9 浅裂，各裂片有 2 ～ 3 钝齿，先端钝圆，基部心形，中部叶掌状 3 浅裂，或裂片再 2 裂，长 5 ～ 20 cm，裂片条形至披针形，上部叶与花序上的叶呈条形或条状披针形，全缘或具稀少齿，长 3 ～ 10 cm，最小裂片宽约 3 mm，叶柄长 2 ～ 3 cm 至无柄。花淡红色或紫红色，无梗，轮伞花序密集，下有刺状小苞片；花萼筒状钟形，长 6 ～ 8 mm，5 脉，齿 5，下唇 2 齿靠合；花冠长 1 ～ 1.2 cm，花冠筒内有毛环，檐部二唇形，上唇舟状，下唇 3 裂，中裂片倒心形；雄蕊 4。小坚果矩圆状三棱形，黄褐色，光滑。花期通常在 6—9 月，果期 9—10 月。

【分布区域】分布于乌林镇黄蓬山村。

【药用部位】新鲜或干燥地上部分，干燥成熟果实。

【炮制】鲜益母草：除去杂质，迅速洗净。

干益母草：除去杂质，迅速洗净，润透，切段，干燥。

茺蔚子：除去杂质，洗净，干燥。

炒茺蔚子：取净茺蔚子，照清炒法炒至有爆裂声。

【化学成分】含益母草碱、水苏碱等。

【性味与归经】益母草：苦、辛，微寒。归肝、心包、膀胱经。茺蔚子：辛、苦，微寒。归心包、肝经。

【功能与主治】益母草：活血调经，利尿消肿，清热解毒。用于月经不调，痛经经闭，恶露不净，水肿尿少，疮疡肿痛。

茺蔚子：活血调经，清肝明目。用于月经不调，痛经经闭，目赤翳障，头晕胀痛。

【用法与用量】益母草：煎汤，9 ～ 30 g（鲜品 12 ～ 40 g）。

茺蔚子：煎汤，5 ～ 10 g；或入丸、散，或捣绞取汁。

【临床应用】①治妇人经前经后，感冒头痛发热：益母草、柴胡、半夏、当归、丹皮、黄芩各 9 g。水煎，分 2 次服。②治产后中风，难产，胞衣不下（炒盐汤送服），产后气喘咳嗽，胸膈不利，举动无力（温酒送服）：益母草 240 g，当归、木香、赤芍各 60 g。上为细末，炼蜜为丸，梧桐子大，每服 50 丸。③治妇人气血两虚，脾胃并弱，月经不调，或腰酸腹胀，或断或续，赤白带下，经久不孕，或胎动不安：益母草 120 g，人参、炒白术、茯苓、芍药、川芎各 30 g，熟地黄、酒当归各 60 g，炙甘草 15 g。上为细末，炼蜜为丸，如弹子大，每服 1 丸，空腹蜜汤或酒送下。若脾胃虚寒多滞者，加砂仁 30 g；腹中胀闷者，加山楂肉（饭上蒸熟）30 g；多郁者，加酒香附 30 g。④治紫白癜风：桑枝 5 kg，益母草 1.5 kg，水 6000 ml，慢煮至 600 ml，去滓，再熬成膏。每卧时温酒调服 20 ml，以愈为度。⑤治赤白带下，恶露不净：益母草开花时，捣为细末，空心温酒 6 g，日 3 服。⑥治月经不调：益母草 15 g，当归 10 g，水酒各半煎服。或益母草 15 g，泽兰 10 g，砂糖 30 g，加酒煎服。或益母草、茜草各 120 g，共为细末，红糖为丸，每丸重 10 g，每服 1 丸，每日 2 次，开水送下。或益母草、丹参各 15 g，水煎服，红糖为引。⑦治月经不调，经闭，产后及刮宫后子宫复旧不全：鲜益母草 120 g，鸡血藤 60 g，水煎，加红糖服。⑧治月经不调，经闭：益母草 156 g，鸡血藤 365 g，五月艾 260 g。按一般合剂制法，制成 1000 ml，每次 20 ml，每日 3 次。⑨治经闭：益母草、乌豆、红糖、老酒各 30 g，炖服，连服 1 周。⑩治痛经：益母草 15 g，元胡索 6 g，水煎服。

【注意】孕妇禁用益母草。瞳孔散大者慎用茺蔚子。

石荠苎属 *Mosla* Buch. -Ham. ex Maxim.

一年生植物，揉之有强烈香味。叶具柄，具齿，下面有明显凹陷腺点。轮伞花序 2 花，在主茎及分枝上组成顶生的总状花序；苞片小，或下部的叶状；花梗明显；花萼钟形，10 脉，果时增大，基部一边膨胀，萼齿 5，齿近相等或二唇形，如为二唇形，则上唇 3 齿锐尖或钝，下唇 2 齿较长，披针形，内面喉部被毛；花冠白色、粉红色至紫红色，冠筒常超出萼或内藏，内面无毛或具毛环，冠檐近二唇形，上唇微缺，下唇 3 裂，侧裂片与上唇近相似，中裂片较大，常具圆齿；雄蕊 4，后对能育，花药具 2 室，室叉开，前对退化，药室常不显著；花柱先端近相等 2 浅裂，花盘前方呈指状膨大。小坚果近球形，具疏网纹或深穴状雕纹，果脐基生，点状。

洪湖市境内的石荠苎属植物有 1 种。

245. 石荠苎

【拉丁名】*Mosla scabra*（Thunb.）C. Y. Wu et H. W. Li

【别名】斑点荠苎、月斑草、野棉花、不脸草、蜻蜓花、野升麻、沙虫药、土香茹草、野荆芥、野薄荷、土荆芥、干汗草、野藿香、野苏叶、小苏金、北风头上一枝香、紫花草、叶进根、痱子草、母鸡窝。

【形态特征】一年生直立草本，高 20 ~ 60 cm。多分枝，茎方形，被向下的柔毛。叶对生，长椭圆形至卵状披针形，略呈紫色，有细毛，长 1.5 ~ 3.5 cm，宽 0.8 ~ 2 cm，先端急尖或渐尖，基部楔形而全缘，边缘有尖锯齿，两面均有金黄色腺点，叶柄长 0.3 ~ 2 cm。花轮集成间断的总状花序，顶生于枝梢；苞片较花梗长，呈卵状披针形至卵形，先端渐尖，下面和边缘均有长柔毛；花萼钟形，有脉 10 条，长 1.9 ~ 2.5 mm，外被长柔毛和金黄色腺点，上端呈二唇形，上唇 3 齿，下唇 2 齿；花冠淡红色或红色，亦呈二唇形，长约 4.5 mm，外被微柔毛，花筒基部收缩，上唇较短，顶端凹入，下唇两侧的裂片近于半圆形，中裂片长而外折，倒心形，内有柔毛；雄蕊 4，二强，后对能育，前对退化为棒状；花柱 2 裂，伸出筒外。小坚果近圆形，黄褐色，具网状凸起的皱纹。花期 9—10 月，果期 10—11 月。

【分布区域】分布于黄家口镇西湖村。

【药用部位】全草。

【炮制】7—8 月采收全草，晒干或鲜用。

【化学成分】含生物碱、皂苷、鞣质和挥发油等。

【性味与归经】辛、苦，凉。

【功能与主治】疏风解表，清暑除湿，解毒止痒。用于感冒头痛，咳嗽，中暑，风疹，痢疾，血崩，痱子，湿疹，肢癣，蛇虫咬伤。

【用法与用量】煎汤，4.5 ~ 15 g。外用适量，煎水洗；或捣敷，或烧存性，或研末调敷。

【注意】体虚感冒者及孕妇慎用。

薄荷属 *Mentha* L.

多年生草本，含挥发油。茎直立或上升，不分枝或多分枝。叶具柄或无柄，叶片边缘具齿、锯齿或圆齿，先端通常锐尖或钝形，基部楔形、圆形或心形；苞叶与叶相似，变小。轮伞花序通常为多花密集，具梗或无梗；苞片披针形或线状钻形及线形，通常不显著；花梗明显；花两性或单性，雄性花有退化子房，雌性花有退化的短雄蕊，同株或异株；花萼钟形、漏斗形或管状钟形，10～13脉，萼齿5，相等或近3/2式二唇形，内面喉部无毛或具毛；花冠漏斗形，喉部稍膨大或前方呈囊状膨大，具毛或无毛，冠檐具4裂片，上裂片大多稍宽，全缘或先端微凹或2浅裂，其余3裂片等大，全缘；雄蕊4，近等大，叉开，直伸，后对着生稍高于前对，花丝无毛，花药2室，室平行；花柱伸出，先端相等2浅裂，花盘平顶。小坚果卵形，无毛或稍具瘤，稀于顶端被毛。

洪湖市境内的薄荷属植物有1种。

246. 薄荷

【拉丁名】*Mentha canadensis* L.

【别名】香薷草、鱼香草、土薄荷、水薄荷、见肿消、野仁丹草、夜息香、南薄荷、野薄荷。

【形态特征】多年生草本。茎直立，高30～60 cm，根状茎细长，白色、白红色或白绿色。茎直立，四棱形，上部具倒向微柔毛。叶对生，有浓厚香气，矩圆状披针形或披针状椭圆形，边缘具锯齿，叶面沿脉密生柔毛，其余部分密生微柔毛，背面有透明腺点，具柄。轮伞花序腋生，球形，具梗或无梗；花萼筒状钟形，长约2.5 mm，5齿，10脉，外被细毛或腺点；花冠淡红紫色，外被细毛，檐部4裂，上裂片较大，顶端微凹，其余3裂片较小，全缘；雄蕊4，二强，前对较长，均伸出花冠外；花柱顶端2裂。小坚果长圆状卵形，平滑。花期7—9月，果期10月。

【分布区域】分布于洪湖市各乡镇。

【药用部位】地上部分。

【炮制】拣净杂质，除去残根，先将叶抖下另放，然后将茎喷洒清水，润透后切段，晒干，再与叶和匀。

【化学成分】鲜薄荷叶中含挥发油等。

【性味与归经】辛，凉。归肺、肝经。

【功能与主治】疏散风热，清利头目，利咽透疹，疏肝行气。用于风热感冒，风温初起，头痛，目赤，喉痹，口疮，风疹，麻疹，胸胁胀闷。

【用法与用量】煎汤，3～6 g，不可久煎，后下；或入丸、散。外用适量，煎水洗或捣汁涂敷。

【临床应用】①治遍身麻痹，头昏目眩，鼻塞脑痛，语言身重，项背拘急，皮肤瘙痒，或生荨麻疹：薄荷叶 5000 g，防风、川芎各 900 g，砂仁 150 g，桔梗 1500 g，炙甘草 1200 g。研末，炼蜜为丸，每 30 g 作 30 丸。每服 1 丸，细嚼，茶酒任下。②治气毒瘰疬，心胸壅闷：干薄荷 120 g，青皮、木香、连翘各 30 g，麝香 0.3 g，皂荚 10 梃（长 33 cm，浆水 600 ml 浸 3 天取汁煎成膏）。前 5 味研末，皂荚膏为丸，如梧桐子大，每服 20 丸，荆芥汤下。③治痧因于暑：薄荷、香薷、连翘各 3 g，厚朴、金银花、木通各 2 g，水煎冷服。④治时气劳复，四肢烦疼：薄荷 1 握，阿胶、升麻各 30 g，豉心 15 g。上药和匀，以水 300 ml，煮取 150 ml，去渣，以粳米作稀粥服，衣覆取汗。

紫苏属 *Perilla* L.

一年生草本，有香味。茎四棱形，具槽。叶绿色、紫色或紫黑色，具齿。轮伞花序 2 花，组成顶生和腋生偏向于一侧的总状花序；苞片卵形或近圆形；花小，具梗；花萼钟状，10 脉，具 5 齿，直立，结果时增大，二唇形，上唇宽大，3 齿，中齿较小，下唇 2 齿，披针形，内面喉部有疏柔毛环；花冠白色至紫红色，冠筒短，喉部斜钟形，冠檐近二唇形，上唇微缺，下唇 3 裂，侧裂片与上唇相近，中裂片较大，常具圆齿；雄蕊 4，近相等，药室 2，由小药隔隔开，平行，其后略叉开或极叉开；花盘环状，前面呈指状膨大；花柱不伸出，先端 2 浅裂，裂片钻形，近相等。小坚果近球形，有网纹。

洪湖市境内的紫苏属植物有 1 种。

247. 紫苏

【拉丁名】*Perilla frutescens*（L.）Britt.

【别名】兴帕夏噶、孜珠、香荽、薄荷、聋耳麻、野藿麻、水升麻、假紫苏、大紫苏、野苏麻、野苏、臭苏、香苏、鸡苏、青苏、白紫苏、黑苏、红苏、红勾苏、赤苏。

【形态特征】一年生草本，有特异芳香。茎直立，高 30～100 cm，4 棱，分枝多，有紫色或白色细毛。叶对生，卵形或卵圆形，长 4～12 cm，宽 2.5～10 cm，先端长尖或宽尖，基部圆形或广楔形，边缘有粗锯齿，两面紫色或绿色，或上面绿色，下面紫色，两面稀生柔毛，沿脉较密，下面有细腺点；叶柄长 2.5～7.5 cm，紫色或绿色，密生有节的紫色或白色毛。总状花序顶生或腋生，稍偏侧，密生细毛；苞片卵形；花萼钟状，萼管有脉 10 条，密生毛，上唇 3 裂，下唇 2 裂；花冠唇形，红色或淡红色，上唇 2 裂，裂片方形，顶端微凹，下唇 3 裂，两侧裂片近圆形，中裂片椭圆形；雄蕊 4，二强；子房 4 裂，花柱出自子房基部，柱头 2 裂。小坚果倒卵圆形，褐色或暗褐色，有网状皱纹，直径约 1.5 mm。花期 7—8 月，果期 9—10 月。

【分布区域】分布于乌林镇香山村。

【药用部位】茎、叶（或带嫩枝）、成熟果实、宿萼。

【炮制】紫苏梗：除去杂质，稍浸，润透，切厚片，干燥。

紫苏叶：除去杂质及老梗，或喷淋清水，切碎，干燥。

紫苏子：除去杂质，洗净，干燥。

炒紫苏子：取净紫苏子，照清炒法炒至有爆裂声。

【化学成分】紫苏子含维生素 B_1、氨基酸类、亚油酸、亚麻酸等。

【性味与归经】紫苏梗：辛，温。归肺、脾经。紫苏叶：辛，温。归肺、脾经。紫苏子：辛，温。归肺经。

【功能与主治】紫苏梗：理气宽中，止痛，安胎。用于胸膈痞闷，胃脘疼痛，嗳气呕吐，胎动不安。

紫苏叶：解表散寒，行气和胃。用于风寒感冒，咳嗽呕恶，妊娠呕吐，鱼蟹中毒。

紫苏子：降气化痰，止咳平喘，润肠通便。用于痰壅气逆，咳嗽气喘，肠燥便秘。

【用法与用量】紫苏梗：煎汤，5 ～ 9 g；或入散剂。

紫苏叶：煎汤，5 ～ 9 g。

紫苏子：煎汤，3 ～ 9 g；或入丸、散。

紫苏苞：煎汤，3 ～ 9 g。

【临床应用】紫苏子：①治消渴变水，服此令水从小便出：紫苏子（炒）90 g，萝卜子（炒）90 g。为末，每服 6 g，桑根白皮煎汤服，每日 2 次。②顺气，滑大便：紫苏子、麻子仁。上 2 味不拘多少，研烂，水滤取汁，煮粥食之。③治麻疹初起：紫苏、葛根、甘草、赤芍、陈皮、砂仁、前胡、枳壳、生姜、葱白各适量，水煎服。④治鱼蟹中毒：紫苏子捣汁饮之。⑤治脚气及风寒湿痹，四肢挛急，脚肿不可践地：紫苏子 60 g，杵碎，水 400 ml，研取汁，以苏子汁煮粳米 30 g 作粥，和葱、豉、椒、姜食之。

紫苏叶：①治卒得寒冷上气：干紫苏叶 90 g，陈橘皮 120 g，酒 800 ml，煮取 300 ml，再服。②治咳逆短气：紫苏茎叶（锉）30 g，人参 15 g。上 2 味，粗捣筛，每服 6 g，水 200 ml，煎至 140 ml，去滓，温服，日再。③治伤风发热：紫苏叶、防风、川芎各 4.7 g，陈皮 3 g，甘草 2 g，加生姜 2 片煎服。④治肺感风寒咳嗽：紫苏叶、桑白皮（蜜炙）、青皮、五味子、炒杏仁、麻黄、炙甘草各等份，为末。每次 6 g，水煎服。⑤治消渴后遍身浮肿，心膈不利：紫苏茎叶、桑白皮、赤茯苓各 30 g，炒郁李仁、羚羊角、槟榔各 22 g，桂心、炒枳壳、独活、木香各 15 g。为粗末，每服 12 g，加生姜 1 g，水煎服。

紫苏梗：①治肾气游风：紫苏梗、黄柏、木瓜、槟榔、香附、陈皮、川芎、姜厚朴、白芷、制苍术、乌药、荆芥、防风、甘草、独活、枳壳各等份。加生姜 3 片，大枣 1 枚，水煎服。②治胸腹胀闷，恶心呕吐：紫苏梗、陈皮、香附、莱菔子、半夏各 9 g，生姜 6 g，水煎服。③预防流感：紫苏梗 1000 g，黄豆 2550 g，陈皮 500 g，加水 2500 g，熬至黄豆发大为止，再加入生姜、葱白、红糖适量，以上为 100 人量，每人服 200 ml，小孩减半，临睡前热服。④治水肿：紫苏梗 24 g，大蒜根 9 g，老姜皮 15 g，冬瓜皮 15 g，水煎服。

夏枯草属 *Prunella* L.

多年生草本，具直立或上升的茎。叶椭圆形至卵形，具锯齿，或羽状分裂，或几近全缘。轮伞花序6花，多数聚集成卵状或卵圆状穗状花序；苞片宽大，膜质，具脉，覆瓦状排列，小苞片小或无；花梗极短或无；花萼管状钟形，不规则10脉，其间具网脉纹，外面上方无毛，下方具毛，内面喉部无毛，二唇形，上唇宽，具短的3齿，下唇2半裂，裂片披针形；花冠筒状，喉部稍缢缩，常伸出于萼，内面近基部被短毛及有鳞片的毛环，冠檐二唇形，上唇直立，盔状，内凹，近龙骨状，下唇3裂，中裂片较大，内凹，具齿状小裂片；雄蕊4，前对较长，成对并列而离生，花丝尤其是后对先端2齿，下齿具花药；花柱先端相等2裂，裂片钻形；花盘近平顶。小坚果圆形、卵圆形或长圆形，无毛，光滑或具瘤，棕色，具数脉或具2脉及中央小沟槽，基部有一锐尖白色着生面，先端钝圆。

洪湖市境内的夏枯草属植物有1种。

248. 夏枯草

【拉丁名】*Prunella vulgaris* L.

【别名】棒槌草、铁色草、大头花、夏枯头。

【形态特征】多年生草本，高10～40 cm。有匍匐茎，茎方形，直立，基部稍斜上，紫红色，全体被白色柔毛。叶对生，卵形至长椭圆状披针形，长1.5～5 cm，先端钝，基部楔形，略不对称，边缘有疏微波状锯齿，叶面淡绿色，背面白绿色，两面有稀疏的糙伏毛，背面有腺点，基部叶有长柄，上部叶渐无柄。轮伞花序密集，排列成顶生的假穗状花序，长2～4 cm；苞片心形，有骤尖头；花萼钟状，二唇形，上唇扁平，顶端几平截，有3个不明显的短齿，下唇2裂，裂片披针形，果时花萼由于下唇2齿斜伸而闭合；花冠唇形，紫色、蓝紫色或红紫色，长约10 mm，上唇盔状，下唇中裂片宽大；雄蕊4，插生于花冠管上，伸出管外；子房4裂。小坚果长椭圆形，平滑。花期5—6月，果期7—8月。

【分布区域】分布于乌林镇黄蓬山村。

【药用部位】果穗。

【炮制】夏季果穗呈棕红色时采收，除去杂质，晒干。

【化学成分】全草含三萜皂苷，尚含迷迭香酸、齐墩果酸、熊果酸、芦丁、金丝桃苷、咖啡酸、B 族维生素等。花穗含飞燕草素、矢车菊素、D- 樟脑、D- 小茴香酮、熊果酸等。

【性味与归经】辛、苦，寒。归肝、胆经。

【功能与主治】清肝泻火，明目，散结消肿。用于目赤肿痛，目珠夜痛，头痛眩晕，瘰疬，瘿瘤，乳痈，乳癖。

【用法与用量】煎汤，9 ～ 15 g。

香茶菜属 *Isodon*（Benth.）Kudo

多年生草本；根茎常肥大木质、疙瘩状。叶椭圆形至卵形，具齿，叶柄通常有翅。聚伞花序 3 至多花，排列成多少疏离的总状或圆锥状花序；下部苞叶与茎叶同型，上部渐变小呈苞片状，也有苞叶全部与茎叶同型；花小或中等大，具梗；花萼钟形，果时增大，萼齿 5，近等大或呈 3/2 式二唇形；花冠筒伸出，斜向，基部上方浅囊状或呈短距，至喉部等宽或略收缩，冠檐二唇形，上唇外反，先端具 4 圆裂，下唇全缘，通常较上唇长，内凹，常呈舟状；雄蕊 4，二强，下倾，花丝无齿，分离，无毛或被毛，花药贯通，1 室，花后平展，稀药室多少明显叉开；花盘环状，近全缘或具齿，前方有时呈指状膨大，花柱丝状，先端相等 2 浅裂。小坚果近圆球形、卵球形或长圆状三棱形，无毛或顶端略具毛，光滑或具小点。

洪湖市境内的香茶菜属植物有 2 种。

1. 茎四棱形，具槽，密被向下贴生疏柔毛或短柔毛，草质，在叶腋内常有不育的短枝，其上具较小型的叶……………………………………………………………………………香茶菜 *I. amethystoides*
1. 茎钝四棱形，具 4 浅槽，有细条纹，紫色，基部木质，近无毛，向上密被倒向微柔毛；上部多分枝……………………………………………………………………………………溪黄草 *I. serra*

249. 香茶菜

【拉丁名】*Isodon amethystoides*（Benth.）H. Hara

【别名】蛇总管、山薄荷、蛇通管、小叶蛇总管、母猪花头、盘龙七。

【形态特征】多年生草本，高 30 ～ 150 cm。茎直立，四棱形，密生倒向柔毛，有分枝。叶对生，卵形或卵状披针形，长 0.8 ～ 11 cm，宽 0.5 ～ 8 cm，先端钝，具突尖，基部宽楔形，下延，边缘有疏圆锯齿，上面被疏短毛，下面脉上有柔毛和腺点，叶柄长 2 ～ 25 mm。聚伞花序顶生，排列成疏散的圆锥花序；苞片和小苞片卵形；花萼钟状，长、宽约 2.5 mm，外被疏短毛或密生腺点，先端 5 齿裂，裂片三角形；花冠唇形，白色，上唇带蓝紫色，花筒近基部呈浅囊状，上唇 4 浅裂，近圆形，下唇阔圆形；雄蕊 4 枚；子房上位，4 室，花柱细长，柱头 2 浅裂。小坚果卵形。花期 6—10 月，果期 9—11 月。

【分布区域】分布于洪湖市各乡镇。

【药用部位】地上部分、全草、根。

【炮制】6—10 月开花时割取地上部分，晒干，或随采随用。

【化学成分】茎叶含熊果酸、β- 谷甾醇、硬脂酸、香茶菜甲素、香茶菜醛、香茶菜酸、棕榈酸、蓝萼甲素、蓝萼乙素等。

【性味与归经】辛、苦，凉。归肝、肾经。

【功能与主治】清热利湿，活血化瘀，解毒消肿。用于湿热黄疸，淋证，水肿，咽喉肿痛，关节痹痛，经闭，乳痈，痔疮，发背，跌打损伤，毒蛇咬伤。

【用法与用量】煎汤，10 ~ 15 g。外用适量，鲜叶捣敷；或煎水洗。

【临床应用】①治关节痛：香茶菜、南蛇藤各 30 g，酒、水各半炖服。②治肝硬化，肝炎，肺脓疡：香茶菜茎叶 15 ~ 30 g，水煎服。③治乳痈，发背已溃：香茶菜全草、野荞麦、白英各 15 ~ 30 g，水煎服。

【注意】孕妇慎服。

250. 溪黄草

【拉丁名】*Isodon serra*（Maxim.）Kudo

【别名】大叶蛇总管、台湾延胡索、熊胆草、血风草、溪沟草、山羊面、土黄连、香茶菜、山熊胆、黄汁草、四方蒿。

【形态特征】多年生草本；根茎肥大，疙瘩状。茎直立，四棱形，紫色，基部木质，向上密被倒向微柔毛；上部多分枝。叶对生，卵圆形、卵圆状披针形或披针形，先端渐尖，基部楔形，边缘具粗大内弯的锯齿，上面暗绿色，下面淡绿色，两面仅脉上密被微柔毛，散布淡黄色腺点，叶柄上部具渐宽大的翅，腹凹背凸，密被微柔毛。圆锥花序生于茎及分枝顶上，长 10 ~ 20 cm，由具 5 至多花的聚伞花序组成；苞叶具短柄，披针形至线状披针形，苞片及小苞片细小，被微柔毛；花萼钟形，外密被灰白色微柔毛，其间夹有腺点，萼齿 5，长三角形，果时花萼增大，呈阔钟形，脉纹明显；花冠紫色，外被短柔毛，内面无毛，冠筒基部上方浅囊状，冠檐二唇形，上唇外反，先端具相等 4 圆裂，下唇阔卵圆形，内凹；雄蕊 4，内藏；花柱丝状，内藏，先端相等 2 浅裂，花盘环状。成熟小坚果阔卵圆形，顶端圆，具腺点及白色髯毛。花果期 8—9 月。

【分布区域】分布于老湾回族乡珂里村。

【药用部位】全草。

【炮制】夏、秋季采收全草，晒干或鲜用。

【性味与归经】苦，寒。归肝、胆、大肠经。

【功能与主治】清热解毒，利湿退黄，散瘀消肿。用于湿热黄疸，胆囊炎，泄泻，疮肿，跌打伤痛。

【用法与用量】煎汤，15～30 g。外用适量，捣敷；或研末搽。

【临床应用】①治急性黄疸性肝炎：溪黄草配酢浆草、铁线草，水煎服。②治急性胆囊炎而有黄疸者：溪黄草配田基黄、茵陈蒿、鸡骨草、车前草，水煎服。③治湿热下痢：溪黄草配天香炉、野牡丹，水煎服。④治湿热下痢：溪黄草鲜叶，捣汁冲服。⑤治痢疾，肠炎：鲜四方蒿叶，洗净，捣汁内服。每日 1 次，每次 5 ml，儿童 2～3 ml。

【注意】脾胃虚寒者慎服。

鼠尾草属 *Salvia* L.

草本或半灌木或灌木。叶为单叶或羽状复叶。轮伞花序 2 至多花，组成总状或总状圆锥或穗状花序，稀全部花为腋生；苞片小或大，小苞片常细小；花萼卵形或筒形或钟形，上唇全缘或具 3 齿或具 3 短尖头，下唇 2 齿；花冠筒内藏或外伸，冠檐二唇形，上唇平伸或竖立，两侧折合，稀平展，直或弯镰形，全缘或顶端微缺，下唇平展，3 裂，中裂片通常最宽大，全缘或微缺或流苏状或分成 2 小裂片，侧裂片长圆形或圆形，展开或反折；能育雄蕊 2，生于冠筒喉部的前方，花丝短，水平生出或竖立，药隔延长，线形；退化雄蕊 2，生于冠筒喉部的后边，呈棍棒状或小点，或不存在；花柱直伸，先端 2 浅裂，裂片钻形或线形或圆形，花盘前面略膨大或近等大，子房 4 全裂。小坚果卵状或长圆状三棱形，无毛，光滑。

洪湖市境内的鼠尾草属植物有 1 种。

251. 荔枝草

【拉丁名】*Salvia plebeia* R. Br.

【别名】癞子草、癞蛤蟆草、臌胀草、沟香薷、野猪菜、癞头草、过冬青、雪里青、皱皮葱。

【形态特征】一年生或二年生草本，高 50～90 cm。根为须根状，主根不明显。茎四棱形，多分枝，带紫色，密被向下的短柔毛。叶长圆状卵形至披针形，长 2.5～10 cm，宽 3～25 mm，先端急尖或钝，基部圆楔形，边缘有圆锯齿，叶面绿色，皱缩，两面被短柔毛，下面有金黄色腺点，叶柄长 4～

15 mm。轮伞花序密集成顶生或腋生的假总状花序；苞片披针形，萼片钟形，外被长柔毛，上唇顶端具 3 个短尖头，下唇 2 裂；花冠淡红色、蓝紫色，唇形，长约 4.5 mm，筒内有毛环，上唇全缘，下唇 3 裂，中间裂片倒心形；能育雄蕊 2，覆盖在上唇之下；花柱细长。小坚果 4，倒卵圆形，褐色。花期 4—5 月，果期 6—7 月。

【分布区域】分布于乌林镇香山村。

【药用部位】全草。

【炮制】6—7 月割取地上部分，除去泥土，扎成小把，晒干或鲜用。

【化学成分】含原儿茶酸、4- 羟基苯乳酸、高车前苷、黄酮苷、楔叶泽兰素、粗毛豚草素等。

【性味与归经】苦、辛，凉。归肺、胃经。

【功能与主治】清热解毒，凉血散瘀，利水消肿。用于感冒发热，咽喉肿痛，肺热咳嗽，咯血，吐血，尿血，崩漏，痔疮出血，肾炎水肿，白浊，痢疾，痈肿疮毒，湿疹瘙痒，跌打损伤，蛇虫咬伤。

【用法与用量】煎汤，9 ～ 30 g（鲜品 15 ～ 60 g），或捣绞汁饮。外用适量，捣敷；或绞汁含漱及滴耳，亦可煎水外洗。

【临床应用】①治痔疮：荔枝草汁，加炒槐米为末，柿饼同捣成丸，梧子大，每服 9 g，荔枝草汤送服。②治急惊：荔枝草汁 50 ml，朱砂 0.15 g，和匀服之。③治红白痢疾：荔枝草（有花全草）60 g，墨斗草、过路黄各 30 g，水煎服，每日 3 次。④治慢性支气管炎：荔枝草、迎山红、射干、车前草、小蓟各 9 g，水煎分 3 次服，每日 1 剂。

黄芩属 *Scutellaria* L.

草本或灌木，伏地上升或披散至直立。叶具齿，羽状分裂或全缘，苞叶与茎叶同型或向上成苞片。花腋生、对生或互生，组成顶生或侧生总状或穗状花序；花萼钟形，唇片短而宽，全缘，花后闭合最终沿缝合线开裂，裂片脱落或宿存，上裂片在背上有一鳞片状的盾片，或呈囊状突起，冠筒伸出，基部膝曲成囊状增大，内无明显毛环，冠檐二唇形，上唇直伸，盔状，全缘或微凹，下唇中裂片宽而扁平，全缘或先端微凹，稀浅 4 裂；雄蕊 4，二强，前对较长，均成对靠近延伸至上唇片之下，花丝无齿突，花药成对靠近，后对花药具 2 室，前对花药退化为 1 室，药室裂口均具髯毛；花盘前方呈指状，后方延伸成柱状子房柄，花柱先端锥尖，不相等 2 浅裂，后裂片甚短。小坚果扁球形，背面具瘤而腹面具刺状突起（或无），赤道面上有膜质的翅。

洪湖市境内的黄芩属植物有 1 种。

252. 韩信草

【拉丁名】 *Scutellaria indica* L.

【别名】 三合香、红叶犁头尖、调羹草、顺经草、偏向花、烟管草、大力草、耳挖草。

【形态特征】 多年生草本，高 10 ～ 37 cm，全体被毛。茎常从基部分枝，四棱形，暗紫色。叶对生，心状卵圆形至卵状椭圆形，长 1.5 ～ 3 cm，宽 1.2 ～ 2.3 cm，先端钝圆，基部浅心形，边缘有圆锯齿，叶面绿色，背面浅绿色，叶柄长 5 ～ 15 mm。花排列成长 4 ～ 12 cm 且偏向一边的总状花序，着生于枝顶；

苞片细小，最下一对苞片较大，叶状；花萼钟状，长约 2.5 mm，外被微柔毛，具 2 唇，全缘，上唇紫红色，盾片高约 1.5 mm，果时增大；花冠蓝紫色，唇形，长 1.4 ～ 1.8 cm，基部囊状，下唇中裂片圆形，微被柔毛；雄蕊 4，二强，不伸出，药室靠合。小坚果横生，卵圆形，着生在下弯的果柄上，具瘤。花期 4—5 月，果期 6—8 月。

【分布区域】分布于乌林镇香山村。

【药用部位】全草。

【炮制】春、夏季采收，洗净，鲜用或晒干。以茎枝细匀、叶多、色绿、带“耳挖”状果枝者为佳。

【化学成分】根主要含黄酮。地上部分含白杨素、芹菜素、木犀草素、高山黄芩素、异高山黄芩素、高山黄芩苷、白杨素 -7-O- 葡萄糖醛酸苷、异高山黄芩素 -8-O- 葡萄糖醛酸苷、高山黄芩素 -7-O- β -D- 吡喃葡萄糖苷等。

【性味与归经】辛、苦，寒。归心、肝、肺经。

【功能与主治】清热解毒，活血止痛，止血消肿。用于痈肿疔毒，肺痈，肠痈，瘰疬，毒蛇咬伤，肺热咳喘，牙痛，喉痹，咽痛，筋骨疼痛，吐血，咯血，便血，跌打损伤，创伤出血，皮肤瘙痒。

【用法与用量】煎汤或浸酒，10 ～ 15 g。外用适量，捣敷；或煎汤洗。

【临床应用】①治牙痛：韩信草、入地金牛各 6 g，水煎服。②治跌打损伤，吐血：鲜韩信草 60 g，捣绞汁，炖酒服。③治一切咽喉诸症：鲜韩信草 30 ～ 60 g，捣绞汁，调蜜服。④治痈疽，无名肿毒：鲜韩信草捣烂，敷患处。⑤治劳郁积伤，胸胁闷痛：韩信草 30 g，水煎服。或全草 250 g，酒 500 g，浸 3 日，每次 30 g，每日服 2 次。⑥治带下，白浊：韩信草 30 g，水煎或加猪小肠同煎服。⑦治毒蚊咬伤：鲜韩信草 60 g，捣烂绞汁冲冷开水服，渣敷患处。

【注意】孕妇慎服。

水苏属 *Stachys* L.

草本，在节上具鳞叶及须根，顶端有念珠状肥大块茎，稀为亚灌木或灌木。叶全缘或具齿。轮伞花序 2 至多花，组成腋生或顶生的穗状花序；小苞片明显或不显著；具短柄或无；花红色、紫色、淡红色、灰白色、黄色或白色，较小；花萼管状钟形、倒圆锥形或管形，5 或 10 脉，5 齿裂，等大或后 3 齿较大，先端锐尖，刚毛状，或钝且具胼胝体，直立或反折；花冠筒圆柱形，内面近基部有或无柔毛环，冠檐二唇形，上唇直立，全缘、微缺或浅 2 裂，下唇开张，常比上唇长，3 裂，中裂片大；雄蕊 4，二强，花药 2 室；花盘平顶，稀在前方呈指状膨大，花柱先端 2 裂，裂片钻形，近等大。小坚果卵珠形或长圆形，先端钝或圆，光滑或具瘤。

洪湖市境内的水苏属植物有 1 种。

253. 水苏

【拉丁名】*Stachys japonica* Miq.

【别名】宽叶水苏、水鸡苏、芝麻草、元宝草、白根草、天芝麻、银脚鹭鸶、望江青、野地蚕、方草乌草儿、泥灯心、白马蓝、血见愁、玉荃草。

【形态特征】多年生草本，高约 30 cm。根茎在节上生须根。茎直立，基部匍匐，四棱形，具槽。叶对生，有短柄，叶片长椭圆状披针形，长 5 ～ 10 cm，宽 1 ～ 2.3 cm，先端钝尖，基部圆形至微心形，边缘有圆齿状锯齿，上面皱缩，脉具刺毛。花数层轮生，集成轮伞花序，顶端密集成长 5 ～ 13 cm 的穗状花序；萼钟形，5 齿裂，裂片先端具锐尖刺；花冠淡紫红色，冠檐二唇形，上唇圆形，全缘，下唇向下平展，3 裂，具红点；雄蕊 4，二强；花柱着生于子房底，顶端 2 裂。小坚果倒卵圆形，黑色，光滑。花期 5—7 月，果期 7 月以后。

【分布区域】分布于乌林镇香山村。

【药用部位】全草或根。

【炮制】7—8 月采收，鲜用或晒干。

【化学成分】全草含咖啡酸、4- 咖啡酰基奎宁酸、绿原酸、黄酮类、皂苷等。

【性味与归经】辛，凉。归肺、胃经。

【功能与主治】清热解毒，止咳利咽，止血消肿。用于感冒，痧证，肺痿，肺痈，头风目眩，咽痛，吐血，咯血，衄血，崩漏，痢疾，淋证，跌打肿痛。

【用法与用量】煎汤，9 ～ 15 g。外用适量，煎汤洗；或研末撒，或捣敷。

【注意】虚者宜慎。

八十七、茄科 Solanaceae

草本、半灌木、灌木或小乔木；茎直立、匍匐、上升或攀援；有时具皮刺，极少具棘刺。单叶全缘或各式分裂，有时为羽状复叶，叶互生或二叶双生，无托叶。花单生、簇生或为蝎尾式、伞房式、伞状式、总状式、圆锥式聚伞花序，稀为总状花序；顶生、枝腋生或叶腋生，或者腋外生；两性或稀杂性，辐射对称或稍微两侧对称，通常 5 基数，稀 4 基数；花萼常 5 裂，果时宿存；花冠合瓣，辐状、漏斗状、高脚碟状、钟状或坛状，檐部常 5 裂，在花蕾中覆瓦状、镊合状排列或折合而旋转；雄蕊与花冠裂片同数而互生，插生于花冠筒上，花丝丝状或在基部扩展，花药靠合或合生成管状而围绕花柱，药室 2，纵裂或顶孔开裂；子房上位，2 室，有时 1 室或有不完全的假隔膜而分隔成 4 室，中轴胎座，胚珠多数，柱细瘦，具头状或 2 浅裂的柱头。果实为浆果或蒴果。种子圆盘形或肾形，胚乳丰富、肉质，胚弯曲或直。

本科约有 30 属 3000 种，广泛分布于全世界温带及热带地区，美洲热带地区种类最为丰富。我国有 24 属 105 种 35 变种。

洪湖市境内的茄科植物有 6 属 11 种。

1. 花萼在花后显著增大而包围果实。
  2. 子房 2 室，花萼 5 浅裂或中裂……酸浆属 *Alkekengi*
  2. 子房 3 ～ 5 室，花萼 5 深裂……假酸浆属 *Nicandra*
1. 花萼在花后不显著增大，果时不包围果实而宿存于果实基部。
  3. 花药不合生（不围绕花柱而靠合），纵缝开裂，药背面室壁不增厚，两药室间具显著的药隔。
    4. 花紫色；浆果小，卵形至长圆形……枸杞属 *Lycium*
    4. 花绿白色或青黄色；浆果通常大，形状各式……辣椒属 *Capsicum*
  3. 花药合生成筒，若不合生必围绕花柱而相互靠合，孔裂或纵裂，药背面室壁特别增厚，两药室间无显著的药隔。
    5. 花药不向顶端渐狭而成一长渐尖头，先行顶孔开裂而后向下纵裂……茄属 *Solanum*
    5. 花药向顶端渐狭而成一长渐尖头，向基部纵缝开裂……番茄属 *Lycopersicon*

辣椒属 *Capsicum* L.

一年生或多年生草本或灌木、半灌木；多分枝。单叶互生，全缘或浅波状。花单生、双生或有时数朵簇生于枝腋，或者生于近叶腋；花梗直立或俯垂；花萼阔钟状至杯状，有 5 ～ 7 小齿，果时宿存，稍增大；花冠辐状，5 中裂，裂片在花蕾中镊合状排列；雄蕊 5，贴生于花冠筒基部，花药并行，纵缝裂开；子房 2 室，稀为 3 室，花柱细长，柱头棍棒状，胚珠多数，花盘不显著。果实俯垂或直立，浆果无汁，形状、大小及色泽变化很大。种子多数，细小，扁圆盘形。

洪湖市境内的辣椒属植物有 2 种。

1. 果梗直立或俯垂，果实大型，近球状、圆柱状或扁球状，多纵沟，顶端截形或稍内陷，基部截形且常稍向内凹入……辣椒 *C. annuum*

1. 果梗直立，果实较小，圆锥状或指状，味极辣……朝天椒 *C. annuum* var. *conoides*

254. 朝天椒

【拉丁名】*Capsicum annuum* var. *conoides*（Mill.）Irish

【别名】五色椒、指天椒、长柄椒。

【形态特征】植物体二歧分枝。叶长 4 ～ 7 cm，卵形。花单生于二分叉间；花梗直立，花稍俯垂；花冠白色或带紫色。果梗及果实均直立，果实较小，圆锥状，长 1.5 ～ 3 cm，成熟后红色或紫色，味极辣。

【分布区域】分布于新堤街道万家墩村。

【药用部位】果实。

【炮制】全年均可采收，鲜用或晒干。

【性味与归经】辛，温。

【功能与主治】活血，消肿，解毒。用于疮疡，脚气，狂犬咬伤。

【用法与用量】外用适量，煎水洗；或捣敷。

255. 辣椒

【拉丁名】*Capsicum annuum* L.

【别名】甜辣椒、柿子椒、彩椒、灯笼椒、长辣椒、牛角椒、甜椒、菜椒、小米辣、簇生椒。

【形态特征】一年生灌木状草本，高 40 ～ 80 cm。叶互生，卵形或卵状披针形，全缘，顶端短渐尖或急尖，基部狭楔形，叶柄长 4 ～ 7 cm。花单生，俯垂；花萼杯状，不显著 5 齿；花冠白色，裂片卵形；花药灰紫色。果梗较粗壮，俯垂；果实长指状，顶端渐尖且常弯曲，未成熟时绿色，成熟后呈红色、橙色或紫红色，味辣。种子扁肾形，长 3 ～ 5 mm，淡黄色。花果期 5—11 月。

【分布区域】分布于新堤街道万家墩村。

【药用部位】果实、茎、根、叶。

【化学成分】果实含辣椒素、二氢辣椒素、降二氢辣椒素、高辣椒素、高二氢辣椒素、隐黄素、辣椒红素、胡萝卜素、维生素 C、柠檬酸、酒石酸、苹果酸。种子含辣椒苷、辣椒新苷、龙葵素、澳洲茄边碱、澳洲茄胺、澳洲茄碱等。

【性味与归经】辣椒：辛，热。归脾、胃经。辣椒茎：辛、甘，热。辣椒头：辛、甘，热。辣椒叶：苦，温。

【功能与主治】辣椒：温中散寒，下气消食。用于胃寒气滞，脘腹胀痛，呕吐，泄泻，风湿痛，冻疮，疥癣。

辣椒茎：散寒除湿，活血化瘀。用于风湿冷痛，冻疮。

辣椒头：散寒除温，活血消肿。用于手足无力，肾囊肿胀，冻疮。

辣椒叶：消肿涤络，杀虫止痒。用于水肿，顽癣，疥疮，冻疮，痈肿。

【用法与用量】辣椒：煎汤，3 ～ 9 g；或入丸、散，1 ～ 3 g。外用适量，煎水熏洗或捣敷。

辣椒头：煎汤，9 ～ 15 g。外用适量，煎水洗；或热敷。

辣椒叶：外用适量，鲜品捣敷。

【临床应用】①治消化不良：辣椒 3 g，陈皮 6 g，冰糖适量研末，葡萄酒送服。②治关节痛，肌肉痛，神经痛，风湿痛：辣椒、樟脑、冬青油、橡皮膏剂，贴于患处或穴位。③治发际疮疖：剪去红辣椒柄蒂，除去籽，椒尖向下，纳入等量冰片、白矾、黄蜡粗粉，余 1/5 ～ 1/3 空隙，灌入适量麻油，镊夹辣椒中部，点燃椒尖，徐徐滴油于干净容器内，立即使用，或冷凝密封备用，用干净毛笔或棉签蘸热油（凝固时须加热到熔化）涂点疖肿，每日 1 ～ 2 次。

【注意】阴虚火旺及患咳嗽、目疾者忌服。

枸杞属 *Lycium* L.

灌木，有棘刺或稀无刺。单叶互生或数枚簇生，全缘，具短柄。花有梗，单生于叶腋或簇生于侧枝上；花萼钟状，具不等大的 2 ～ 5 萼齿或裂片，在花蕾中镊合状排列，花后不甚增大，宿存；花冠漏斗状，稀筒状或近钟状，檐部 5 裂或稀 4 裂，裂片在花蕾中覆瓦状排列，筒常在喉部扩大；雄蕊 5，着生于花冠筒的中部或中部之下，花丝基部通常有一圈茸毛，花药长椭圆形，药室平行，纵缝裂开；子房 2 室，花柱丝状，柱头 2 浅裂，胚珠多数或少数。浆果，具肉质的果皮。种子数颗至多颗，扁平，密布网纹状凹穴。

洪湖市境内的枸杞属植物有 1 种。

256. 枸杞

【拉丁名】*Lycium chinense* Mill.

【别名】山枸杞、狗奶子、狗牙根、狗牙子、牛吉力、红珠仔刺、枸杞菜。

【形态特征】蔓生灌木。枝条长达 2 m，纤弱，弯曲下垂，侧生短枝多为短刺，小枝淡黄色，有棱或为狭翅状，无毛。叶互生或簇生，无毛，叶柄短，长达 8 mm，叶片卵状披针形，长 2 ～ 5 cm，宽 1 ～ 2 cm，先端尖或钝，基部楔形，全缘。花单生或 2 ～ 6 朵簇生于叶腋；花柄细，长约 7 mm；花萼钟形，绿色，3 ～ 5 裂，裂片宽卵形，尖头；花冠漏斗状，紫色，5 裂，裂片基部有紫色条纹，边缘有纤毛；雄蕊 5，着生于筒内，伸出花冠外；花盘 5 裂，围于子房下部；子房长卵形，2 室，无毛。浆果鲜红色，卵形或长椭圆状卵形。种子肾形，黄色。花果期 6—11 月。

【分布区域】分布于滨湖街道原种场。

【药用部位】成熟果实、嫩茎叶。

【炮制】取原药材，除去杂质，摘去残留果梗。

【化学成分】果实含维生素 B_1、维生素 B_2、烟酸、胡萝卜素、叶黄素、维生素 C、钙、磷、铁、糖类、粗脂肪、粗蛋白。

【性味与归经】枸杞子：甘，平。归肝、肾经。枸杞叶：苦、甘，凉。归心、肺、脾、肾经。

【功能与主治】枸杞子：滋补肝肾，益精明目。用于虚劳精亏，腰膝酸痛，眩晕耳鸣，阳痿遗精，内热消渴，血虚萎黄，目昏不明。

枸杞叶：补虚益精，清热，止渴，祛风明目。用于虚劳发热，烦渴，目赤昏痛，崩漏带下，热毒疮肿。

【用法与用量】枸杞子：煎汤，6 ～ 12 g。

枸杞叶：鲜品 60 ～ 240 g，煮食或捣汁。外用适量，煎水洗或捣汁滴眼。

【临床应用】①治须发早白：枸杞子（冬十月采，捣破）64 g，无灰酒 1000 g，生地黄 12 g。先将枸杞子与酒同盛于瓷器内浸 21 日，开封，添生地黄汁搅匀，密封其口，至立春前 30 日启用，每饮 20 ml，温服。②治痔漏：枸杞子（酒拌蒸）、菟丝子、茯苓、赤茯苓、生地黄、熟地黄、菊花、女贞子、何首乌（同女贞子蒸晒）、山茱萸、远志（甘草水浸）、当归身、人参、莲须、柏子仁、天门冬、龙眼肉、麦门冬、酸枣仁各 120 g，五味子、牛膝、牡丹皮、石菖蒲、泽泻各 60 g。上为细末，炼蜜为丸，每服 6 g。③治肾虚遗精，阳痿早泄，小便后余沥不清，久不生育，气血两虚，须发早白：枸杞子、菟丝子各 240 g，五味子 30 g，覆盆子 120 g，车前子 60 g。上为细末，炼蜜为丸，梧桐子大，空腹服 90 丸，睡前服 50 丸，温开水或淡盐汤送下。④治肝肾不足，眼花歧视，或干涩目痛：枸杞子、菊花、熟地黄、山茱萸、山药、泽泻、牡丹皮、茯苓各适量。上为细末，炼蜜为丸，梧桐子大。每服 9 g，空腹服。⑤治久病目虚：枸杞子 240 g（酒水拌，分 4 份。一用小茴香 9 g 炒，去茴；一用川椒 9 g 炒出汗，去椒；一用青盐 9 g 炒；一用黑芝麻 9 g 炒），白蒺藜 120 g，当归头（酒炒）、熟地黄各 90 g，石决明、菊花、桑叶、谷精草各 60 g。上为末，炼蜜为丸。每服 9 g，开水送下。

番茄属 *Lycopersicon* Mill.

一年生或多年生草本、亚灌木。羽状复叶，小叶极不等大，有锯齿或分裂。圆锥式聚伞花序，腋外生；花萼辐状，有 5 ～ 6 裂片，果时不增大或稍增大，开展；花冠辐状，筒部短，檐部有折襞，5 ～ 6 裂；雄蕊 5 ～ 6，插生于花冠喉部，花丝极短，花药伸长，向顶端渐尖，靠合成圆锥状，药室平行，自顶端之下向基部纵缝开裂；花盘不显著，子房 2 ～ 3 室，花柱具稍头状的柱头，胚珠多数。浆果多汁，扁球状或近球状。种子扁圆形，胚极弯曲。

洪湖市境内的番茄属植物有 1 种。

257. 番茄

【拉丁名】*Lycopersicon esculentum* Mill.

【别名】西红柿、蕃柿、小番茄、小西红柿、狼茄。

【形态特征】茎高 0.6 ～ 2 m，全体生黏质腺毛，有强烈气味，茎易倒伏。叶羽状复叶或羽状深裂，长 10 ～ 40 cm，小叶极不规则，大小不等，常 5 ～ 9 枚，卵形或矩圆形，长 5 ～ 7 cm，边缘有不规则锯

齿或裂片。花序总梗长 2 ～ 5 cm，常 3 ～ 7 朵花；花梗长 1 ～ 1.5 cm；花萼辐状，裂片披针形，果时宿存；花冠辐状，直径约 2 cm，黄色。浆果扁球状或近球状，肉质而多汁液，橘黄色或鲜红色，光滑。种子黄色。花果期夏、秋季。

【分布区域】分布于新堤街道万家墩村。

【药用部位】果实。

【炮制】夏、秋季果实成熟时采收，鲜用。

【性味与归经】酸、甘，微寒。

【功能与主治】生津止渴，健胃消食。用于口渴，食欲不振。

【用法与用量】适量，煎汤或生食。

【临床应用】①治高血压，眼底出血：西红柿（鲜），晨空腹生吃，每日 1 ～ 2 个。②治口渴，食欲不振：番茄煎汤或生食。

假酸浆属 *Nicandra* Adans.

一年生直立草本，多分枝。叶互生，具柄，叶边缘具大齿或浅裂。花单独腋生，俯垂状；花萼球状，5 深裂至近基部，在花蕾中外向镊合状排列，果时极度增大成五棱状，干膜质，有明显网脉；花冠钟状，檐部有折襞，不明显 5 浅裂，裂片阔而短，在花蕾中成不明显的覆瓦状排列；雄蕊 5，插生在花冠筒近基部，花丝丝状，基部扩张，花药椭圆形，药室平行，纵缝开裂；子房 3 ～ 5 室，具多数胚珠，花柱略粗，丝状，柱头近头状，3 ～ 5 浅裂。浆果球状，较宿存花萼为小。种子扁压，肾状圆盘形，具多数小凹穴；胚极弯曲，近周边生，子叶半圆棒形。

洪湖市境内的假酸浆属植物有 1 种。

258. 假酸浆

【拉丁名】*Nicandra physalodes*（L.）Gaertn.

【别名】鞭打绣球、冰粉、大千生。

【形态特征】茎直立，无毛，高 0.4 ～ 1.5 m，上部 2 歧分枝。叶卵形或椭圆形，长 4 ～ 12 cm，宽 2 ～ 8 cm，顶端急尖或短渐尖，基部楔形，边缘具圆缺的粗齿或浅裂，两面有稀疏毛。花单生于枝腋而与叶对生，俯垂；花萼 5 深裂，裂片顶端锐尖，基部心状箭形，有 2 尖锐的耳片，果时包围果实，直径 2.5 ～ 4 cm；花冠钟状，浅蓝色，直径达 4 cm，檐部有折襞，5 浅裂。浆果球状，直径 1.5 ～ 2 cm，黄色。种子淡褐色，直径约 1 mm。花果期夏、秋季。

【分布区域】分布于新堤街道河岭村。

【药用部位】花、种子或果实。

【炮制】夏、秋季采收，鲜用或晒干。

【化学成分】全草含假酸浆素。根含托品酮、古豆碱。种子含曼陀罗内酯等。

【性味与归经】全草：甘、酸、微苦，平；有小毒。假酸浆花：辛、微甘，平。归肺、肝经。假酸浆子：微甘、涩，平。

【功能与主治】全草：镇静，祛痰，清热解毒。用于狂犬病，精神病，癫痫，风湿性关节炎，鼻渊，感冒，尿路感染，疮疖。

假酸浆花：祛风，消炎。用于鼻渊。

假酸浆子：清热利尿，祛风除湿。用于疮疖肿痛，无名肿毒，小便淋漓涩痛，风湿痹痛，腰膝酸痛。

【用法与用量】全草：煎汤，3～9 g。外用研末调敷。

假酸浆花：煎汤，3～10 g。

假酸浆子：煎汤，3～10 g。外用研末调敷。

【临床应用】全草：①治精神病，癫痫：假酸浆全草 30～60 g，水煎服（内服宜慎）。②治感冒，风湿痛，精神病，狂犬病：假酸浆全草适量，水煎服。③治风湿性关节炎，鼻渊，感冒，尿路感染，疮疖：假酸浆全草 15～30 g，水煎服。

假酸浆子：①治发热：假酸浆子 9 g，水煎冷服。②治胃热：假酸浆子、马鞭草各 9 g，水煎冷服。③治热淋：假酸浆子、车前子各 9 g，水煎服。④治疮痈肿痛，风湿性关节炎：假酸浆子 2～3 g，水煎服。

假酸浆花：治鼻渊，假酸浆花 3～9 g，水煎服。

酸浆属 *Alkekengi* Mill.

一年生或多年生草本，基部略木质，无毛或被柔毛，稀被星芒状柔毛。叶全缘或深波状，稀为羽状深裂，单叶互生或在枝上端大小不等二叶双生。花单独生于叶腋或枝腋；花萼钟状，5 齿裂，裂片在花蕾中镊合状排列，果时增大成膀胱状，完全包围浆果，有 10 纵肋，顶端闭合基部常凹陷；花冠白色或黄色，辐状或辐状钟形，有折襞，5 浅裂或仅五角形，裂片在花蕾中内向镊合状，后来折合而旋转；雄蕊 5，较花冠短，插生于花冠近基部，花丝丝状，基部扩大，花药椭圆形，纵缝裂开；花盘不显著或不存在；子房 2 室，花柱丝状，柱头不显著，2 浅裂；胚珠多数。浆果球状，多汁。种子多数，扁平，盘形或肾形，有网纹状凹穴。

洪湖市境内的酸浆属植物有 1 种。

259. 酸浆

【拉丁名】*Alkekengi officinarum* Moench

【别名】泡泡草、洛神珠、灯笼草、打拍草、红姑娘、香姑娘、酸姑娘、菠萝果、戈力、天泡子、金灯果、菇茑。

【形态特征】一年生或多年生草本，高可达 1 m。根茎横走，茎直立而曲折，有纵棱，全株光滑无毛或有细柔毛。叶在茎下部者互生，上部者假对生，叶片卵状椭圆形，长 5～12 cm，宽 3～9 cm，先端短锐尖，基部阔楔形，全缘、波状或有锯齿，有柔毛，叶柄长 1.5～3 cm。花近叶腋处着生，单一，有长柄，长约 1 cm；花萼钟状，绿色，顶端 5 浅裂，裂片三角形，花后增大成囊状，变成橙红色或深红色，有柔毛；花冠辐状，直径 1.5～2 cm，黄白色，稍带绿色，喉部带黄绿色，有细点，顶端 5 浅裂，裂片宽而短尖，外面有短柔毛；雄蕊 5，伸出花冠外，花药呈淡黄绿色；子房圆球形，2 室，柱头小球形，不明显 2 裂。浆果球形，为膨大的花萼包被，宿萼橙红色，灯笼状，脉纹明显，长可达 5 cm。花期 6—8 月，果期 9—10 月。

【分布区域】分布于滨湖街道洪狮村。

【药用部位】全草或花、种子。

【炮制】洗净，鲜用或晒干。

【化学成分】含酸浆苦素 A、酸浆苦素 B、酸浆苦素 C、木犀草素、木犀草素 –7–O– β –D– 葡萄糖苷、酸浆醇 A、酸浆醇 B。

【性味与归经】酸、苦，寒。归肺、脾经。

【功能与主治】清热毒，利咽喉，通利二便。用于咽喉肿痛，肺热咳嗽，黄疸，痢疾，水肿，小便淋涩，大便不通，黄水疮，湿疹，丹毒。

【用法与用量】煎汤，9 ～ 15 g；或捣汁、研末。外用适量，煎水洗；或研末调敷，或捣敷。

【注意】孕妇及脾虚泄泻者禁服。

茄属 *Solanum* L.

草本，亚灌木、灌木至小乔木，有时为藤本。无刺或有刺，常被星状毛。单叶互生，全缘、波状或分裂，稀为复叶。花组成顶生或侧生的聚伞花序或聚伞式圆锥花序，少数为单生；花两性，全部能孕或仅在花序下部的花能孕，上部的雌蕊退化而趋于雄性；萼通常 4 ～ 5 裂，稀在果时增大，但不包被果实；花冠通常辐状，多为白色，有时为青紫色，稀红紫色或黄色，花冠筒短；雄蕊 4 ～ 5，着生于花冠筒喉部，花药内向，通常贴合成一圆筒，顶孔开裂；花柱单一，柱头钝圆，稀 2 浅裂，子房 2 室，胚珠多数。浆果，近球状或椭圆状，黑色、黄色、橙色至红色。种子近卵形至肾形，通常两侧压扁，外面具网纹状凹穴。

洪湖市境内的茄属植物有 5 种。

1. 地下茎块状；叶为奇数羽状复叶，小叶片具柄，大小相间；伞房花序初时近顶生，而后侧生……马铃薯 *S. tuberosum*

1. 无地下块茎；叶不分裂或羽状深裂，裂片近于相等；花序顶生、假腋生、腋外生或对叶生。

  2. 草本至亚灌木或小灌木，直立或攀援；浆果小，直径最大不超过 1 cm……龙葵 *S. nigrum*

    3. 叶大多全缘，心形或卵状披针形，基部心形，稀自基部戟形，3 裂……千年不烂心 *S. cathayanum*

    3. 叶大多基部为戟形至琴形，3 ～ 5 裂……白英 *S. lyratum*

  2. 直立灌木；浆果较大，直径 1 ～ 1.5 cm……珊瑚樱 *S. pseudocapsicum*

260. 千年不烂心

【拉丁名】*Solanum cathayanum* C. Y. Wu et S. C. Huang

【别名】毛和尚草、白英、野番茄、蜀羊泉、天泡草、假辣椒、排风藤。

【形态特征】草质藤本，多分枝，茎、叶各部密被多节的长柔毛。叶互生，多数为心形，边全缘，少数基部 3 深裂，疏被白色发亮的短柔毛，中脉明显，侧脉纤细，每边 4～6 条，叶柄密被长柔毛。聚伞花序顶生或腋外生，疏花，总花梗被多节发亮的长柔毛及短柔毛，花梗长 0.8～1 cm，基部具关节，无毛；萼杯状，直径约 4 mm，无毛，萼齿 5 枚，圆形，顶端短尖；花冠蓝紫色或白色，开放时裂片向外反折，花冠筒隐于萼内，冠檐长约 6 mm，5 裂，裂片椭圆状披针形，长约 4 mm，宽约 2 mm；花药长圆形，顶孔略向内；子房卵形，花柱丝状，柱头小，头状。浆果成熟时红色，直径约 8 mm，果柄无毛，常作弧形弯曲。种子近圆形，两侧压扁，外面具细致凸起的网纹。花期夏、秋季，果期秋末。

【分布区域】分布于螺山镇龙潭村。

【药用部位】全草。

【炮制】夏、秋季采收全草，晒干。

【性味与归经】甘、苦，寒。

【功能与主治】清热解毒，息风定惊。用于小儿发热惊风，黄疸，肺热咳嗽，风火牙痛，瘰疬，妇女崩漏、带下、盆腔炎。

【用法与用量】煎汤，9～15 g。

261. 白英

【拉丁名】*Solanum lyratum* Thunb.

【别名】毛母猪藤、排风藤、生毛鸡屎藤、白荚、北风藤、蔓茄、山甜菜、蜀羊泉、白毛藤、千年不烂心。

【形态特征】多年生草质藤本，长 0.5～1 m，茎及小枝均密被具节的长柔毛。叶互生，琴形，长 3.5～5.5 cm，宽 2.5～4.8 cm，基部常 3～5 深裂，裂片全缘，侧裂片越近基部的越小，先端钝，中裂片较大，通常卵形，先端渐尖，两面均被白色发亮的长柔毛，中脉明显，侧脉在下面较清晰，通常每边 5～7 条；少数在小枝上部的为心形，长 1～2 cm，叶柄长 1～3 cm，被有与茎枝相同的毛被。聚伞花序顶生或腋外生，疏花，总花梗长 2 ～ 2.5 cm，被具节的长柔毛，花梗长 0.8 ～ 1.5 cm，无毛，顶端稍膨大，基部具关节；萼环状，直径约 3 mm，无毛，萼齿 5 枚，圆形，顶端具短尖头；花冠蓝紫色或白色，直径约 1.1 cm，花冠筒隐于萼内，冠檐长约 6.5 mm，5 深裂，裂片椭圆状披针形，长约 4.5 mm，先端被微柔毛；花丝长约 1 mm，花药长圆形，长约 3 mm，顶孔略向上；子房卵形，直径不及 1 mm，花柱丝状，长约 6 mm，柱头小，头状。浆果球状，成熟时红黑色，直径约 8 mm。种子近盘状，扁平，直径约 1.5 mm。花期夏、秋季，果熟期秋末。

【分布区域】分布于新堤街道叶家门社区。

【药用部位】全草或根。

【炮制】夏、秋季采收，洗净，晒干或鲜用。

【化学成分】含龙葵碱、花色苷及其苷元等。

【性味与归经】苦，微寒。归肝、胃经。

【功能与主治】清热解毒，利湿消肿。用于感冒发热，黄疸性肝炎，胆囊炎，胆结石，癌症，带下，肾炎水肿。外用于痈疖肿毒。

【用法与用量】煎汤，15 ～ 30 g。外用适量，鲜全草捣烂敷患处。

262. 龙葵

【拉丁名】*Solanum nigrum* L.

【别名】黑天天、天茄菜、苦葵、天泡草、地泡子、假灯龙草、白花菜、小果果、野海角、野伞子、石海椒、小苦菜、野梅椒、野辣虎。

【形态特征】一年生直立草本，高 0.25 ～ 1 m，茎无棱或棱不明显，绿色或紫色，近无毛或被微柔毛。叶卵形，长 2.5 ～ 10 cm，宽 1.5 ～ 5.5 cm，先端短尖，基部楔形而下延至叶柄，全缘或每边具不规则的波状粗齿，光滑或两面均被稀疏短柔毛，叶脉每边 5 ～ 6 条，叶柄长 1 ～ 2 cm。蝎尾状花序腋外生，由 3 ～ 10 花组成，总花梗长 1 ～ 2.5 cm，近无毛或具短柔毛；萼小，浅杯状，直径 1.5 ～ 2 mm，齿卵圆形，先端圆，基部两齿间连接处成角度；花冠白色，筒部隐于萼内，长不及 1 mm，冠檐长约 2.5 mm，5 深裂，裂片卵圆形，长约 2 mm；花丝短，花药黄色，长约 1.2 mm，约为花丝长度的 4 倍，顶孔向内；子房卵形，直径约 0.5 mm，花柱长约 1.5 mm，中部以下被白色茸毛，柱头小，头状。浆果球形，直径约 8 mm，熟时黑色。种子多数，近卵形，直径 1.5 ～ 2 mm，两侧压扁。

【分布区域】分布于乌林镇香山村。

【药用部位】全草、根或果实。

【炮制】除去杂质、老梗及残留根，泡水洗净，晒干，切段；或烘干筛去杂质。

【化学成分】含龙葵素、澳洲茄胺、皂苷、维生素 C、树脂等。

【性味与归经】全草：苦，寒。龙葵根：苦，寒。龙葵子：苦，寒。

【功能与主治】全草：清热解毒，活血消肿。用于疔疮，痈肿，丹毒，跌打扭伤，慢性支气管炎，肾炎水肿。

龙葵根：清热利湿，活血解毒。用于痢疾，淋浊，尿路结石，带下，风火牙痛，跌打损伤，痈疽肿毒。

龙葵子：清热解毒，化痰止咳。用于咽喉肿痛，疔疮，咳嗽痰喘。

【用法与用量】全草：煎汤，15～30 g。外用适量，捣敷或煎水洗。

龙葵根：煎汤，9～15 g（鲜品加倍）。外用适量，捣敷或研末调敷。

龙葵子：煎汤，6～9 g；或浸酒。

【临床应用】①治吐血不止：人参 0.3 g，龙葵苗 15 g，捣罗为散。每服 6 g，新水调服。②治血崩不止：龙葵 30 g，佛指甲 15 g，水煎服。③治急性肾炎，浮肿，小便少：鲜龙葵、鲜芫花各 15 g，木通 6 g，水煎服。④治食道癌：龙葵 30 g，万毒虎 30 g，白英 30 g，白花蛇舌草 30 g，半枝莲 15 g，山绿豆 30 g，黄药子 15 g，乌梅 9 g，田三七 9 g，无根藤 15 g，水煎服。⑤治恶性葡萄胎无转移者：龙葵 30 g，半枝莲 6 g，紫草 15 g，水煎服。⑥治慢性白血病急变：龙葵 30 g，生薏苡仁 30 g，黄药子 15 g，乌梅 12 g，白花蛇舌草 30 g，生甘草 5 g，水煎服。

【注意】脾胃虚弱者勿服。

263. 珊瑚樱

【拉丁名】*Solanum pseudocapsicum* L.

【别名】吉庆果、冬珊瑚、假樱桃。

【形态特征】直立分枝小灌木，高达 2 m，全株光滑无毛。叶互生，狭长圆形至披针形，长 1 ～ 6 cm，宽 0.5 ～ 1.5 cm，先端尖或钝，基部狭楔形下延成叶柄，边全缘或波状，两面均光滑无毛，中脉在下面凸出，侧脉 6 ～ 7 对，在下面更明显，叶柄长 2 ～ 5 mm，与叶片不能截然分开。花多单生，很少呈蝎尾状花序，无总花梗或近于无总花梗，腋外生或近对叶生，花梗长 3 ～ 4 mm；花小，白色，直径 0.8 ～ 1 cm；萼绿色，直径约 4 mm，5 裂，裂片长约 1.5 mm；花冠筒隐于萼内，长不及 1 mm，冠檐长约 5 mm，裂片 5，卵形，长约 3.5 mm，宽约 2 mm；花丝长不及 1 mm，花药黄色，矩圆形，长约 2 mm；子房近圆形，直径约 1 mm，花柱短，长约 2 mm，柱头截形。浆果橙红色，直径 1 ～ 1.5 cm，萼宿存，果柄长约 1 cm，顶端膨大。种子盘状，扁平，直径 2 ～ 3 mm。花期初夏，果期秋末。

【分布区域】分布于乌林镇香山村。

【药用部位】根。

【炮制】秋季采挖，晒干。

【性味与归经】咸、微苦，温；有毒。

【功能与主治】活血化瘀，消肿止痛。用于腰肌劳损，关节疼痛，肌肉疲劳。

【用法与用量】煎汤，0.5 ～ 3 g；或浸酒服。

【注意】本品全株有毒，叶比果毒性更大。中毒症状为头晕、恶心、嗜睡、剧烈腹痛、瞳孔散大。

264. 马铃薯

【拉丁名】*Solanum tuberosum* L.

【别名】阳芋、地蛋、山药豆、山药蛋、荷兰薯、土豆、洋芋、地豆。

【形态特征】草本，高 30 ～ 80 cm。地下茎块状，扁圆形或长圆形，直径 3 ～ 10 cm，外皮白色、淡红色或紫色。叶为奇数不相等的羽状复叶，小叶常大小相间，长 10 ～ 20 cm；叶柄长 2.5 ～ 5 cm；小叶 6 ～ 8 对，卵形至长圆形，最大者长可达 6 cm，宽达 3.2 cm，最小者长、宽均不及 1 cm，先端尖，基部稍不相等，全缘，两面被白色疏柔毛，侧脉每边 6 ～ 7 条，先端略弯，小叶柄长 1 ～ 8 mm。伞房花序顶生，后侧生；花白色或蓝紫色；萼钟形，直径约 1 cm，外面被疏柔毛，5 裂，裂片披针形，先端长渐尖；花冠辐状，直径 2.5 ～ 3 cm，花冠筒隐于萼内，长约 2 mm，冠檐长约 1.5 cm，裂片 5，三角形，长约 5 mm；雄蕊长约 6 mm，花药长为花丝长度的 5 倍；子房卵圆形，无毛，花柱长约 8 mm，柱头头状。浆果圆球状，光滑，直径约 1.5 cm。花期夏季。

【分布区域】分布于洪湖市各乡镇。

【药用部位】块茎。

【炮制】除去杂质，鲜用或晒干。

【性味与归经】甘，平。

【功能与主治】和胃健中，解毒消肿。用于胃痛，痈肿，湿疹，烫伤。

【用法与用量】适量，煮食或煎汤。外用适量，磨汁涂。

八十八、玄参科 Scrophulariaceae

草本、灌木或少有乔木。叶互生、对生或轮生，无托叶。花序总状、穗状或聚伞状，常合成圆锥花序，向心或更多离心；花常不整齐；萼下位，常宿存，5基数，少有4基数；花冠4～5裂，裂片多少不等或呈二唇形；雄蕊常4枚，而有1枚退化，少有2～5枚或更多，药室1～2，药室分离或多少汇合；花盘常存在，环状、杯状或小而似腺；子房2室，极少仅有1室，花柱简单，柱头头状或2裂，胚珠多数，少有各室2枚，倒生或横生。果为蒴果，少有浆果状。种子细小，有时具翅或有网状种皮，脐点侧生或在腹面，胚乳肉质或缺少，胚伸直或弯曲。

本科约有200属3000种，广布于全球各地。我国有56属。

洪湖市境内的玄参科植物有4属7种。

1. 雄蕊2枚，无退化雄蕊，花冠裂片4～5，辐射对称。
  2. 花萼裂片4枚，如5枚则后方1枚较短，花冠筒极短，雄蕊伸出或短于花冠……………………婆婆纳属 *Veronica*
1. 雄蕊4枚，如2枚则在花冠前方有2枚退化雄蕊，花冠明显二唇形或5裂片几乎辐射对称。
  3. 花萼具5翅或明显的棱，5齿裂。
    4. 萼无翅，亦无明显之棱；花冠小，不超过10 mm；子房上部无粗毛……………………母草属 *Lindernia*
    4. 萼有明显之翅或棱；花冠大，超过10 mm；子房上部生有粗毛……………………蝴蝶草属 *Torenia*
  3. 花萼无翅亦无明显的棱，5深裂……………………通泉草属 *Mazus*

母草属 *Lindernia* All.

一年生矮小草本，直立、倾卧或匍匐。叶对生，形状多变，常有齿，稀全缘。花常对生，稀单生，生于叶腋之中或在茎枝顶端形成疏总状花序，有时短缩而成假伞形花序；常具花梗，无小苞片；萼具5齿，齿相等或微不等，有深裂、半裂或萼有管而多少单面开裂，其开裂不及一半；花冠紫色、蓝色或白色，二唇形，上唇直立，2裂，下唇大，3裂；雄蕊4枚，前面2枚雄蕊通常能育，后面2枚雄蕊能育或萎缩至退化；花柱顶端常膨大，多为二片状。蒴果球形、矩圆形或条形。种子小，多数。

洪湖市境内的母草属植物有1种。

265. 陌上菜

【拉丁名】*Lindernia procumbens*（Krock.）Philcox

【别名】白猪母菜、六月雪、白胶墙。

【形态特征】直立草本，根细密成丛。茎高5～20 cm，基部多分枝，无毛。叶无柄，叶片椭圆形至矩圆形，顶端钝至圆头，两面无毛，叶脉并行，自叶基发出3～5条。花单生于叶腋，花梗纤细，长1.2～2 cm，比叶长，无毛；萼仅基部连合，齿5，条状披针形，长约4 mm，顶端钝头，外面微被短毛；

花冠粉红色或紫色，长 5 ～ 7 mm，上唇短，长约 1 mm，2 浅裂，下唇大于上唇，长约 3 mm，3 裂，侧裂椭圆形较小，中裂圆形，向前凸出；雄蕊 4 枚，全育，前方 2 枚雄蕊的附属物腺体状且短小；花药基部微凹，柱头 2 裂。蒴果球形或卵球形，与萼近等长或略过之，室间 2 裂。种子多数，有格纹。花期 7—10 月，果期 9—11 月。

【分布区域】分布于洪湖市各乡镇。

【药用部位】全草。

【炮制】除去杂质，鲜用或晒干。

【性味与归经】淡、微甘，寒。归肝、脾、大肠经。

【功能与主治】清泻肝火，凉血解毒，消炎退肿。用于肝火上炎，湿热泻痢，红肿热毒，痔疮肿痛。

【用法与用量】煎汤，6 ～ 9 g。外用适量，捣敷。

【临床应用】①治红肿热毒，痔疮肿痛：陌上菜捣烂外敷。②治蛇头疔：陌上菜鲜品适量，洗净，捣烂敷患处，每日 2 次。

通泉草属 *Mazus* Lour.

矮小草本，茎圆柱形，少为四方形，直立或倾卧，着地部分节上常生不定根。下部叶多为莲座状或对生，上部叶多为互生，叶匙形、倒卵状匙形或圆形，少为披针形，基部逐渐狭窄成有翅的叶柄，边缘有锯齿，少全缘或羽裂。花小，排成顶生稍偏向一边的总状花序；苞片小，小苞片有或无；花萼漏斗状或钟形，萼齿 5 枚；花冠二唇形，紫白色，筒部短，上部稍扩大，上唇直立，2 裂，下唇较大，扩展，3 裂，喉部有纵皱褶 2 条；雄蕊 4，二强，着生在花冠筒上，药室极叉开；子房有毛或无毛，花柱无毛，柱头二片状。蒴果被包于宿存的花萼内，球形或压扁，室背开裂；种子小，极多数。

洪湖市境内的通泉草属植物有 1 种。

266. 通泉草

【拉丁名】*Mazus pumilus*（N. L. Burman）Steenis

【别名】脓泡药、汤湿草、猪胡椒、野田菜、鹅肠草、绿蓝花、五瓣梅、猫脚迹、尖板猫儿草。

【形态特征】一年生草本，高 5 ～ 20 cm，被疏短柔毛或无毛。茎直立或倾斜，基部多分枝。叶在下部对生，上部互生，倒卵状矩圆形，长 2 ～ 6 cm，宽 1 ～ 1.5 cm，先端圆钝，基部渐狭成具翅的叶柄，边缘具不规则锯齿。花散生，排列成总状，互生，淡紫色；苞片线形，细小，长 1.5 ～ 2 mm；花梗长约 2 mm，与花萼都具短柔毛；花萼广钟形，5 深裂，裂片矩圆形，长约 7 mm；花冠唇形，上唇直立，2 浅裂，下唇 3 裂，长约为花萼的 1 倍，喉部有黄色斑块；雄蕊 4，2 长 2 短；子房上位，2 室。蒴果球形，胞背开裂。种子细小，淡黄色。花期 7—9 月，果期 8—10 月。

【分布区域】分布于滨湖街道洪狮村。

【药用部位】全草。

【炮制】春、夏、秋季均可采收，洗净，鲜用或晒干。

【性味与归经】苦，平。

【功能与主治】止痛，健胃，解毒。用于偏头痛，消化不良。外用于疔疮，脓疱疮，烫伤。

【用法与用量】煎汤，9 ～ 15 g。外用适量，捣烂敷患处。

蝴蝶草属 *Torenia* L.

草本，无毛或被柔毛，稀被硬毛。叶对生，具齿。花具梗，排列成总状或伞形花序，或单朵腋生或顶生，稀由于总状花序顶端的一朵花不发育而成二歧状，无小苞片；花萼具棱或翅，萼齿通常 5 枚；花冠筒状，上部常扩大，5 裂；裂片呈二唇形，上唇直立，先端微凹或 2 裂；下唇开展，裂片 3 枚，彼此近于相等；雄蕊 4 枚，均发育，后方 2 枚内藏，花丝丝状，前方 2 枚着生于喉部，花丝长而弓曲，基部各具 1 枚齿状或丝状或棍棒状的附属物，稀不具附属物；花药成对紧密靠合，药室顶部常汇合；通常子房上部被短粗毛，花柱先端二片状，胚珠多数。蒴果矩圆形，为宿萼所包藏，室间开裂。种子多数，具蜂窝状皱纹。

洪湖市境内的蝴蝶草属植物有 1 种。

267. 兰猪耳

【拉丁名】*Torenia fournieri* Linden. ex Fourn.

【别名】夏堇、蓝猪耳、蝴蝶花、蚌壳草、散胆草、老蛇药、倒胆草。

【形态特征】直立草本，高 15 ～ 50 cm。茎具 4 窄棱，上部分枝。叶具柄，叶片长卵形或卵形，长 3 ～ 5 cm，宽 1.5 ～ 2.5 cm，几无毛，边缘具带短尖的粗锯齿。花在枝的顶端排列成总状花序；苞片条形，长 2 ～

5 mm；萼椭圆形，绿色或顶部与边缘略带紫红色，长 1.3 ～ 1.9 cm，宽 0.8 cm，具 5 枚宽约 2 mm、多少下延的翅，果实成熟时，翅宽可达 3 mm；萼齿 2 枚，有时齿端稍开裂；花冠长 2.5 ～ 4 cm；花冠筒淡青紫色，背黄色，上唇直立，浅蓝色，宽倒卵形，长 1 ～ 1.2 cm，宽 1.2 ～ 1.5 cm，顶端微凹；下唇裂片矩圆形或近圆形，彼此几相等，长约 1 cm，宽 0.8 cm，紫蓝色，中裂片的中下部有一黄色斑块；花丝不具附属物。蒴果长椭圆形，长约 1.2 cm，宽 0.5 cm。种子小，黄色，圆球形或扁圆球形，表面有细小的凹窝。花果期 6—12 月。

【分布区域】分布于万全镇指南村。

【药用部位】全草。

【炮制】除去杂质，鲜用或晒干。

【性味与归经】苦，凉。

【功能与主治】清热解毒，利湿，止咳，和胃止呕，化瘀。用于发痧呕吐，黄疸，血淋，风热咳嗽，腹泻，跌打损伤，蛇咬伤，疔毒。

【用法与用量】煎汤，6 ～ 9 g。外用鲜品适量，捣敷。

婆婆纳属 *Veronica* L.

草本，基部木质化。叶对生、轮生或互生。总状花序顶生或腋生，或密集成穗状，有时呈头状。花萼 4 或 5 裂，如 5 裂则后方 1 裂片小得多；花冠具很短的筒部，近于辐状，或花冠筒部明显，长至占总长的 1/2 ～ 2/3，裂片 4 枚，常开展，不等宽，后方一枚最宽，前方一枚最窄，有时呈二唇形；雄蕊 2 枚，花丝下部贴生于花冠筒后方，药室叉开或并行，顶端贴连；花柱宿存，柱头头状。蒴果形状各式，稍稍侧扁至明显侧扁几乎如片状，两面各有一条沟槽，顶端微凹或明显凹缺，室背 2 裂。种子每室 1 至多颗，圆形、瓜子形或为卵形，扁平而两面稍膨，或为舟状。

洪湖市境内的婆婆纳属植物有 4 种。

1. 总状花序顶生，有时苞片叶状，似花单生，小苞片缺。

  2. 种子两面稍鼓胀，平滑；花梗远较苞片为短。

    3. 茎无毛或疏被毛；叶倒披针形至线状披针形，全缘或具浅齿；花白色或浅蓝色……………………蚊母草 *V. peregrina*

    3. 茎密被 2 列长柔毛；叶卵圆形，边缘有锯齿；花冠蓝紫色或蓝色……………………………………直立婆婆纳 *V. arvensis*

2. 种子舟状，一面鼓胀，一面具深沟或多皱；花梗与苞片等长或过之……………………………………阿拉伯婆婆纳 *V. persica*

1. 总状花序侧生于叶腋，有时数支侧生于茎端叶腋集成伞房状……………………………………………………………水苦荬 *V. undulata*

268. 直立婆婆纳

【拉丁名】*Veronica arvensis* L.

【别名】脾寒草、玄桃。

【形态特征】小草本，茎直立，不分枝或铺散分枝，高 5 ～ 30 cm，有 2 列白色长柔毛。叶常 3 ～ 5 对，下部的有短柄，卵形至卵圆形，长 5 ～ 15 mm，宽 4 ～ 10 mm，具 3 ～ 5 脉，边缘具圆或钝齿，两面被硬毛。总状花序长而多花，长可达 20 cm，各部分被多细胞白色腺毛；苞片下部长卵形而疏具圆齿，上部长椭圆形而全缘；花梗极短；花萼长 3 ～ 4 mm，裂片条状椭圆形，前方 2 枚长于后方 2 枚；花冠蓝紫色或蓝色，长约 2 mm，裂片圆形至长矩圆形；雄蕊短于花冠。蒴果倒心形，强烈侧扁，长 2.5 ～ 3.5 mm，边缘有腺毛，凹口很深，几乎为果半长，裂片圆钝，宿存的花柱不伸出凹口。种子矩圆形，长近 1 mm。花期 4—5 月。

【分布区域】分布于洪湖市南门洲。

【药用部位】全草。

【炮制】春、夏季采收，鲜用或晒干。

【性味与归经】苦，寒。归肺、肝、脾经。

【功能与主治】清热，除疟。用于疟疾。

【用法与用量】煎汤，90 ～ 150 g。

269. 蚊母草

【拉丁名】*Veronica peregrina* L.

【别名】仙桃草、水蓑衣、蚊母婆婆纳、无风自动草。

【形态特征】茎直立，侧枝披散，高 10 ～ 25 cm。叶无柄，上部长矩圆形，下部倒披针形，长 1 ～ 2 cm，宽 2 ～ 6 mm，全缘或中上端有三角状锯齿。总状花序较长，果期可达 20 cm；苞片与叶同型而略小；花梗极短；花萼裂片长矩圆形至宽条形，长 3 ～ 4 mm；花冠白色或浅蓝色，长 2 mm，裂片长矩圆形至卵形；雄蕊短于花冠。蒴果倒心形，明显侧扁，长 3 ～ 4 mm，边缘生短腺毛，宿存的花柱不超出凹口。种子矩圆形。花期 5—6 月。

【分布区域】分布于新堤街道柏枝村。

【药用部位】带虫瘿的全草。

【炮制】初夏寄生小虫未变成虫时，采全草烘干入药。

【性味与归经】甘、微辛，平。归肝、胃、肺经。

【功能与主治】化瘀止血，清热消肿，止痛。用于跌打损伤，咽喉肿痛，痈疽疮疡，咯血，疝气痛，痛经，吐血，衄血。

【用法与用量】煎汤，10 ～ 30 g。

【注意】孕妇忌服。

270. 阿拉伯婆婆纳

【拉丁名】*Veronica persica* Poir.

【别名】波斯婆婆纳、肾子草、灯笼婆婆纳。

【形态特征】分枝状草本，高 10 ～ 50 cm。茎密生 2 列柔毛。叶在茎下部对生，上部互生，卵形或圆形，长 6 ～ 20 mm，宽 5 ～ 18 mm，边缘具钝齿，基部圆形。总状花序长；苞片互生，与叶同型且几乎等大；花梗长 15 ～ 25 cm，有的比苞片长；花萼 4 裂，裂片狭卵形；花冠蓝色、紫色或蓝紫色，长 4 ～ 6 mm，裂片卵形至圆形，喉部疏被毛；雄蕊 2 枚，短于花冠；子房上位，2 室。蒴果肾形，网脉明显。种子舟状，腹面凹入，具皱纹。花期 3—5 月，果期 4—6 月。

【分布区域】分布于新堤街道叶家门社区。

【药用部位】全草。

【化学成分】含桃叶珊瑚苷、梓醇、婆婆纳苷、毛子草苷、梓果苷、6-O- 藜芦酰梓醇、4- 甲氧基高山黄芩素 -7-O-D- 葡萄糖苷、6- 羟基木犀草素 -7-O-D- 葡萄糖苷、大波斯菊苷、木犀草素，尚含生物碱。

【性味与归经】苦、辛、咸，平。

【功能与主治】祛风除湿，清热解毒。用于肾虚，风湿，疟疾。

【用法与用量】煎汤，10 ～ 30 g。外用适量，煎水熏洗。

271. 水苦荬

【拉丁名】*Veronica undulata* Wall.

【别名】水菠菜、水莴苣、芒种草、仙桃草、夺命丹、活血丹。

【形态特征】多年生草本，高 30 ～ 60 cm。根茎横走。茎直立或基部倾斜，肉质。叶对生，无柄，上部的叶半抱茎；叶片为长圆状披针形，长 2 ～ 8 cm，宽 1 ～ 1.5 cm，叶缘有尖锯齿。总状花序腋生及顶生，长 5 ～ 12 cm，宽 1 cm 以上，花梗多横生，与花序轴成直角；苞片线形，长 1.5 ～ 2 cm；花萼 4 深裂，裂片狭椭圆形，长约 3 mm，急尖；花冠淡蓝紫色，直径约 4 mm，花柱长 1 ～ 1.5 mm。蒴果圆形，长约 3 mm。种子微细。花梗、花萼和蒴果上多少有毛。花期 4—5 月，果期 6 月。

【分布区域】分布于洪湖市南门洲。

【药用部位】带虫瘿果实的全草。

【炮制】夏季果实中红虫未逸出前采收带虫瘿的全草，洗净，切碎，鲜用或晒干。

【化学成分】含角胡麻苷、婆婆纳苷、蛋白质等。

【性味与归经】苦，凉。归肺、肝、肾经。

【功能与主治】清热解毒，活血止血。用于感冒，咽痛，劳伤咯血，痢疾，血淋，月经不调，疮肿，跌打损伤。

【用法与用量】煎汤，10 ～ 30 g；或研末。外用适量，鲜品捣敷。

【临床应用】①治月经过多，痛经：带虫的仙桃草 30 g，益母草 15 g，当归 10 g，水煎服。②治咯血：水苦荬 18 g，仙鹤草、藕节各 15 g，水煎服。③治小儿疝气（睡后能自行收进者）：仙桃草 15 g，双肾草、八月爪根、小茴香根各 3 g。水煎，煮醪糟服。

八十九、紫葳科 Bignoniaceae

乔木、灌木或木质藤本，稀为草本，具各式卷须及气生根。叶对生、互生或轮生，单叶或羽状复叶，稀掌状复叶；顶生小叶或叶轴有时呈卷须状，卷须顶端变为钩状或为吸盘而攀援他物，叶柄基部或脉腋处常有腺体。花两性，左右对称，组成顶生、腋生的聚伞花序、圆锥花序或总状花序或总状式簇生；苞片存在或早落；花萼钟状、筒状，平截，或具 2 ～ 5 齿，或具钻状腺齿；花冠合瓣，钟状或漏斗状，二唇形，5 裂，裂片覆瓦状或镊合状排列；雄蕊 5 枚，着生于花冠筒上。花盘环状，肉质；子房上位，2 室，稀 1 室，或因隔膜发达而成 4 室，中轴胎座或侧膜胎座，胚珠多数，叠生，花柱丝状，柱头二唇形。蒴果，室间或室背开裂，光滑或具刺，通常下垂。种子具翅或两端有束毛，薄膜质，极多数，无胚乳。

本科约有 120 属 650 种，广布于热带、亚热带地区，少数种类延伸到温带地区，但欧洲及新西兰不产。我国有 12 属约 35 种，南北地区均产，但大部分种类集中于南方各地。

洪湖市境内的紫葳科植物有 1 属 1 种。

凌霄属 *Campsis* Lour.

木质藤本，以气生根攀援，落叶。叶对生，为奇数一回羽状复叶，小叶有粗锯齿。花大，红色或橙红色，组成顶生花束或短圆锥花序；花萼钟状，近革质，不等的 5 裂；花冠钟状漏斗形，檐部微呈二唇形，裂片 5，大而开展，半圆形；雄蕊 4，弯曲，内藏；子房 2 室，基部围以一大花盘。蒴果，室背开裂，由隔膜上分裂为 2 果瓣。种子多数，扁平，有半透明的膜质翅。

洪湖市境内的凌霄属植物有 1 种。

272. 凌霄

【拉丁名】*Campsis grandiflora*（Thunb.）Schum.

【别名】上树龙、五爪龙、九龙下海、接骨丹、过路蜈蚣、藤五加、搜骨风、白狗肠、堕胎花、苕华、紫葳。

【形态特征】落叶木质藤本，高 1 ～ 10 m。叶对生，奇数羽状复叶，小叶 7 ～ 9 枚，卵形至卵状披针形，长 2 ～ 9 cm，宽 2 ～ 4 cm，先端渐尖，基部不对称，边缘有锯齿，叶柄腹面有沟槽。圆锥花序顶生，花梗呈十字形对生，花下垂；花萼 5 裂至中部，裂片披针形，背面有棱脊；花冠漏斗状钟形，裂片 5，直径 6 ～ 7 cm，橙红色，内面有红色脉纹，合生处深黄色，花冠中脉扩大；雄蕊 4，二强；子房上位，2 室，基部有一大花盘。蒴果 2 瓣裂，革质，先端钝。花期 8—9 月，果期 11 月。

【分布区域】分布于新堤街道河岭村。

【药用部位】干燥花及根。

【化学成分】花含芹菜素、β-谷甾醇。叶含紫葳苷、5-羟基紫葳苷、黄钟花苷、8-羟基紫葳苷、5，8-二羟基紫葳苷、凌霄苷，还含黄酮苷、紫葳新苷，另含生物碱（草苁蓉醛碱）。

【性味与归经】甘、酸，寒。归肝、心包经。

【功能与主治】花：凉血，化瘀，祛风。用于月经不调，经闭癥瘕，产后乳肿，风疹发红，皮肤瘙痒，痤疮。

根：活血化瘀，解毒消肿。用于风湿痹痛，跌打损伤，骨折，脱臼，急性胃肠炎。

【用法与用量】花：煎汤，3～6 g；或入散剂。

根：煎汤，10～30 g。外用鲜根适量，捣烂敷患处。

【临床应用】①治妇人、室女月候不通，脐腹绞痛，一切血疾：紫葳 60 g，当归、蓬莪术各 30 g。上为细末，空心冷酒调下 6 g，如行 10 里许，更用热酒调 1 服。②治肺有风热，鼻生齇疱：凌霄花 15 g（取末），硫黄 30 g（研），腻粉 3 g，胡桃 4 枚（去壳）。先将前 3 味和匀，后入胡桃肉，同研如膏子，用生绢蘸药频频揩之。③治风湿兼热，诸癣不愈：凌霄花、黄连、白矾各 7.5 g，雄黄、天南星、羊蹄根各 15 g。上为细末，用生姜汁调药擦患处；如癣不痒，用清油调擦。④治妇人久积风冷，气血不调，小腹绞刺疼痛：凌霄花、桂心各 15 g，当归、木香、没药各 30 g。研为散，每服 3 g，热酒调下。⑤治酒渣鼻：凌霄花、山栀子各等份，为细末。每服 6 g，食后茶调下，日进 2 服。⑥治湿疹：凌霄花、黄连、白矾、雄黄各 1 份，研细末，撒患处。⑦治皮肤湿癣：凌霄花、土大黄各适量，酌加枯矾，共研细末，外搽患处。

【注意】孕妇慎用。

九十、爵床科 Acanthaceae

多年生草本或灌木，稀为小乔木。叶对生，全缘少分裂，叶片、小枝和花萼上有条形或针形的钟乳体。花两性，左右对称，组成总状花序、穗状花序、聚伞花序，有时单生或簇生而不组成花序；苞片大，色彩鲜艳，小苞片 2 枚有时退化；花萼通常 4～5 深裂，裂片镊合状或覆瓦状排列；花冠合瓣，冠管扭弯逐渐扩大成喉部，有高脚碟形、漏斗形、不同长度的钟形，冠檐通常 5 裂，整齐或二唇形，裂片旋转状或覆瓦状排列；发育雄蕊 4 或 2，通常为二强，着生于冠管或喉部，花丝分离或基部成对连合，花药 2 室或 1 室，有距或无，纵向开裂；子房上位，其下常有花盘，2 室，中轴胎座，每室倒生胚珠 1 至多粒，1 至 2 列，花柱纤细，柱头 2 裂。蒴果棒状，纵裂，每室有 1 至多粒胚珠，果裂时常弯曲半裂状，将种子弹出。种子扁或透镜形，有皱纹或瘤状突起。

本科约有 250 属 3450 种，分布广。我国约有 68 属 311 种，多产于长江以南各省区，以云南种类最多。

洪湖市境内的爵床科植物有 1 属 1 种。

爵床属 *Justicia* L.

草本。叶对生，全缘，表面散布粗大、横列的钟乳体。花无梗，组成顶生穗状花序；苞片交互对生，每苞片中有花 1 朵；小苞片和萼裂片与苞片相似，均被缘毛；花萼不等大 5 裂或等大 4 裂，后裂片小或消失；花冠短，二唇形，上唇平展，浅 2 裂，具花柱槽，槽的边缘被缘毛，下唇有隆起的喉凸，裂片覆瓦状排列；雄蕊 2 枚，花丝扁平，无毛，花药 2 室，药隔狭而斜，药室一上一下，下方一室有尾状附属物；花盘坛状，每侧有方形附属物；子房上位，2 室，被丛毛，花柱细长，柱头 2 裂，裂片不等长。蒴果小，基部具坚实的柄状部分。种子每室 2 粒，两侧呈压扁状，种皮皱缩，珠柄钩短，顶部明显扩大。

洪湖市境内的爵床属植物有 1 种。

273. 爵床

【拉丁名】*Justicia procumbens* L.

【别名】白花爵床、小青草、孩儿草、密毛爵床。

【形态特征】一年生草本，高 10 ~ 40 cm，基部匍匐状，茎有 6 纵棱，分枝，绿色，被疏柔毛，节稍膨大。叶对生，卵形或广披针形，长 1 ~ 5 cm，宽 1 ~ 20 mm，全缘，先端尖，基部圆或极钝，两面密被硬毛。穗状花序顶生或腋生，长约 2.5 cm；花小，萼片 5，条状披针形或条形，有膜质边缘和毛；外有苞片 2，形状与萼同；花冠淡红色或带紫红色，仅檐部露出萼外，二唇形，上唇直立，不裂，下唇较大，3 浅裂；雄蕊 2，花丝细长，药 2 室，不等长，较短的 1 室有距；子房有毛。蒴果条状倒披针形，被白色短柔毛。种子卵圆形而扁，黑褐色，有网状突起。花期 7—9 月，果期 10—11 月。

【分布区域】分布于洪湖市各乡镇。

【药用部位】全草。

【炮制】花期采收，拔起全株，去净泥土及杂质，晒干。

【化学成分】含木脂素及其苷类，环肽生物碱，黄酮类化合物以及含氮化合物等。

【性味与归经】苦、咸、辛，寒。归肺、肝、膀胱经。

【功能与主治】清热解毒，利湿消积，活血止痛。用于感冒发热，咳嗽，咽喉肿痛，目赤肿痛，疳积，湿热泻痢，疟疾，黄疸，浮肿，小便淋浊，筋骨疼痛，跌打损伤，痈疽疔疮，湿疹。

【用法与用量】煎汤，10 ~ 15 g（鲜品 30 ~ 60 g）；或捣汁，或研末。外用鲜品适量，捣敷；或煎汤洗浴。

【临床应用】①治酒毒血痢，肠红：小青草、秦艽各 9 g，陈皮、甘草各 3 g，水煎服。②治肾盂肾炎：爵床 9 g，地苳、凤尾草、海金沙各 15 g，艾棉桃 10 个，水煎服，每日 1 剂。③治乳糜尿：爵床 60 ～ 90 g，地锦草、龙泉草各 60 g，车前草 45 g，小号野花生、狗肝菜各 30 g，加水 1500 ～ 2000 ml，文火煎 400 ～ 600 ml，渣复加水 1000 ml 煎成 300 ～ 400 ml，并供患者 1 日内多次服完，每日 1 剂。尿转正常后改隔日 1 剂并维持 3 个月。④治瘰疬：爵床 9 g，夏枯草 15 g，水煎服，每日 1 剂。

九十一、胡麻科 Pedaliaceae

一年生或多年生草本。叶对生或互生，全缘、有齿缺或分裂。花左右对称，单生、腋生或组成顶生的总状花序；花梗短，苞片缺或极小；花萼 4 ～ 5 深裂；花冠筒状，呈二唇形，檐部裂片 5，蕾时覆瓦状排列；雄蕊 4 枚，二强，常有 1 枚退化雄蕊，花药 2 室；花盘肉质；子房上位或下位，2 ～ 4 室，中轴胎座，花柱丝形，柱头 2 浅裂，胚珠多数，倒生。蒴果不开裂，常覆以硬钩刺或翅。种子多数，胚乳肉质，胚小。

本科有 14 属约 50 种，分布于旧大陆热带与亚热带的沿海地区及沙漠地带。我国有 2 属。

洪湖市境内的胡麻科植物有 1 属 1 种。

胡麻属 *Sesamum* L.

草本。茎直立或匍匐状。下部叶对生，其他叶互生或近对生。花腋生、单生或数朵丛生，具短柄，白色或淡紫色；花萼小，5 深裂；花冠筒状，基部稍肿胀，檐部裂片 5，圆形，近轴的 2 片较短；雄蕊 4，二强，着生于花冠筒近基部，花药箭头形，药室 2；花盘微凸；子房 2 室，每室由一假隔膜分为 2 室，每室胚珠多数。蒴果矩圆形，室背开裂为 2 果瓣。种子多数。

洪湖市境内的胡麻属植物有 1 种。

274. 芝麻

【拉丁名】*Sesamum indicum* L.

【别名】脂麻、胡麻、油麻。

【形态特征】一年生直立草本。植株高 60 ～ 150 cm，茎中空或有白色髓，被毛。叶矩圆形或卵形，长 3 ～ 10 cm，宽 2.5 ～ 4 cm，上部全缘，中部有齿缺，下部叶常掌状 3 裂；叶柄长 1 ～ 5 cm。花单生或 2 ～ 3 朵同生于叶腋内；花萼裂片披针形，被柔毛；花冠长 2.5 ～ 3 cm，白色筒状，常有紫红色或黄色的彩晕；雄蕊 4，内藏；子房上位，4 室，被柔毛。蒴果矩圆形，有纵棱，被毛。种子有黑白两色。花期 3—6 月，果期 5—8 月。

【分布区域】分布于大同湖管理区琢头沟社区。

【药用部位】种子。

【炮制】黑芝麻：取原药材除去杂质，洗净，干燥，用时捣碎。

炒黑芝麻：取净黑芝麻，置锅内，用文火炒至有爆裂声，并有香气逸出时，取出放凉。

【性味与归经】甘，平。归肝、脾、肾经。

【功能与主治】白芝麻：补虚，润燥，滑肠。用于虚劳，肠燥便秘，小儿头疮。

黑芝麻：养血益精，润肠通便。用于肝肾精血不足所致的头晕耳鸣，腰脚痿软，须发早白，肌肤干燥，肠燥便秘，妇人乳少，痈疮湿疹，小儿瘰疬，烫火伤，痔疮。

【用法与用量】煎汤，9～15 g；或入丸、散。外用适量，煎水洗浴或捣敷。

【注意】脾虚便溏者勿服。

九十二、车前科 Plantaginaceae

草本。根为直根系或须根系，根茎直立。叶螺旋状互生，排成莲座状，或在茎上互生、对生或轮生，单叶，全缘或具齿，稀羽状或掌状分裂，弧形脉 3～11 条，少数仅有 1 条中脉，叶柄基部常扩大成鞘状，无托叶。穗状花序狭圆柱状、圆柱状至头状，偶尔简化为单花，稀为总状花序，花序腋生；每花具1苞片；花小，两性，稀杂性或单性，雌雄同株或异株；花萼4裂，裂片分生或后对合生，宿存；花冠干膜质，高脚碟状或筒状，裂片覆瓦状排列，多数于花后反折，宿存；雄蕊4，稀1或2，花丝线状，外伸或内藏，花药背着，丁字药，花粉粒球形，表面具网状纹饰；花盘不存在；雌蕊由背腹向2心皮合生而成，子房上位，2室，中轴胎座，胚珠多数，横生至倒生，花柱1，丝状，被毛。蒴果周裂，果皮膜质，含1～40个种子，极少数为含1个种子的骨质坚果。种子盾状着生，卵形、椭圆形、长圆形或纺锤形，腹面隆起、平坦或内凹成船形，无毛，有胚，胚乳肉质。

本科有3属约200种，广布于全世界。我国有1属20种，分布于南北各地。

洪湖市境内车前科植物有1属1种。

车前属 *Plantago* L.

草本。根为直根系或须根系。叶螺旋状互生，紧缩成莲座状，或在茎上互生、对生或轮生；叶片宽卵形、椭圆形、披针形或线形至钻形，全缘或具齿，叶柄长，基部常扩大成鞘状。花序1至多数，出自莲座丛或茎生叶的腋部；花序梗细圆柱状，穗状花序细圆柱状、圆柱状至头状，有时简化至单花；花两性；花冠高脚碟状或筒状，至果期宿存；檐部4裂，直立、开展或反折；雄蕊4，着生于冠筒内面，外伸，少数内藏，花药卵形、近圆形、椭圆形或长圆形，开裂后明显增宽，先端骤缩成三角形小突起；子房2～4室，中轴胎座，具2～40个胚珠。蒴果椭圆球形、圆锥状卵形至近球形，果皮膜质，周裂。种子1～40，种皮具网状或疣状突起，含黏液质，种脐生于腹面中部或稍偏向一侧。

洪湖市境内的车前属植物有1种。

275. 车前

【拉丁名】*Plantago asiatica* L.

【别名】蛤蟆草、饭匙草、车轱辘菜、蛤蟆叶、猪耳朵。

【形态特征】多年生草本，高20～30 cm。根呈须根状，根茎短而肥厚。叶丛生于根茎顶端，叶片宽卵形至宽椭圆形，长4～12 cm，宽2.5～6.5 cm，先端钝或短尖，基部渐狭成柄，全缘或有不明显钝齿，两面疏生短柔毛，脉5～7条。穗状花序细圆柱状，长3～40 cm；苞片三角形，长2～3 mm，无毛或先端疏生短毛；花萼长2～3 mm，萼片先端钝；花冠白色，裂片狭三角形；雄蕊4，伸出花冠外；雌蕊1，子房2室。蒴果圆锥状卵形，长3～4.5 mm，基部上方周裂。种子椭圆形，具角，黑褐色。花期4—8月，果期6—9月。

【分布区域】分布于螺山镇龙潭村。

【药用部位】全草、种子。

【炮制】全草（车前草）：夏季采挖，除去泥沙及杂质，洗净，切段，晒干。

种子（车前子）：夏、秋季种子成熟时采收果穗，晒干，搓出种子，除去杂质。

盐车前子：取净车前子，照盐水炙法炒至有爆裂声时，喷洒盐水，炒干。

【化学成分】全草含车前草苷A～F、大车前苷、车前苷、桃叶珊瑚苷、京尼平苷酸、毛蕊花糖苷等。

【性味与归经】全草：甘，寒。归肝、肾、肺、小肠经。种子：甘，微寒。归肝、肾、肺、小肠经。

【功能与主治】全草：清热利尿通淋，祛痰，凉血，解毒。用于热淋涩痛，水肿尿少，暑湿泄泻，痰热咳嗽，吐血衄血，痈肿疮毒。

种子：清热利尿通淋，渗湿止泻，明目，祛痰。用于热淋涩痛，水肿胀满，暑湿泄泻，目赤肿痛，痰热咳嗽。

【用法与用量】全草：9～30 g（鲜品 30～60 g），煎服或捣汁服。外用鲜品适量，捣敷患处。

种子：9～15 g，入煎剂宜包煎。

【临床应用】①治小便赤涩，癃闭不通，热淋血淋：车前子、翟麦、萹蓄、滑石、山栀子仁、炙甘草、木通、大黄各 500 g。上为散，每次服 6 g。②治小儿伏暑吐泻，烦渴引饮，小便不通：白茯苓、木猪苓、车前子、人参、香薷各等份，共研细末，每次服 3 g。③治肾炎水肿：车前子 12 g，怀牛膝、山萸肉、泽泻、附子各 9 g，丹皮 6 g，肉桂 3 g，淮山药、云苓各 12 g，水煎服。④治老年性白内障：车前子 60 g，当归、熟地黄各 15 g，五味子、枸杞子、楮实子、川椒各 30 g，菟丝子 250 g。共为细末，炼蜜为丸如梧桐子大，每服 30 丸，空腹盐汤送下。⑤治疱疹性角膜炎：车前子、密蒙花、羌活、白蒺藜、黄芩、菊花、龙胆草、草决明、甘草各等份为末，每服 6 g，食后饭汤送下。⑥治肾病综合征：车前子、茯苓各 15 g，生地黄、丹参、益母草、泽泻各 20 g，附子 10 g，黄芪 30 g，水煎服。⑦治红眼病：车前子 50 g，薄荷叶 10 g。煎汤 500～600 ml 洗眼，每日 3～5 次，直至痊愈。⑧治小便热秘不通：车前子 30 g，川黄柏 15 g，白芍 6 g。水煎服，每日 1 剂。⑨治白浊：炒车前子 12 g，白蒺藜 9 g。水煎服，每日 1 剂。

九十三、忍冬科 Caprifoliaceae

灌木或木质藤本，有时为小乔木或小灌木，落叶或常绿，具松软木质部和发达的髓部。叶对生，单叶，全缘、具齿或有时羽状或掌状分裂，具羽状脉；叶柄短，有时两叶柄基部连合，无托叶或不显著退化成腺体。聚伞或轮伞花序，或由聚伞花序集合成伞房式或圆锥式花序，有时因聚伞花序中央的花退化成总状或穗状花序，极少花单生；花两性，极少杂性；萼筒贴生于子房，萼裂片或萼齿 2 ～ 5 枚，宿存或脱落，较少于花开后增大；花冠合瓣，辐状、钟状、筒状、高脚碟状或漏斗状，裂片 3 ～ 5 枚，覆瓦状或稀镊合状排列，有时二唇形，上唇 2 裂，下唇 3 裂，或上唇 4 裂，下唇单一；花盘不存在，或呈环状或为一侧生的腺体；雄蕊 5 枚，或 4 枚而二强，着生于花冠筒，花药背着，2 室，纵裂；子房下位，2 ～ 5 室或 7 ～ 10 室，中轴胎座，每室含 1 至多数胚珠，部分子房室常不发育。果实为浆果、核果或蒴果，具 1 至多数种子。种子含胚 1 枚，胚乳肉质。

本科有 13 属约 500 种，主要分布于北温带和热带高海拔山地，东亚和北美东部种类较多，个别属分布在大洋洲和南美洲。我国有 12 属 200 余种，大多分布于华中和西南地区。

洪湖市境内的忍冬科植物有 2 属 2 种。

1. 叶为单叶……………………………………………………………………………………………忍冬属 *Lonicera*

1. 叶为奇数羽状复叶………………………………………………………………………………接骨木属 *Sambucus*

忍冬属 *Lonicera* L.

灌木或木质灌木，落叶或常绿，小枝髓部白色或黑褐色，枝有时中空，老枝树皮常成条状剥落。冬芽有 1 至多对鳞片。叶常对生，很少轮生。花成对生于腋生的总花梗顶端，简称“双花”，或花无柄而呈轮状排列于小枝顶，每轮 3 ～ 6 朵；每双花有苞片和小苞片各 1 对，小苞片有时连合成杯状或坛状而包被萼筒，稀缺失；相邻两萼筒分离或连合，萼檐 5 裂或有时口缘浅波状或环状，很少向下延伸成帽边状突起；花冠白色或黄色、淡红色或紫红色，钟状、筒状或漏斗状，整齐或近整齐 5 裂，或二唇形而上唇 4 裂，花冠筒基部常一侧肿大或具浅或深的囊，很少有长距；雄蕊 5，花药丁字形着生；子房 2 ～ 3 室，花柱纤细，柱头头状。果实为浆果，红色、蓝黑色或黑色。种子具浑圆的胚。

洪湖市境内的忍冬属植物有 1 种。

276. 忍冬

【拉丁名】 *Lonicera japonica* Thunb.

【别名】 老翁须、鸳鸯藤、蜜桷藤、子风藤、右转藤、二宝藤、二色花藤、银藤、金银藤、金银花、双花。

【形态特征】 常绿缠绕木质藤本。叶纸质，卵形至矩圆状卵形，有时卵状披针形，长 3 ～ 5 cm，顶端渐尖，少有钝、圆或微凹缺，基部近心形，有糙缘毛，上面深绿色，下面淡绿色，小枝上部叶两面均密被短糙毛，下部叶平滑无毛而带青灰色；叶柄长 4 ～ 8 mm，密被短柔毛。总花梗通常单生于小枝上部叶腋，密被短柔毛，并夹杂腺毛；苞片叶状，卵形至椭圆形，长 2 ～ 3 cm，小苞片顶端圆形或截形，长约 1 mm，有短糙毛和腺毛；萼筒长约 2 mm；花冠白色，长 2 ～ 6 cm，唇形，上唇裂片顶端钝形，下唇带状而反曲；雄蕊和花柱均高出花冠。果实圆形，直径 6 ～ 7 mm，熟时蓝黑色，有光泽。种子卵圆形或椭圆形，褐色，长约 3 mm，中部有 1 凸起的脊，两侧有横沟纹。花期 4—7 月，果熟期 8—10 月。

【分布区域】分布于乌林镇香山村。

【药用部位】干燥带叶茎藤、花蕾或带初开的花。

【炮制】忍冬藤：秋、冬季采割，晒干。除去杂质，洗净，闷润，切段，干燥。

金银花：夏初花开放前采收，干燥。

【化学成分】忍冬叶含黄酮类成分、绿原酸、马钱苷等。花含绿原酸、木犀草素、肌醇、黄酮类、鞣质等。

【性味与归经】忍冬藤：甘，寒。归肺、胃经。金银花：甘，寒。归肺、心、胃经。

【功能与主治】忍冬藤：清热解毒，疏风通络。用于温病发热，热毒血痢，痈肿疮疡，风湿热痹，关节红肿热痛。

金银花：清热解毒，凉散风热。用于痈肿疔疮，喉痹，丹毒，热毒血痢，风热感冒，温病发热。

【用法与用量】忍冬藤：煎汤，9 ～ 30 g。

金银花：煎汤，6 ～ 15 g。

【临床应用】①治痈疽发背，肠痈，乳痈，无名肿痛，憎寒壮热，类若伤寒：忍冬、黄芪各 150 g，当归 36 g，炙甘草 240 g。上为细末，每服 6 g，酒 450 ml，煎至 300 ml，若病在上食后服，病在下食前服，少顷再进第 2 服，留渣外敷，未成脓者内消，已成脓者即溃。②治一切痈疽：忍冬藤 150 g，大甘草节 30 g。上用水 600 ml，煎 300 ml，入好酒 300 ml，再煎数沸，去滓。分 3 服，1 昼夜用尽，病重昼夜 2 剂，至大小便利为度；另用忍冬藤 60 g 研烂，酒少许敷四周。③治慢性肾炎：忍冬藤、络石藤、天仙藤、海风藤、丹参、丹皮各适量，水煎服，每日 1 剂。④治诸般肿痛，金刃伤疮，恶疮：金银藤 120 g，吸铁石 9 g，香油 500 g。熬枯去滓，入黄丹 240 g，待熬至滴水不散，如常摊用。⑤治痈疮初发，关节红肿热痛：忍冬藤 150 g，生甘草 10 g。先取 60 g 忍冬叶入砂盆研烂，入酒少许和匀成膏，再将忍冬藤、生甘草入砂锅内，加清水 600 ml，文武火煎至 300 ml，入好米酒 350 ml，再煎十数沸，去渣，分为 3 服，将药膏调涂患处四周，留头。早、午、晚将3份药酒服尽，病重者1日可服2剂。⑥治肌肉深部脓肿（针毒流注）：忍冬藤60 g，连翘60 g，皂刺10 g，当归20 g，赤芍10 g，水蛭5 g，羌活6 g，生甘草3 g，水煎服。⑦治急性阑尾炎性腹膜炎：忍冬藤60 g，蒲公英30 g，败酱草60 g，青黛12 g，冬瓜仁30 g，生薏苡仁30 g，木香10 g，生大黄30 g。每日1剂，煎后分4次服。⑧治原发性血小板增多症：忍冬藤25 g，连翘20 g，柴胡15 g，丹皮15 g，夏枯草15 g，当归10 g，川芎7.5 g，生地黄30 g，白芍15 g，地骨皮15 g，知母15 g，甘草5 g，鳖甲20 g。水煎服，另用犀角（现以水牛角代）末1.5 g单煎。

接骨木属 *Sambucus* L.

落叶乔木或灌木，很少为高大草本；茎干常有皮孔，具发达的髓。奇数羽状复叶，对生；托叶叶状或退化成腺体。花序由聚伞合成顶生的复伞式或圆锥式；花小，白色或黄白色，整齐；萼筒短，萼齿5枚；花冠辐状，5裂；雄蕊5，开展，很少直立，花丝短，花药外向；子房3～5室，花柱短或几无，柱头2～3裂。浆果状核果红黄色或紫黑色，具3～5枚核。种子三棱形或椭圆形，胚与胚乳等长。

洪湖市境内的接骨木属植物有1种。

277. 接骨草

【拉丁名】*Sambucus javanica* Blume

【别名】臭草、八棱麻、陆英、蒴藋、青稞草、走马箭、七叶星、接骨木、接骨风。

【形态特征】灌木状草本，高1～2 m。茎自立，多分枝，有棱条，髓部白色。奇数羽状复叶，小叶2～3对，互生或对生，狭卵形，长6～13 cm，宽2～3 cm，先端渐尖，基部钝圆稍偏斜，边缘具细锯齿，无毛。复伞形花序顶生，大而疏散；总花梗基部托以叶状总苞片，分枝三至五出，纤细，被黄色疏柔毛；萼筒杯状，萼齿三角形；花冠白色，仅基部连合；花药黄色或紫色；子房3室，花柱短，柱头头状，3浅裂。果实红色，近圆形，核2～3粒，卵形，表面有小疣状突起。花期4—5月，果熟期8—9月。

【分布区域】分布于黄家口镇革丹村。

【药用部位】茎枝。

【炮制】全年可采，鲜用或切段晒干。

【性味与归经】甘、苦，平。归肝经。

【功能与主治】祛风利湿，活血，止血。用于风湿痹痛，痛风，大骨节病，急慢性肾炎，风疹，跌打损伤，

骨折肿痛，外伤出血。

【用法与用量】煎汤，15 ～ 30 g；或入丸、散。外用适量，捣敷或煎汤熏洗；或研末撒。

【注意】孕妇忌服，多服令人吐。

九十四、桔梗科 Campanulaceae

一年生或多年生草本，稀为灌木、小乔木或草质藤本。大多数具乳汁管，分泌乳汁。单叶，互生，少对生或轮生。花常集成聚伞花序、假总状花序、圆锥花序，或缩成头状花序，有时花单生；花两性，稀少单性或雌雄异株，大多 5 数，辐射对称或两侧对称；花萼 5 裂，筒部与子房贴生，或花萼无筒 5 全裂，裂片离生宿存，镊合状排列；花冠合瓣，浅裂或深裂至基部而成为 5 个花瓣状的裂片；雄蕊 5 枚，与花冠分离，或贴生于花冠筒下部，花丝基部常扩大成片状，无毛或边缘密生茸毛，花药内向，极少侧向；花盘有或无，如有则为上位，分离为筒状或环状；子房下位，或半上位，2 ～ 6 室，花柱单一，常在柱头下有毛，柱头 2 ～ 6 裂，胚珠多数，大多着生于中轴胎座上。蒴果，顶裂或周裂，或盖裂，或为不规则撕裂的干果，少为浆果。种子多数，有或无棱，胚直，具胚乳。

本科约有 70 属 2000 种，世界广布，但主产地为温带和亚热带地区。我国产 16 属约 170 种。

洪湖市境内的桔梗科植物有 1 属 1 种。

半边莲属 *Lobelia* L.

草本，有的下部木质化。叶互生，排成两行或螺旋状。花单生于叶腋，或总状花序顶生，或由总状花序再组成圆锥花序；花两性，稀单性；小苞片有或无；花萼筒卵状、半球状或浅钟状，裂片等长或近等长，极少二唇形，全缘或有小齿，果期宿存；花冠两侧对称，背面常纵裂至基部或近基部，极少数种花冠完全不裂或几乎完全分裂，檐部二唇形或近二唇形，个别种所有裂片平展在下方，呈一个平面，上唇裂片 2，下唇裂片 3，裂片形状及结合程度因种而异；雄蕊筒包围花柱，花药管多灰蓝色，顶端或仅下方 2 枚顶端生髯毛；柱头2裂，子房下位、半下位，极少数种为上位，2室，胎座半球状，胚珠多数。蒴果，成熟后顶端2裂。种子多数，小，长圆状或三棱状，有时具翅，表面平滑或有蜂窝状网纹、条纹和瘤状突起。

洪湖市境内的半边莲属植物有1种。

278. 半边莲

【拉丁名】*Lobelia chinensis* Lour.

【别名】瓜仁草、细米草、急解索。

【形态特征】多年生草本，高6～15 cm，全体光滑无毛。叶互生，椭圆状披针形至条形，长8～25 cm，宽2～6 cm，先端急尖，基部圆形至阔楔形，全缘或顶部有明显的锯齿，无毛。花单生于叶腋，花梗长12～18 cm；萼筒倒三角状圆锥形，萼齿5，披针形；花冠粉红色，花冠筒有一侧深裂至基部，先端5裂，裂片披针形，均偏向一方，内面稍具短柔毛；雄蕊5枚，长约8 mm，花丝着生于花冠筒内，基部分离，花药聚合，围绕柱头；子房下位，2室，花柱细线形，柱头膨大，2浅裂。蒴果顶端开放。种子多数，细小。花果期5—10月。

【分布区域】分布于乌林镇香山村。

【药用部位】全草。

【炮制】除去杂质，洗净，切段，晒干。

【化学成分】含山梗菜碱、山梗菜酮碱、山梗菜醇碱、异山梗菜酮碱等生物碱以及黄酮苷、皂苷、氨基酸等。

【性味与归经】甘，平。归心、肺、小肠经。

【功能与主治】清热解毒，利水消肿。用于毒蛇咬伤，痈肿疔疮，扁桃体炎，湿疹，足癣，跌打损伤，湿热黄疸，阑尾炎，肠炎，肾炎，肝硬化腹水及多种癌症。

【用法与用量】煎汤，15～30 g。外用适量，捣敷；或捣汁调涂。

【临床应用】①治肺癌出现胸水，或四肢肿胀发绀：半边莲30 g，蜂房、葶苈子各9 g，半枝莲、全瓜蒌各30 g，云茯苓15 g，车前草、夏枯草各30 g。水煎2遍，分2次服。②治单腹臌胀：半边莲、金钱草各9 g，大黄12 g，枳实18 g。水煎，连服5天，每天1剂；以后加重半边莲、金钱草2味，将原方去大黄，加神曲、麦芽、砂仁，连服10天；最后将此方做成小丸，每服15 g，连服半个月。在治疗中少食盐。

九十五、菊科 Compositae

草本、亚灌木或灌木，稀为乔木。多有乳汁管或树脂道。叶互生，稀对生或轮生，全缘或具齿或分裂，无托叶，或有时叶柄基部扩大成托叶状。花两性或单性，整齐或左右对称，5 基数，密集成头状花序或短穗状花序，为 1 层或多层总苞片组成的总苞所围绕，头状花序单生或数个排列成总状、聚伞状、伞房状或圆锥状，花序托平或凸起，具窝孔或无窝孔，无毛或有毛，具托片或无托片；萼片不发育，通常形成鳞片状、刚毛状或毛状的冠毛；花冠辐射对称，管状，或左右对称，二唇形，或舌状，头状花序盘状或辐射状，有同型的小花，全部为管状花或舌状花，或有异型小花，即外围为雌花，舌状，中央为两性的管状花；雄蕊 4 ~ 5 枚，着生于花冠管上，花药内向，合生成筒状，基部钝，锐尖，戟形或具尾；花柱上端 2 裂，花柱分枝上端有附器或无附器，子房下位，合生心皮 2 枚，1 室，具 1 个直立的胚珠。瘦果不开裂。种子无胚乳，具 2 个，稀 1 个子叶。

本科约有 1000 属 30000 种，广布于全世界，热带地区较少。我国约有 200 属 2000 种，产于全国各地。

洪湖市境内的菊科植物有 29 属 38 种。

1. 头状花序有同型或异型的小花，中央的花非舌状。
  2. 花药基部钝或微尖。
    3. 花柱分枝圆柱形，上端有棒槌状或稍扁而钝的附器；头状花序盘状，有同型的筒状花；叶通常对生……藿香蓟属 *Ageratum*
    3. 花柱上端分枝非棒槌状，或稍扁而钝；头状花序辐射状，边缘常有舌状花，或盘状而无舌状花。
      4. 花柱分枝通常一面平一面凸，上端有尖或三角形附器，有时上端钝；叶互生。
        5. 头状花序辐射状，舌状花白色、红色或紫色，或头状花序盘状，无舌状花。
          6. 头状花序有显著展开的舌状雌花，或有时无雌花。
            7. 冠毛短，膜片状或芒状……马兰属 *Kalimeris*
            7. 冠毛长，毛状，有或无外层的膜片。
              8. 总苞片多层，覆瓦状排列，叶质或边缘干膜质，或 2 层，近等长；舌状花通常 1 层；花柱分枝顶端披针形……紫菀属 *Aster*
              8. 总苞片 2 层，狭窄；叶等长；花柱分枝宽三角形；雌花 1 层或多层……飞蓬属 *Erigeron*
          6. 头状花序有细筒状的雌花，有时雌花的花冠有直立的小舌片，或雌花无花冠，但无明显的开展的舌状花，雌花通常多层；冠毛毛状……白酒草属 *Conyza*
      4. 花柱分枝通常截形，无或有尖或三角形附器，有时分枝钻形。
        9. 冠毛不存在，或鳞片状、芒状或冠状。
          10. 总苞片叶质。

11. 头状花序单性，有同型花；雌花无花冠；花药分离或贴合，花序托在两性花之间有毛状托片；雄头状花序总状或穗状排列；雌头状花序无柄；内层总苞片结合成囊状，有喙及钩刺……苍耳属 *Xanthium*

11. 头状花序有异型花；雄花花冠舌状或筒状，或有时雌花不存在而头状花序具同型花，花药贴合。

12. 瘦果全部肥厚，圆柱形，或舌状花瘦果有棱，筒状花瘦果侧面扁压。

13. 瘦果为内层总苞片所包被，无冠毛或有微鳞片；叶对生……豨莶属 *Siegesbeckia*

13. 内层总苞片平，不包被瘦果。

14. 托片平，狭长……鳢肠属 *Eclipta*

14. 托片内凹或对折……向日葵属 *Helianthus*

12. 瘦果多少背面扁压……鬼针草属 *Bidens*

10. 总苞片全部或边缘干膜质；头状花序盘状或辐射状。

15. 头状花序单生或排成伞房状或头状，或有时头状花序单生于叶腋而形似总状。

16. 一年生草本；舌状花的瘦果三翅形（栽培）……茼蒿属 *Glebionis*

16. 多年生草本或半灌木……菊属 *Dendranthema*

15. 头状花序排列成总状花序或复总状花序，或排成簇生的伞房状或总状花序……蒿属 *Artemisia*

9. 冠毛通常毛状；头状花序辐射状或盘状；叶互生。

17. 花柱分枝直立，顶端具钻状乳头状的长附器……菊三七属 *Gynura*

17. 花柱分枝外弯，顶端无钻状长乳头状的附器。

18. 花柱分枝顶端无合并的乳头状毛的中央附器……千里光属 *Senecio*

18. 花柱分枝顶端具合并的乳头状毛的中央附器……野茼蒿属 *Crassocephalum*

2. 花药基部锐尖，戟形或尾形；叶互生。

19. 花柱分枝细长，线形……牛蒡属 *Arctium*

19. 花柱分枝不为细长钻形。

20. 花柱上端无被毛的节，分枝上端截形，无附器，或有三角形附器。

21. 雌花花冠细管状或丝状；头状花序盘状，有异型小花，雌雄同株，或有同型小花而雌雄异株或近异株；雌花花柱较花冠长……鼠麴草属 *Gnaphalium*

21. 雌花花冠舌状或管状；头状花序辐射状或盘状，有异型小花，或仅有同型的两性花，雌雄同株；总苞片草质或革质，有时叶状；雌花花柱较花冠短，两性花花柱有线状分枝。

22. 有冠毛……旋覆花属 *Inula*

22. 无冠毛；头状花序盘状；雌花花冠筒状……天名精属 *Carpesium*

20. 花柱上端有稍膨大而被毛的节，节以上分枝或不分枝；头状花序有同型筒状花，有时有不结果的辐射状花。

23. 总苞片无刺；叶通常无刺或有短刺……泥胡菜属 *Hemisteptia*

23. 总苞片有刺；叶有刺。

24. 冠毛有糙毛……飞廉属 *Carduus*

24. 冠毛有羽状毛……蓟属 *Cirsium*

1. 头状花序全为同型的舌状花；花柱分枝细长线形，无附器；叶互生。

25. 冠毛鳞片状，或同时为鳞片状及毛状，或无冠毛……稻槎菜属 *Lapsanastrum*

25. 冠毛有羽状毛或简单的毛。

26. 瘦果至少在上部有小瘤状、短刺状或鳞片状突起，或极粗糙，有喙部。

27. 具白色乳状汁液……………………………………………………………………………蒲公英属 *Taraxacum*

27. 不具白色乳状汁液…………………………………………………………………………翅果菊属 *Pterocypsela*

26. 果平滑，无喙部，或有喙部而上端无小瘤、短刺或鳞。

28. 花托平，具小窝孔，或有时具缘毛………………………………………………………蒲儿根属 *Sinosenecio*

28. 花托平，无托毛。

29. 总苞片 3 ～ 5 层，覆瓦状排列，草质，内层总苞片披针形、长椭圆形或长三角形，边缘常膜质……………………………………………………………………………………苦苣菜属 *Sonchus*

29. 总苞 3 ～ 4 层，外层及最外层短，顶端急尖，内层及最内层长，外面顶端无鸡冠状附属物或有鸡冠状附属物……………………………………………………………………………黄鹌菜属 *Youngia*

藿香蓟属 *Ageratum* L.

一年生或多年生草本或灌木。叶对生或互生。头状花序小，同型，有多数小花，在茎枝顶端排成紧密伞房状花序，少有排成疏散圆锥花序；总苞钟状，总苞片 2 ～ 3 层，线形，不等长；花托平或稍凸起，无托片或有尾状托片；花全部管状，檐部顶端有 5 齿裂；花药基部钝，顶端有附片；花柱分枝细长，顶端钝。瘦果有 5 纵棱，冠毛膜片状或鳞片状，5 ～ 20 个，急尖或长芒状渐尖，分离或连合成短冠状。

洪湖市境内的藿香蓟属植物有 1 种。

279. 藿香蓟

【拉丁名】*Ageratum conyzoides* L.

【别名】胜红蓟、咸虾花、白花草、白毛苦、白花臭草、重阳草、脓泡草。

【形态特征】一年生草本，高 50 ～ 100 cm。茎直立，多分枝，较粗壮，茎枝淡红色，通常上部绿色，具白色尖状短柔毛或长茸毛。叶对生，上部互生，叶柄长 1 ～ 3 cm，具白色短柔毛及黄色腺点；叶片卵形，长 5 ～ 13 cm，宽 2 ～ 5 cm，上部叶片及下部叶片渐小，多为卵形或长圆形，叶先端急尖，基部钝或宽楔形，边缘具钝齿。头状花序小，于茎顶排成伞房状花序；花梗长 0.5 ～ 1.5 cm，具尖状短柔毛；总苞钟状或半球形，突尖，总苞片 2 层，长圆形或披针状长圆形，长 3 ～ 4 mm，边缘撕裂；花冠淡紫色，长 1.5 ～ 2.5 cm，全部管状，先端 5 裂。瘦果黑褐色，5 棱，冠毛膜片 5 或 6 个，长 1.5 ～ 3 mm，先端急狭或渐狭成芒状。花果期全年。

【分布区域】分布于螺山镇袁家湾村。

【药用部位】全草、叶及嫩茎。

【炮制】夏、秋季采收，洗净，鲜用或晒干。

【性味与归经】辛、微苦，凉。

【功能与主治】祛风清热，止痛，止血。用于乳蛾，泄泻，胃痛，崩漏，肾结石，湿疹，鹅口疮，痈疮肿毒，下肢溃疡，中耳炎，外伤出血。

【用法与用量】煎汤，15～30 g。外用适量，鲜草捣烂或干品研末撒敷患处，或绞汁滴耳，或煎水洗。

牛蒡属 *Arctium* L.

二年生草本。叶互生，不分裂，基部心形，有叶柄。头状花序较大，在茎枝顶端排成伞房状或圆锥状花序，同型，含有多数两性管状花；总苞卵形或卵球形，总苞片多层，多数，线形、披针形，顶端有钩刺；花托平，被稠密的托毛；全部小花结实，花冠5浅裂；花药基部附属物箭形，花丝分离，无毛；花柱分枝线形，外弯，基部有毛环。瘦果压扁，倒卵形或长椭圆形，顶端截形，有多数细脉纹或肋棱。

洪湖市境内的牛蒡属植物有1种。

280. 牛蒡

【拉丁名】*Arctium lappa* L.

【别名】大力子、恶实、万把钩。

【形态特征】二年生草本，肉质直根粗大，有分枝支根。茎直立，粗壮，紫红色或淡紫红色，有数条高起的棱，茎枝被稀疏的乳突状短毛并混杂以棕黄色的小腺点。基生叶宽卵形，边缘具齿尖，基部心形，叶柄长，上面绿色，被稀疏的短糙毛及黄色小腺点，下面灰白色或淡绿色，被薄茸毛及黄色小腺点，叶柄灰白色，被稠密的蛛丝状茸毛及黄色小腺点，但中下部常脱毛。头状花序在茎枝顶端排成伞房或圆锥状伞房花序，花序梗粗壮；总苞卵形或卵球形，直径1.5～2 cm，全部苞近等长，顶端有软骨质钩刺；小花紫红色，花冠长1.4 cm，细管部长8 mm，檐部长6 mm，外面无腺点，花冠裂片长约2 mm。瘦果倒长卵形，长5～7 mm，宽2～3 mm，两侧压扁，浅褐色，有细脉纹及深褐色的色斑。花果期6—9月。

【分布区域】分布于燕窝镇群力村。

【药用部位】干燥成熟果实、根及叶。

【炮制】牛蒡子：除去杂质，洗净，干燥，用时捣碎。

炒牛蒡子：取净牛蒡子，照清炒法炒至略鼓起、微有香气，用时捣碎。

【化学成分】含牛蒡苷、异牛蒡酚、牛蒡酚A～E等。

【性味与归经】牛蒡子：辛、苦，寒。归肺、胃经。牛蒡根：苦、辛，寒。牛蒡茎叶：苦、微甘，凉。

【功能与主治】牛蒡子：疏散风热，宣肺透疹，解毒利咽。用于风热感冒，咳嗽痰多，麻疹，风疹，咽喉肿痛，痄腮，丹毒，痈肿疮毒。

牛蒡根：清热解毒，疏风利咽。用于风热感冒，咳嗽，咽喉肿痛，疮疖肿痛，脚癣，湿疹。

牛蒡茎叶：清热除烦，消肿止痛。用于风热头痛，心烦口干，咽喉肿痛，小便涩少，痈肿疮疖，皮肤风痒。

【用法与用量】牛蒡子：煎汤，6 ～ 12 g；或入散剂。外用适量，煎水含漱。

牛蒡根：煎汤，10 ～ 15 g。

牛蒡茎叶：煎汤，10 ～ 15 g（鲜品加倍）；或捣汁。外用适量，鲜品捣敷；或绞汁，或熬膏涂。

【临床应用】①治壅涎唾多，咽膈不利：牛蒡子、荆芥穗各 30 g，炙甘草 15 g。并为末，食后夜卧，汤点 6 g 服，当缓取效。②治喉痹：牛蒡子 6 份，马蔺子 8 份。上二味捣为散，每空腹以暖水服 6 g，渐加至 9 g，日再服。③治风热客搏上焦，悬痈肿痛：牛蒡子、生甘草各 30 g。上为散，每服 4 g，水 200 ml，煎 6 分，旋含之，良久咽下。④治皮肤风热，遍身生荨麻疹：牛蒡子、浮萍各等份。以薄荷汤调下 6 g，日 2 服。⑤治风肿斑毒作痒：牛蒡子、玄参、僵蚕、薄荷各 15 g。为末，每服 9 g，白汤调下。⑥治痰厥头痛：旋覆花 30 g，牛蒡子 30 g。上药捣细罗为散，不计时候，以腊面茶清调下 3 g。⑦治头痛连睛，并目昏涩不明：牛蒡子、苍耳子、甘菊花各 9 g，水煎服。⑧治风热，手指赤肿麻木，遇暑热或大便秘结：牛蒡子 90 g，新豆豉、羌活各 30 g，干生地黄 75 g，黄芪 45 g（蜜炙）。上为细末，汤调 6 g 服，空腹食前，日 3 服。⑨治乳痈：牛蒡子、全瓜蒌、天花粉、黄芩、陈皮、山栀子、皂刺、双花、连翘、甘草各 6 ～ 10 g，水煎服。

蒿属 *Artemisia* L.

草本，少数为半灌木或小灌木；常有浓烈的挥发性香气。叶互生，一至三回，稀四回羽状分裂，裂片边缘有裂齿或锯齿，稀全缘；叶柄基部常有小苞叶。头状花序小，多数或少数，具短梗或无梗，基部常有小苞叶，在茎或分枝上排成疏松或密集的穗状花序，或穗状花序在茎上再组成总状、复头状或圆锥花序；总苞片 2 ～ 4 层，卵形或披针形，覆瓦状排列；花序托半球形或圆锥形；花异型，边缘花雌性，1 ～ 2 层，花冠狭圆锥状或狭管状，檐部具 2 ～ 4 裂齿，花柱线形，伸出花冠外，先端 2 叉，叉端钝尖；柱头位于花柱分叉口内侧，子房下位，2 心皮，1 室，具 1 枚胚珠，中央花两性，数层，花冠管状，檐部具 5 裂齿；雄蕊 5 枚，花药椭圆形或线形，侧边聚合，2 室，纵裂，顶端附属物长三角形，孕育两性花开花时花柱伸出花冠外，上端 2 叉，斜向上或略向外弯曲，叉端截形，柱头具毛及小瘤点；不孕育两性花的雌蕊退化，花柱极短，先端不叉开，退化子房小或不存在。瘦果小，卵形，无冠毛，稀具不对称的冠状突起，果壁外具纵纹，无毛，稀被疏毛。种子 1 枚。

洪湖市境内的蒿属植物有 3 种。

1. 一年生或二年生草本；叶二至三回羽状分裂……黄花蒿 *A. annua*
1. 多年生草本或半灌木。
   2. 叶裂片楔形……艾 *A. argyi*
   2. 叶裂片线形或线状披针形……蒌蒿 *A. selengensis*

281. 黄花蒿

【拉丁名】*Artemisia annua* L.

【别名】蒿子、臭蒿、香蒿、苦蒿、青蒿、香青蒿、细叶蒿、细青蒿、草青蒿、草蒿子。

【形态特征】一年生草本，有浓烈的挥发性香气。茎直立，具纵条纹，无毛。叶纸质，绿色，三回栉齿状的羽状深裂，裂片短而细，宽 0.5～1 mm，两面具极细粉末状腺点或细毛；叶轴两侧具狭翅，茎上部叶逐渐细小，常一回栉齿状的羽状细裂，无柄；基生叶花时凋谢。头状花序极多数，球形，细小，直径约 1.5 mm，具细短梗，排列成圆锥花序；总苞片 3～4 层，平滑无毛，外层总苞片狭椭圆形，绿色，中层和内层的苞片均椭圆形，背面中央绿色，边缘膜质；小花全部管状，黄色，果着生在矩圆形花托上；外雌花，花冠狭管状，花柱线形，伸出花冠外，先端 2 叉；中央为两性花，花冠管状，花药线形，花柱近与花冠等长，先端 2 叉，叉端截形。瘦果椭圆形。花果期 8—11 月。

【分布区域】分布于新堤街道大兴社区。

【药用部位】地上部分。

【炮制】拣去杂质，除去残根，水淋使润，切段，晒干。

【化学成分】含挥发油，油中有金合欢醇乙酸酯、石竹烯、β－荜草烯、莰烯、柠檬烯、桉油精、蒿酮、α－侧柏酮。叶含东莨菪苷、芦丁、绿原酸、咖啡酸、腺苷、腺嘌呤、鸟嘌呤、尿酸、胆碱、鞣质等。

【性味与归经】黄花蒿：苦、辛，寒。归肝、胆经。黄花蒿子：辛，凉。

【功能与主治】黄花蒿：清虚热，除骨蒸，解暑热，截疟，退黄。用于温邪伤阴，暑邪发热，阴虚发热，夜热早凉，骨蒸劳热，疟疾寒热，湿热黄疸。

黄花蒿子：行气开胃，补虚止汗。用于气滞，食呆，虚劳，盗汗。

【用法与用量】黄花蒿：煎汤，6～12 g，入煎剂宜后下。外用适量，研末调敷；或鲜品捣敷，或煎水洗。

黄花蒿子：煎汤，3～9 g。

【临床应用】①治小儿热泻：黄花蒿、凤尾草、马齿苋各 6 g，水煎服。②治淋巴管炎：黄花蒿、牡荆叶各 60 g，威灵仙 15 g，水煎服。③治肺结核潮热：青蒿 6 g，鳖甲 15 g，生地黄 12 g，知母 6 g，丹皮 10 g，水煎服。④治夏令感冒：青蒿 10 g，薄荷 3 g，水煎服。⑤治劳伤痰血，鼻出血：黄花蒿配仙鹤草、白及、白茅根等；或鲜叶，捣绒塞鼻。⑥治丝虫病：青蒿、黄荆叶各 60 g，威灵仙 15 g。水煎，分 2 次服。⑦治小儿消化不良之腹胀：鲜黄花蒿 6～9 g，绿豆 9 g，水煎服；另取鲜黄花蒿适量，捣烂炒热，温敷脐部。⑧治疟疾：黄花蒿 9 g，乌梅 3 颗，马鞭草 6 g，水煎服。⑨治小儿夏季热：黄花蒿、地骨皮各 9 g，水煎服；或黄花蒿 9 g，山芝麻 6 g，水煎服。⑩治盗汗：黄花蒿根 15 g，大枣 5 颗，水煎服。

282. 艾

【拉丁名】*Artemisia argyi* Levl. et Van.

【别名】金边艾、医草、甜艾、艾蒿、祈艾、端阳蒿、野艾。

【形态特征】多年生草本，具特异香气，全株被茸毛。茎直立，有纵沟槽。叶互生；茎下部叶花期凋萎，中部以上叶片卵状椭圆形，长 6～9 cm，宽 4～8 cm，羽状深裂，侧裂片 1～2 对，顶端常又 3 裂，裂片披针形，先端渐尖，边缘全缘，茎上部叶渐小，长椭圆形或狭披针形，有浅裂或不裂，无柄；叶片基部楔形，上面绿色，有稀疏蛛丝状毛和腺点，下面密被白色茸毛，有短柄。头状花序排列成总状，无梗；总苞卵形，密被茸毛，总苞片 4～5 层，边缘膜质；花红色，全为管状花；外围花雌性，不育；位于中央的花能育，雄蕊 5 枚，聚药，基部 2 裂，尖锐；子房下位，柱头 2 裂，裂片先端呈画笔状。瘦果长圆形，长约 1 mm，无毛。花果期 7—10 月。

【分布区域】分布于乌林镇香山村。

【药用部位】叶。

【炮制】艾叶：拣去杂质，去梗，筛去灰屑。

艾绒：取晒干净艾叶碾碎成绒，拣去硬茎及叶柄，筛去灰屑。

艾炭：取净艾叶置锅内用武火炒至七成变黑色，用醋喷洒，拌匀后过铁丝筛，未透者重炒，取出，晾凉，防止复燃，三日后储存。

【化学成分】艾含挥发油、桉油精、龙脑等。

【性味与归经】辛、苦，温。归肝、脾、肾经。

【功能与主治】温经止血，散寒止痛，祛湿止痒，止血安胎。用于吐血，衄血，便血，崩漏，月经不调，

痛经，胎动不安，少腹冷痛，泄泻久痢，霍乱转筋，带下，湿疹，疥癣，痔疮，痈疡。

【用法与用量】煎汤，3～10 g；或入丸、散，或捣汁。外用适量，捣绒作炷或制成艾条熏灸，捣敷，或煎水熏洗，或炒热温熨。

【临床应用】①治妇人肚腹胀满，脐下绞痛，大便下血不止：艾叶、当归、炮附子、炮姜各 30 g，鳖甲、卷柏各 45 g，白龙骨 60 g，赤芍 1 g。研末，炼蜜为丸，如梧桐子大。每服 30 丸，粥汤下（适用于阳虚出血证）。②治妊娠 2 月伤于风寒，乍寒乍热，心满，脐下悬急，腰背强痛：艾叶、当归、丹参、麻黄各 6 g，人参 9 g，甘草 3 g，生姜 18 g，大枣 12 颗。水煎去渣，入阿胶 9 g 烊化，分 3 次服。③治久血痢，小腹急痛不可忍：艾叶、黄芩、赤芍各 30 g，当归 45 g，地榆 15 g。研为散，每服 9 g，水煎服。④治妇人白带淋漓：艾叶 180 g，白术、苍术各 90 g（米泔水浸，晒干炒），当归身（酒炒）60 g，砂仁 30 g。共为末，每早服 9 g，白汤调下。⑤治崩伤淋漓，小肠满痛：人参、川芎、菖蒲各 30 g，艾叶 120 g，山茱萸、当归各 22 g，熟地黄、白芍各 45 g。研末，酒服为丸，如梧桐子大。每服 50 丸，温酒或开水下，常服补荣卫，固经脉。

283. 蒌蒿

【拉丁名】*Artemisia selengensis* Turcz. ex Bess.

【别名】狭叶艾、三叉叶蒿、高茎蒿、水蒿、水艾、小蒿子、芦蒿、香艾、刘寄奴、红陈艾、水陈艾、红艾。

【形态特征】多年生草本，具清香气味。具侧根与纤维状须根，有匍匐地下茎。叶纸质，上面绿色近无毛，背面密被灰白色蛛丝状平贴的绵毛。头状花序多数，长圆形或宽卵形，直径 2 ～ 2.5 mm，近无梗，在分枝上排成密穗状花序，在茎上组成狭而伸长的圆锥花序；总苞片 3 ～ 4 层，外层总苞片略短，卵形或近圆形，背面疏被灰白色蛛丝状短绵毛，后渐脱落，边狭膜质，中、内层总苞片略长，长卵形或卵状匙形，黄褐色；花托小，凸起；雌花 8 ～ 12 朵，花冠狭管状，檐部具一浅裂，花柱细长，伸出花冠外，2 叉，叉端尖；两性花 10 ～ 15 朵，花冠管状，花药线形，先端附属物尖，长三角形，花柱与花冠近等长，先端微叉开，叉端截形，有睫毛状毛。瘦果卵形，略扁。花果期 7—10 月。

【分布区域】分布于洪湖市南门洲。

【药用部位】全草。

【炮制】春季采收嫩根苗，鲜用。

【化学成分】含山地蒿酮、艾素、香豆素等。

【性味与归经】苦、辛，温。

【功能与主治】利膈开胃。用于食欲不振。

【用法与用量】煎汤，5 ～ 10 g。

紫菀属 *Aster* L.

多年生草本，亚灌木或灌木。茎直立。叶互生，有齿或全缘。头状花序作伞房状或圆锥伞房状排列，或单生，各有多数异型花，放射状，外围有 1 ～ 2 层雌花，中央有多数两性花，少有无雌花而呈盘状；

总苞半球状、钟状或倒锥状；总苞片 2 至多层，外层渐短，覆瓦状排列或近等长，草质或革质，边缘常膜质；花托蜂窝状，平或稍凸起；雌花花冠舌状，舌片狭长，白色、浅红色、紫色或蓝色，顶端有 2 ～ 3 个不明显的齿；两性花花冠管状，黄色或顶端紫褐色，通常有 5 等形的裂片；花药基部钝，全缘；花柱分枝附片披针形或三角形；冠毛宿存，白色或红褐色，有多数近等长的细糙毛，或另有一外层极短的毛或膜片。瘦果长圆形或倒卵圆形，扁或两面稍凸，有 2 边肋，通常被毛或有腺。

洪湖市境内的紫菀属植物有 1 种。

284. 钻叶紫菀

【拉丁名】*Aster subulatus* Michx.

【别名】白菊花、土柴胡、九龙箭、钻形紫菀。

【形态特征】一年生草本，高 25 ～ 80 cm。茎基部略带红色，上部有分枝。叶互生，无柄；基部叶倒披针形，花期凋落，中部叶线状披针形，长 6 ～ 10 cm，宽 0.5 ～ 1 cm，先端尖或钝，全缘，上部叶渐狭，线形。头状花序顶生，排成圆锥花序；总苞钟状；总苞片 3 ～ 4 层，外层较短，内层较长，线状钻形，无毛，背面绿色，先端略带红色；舌状花细狭、小，红色；管状花多数，短于冠毛。瘦果略有毛。花期 9—11 月。

【分布区域】分布于新堤街道江滩公园。

【药用部位】全草。

【炮制】秋季采收，切段，鲜用或晒干。

【化学成分】含芹菜素 -7-O-β-D 葡萄糖苷、芹菜素 -7-O-β-D- 半乳糖苷、山柰酚 -3-O-β-D 葡萄糖苷、槲皮素 -3-O-β-D- 葡萄糖苷、芹菜素、山柰酚、木犀草素、槲皮素和绿原酸。

【性味与归经】苦、酸，凉。

【功能与主治】清热解毒。用于痈肿，湿疹。

【用法与用量】煎汤，10 ～ 30 g。外用适量，捣敷。

鬼针草属 *Bidens* L.

一年生或多年生草本。茎直立或匍匐，有纵条纹。叶对生或互生，少 3 枚轮生，全缘或具缺刻，或一至三回三出羽状分裂。头状花序排成不规则的伞房状圆锥花序丛；总苞钟状或近半球形；苞片通常 1 ～ 2 层，基部合生，外层草质，内层膜质，具透明或黄色的边缘；托片狭，近扁平，干膜质；花杂性，外围一层为舌状或筒状花，舌状花中性，稀为雌性，通常白色或黄色，稀为红色，舌片全缘或有齿；盘花筒状，两性，可育，冠檐壶状，整齐，4 ～ 5 裂；花药基部钝或近箭形；花柱分枝扁，顶端有三角形锐尖的附器，被细硬毛。瘦果扁平或具 4 棱，倒卵状椭圆形、楔形或条形，顶端截形或渐狭，无明显的喙，有芒刺 2 ～ 4 枚，其上有倒刺状刚毛。果体褐色或黑色，光滑或有刚毛。

洪湖市境内的鬼针草属植物有 2 种。

1. 头状花序无舌状花，管状花筒状，长约 4.5 mm，冠檐 5 齿裂……………………………………鬼针草 *B. pilosa*

1. 头状花序边缘具舌状花 5 ～ 7 枚，舌片椭圆状倒卵形，白色，长 5 ～ 8 mm，宽 3.5 ～ 5 mm，先端钝或有缺刻……………………………………白花鬼针草 *B. pilosa* var. *radiata*

285. 鬼针草

【拉丁名】*Bidens pilosa* L.

【别名】金盏银盘、盲肠草、豆渣菜、引线包、一包针、粘连子、粘人草、对叉草、蟹钳草、虾钳草、三叶鬼针草、铁包针、狼把草、鬼蒺藜。

【形态特征】一年生草本，高 30 ～ 100 cm。茎直立，钝四棱形。叶对生，叶片卵形或卵状披针形，先端尖或渐尖，基部楔形或近圆形，边缘有锯齿，茎下部叶 3 裂或不裂。头状花序顶生或腋生，直径约 8 mm, 花序梗在果期长 3 ～ 10 cm；总苞基部被毛，总苞片 7 ～ 8 枚，外层总苞片匙形，绿色，边缘具毛；无舌状花，管状花筒状，长约 4.5 mm，冠檐 5 齿裂。瘦果黑色，条形，略扁，具 4 棱，长 7 ～ 13 mm，宽约 1 mm，上部具稀疏瘤状突起及刚毛，顶端芒刺 3 ～ 4 枚，长 1.5 ～ 2.5 mm，具倒刺毛。

【分布区域】分布于新堤街道大兴社区。

【药用部位】全草。

【炮制】夏、秋季花盛开期，收割地上部分，拣去杂草，鲜用或晒干。以色绿、叶多者为佳。

【化学成分】含槲皮素 -3，3'- 二甲醚 -7-O- β -D- 吡喃酮葡萄糖苷、邻苯二甲酸异丙酯、原儿茶酸等。

【性味与归经】苦，微寒。

【功能与主治】清热解毒，祛风除湿，活血消肿。用于咽喉肿痛，泄泻，痢疾，黄疸，肠痈，疔疮肿毒，蛇咬伤，风湿痹痛，跌打损伤。

【用法与用量】煎汤，15 ~ 30 g（鲜品加倍）；或捣汁。外用适量，捣敷或取汁涂；或煎水熏洗。

【注意】孕妇忌服。

286. 白花鬼针草

【拉丁名】*Bidens pilosa* var. *radiata* Sch. –Bip.

【别名】金盏银盘、铁筅帚、千条针。

【形态特征】一年生草本，茎直立，高 30 ~ 100 cm，钝四棱形。茎下部叶较小，3 裂或不分裂，在开花前枯萎，中部叶具长 1.5 ~ 5 cm 无翅的柄，三出，小叶 3 枚，两侧小叶椭圆形，长 2 ~ 4.5 cm，宽 1.5 ~ 2.5 cm，先端锐尖，基部近圆形或阔楔形，具短柄，边缘有锯齿，顶生小叶较大，长椭圆形。头状花序边缘具舌状花 5 ~ 7 枚，舌片椭圆状倒卵形，白色，长 5 ~ 8 mm，宽 3.5 ~ 5 mm，先端钝或有缺刻；总苞基部被短柔毛，苞片 7 ~ 8 枚，条状匙形，上部稍宽，开花时长 3 ~ 4 mm，果时长至 5 mm，草质，外层托片披针形，果时长 5 ~ 6 mm，干膜质，背面褐色，具黄色边缘，内层较狭，条状披针形；无舌状花，盘花筒状，长约 4.5 mm，冠檐 5 齿裂。瘦果黑色，条形，略扁，具棱，长 7 ~ 13 mm，宽约 1 mm，上部具稀疏瘤状突起及刚毛，顶端芒刺 3 ~ 4 枚，具倒刺毛。

【分布区域】分布于黄家口镇西湖村。

【药用部位】全草。

【炮制】春、夏季采收，鲜用或切段晒干。

【性味与归经】甘、微苦，凉。

【功能与主治】清热解毒，凉血止血。用于感冒发热，黄疸，泄泻，痢疾，血热吐血，血崩，跌打损伤，痈肿疮毒，鹤膝风。

【用法与用量】煎汤，10 ~ 30 g；或浸酒饮。外用适量，捣敷；或煎水洗。

【注意】妇女行经期忌服。

飞廉属 *Carduus* L.

一年生或二年生草本，茎有翼。叶互生，不分裂或羽状分裂，边缘及顶端有针刺。头状花序，全部小花两性结实；总苞钟状、倒圆锥状、球形；总苞片8～10层，覆瓦状排列，向内层渐长，最内层苞片膜质，全部苞片扁平或弯曲，顶端有刺尖；花托平或稍凸起，被稠密的长托毛；小花红色、紫色或白色，花冠管状或钟状，檐部5深裂，裂片线形或披针形，其中1裂片较其他4裂片为长；花丝分离，中部有卷毛，花药基部附属物撕裂；花柱分枝短，通常贴合。瘦果长椭圆形，稍扁平，具纵细线纹及横皱纹，顶端截形，果缘边缘全缘。冠毛多层，刚毛不等长，向内层渐长，糙毛状或锯齿状，基部连合成环，整体脱落。

洪湖市境内的飞廉属植物有1种。

287. 飞廉

【拉丁名】*Carduus nutans* L.

【别名】飞廉蒿、大蓟、刺盖、雷公菜。

【形态特征】二年生草本，高50～100 cm。主根肥壮，圆锥形。茎直立，具纵条纹，有绿色带刺齿翅，分枝，有卷曲的毛。叶互生，中下部的叶椭圆状披针形，长5～20 cm，宽1～5 cm，羽状深裂，裂片边缘具锯齿及刺，刺长3～10 mm，下面具白色蛛丝状毛，后渐脱落；叶无柄，有下延绿色的翅；上部叶渐小。头状花序2～3个簇生于枝顶，直径15～25 cm；总苞钟状，总苞片多层，内层短，中层至外层渐长，总苞片条状披针形，顶端长尖呈刺状，向外反曲，内层条形，膜质，带紫色；花紫红色，全为管状花，花冠长约15 mm，先端5裂；雄蕊5枚，聚药，基部箭头状或耳廓状，尾端细长，花丝有毛；子房下位，柱头2裂。瘦果长椭圆形，顶端平截，冠毛白色或灰白色，刺毛状。花果期6—10月。

【分布区域】分布于滨湖街道原种场。

【药用部位】全草或根。

【炮制】夏、秋季花盛开时采割全草；春、秋季挖根，除去杂质，鲜用或晒干。

【化学成分】含生物碱类等。

【性味与归经】微苦，凉。

【功能与主治】祛风，清热，利湿，凉血止血，活血消肿。用于感冒咳嗽，头痛眩晕，尿路感染，带下，黄疸，风湿痹痛，吐血，衄血，尿血，月经过多，功能性子宫出血，跌打损伤，疔疮疖肿，痔疮肿痛，烧伤。

【用法与用量】煎汤，9～30 g（鲜品30～60 g）；或入丸、散，或浸酒。外用适量，煎水洗；或鲜品捣敷，或烧存性研末。

【临床应用】①治神经痛，关节炎：飞廉30 g，延胡索9 g，煎服。②治痈疖肿毒：鲜飞廉捣烂敷患处，干则更换。③治皮肤湿疹，痛疮热疖：飞廉15～30 g，水煎服。④治乳汁不足：飞廉根30 g，水煎服。⑤治带下：飞廉根15 g，苦荬菜15～30 g，煎服。⑥治月经过多：飞廉根或全草30 g，茜草30 g，浓煎服。⑦治外伤出血：飞廉适量，研粉，撒敷患处。⑧治痔疮：鲜飞廉煎水熏洗患处。⑨治流感：飞廉花9 g（或根15 g），石胡荽、金钱草各12 g，煎服。

【注意】血虚及脾胃功能弱者慎服。

千里光属 *Senecio* L.

多年生草本，具根状茎，直立或平卧，稀攀援，茎通常具叶。叶不分裂，基生叶具柄，无耳，三角形、提琴形；茎生叶无柄，大头羽状或羽状分裂，边缘具齿，基部具耳，羽状脉。头状花序排列成顶生复伞房或圆锥聚伞花序，稀单生于叶腋，具异型小花，直立或下垂，通常具花序梗；总苞具外层苞片，半球形、钟状或圆柱形；花托平；总苞片 5 ~ 22，通常离生，草质或革质，边缘干膜质或膜质；舌状花舌片黄色，具 3 ~ 9 脉，顶端通常具 3 细齿，管状花花冠黄色，檐部漏斗状或圆柱状，裂片 5；花药长圆形至线形，基部钝，具短耳，具长达花药颈部 1/4 的尾，花药颈部柱状，向基部明显膨大，两侧具增大基生细胞；花柱分枝截形或多少凸起，边缘具较钝的乳头状毛。瘦果圆柱形，具肋，表皮光滑或具乳头状毛。冠毛毛状，顶端具叉状毛，白色、禾秆色或变红色。

洪湖市境内的千里光属植物有 1 种。

288. 千里光

【拉丁名】*Senecio scandens* Buch. –Ham. ex D. Don

【别名】千里及、黄花演、九里光、千里明。

【形态特征】多年生攀援草本，根状茎木质，粗，直径达 1.5 cm，茎伸长，弯曲，长 2 ~ 5 m，多分枝，老时变木质，皮淡色。叶具柄，叶片卵状披针形，长 2.5 ~ 12 cm，宽 2 ~ 4.5 cm，顶端渐尖，基部宽楔形，具齿，稀全缘，基部具 1 ～ 3 对较小的侧裂片，叶柄长 0.5 ～ 2 cm；上部叶变小，披针形，长渐尖。头状花序有舌状花，在茎枝端排列成顶生复聚伞圆锥花序；分枝和花序梗被短柔毛；总苞圆柱状钟形，具外层苞片，苞片约 8，线状钻形，长 2 ～ 3 mm；总苞片 12 ～ 13，线状披针形，渐尖，上部边缘有短柔毛，草质，具 3 脉；舌状花 8 ～ 10，舌片黄色，长圆形，具 3 细齿，具 4 脉；管状花多数，花冠黄色，檐部漏斗状，裂片卵状长圆形，上端有乳头状毛；花药基部有钝耳，耳长约为花药颈部 1/7，附片卵状披针形，花药颈部伸长，向基部略膨大；花柱顶端截形，有乳头状毛。瘦果圆柱形，被柔毛；冠毛白色。

【分布区域】分布于洪湖市各乡镇。
【药用部位】全草。
【炮制】鲜用或切段晒干。
【化学成分】全草含千里光碱、毛茛黄素、菊黄质等。
【性味与归经】微苦，凉。
【功能与主治】清热解毒，明目。用于痈肿疮疖，目赤肿痛。
【用法与用量】煎汤，10 ～ 15 g。

豨莶属 *Siegesbeckia* L.

一年生草本。茎直立，有二叉状分枝，多少有腺毛。叶对生，边缘有锯齿。头状花序小，排列成疏散的圆锥花序，有多数异型小花，外围有 1 ～ 2 层雌性舌状花，中央有多数两性管状花，全结实或有时中心的两性花不育；总苞钟状或半球形；总苞片 2 层，背面被头状具柄的腺毛，外层总苞片草质，通常 5 个，匙形或线状匙形，开展，内层苞片与花托外层托片相对，半包瘦果；花托小，有膜质半包瘦果的托片；雌花花冠舌状，舌片顶端 3 浅裂；两性花花冠管状，顶端 5 裂；花柱分枝短，稍扁，顶端尖或稍钝；花药基部全缘。瘦果倒卵状四棱形或长圆状四棱形，顶端截形，黑褐色，无冠毛。

洪湖市境内的豨莶属植物有 1 种。

289. 毛梗豨莶

【拉丁名】*Siegesbeckia glabrescens* Makino
【别名】光豨莶、少毛豨莶、火莶、猪膏莓、虎膏、狗膏。

【形态特征】一年生草本。茎直立，较细弱，被平伏短柔毛。基部叶花期枯萎；中部叶卵圆形或卵状披针形，长 2.5 ～ 11 cm，宽 1.5 ～ 7 cm，基部宽楔形或钝圆形，有时下延成具翼的柄，顶端渐尖，边缘有规则的齿；上部叶渐小，边缘有疏齿或全缘；全部叶两面被柔毛，基出三脉，叶脉在叶下面稍凸起。头状花序直径 10 ～ 18 mm，在枝端排列成疏散的圆锥花序；花梗纤细，疏生平伏短柔毛；总苞钟状；总苞片 2 层，叶质，背面密被紫褐色头状有柄的腺毛，外层苞片 5 枚，线状匙形，内层苞片倒卵状长圆形；托片倒卵状长圆形，背面疏被头状具柄腺毛；两性花花冠上部钟状，顶端 4 ～ 5 齿裂。瘦果倒卵形，4 棱，有灰褐色环状突起。花期 4—9 月，果期 6—11 月。

【分布区域】分布于乌林镇青山村。

【药用部位】地上部分。

【炮制】豨莶草：取原药材，除去杂质、根及老茎，先抖下叶，另放，将茎枝洗净，润透后连叶一起切段，干燥，筛去灰屑。

酒豨莶草：取豨莶草段，用黄酒拌匀，闷润至透，置适宜的蒸器内，加热蒸透呈黑色，取出，干燥。

蜜豨莶草：取豨莶草段加蜂蜜拌匀，晾半干后，置蒸笼内，蒸 1 h，取出，晒干。

酒蜜制豨莶草：取豨莶草叶揉碎，加酒拌匀，置蒸笼内，加热蒸 2 天，闷 1 夜，晒干，再加酒蒸，如此九蒸九晒，最后加蜜水炒干。

【化学成分】全草含豨莶精醇。

【性味与归经】苦、辛，寒；有小毒。归肝、肾经。

【功能与主治】祛风湿，通经络，清热解毒。用于风湿痹痛，筋骨不利，腰膝无力，半身不遂，高血压，疟疾，黄疸，痈肿，疮毒，风疹湿疮，虫兽咬伤。

【用法与用量】煎汤，9 ～ 12 g，大剂量可用至 30 ～ 60 g；捣汁或入丸、散。外用适量，捣敷；或研末撒，或煎水熏洗。

【注意】无风湿者慎服；生用或大剂量应用，易致呕吐。

天名精属 *Carpesium* L.

多年生草本。茎直立，多有分枝；叶互生，全缘或具不规整的齿。头状花序顶生或腋生，有梗，通常下垂；总苞钟状或半球形，苞片 3 ～ 4 层，干膜质或外层草质，呈叶状；花托扁平，秃裸而有细点；

花黄色，异型，外围的雌性，一至多列，结实，花冠筒状，顶端 3 ～ 5 齿裂，盘花两性，花冠筒状或上部扩大成漏斗状，通常较大，5 齿裂；花药基部箭形，尾细长；柱头 2 深裂，裂片线形，扁平，先端钝。瘦果细长，有纵条纹，先端收缩成喙状，顶端具软骨质环状物，无冠毛。

洪湖市境内的天名精属植物有 1 种。

290. 天名精

【拉丁名】*Carpesium abrotanoides* L.

【别名】鹤虱、地菘、天蔓青、野烟叶、野烟、野叶子烟。

【形态特征】多年生草本，高 30 ～ 100 cm，有臭气。茎直立，上部多分枝，幼时被柔毛。叶互生，基生叶莲座状，宽椭圆形至长椭圆形，长 8 ～ 15 cm，宽 4 ～ 8 cm，基部下延成狭翅状，全缘或有不规则的锯齿，下面有细软毛或腺点；上部叶渐小，矩圆形，顶端尖头，近无柄。头状花序直径 6 ～ 8 mm，沿茎、枝腋生，有短花梗或近于无梗，平展或稍下垂；总苞钟状或圆球状；总苞片 3 层，淡黄白色，外层较短，卵形，中层和内层较长，长椭圆形；花黄色，全为管状花，外围的雌花花冠细长呈丝状，先端 5 齿裂，中央花冠筒状，先端 5 裂，两性；柱头 2 裂，伸出花冠外。瘦果条形，长 3 ～ 4 mm，有细纵条纹，顶端有短喙，黑褐色，有黏液，无冠毛。

【分布区域】分布于乌林镇黄蓬山村。

【药用部位】全草、果实。

【炮制】取原药材，除去杂质，抢水洗净，稍润，切段，干燥。

【化学成分】全草含倍半萜内酯、天名精内酯酮、鹤虱内酯、大叶土木香内酯、依瓦菊素、天名精内酯醇、特勒内酯等。

【性味与归经】全草：苦、辛，寒。归肝、肺经。鹤虱：苦、辛，平；有小毒。归脾、胃、大肠经。

【功能与主治】全草：清热，化痰，解毒，杀虫，破瘀，止血。用于乳蛾，急慢惊风，牙痛，疔疮肿毒，皮肤痒疹，毒蛇咬伤，虫积腹痛，血瘕，吐血，衄血，血淋，创伤出血。

鹤虱：杀虫消积。用于蛔虫病，蛲虫病，绦虫病，虫积腹痛，小儿疳积。

【用法与用量】全草：煎汤，9～15 g；或研末，3～6 g；或捣汁；或入丸、散。外用适量，捣敷；或煎水熏洗及含漱。

鹤虱：煎汤，5～10 g；多入丸、散。

【临床应用】①治缠喉风：天名精细研，用生蜜和丸弹子大，噙化1～2丸。如无新者，只用干者为末，以生蜜为丸。②治声带息肉和小结：天名精、龙须草、龙葵、石龙芮、白英、枸杞子、生地黄、熟地黄、白芍、党参各9 g，水煎服。③治慢性下肢溃疡：取50%天名精煎液100 ml，加温浸洗患处，每次10～30 min，每日3次。④治胃炎胃痛：天名精9～15 g，煎服。

【注意】脾胃虚寒者慎服。鹤虱有毒，孕妇禁用。

茼蒿属 *Glebionis* Cass.

一年生草本，直根系。叶互生，叶羽状分裂或边缘具锯齿。头状花序异型，单生于茎顶，或少数生于茎枝顶端，但不形成明显伞房花序；边缘雌花舌状，1层；中央盘花两性管状；总苞宽杯状；总苞片4层，硬草质；花托凸起，半球形，无托毛；舌状花黄色，舌片长椭圆形或线形；两性花黄色，下半部狭筒状，上半部扩大成宽钟状，顶端5齿；花药基部钝，顶端附片卵状椭圆形；花柱分枝线形，顶端截形。舌状花瘦果有凸起的硬翅肋及间肋，两性花瘦果有6～12条等距排列的肋，无冠状冠毛。

洪湖市境内的茼蒿属植物有1种。

291. 茼蒿

【拉丁名】*Glebionis coronaria*（L.）Cassini ex Spach

【别名】艾菜、蓬蒿、菊花菜、蒿菜。

【形态特征】一年生草本，光滑无毛。茎不分枝或自中上部分枝。基生叶花期枯萎；中下部茎叶长椭圆形或长椭圆状倒卵形，长8～10 cm，无柄，二回羽状分裂，一回为深裂或几全裂，侧裂片4～10对，二回为浅裂、半裂或深裂，裂片卵形或线形；上部叶小。头状花序生于茎枝顶端，但不形成明显的伞房花序，花梗长15～20 cm；总苞直径1.5～3 cm；总苞片4层，内层长1 cm，顶端膜质扩大成附片状，舌片长1.5～2.5 cm。舌状花瘦果有3条凸起的狭翅肋，肋间有1～2条明显的间肋，管状花瘦果有1～2条椭圆形凸起的肋及不明显的间肋。花果期6—8月。

【分布区域】分布于新堤街道万家墩村。

【药用部位】茎叶。

【炮制】春、夏季采收，鲜用。

【化学成分】含多种氨基酸。

【性味与归经】辛、甘，凉。归心、脾、胃经。

【功能与主治】和脾胃，消痰饮，安心神。用于脾胃不和，二便不通，咳嗽痰多，烦热不安。

【用法与用量】煎汤，鲜品60～90 g。

【临床应用】治偏坠气疼，利小便：茼蒿，作蔬菜煮食。

【注意】不可多食；泄泻者禁用。

蓟属 *Cirsium* Mill.

二年生或多年生草本，雌雄同株，极少异株。茎分枝或不分枝，叶互生，分裂或不分裂，无毛至有毛，边缘有针刺。头状花序同型，或全部为两性花或全部为雌花，直立，下垂或下倾，小、中等大小或更大，在茎枝顶端排成伞房花序、伞房圆锥花序、总状花序或集成复头状花序，少有单生于茎端的；总苞卵状、卵圆状、钟状或球形，无毛或被稀疏的蛛丝状毛或蛛丝状毛极稠密且膨松，或被多细胞的长节毛；总苞片多层，覆瓦状排列或镊合状排列，边缘全缘，无针刺或有缘毛状针刺；花托被稠密的长托毛；小花红色、红紫色，极少为黄色或白色的，檐部与细管部几等长或细管部短，5 裂，有时深裂几达檐部的基部；花丝分离，有毛或乳突，极少无毛，花药基部附属物撕裂，花柱分枝基部有毛环。瘦果光滑，压扁，通常有纵条纹，顶端截形或斜截形，有果缘，基底着生面，平。冠毛多层，向内层渐长，全部冠毛刚毛长羽毛状，基部连合成环，整体脱落。

洪湖市境内的蓟属植物有 2 种。

1. 叶全缘或有齿，或有不整齐的浅裂……………………刺儿菜 *C. arvense* var. *integrifolium*
1. 叶羽状深裂或几全裂……………………………………蓟 *C. japonicum*

292. 刺儿菜

【拉丁名】*Cirsium arvense* var. *integrifolium* C. Wimm. et Grabowski

【别名】大刺儿菜、野红花、大小蓟、小刺盖、蓟蓟芽、刺刺菜。

【形态特征】多年生草本。茎直立，高 30 ~ 120 cm，上部有分枝，花序分枝无毛或有薄茸毛。叶互生，长圆形或椭圆状披针形，长 6 ~ 12 cm，宽 15 ~ 25 cm，先端尖，具刺尖头，基部狭或钝，全缘或有齿或缺刻，具刺尖头，两面被蛛丝状毛，无柄或近无柄。头状花序单生于茎端，或植株含少数或多数头状花序在茎枝顶端排成伞房花序；总苞卵形、长卵形或卵圆形，直径 1.5 ~ 2 cm；总苞片约 6 层，覆瓦状排列；小花紫红色或白色，雌花花冠长 2.4 cm，檐部长 6 mm，两性花花冠长 1.8 cm，檐部长 6 mm。瘦果淡黄色，椭圆形或偏斜椭圆形，压扁，顶端斜截形。冠毛污白色，多层，整体脱落，冠毛刚毛长羽毛状，顶端渐细。花果期 5—9 月。

【分布区域】分布于乌林镇香山村。

【药用部位】全草。

【炮制】春、夏季采幼嫩的全株，洗净鲜用。秋季采根，除去茎叶，洗净鲜用或晒干切段用。

【化学成分】含胆碱、皂苷、儿茶酚胺类物质。

【性味与归经】甘、苦，凉。归心、肝经。

【功能与主治】凉血止血，祛瘀消肿。用于衄血，吐血，尿血，便血，崩漏下血，外伤出血，痈肿疮毒。

【用法与用量】煎汤，4.5 ~ 9 g。外用鲜品适量，捣烂敷患处。

293. 蓟

【拉丁名】*Cirsium japonicum* Fisch. ex DC.

【别名】大刺介芽、地萝卜、大蓟、山萝卜、条叶蓟、大蓟草、大蓟根、刺蓟、蓟蓟芽。

【形态特征】多年生草本，块根纺锤状或萝卜状。茎直立，高 30 ～ 150 cm，茎枝有条棱，被多细胞长节毛。基生叶较大，卵形或椭圆形，长 8 ～ 20 cm，宽 2.5 ～ 8 cm，羽状深裂或几全裂，基部渐狭成短或长翼柄，翼柄边缘有针刺及刺齿；侧裂片 6 ～ 12 对，中部侧裂片较大，全部侧裂片排列稀疏或紧密，边缘有稀疏大小不等小锯齿，顶裂片披针形或长三角形；自基部向上的叶渐小，与基生叶同型并等样分裂，但无柄；全部茎叶两面同色，绿色，两面沿脉有稀疏的多细胞长或短节毛或几无毛。头状花序直立；总苞钟状；总苞片约 6 层，覆瓦状排列，向内层渐长，外层与中层卵状三角形至长三角形，长 0.8 ～ 1.3 cm，宽 3 ～ 3.5 mm，顶端渐尖，有长 1 ～ 2 mm 的针刺，内层披针形或线状披针形，长 1.5 ～ 2 cm，宽 2 ～ 3 mm，顶端渐尖成软针刺状；全部苞片外面有微糙毛并沿中肋有黏腺；小花红色或紫色，长 2.1 cm，檐部长 1.2 cm，不等 5 浅裂，细管部长 9 mm。瘦果压扁，偏斜楔状倒披针状，顶端斜截形；冠毛浅褐色，多层，基部连合成环，整体脱落；冠毛刚毛长羽毛状，长达 2 cm，内层向顶端纺锤状扩大或渐细。花果期 4—11 月。

【分布区域】分布于乌林镇香山村。

【药用部位】地上部分。

【炮制】大蓟：取原药材，除去杂质，抢水洗净，润透切段（全草）或切薄片（根部），干燥。

大蓟炭：取大蓟段或根片置锅内，用武火加热，炒至表面焦黑色，喷淋清水少许，灭尽火星，取出，晾干凉透。

炒大蓟：取大蓟段置锅内，用文火炒至表面焦黄色并有香气或呈微焦黄色，取出放凉。

醋大蓟：取大蓟加水润软，切 3 mm 长段，置锅内用文火炒热后，加醋炒至微焦黑色为度。

【化学成分】含生物碱、挥发油、柳穿鱼叶苷等。

【性味与归经】甘、苦，凉。归心、肝经。

【功能与主治】凉血止血，散瘀解毒消痈。用于衄血，吐血，尿血，便血，崩漏，外伤出血，痈肿疮毒。

【用法与用量】煎汤，5 ～ 10 g（鲜品可用 30 ～ 60 g）。外用适量，捣敷。

【注意】脾胃出血、脾胃虚寒者禁服。

白酒草属 *Conyza* Less.

一年生或二年生或多年生草本，稀灌木。茎直立或斜升，不分枝或上部多分枝。叶互生，全缘或具齿，或羽状分裂。头状花序异型，盘状，通常多数或极多数排列成总状、伞房状或圆锥状花序，少有单生；总苞半球形至圆柱形，总苞片 3 ～ 4 层，或不明显的 2 ～ 3 层，披针形或线状披针形，通常草质，具膜质边缘；花托半球状，具窝孔或具锯屑状缘毛，边缘的窝孔常缩小；花全部结实，外围的雌花多数，花冠丝状，无舌或具短舌，常短于花柱或舌片短于管部且几不超出冠毛，中央两性花，少数，花冠管状，顶端 5 齿裂；花药基部钝，全缘；花柱分枝具短披针形附器，具乳头状突起。瘦果小长圆形，极扁，两端缩小，边缘脉状，无肋，被短微毛；冠毛污白色或变红色，细刚毛状。

洪湖市境内的白酒草属植物有 1 种。

294. 小蓬草

【拉丁名】*Conyza canadensis*（L.）Cronq.

【别名】小飞蓬、飞蓬、加拿大蓬、小白酒草、蒿子草。

【形态特征】一年生草本，根纺锤状。茎直立，高 50 ～ 100 cm 或更高，圆柱状，多少具棱，有条纹，被疏长硬毛，上部多分枝。叶密集，基部叶花期常枯萎，下部叶倒披针形，长 6 ～ 10 cm，宽 1 ～ 1.5 cm，顶端尖或渐尖，基部渐狭成柄，边缘具疏锯齿或全缘；中部和上部叶较小，线状披针形或线形，近无柄或无柄，全缘或少有具 1 ～ 2 个齿，两面或仅上面被疏短毛。头状花序多数，排列成顶生多分枝的大圆锥花序，花序梗细；总苞近圆柱状，长 2.5 ～ 4 mm，总苞片 2 ～ 3 层，淡绿色，线状披针形或线形，顶端渐尖，外层约短于内层之半，背面被疏毛，内层长 3 ～ 3.5 mm，宽约 0.3 mm，边缘干膜质，无毛；花托平，直径 2 ～ 2.5 mm，具不明显的突起；雌花多数，舌状，白色，长 2.5 ～ 3.5 mm，舌片小，稍超出花盘，线形，顶端具 2 个钝小齿；两性花淡黄色，花冠管状，长 2.5 ～ 3 mm，上端具 4 或 5 个齿裂。瘦果线状披针形，长 1.2 ～ 1.5 mm，稍扁压，被贴微毛；冠毛污白色，1 层，糙毛状，长 2.5 ～ 3 mm。花期 5—9 月。

【分布区域】分布于乌林镇香山村。

【药用部位】全草。

【炮制】除去杂质，鲜用或晒干。

【化学成分】全草含挥发油。地上部分含 β-檀香萜烯、花侧柏烯、β-雪松烯、α-姜黄烯、γ-荜澄茄烯、柠檬烯、醛类、松油醇、邻苄基苯甲酸、皂苷、高山黄芩苷、γ-内酯、苦味质、树脂、胆碱、维生素 C 等。

【性味与归经】微苦、辛，凉。

【功能与主治】清热利湿，散瘀消肿。用于痢疾，肠炎，肝炎，胆囊炎，跌打损伤，风湿骨痛，疮疖肿痛，外伤出血，牛皮癣。

【用法与用量】煎汤，15～30 g。外用适量，鲜品捣敷。

菊属 *Dendranthema*（DC.）Des Moul.

多年生草本。叶不分裂或一回或二回掌状或羽状分裂。头状花序异型，单生于茎顶，或少数或较多在茎枝顶端排成伞房或复伞房花序；总苞浅碟状，极少为钟状，总苞片 4～5 层，边缘白色、褐色或黑褐色或棕黑色膜质或中外层苞片叶质化而边缘羽状浅裂或半裂；花托凸起，半球形，或圆锥状，无托毛；舌状花黄色、白色或红色，舌片长或短，短可至 1.5 mm 而长可到 2.5 cm 或更长，管状花全部黄色，顶端 5 齿裂；花柱分枝线形，顶端截形；花药基部钝，顶端附片披针状卵形或长椭圆形。瘦果同型，近圆柱状而向下部收窄，有 5～8 条纵脉纹，无冠状冠毛。

洪湖市境内的菊属植物有 1 种。

295. 野菊

【拉丁名】*Dendranthema indicum*（L.）Des Moul.

【别名】苦薏、野山菊、黄菊仔、野黄菊。

【形态特征】多年生草本，高 0.25～1 m，具匍匐茎。茎直立或铺散，茎枝被稀疏的毛。基生叶和下部叶花期脱落；中部茎叶卵形或椭圆状卵形，长 3～10 cm，宽 2～7 cm，羽状半裂、浅裂或分裂不明显而边缘有浅锯齿，基部截形或稍心形或宽楔形，叶柄长 1 ～ 2 cm，柄基无耳或有分裂的叶耳；两面同色或几同色，淡绿色，或干后两面呈橄榄绿，有稀疏的短柔毛。头状花序直径 1.5 ～ 2.5 cm，多数在茎枝顶端排成疏松的伞房圆锥花序或少数在茎顶排成伞房花序；总苞片约 5 层，外层卵形或卵状三角形，长 2.5 ～ 3 mm，中层卵形，内层长椭圆形，长 11 mm；全部苞片边缘白色或褐色宽膜质，顶端钝或圆。舌状花黄色，舌片长 10 ～ 13 mm，顶端全缘或具 2 ～ 3 齿。瘦果长 1.5 ～ 1.8 mm。花果期 6—11 月。

【分布区域】分布于乌林镇香山村。

【药用部位】全草及根，花。

【炮制】全草及根：夏、秋季采收，鲜用或晒干。

花：秋、冬季花初开放时采摘，晒干或蒸后晒干。

【化学成分】含柠檬烯、蒙花苷、木犀草素葡萄糖苷、矢车菊苷、菊黄质、野菊花内酯、多糖、香豆精和挥发油等。

【性味与归经】苦、辛，寒。归肺、肝经。

【功能与主治】全草及根：清热解毒。用于感冒，气管炎，肝炎，高血压，痢疾，痈肿，疔疮，目赤肿痛，瘰疬，湿疹。

花：清热解毒，泻火平肝。用于疔疮痈肿，目赤肿痛，头痛眩晕。

【用法与用量】煎汤，6 ～ 12 g（鲜品 30 ～ 60 g）；或捣汁。外用适量，捣敷；或煎水洗，或塞鼻，或熬膏涂。

【临床应用】①防治感冒：野菊 500 g，嫩桑叶 700 g，枇杷叶 500 g，煎水频服。②治宫颈柱状上皮异位：野菊浸膏，涂患处。③治痈疽疔肿，一切无名肿毒：野菊花茎叶、苍耳草各 30 g，共捣，入酒 200 ml，绞汁服，以渣敷之。④治眼翳昏涩，泪出瘀血：野菊花、野麻子、川芎、龙胆草、草决明、石决明、荆芥、枳实、茯苓、木贼、炙甘草、白蒺藜、川椒（炒，去子）、仙灵脾、茵陈各 15 g。上为细末，每服 6 g，食后茶清调下。每日 3 服，忌杂鱼肉及热面荞麦等物。⑤治脑膜炎，发热，头痛，颈项强直：鲜野菊花 30 g，鲜金银花 30 g，鲜大青叶根 30 g，鲜梅叶冬青根 30 g，水煎服。⑥治肠风：野菊花 180 g（晒干，炒成炭），怀熟地黄 240 g（酒煮，捣膏），炝姜 120 g，苍术 90 g，地榆 60 g，北五味子 60 g。共为末，炼蜜为丸，梧桐子大，每服 15 g，食前白汤送下。⑦预防流感：野菊花茎叶、鱼腥草、金银藤各 30 g，加水 500 ml，煎至 200 ml，每服 20 ～ 40 ml，每日 3 次。⑧治水肿：野菊全草、元胡荽、白茅根各 30 g，马鞭草 20 g，水煎服。⑨治皮肤瘙痒：野菊花叶、苍耳草、鱼腥草各适量，煎水外洗。

野茼蒿属 *Crassocephalum* Moench

一年生或多年生草本。叶互生。头状花序盘状或辐射状，中等大，在花期常下垂；小花同型，多数，全部为管状，两性；总苞片 1 层，近等长，线状披针形，边缘狭膜质，花期直立，黏合成圆筒状，后开展而反折，基部有数枚不等长的外苞片；花序托扁平，无毛，具蜂窝状小孔，窝孔具膜质边缘；花冠细管状，上部逐渐扩大成短檐部，裂片 5；花药全缘，或基部具小耳；花柱分枝细长，线形，被乳头状毛。瘦果狭圆柱形，具棱条，顶端和基部具灰白色环带。冠毛多数，白色，绢毛状，易脱落。

洪湖市境内的野茼蒿属植物有 1 种。

296. 野茼蒿

【拉丁名】*Crassocephalum crepidioides*（Benth.）S. Moore

【别名】冬风菜、假茼蒿、革命菜、昭和草。

【形态特征】直立草本，高 20 ~ 120 cm。茎有纵条棱，无毛。叶膜质，椭圆形或长圆状椭圆形，长 7 ~ 12 cm，宽 4 ~ 5 cm，顶端渐尖，基部楔形，边缘有不规则锯齿或重锯齿，或有时基部具羽状裂，两面无或近无毛；叶柄长 2 ~ 2.5 cm。头状花序数个在茎端排成伞房状，直径约 3 cm；总苞钟状，长 1 ~ 1.2 cm，基部截形，有数枚不等长的线形小苞片，总苞片 1 层，线状披针形，等长，宽约 1.5 mm，具狭膜质边缘，顶端有簇状毛；小花全部管状，两性，花冠红褐色或橙红色，檐部 5 齿裂；花柱基部呈小球状，分枝，顶端尖，被乳头状毛。瘦果狭圆柱形，赤红色，有肋，被毛；冠毛极多数，白色，绢毛状，易脱落。

花期 7—12 月。

【分布区域】分布于新滩镇江夏村。

【药用部位】全草。

【炮制】夏季采收，一般以鲜用为佳。

【性味与归经】辛，平。归肺、脾、肾、膀胱经。

【功能与主治】清热解毒，健脾利湿。用于外感发热，周身疼痛，咽喉肿痛，腹痛，腹泻，下痢赤白，小便不利，纳差，食少便溏。

【用法与用量】煎汤，15 ～ 30 g。外用适量，捣敷。

鳢肠属 *Eclipta* L.

一年生草本，有分枝，被糙毛。叶对生，全缘或具齿。头状花序小，常生于枝端或叶腋，具花序梗，异型，放射状；总苞钟状，总苞片 2 层，草质，内层稍短；花托凸起，托片膜质，披针形或线形；外围的雌花 2 层，结实，花冠舌状，白色，开展，舌片短而狭，全缘或 2 齿裂，中央的两性花多数，花冠管状，白色，结实，顶端具 4 齿裂；花药基部具极短 2 浅裂；花柱分枝扁，顶端钝，有乳头状突起。瘦果三角形或扁四角形，顶端截形，有 1 ～ 3 个刚毛状细齿，两面有粗糙的瘤状突起。

洪湖市境内的鳢肠属植物有 1 种。

297. 鳢肠

【拉丁名】*Eclipta prostrata*（L.）L.

【别名】凉粉草、墨汁草、墨旱莲、墨菜、旱莲草、野万红、黑墨草。

【形态特征】一年生草本。茎高可达 60 cm，自基部分枝，贴生糙毛。叶长圆状披针形或披针形，长 3 ～ 10 cm，宽 0.5 ～ 2.5 cm，顶端尖或渐尖，边缘有细锯齿或有时仅波状，两面被密硬糙毛。头状花序直径 6 ～ 8 mm，有长 2 ～ 4 cm 的细花序梗；总苞球状钟形，总苞片绿色，草质，5 ～ 6 个排成 2 层，长圆形或长圆状披针形，外层较内层稍短，背面及边缘被白色短伏毛；外围的雌花 2 层，舌状，长 2 ～ 3 mm，舌片短，顶端 2 浅裂或全缘，中央的两性花多数，花冠管状，白色，长约 1.5 mm，顶端 4 齿裂；花柱分枝钝，有乳头状突起；花托凸，有披针形或线形的托片，托片中部以上有微毛。瘦果暗褐色，长 2.8 mm，雌花的瘦果三棱形，两性花的瘦果扁四棱形，顶端截形，具 1 ～ 3 个细齿，基部稍缩小，边缘具白色的肋，表面有小瘤状突起，无毛。花期 6—9 月。

【分布区域】分布于新堤街道大兴社区。

【药用部位】全草。

【炮制】墨旱莲：取原药材，除去杂质及残根，抢水稍润，切段，干燥。

墨旱莲炭：取净墨旱莲段置锅内，用中火炒至焦褐色，喷淋清水少许，灭尽火星，取出凉透。

【化学成分】全草含皂苷、烟碱、鞣质、维生素 A、鳢肠素、蟛蜞菊内酯等。

【性味与归经】甘、酸，寒。归肝、肾经。

【功能与主治】滋补肝肾，凉血止血。用于肝肾阴虚，牙齿松动，须发早白，眩晕耳鸣，腰膝酸软，阴虚血热吐血、衄血、尿血，崩漏下血，外伤出血。

【用法与用量】煎汤，9 ～ 30 g；或熬膏，或捣汁，或入丸、散。外用适量，捣敷；或捣绒塞鼻，或研末敷。

【注意】脾肾虚寒者忌服。不宜与强心苷类药物同用，以免引起血钾过高，降低强心苷类药物的疗效。

飞蓬属 *Erigeron* L.

多年生，稀一年生或二年生草本，或半灌木。叶互生，全缘或具锯齿。头状花序辐射状，单生或数个，少有排列成总状、伞房状或圆锥状花序；总状半球形或钟形，总苞片数层，薄质或草质，边缘和顶端干膜质，具 1 红褐色中脉，狭长，有时外层较短而呈覆瓦状，超出或短于花盘；花托平或稍凸起，具窝孔；雌雄同株，花多数，异色；雌花多层，舌状，或内层无舌片，舌片狭小，少有稍宽大，紫色、蓝色或白色，少有黄色；两性花管状，檐部狭，管状至漏斗状，上部具 5 裂片；花药线状长圆形，基部钝，顶端具卵状披针形附片；花柱分枝附片短，宽三角形，通常钝或稍尖；花全部结实。瘦果长圆状披针形，扁压，常有边脉，少有多脉，被疏或密短毛；冠毛通常 2 层，常有极细而易脆折的刚毛。

洪湖市境内的飞蓬属植物有 1 种。

298. 一年蓬

【拉丁名】*Erigeron annuus*（L.）Pers.

【别名】治疟草、野蒿、牙肿消、牙根消、白旋覆花、白马兰。

【形态特征】一年生或二年生草本。茎直立，粗壮，高 30 ～ 100 cm，上部有分枝，绿色，下部被开展的长硬毛，上部被较密的上弯的短硬毛。基部叶花期枯萎，长圆形或宽卵形，少有近圆形，长 4 ～ 17 cm，宽 1.5 ～ 4 cm，顶端尖或钝，基部狭成具翅的长柄，边缘具粗齿；下部叶与基部叶同型，但叶柄较短；中部叶和上部叶较小，长圆状披针形或披针形，长 1 ～ 9 cm，宽 0.5 ～ 2 cm，顶端尖，具短柄或无柄，边缘有不规则的齿或近全缘；最上部叶线形，全部叶边缘被短硬毛，两面被疏短硬毛，或有时近无毛。头状花序数个或多数，排列成疏圆锥花序，长 6 ～ 8 mm，宽 10 ～ 15 mm；总苞半球形，总苞片 3 层，草质，披针形，长 3 ～ 5 mm，宽 0.5 ～ 1 mm，近等长或外层稍短，淡绿色或多少褐色，背面密被腺毛和疏长节毛；外围的雌花舌状，2 层，长 6 ～ 8 mm，管部长 1 ～ 1.5 mm，上部被疏微毛，舌片平展，白色，或有时淡天蓝色，线形，宽 0.6 mm，顶端具 2 小齿；花柱分枝线形；中央的两性花管状，黄色，管部长约 0.5 mm，檐部近倒锥形，裂片无毛。瘦果披针形，长约 1.2 mm，扁压，被疏贴柔毛；冠毛异型，雌花的冠毛极短，膜片状连成小冠，两性花的冠毛 2 层，外层鳞片状，内层为 10 ～ 15 条长约 2 mm 的刚毛。花期 6—9 月。

【分布区域】分布于老湾回族乡珂里村。

【药用部位】全草。

【炮制】夏、秋季采收，洗净，鲜用或晒干。

【化学成分】花含芹菜素、木犀草素等。

【性味与归经】甘、苦，凉。归胃、大肠经。

【功能与主治】消食止泻，清热解毒，截疟。用于消化不良，胃肠炎，牙龈炎，疟疾，毒蛇咬伤。

【用法与用量】煎汤，30 ～ 60 g。外用适量，捣敷。

【临床应用】①治胃肠炎：一年蓬 60 g，鱼腥草、龙芽草各 30 g。水煎，冲蜜糖服，早、晚各 1 次。②治牙龈炎：一年蓬鲜草捣烂，取汁，涂患处。③治淋巴结炎：一年蓬基生叶 90 ～ 120 g，加黄酒 50 ～ 100 ml，水煎服。

鼠麹草属 *Gnaphalium* L.

一年生，稀多年生草本。茎直立或斜升，草质或基部稍带木质，被白色绵毛或茸毛。叶互生，全缘，无或具短柄。头状花序小，排列成聚伞花序或开展的圆锥状伞房花序，稀穗状、总状或紧缩而成球状，顶生或腋生，异型，盘状；外围雌花多数，中央两性花少数，全部结实；总苞卵形或钟形，总苞片 2 ～ 4 层，覆瓦状排列，金黄色、淡黄色或黄褐色，稀红褐色，顶端膜质或几全部膜质，背面被绵毛；花托扁平、凸起或凹入，无毛或成蜂巢状；花冠黄色或淡黄色；雌花花冠丝状，顶端 3 ～ 4 齿裂；两性花花冠管状，檐部稍扩大，5 浅裂；花药 5 个，顶端尖或略钝，基部箭头形，有尾部；两性花花柱分枝近圆柱形，顶端截平或头状，有乳头状突起。瘦果无毛或罕有疏短毛或有腺体，冠毛 1 层，分离或基部连合成环，易脱落，白色或污白色。

洪湖市境内的鼠麴草属植物有 2 种。

1. 头状花序在茎枝顶端排列成伞房花序；总苞片金黄色或柠檬黄色……………………………………………………… 鼠麴草 *G. affine*
1. 头状花序排列成具叶的穗状花序，有时单生；总苞片麦秆黄色或污黄色 ……………………… 匙叶鼠麴草 *G. pensylvanicum*

299. 鼠麴草

【拉丁名】 *Gnaphalium affine* D. Don

【别名】 鼠曲草、无心、鼠耳草、香茅、佛耳草。

【形态特征】 一年生草本。茎直立，高 10 ～ 40 cm，上部不分枝，有沟纹，被白色厚绵毛。叶无柄，匙状倒披针形或倒卵状匙形，长 5 ～ 7 cm，宽 11 ～ 14 mm，上部叶长 15 ～ 20 mm，宽 2 ～ 5 mm，基部渐狭，稍下延，顶端圆，具刺尖头，两面被白色绵毛。头状花序，直径 2 ～ 3 mm，近无柄，在枝顶密集成伞房花序；花黄色至淡黄色；总苞钟形，直径 2 ～ 3 mm，总苞片 2 ～ 3 层，金黄色或柠檬黄色，膜质，有光泽，外层倒卵形或匙状倒卵形，背面基部被绵毛，顶端圆，基部渐狭，内层长匙形，背面无毛，

顶端钝；花托中央稍凹入，无毛；雌花多数，花冠细管状，长约 2 mm，花冠顶端扩大，3 齿裂，裂片无毛，两性花较少，管状，长约 3 mm，向上渐扩大，檐部 5 浅裂，裂片三角状渐尖，无毛。瘦果倒卵形或倒卵状圆柱形，长约 0.5 mm，有乳头状突起；冠毛粗糙，污白色，易脱落，长约 1.5 mm，基部连合成 2 束。花期 1—4 月，果期 8—11 月。

【分布区域】分布于乌林镇香山村。

【药用部位】全草。

【炮制】取原药材，除去杂质及残根，抢水洗净，切段，干燥。

【化学成分】全草含黄酮苷、挥发油、微量生物碱、甾醇、皂化物、维生素、叶绿素、树脂。花含木犀草素葡萄糖苷、柚皮素 -5- 甲醚等。

【性味与归经】甘、微酸，平。归肺经。

【功能与主治】化痰止咳，祛风除湿，解毒。用于咳喘痰多，风湿痹痛，泄泻，水肿，蚕豆病，赤白带下，痈肿疔疮，阴囊湿痒，荨麻疹，高血压。

【用法与用量】煎汤，6 ～ 15 g；或研末，或浸酒。外用适量，煎水洗，或捣敷。

【临床应用】①治壅滞胸膈痞满：雄黄、佛耳草、鹅管石、款冬花各等份。上为末，每服用药 3 g，安在炉子上焚着，以开口吸烟在喉中。②治支气管炎，寒喘：鼠曲草、黄荆子各 15 g，前胡、云雾草各 9 g，天竺子 12 g，荠苨根 30 g。水煎服，连服 5 天，一般需服 1 个月。③治带下：鼠曲草、凤尾草、灯心草各 15 g，土牛膝 9 g，水煎服。

300. 匙叶鼠麹草

【拉丁名】*Gnaphalium pensylvanicum* Willd.

【别名】匙叶合冠鼠麹草、细叶鼠曲草、天青地白草、磨地莲、小火草。

【形态特征】一年生草本。茎高 30 ～ 45 cm，基部直径 3 ～ 4 mm，基部斜倾有沟纹，被白色绵毛。下部叶无柄，倒披针形或匙形，长 6 ～ 10 cm，宽 1 ～ 2 cm，基部长渐狭，下延，全缘或微波状，上面被疏毛，下面密被灰白色绵毛，侧脉 2 ～ 3 对，有时不明显；中部叶倒卵状长圆形或匙状长圆形，长 2.5 ～ 3.5 cm，叶片于中上部向下渐狭而长下延，顶端钝、圆或中脉延伸成刺尖状；上部叶小，与中部叶同型。头状花序多数，长 3 ～ 4 mm，宽约 3 mm，数个成束簇生，再排列成顶生或腋生、紧密的穗状花序；总苞卵形，直径约 3 mm，总苞片 2 层，污黄色或麦秆黄色，膜质，外层卵状长圆形，长约 3 mm，背面被绵毛，内层与外层等长，线形，背面疏被绵毛；花托干时除四周边缘外完全凹入，无毛；雌花多数，花冠丝状，顶端 3 齿裂，两性花少数，花冠管状，向上渐扩大，檐部 5 浅裂，裂片三角形，无毛。瘦果长圆形，有乳头状突起；冠毛绢毛状，污白色，易脱落，基部连合成环。花期 12 月至翌年 5 月。

【分布区域】分布于乌林镇香山村。

【药用部位】全草。

【炮制】夏、秋季采收，洗净，鲜用或晒干。

【性味与归经】甘，平。

【功能与主治】清热利湿，解毒消肿。用于结膜炎，角膜白斑，感冒，咳嗽，咽喉肿痛，尿道炎。外用于乳腺炎，痈疖肿毒，毒蛇咬伤。

【用法与用量】煎汤，15 ～ 60 g。外用适量，鲜品捣烂敷患处。

菊三七属 *Gynura* Cass.

多年生草本，稀亚灌木，无毛或有硬毛。叶互生，具齿或羽状分裂，稀全缘，有柄或无叶柄。头状花序盘状，具同型的小花，单生或数个至多数排成伞房状；总苞钟状或圆柱形，基部有多数线形小苞片，总苞片 1 层，9 ～ 13 个，披针形，等长，覆瓦状，具干膜质的边缘；花序托平，有窝孔或短流苏状；小花全部两性，结实；花冠黄色或橙黄色，稀淡紫色，管状，檐部 5 裂，管部细长；花药基部全缘或近具小耳；花柱分枝细，顶端有钻形的附器，被乳头状微毛。瘦果圆柱形，具 10 肋，两端截平，无毛或有短毛；冠毛丰富，细，白色绢毛状。

洪湖市境内的菊三七属植物有 2 种。

1. 瘦果圆柱形，淡褐色，长约 4 mm，具 10 ～ 15 肋，无毛……………………红凤菜 *G. bicolor*

1. 瘦果圆柱形，棕褐色，长 4 ～ 5 mm，具 10 肋，肋间被微毛……………………菊三七 *G. japonica*

301. 红凤菜

【拉丁名】*Gynura bicolor*（Willd.）DC.

【别名】紫背菜、白背三七、金枇杷、玉枇杷、红菜、两色三七草、红番苋、紫背天葵、降压草、血皮菜、补血菜、木耳菜。

【形态特征】多年生草本，高 50 ～ 100 cm，全株无毛。茎直立，柔软，基部稍木质，上部有伞房状分枝。叶片倒卵形或倒披针形，长 5 ～ 10 cm，宽 2.5 ～ 4 cm，顶端渐尖，基部楔状渐狭成具翅的叶柄，边缘有不规则的波状齿或小尖齿，上面绿色，下面干时变紫色，两面无毛。头状花序多数直径 10 mm，在茎、枝端排列成疏伞房状，花序梗细，长 3 ～ 4 cm，有丝状苞片；总苞狭钟状，长 11 ～ 15 mm，宽 8 ～ 10 mm，基部有 7 ～ 9 个线形小苞片；总苞片 1 层，约 13 个，线状披针形或线形，长 11 ～ 15 mm，宽 0.9 ～ 1.5 mm，顶端尖或渐尖，边缘干膜质，背面具 3 条明显的肋，无毛；小花橙黄色至红色，花冠明显伸出总苞，长 13 ～ 15 mm，管部细，长 10 ～ 12 mm，裂片卵状三角形；花药基部圆形，或稍尖；花柱分枝钻形，被乳头状毛。瘦果圆柱形，淡褐色，长约 4 mm，具 10 ～ 15 肋，无毛；冠毛丰富，白色，绢毛状，易脱落。花果期 5—10 月。

【分布区域】分布于大同湖管理区江泗口社区。

【药用部位】全草。

【炮制】全年均可采收，鲜用或晒干。

【化学成分】含十八碳脂肪醇、十一碳脂肪酸、二十六碳脂肪酸、三十碳脂肪酸、已烷、对羟基苯甲酸、山柰酚、山柰酚-3-O-β-D-葡萄糖苷、高车前苷、槲皮素-3-O-β-D-葡萄糖苷、β-香树脂醇、α-香树脂醇、β-谷甾醇等。

【性味与归经】辛、甘，凉。

【功能与主治】清热凉血，活血止血，解毒消肿。用于咯血，崩漏，外伤出血，痛经，痢疾，疮疡肿毒，跌打损伤，溃疡久不收敛。

【用法与用量】煎汤，10 ~ 30 g（鲜品 30 ~ 90 g）。外用适量，鲜品捣敷，或研末撒。

302. 菊三七

【拉丁名】*Gynura japonica*（Thunb.）Juel.

【别名】三七草、土三七、散血草、菊叶三七、血当归。

【形态特征】高大多年生草本，高 60 ~ 150 cm。块根粗大，直径 3 ~ 4 cm，有多数纤维状根茎直立，中空，基部木质，有明显的沟棱。基部叶在花期常枯萎。基部和下部叶较小，椭圆形；中部叶大，具柄，叶柄基部有圆形、具齿或羽状裂的叶耳；叶片椭圆形或长圆状椭圆形，顶端渐尖，边缘有大小不等的粗齿或锐锯齿、缺刻，稀全缘，上面绿色，下面绿色或变紫色；上部叶较小，羽状分裂，渐变成苞叶。头状花序多数，直径 1.5 ~ 1.8 cm，花茎枝端排成伞房状圆锥花序，每一花序枝有 3 ~ 8 个头状花序，花序梗细，被短柔毛，有 1 ~ 3 线形的苞片；总苞狭钟状或钟状，基部有 9 ~ 11 线形小苞片，总苞片 1 层，线状披针形，长 10 ~ 15 mm，宽 1 ~ 1.5 mm，顶端渐尖，边缘干膜质；小花 50 ~ 100 个，花冠黄色或橙黄色，长 13 ~ 15 mm，管部细，上部扩大，裂片卵形，顶端尖；花药基部钝；花柱分枝有钻形附器，被乳头状毛。瘦果圆柱形，棕褐色，具 10 肋，肋间被微毛；冠毛丰富，白色，绢毛状，易脱落。花果期 8—10 月。

【分布区域】分布于乌林镇青山村。

【药用部位】根及茎叶。

【炮制】根于秋后地上部分枯萎时挖取，除去残存的茎、叶及泥土，晒干或鲜用。

【化学成分】根含蛋白质、多糖、鞣质、有机酸、色素、菊三七碱。茎叶含尿嘧啶、β－谷甾醇、对羟基肉桂酸、原儿茶酸、棕榈酸等。地上部分含甘露醇、琥珀酸、5－甲基尿嘧啶、氯化铵、菊三七碱。

【性味与归经】甘、苦，温。

【功能与主治】破血散瘀，止血，消肿。用于跌打损伤，创伤出血，吐血，产后血气痛。

【用法与用量】煎汤，6～9 g；研末，1.5～3 g。外用适量，捣敷。

【临床应用】①治外伤肿痛：菊三七、虎杖各 15 g。水煎，服时加甜米酒、红糖各适量。另用菊三七叶捣烂敷伤处。②治骨折：菊三七根、陆英根皮、黑牵牛根皮、糯米团根各 250 g，鲜品捣烂加白酒炒热，骨折复位后，敷药包扎固定。③治蛇咬伤：三七草根捣烂敷患处。④治吐血，衄血，咯血，便血，子宫出血：菊三七研粉，每次 4.5～10 g，每日 2 次，温开水送服；或菊三七 15 g，煎服；或菊三七茎叶 30 g，捣烂，加凉开水绞汁服。⑤治外伤出血：菊三七研末敷伤处，加压包扎；或鲜菊三七茎叶捣烂敷伤处，压迫止血。⑥治疮痈肿毒：菊三七根，捣绒外敷；或干粉调醋敷患处。

向日葵属 *Helianthus* L.

一年生或多年生草本，通常高大，被短糙毛或白色硬毛。叶对生，或上部或全部互生，有柄，常有离基三出脉。头状花序较大，单生或排列成伞房状；各有多数异型的小花，外围有一层无性的舌状花，中央有极多数结果实的两性花；总苞盘形或半球形，总苞片 2 至多层，膜质或叶质；花托平或稍凸起，托片折叠，包围两性花；舌状花的舌片开展，黄色，管状花的管部短，上部钟状，上端黄色、紫色或褐色，有 5 裂片。瘦果长圆形或倒卵圆形，稍扁或具 4 厚棱；冠毛膜片状，具 2 芒，有时附有 2～4 个较短的芒刺，脱落。

洪湖市境内的向日葵属植物有 1 种。

303. 向日葵

【拉丁名】*Helianthus annuus* L.

【别名】丈菊、西番菊、迎阳花、太阳花、草天葵、转日莲、望日葵、朝阳花、葵花、向阳花。

【形态特征】一年生高大草本。茎直立，高 1～3 m，粗壮，被白色粗硬毛。叶互生，心状卵圆形或卵圆形，顶端尖，有三基出脉，边缘有粗锯齿，两面被短糙毛，有长柄。头状花序极大，直径 10～

30 cm，单生于茎端或枝端，常下倾；总苞片多层，叶质，覆瓦状排列，卵形至卵状披针形，顶端尾状渐尖，被长硬毛或纤毛；花托平或稍凸，有半膜质托片；舌状花多数，黄色，舌片开展，长圆状卵形或长圆形；管状花极多数，棕色或紫色，有披针形裂片，结果实。瘦果倒卵形或卵状长圆形，稍扁压，长 10 ~ 15 mm，有细肋，常被白色短柔毛，上端有 2 个膜片状早落的冠毛。花期 7—9 月，果期 8—9 月。

【分布区域】分布于大沙湖管理区庙后垸社区。

【药用部位】花、根、茎髓、叶。

【炮制】向日葵子：秋季果实成熟后，割取花盘，晒干，打下果实，再晒干。

向日葵根（向阳花根、朝阳花根）：夏、秋季采挖，洗净，鲜用或晒干。

向日葵茎髓：秋季采收，鲜用或晒干。

向日葵叶：夏、秋季采收，鲜用或晒干。

向日葵花：夏季开花时采摘，鲜用或晒干。

【化学成分】种子含脂肪油、脂蛋白。种子壳含纤维素、木质素、戊聚糖、蛋白质。

【性味与归经】向日葵子：淡、甘，平。归肺、大肠经。向日葵根：甘，平。向日葵茎髓：淡，平。归膀胱经。向日葵叶：淡，平。向日葵花托：甘，平。

【功能与主治】向日葵子：滋阴，止痢，透疹。用于血痢，麻疹不透，痈肿。

向日葵根：止痛润肠。用于胸胁、胃脘作痛，二便不通，跌打损伤。

向日葵茎髓：利水通淋。用于血淋，石淋，小便淋痛。

向日葵叶：清热解毒，截疟。用于高血压。

向日葵花：祛风，明目，催生。用于头晕，耳鸣，小便淋漓。

向日葵花托：养阴补肾，止痛。用于头痛，目昏，牙痛，胃脘痛，痛经，疮肿。

向日葵壳：用于耳鸣。

【用法与用量】向日葵子：15 ～ 30 g，捣碎或开水炖。外用适量，捣敷或榨油涂。

向日葵根：煎汤，鲜品 7.5 ～ 15 g；或研末。外用适量，捣敷。

向日葵茎髓：煎汤，9 ～ 15 g。

向日葵叶：煎汤，25 ～ 30 g（鲜品加倍）。外用适量，捣敷。

向日葵花：煎汤，15 ～ 30 g。孕妇忌服。

向日葵花托：煎汤，7.5 ～ 15 g。

向日葵壳：煎汤，9 ～ 15 g。

泥胡菜属 *Hemisteptia* Bunge

一年生草本。茎单生，直立，上部有长花序分枝。叶大头羽状分裂，两面异色，上面绿色，无毛，下面灰白色，被密厚茸毛。头状花序小，同型，多数在茎枝顶端排列成疏松伞房花序，或植株含少数头状花序在茎顶密集排列，极少植株仅含 1 个头状花序而单生于茎端的；总苞宽钟状或半球形，总苞片多层，覆瓦状排列，质地薄，外层与中层外面上方近顶端直立鸡冠状凸起的附属物；花托平，被稠密的托毛；全部小花两性，管状，结实，花冠红色或紫色，檐部短，长 3 mm，5 深裂，细管部长 1.1 cm；花药基部附属物尾状，稍撕裂，花丝分离，无毛；花柱分枝短，长 0.4 mm，顶端截形。瘦果小，楔形或偏斜楔形，压扁，有 13 ～ 16 个粗细不等的尖细纵肋，顶端斜截形，有膜质果缘，基底着生面平或稍见偏斜；冠毛 2 层，异型，外层冠毛刚毛羽毛状，基部连合成环，整体脱落，内层冠毛刚毛鳞片状，3 ～ 9 个，极短，着生于一侧，宿存。

洪湖市境内的泥胡菜属植物有 1 种。

304. 泥胡菜

【拉丁名】*Hemisteptia lyrata*（Bunge）Fischer & C. A. Meyer

【别名】艾草、猪兜菜。

【形态特征】一年生草本，高 30 ～ 100 cm。茎单生，通常纤细，被稀疏蛛丝状毛。基生叶莲座状，有柄，倒披针形或倒披针状椭圆形，长 7 ～ 21 cm，提琴状羽状分裂，顶端裂片较大，三角形，有时 3 裂，两侧裂片 7 ～ 8 对，长椭圆状倒披针形，上面绿色，下面有白色蛛丝状毛；中部叶互生，椭圆形，顶端渐尖，基部无柄，羽状分裂；上部叶条状披针形至条形。头状花序多数有梗，着生于茎端或枝端；总苞球形，长 12 ～ 14 mm，宽 18 ～ 22 mm，总苞片 5 ～ 8 层，外层总苞片较短，卵形，顶端锐尖，内层条状披针形，总苞片背面尖端下具紫红色鸡冠状的小片 1 枚；花两性，全部为管状花，紫红色，长 13 ～ 14 mm，花冠细长，顶端 5 裂；聚药雄蕊 5。瘦果椭圆形，长约 2.5 mm，宽约 1 mm，具细纵棱 15 条，光滑；冠毛 2 层，白色，羽毛状。花果期 3—8 月。

【分布区域】分布于乌林镇香山村。

【药用部位】全草或根。

【炮制】夏、秋季采集，洗净，鲜用或晒干。

【性味与归经】辛、苦，寒。

【功能与主治】清热解毒，散结消肿。用于痔漏，痈肿疔疮，乳痈，淋巴结炎，风疹瘙痒，外伤出血，骨折。

【用法与用量】煎汤，9～15 g。外用适量，捣敷，或煎水洗。

旋覆花属 *Inula* L.

多年生，稀一年生或二年生草本，有直立的茎或无茎，或亚灌木，常有腺，被糙毛、柔毛或茸毛。叶互生或仅生于茎基部，全缘或有齿。头状花序大或稍小，多数，伞房状或圆锥伞房状排列，或单生，或密集于根颈上；各有多数异型，稀同型的小花，雌雄同株，外缘有1至数层雌花，稀无雌花，中央有多数两性花；总苞半球状、倒卵圆状或宽钟状，总苞片多层，覆瓦状排列，内层常狭窄，干膜质，外层叶质、革质或干膜质，狭窄或宽阔，渐短或与内层同长，最外层有时较长大，叶质；花托平或稍凸起，有蜂窝状孔或浅窝孔，无托片；雌花花冠舌状，黄色，稀白色；舌片长，开展，顶端有3齿，或短小直立而有2～3齿；两性花花冠管状，黄色，上部狭漏斗状，有5个裂片；花药上端圆形或稍尖，基部戟形，有细长渐尖的尾部；花柱分枝稍扁，雌花花柱顶端近圆形，两性花花柱顶端较宽，钝或截形。冠毛1～2层，稀多层，有稍不等长而微糙的细毛；瘦果近圆柱形，有4～5个多少明显的棱或更多的纵肋或细沟，无毛或有短毛或绢毛。

洪湖市境内的旋覆花属植物有1种。

305. 旋覆花

【拉丁名】*Inula japonica* Thunb.

【别名】猫耳朵、六月菊、金钱花、金佛草、小旋覆花、条叶旋覆花、旋复花、金福花、小黄花子。

【形态特征】多年生草本。根状茎短，有粗壮的须根；茎直立，高30～70 cm，有细沟，被长伏毛，上部有上升或开展的分枝，全部有叶，节间长2～4 cm。基部叶常较小，在花期枯萎；中部叶长圆形或披针形，长4～13 cm，宽1.5～3.5 cm，有圆形半抱茎的小耳，无柄，顶端尖，边缘有小尖头状疏齿或全缘，下面有疏伏毛和腺点；上部叶渐狭小，线状披针形。头状花序直径3～4 cm，排列成疏散的伞房花序，花序梗细长；总苞半球形，直径13～17 mm，长7～8 mm；总苞片约6层，线状披针形，近等长，但最外层常叶质而较长，外层基部革质，上部叶质，背面有伏毛或近无毛，有缘毛；内层除绿色中脉外干膜质，渐尖，有腺点和缘毛；舌状花黄色，较总苞长2～2.5倍；舌片线形，长10～13 mm；管状花花冠长约5 mm，有三角状披针形裂片；冠毛1层，白色，有20余个微糙毛。瘦果长1～1.2 mm，圆柱形，有10条沟，顶端截形，被疏短毛。花期6—10月，果期9—11月。

【分布区域】分布于乌林镇香山村。

【药用部位】头状花序及根。

【炮制】旋覆花：除去梗、叶及杂质。

旋覆花根：秋季采挖，洗净，晒干。

蜜旋覆花：取净旋覆花，照蜜炙法炒至不粘手。

【化学成分】地上部分含旋覆花素、蒲公英甾醇。花含槲皮素、异槲皮苷、咖啡酸、绿原酸、菊糖、蒲公英甾醇等。

【性味与归经】旋覆花：苦、辛、咸，微温。归肺、脾、胃、大肠经。旋覆花根：咸，温。

【功能与主治】旋覆花：降气，消痰，行水，止呕。用于风寒咳嗽，痰饮蓄结，胸膈痞满，喘咳痰多，呕吐噫气。

旋覆花根：祛风湿，平喘咳，解毒生肌。用于风湿痹痛，喘咳，疔疮。

【用法与用量】旋覆花：煎汤，5 ~ 10 g；或入丸、散。外用适量，煎水洗；或研末干撒或调敷。

旋覆花根：煎汤，9 ~ 15 g。外用适量，捣敷。

【临床应用】①治积年上气：旋覆花、皂荚各 30 g，大黄（切，炒）45 g。3 味同研细末，炼蜜为丸如梧桐子大，每服 10 ~ 15 丸，温汤下，日 3 服。②治妇人半产漏下：旋覆花 90 g，葱 14 茎，茜草少许，水煎顿服。③治伤寒中脘有痰，令人壮热，项筋紧急，时发寒热，皆类伤风，但不头痛为异：前胡、旋覆花各 90 g，荆芥 120 g，赤芍 60 g，细辛、炙甘草、姜半夏各 30 g。同捣为细末，每服 6 g，加生姜 5 片，大枣 1 颗，水煎去渣温服。④治风痰呕逆，饮食不下，头目昏闷：旋覆花、枇杷叶、川芎、细辛、赤茯苓各 3 g，前胡 5 g，加姜、枣，水煎服。⑤治伤寒发汗，若吐若下，解后心下痞硬，噫气不除者：旋覆花、炙甘草各 9 g，代赭石 3 g，人参 6 g，生姜 15 g，大枣 12 颗，半夏 25 g，水煎去渣服。⑥治风湿痰饮上攻，头目眩胀：旋覆花、天麻、甘菊花各等份，为末，每晚服 6 g，白汤下。

马兰属 *Kalimeris* Cass.

多年生草本。叶互生，全缘或有齿，或羽状分裂。头状花序较小，单生于枝端或疏散伞房状排列，辐射状；外围有 1 ~ 2 层雌花，中央有多数两性花，都结果实；总苞半球形，总苞片 2 ~ 3 层，近等长或外层较短而覆瓦状排列，草质或边缘膜质或革质；花托凸起或圆锥形，蜂窝状；雌花花冠舌状，舌片白色或紫色，顶端有微齿或全缘，两性花花冠钟状，有分裂片；花药基部钝，全缘；花柱分枝附片三角形或披针形。冠毛极短或膜片状，分离或基部结合成杯状；瘦果稍扁，倒卵圆形，边缘有肋，两面无肋或一面有肋，无毛或被疏毛。

洪湖市境内的马兰属植物有 2 种。

1. 叶长椭圆状披针形或披针形，顶端渐尖，基部渐狭，无柄，边缘疏生缺刻状锯齿或间有羽状披针形尖裂片……………………………………裂叶马兰 *K. incisa*
1. 叶倒披针形或倒卵状矩圆形，顶端圆钝或尖，基部渐狭成具翅的长柄，边缘从中部以上具有小尖头的钝或尖齿或有羽状裂……………………………………马兰 *K. indica*

306. 裂叶马兰

【拉丁名】*Kalimeris incisa*（Fisch.）DC.

【别名】鸡儿肠、马兰菊、马兰。

【形态特征】多年生草本，有根状茎。茎直立，高 60 ～ 120 cm，有沟棱，无毛或疏生向上的白色短毛，上部分枝。叶纸质，下部叶在花期枯萎；中部叶长椭圆状披针形或披针形，长 6 ～ 15 cm，宽 1.2 ～ 4.5 cm，顶端渐尖，基部渐狭，无柄，边缘疏生缺刻状锯齿或间有羽状披针形尖裂片，上面无毛，边缘粗糙或有向上弯的短刚毛，下面近光滑，脉在下面凸起；上部分枝上的叶小，条状披针形，全缘。头状花序直径 2.5 ～ 3.5 cm，单生于枝端且排成伞房状；总苞半球形，直径 10 ～ 12 mm，总苞片 3 层，覆瓦状排列，有微毛，外层较短，长椭圆状披针形，长 3 ～ 4 mm，急尖，内层长 4 ～ 5 mm，顶端钝尖，边缘膜质；舌状花淡蓝紫色，管部长约 1.5 mm，舌片长 1.5 ～ 1.8 cm，宽 2 ～ 2.5 mm；管状花黄色，长 3 ～ 4 mm，管部长 1 ～ 1.3 mm。瘦果倒卵形，长 3 ～ 3.5 mm，淡绿褐色，扁而有浅色边肋或偶有 3 肋而果呈三棱形，被白色短毛；冠毛长 0.5 ～ 1.2 mm，淡红色。花果期 7—9 月。

【分布区域】分布于螺山镇龙潭村。

【药用部位】幼苗及嫩叶。

【炮制】早春采摘。

【功能与主治】凉血止血，清热利湿，解毒消肿。用于吐血，衄血，崩漏，创伤出血，黄疸，泄泻，水肿，淋浊，感冒，咳嗽，咽痛喉痹，痈肿痔疮，丹毒，小儿疳积 。

【用法与用量】煎汤，9 ～ 18 g（鲜品 15 ～ 30 g）；或捣汁。外用适量，捣敷，研末掺或煎水洗。

307. 马兰

【拉丁名】*Kalimeris indica*（L.）Sch. –Bip.

【别名】紫菊、鱼鳅串、路边菊、田边菊、马兰头、狭叶马兰、红马兰。

【形态特征】茎直立，高 30 ～ 70 cm，上部有短毛，有分枝。基部叶在花期枯萎；茎部叶倒披针形或倒卵状矩圆形，长 3 ～ 6 cm，宽 0.8 ～ 2 cm，顶端圆钝或尖，基部渐狭成具翅的长柄；上部叶小，全缘，基部急狭无柄。头状花序单生于枝端并排列成疏伞房状；总苞半球形，直径 6 ～ 9 mm，长 4 ～ 5 mm，总苞片 2 ～ 3 层，覆瓦状排列，外层倒披针形，长 2 mm，内层倒披针状矩圆形，长达 4 mm，顶端钝或稍尖，上部草质，有疏短毛，边缘膜质，有缘毛；花托圆锥形；舌状花 1 层，15 ～ 20 个，管部长 1.5 ～ 1.7 mm，舌片浅紫色，长达 10 mm，宽 1.5 ～ 2 mm，管状花长 3.5 mm，管部长 1.5 mm，被短密毛。瘦果倒卵状矩圆形，极扁，长 1.5 ～ 2 mm，宽 1 mm，褐色，边缘浅色而有厚肋，上部被短柔毛；冠毛长 0.1 ～ 0.8 mm，弱而易脱落，不等长。花期 5—9 月，果期 8—10 月。

【分布区域】分布于新堤街道大兴社区。

【药用部位】全草或根。

【炮制】夏、秋季采收，鲜用或晒干。

【化学成分】全草含乙酸龙脑酯、甲酸龙脑酯、酚类、二聚戊烯、倍半萜烯、倍半萜醇等。

【性味与归经】辛，凉。归肺、肝、胃、大肠经。

【功能与主治】凉血止血，清热利湿，解毒消肿。用于吐血，衄血，崩漏，创伤出血，黄疸，水肿，淋浊，感冒，咳嗽，咽痛喉痹，痔疮，痈肿，丹毒，小儿疳积。

【用法与用量】煎汤，10 ～ 30 g（鲜品 30 ～ 60 g）；或捣汁。外用适量，捣敷；或煎水熏洗。

【临床应用】①治吐血：马兰头、鲜白茅根、湘莲子、红枣各 120 g。先将鲜白茅根、马兰头洗净，同入锅内浓煎二三次滤去渣，再加入湘莲子、红枣入罐内，用文火炖之，晚间临睡前取食 30 g。②治小儿热痢；马兰头、木通、紫苏、铁灯草各 6 g，仙鹤草、马鞭草各 9 g，水煎服。③治传染性肝炎：马兰鲜全草 30 g，酢浆草、地耳草、兖州卷柏各 15 ～ 30 g，水煎服。④治创伤出血：马兰、旱莲草、松香、皂子叶各适量，为末，搽入伤口。

【注意】孕妇慎服。

稻槎菜属 *Lapsanastrum* Pak & K. Bremer

一年生或多年生草本。叶边缘有锯齿或羽状深裂或全裂。头状花序同型，舌状，小，含 8 ～ 15 枚舌状小花，在茎枝顶端排列成疏松的伞房状花序或圆锥状花序。总苞圆柱状钟形或钟形；总苞片 2 层，外层小，3 ～ 5 枚，卵形，内层长，线形或线状披针形。花托平，无托毛。舌状小花黄色，两性。瘦果稍压扁，长椭圆形、长椭圆状披针形或圆柱状，但稍弯曲，有 12 ～ 20 条细小纵肋，顶端无冠毛。

洪湖市境内的稻槎菜属植物有 1 种。

308. 稻槎菜

【拉丁名】*Lapsanastrum apogonoides*（Maxim.）Pak & K. Bremer

【别名】鹅里腌、回荠。

【形态特征】一年生矮小草本，高 7 ～ 20 cm。茎细，自基部发出莲座状叶丛；茎枝柔软，被细柔毛或无毛。基生叶椭圆形或长匙形，长 3 ～ 7 cm，宽 1 ～ 2.5 cm，大头羽状全裂或几全裂，有长 1 ～ 4 cm 的叶柄，顶裂片卵形、菱形或椭圆形，边缘有极稀疏的小尖头，或长椭圆形而边缘具大锯齿，齿顶有小尖头，侧裂片 2 ～ 3 对，椭圆形，边缘全缘或有极稀疏针刺状小尖头；茎生叶与基生叶同型并等样分裂，向上茎叶渐小，不裂。头状花序小，果期下垂或歪斜，少数在茎枝顶端排列成疏松的伞房状圆锥花序，花序梗纤细；总苞椭圆形或长圆形，长约 5 mm；总苞片 2 层，外层卵状披针形，长达 1 mm，宽 0.5 mm，内层椭圆状披针形，长 5 mm，宽 1 ～ 1.2 mm，先端喙状；全部总苞片草质，外面无毛；舌状小花黄色，两性。瘦果淡黄色，稍压扁，长椭圆形或长椭圆状倒披针形，长 4.5 mm，宽 1 mm，有 12 条粗细不等细纵肋，肋上有微粗毛，顶端两侧各有 1 枚下垂的长钩刺，无冠毛。花果期 4—6 月。

【分布区域】分布于滨湖街道洪狮村。

【药用部位】全草。

【炮制】春、夏季采收，洗净，鲜用或晒干。

【性味与归经】苦，平。归肺、肝经。

【功能与主治】清热解毒，透疹。用于咽喉肿痛，痢疾，疮疡肿毒，蛇咬伤，麻疹透发不畅。

【用法与用量】煎汤，15 ～ 30 g；或捣汁。外用适量，鲜品捣敷。

【临床应用】①治血痢：稻槎菜 15 ～ 30 g，水煎服。②治咽喉肿痛，乳腺炎：稻槎菜 15 g，水煎服。③治蛇咬伤：稻槎菜鲜全草适量，捣烂外敷。

翅果菊属 *Pterocypsela* Shih

一年生或多年生草本。叶分裂或不分裂。头状花序同型，舌状，较大，在茎枝顶端排成伞房花序、圆锥花序或总状圆锥花序；总苞卵球形，总苞片 4 ～ 5 层，向内层渐长，覆瓦状排列，全部总苞片质地厚，绿色；花托平，无托毛；舌状小花 9 ～ 25 枚，黄色，极少白色，舌片顶端截形，顶端 5 齿裂，喉部有白色柔毛；花药基部附属物箭头形；花柱分枝细。瘦果倒卵形、椭圆形或长椭圆形，黑色，压扁或黑棕色、棕红色、黑褐色，边缘有宽厚或薄翅，顶端有粗短喙，极少有细丝状喙；冠毛 2 层，白色，细，微糙。

洪湖市境内的翅果菊属植物有 1 种。

309. 翅果菊

【拉丁名】*Pterocypsela indica*（L.）Shih

【别名】山莴苣、白龙头、野生菜、土莴苣、鸭子食、苦芥菜、苦菜、野莴苣、苦麻、驴干粮、苦马菜。

【形态特征】一年生或二年生草本，根垂直直伸，生多数须根。茎直立，单生，高 0.4 ～ 2 m，基部直径 3 ～ 10 mm，上部圆锥状或总状圆锥状分枝，全部茎枝无毛。全部茎叶线形，中部茎叶长达 21 cm 或过之，宽 0.5 ～ 1 cm，边缘大部全缘或仅基部或中部以下两侧边缘有小尖头或稀疏细锯齿或尖齿，或全部茎叶线状长椭圆形、长椭圆形或倒披针状长椭圆形，中下部茎叶长 13 ～ 22 cm，宽 1.5 ～ 3 cm，边缘有稀疏的尖齿或几全缘或全部茎叶椭圆形，中下部茎叶长 15 ～ 20 cm，宽 6 ～ 8 cm，边缘有三角形锯齿或偏斜卵状大齿；全部茎叶顶端长渐急尖或渐尖，基部楔形渐狭，无柄，两面无毛。头状花序果期卵球形，多数沿茎枝顶端排成圆锥花序或总状圆锥花序。总苞长 1.5 cm，宽 9 mm，总苞片 4 层，外层卵形或长卵形，长 3 ～ 3.5 mm，宽 1.5 ～ 2 mm，顶端急尖或钝，中内层长披针形或线状披针形，长 1 cm 或过之，宽 1 ～ 2 mm，顶端钝或圆形，全部苞片边缘染紫红色。舌状小花 25 枚，黄色。瘦果椭圆形，长 3 ～ 5 mm，宽 1.5 ～ 2 mm，黑色，压扁，边缘有宽翅，顶端急尖或渐尖成 0.5 ～ 1.5 mm 细或稍粗的喙，每面有 1 条细纵脉纹。冠毛 2 层，白色，几单毛状，长 8 mm。花果期 4—11 月。

【分布区域】分布于新堤街道大兴社区。

【药用部位】全草或根。

【炮制】春、夏季采收，洗净，鲜用或晒干。

【性味与归经】苦，寒。

【功能与主治】清热解毒，活血，止血。用于咽喉肿痛，肠痈，疮疖肿毒，宫颈炎，产后瘀血腹痛，崩漏，痔疮出血。

【用法与用量】煎汤，9 ～ 15 g。外用适量，鲜品捣敷。

蒲儿根属 *Sinosenecio* B. Nord.

直立多年生或有时二年生草本，具匍匐枝或根状茎，具纤维状根。茎葶状，近葶状或具叶，幼时常被长柔毛或蛛丝状茸毛。叶不分裂，具柄，全部基生或大部基生，或者基生兼茎生；基生叶莲座状，花期宿存，叶片圆形、肾形、卵形或轮廓三角状，稀卵状长圆形或椭圆形，掌状或极稀羽状脉，中度深或浅掌状裂，具齿，棱角或近全缘，基部深至浅心形，至近截形，稀圆形或楔形；基生叶叶柄无翅，茎叶叶柄下部有翅，基部通常扩大成明显半抱茎，全缘或具齿的耳。头状花序排列成顶生近伞形或复伞房状聚伞花序，具异型小花，辐射状，具花序梗；总苞无苞片或稀有苞片，倒锥形至半球形或杯状，总苞片草质，线形至卵形，通常披针形，顶端及上部边缘常被缘毛或流苏状缘毛，边缘干膜质；花序托平或凸起，具小窝孔，或有时具缘毛；小花全部结实，舌状花 6 ～ 15，雌性，舌片黄色，长圆形或披针状长圆形，具 4 ～ 10 条脉，顶端具 3 小齿，管状花多数，两性，花冠黄色，檐部钟状，5 裂；花药长圆形，基部圆形至钝，稀短钝箭形，花药颈部圆柱形，稍粗于花丝，细胞同型，花药内壁细胞壁增厚两极状，散生或辐射状排列；花柱分枝外弯，极短，顶端截形或微凸起，较长边缘被乳头状毛。瘦果圆柱形或倒卵状，具肋，表皮细胞光滑，或稀被微乳头状毛；冠毛细，同型，白色，宿存或稀脱落。

洪湖市境内的蒲儿根属植物有 1 种。

310. 蒲儿根

【拉丁名】*Sinosenecio oldhamianus*（Maxim.）B. Nord.

【别名】猫耳朵、肥猪苗。

【形态特征】多年生或二年生草本。根状茎木质，粗，具多数纤维状根。茎直立，高 40 ～ 80 cm，基部直径 4 ～ 5 mm，不分枝，被白色蛛丝状毛及疏长柔毛。基部叶在花期凋落，具长叶柄；下部茎叶具柄，叶片卵状圆形或近圆形，长 3 ～ 8 cm，宽 3 ～ 6 cm，顶端尖，基部心形，边缘具浅至深重齿或重锯齿，齿端具小尖，膜质，上面绿色，被疏蛛丝状毛至近无毛，下面被白色蛛丝状毛，掌状 5 脉，叶脉两面明显；叶柄长 3 ～ 6 cm，被白色蛛丝状毛，基部稍扩大；上部叶渐小，叶片卵形或卵状三角形，基部楔形，具短柄；最上部叶卵形或卵状披针形。头状花序多数排列成顶生复伞房状花序，花序梗细，长 1.5 ～ 3 cm，被疏柔毛，基部通常具 1 线形苞片；总苞宽钟状，长 3 ～ 4 mm，宽 2.5 ～ 4 mm，无外层苞片，总苞片约 13，1 层，长圆状披针形，宽约 1 mm，顶端渐尖，紫色，草质，具膜质边缘，外面被白色蛛丝状毛或短柔毛至无毛；舌状花约 13，管部长 2 ～ 2.5 mm，无毛，舌片黄色，长圆形，长 8 ～ 9 mm，宽 1.5 ～ 2 mm，顶端钝，具 3 细齿，4 条脉；管状花多数，花冠黄色，长 3 ～ 3.5 mm，管部长 1.5 ～ 1.8 mm，裂片卵状长圆形，长约 1 mm，顶端尖；花药长圆形，长 0.8 ～ 0.9 mm，基部钝，附片卵状长圆形；花柱分枝外弯，长 0.5 mm，顶端截形，被乳头状毛。瘦果圆柱形，长 1.5 mm，舌状花瘦果无毛，管状花瘦果被短柔毛；冠毛在舌状花缺，管状花冠毛白色，长 3 ～ 3.5 mm。花期 4—12 月。

【分布区域】分布于大沙湖管理区庙后垸社区。

【药用部位】全草。

【炮制】除去杂质，鲜用或晒干。以茎、枝多，叶完整，色绿者为佳。

【性味与归经】辛、苦，凉；有小毒。归心、膀胱经。

【功能与主治】清热解毒。用于痈疖肿毒。

【用法与用量】煎汤，9 ～ 15 g。外用适量，鲜品捣烂敷患处或干品研末调敷。

苦苣菜属 *Sonchus* L.

一年生、二年生或多年生草本。叶互生。头状花序稍大，同型，舌状，含多数舌状小花，通常 80 朵以上，在茎枝顶端排成伞房花序或伞房圆锥花序；总苞卵状、钟状、圆柱状或碟状，花后常下垂；总苞片 3 ～ 5 层，覆瓦状排列，草质，内层总苞片披针形、长椭圆形或长三角形，边缘常膜质；花托平，无托毛；舌状小花黄色，两性，结实，舌状顶端截形，5 齿裂；花药基部短箭头状；花柱分枝纤细。瘦果卵形或椭圆形，极少倒圆锥形，极压扁或粗厚，有多数高起的纵肋，或纵肋少数，常有横皱纹，顶端较狭窄，无喙；冠毛多层多数，细密、柔软且彼此纠缠，白色，单毛状，基部整体连合成环或连合成组，脱落。

洪湖市境内的苦苣菜属植物有 3 种。

1. 茎上基部半抱茎……………………………………………………………苣荬菜 *S. wightianus*

1. 茎上基部抱茎。

  2. 茎上叶基部有圆形的耳……………………………………………………花叶滇苦菜 *S. asper*

  2. 茎上叶基部有稍呈戟形的耳………………………………………………苦苣菜 *S. oleraceus*

311. 花叶滇苦菜

【拉丁名】*Sonchus asper*（L.）Hill

【别名】断续菊、刺菜、恶鸡婆、苦马菜、滇苦苣菜。

【形态特征】一年生草本。根倒圆锥状，褐色，垂直直伸。茎直立，高 20 ～ 50 cm，有纵棱。基生叶与茎生叶同型，但较小；中下部茎叶长椭圆形、倒卵形匙状，渐狭的翼柄长 7 ～ 13 cm，宽 2 ～ 5 cm，顶端渐尖、急尖或钝，基部渐狭成翼柄；上部茎叶披针形，不裂，基部扩大，圆耳状抱茎；全部叶及裂片与抱茎的圆耳边缘有尖齿刺，两面光滑无毛，质地薄。头状花序在茎枝顶端排成稠密的伞房花序；总苞宽钟状，长约 1.5 cm，宽 1 cm，总苞片 3 ～ 4 层，向内层渐长，覆瓦状排列，绿色，草质，外层长披针形或长三角形，长 3 mm，宽不足 1 mm，中内层长椭圆状披针形至宽线形，长达 1.5 cm，宽 1.5 ～ 2 mm，全部苞片顶端急尖，外面光滑无毛。舌状小花黄色。瘦果倒披针状，褐色，压扁，两面各有 3 条细纵肋，肋间无横皱纹；冠毛白色，柔软，彼此纠缠，基部连合成环。花果期 5—10 月。

【分布区域】分布于滨湖街道原种场。

【药用部位】全草。

【炮制】四季可采，鲜用或晒干。

【化学成分】地上部分含二糖类化合物，还含苦苣菜苷 A ～ D，假还阳参苷 A 及毛连菜苷 B、C，木犀草素 -7-O- β -D- 吡喃葡萄糖苷、金丝桃苷、蒙花苷、芹菜素、槲皮素、山柰酚等。

【性味与归经】苦，寒。

【功能与主治】清热解毒，凉血止血。用于肠炎，痢疾，急性黄疸性肝炎，阑尾炎，乳腺炎，口腔炎，咽炎，扁桃体炎，吐血，衄血，咯血，便血，崩漏。外用于痈疮肿毒，中耳炎。

【用法与用量】煎汤，15 ～ 30 g。外用适量，鲜品捣烂敷患处或捣汁滴耳。

312. 苦苣菜

【拉丁名】*Sonchus oleraceus* L.

【别名】苦菜、小鹅菜、老鸦苦荬、滇苦荬菜。

【形态特征】一年生或二年生草本。根圆锥状，有多数纤维状的须根。茎直立，高 40 ～ 150 cm，有纵条棱或条纹，不分枝或上部有短的伞房花序状或总状花序式分枝，茎枝光滑无毛，上部花序分枝及花序梗被头状具柄的腺毛。基生叶羽状深裂，长椭圆形或倒披针形，叶基部渐狭成长或短翼柄；中下部茎叶羽状深裂或大头状羽状深裂，椭圆形或倒披针形，长 3 ～ 12 cm，宽 2 ～ 7 cm，基部急狭成翼柄，向柄基逐渐加宽，柄基圆耳状抱茎；下部茎叶披针形或线状披针形，顶端渐尖，下部宽大，基部半抱茎。头状花序在茎枝顶端排成紧密的伞房花序或总状花序或单生于茎枝顶端；总苞宽钟状，长 1.5 cm，宽 1 cm，总苞片 3 ～ 4 层，覆瓦状排列，向内层渐长，外层长披针形或长三角形，长 3 ～ 7 mm，宽 1 ～ 3 mm，中内层长披针形至线状披针形，长 8 ～ 11 mm，宽 1 ～ 2 mm；全部总苞片顶端长急尖，外面无毛或外层或中内层上部沿中脉有少数头状具柄的腺毛；舌状小花多数，黄色。瘦果褐色，长椭圆形或长椭圆状倒披针形，压扁，每面各有 3 条细脉，肋间有横皱纹，顶端狭，无喙；冠毛白色，长 7 mm，单毛状，彼此纠缠。花果期 5—12 月。

【分布区域】分布于滨湖街道洪狮村。

【药用部位】全草。

【炮制】冬、春、夏三季均可采收，鲜用或晒干。

【化学成分】地上部分含二糖类化合物，还含苦苣菜苷 A ～ D，假还阳参苷 A，毛连菜苷 B、C，木犀草素 -7-O- β -D- 吡喃葡萄糖苷、金丝桃苷、蒙花苷、芹菜素、槲皮素、山柰酚。花含木犀草素、槲皮素、槲皮素苷等。种子含斑鸠菊酸。叶还含维生素 C。

【性味与归经】苦，寒。归心、脾、胃、大肠经。

【功能与主治】清热解毒，凉血止血。用于肠炎，痢疾，黄疸，淋证，咽喉肿痛，痈疮肿毒，乳腺炎，痔漏，吐血，衄血，咯血，尿血，便血，崩漏。

【用法与用量】煎汤，15 ～ 30 g。外用适量，鲜品捣敷；或煎汤熏洗，或取汁涂搽。

【注意】脾胃虚寒者忌之。

313. 苣荬菜

【拉丁名】*Sonchus wightianus* DC.

【别名】南苦苣菜、荬菜、野苦菜、野苦荬、苦荬菜、苣菜。

【形态特征】草本，高 40 ～ 100 cm。茎直立，有纵条纹，上部有伞房花序状分枝，分枝与花梗被腺毛及白色茸毛。基生叶多数，匙形或长椭圆形，长 9.5 ～ 22 cm，宽 2 ～ 6 cm，下部收窄成翼柄，边缘有锯齿；中下部茎叶与基生叶同型，半抱茎。头状花序在茎枝顶端排成伞房状花序；总苞宽钟状，长 1.5 cm，宽 1 cm，基部被白色茸毛，总苞片 3 层，外层长披针形，长 4 ～ 7 mm，宽 1 ～ 1.5 mm，中内层长披针形，全部总苞片顶端尖，背面沿中脉有 1 行头状具柄的腺毛；舌状小花多数，黄色。瘦果长椭圆形，稍压扁，每面有 5 条细肋，肋间有横皱纹，顶端无喙；冠毛白色，长 7 mm，基部多少连合。花果期 7—10 月。

【分布区域】分布于滨湖街道原种场。

【药用部位】全草。

【炮制】春季开花前采收，鲜用或晒干。取原药材，除去杂质，抢水洗净，稍润，切中段，干燥，筛去灰屑。

【性味与归经】苦，寒。

【功能与主治】清热解毒，利湿排脓，凉血止血。用于咽喉肿痛，疮疖肿毒，痔疮，急性菌痢，肠炎，肺脓疡，急性阑尾炎，衄血，咯血，尿血，便血，崩漏。

【用法与用量】煎汤，9～15 g；或鲜品绞汁。外用适量，煎汤熏洗；或捣敷。

【注意】不宜多食。湿邪内阻及疥疮、败疽、痔漏者慎服。

蒲公英属 *Taraxacum* F. H. Wigg.

多年生葶状草本，具白色乳状汁液。叶基生，密集成莲座状，具柄或无柄，叶片匙形、倒披针形或披针形，羽状深裂、浅裂，裂片多为倒向或平展，或具波状齿，稀全缘。花葶1至数个，直立，中空，无叶状苞片，上部被蛛丝状柔毛或无毛。头状花序单生于花葶顶端；总苞钟状或狭钟状，总苞片数层，有时先端背部增厚或有小角，外层总苞片短于内层总苞片，通常稍宽，常有浅色边缘，线状披针形至卵圆形，伏贴或反卷，内层总苞片较长，多少呈线形，直立；花序托多少平坦，有小窝孔，无托片；全为舌状花，两性，结实，舌片通常黄色，稀白色、红色或紫红色，先端截平，具5齿，边缘花舌片背面常具暗色条纹；雄蕊5，花药聚合，呈筒状，包于花柱周围，基部具尾，戟形，先端有三角形的附属物，花丝离生，着生于花冠筒上；花柱细长，伸出聚药雄蕊外，柱头2裂，裂瓣线形。瘦果纺锤形或倒锥形，有纵沟，果体上部或全部有刺状或瘤状突起，稀光滑，上端有细长喙，稀无喙；冠毛多层，白色或有淡的颜色，毛状，易脱落。

洪湖市境内的蒲公英属植物有1种。

314. 蒲公英

【拉丁名】*Taraxacum mongolicum* Hand. –Mazz.

【别名】黄花地丁、婆婆丁、蒙古蒲公英、灯笼草、姑姑英、地丁。

【形态特征】多年生草本。根圆柱状，黑褐色，粗壮。叶倒卵状披针形或长圆状披针形，长4～20 cm，宽1～5 cm，边缘具波状齿或羽状深裂。头状花序直径30～40 mm；总苞钟状，长12～14 mm，淡绿色，总苞片2～3层，外层总苞片披针形，长8～10 mm，宽1～2 mm，边缘宽膜质，基部淡绿色，上部紫红色，先端增厚或具小到中等的角状突起，内层总苞片线状披针形，长10～16 mm，宽2～3 mm，先端紫红色，具小角状突起；舌状花黄色，舌片长约8 mm，宽约1.5 mm，边缘花舌片背面具紫红色条纹，花药和柱头暗绿色。瘦果倒卵状披针形，暗褐色，长4～5 mm，宽1～1.5 mm，上部具小刺，下部具成行排列的小瘤，顶端逐渐收缩为长约1 mm的圆锥至圆柱形喙基，喙长6～10 mm，纤细；冠毛白色，长约6 mm。花期4—9月，果期5—10月。

【分布区域】分布于滨湖街道洪狮村。

【药用部位】干燥全草。

【炮制】春至秋季花初开时连根挖出，除去杂质，洗净，晒干。

【化学成分】全草含菊苣酸、蒲公英甾醇、

蒲公英素、蒲公英苦素、胆碱、菊糖和果胶。

【性味与归经】苦、甘，寒。归肝、胃经。

【功能与主治】清热解毒，消肿散结，利尿通淋。用于疔疮肿毒，乳痈，瘰疬，目赤，咽痛，肺痈，肠痈，湿热黄疸，热淋涩痛。

【用法与用量】煎汤，9 ～ 15 g。外用鲜品适量，捣敷或煎汤熏洗患处。

【临床应用】①治急性尿路感染：蒲公英 15 g，旱莲草 20 g，生栀子 15 g，黄芩 15 g，益母草 20 g，车前草 20 g，金钱草 20 g，地锦草 20 g，萹蓄 20 g，白茅根 30 g，甘草梢 6 g，水煎服。②治头癣：蒲公英 30 g，荷叶 20 g，地龙 20 g，荆芥 6 g，葱白 6 g。将上药捣烂取汁，外涂敷患处。③治牛皮癣：蒲公英 60 g，核桃树皮 60 g，斑蝥 2 g，鸡蛋 4 个。将上药捣烂或研细末，调拌鸡蛋清外敷贴患处。④治流行性脑脊髓膜炎：蒲公英 100 g，银花 50 g，连翘 50 g，辛夷 25 g，蝉衣 25 g。水 1000 ml，煎 320 ml，分 8 次服，每 3 h 30 ml。1 岁以下婴儿 3 h 服 20 ml。⑤治肺癌：蒲公英 30 g，北沙参 30 g，半枝莲 30 g，薏苡仁 30 g，白花蛇舌草 30 g，黄芪 30 g，鱼腥草 30 g，藕节 30 g，生百合 20 g，瓜蒌 20 g，夏枯草 20 g，元参 30 g，猫爪草 30 g，麦冬 15 g，冬虫夏草 15 g，旱莲草 15 g，党参 15 g，川贝母 10 g，水煎服。⑥治慢性鼻窦炎：蒲公英 30 g，野菊花 12 g，黄芩 15 g，鱼腥草 15 g，败酱草 15 g，板蓝根 10 g，白芷 15 g，辛夷 15 g，苍耳子 10 g，蔓荆子 10 g，赤芍 10 g，川芎 6 g，桔梗 10 g，藁本 6 g，生甘草 3 g，水煎服。

苍耳属 *Xanthium* L.

一年生草本，粗壮。根纺锤状或分枝。茎直立，具糙伏毛、柔毛或近无毛，有时具刺，多分枝。叶互生，全缘或多少分裂，有柄。头状花序单性，雌雄同株，在叶腋单生或密集成穗状，或成束聚生于茎枝的顶端，雄头状花序着生于茎枝的上端，球形，具多数不结果实的两性花；总苞宽半球形，总苞片 1 ～ 2 层，分离，椭圆状披针形，革质；花托柱状，托片披针形，无色，包围管状花；花冠管部上端有 5 宽裂片；花药分离，上端内弯，花丝结合成管状，包围花柱；花柱细小，不分裂，上端稍膨大。雌头状花序单生或密集于茎枝的下部，卵圆形，各有 2 结果实的小花；总苞片两层，外层小，椭圆状披针形，分离；内层总苞片结合成囊状，卵形，在果时成熟变硬，上端具 1 ～ 2 个坚硬的喙，外面具钩状的刺；2 室，各具 1 小花，雌花无花冠；柱头 2 深裂，裂片线形，伸出总苞的喙外。瘦果 2，倒卵形，藏于总苞内，无冠毛。

洪湖市境内的苍耳属植物有 1 种。

315. 苍耳

【拉丁名】*Xanthium strumarium* L.

【别名】苍子、稀刺苍耳、菜耳、猪耳、野茄子、胡苍子、痴头婆、抢子、青棘子、羌子裸子、绵苍浪子。

【形态特征】一年生草本，高 30 ～ 100 cm。茎直立，有时基部分枝，绿色或微带紫色，上部间有紫色斑点，被短毛。叶互生，卵状三角形，长 4 ～ 10 cm，宽 3 ～ 10 cm，基部浅心形，边缘具不规则锯齿或 3 齿裂，裂片边缘再呈齿状，两面均有贴伏的短粗毛，叶质粗糙，基出 3 脉明显。花单性，雌雄同株，头状花序顶生或腋生，上部为雄性，下部为雌性；雄性花序球形，有多数不孕的花，苞片 1 ～ 2 层，椭圆状披针形；花托圆管状，有披针形透明膜质鳞片，包于花冠外，花冠管状，先端 5 齿裂；雄花 5，花药分离，花丝合成单体；花柱细小，柱头不分裂，发育不完全；雌性花序总苞卵圆形，长 10 ～ 18 mm，宽 6 ～ 12 mm，苞片 2 层，外层苞片椭圆状披针形，内层苞片囊状，外面密被细毛，有钩刺，长 1.5 ～ 2 mm，先端有 2 喙，直立，苞内有 2 朵花发育，无花冠，柱头 2 深裂，伸出喙外。瘦果椭圆形，包于囊状苞内，无冠毛。花期 8—9 月，果期 9—10 月。

【分布区域】分布于新堤街道大兴社区。

【药用部位】带总苞的果实、全草。

【炮制】苍耳子：秋季果实成熟时采收，干燥，除去梗、叶等杂质。

炒苍耳子：取净苍耳子，照清炒法炒至黄褐色，去刺，筛净。

苍耳草：5—7 月割取全草，切段晒干或鲜用。

【化学成分】果实含有苍耳苷，种子含有脂肪油等成分。

【性味与归经】苍耳子：辛、苦，温；有毒。归肺经。苍耳草：苦、辛，微寒。归肺、脾、肝经。

【功能与主治】苍耳子：祛风除湿，通鼻窍。用于风寒头痛，鼻渊流涕，风疹瘙痒，湿痹拘挛。

苍耳草：祛风散热，除湿解毒。用于感冒，头风，头晕，鼻渊，目赤，目翳，风湿痹痛，拘挛麻木，疔疮，疥癣，皮肤瘙痒，痔疮，痢疾，子宫出血，深部脓肿，麻风，皮肤湿疹。

【用法与用量】苍耳子：煎汤，3 ～ 9 g。

苍耳草：煎汤，6 ～ 12 g（大剂量可用至 30 ～ 60 g）；或捣汁，或熬膏，或入丸、散。外用适量，捣敷；或烧存性研末调敷；或煎水洗，或熬膏敷。

【临床应用】①治赤白下痢：苍耳草不拘多少，洗净，以水煮烂，去滓，入蜜，用武火熬成膏。每服一两匙，白汤下。②治目翳：鲜苍耳草，捣烂涂膏药上贴太阳穴。③治癞：嫩苍耳、荷叶各等份，为末，每服 6 g，温酒调下。④治疔肿：苍耳烧作灰，和腊月猪脂封之。⑤治中耳炎：鲜苍耳全草 15 g，冲开水半碗服。⑥治疥疮，痔漏：苍耳全草煎汤熏洗。⑦治风疹和遍身湿痒：苍耳全草煎汤外洗。⑧治虫咬性皮炎：鲜苍耳茎叶、白矾、明雄各适量，共捣成膏，外敷蜇咬处，固定。

【注意】内服不宜过量；气虚血亏者慎服。

黄鹌菜属 *Youngia* Cass.

一年生或多年生草本。叶羽状分裂或不分裂。头状花序小，极少中等大小，同型，舌状，具少数或多数舌状小花，多数或少数在茎枝顶端或沿茎排成总状花序、伞房花序或圆锥状伞房花序；总苞钟状或宽圆柱状，总苞 3 ～ 4 层，外层及最外层短，顶端急尖，内层及最内层长，外面顶端无鸡冠状附属物或有鸡冠状附属物；花托平，蜂窝状，无托毛；舌状小花两性，黄色，1 层，舌片顶端截形，5 齿裂；花柱分枝细，花药基部附属物箭头形。瘦果纺锤形，有 10 ～ 15 条粗细不等的椭圆形纵肋；冠毛白色，少鼠灰色，1 ～ 2 层。

洪湖市境内的黄鹌菜属植物有 1 种。

316. 黄鹌菜

【拉丁名】*Youngia japonica*（L.）DC.

【别名】黄鸡婆、苦菜药、黄花菜、山芥菜、土芥菜、野芥菜、野芥兰、芥菜仔、野青菜、黄花枝香草。

【形态特征】一年生草本，高 10 ～ 100 cm。根垂直直伸，生多数须根。茎直立，顶端伞房花序状分枝或下部有长分枝，下部被稀疏的皱波状毛。基生叶倒披针形或椭圆形，长 2.5 ～ 13 cm，宽 1 ～ 4.5 cm，羽状深裂或全裂，顶裂片卵形或卵状披针形，边缘有锯齿或几全缘，侧裂片 3 ～ 7 对，椭圆形，向下渐小，最下方的侧裂片耳状，全部侧裂片边缘有锯齿或边缘有小尖头；全部叶及叶柄被皱波状柔毛。头状花序含 10 ～ 20 枚舌状小花，在茎枝顶端排成伞房花序，花序梗细；总苞圆柱状，长 4 ～ 5 mm，总苞片 4 层，外层及最外层极短，宽卵形或宽形，长、宽不足 0.6 mm，顶端急尖，内层及最内层长，长 4 ～ 5 mm，极少长 3.5 ～ 4 mm，宽 1 ～ 1.3 mm，披针形，顶端急尖，边缘白色宽膜质，内面有贴伏的短糙毛，全部总苞片外面无毛；舌状小花黄色，花冠管外面有短柔毛。瘦果纺锤形，压扁，褐色或红褐色，长 1.5 ～ 2 mm，顶端无喙，有 11 ～ 13 条粗细不等的纵肋，肋上有小刺毛；冠毛长 2.5 ～ 3.5 mm，糙毛状。花果期 4—10 月。

【分布区域】分布于乌林镇香山村。

【药用部位】根或全草。

【炮制】春季采收全草，秋季采根，鲜用或切段晒干。

【性味与归经】甘、微苦，凉。

【功能与主治】清热解毒，利尿消肿。用于感冒，咽痛，结膜炎，乳痈，疮疖肿毒，毒蛇咬伤，痢疾，肝硬化腹水，急性肾炎，淋浊，尿血，带下，风湿性关节炎，跌打损伤。

【用法与用量】煎汤，9 ～ 15 g（鲜品 30 ～ 60 g）；或捣汁。外用适量，鲜品捣敷；或捣汁含漱。

【临床应用】①治咽喉炎症：鲜黄鹌菜，洗净，捣汁，加醋适量含漱。治疗期间忌吃油腻食物。②治乳腺炎：鲜黄鹌菜 30 ～ 60 g，水煎酌加酒服，渣捣烂加热外敷患处。③治肝硬化腹水：鲜黄鹌菜根 12 ～ 24 g，水煎服。④治狂犬咬伤：鲜黄鹌菜 30 ～ 60 g，绞汁泡开水服，渣外敷。⑤治疮疖肿毒：鲜黄鹌菜适量，捣烂敷患处。

单子叶植物纲 Monocotyledoneae

九十六、泽泻科 Alismataceae

多年生，稀一年生，沼生或水生草本；具乳汁或无。具根状茎、匍匐茎、球茎、珠芽。叶基生，直立，挺水、浮水或沉水；叶片条形、披针形、卵形、椭圆形、箭形等，全缘；叶脉平行；叶柄长短随水位深浅有明显变化，基部具鞘，边缘膜质或否。花序总状、圆锥状或呈圆锥状聚伞花序，稀 1 ～ 3 花单生或散生；花两性、单性或杂性，辐射对称；花被片 6 枚，排成 2 轮，覆瓦状，外轮花被片宿存，内轮花被片易枯萎、凋落；雄蕊 6 枚或多数，花药 2 室，外向，纵裂，花丝分离，向下逐渐增宽，或上下等宽；心皮多数，轮生，或螺旋状排列，分离；花柱宿存，胚珠通常 1 枚，着生于子房基部。瘦果两侧压扁，或为小坚果，多少胀圆。种子通常褐色、深紫色或紫色；胚马蹄形，无胚乳。

本科有11属约100种，主要产于北半球温带至热带地区，大洋洲、非洲亦有分布。我国有4属20种，南北地区均有分布。

洪湖市境内的泽泻科植物有2属2种。

1. 花两性，心皮少数或多数，雄蕊6～9枚……泽泻属 *Alisma*

1. 花单性，心皮多数，雄蕊多数……慈姑属 *Sagittaria*

泽泻属 *Alisma* L.

多年生水生或沼生草本。具块茎或无，稀具根状茎。花期前有时具乳汁，或无。叶基生，沉水或挺水，全缘；挺水叶具白色小鳞片，叶脉3～7条，近平行，具横脉。花葶直立，高7～120 cm。花序分枝轮生，通常1至多轮，每个分枝再作1～3次分枝，组成大型圆锥状复伞形花序，稀呈伞形花序，分枝基部具苞片及小苞片；花两性或单性，辐射对称；花被片6枚，排成2轮，外轮花被片萼片状，边缘膜质，具5～7脉，绿色，宿存，内轮花被片花瓣状，比外轮大1～2倍，花后脱落；雄蕊6枚，着生于内轮花被片基部两侧，花药2室，纵裂，花丝基部宽，向上渐窄，或骤然狭窄；心皮多数，分离，两侧压扁，轮生于花托，排列整齐或否；花柱直立、弯曲或卷曲，顶生或侧生；花托外凸呈球形、平凸或凹凸。瘦果两侧压扁，腹侧具窄翅或否，背部具1～2条浅沟，或具深沟，两侧果皮草质、纸质或薄膜质。种子直立，深褐色、黑紫色或紫红色，有光泽，马蹄形。

洪湖市境内的泽泻属植物有1种。

317. 泽泻

【拉丁名】*Alisma plantago-aquatica* L.

【别名】水泽、如意花、车苦菜、天鹅蛋、天秃、一枝花。

【形态特征】多年生水生或沼生草本。块茎直径1～3.5 cm。沉水叶条形或披针形；挺水叶宽披针形、椭圆形至卵形，长2～11 cm，宽1.3～7 cm，先端尖，基部宽楔形、浅心形，叶脉通常5条，叶柄长1.5～30 cm，基部渐宽，边缘膜质。花葶高78～100 cm，花序长15～50 cm，具3～8轮分枝，每轮分枝3～9枚；花两性，花梗长1～3.5 cm；外轮花被片广卵形，长2.5～3.5 mm，宽2～3 mm，通常具7脉，边缘膜质，内轮花被片近圆形，远大于外轮，边缘具不规则粗齿，白色、粉红色或浅紫色；心皮17～23枚，排列整齐；花柱直立，长7～15 mm，柱头短，为花柱的1/9～1/5；花丝长1.5～1.7 mm，基部宽约0.5 mm，花药长约1 mm，椭圆形，黄色，或淡绿色；花托平凸，高约0.3 mm，近圆形。瘦果椭圆形，长约2.5 mm，宽约1.5 mm，背部具1～2条不明显浅沟，下部平，果喙自腹侧伸出，喙基部凸起，膜质。种子紫褐色，具突起。花果期5—10月。

【分布区域】分布于万全镇张当村。

【药用部位】块茎。

【炮制】泽泻：冬季茎叶开始枯萎时采挖，洗净，干燥，除去须根及粗皮。

盐泽泻：取泽泻片，照盐水炙法炒干。

【化学成分】含多种四环三萜酮醇衍生物、23-乙酰泽泻醇B和23-乙酰泽泻醇C。

【性味与归经】甘，寒。归肾、膀胱经。

【功能与主治】利水渗湿，泄热，化浊降脂。用于小便不利，水肿胀满，泄泻尿少，痰饮眩晕，热淋涩痛，高脂血症。

【用法与用量】煎汤，6 ~ 10 g。

【临床应用】①治水肿：白术、泽泻各 15 g。上为细末，煎服 10 g，茯苓汤调下，或丸亦可，服 30 丸。②治虚劳膀胱气滞，腰中重，小便淋：泽泻 30 g，牡丹 1 g，桂心 1 g，炙甘草 1 g，榆白皮 1 g，白术 1 g，赤茯苓 30 g，木通 30 g。上药捣粗罗为散，每服 10 g，以水 250 ml，煎至六分，去渣，食前温服。③治腰痛：泽泻 15 g，桂心 1 g，白术、白茯苓、炙甘草各 30 g，牛膝、炮姜各 15 g，杜仲 1 g。上 8 味粗捣筛，每服 6 g，水 300 ml，煎至七分，去渣，空心、日午、夜卧温服。④治风热犯肺：泽泻 10 g, 郁金 15 g, 栀子 10 g, 甘草 6 g。水煎服，每日 1 剂。⑤治肝肾阴虚型高脂血症：首乌 3 g，泽泻 3 g，黄精 3 g，金樱子 3 g, 山楂 3 g，草决明 6 g，桑寄生 6 g, 木香 1 g。制成浸膏片，口服，每日 3 次，每次 8 片，3 个月为 1 个疗程。⑥治单纯性肥胖：泽泻 12 g，番泻叶 1.5 g，山楂 12 g，草决明 12 g。制成冲剂，分 2 次服，4 周为 1 个疗程。⑦治高血压：泽泻、益母草、车前子、夏枯草、草决明、钩藤、寄生、丹皮各适量。泽泻用量每剂 50 ~ 100 g，其余药取一般药量，水煎服。⑧治中耳积液：泽泻 15 ~ 30 g，茯苓 15 ~ 30 g, 石菖蒲 10 ~ 15 g，水煎服。气虚加党参 15 g，炙黄芪 15 g；痰热加黄芩 10 g，龙胆草 5 g。

慈姑属 *Sagittaria* L.

草本。具根状茎、匍匐茎、球茎、珠芽。叶沉水、浮水、挺水；叶片条形、披针形、深心形、箭形，箭形叶有顶裂片与侧裂片之分。花序总状、圆锥状；花和分枝轮生，每轮 1 ～ 3 数，2 至多轮，基部具 3 枚苞片，分离或基部合生；花两性，或单性，雄花生于上部，花梗细长，雌花位于下部，花梗短粗，或无；雌雄花被片相似，通常花被片 6 枚，外轮 3 枚绿色，反折或包果；内轮花被片花瓣状，白色，稀粉红色，或基部具紫色斑点，花后脱落，稀枯萎宿存；雄蕊 9 至多数，花丝不等长，长于或短于花药，花药黄色，稀紫色；心皮离生，多数，螺旋状排列。瘦果两侧压扁，通常具翅，或无。种子发育或否，马蹄形，褐色。

洪湖市境内的慈姑属植物有 1 种。

318. 野慈姑

【拉丁名】*Sagittaria trifolia* L.

【别名】剪刀草、水慈姑、慈姑苗、燕尾草。

【形态特征】多年生水生或沼生草本。根状茎横走，较粗壮。挺水叶箭形，顶裂片短于侧裂片，顶裂片与侧裂片之间缢缩；叶柄基部渐宽，鞘状，边缘膜质，具横脉。花葶直立，挺水，高 15 ～ 70 cm。花序总状或圆锥状，长 5 ～ 20 cm，具分枝 1 ～ 2 枚，花多轮，每轮 2 ～ 3 花；苞片 3 枚，先端尖；花单性，花被片反折，外轮花被片椭圆形或广卵形，长 3 ～ 5 mm，宽 2.5 ～ 3.5 mm，内轮花被片白色或淡黄色，长 6 ～ 10 mm，宽 5 ～ 7 mm，基部收缩，雌花通常 1 ～ 3 轮，花梗短粗，心皮多数，两侧压扁，花柱自腹侧斜上；雄花多轮，花梗斜举，长 0.5 ～ 1.5 cm；雄蕊多数，花药黄色，长 1 ～ 2 mm，花丝长短不一，0.5 ～ 3 mm，通常外轮短，向里渐长。瘦果两侧压扁，倒卵形，具翅。种子褐色。花果期 5—10 月。

【分布区域】分布于洪湖市各乡镇。

【药用部位】全草。

【炮制】夏、秋季采收。

【化学成分】含蛋白质、脂肪、糖类、粗纤维、钙、磷、铁等。

【性味与归经】辛，寒；有小毒。

【功能与主治】清热解毒，凉血消肿。用于黄疸，瘰疬，蛇咬伤。

【用法与用量】煎汤，7.5 ～ 15 g。外用适量，捣敷或研末调敷。

【临床应用】①治黄疸：水慈姑、倒触伞各 30 g，煨水服。②治九子疡：水慈姑根、黄山药根、独脚莲根各等份，研末，以适量调甜酒敷患处。③治蛇咬伤：野慈姑、一支蒿各适量，捣绒包患处。

九十七、水鳖科 Hydrocharitaceae

一年生或多年生淡水和海水草本，沉水或漂浮水面。根扎于泥里或浮于水中。茎短缩，直立，少有匍匐。叶基生或茎生，基生叶多密集，茎生叶对生、互生或轮生；叶形、大小多变；叶柄有或无；托叶有或无。佛焰苞合生，稀离生，无梗或有梗，常具肋或翅，先端多为2裂，其内含1至数朵花；花辐射对称，稀为左右对称；单性，稀两性，常具退化雌蕊或雄蕊；花被片离生，3枚或6枚，有花萼花瓣之分，或无花萼花瓣之分；雄蕊1至多枚，花药底部着生，2～4室，纵裂；子房下位，由2～15枚心皮合生，1室，侧膜胎座，有时向子房中央凸出，但从不相连；花柱2～5枚，常分裂为2枚；胚珠多数，倒生或直生，珠被2层。果实肉果状，果皮腐烂开裂。种子多数，形状多样；种皮光滑或有毛，有时具细刺瘤状突起；胚直立，胚芽极不明显，海生种类有发达的胚芽，无胚乳。

本科有17属约80种，广泛分布于全世界热带、亚热带地区，少数分布于温带地区。我国有9属20种4变种，主要分布于长江以南地区，东北、华北、西北地区亦有少数种类。

洪湖市境内的水鳖科植物有1属1种。

水鳖属 *Hydrocharis* L.

浮水草本。匍匐茎横走，先端有芽。叶漂浮或沉水，稀挺水；叶片卵形、圆形或肾形，先端圆或急尖，基部心形或肾形，全缘，有的种在远轴面中部具广卵形的垫状贮气组织；叶脉弧形，5条或5条以上，具叶柄和托叶。花单性，雌雄同株，雄花序具梗，佛焰苞2枚，内含雄花数朵；萼片3，花瓣3，白色；雄蕊6～12枚，花药2室，纵裂；雌佛焰苞内生花1朵，萼片3，花瓣3，白色，较大；子房椭圆形，不完全6室，花柱6，柱头扁平，2裂。果实椭圆形至圆形，有6肋，在顶端呈不规则开裂。种子多数，椭圆形。

洪湖市境内的水鳖属植物有1种。

319. 水鳖

【拉丁名】*Hydrocharis dubia*（Bl.）Backer

【别名】水白、水苏、芣菜、马尿花、水旋覆、油灼灼、白苹。

【形态特征】浮水草本。须根长可达30 cm。匍匐茎发达，节间长3～15 cm，直径约4 mm，顶端产生越冬芽。叶簇生，多漂浮，有时伸出水面；叶片心形或圆形，长4.5～5 cm，宽5～5.5 cm，全缘，远轴面有蜂窝状贮气组织，并具气孔。花单性，雌雄同株，雄花序腋生；花序梗长 0.5 ～ 3.5 cm，佛焰苞 2 枚，膜质，透明，具红紫色条纹，苞内雄花 5 ～ 6 朵；花梗长 5 ～ 6.5 cm，萼片 3，具红色斑点，花瓣 3，黄色；雄蕊 12 枚，雌花白色，雌佛焰苞小；退化雄蕊 6 枚，成对并列；花柱 6，每枚 2 深裂，长约 4 mm，密被腺毛，子房下位，不完全 6 室。果实浆果状，球形至倒卵形，具数条沟纹。种子多数，椭圆形，顶端渐尖；种皮上有许多毛状突起。花果期 8—10 月。

【分布区域】分布于大同湖管理区琢头沟社区。

【药用部位】全草。

【炮制】春、夏季采收，鲜用或晒干。

【性味与归经】苦，寒。

【功能与主治】清热利湿。用于湿热带下。

【用法与用量】内服，研末，2 ～ 4 g。

九十八、百合科 Liliaceae

通常为具根状茎、块茎或鳞茎的多年生草本，很少为亚灌木、灌木或乔木状。叶基生或茎生，后者多为互生，较少为对生或轮生，通常具弧形平行脉，极少具网状脉。花两性，很少为单性异株或杂性，通常辐射对称，极少稍两侧对称；花被片 6，少有 4 或多数，离生或不同程度合生成筒，一般为花冠状；雄蕊通常与花被片同数，花丝离生或贴生于花被筒上；花药基着或丁字状着生，药室 2，纵裂，较少汇合成一室而为横缝开裂；心皮合生或不同程度的离生；子房上位，极少半下位，一般 3 室，具中轴胎座，少有 1 室而具侧膜胎座；每室具 1 至多数倒生胚珠。果实为蒴果或浆果，较少为坚果。种子具丰富的胚乳，胚小。

本科约有 230 属 3500 种，广布于全世界，特别是温带和亚热带地区。我国有 60 属约 560 种，分布遍及全国。

洪湖市境内的百合科植物有 4 属 6 种。

1. 植株具长或短的根状茎，不具鳞茎。

   2. 叶退化为鳞片状；枝条变为小而狭长的绿色叶状枝；花或花序生于叶状枝腋内……………………天门冬属 *Asparagus*

   2. 叶不退化为鳞片状；枝条不变为叶状枝。

      3. 果实在未成熟前即已作不整齐开裂，露出幼嫩的种子……………………………………………………山麦冬属 *Liriope*

      3. 果实为浆果或蒴果，成熟前不开裂，成熟种子不为核果状………………………………………………萱草属 *Hemerocallis*

1. 植株具鳞茎，鳞茎膨大成球形或卵形，或呈近圆柱状……………………………………………………………………葱属 *Allium*

葱属 *Allium* L.

多年生草本，绝大部分的种具特殊的葱蒜气味。具根状茎或根状茎不甚明显，地下部分的肥厚叶鞘形成鳞茎，鳞茎形态多样，从圆柱状到球状，最外面的为鳞茎外皮，质地多样，可为膜质、革质或纤维质；须根从鳞茎基部或根状茎上长出，通常细长，在有的种中则增粗，肉质化，甚至呈块根状。叶形多样，从扁平的狭条形到卵圆形，从实心到空心的圆柱状，基部直接与闭合的叶鞘相连，无叶柄或少数种类叶片基部收狭为叶柄，叶柄再与闭合的叶鞘相连。花葶从鳞茎基部长出，有的生于中央，有的侧生，露出地面的部分被叶鞘或裸露。伞形花序生于花葶的顶端，开放前为一闭合的总苞所包，开放时总苞单侧开裂或 2 至数裂，早落或宿存；小花梗无关节，基部有或无小苞片；花两性，极少退化为单性（但仍可见到退化的雌、雄蕊），花被片 6，排成 2 轮，分离或基部靠合成管状；雄蕊 6 枚，排成 2 轮，花丝全缘或基部扩大而每侧具齿，通常基部彼此合生并与花被片贴生，有时合生部位较高而成筒状；子房 3 室，每室 1 至数胚珠，沿腹缝线的部位具蜜腺，蜜腺的位置多在腹缝线基部，蜜腺的形状多样，有的平坦，有的凹陷，有的具帘，有的隆起等，花柱单一；柱头全缘或 3 裂。蒴果室背开裂。种子黑色，多棱形或近球状。本属植物花葶上不具叶或叶状苞片，伞形花序生于花葶顶端，花序开放前为一闭合的总苞所包，开放时总苞破裂。本属植物很容易区别于本科其他各属植物。

洪湖市境内的葱属植物有 3 种。

1. 叶狭线形至线状披针形，扁平；雄蕊比花被片短或长……………………………………………………………………韭 *A.tuberosum*

1. 叶狭线形、线形或线状披针形，或为圆管状，无叶柄。

   2. 叶中部以下膨大，向上渐狭；花白色……………………………………………………………………………………葱 *A.fistulosum*

   2. 叶中部以下不膨大；花淡紫色至蓝紫色…………………………………………………………………………薤白 *A.macrostemon*

320. 葱

【拉丁名】*Allium fistulosum* L.

【别名】北葱、大葱、葱茎白、葱白头。

【形态特征】鳞茎单生，圆柱状，直径 1 ～ 2 cm；鳞茎外皮白色，稀淡红褐色，膜质至薄革质，不破裂。叶圆筒状，中空，向顶端渐狭，约与花葶等长，直径在 0.5 cm 以上。花葶圆柱状，中空，高 30 ～ 100 cm，中部以下膨大，向顶端渐狭，约在 1/3 以下被叶鞘；总苞膜质，2 裂；伞形花序球状，多花，较疏散；小花梗纤细，与花被片等长，或为其 2 ～ 3 倍长，基部无小苞片；花白色，花被片长 6 ～ 8.5 mm，近卵形，先端渐尖，具反折的尖头，外轮的稍短；花丝为花被片长度的 1.5 ～ 2 倍，锥形，在基部合生并与花被片贴生；子房倒卵状，腹缝线基部具不明显的蜜穴；花柱细长，伸出花被外。花果期 4—7 月。

【分布区域】分布于新堤街道万家墩村。

【药用部位】鳞茎。

【炮制】夏、秋季采挖，除去须根、叶及外膜，鲜用。

【化学成分】含多糖、维生素、胡萝卜素、棕榈酸、大蒜素等。

【性味与归经】辛，温。归肺、胃经。

【功能与主治】发表，通阳，解毒，杀虫。用于感冒风寒，阴寒腹痛，二便不通，痢疾，疮痈肿痛，虫积腹痛。

【用法与用量】煎汤，9 ～ 15 g；或酒煎。煮粥食，每次可用鲜品 15 ～ 30 g。外用适量，捣敷；或炒熨，或煎水洗，或蜂蜜（醋）调敷。

【注意】表虚多汗者忌服。

321. 薤白

【拉丁名】*Allium macrostemon* Bunge

【别名】藠头、野薤、野葱、薤白头、野白头、野蒜。

【形态特征】多年生草本，高 30 ～ 60 cm。鳞茎数枚聚生，狭卵状，直径 1 ～ 1.5 cm，鳞茎外皮白色或带红色，膜质，不破裂。叶基生，2 ～ 5 枚，具 3 ～ 5 棱的圆柱状，中空，近与花葶长。花葶侧生，圆柱状，高 20 ～ 40 cm，总苞膜质，2 裂，宿存；伞形花序半球形，松散，花梗为花被的 2 ～ 4 倍长，具苞片；花淡紫色至蓝紫色，花被片 6，长 4 ～ 6 mm，宽椭圆形至近圆形，钝头；花丝为花被片的 2 倍长，仅基部合生并与花被贴生，内轮的基部扩大，两侧各具 1 齿，外轮的无齿；子房宽倒卵形，基部具 3 个有盖的凹穴，花柱伸出花被。花果期 10—11 月。

【分布区域】分布于乌林镇香山村。

【药用部位】鳞茎、叶。

【炮制】薤叶：5—9 月采收，鲜用。

薤白：夏、秋季采挖，洗净，除去须根，蒸透或置沸水中烫透，晒干。

【化学成分】含含氮化合物、皂苷类化合物、棕榈酸、油酸、亚麻酸、21- 甲基二十三烷酸、琥珀酸、月桂酸、对羟基肉桂酸、对羟基苯甲酸、β - 谷甾醇、胡萝卜苷、琥珀酸、前列腺素等。

【性味与归经】辛、苦，温。归心、肺、胃、大肠经。

【功能与主治】通阳散结，行气导滞。用于胸痹心痛，脘腹痞满胀痛，泻痢后重。

【用法与用量】薤白：煎汤，5 ～ 10 g（鲜品 30 ～ 60 g）；或入丸、散，亦可煮粥食。外用适量，捣敷；或捣汁涂。

薤叶：3 ～ 6 g，捣如泥敷即可。

【临床应用】①治胸痹，不得卧，心痛彻背者：薤白 90 g，栝楼实 1 枚，半夏 15 g，白酒 1000 ml。上 4 味，同煮，取 240 ml，温服 60 ml，日 3 服。②治伤寒，热毒内蕴，下痢色赤，状如烂肉汁，腹痛：薤白 30 g，豉 250 g，栀子 10 g，上药锉如麻豆大。以水 1250 ml，先煎栀子十沸，下薤白，煎至 1000 ml，再下豉，煎取 700 ml，去滓，每取 200 ml。③治霍乱，干呕不止：薤白 1 握，生姜 15 g，陈皮 9 g。上 3 味用水 300 ml，煎至 200 ml，去渣，分 2 次服。④治胸痹，胸背痛，短气，寸口脉沉而足迟，关上小紧数：薤白 250 g，栝楼实 1 枚，白酒 400 ml。上 3 味，同煮，取 160 ml，温分服。⑤治毒蛇咬伤：鲜薤白、鲜天南星各等量，捣烂外敷，干则更换。

322. 韭

【拉丁名】*Allium tuberosum* Rottler ex Sprengle

【别名】韭菜、久菜、扁菜、起阳草、长生韭、壮阳草、懒人菜、丰本、草钟乳。

【形态特征】横生根状茎。鳞茎簇生，近圆柱状，鳞茎外皮暗黄色至黄褐色，破裂成纤维状，呈网状。叶条形，扁平，实心，比花葶短，宽 1.5 ～ 8 mm，边缘平滑。花葶圆柱状，常具 2 纵棱，高 25 ～ 60 cm，下部被叶鞘；总苞单侧开裂，或 2 ～ 3 裂，宿存；伞形花序半球状或近球状，花多但较稀疏；小花梗近等长，比花被片长 2 ～ 4 倍，基部具小苞片，且数枚小花梗的基部又为 1 枚共同的苞片所包围；花白色，花被片常具绿色或黄绿色的中脉，内轮的矩圆状倒卵形，长 4 ～ 8 mm，宽 2.1 ～ 3.5 mm，外轮的常较窄，矩圆状卵形至矩圆状披针形，先端具短尖头，长 4 ～ 8 mm，宽 1.8 ～ 3 mm；花丝等长，为花被片长度的 2/3 ～ 4/5，基部合生并与花被片贴生，合生部分高 0.5 ～ 1 mm，分离部分狭三角形，内轮的稍宽；子房倒圆锥状球形，具 3 圆棱，外壁具细的疣状突起。花果期 7—9 月。

【分布区域】分布于黄家口镇西湖村。

【药用部位】叶、根、种子。

【炮制】韭子：取原药材除去杂质，筛去灰屑，用时捣碎。

盐水炒韭子：取净韭子，用文火炒至有爆裂声时，边炒边喷洒盐水，再炒干。每 100 kg 韭子，用盐 2 kg。

【性味与归经】韭叶：辛，温。归肝、胃、肾、肺、脾经。韭根：辛，温。归脾、胃经。韭子：辛、甘，温。归肝、肾经。

【功能与主治】韭叶：补肾，温中行气，散瘀，解毒。用于肾虚阳痿，里寒腹痛，噎膈反胃，胸痹疼痛，衄血，吐血，尿血，痢疾，痔疮，痈疮肿毒，漆疮，跌打损伤。

韭根：温中，行气，散瘀，解毒。用于里寒腹痛，食积腹胀，胸痹疼痛，赤白带下，衄血，吐血，漆疮，疮癣，跌打损伤。

韭子：补益肝肾，壮阳固精。用于肾虚阳痿，腰膝酸软，遗精，尿频，尿浊，带下，顽固性呃逆。

【用法与用量】韭叶：煎汤，60 ～ 120 g；或煮粥、炒熟。外用适量，捣敷；或煎水熏洗，或热熨。

韭根：煎汤，30 ～ 60 g；或捣汁。外用适量，捣敷；或温熨，或研末调敷。

韭子：煎汤，6 ～ 12 g；或入丸、散。

【临床应用】①治漆疮：鲜韭菜适量，洗净，捣烂，取汁涂搽患处，每日 2 ～ 3 次。②治误吞金属物质：韭菜叶数根，洗净，搓软成团顿服。③治过敏性紫癜，鼻衄，血崩：鲜韭菜 500 g，捣烂绞汁，每日 1 剂，2 次分服。④治急性乳腺炎：鲜韭菜 60 ～ 90 g，捣烂敷患处。⑤治食道痉挛，噎膈：鲜韭菜捣烂绞汁，每次半茶杯（约 100 ml），每日 2 次，温服。⑥治创伤出血：鲜韭菜适量，加少许陈石灰捣烂，阴干研末，外敷伤口，包扎固定。

【注意】阴虚内热及疮疡、目疾患者均忌食。

天门冬属 *Asparagus* L.

多年生草本或半灌木，直立或攀援，常具粗厚的根状茎和稍肉质的根，有时有纺锤状的块根。小枝近叶状，称叶状枝，扁平、锐三棱形或近圆柱形而有几条棱或槽，常多枚成簇，在茎、分枝和叶状枝上有时有透明的乳突状细齿，称软骨质齿。叶退化成鳞片状，基部多少延伸成距或刺。花小，每 1 ～ 4 朵腋生或多朵排成总状花序或伞形花序，两性或单性，有时杂性，在单性花中雄花具退化雌蕊，雌花具 6 枚退化雄蕊，花梗一般有关节；花被钟形、宽圆筒形或近球形，花被片离生，少有基部稍合生；雄蕊着生于花被片基部，通常内藏，花丝全部离生或部分贴生于花被片上；花药矩圆形、卵形或圆形，基部 2 裂，背着或近背着，内向纵裂；花柱明显，柱头 3 裂；子房 3 室，每室 2 至多个胚珠。浆果较小，球形，基部有宿存的花被片，有 1 至数颗种子。

洪湖市境内的天门冬属植物有 1 种。

323. 天门冬

【拉丁名】*Asparagus cochinchinensis*（Lour.）Merr.

【别名】天冬、明天冬、天冬草、丝冬、赶条蛇、多仔婆。

【形态特征】攀援植物。根在中部或近末端成纺锤状膨大，膨大部分长 3 ～ 5 cm，直径 1 ～ 2 cm。茎平滑，常扭曲，长可达 1 ～ 2 m，分枝具棱或狭翅。叶状枝通常每 3 枚成簇，扁平或略呈锐三棱形，稍镰刀状，长 0.5 ～ 8 cm，宽 1 ～ 2 mm；茎上的鳞片状叶基部延伸为长 2.5 ～ 3.5 mm 的硬刺，在分枝上的刺较短或不明显。花通常每 2 朵腋生，淡绿色，花梗长 2 ～ 6 mm，雄花花被长 2.5 ～ 3 mm，花丝不贴生于花被片上，雌花大小和雄花相似。浆果直径 6 ～ 7 mm，熟时红色，有 1 颗种子。花期 5—6 月，果期 8—10 月。

【分布区域】分布于乌林镇香山村。

【药用部位】块根（天冬）。

【炮制】秋、冬季采挖，洗净，除去茎基和须根，置沸水中煮或蒸至透心，趁热除去外皮，洗净，干燥。

【化学成分】含天冬酰胺、瓜氨酸、丝氨酸等近 20 种氨基酸，以及低聚糖、5- 甲氧基甲基糠醛等。

【性味与归经】甘、苦，寒。归肺、肾经。

【功能与主治】养阴润燥，清肺生津。用于肺燥干咳，顿咳痰黏，咽干口渴，肠燥便秘，腰膝酸痛，骨蒸潮热，内热消渴，热病津伤。

【用法与用量】煎汤，6 ～ 12 g。

萱草属 *Hemerocallis* L.

多年生草本，具很短的根状茎，根常多少肉质，中下部有时呈纺锤状膨大。叶基生，2 列，带状。花葶从叶丛中央抽出，顶端具总状或假二歧状的圆锥花序，较少花序缩短或只具单花；苞片存在，花梗一般较短；花直立或平展，近漏斗状，下部具花被管，花被裂片 6，明显长于花被管，内三片常比外三片宽大；雄蕊 6，着生于花被管上端，花药背着或近基着；子房 3 室，每室具多数胚珠；花柱细长，柱头小。蒴果钝三棱状椭圆形或倒卵形，表面常略具横皱纹，室背开裂。种子黑色，约十几个，有棱角。

洪湖市境内的萱草属植物有 1 种。

324. 萱草

【拉丁名】*Hemerocallis fulva*（L.）L.

【别名】摺叶萱草、黄花菜、漏芦、地冬、绿葱。

【形态特征】叶基生，排成 2 列，叶片条形，长 40 ～ 80 cm，宽 1.5 ～ 3.5 cm，下面呈龙骨状突起。花葶粗壮，高 60 ～ 80 cm，蝎尾状聚伞花序组成圆锥状，具花 6 ～ 12 朵或更多；苞片卵状披针形；花橘红色至橘黄色，无香味，具短花梗；花被长 7 ～ 12 cm，下部 2 ～ 3 cm 合生成花被管，外轮花被裂片 3，长圆状披针形，宽 1.2 ～ 1.8 cm，具平行脉，内轮裂片 3，长圆形，宽达 2.5 cm，具分枝的脉，中部具褐红色的色带，边缘波状皱褶，盛开的裂片反曲；雄蕊伸出，上弯，比花被裂片短；花柱伸出，上弯，比雄蕊长。蒴果长圆形。花果期 5—7 月。

【分布区域】分布于龙口镇傍湖村。

【药用部位】根。

【炮制】除去残茎、杂质，洗净捞出，稍闷润，切段，晒干。

【化学成分】根中含有多种蒽醌类化合物。

【性味与归经】甘，凉；有毒。归脾、肝、膀胱经。

【功能与主治】清热利湿，凉血止血，解毒消肿。用于黄疸，水肿，淋浊，带下，衄血，便血，崩漏，乳痈，乳汁不通。

【用法与用量】煎汤，6 ～ 9 g。外用适量，捣敷。

【临床应用】①治大便下血：萱草根和生姜，油炒，酒冲服。②治流行性腮腺炎：萱草根 60 g，冰糖适量炖服。③治黄疸，膀胱炎，尿血，小便不利，乳汁缺乏，月经不调，衄血，便血：萱草根 6 ~ 12 g，水煎服。④治乳痈肿痛：萱草根鲜品捣烂，外用。

【注意】本品有毒，内服宜慎，不宜久服、过量。

山麦冬属 *Liriope* Lour.

多年生草本。根状茎很短，有的具地下匍匐茎，根细长，有时近末端呈纺锤状膨大。茎很短。叶基生，密集成丛，禾叶状，基部常为具膜质边缘的鞘所包裹。花葶从叶丛中央抽出，通常较长，总状花序具多数花；花通常较小，几朵簇生于苞片腋内，苞片小，干膜质，小苞片很小，位于花梗基部，花梗直立，具关节；花被片 6，分离，2 轮排列，淡紫色或白色；雄蕊 6 枚，着生于花被片基部，花丝稍长，狭条形，花药基着，2 室，近于内向开裂；子房上位，3 室，每室具 2 胚珠，花柱三棱柱形，柱头小，略具 3 齿裂。果实在发育的早期外果皮即破裂，露出种子。种子 1 个或几个同时发育，浆果状，球形或椭圆形，早期绿色，成熟后常呈暗蓝色。

洪湖市境内的山麦冬属植物有 1 种。

325. 山麦冬

【拉丁名】*Liriope spicata*（Thunb.）Lour.

【别名】湖北麦冬、麦门冬、土麦冬、麦冬。

【形态特征】植株丛生；根稍粗，直径 1 ~ 2 mm，有时分枝多，近末端处膨大成矩圆形或纺锤形的肉质小块根；根状茎短，木质，具地下走茎。叶长 25 ~ 60 cm，宽 4 ~ 8 mm，基部常包以褐色的叶鞘，上面深绿色，背面粉绿色，具 5 条脉，中脉比较明显，边缘具细锯齿。花葶通常长于或几等长于叶，少数稍短于叶，长 25 ~ 65 cm；总状花序长 6 ~ 20 cm，具多数花；花通常 2 ~ 5 朵簇生于苞片腋内，苞片小，披针形，最下面的长 4 ~ 5 mm，干膜质；花梗长约 4 mm，花被片矩圆形、矩圆状披针形，长 4 ~

5 mm，先端钝圆，淡紫色或淡蓝色；花丝长约 2 mm，花药狭矩圆形，长约 2 mm；子房近球形，花柱长约 2 mm，稍弯，柱头不明显。种子近球形，直径约 5 mm。花期 5—7 月，果期 8—10 月。

【分布区域】分布于洪湖市各乡镇。

【药用部位】块根。

【炮制】除去杂质，洗净，干燥。

【化学成分】含甾体皂苷、黄酮类。

【性味与归经】甘、微苦，微寒。归心、肺、胃经。

【功能与主治】养阴生津，润肺清心。用于肺燥干咳，虚劳咳嗽，津伤口渴，心烦失眠，肠燥便秘。

【注意】虚寒泄泻、湿浊中阻、风寒或寒痰咳喘者禁用。

九十九、石蒜科 Amaryllidaceae

多年生草本，极少数为半灌木、灌木以至乔木状。具鳞茎、根状茎或块茎。叶多数基生，多少呈线形，全缘或有刺状锯齿。花单生或排列成伞形花序、总状花序、穗状花序、圆锥花序，通常具佛焰苞状总苞，总苞片 1 至数枚，膜质；花两性，辐射对称或为左右对称，花被片 6，2 轮，花被管和副花冠存在或不存在；雄蕊通常 6，着生于花被管喉部或基生，花药背着或基着，通常内向开裂；子房下位，3 室，中轴胎座，每室具有胚珠多数或少数，花柱细长，柱头头状或 3 裂。蒴果多数背裂或不整齐开裂，很少为浆果状。种子含有胚乳。

洪湖市境内的石蒜科植物有 1 属 1 种。

葱莲属 *Zephyranthes* Herb.

多年生矮小禾草状草本。具有皮鳞茎。叶数枚，线形，簇生，常与花同时开放。花茎纤细，中空，花单生于花茎顶端，佛焰苞状总苞片下部管状，顶端 2 裂；花漏斗状，直立或略下垂，花被管长或极短；花被裂片 6，各片近等长；雄蕊 6，着生于花被管喉部或管内，3 长 3 短，花药背着；子房每室具有胚珠多数，柱头 3 裂或凹陷。蒴果近球形，室背 3 瓣开裂。种子黑色，多少扁平。

洪湖市境内的葱莲属植物有 1 种。

326. 韭莲

【拉丁名】*Zephyranthes carinata* Herb.

【别名】红花葱兰、肝风草、韭菜莲、韭菜兰、菖蒲莲、红玉帘、风雨花。

【形态特征】多年生草本。鳞茎卵球形，直径 2 ～ 3 cm，表皮膜质，呈褐色，下面着生多数细根。基生叶常数枚簇生，叶片线形，扁平，长 15 ～ 30 cm，宽 6 ～ 8 mm。花单生于花茎顶端，玫瑰红色或粉红色，总苞片佛焰苞状，常带淡紫红色，长 4 ～ 5 cm，下部合生成管；花梗长 2 ～ 3 cm，花被裂片 6，倒卵形，长 3 ～ 6 cm，先端略尖；雄蕊 6，长为花被的 2/3 ～ 4/5，花药丁字形着生；子房下位，3 室，花柱细长，柱头深 3 裂。蒴果近球形。种子黑色，近扁平。花期 6—9 月。

【分布区域】分布于乌林镇青山村。

【药用部位】全草。

【炮制】夏、秋季可采收全草，晒干。

【性味与归经】苦，寒。

【功能与主治】凉血止血，解毒消肿。用于吐血，便血，崩漏，跌伤红肿，疮痈红肿，毒蛇咬伤。

【用法与用量】煎汤，15 ～ 30 g。外用适量，捣敷。

一〇〇、薯蓣科 Dioscoreaceae

缠绕草质或木质藤本，少数为矮小草本。地下部分为根状茎或块茎，形状多样。茎左旋或右旋，有毛或无毛，有刺或无刺。叶互生，有时中部以上对生，单叶或掌状复叶，单叶常为心形或卵形、椭圆形，掌状复叶的小叶常为披针形或卵圆形，基出脉 3 ～ 9，侧脉网状；叶柄扭转，有时基部有关节。花单性或两性，雌雄异株，很少同株。花单生、簇生或排列成穗状、总状或圆锥花序；雄花花被片 6，2 轮排列，基部合生或离生；雄蕊 6 枚，有时其中 3 枚退化，花丝着生于花被的基部或花托上，退化子房有或无；雌花花被片和雄花相似，退化雄蕊 3 ～ 6 枚或无；子房下位，3 室，每室通常有胚珠 2，胚珠着生于中轴胎座上，花柱 3，分离。果实为蒴果、浆果或翅果，蒴果三棱形，每棱翅状，成熟后顶端开裂。种子有翅或无翅，有胚乳，胚细小。

本科约有 9 属 650 种，广布于全球的热带和温带地区，尤以美洲热带地区的种类较多。我国约有 1 属 49 种。

洪湖市境内的薯蓣科植物有 1 属 1 种。

薯蓣属 *Dioscorea* L.

缠绕藤本。地下有根状茎或块茎，其形状、颜色、入土的深度、化学成分因种类的不同而不同。单叶或掌状复叶，互生，有时中部以上对生，基出脉 3 ～ 9，侧脉网状，叶腋内有珠芽（或称零余子）或无。花单性，雌雄异株，很少同株；雄花有雄蕊 6 枚，有时其中 3 枚退化；雌花有退化雄蕊 3 ～ 6 枚或无。蒴果三棱形，每棱翅状，成熟后顶端开裂。种子有膜质翅。花粉粒的形态基本上可分为两种类型，根状茎组为单沟型，而其他各组为双沟型。

洪湖市境内的薯蓣属植物有 1 种。

327. 薯蓣

【拉丁名】*Dioscorea polystachya* Turcz.

【别名】山药、淮山、面山药、野脚板薯、野山豆、野山药。

【形态特征】缠绕草质藤本。块茎长圆柱形，长可达 1 m，新鲜时断面白色，富黏性，干后白色粉质。茎通常带紫红色，无毛。单叶，在茎下部的互生，中部以上的对生；叶片大，卵状三角形至宽卵状戟形，长 3 ～ 9 cm，宽 2 ～ 7 cm，先端渐尖，基部深心形至近截形，边缘常 3 浅裂至 3 深裂，中裂片卵状椭圆形至披针形，侧裂片耳状，圆形，两侧裂片与中间裂片可连成不同的弧线；叶腋内常有珠芽（零余子）。雌雄异株，雄花序为穗状花序，长 2 ～ 8 cm，近直立，2 ～ 8 个着生于叶腋，偶尔呈圆锥状排列；花序轴为明显的之字形曲折；苞片和花被片有紫褐色斑点；雄花的外轮花瓣片宽卵形，内轮卵形，雄蕊 6；雌花序为穗状花序，1 ～ 3 个着生于叶腋。蒴果，三棱状圆形，长 1.2 ～ 2 cm，宽 1.5 ～ 3 cm，外面有白粉。种子着生于每室中轴中部，四周有膜质翅。花期 6—9 月，果期 7—11 月。

【分布区域】分布于乌林镇香山村。

【药用部位】根茎（山药）及零余子。

【炮制】山药：拣去杂质，用水浸泡至山药中心部软化为度；捞出稍晾，切片晒干或烘干。

麸炒山药：先将麸皮均匀撒布于热锅内，俟烟起，加入山药片拌炒至淡黄色为度；取出，筛去麸皮，放凉。

【性味与归经】山药：甘，平。归脾、肺、肾经。零余子：甘，温。归脾、肺、肾经。

【功能与主治】山药：补脾养胃，生精益肺，补肾涩精。用于脾虚食少，久泻不止，肺虚咳喘，肾虚遗精，尿频，虚热消渴。

麸炒山药：补脾健胃。用于脾虚食少，泄泻便溏，白带过多。

零余子：补虚益肾强腰。用于虚劳羸瘦，腰膝酸软。

【用法与用量】煎汤，15 ～ 30 g，大剂量可用至 60 ～ 250 g；或入丸、散。外用适量，捣敷。

【注意】湿盛中满或有实邪、积滞者禁服。

一〇一、雨久花科 Pontederiaceae

多年生或一年生的水生或沼泽生草本，直立或漂浮；具根状茎或匍匐茎，通常有分枝，富于海绵质和通气组织。叶通常 2 列，具有叶鞘和明显的叶柄；叶片宽线形至披针形、卵形或宽心形，具平行脉，浮水、沉水或露出水面；有的叶鞘顶部具耳状膜片，有的叶柄充满通气组织，膨大成葫芦状，气孔为平列型。花序为顶生总状、穗状或聚伞圆锥花序，生于佛焰苞状叶鞘的腋部；花大至小型，虫媒花或自花受精，两性，辐射对称或两侧对称；花被片 6 枚，排成 2 轮，花瓣状，蓝色、淡紫色、白色，很少黄色，分离或下部连合成筒，花后脱落或宿存；雄蕊多数为 6 枚，2 轮，稀为 3 枚或 1 枚，1 枚雄蕊则位于内轮的近轴面，且伴有 2 枚退化雄蕊；花丝细长，分离，贴生于花被筒上，有时具腺毛；花药内向，底着或盾状，2 室，纵裂或稀为顶孔开裂；花粉粒具 2（3）核，1 或 2（3）沟；雌蕊由 3 心皮组成，子房上位，3 室，中轴胎座，或 1 室具 3 个侧膜胎座，花柱 1，细长；柱头头状或 3 裂；胚珠少数或多数，倒生，具厚珠心，或稀仅有 1 下垂胚珠。蒴果，室背开裂，或小坚果。种子卵球形，具纵肋，胚乳含丰富淀粉粒，胚为线形直胚。

本科有 9 属约 39 种，广布于热带和亚热带地区。我国有 2 属 4 种。

洪湖市境内的雨久花科植物有 1 属 1 种。

凤眼莲属 *Eichhornia* Kunth

一年生或多年生浮水草本，节上生根。叶基生，莲座状或互生；叶片宽卵状菱形或线状披针形，通常具长柄；叶柄常膨大，基部具鞘。花序顶生，由 2 至多朵花组成穗状；花两侧对称或近辐射对称，花被漏斗状，中、下部连合成或长或短的花被筒，裂片 6 个，淡紫蓝色，有的裂片常具 1 黄色斑点，花后凋存；雄蕊 6 枚，着生于花被筒上，常 3 长 3 短，长者伸出筒外，短的藏于筒内；花丝丝状或基部扩大，常有毛；花药长圆形；子房无柄，3 室，胚珠多数；花柱线形，弯曲，柱头稍扩大或 3 ～ 6 浅裂。蒴果卵形、长圆形至线形，包藏于凋存的花被筒内，室背开裂；果皮膜质。种子多数，卵形，有棱。

洪湖市境内的凤眼莲属植物有 1 种。

328. 凤眼莲

【拉丁名】*Eichhornia crassipes*（Mart.）Solms

【别名】水葫芦、水浮莲、凤眼蓝、大水莲、洋水仙、水莲花。

【形态特征】浮水草本，高 30 ～ 60 cm。须根发达，棕黑色，长达 30 cm。茎短，匍匐枝淡绿色或淡紫色。叶在基部丛生，莲座状排列，一般 5 ～ 10 片；叶片宽卵形，长 4.5 ～ 14.5 cm，宽 5 ～ 14 cm，基部楔形，全缘，具弧形脉，表面深绿色，光亮；叶柄中部膨大成纺锤形，内有气室，黄绿色至绿色，光滑；叶柄基部有鞘状苞片，长 8 ～ 11 cm，黄绿色。花葶从叶柄基部的鞘状苞片腋内伸出，长 34 ～ 46 cm，多棱，穗状花序长 17 ～ 20 cm，通常具 9 ～ 12 朵花；花被裂片 6 枚，紫蓝色，花冠两侧对称，直径 4 ～ 6 cm，上方 1 枚裂片较大，长约 3.5 cm，宽约 2.4 cm，四周淡紫红色，中间蓝色，在蓝色的中央有 1 黄色圆斑，下方 1 枚裂片较狭，宽 1.2 ～ 1.5 cm，花被片基部合生成筒，外面近基部有腺毛；雄蕊 6 枚，贴生于花被筒上，3 长 3 短，长的从花被筒喉部伸出，长 1.6 ～ 2 cm，短的生于近喉部，长 3 ～ 5 mm；花丝上有腺毛，长约 0.5 mm，顶端膨大；花药箭形，蓝灰色，2 室，纵裂；花粉粒长卵圆形，黄色；子房上位，长梨形，3 室，中轴胎座，胚珠多数；花柱 1，长约 2 cm，伸出花被筒的部分有腺毛；柱头上密生腺毛。蒴果卵形。花期 7

—10 月，果期 8—11 月。

【分布区域】分布于乌林镇青山村。

【药用部位】全草。

【炮制】春、夏季采集，洗净，晒干或鲜用。

【化学成分】根含赤霉素类成分、N- 苯基 -2- 萘胺、亚油酸、亚油酸甘油酯。花含花色苷。

【性味与归经】淡，寒。归肺、胃、膀胱经。

【功能与主治】清热解暑，疏散风热，利尿消肿，通淋。用于中暑烦渴，风热感冒，小便不利，热淋，尿路结石，肾炎水肿，风疹，湿疮，疖肿。

【用法与用量】煎汤，15 ～ 30 g。外用适量，捣敷。

【注意】孕妇慎用。

一〇二、鸢尾科 Iridaceae

多年生，稀一年生草本。地下部分通常具根状茎、球茎或鳞茎。叶多基生，少为互生，条形、剑形或为丝状，基部成鞘状，具平行脉。大多数种类只有花茎，少数种类有分枝或不分枝的地上茎。花两性，色泽鲜艳美丽，辐射对称，少为左右对称，单生、数朵簇生或多花排列成总状、穗状、聚伞及圆锥花序；花或花序下有 1 至多个草质或膜质的苞片，簇生、对生、互生或单一，花被裂片 6，2 轮排列，内轮裂片与外轮裂片同型等大或不等大，花被管通常为丝状或喇叭状；雄蕊 3，花药多外向开裂；花柱 1，上部多有 3 个分枝，分枝圆柱形或扁平成花瓣状，柱头 3 ～ 6，子房下位，3 室，中轴胎座，胚珠多数。蒴果，成熟时室背开裂。种子多数，半圆形或为不规则的多面体，少为圆形，扁平，表面光滑或皱缩，常有附属物或小翅。

本科约有 60 属 800 种，广泛分布于全世界的热带、亚热带及温带地区，分布中心在非洲南部及美洲热带地区。我国产 11 属 71 种，多数分布于西南、西北及东北各地。

洪湖市境内的鸢尾科植物有 1 属 1 种。

鸢尾属 *Iris* L.

多年生草本；有根状茎。叶多数基生，线形或剑形，常沿中脉对折，基部抱茎。花葶直立，单一或分枝，常生有数叶；1 至多花，单朵顶生或为总状、圆锥状花序；花由苞片内抽出；花被片下部常合生成管，外轮 3 片较大，反折，基部狭长，柄状，有的种类内面有须毛或鸡冠状突起，内轮 3 片较小，直立或展开，基部狭，爪状；雄蕊着生在外轮花被片基部；花柱 3 分枝，扩大成花瓣状，反折盖住花药，先端 2 裂。蒴果革质，有 3 ～ 6 棱。

洪湖市境内的鸢尾属植物有 1 种。

329. 蝴蝶花

【拉丁名】*Iris japonica* Thunb.

【别名】乌扇、扁竹、绞剪草、剪刀草、山蒲扇、野萱花、交剪草。

【形态特征】多年生草本。直立的根状茎扁圆形，棕褐色，横走的根状茎黄白色，须根生于根状茎的节上，分枝多。叶基生，暗绿色，有光泽，近地面处带红紫色，剑形，长 25 ～ 60 cm，宽 1.5 ～ 3 cm，顶端渐尖。花茎直立，高于叶片，顶生稀疏总状聚伞花序，分枝 5 ～ 12 个；苞片叶状，3 ～ 5 枚，宽披针形或卵圆形，长 0.8 ～ 1.5 cm，顶端钝，其中包含 2 ～ 4 朵花；花淡蓝色或蓝紫色，直径 4.5 ～ 5 cm；花梗伸出苞片之外，长 1.5 ～ 2.5 cm；花被管明显，长 1.1 ～ 1.5 cm，外花被裂片倒卵形或椭圆形，长 2.5 ～ 3 cm，宽 1.4 ～ 2 cm，顶端微凹，基部楔形，边缘波状，有细齿裂，中脉上有隆起的黄色鸡冠状附属物，内花被裂片椭圆形或狭倒卵形，长 2.8 ～ 3 cm，宽 1.5 ～ 2.1 cm，顶端微凹，边缘有细齿裂；雄蕊长 0.8 ～ 1.2 cm，花药长椭圆形，白色；花柱分枝较内花被裂片略短，中肋处淡蓝色，顶端裂片丝裂，子房纺锤形，长 0.7 ～ 1 cm。蒴果椭圆状柱形，长 2.5 ～ 3 cm，直径 1.2 ～ 1.5 cm，顶端微尖，基部钝，无喙，6 条纵肋明显，成熟时自顶端开裂至中部。种子黑褐色，为不规则的多面体，无附属物。花期 3—4 月，果期 5—6 月。

【分布区域】分布于新堤街道柏枝村。

【药用部位】根茎。

【炮制】除去杂质，洗净，润透，切薄片，干燥。

【化学成分】含异黄酮类化合物、香豆素类。

【性味与归经】苦，寒。归肺经。

【功能与主治】清热解毒，消痰，利咽。用于热毒痰火郁结，咽喉肿痛，痰涎壅盛，咳嗽气喘。

【用法与用量】煎汤，3 ～ 9 g。

一〇三、灯心草科 Juncaceae

多年生或稀为一年生草本，极少为灌木状。根状茎直立或横走，须根纤维状。茎多丛生，圆柱形或压扁，表面常具纵沟棱，内部具充满或间断的髓心或中空，常不分枝，绿色。叶全部基生成丛而无茎生叶，或具茎生叶数片，常排成 3 列，稀为 2 列，有些多年生种类茎基部常具数枚低出叶，呈鞘状或鳞片状；叶片线形、圆筒形、披针形，扁平或稀为毛鬃状，具横隔膜或无，有时退化成芒刺状或仅存叶鞘，叶鞘开放或闭合，在叶鞘与叶片连接处两侧常形成一对叶耳或无叶耳。花序圆锥状、聚伞状或头状，顶生、腋生或有时假侧生，花单生或集生成穗状或头状，头状花序往往再组成圆锥、总状、伞状或伞房状等各式复花序；头状花序下有数枚苞片，最下面 1 枚常比花长；花序分枝基部各具 2 枚膜质苞片，整个花序下常有1～2枚叶状总苞片；花小型，两性，稀为单性异株，多为风媒花，有花梗或无，花下常具2枚膜质小苞片；花被片6枚，排成2轮，狭卵形至披针形、长圆形或钻形，绿色、白色、褐色、淡紫褐色乃至黑色，常透明，顶端锐尖或钝；雄蕊6枚，分离，与花被片对生，有时内轮退化而只有3枚；花丝线形或圆柱形，常比花药长；花药长圆形、线形或卵形，基着，内向或侧向，药室纵裂；花粉粒为四面体形的四合花粉，每粒花粉具一远极孔；雌蕊由3心皮结合而成；子房上位，1室或3室，有时为不完全3隔膜；花柱1，常较短，柱头3分叉，线形，多扭曲；胚珠多数，着生于侧膜胎座或中轴胎座上，或仅3枚，基生胎座；倒生胚珠具双珠被和厚珠心。果实通常为室背开裂的蒴果，稀不开裂。种子卵球形、纺锤形或倒卵形，有时两端具尾状附属物；种皮常具纵沟或网纹；胚乳富于淀粉，胚小，直立，位于胚乳的基部中心，具一大而顶生的子叶。

本科约有8属300种，广布于温带和寒带地区，热带山地也有。我国有2属93种3亚种13变种，全国各地都产，以西南地区种类最多。

洪湖市境内的灯心草科植物有1属2种。

灯心草属 *Juncus* L.

多年生，稀为一年生草本。根状茎横走或直伸。茎直立或斜上，圆柱形或压扁，具纵沟棱。叶基生和茎生，或仅具基生叶，有些种类具低出叶；叶片扁平或圆柱形、披针形、线形或毛发状，有明显或不明显的横隔膜或无横隔，有时叶片退化为芒刺状而仅存叶鞘；叶鞘开放，偶尔闭合，顶部常延伸成2个叶耳，有时叶耳不明显或无叶耳。复聚伞花序或由数至多朵小花集成头状花序；头状花序单生于茎顶或由多个小头状花序组成聚伞、圆锥状等复花序；花序有时为假侧生，花序下常具叶状总苞片，有时总苞片圆柱状，似茎的延伸；花雌蕊先熟，花下具小苞片或缺如；花被片6枚，2轮，颖状，常淡绿色或褐色，少数黄白色、红褐色至黑褐色，顶端尖或钝，边缘常膜质，外轮常有明显背脊；雄蕊6枚，稀3枚；花药长圆形或线形；花丝丝状；子房3室或1室，或具3个隔膜；花柱圆柱状或线形；柱头3；胚珠多数。蒴果常为三棱状卵形或长圆形，顶端常有小尖头，3室或1室或具3个不完全隔膜。种子多数，表面常具条纹，有些种类具尾状附属物。

洪湖市境内的灯心草属植物有2种。

1. 茎丛生，直立，圆柱形或稍扁，绿色，直径0.5～1.5 mm；花被片披针形或长圆状披针形，顶端钝圆，外轮者稍长于内轮……扁茎灯心草 *J. gracillimus*
1. 茎粗壮，直径1～4 mm；花被片线状披针形，外轮稍长于内轮……灯心草 *J. effusus*

330. 扁茎灯心草

【拉丁名】*Juncus gracillimus* V. Krecz. et Gontsch.

【别名】秧草、水灯心、野席草、龙须草、灯草、水葱。

【形态特征】多年生草本，高8～70 cm。根状茎粗壮横走，褐色，具黄褐色须根。茎丛生，直立，扁圆柱形，绿色，直径0.5～1.5 mm。叶基生和茎生，叶鞘状，长1.5～3 cm，淡褐色，基生叶2～3枚；叶片线形，长3～15 cm，宽0.5～1 mm；茎生叶1～2枚，叶片线形，扁平，长10～20 cm；叶鞘长2～9 cm，松弛抱茎；叶耳圆形。顶生复聚伞花序；叶状总苞片通常1枚，线形，常超出花序；从总苞叶腋中发出多个花序分枝，花序分枝纤细，顶端一至二回或多回分枝，有时花序延伸长达 13 cm；花单生，彼此分离；小苞片 2 枚，宽卵形，顶端钝，膜质；花被片披针形，长 1.8 ～ 2.6 mm，宽 0.9 ～ 1.1 mm，顶端钝圆，外轮者稍长于内轮，较窄，内轮者具宽膜质边缘，背部淡绿色，顶端和边缘褐色；雄蕊 6 枚，花药长圆形，基部略成箭形，长 0.8 ～ 1 mm，黄色；花丝长 0.6 ～ 0.8 mm；子房长圆形，长约 1.5 mm；花柱很短，柱头 3 分叉，长约 1.5 mm。蒴果卵球形，长约 2.5 mm，超出花被，上端钝，具短尖头，有 3 个隔膜，成熟时褐色，光亮。种子斜卵形，长约 0.4 mm，表面具纵纹，成熟时褐色。花期 5—7 月，果期 6—8 月。

【分布区域】分布于乌林镇香山村。

【药用部位】干燥茎髓或全草。

【炮制】夏末至秋季割取茎，取出茎髓，剪段，晒干，生用或制用。

【功能与主治】清心降火，利尿通淋。用于淋证，水肿，小便不利，湿热黄疸，心烦不寐，小儿夜啼，喉痹，创伤。

【用法与用量】煎服，1 ～ 3 g。外用适量，捣敷。

331. 灯心草

【拉丁名】*Juncus effusus* L.

【别名】水灯草、虎须草、赤须、碧玉草。

【形态特征】多年生草本，高 27 ～ 91 cm，有时更高。根状茎粗壮横走，须根黄褐色，茎丛生，直立，圆柱形，淡绿色，具纵条纹，直径 1 ～ 4 mm，具白色的髓心。叶全部为低出叶，呈鞘状或鳞片状，包围在茎的基部，长 1 ～ 22 cm，基部红褐色至黑褐色，叶片退化为刺芒状。聚伞花序假侧生，多花排列；总苞片圆柱形，直立，长 5 ～ 28 cm，顶端锐尖；小苞片 2 枚，宽卵形，膜质，顶端尖；花淡绿色，花被片线状披针形，长 2 ～ 12.7 mm，宽约 0.8 mm，顶端锐尖，黄绿色，边缘膜质；雄蕊 3 枚，长约为花被片的 2/3；花药长圆形，黄色，长约 0.7 mm，稍短于花丝；雌蕊具 3 室子房；花柱极短，柱头 3 分叉，长约 1 mm。蒴果长圆形或卵形，长约 2.8 mm，顶端钝或微凹，黄褐色。种子卵状长圆形，长 0.5 ～ 0.6 mm，黄褐色。花期 4—7 月，果期 6—9 月。

【分布区域】分布于乌林镇香山村。

【药用部位】干燥茎髓或全草。

【炮制】夏末至秋季割取茎，取出茎髓，剪段，晒干，生用或制用。

【化学成分】含灯心草酚、丁香油酚、灯心草酮等。

【性味与归经】甘、淡，微寒。归心、肺、小肠经。

【功能与主治】利尿通淋，清心降火。用于淋证，心烦失眠，口舌生疮。

【用法与用量】煎服，1 ～ 3 g。外用适量，捣敷。

【临床应用】①通利水道：灯心草 5 kg（以米粉浆染，晒干，研末。入水澄之，浮者为灯心草，取出，又晒干，入药用 75 g；而沉者为米粉，不用），赤白茯苓 150 g，滑石 150 g，猪苓 60 g，泽泻 90 g，人参 500 g。上灯心草等 5 味各为细末，以人参膏和成丸如龙眼大，朱砂为衣，贴金箔。每服 1 丸，任病换引。②治热淋，小便涩滞不通：灯心草 30 g，车前草 15 g，肉桂 1.5 g，用米泔水煎服。③治五淋癃闭：灯心草 30 g，麦门冬、甘草各 15 g，浓煎饮。④治膀胱炎，尿道炎，肾炎水肿：鲜灯心草 30 ～ 60 g，鲜车前草 60 g，薏苡仁 30 g，海金沙 30 g，水煎服。

【注意】下焦虚寒、小便失禁者禁服。

一〇四、鸭跖草科 Commelinaceae

一年生或多年生草本，有的茎下部木质化。茎有明显的节和节间。叶互生，有明显的叶鞘，叶鞘开口或闭合。花通常在蝎尾状聚伞花序上，聚伞花序单生或集成圆锥花序，有的伸长，有的缩短成头状，有的无花序梗而花簇生，甚至有的退化为单花，顶生或腋生，腋生的聚伞花序有的穿透包裹它的那个叶鞘而钻出鞘外。花两性，极少单性，萼片 3 枚，分离或仅在基部连合，常为舟状或龙骨状，有的顶端盔状；花瓣 3，分离或在中段合生成筒，而两端仍然分离；雄蕊 6 枚，全育或仅 2 ～ 3 枚能育而有 1 ～ 3 枚退化雄蕊；花丝有念珠状长毛或无毛，花药并行或稍稍叉开，纵缝开裂，罕见顶孔开裂；子房 3 室，或退化为 2 室，每室有 1 至数颗直生胚珠。果实大多为室背开裂的蒴果，稀为浆果状而不裂。种子大而少数，富含胚乳。

本科约有 40 属 600 种，主产于全球热带地区，少数种生于亚热带地区，仅个别种分布于温带地区。我国有 13 属 53 种。

洪湖市境内的鸭跖草科植物有 1 属 2 种。

鸭跖草属 *Commelina* L.

一年生或多年生草本。茎上升或匍匐生根，通常多分枝。蝎尾状聚伞花序藏于佛焰苞状总苞片内，总苞片基部开口或合缝而成漏斗状、僧帽状；苞片不呈镰刀状弯曲，通常极小或缺失。生于聚伞花序下部分枝的花较小，早落，生于上部分枝的花正常发育；萼片 3 枚，膜质，内方 2 枚基部常合生，花瓣 3 枚，蓝色，其中前方 2 枚较大，明显具爪；能育雄蕊 3 枚，位于一侧，2 枚对萼，1 枚对瓣，退化雄蕊 2 ～ 3 枚，顶端 4 裂，裂片排成蝴蝶状，花丝均长而无毛；子房无柄，无毛，3 室或 2 室，背面 1 室含 1 颗胚珠，有时这个胚珠败育或完全缺失，腹面 2 室每室含 1 ～ 2 颗胚珠。蒴果藏于总苞片内，2 ～ 3 室，通常 2 ～ 3 分裂至基部，最常 2 分裂，背面 1 室常不裂，腹面 2 室每室有种子 1 ～ 2 颗，但有时也不含种子。种子椭圆状或金字塔状，黑色或褐色，具网纹或近于平滑，种脐条形，位于腹面，胚盖位于背侧面。

洪湖市境内的鸭跖草属植物有 2 种。

1. 种子长 2 ～ 3 mm，棕黄色，一端平截，腹面平，有不规则窝孔……鸭跖草 *C. communis*
1. 种子呈三棱状半圆形，棕色……紫鸭跖草 *C. purpurea*

332. 鸭跖草

【拉丁名】*Commelina communis* L.

【别名】竹叶菜、鸭趾草、挂梁青、鸭儿草、竹芹菜、竹鸡草、鸡舌草、碧竹子、青耳环花、碧蟾蜍。

【形态特征】一年生披散草本。茎匍匐生根，多分枝，长可达 1 m，下部无毛，上部被短毛。叶披针形，长 3 ～ 9 cm，宽 1.5 ～ 2 cm。总苞片佛焰苞状，有长 1.5 ～ 4 cm 的柄，与叶对生，折叠状，

展开后为心形，顶端短急尖，基部心形，长1.2～2.5 cm，边缘常有硬毛；聚伞花序，下面一枝仅有花1朵，具梗，不孕，上面一枝具花3～4朵，具短梗，几乎不伸出佛焰苞；花梗果期弯曲，长不超过6 mm，萼片膜质，长约5 mm，内面2枚常靠近或合生；花瓣深蓝色，内面2枚具爪，长近1 cm。蒴果椭圆形，长5～7 mm，2室，2分裂，有种子4颗。种子长2～3 mm，棕黄色，一端平截，腹面平，有不规则窝孔。

【分布区域】分布于乌林镇香山村。

【药用部位】地上部分。

【炮制】夏、秋季采割，取原药材，除去杂质，抢水洗净，及时切段，干燥。

【性味与归经】甘、淡，寒。归肺、胃、小肠经。

【功能与主治】清热泻火，解毒，利水消肿。用于风热感冒，高热烦渴，咽喉肿痛，痈疮疔毒，水肿尿少，热淋涩痛。

【用法与用量】煎汤，15～30 g（鲜品60～90 g）。外用适量，捣敷。

【临床应用】①治小便不通：竹鸡草、车前子各30 g，捣汁，入蜜少许，空心服之。②治高血压：鸭跖草30 g，蚕豆花9 g，水煎，当茶饮。③治手指蛇头疔：鲜鸭跖草、雄黄各适量，同捣烂敷患处。

【注意】脾胃虚寒者慎服。

333. 紫鸭跖草

【拉丁名】*Commelina purpurea* C. B. Clarke

【别名】紫竹兰、紫锦草。

【形态特征】一年生草本，高20～50 cm。茎多分枝，肉质，紫红色，下部匍匐状，节上生须根，上部直立。叶互生，披针形，长6～13 cm，宽6～10 mm，先端尖，全缘，基部抱茎而成鞘，鞘口有白色长睫毛状毛，上面暗绿色，边缘绿紫色，下面紫红色。花密生在二叉状的花序柄上，具线状披针形苞片，萼片 3，绿色，卵圆形，宿存；花瓣 3，蓝紫色，广卵形；雄蕊 6 枚，2 枚发达，3 枚退化，另有 1 枚花丝短而纤细，无花药；雌蕊 1 枚，子房卵形，3 室，花柱丝状而长，柱头头状。蒴果椭圆形，有 3 条隆起棱线。种子呈三棱状半圆形，棕色。花期夏、秋季。

【分布区域】分布于洪湖市各乡镇。

【药用部位】全草。

【炮制】夏、秋季采收，洗净，鲜用或晒干。

【化学成分】全草含左旋内酯、β－谷甾醇等。

【性味与归经】甘、淡，凉；有毒。

【功能与主治】活血，止血，解蛇毒。用于蛇疱疮，疮疡，毒蛇咬伤，跌打风湿。

【用法与用量】煎汤，9 ～ 15 g（鲜品 30 ～ 60 g）。外用适量，捣敷；或煎水洗。

【临床应用】①治痈疽肿毒：鲜紫鸭跖草、仙巴掌各适量，捣敷。②治腹股沟或腋窝结核：鲜紫鸭跖草 60 g，清水煎服。或加仙巴掌合煎。③治诸淋：鲜紫鸭跖草 30 ～ 60 g，加冰糖煎服。

【注意】孕妇忌服。

一〇五、禾本科 Gramineae

一年生至多年生草本或木本植物。根的类型极大多数为须根。茎多为直立，但亦有匍匐蔓延乃至如藤状，通常在其基部容易生出分蘖条，明显的具有节与节间两部分（茎在本科中常特称为秆；在竹类中称为竿，以示与禾草者相区别）；节间中空，常为筒形，或稍扁，髓部贴生于空腔之内壁，但亦有充满空腔而使节间为实心者，节处之内有横隔板存在，故是闭塞的，从外表可看出鞘环和在鞘上方的秆环两部分，同一节的这两环间的上下距离可称为节内，秆芽即生于此处。叶为单叶互生，常以 1/2 叶序交互排列为 2 行，叶鞘包裹着主秆和枝条的各节间，通常是开缝的，以其两边缘重叠覆盖，或两边缘愈合而成为封闭的圆筒，鞘的基部稍可膨大；叶舌位于叶鞘顶端和叶片相连接处的近轴面，通常为低矮的膜质薄片，或由鞘口縫毛来代替，稀为不明显乃至无叶舌，在叶鞘顶端之两边还可各伸出一突出体，即叶耳，其边缘常生纤毛或縫毛；叶片常为窄长的带形，亦有长圆形、卵圆形、卵形或披针形等形状，其基部直接着生在叶鞘顶端，无柄，少数禾草及竹类的营养叶则可具叶柄，叶片有近轴（上表面）与远轴（下表面）的两个平面，在未开展或干燥时可作席卷状，有1条明显的中脉和若干条与之平行的纵长次脉，小横脉有时亦存在。

花风媒，只有热带雨林下的某些草本竹类可罕见虫媒传粉；花常无柄，在小穗轴上交互排列为2行（尤以多花时为然）以形成小穗，由它们再组合成为着生在秆端或枝条顶端的各式各样的复合花序，惟有一部分竹类的小穗可直接着生在竿和枝条之节处（此情况可说是无真正的花序而仅有花枝），小穗轴实为一极短缩的花序轴，在其节处均可生有苞片和先出叶各1片，若其最下方数节只生有苞片而无他物，则此等苞片就可称为颖，而陆续在上方的各节除有苞片和位于近轴的先出叶外，还在两者之间具备一些花的内容，此时苞片即改称为外稃，先出叶相应地称为内稃，在习惯上通常将此两稃片连同所包含的花部各器官统称为小花，以一朵两性小花为例，它具有：① 外稃：通常呈绿色，有膜质、草质、薄革质、革质、软骨质等各种质地，先端渐尖、急尖、钝圆、截平、微凹或2裂者，常具平行纵脉，主脉可伸出乃至成芒（其他脉亦可如此）。②内稃：常较短小，质地亦较薄，先端多呈截平或微凹，背部具2脊，亦有若干平行纵脉，其2脊可伸出成小尖头或短芒。③鳞被（亦称浆片）：此为轮生的退化内轮花被片，2片或3片，稀可较多或不存在，形小，膜质透明，下部具脉纹，上缘生小纤毛。④雄蕊：其数为（1）3～6枚，稀可为多数，下位，具纤细的花丝与二室纵裂开（稀可顶端孔裂）的花药，后者常以中部背着花丝顶端，成熟时能伸出花外而摆动，用以散布花粉。⑤雌蕊：1枚，具无柄（稀或有柄）一子室的子房，花柱2枚或3枚（稀1枚或更多），其上端生有羽毛状或帚刷状的柱头，子室内仅含1粒倒生胚珠，它直立在近轴面（靠近内稃）一侧之基底。果实通常多为颖果，其果皮质薄而与种皮愈合，一般连同包裹它的稃片合称为谷粒，此外亦可有其他类型的果实而具游离或部分游离的果皮；种子通常含有丰富的淀粉质胚乳及一小型胚体，后者位于果实或种子远轴面（靠近外稃）的基部，在另一侧或其基部从外表即可见到线形或点状的种脐，通常线形种脐亦称为腹沟。

我国有230余属约1500种。

洪湖市境内的禾本科植物有14属14种。

1. 小穗含多数小花，稀仅有1小花，通常两侧压扁，小穗轴脱节于颖之上。
　2. 小穗无柄或几无柄，排列成穗状花序或穗形总状花序。
　　3. 颖仅1枚……黑麦草属 *Lolium*
　　3. 颖多数……穇属 *Eleusine*
　2. 小穗具柄，稀可无柄或近于无柄，排列成紧缩的圆锥花序。
　　4. 小穗通常仅含1枚小花。
　　　5. 外稃有1～5脉。
　　　　6. 颖果与稃分离……看麦娘属 *Alopecurus*
　　　　6. 颖果被内外稃所包裹……菰属 *Zizania*
　　　5. 脊间无脉或有不明显的脉……荻属 *Triarrhena*
　　4. 小穗含2至多数小花，如为1小花时，外稃具数脉至多脉。
　　　7. 外稃常具芒，少数无芒，芒常自稃体中部伸出，膝曲而具扭转的芒柱……燕麦属 *Avena*

7. 外稃无芒。

8. 小穗两侧压扁，有数个至多数小花，小花常疏松地或紧密地覆瓦状排列……………………画眉草属 *Eragrostis*

8. 小穗小花无覆瓦状排列。

9. 茎直立，具多数节；叶鞘常无毛……………………………………………………………………芦苇属 *Phragmites*

9. 茎直立，具多数节，实心，下部数节生有一圈支柱根……………………………………………………玉蜀黍属 *Zea*

1. 小穗含 2 小花，稀仅有 1 小花，背腹压扁或成圆筒形，很少为两性压扁，脱节于颖之下，在顶生小花之后，均无延伸的小穗轴。

10. 颖等长。

11. 两颖近相等，披针形，膜质或下部草质，具数脉，背部被长柔毛……………………………………………白茅属 *Imperata*

11. 两颖等长，半圆形，草质，具较薄而色白的边缘，有 3 脉，先端钝或锐尖………………………… 菵草属 *Beckmannia*

10. 颖不等长。

12. 叶鞘长于其节间，边缘生纤毛…………………………………………………………………………淡竹叶属 *Lophatherum*

12. 无叶鞘。

13. 颖果椭圆状球形或卵状球形，稍扁；种脐点状，胚长为颖果的 1/3 ～ 2/5 …………………………狗尾草属 *Setaria*

13. 颖果长圆形或椭圆形，背腹压扁；种脐点状，胚长为果实的 1/2 以上 ………………………狼尾草属 *Pennisetum*

看麦娘属 *Alopecurus* L.

一年生或多年生草本。秆直立，丛生或单生。圆锥花序圆柱形，小穗含 1 小花，两侧压扁，脱节于颖之下；颖等长，具 3 脉，常于基部连合，外稃膜质，具不明显 5 脉，中部以下有芒，其边缘于下部连合，内稃缺。子房光滑。颖果与稃分离。

洪湖市境内的看麦娘属植物有 1 种。

334. 看麦娘

【拉丁名】*Alopecurus aequalis* Sobol.

【别名】棒棒草、牛头猛、山高粱、路边谷、道边谷、油草。

【形态特征】一年生。秆少数丛生，细瘦，光滑，节处常膝曲，高 15 ～ 40 cm。叶鞘光滑，短于节间；叶舌膜质，长 2 ～ 5 mm；叶片扁平，长 3 ～ 10 cm，宽 2 ～ 6 mm。圆锥花序圆柱状，灰绿色，长 2 ～ 7 cm，宽 3 ～ 6 mm；小穗椭圆形或卵状长圆形，长 2 ～ 3 mm；颖膜质，基部互相连合，具 3 脉，脊上有细纤毛，侧脉下部有短毛；外稃膜质，先端钝，等大或稍长于颖，下部边缘互相连合，芒长 1.5 ～ 3.5 mm，约于稃体下部 1/4 处伸出，隐藏或稍外露；花药橙黄色，长 0.5 ～ 0.8 mm。颖果长约 1 mm。花果期 4—8 月。

【分布区域】分布于乌林镇香山村。

【药用部位】全草。

【炮制】春、夏季采收，晒干或鲜用。

【性味与归经】淡，凉。

【功能与主治】清热利湿，止泻，解毒。用于水肿，水痘，泄泻，黄疸性肝炎，毒蛇咬伤。

【用法与用量】煎汤，30 ～ 60 g。外用适量，捣敷；或煎水洗。

燕麦属 *Avena* L.

一年生草本。须根多粗壮。秆直立，光滑无毛。圆锥花序顶生，常开展，分枝纤细，粗糙；小穗含 2 至数小花，大多长过 2 cm，其柄弯曲；小穗轴节间被毛或光滑，脱节于颖之上与各小花之间，稀在各小花之间不具关节，所以不易断落；颖草质，具 7 ～ 11 脉，长于下部小花；外稃质地多坚硬，顶端软纸质，齿裂，裂片有时呈芒状，具 5 ～ 9 脉，常具芒，少数无芒，芒常自稃体中部伸出，膝曲而具扭转的芒柱；雄蕊 3；子房具毛。

洪湖市境内的燕麦属植物有 1 种。

335. 野燕麦

【拉丁名】*Avena fatua* L.

【别名】燕麦草、乌麦、南燕麦、铃铛麦、爵麦。

【形态特征】一年生。须根较坚韧。秆直立，光滑无毛，高 60 ～ 120 cm，具 2 ～ 4 节。叶鞘松弛，光滑或基部者被微毛；叶舌透明膜质，长 1 ～ 5 mm；叶片扁平，长 10 ～ 30 cm，宽 4 ～ 12 mm，微粗糙，或上面和边缘疏生柔毛。圆锥花序开展，金字塔形，长 10 ～ 25 cm，分枝具棱角，粗糙；小穗长 18 ～ 25 mm，含 2 ～ 3 小花，其柄弯曲下垂，顶端膨胀；小穗轴密生淡棕色或白色硬毛，其节脆硬易断落，

第一节间长约 3 mm；颖草质，几相等，通常具 9 脉；外稃质地坚硬，第一外稃长 15 ～ 20 mm，背面中部以下具淡棕色或白色硬毛，芒自稃体中部稍下处伸出，长 2 ～ 4 cm，膝曲，芒柱棕色，扭转。颖果被淡棕色柔毛，腹面具纵沟，长 6 ～ 8 mm。花果期 4—9 月。

【分布区域】分布于新堤街道万家墩村。

【药用部位】全草。

【炮制】在未结果实前采割全草，晒干。

【性味与归经】甘，平。归肾、肺经。

【功能与主治】收敛止血，固表止汗。用于吐血，便血，血崩，自汗，盗汗，带下。

【用法与用量】煎汤，15 ～ 30 g。

【注意】对麸质过敏者要小心食用。

菵草属 *Beckmannia* Host

一年生直立草本。圆锥花序狭窄，由多数简短贴生或斜生的穗状花序组成，小穗含 1，稀为 2 小花，几为圆形，两侧压扁，近无柄，成 2 行覆瓦状排列于穗轴一侧，小穗脱节于颖之下，小穗轴亦不延伸于内稃之后；颖半圆形，等长，草质，具较薄而色白的边缘，有 3 脉，先端钝或锐尖；外稃披针形，具 5 脉，稍露出于颖外，先端尖或具短尖头；内稃稍短于外稃，具脊；雄蕊 3。

洪湖市境内的菵草属植物有 1 种。

336. 菵草

【拉丁名】*Beckmannia syzigachne*（Steud.）Fern.

【别名】罔草、水稗子。

【形态特征】一年生。秆直立，高 15 ～ 90 cm，具 2 ～ 4 节。叶鞘无毛，多长于节间；叶舌透明膜质，长 3 ～ 8 mm；叶片扁平，长 5 ～ 20 cm，宽 3 ～ 10 mm，粗糙或下面平滑。圆锥花序长 10 ～ 30 cm，分枝稀疏，直立或斜升；小穗扁平，圆形，灰绿色，常含 1 小花，长约 3 mm；颖草质，边缘质薄，白色，背部灰绿色，具淡色的横纹；外稃披针形，具 5 脉，常具伸出颖外之短尖头；花药黄色，长约 1 mm。颖果黄褐色，长圆形，长约 1.5 mm，先端具丛生短毛。花果期 4—10 月。

【分布区域】分布于滨湖街道原种场。

【药用部位】种子。

【炮制】秋季采收，晒干。

【性味与归经】甘，寒。归脾、胃、小肠经。

【功能与主治】益气健胃。用于感冒发热，食滞胃肠，身体乏力。

【用法与用量】煎汤，10 ～ 20 g。

穇属 *Eleusine* Gaertn.

一年生或多年生草本。秆硬，簇生或具匍匐茎，通常 1 长节间与几个短节间交互排列，因而叶于秆上似对生，叶片平展或卷折。穗状花序较粗壮，常数个成指状或近指状排列于秆顶，偶有单一顶生；穗轴不延伸于顶生小穗之外；小穗无柄，两侧压扁，无芒，覆瓦状排列于穗轴的一侧；小穗轴脱节于颖上或小花之间；小花数朵紧密地覆瓦状排列于小穗轴上；颖不等长，颖和外稃背部都具强压扁的脊；外稃顶端尖，具 3 ～ 5 脉，两侧脉若存在则极靠近中脉，形成宽而凸起的脊；内稃较外稃短，具 2 脊，鳞被 2，折叠，具 3 ～ 5 脉；雄蕊 3。囊果果皮膜质或透明膜质，宽椭圆形，胚基生，近圆形，种脐基生，点状。

洪湖市境内的穇属植物有 1 种。

337. 牛筋草

【拉丁名】*Eleusine indica*（L.）Gaertn.

【别名】蟋蟀草、千人拔、野鸡爪、水牯草、千斤草。

【形态特征】一年生草本。根系极发达。秆丛生，基部倾斜，高 10 ～ 90 cm。叶鞘两侧压扁而具脊，松弛，无毛或疏生疣毛；叶舌长约 1 mm；叶片平展，线形，长 10 ～ 15 cm，宽 3 ～ 5 mm，无毛或上面被疣基柔毛。穗状花序 2 ～ 7 个指状着生于秆顶，很少单生，长 3 ～ 10 cm，宽 3 ～ 5 mm；小穗长 4 ～ 7 mm，宽 2 ～ 3 mm，含 3 ～ 6 小花；颖披针形，具脊，脊粗糙；第一颖长 1.5 ～ 2 mm，第二颖长 2 ～ 3 mm，第一外稃长 3 ～ 4 mm，卵形，膜质，具脊，脊上有狭翼，内稃短于外稃，具 2 脊，脊上具狭翼。囊果卵形，长约 1.5 mm，基部下凹，具明显的波状皱纹。鳞被 2，折叠，具 5 脉。花果期 6—10 月。

【分布区域】分布于洪湖市各乡镇。

【药用部位】根或全草。

【炮制】8—9 月采挖，取原药材，除去杂质，抢水洗净，干燥，切段。

【化学成分】茎叶含异荭草苷、木犀草素 -7-O- 芸香糖苷、小麦黄素、5，7- 二羟基 -3′，4′，5′- 三甲氧基黄酮、木犀草素 -7-O- 葡萄糖苷、牡荆素、异牡荆素等。

【性味与归经】甘、淡，凉。

【功能与主治】清热利湿，凉血解毒。用于伤暑发热，小儿惊风，流行性乙型脑炎，流行性脑脊髓膜炎，黄疸，淋证，小便不利，痢疾，便血，疮疡肿痛，跌打损伤。

【用法与用量】煎汤，9 ～ 15 g（鲜品 30 ～ 90 g）。

【临床应用】①治高热，抽筋神昏：鲜牛筋草 120 g，水 600 ml，炖 400 ml，食盐少许，12 h 内服。②治湿热黄疸：鲜牛筋草 60 g，山芝麻 30 g，水煎服。③治小儿热结，小腹胀满，小便不利：鲜牛筋草根 60 g，酌加水煎成 200 ml，分 3 次，饭前服。④治腰部挫闪疼痛：牛筋草、丝瓜络各 30 g，炖酒服。⑤治疝气：鲜牛筋草根 120 g，荔枝干 14 个，酌加黄酒和水各半。炖 1 h，饭前服，日 2 次。⑥预防流行性乙型脑炎：鲜牛筋草 60 ～ 120 g，水煎代茶饮。

画眉草属 *Eragrostis* Wolf

多年生或一年生草本。秆通常丛生。叶片线形。圆锥花序开展或紧缩；小穗两侧压扁，有数个至多数小花，小花常疏松地或紧密地覆瓦状排列，小穗轴常为之字形曲折，逐渐断落或延续而不折断；颖不等长，通常短于第一小花，具 1 脉，宿存，或个别脱落；外稃无芒，具 3 条明显的脉，或侧脉不明显；内稃具 2 脊，常为弓形弯曲，宿存，或与外稃同落。颖果与稃体分离，球形或压扁。

洪湖市境内的画眉草属植物有 1 种。

338. 知风草

【拉丁名】*Eragrostis ferruginea*（Thunb.）Beauv.

【别名】梅氏画眉草、香草、程咬金。

【形态特征】多年生。秆丛生或单生，直立或基部膝曲，高 30 ~ 110 cm，粗壮，直径约 4 mm。叶鞘两侧极压扁，基部相互跨覆，均较节间为长，光滑无毛，鞘口与两侧密生柔毛，通常在叶鞘的主脉上生有腺点；叶舌退化为一圈短毛，长约 0.3 mm；叶片平展或折叠，长 20 ~ 40 mm，宽 3 ~ 6 mm，上部叶超出花序之上，常光滑无毛或上面近基部偶疏生有毛。圆锥花序大而开展，分枝节密，每节生枝 1 ~ 3 个，向上，枝腋间无毛；小穗柄长 5 ~ 15 mm，在其中部或中部偏上有一腺体，在小枝中部也常存在，腺体多为长圆形，稍凸起；小穗长圆形，长 5 ~ 10 mm，宽 2 ~ 2.5 mm，有 7 ~ 12 小花，多带黑紫色，有时也出现黄绿色；颖开展，具 1 脉，第一颖披针形，长 1.4 ~ 2 mm，先端渐尖，第二颖长 2 ~ 3 mm，长披针形，先端渐尖；外稃卵状披针形，先端稍钝，第一外稃长约 3 mm，内稃短于外稃，脊上具有小纤毛，宿存；花药长约 1 mm。颖果棕红色，长约 1.5 mm。花果期 8—12 月。

【分布区域】分布于新堤街道河岭村。

【药用部位】根。

【炮制】8 月采挖，除去地上部分，洗净，晒干或鲜用。

【化学成分】含无羁萜、黍素、芦竹素、羊齿烯醇、白茅素、α – 香树脂醇、β – 香树脂醇等。

【性味与归经】苦，凉。归肝经。

【功能与主治】舒筋散瘀。用于跌打内伤，筋骨疼痛。

【用法与用量】煎汤，6 ~ 9 g。外用适量，捣敷。

白茅属 *Imperata* Cyrillo

多年生草本，具发达多节的长根状茎。秆直立，常不分枝。叶片多数基生，线形；叶舌膜质。圆锥花序顶生，狭窄，紧缩成穗状，小穗含 1 两性小花，基部围以丝状柔毛，具长短不一的小穗柄，孪生于细长延续的总状花序轴上；两颖近相等，披针形，膜质或下部草质，具数脉，背部被长柔毛；外稃透明膜质，无脉，具裂齿和纤毛，顶端无芒，第一内稃不存在，第二内稃较宽，透明膜质，包围着雌、雄蕊；鳞被不存在；雄蕊 2 枚或 1 枚；花柱细长，下部多少连合；柱头 2 枚，线形，自小穗之顶端伸出。颖果椭圆形，胚大型，种脐点状。

洪湖市境内的白茅属植物有 1 种。

339. 白茅

【拉丁名】*Imperata cylindrica*（L.）Beauv.

【别名】毛启莲、红色男爵白茅、茅根、兰根、茹根、地管。

【形态特征】多年生，具粗壮的长根状茎。秆直立，高 30 ～ 80 cm，具 1 ～ 3 节，节无毛。叶鞘聚集于秆基，长于其节间，质地较厚，老后破碎呈纤维状；叶舌膜质，长约 2 mm，紧贴其背部或鞘口具柔毛；分蘖叶片长约 20 cm，宽约 8 mm，扁平，质地较薄；秆生叶片长 1 ～ 3 cm，窄线形，通常内卷，顶端渐尖成刺状，下部渐窄，或具柄，质硬，被白粉，基部上面具柔毛。圆锥花序稠密，长 20 cm，宽达 3 cm，小穗长 4.5 ～ 6 mm，基盘具长 12 ～ 16 mm 的丝状柔毛；两颖草质及边缘膜质，近相等，具 5 ～ 9 脉，

顶端渐尖或稍钝，常具纤毛，脉间疏生长丝状毛，第一外稃卵状披针形，长为颖片的 2/3，透明膜质，无脉，顶端尖或齿裂，第二外稃与其内稃近相等，长约为颖之半，卵圆形，顶端具齿裂及纤毛；雄蕊 2 枚，花药长 3 ～ 4 mm；花柱细长，基部多少连合，柱头 2，紫黑色，羽状，长约 4 mm，自小穗顶端伸出。颖果椭圆形，长约 1 mm，胚长为颖果之半。花果期 4—6 月。

【分布区域】分布于乌林镇香山村。

【药用部位】根茎。

【炮制】春、秋季采挖，除去地上部分和鳞片状的叶鞘，鲜用或扎把晒干。

白茅根：取原药材，除去杂质，洗净，稍润，切段，干燥。

茅根炭：取净白茅根段，置锅内用武火炒至表面焦褐色，内部棕褐色，喷淋清水少许，灭尽火星，取出，晾干，凉透。

【化学成分】含芦竹素、白茅素、羊齿烯醇、乔木萜烷、异乔木萜醇、西米杜鹃醇、可溶性钙等。

【性味与归经】甘，寒。归肺、胃、膀胱经。

【功能与主治】凉血止血，清热利尿。用于血热吐血，衄血，尿血，热病烦渴，湿热黄疸，水肿尿少，热淋涩痛。

【用法与用量】煎汤，10 ～ 30 g（鲜品 30 ～ 60 g）；或捣汁。外用适量，鲜品捣汁涂。

【临床应用】①治尿血：白茅根 60 g 切碎，以水 300 ml 煎至 150 ml，去渣，温温频服。②治热病烦渴，胃热吐哕，肺热咳嗽，吐血衄血，急性肾炎水肿，黄疸：白茅根 15 ～ 30 g，水煎服。③治乳糜尿：鲜白茅根 250 g，加水 2000 ml，加糖适量。每日分 3 次内服，或代茶饮，连服 5 ～ 15 日为 1 个疗程。④治小儿麻疹口渴：白茅根 30 g，水煎频服。⑤治鼻出血：白茅根、藕节各 15 g，水煎冷后服。⑥解曼陀罗中毒：白茅根 30 g，甘蔗 500 g，捣烂、榨汁，用 1 个椰子水煎服。

【注意】脾胃虚寒、尿多不渴者禁服。

黑麦草属 *Lolium* L.

多年生或一年生草本。茎直立或斜升。叶舌膜质，钝圆，常具叶耳；叶片线形扁平。顶生穗形穗状花序直立，穗轴延续而不断落，具交互着生的 2 列小穗，小穗含 4 ～ 20 枚小花，两侧压扁，无柄，单生于穗轴各节，以其背面对向穗轴，小穗轴脱节于颖之上及各小花间；颖仅 1 枚，第一颖退化或仅在顶生小穗中存在，第二颖为离轴性，位于背轴一方，披针形，等长或短于小穗，具 5 脉；外稃椭圆形，纸质或变硬，具 5 脉，背部圆形，无脊，顶端有芒或无芒；内稃等长或稍短于外稃，两脊具狭翼，常有纤毛，顶端尖，鳞被 2；雄蕊 3 枚，子房无毛，花柱顶生，柱头帚刷状。颖果腹部凹陷，具纵沟，与内稃黏合不易脱离，有些在成熟后肿胀，顶端具茸毛；胚小型，长为果体的 1/4，种脐狭线形。

洪湖市境内的黑麦草属植物有 1 种。

340. 黑麦草

【拉丁名】*Lolium perenne* L.

【形态特征】多年生，具细弱根状茎。秆丛生，高 30 ～ 90 cm，具 3 ～ 4 节，质软，基部节上生根。叶舌长约 2 mm；叶片线形，长 5 ～ 20 cm，宽 3 ～ 6 mm，柔软，具微毛，有时具叶耳。穗形穗状花序直立或稍弯，长 10 ～ 20 cm，宽 5 ～ 8 mm，小穗轴节间长约 1 mm，平滑无毛；颖披针形，为其小穗长的 1/3，具 5 脉，边缘狭膜质，外稃长圆形，草质，长 5 ～ 9 mm，具 5 脉，平滑，基盘明显，顶端无芒，或上部小穗具短芒，第一外稃长约 7 mm，内稃与外稃等长，两脊生短纤毛。颖果长约为宽的 3 倍。花果期 5—7 月。

【分布区域】分布于老湾回族乡珂里村。
【药用部位】根、根茎。
【炮制】夏末至秋季割取茎，取出茎髓，剪段，晒干，生用或制用。
【性味与归经】辛，温。归肺、胃经。
【功能与主治】通阳，解毒，杀虫。用于感冒风寒。

淡竹叶属 *Lophatherum* Brongn.

多年生草本。须根中下部膨大成纺锤形。秆直立，平滑。叶鞘长于其节间，边缘生纤毛；叶舌短小，质硬；叶片披针形，宽大，具明显小横脉，基部收缩成柄状。圆锥花序由数枚穗状花序所组成，小穗圆柱形，含数小花，第一小花两性，其他均为中性小花；小穗轴脱节于颖之下；两颖不相等，均短于第一小花，具 5 ～ 7 脉，顶端钝；第一外稃硬纸质，具 7 ～ 9 脉，顶端钝或具短尖头；内稃较其外稃窄小，脊上部具狭翼；不育外稃数枚互相紧密包卷，顶端具短芒，内稃小或不存在；雄蕊 2 枚，自小花顶端伸出。颖果与内、外分离。

洪湖市境内的淡竹叶属植物有 1 种。

341. 淡竹叶

【拉丁名】*Lophatherum gracile* Brongn.

【别名】碎骨草、山鸡米草、竹叶草。

【形态特征】多年生，具木质根头。须根中部膨大成纺锤形小块根。秆直立，疏丛生，高 40 ～ 80 cm，具 5 ～ 6 节。叶鞘平滑或外侧边缘具纤毛；叶舌质硬，长 0.5 ～ 1 mm，褐色，背有糙毛；叶片披针形，长 6 ～ 20 cm，宽 1.5 ～ 2.5 cm，具横脉，有时被柔毛或疣基小刺毛，基部收窄成柄状。圆锥花序长 12 ～ 25 cm，分枝斜升或开展，长 5 ～ 10 cm；小穗线状披针形，长 7 ～ 12 mm，宽 1.5 ～ 2 mm，具极短柄；颖顶端钝，具 5 脉，边缘膜质，第一颖长 3 ～ 4.5 mm；第二颖长 4.5 ～ 5 mm；第一外稃长 5 ～ 6.5 mm，宽约 3 mm，具 7 脉，顶端具尖头，内稃较短，其后具长约 3 mm 的小穗轴；不育外稃向上渐狭小，互相密集包卷，顶端具长约 1.5 mm 的短芒；雄蕊 2 枚。颖果长椭圆形。花果期 6—10 月。

【分布区域】分布于老湾回族乡珂里村。

【药用部位】干燥茎叶。

【炮制】夏季末抽花穗前采割，晒干，除去杂质，洗净，切段或揉成小团。

【化学成分】叶含生物碱、氨基酸、有机酸、酚类化合物、鞣质、皂苷、还原糖、蛋白质、蒽醌、香豆精和叶绿素等。

【性味与归经】甘、淡，寒。归心、小肠、胃经。

【功能与主治】清热泻火，除烦止渴，利尿通淋。用于热病烦渴，小便短赤涩痛，口舌生疮。

【用法与用量】煎汤，6 ～ 10 g。

【注意】脾胃虚寒及便溏者禁用。

狼尾草属 *Pennisetum* Rich.

一年生或多年生草本。秆质坚硬。叶片线形，扁平或内卷。圆锥花序紧缩成穗状圆柱形；小穗单生或 2 ～ 3 聚生成簇，无柄或具短柄，有 1 ～ 2 小花，其下围有总苞状的刚毛，刚毛长于或短于小穗，光滑、粗糙或生长柔毛而呈羽毛状，随同小穗一起脱落，其下有或无总梗；颖不等长，第一颖质薄而微小，第二颖较长于第一颖；第一小花雄性或中性，第一外稃与小穗等长或稍短，通常包 1 内稃；第二小花两性，第二外稃厚纸质或革质，平滑，等长或较短于第一外稃，边缘质薄而平坦，包着同质的内稃，但顶端常游离；鳞被 2，楔形，折叠，通常 3 脉；雄蕊 3，花药顶端有毛或无；花柱基部多少连合，很少分离。颖果长圆形或椭圆形，背腹压扁，种脐点状，胚长为果实的 1/2 以上。

洪湖市境内的狼尾草属植物有 1 种。

342. 狼尾草

【拉丁名】*Pennisetum alopecuroides*（L.）Spreng.

【别名】狗尾巴草、芮草、老鼠狼、狗仔尾、谷莠子。

【形态特征】多年生。须根较粗壮。秆直立，丛生，高 30 ～ 120 cm，在花序下密生柔毛。叶鞘光滑，两侧压扁，主脉呈脊，在基部者跨生状，秆上部者长于节间；叶舌具长约 2.5 mm 纤毛；叶片线形，长 10 ～ 80 cm，宽 3 ～ 8 mm，先端长渐尖，基部生疣毛。圆锥花序直立，长 5 ～ 25 cm，宽 1.5 ～ 3.5 cm，主轴密生柔毛；总梗长 2 ～ 5 mm，刚毛粗糙，淡绿色或紫色，长 1.5 ～ 3 cm；小穗通常单生，偶有双生，线状披针形，长 5 ～ 8 mm；第一颖微小或缺，长 1 ～ 3 mm，膜质，先端钝，脉不明显或具 1 脉；第二颖卵状披针形，先端短尖，具 3 ～ 5 脉，长为小穗的 1/3 ～ 2/3；第一小花中性，第一外稃与小穗等长，具 7 ～ 11 脉；第二外稃与小穗等长，披针形，具 5 ～ 7 脉，边缘包着同质的内稃；鳞被 2，楔形；雄蕊 3，花药顶端无毛；花柱基部连合。颖果长圆形，长约 3.5 mm。花果期夏、秋季。

【分布区域】分布于乌林镇香山村。

【药用部位】全草或根。

【炮制】春、夏、秋季均可采收，晒干或鲜用。

【性味与归经】甘，平。归脾经。

【功能与主治】全草：清热消疳，祛风止痛。用于小儿疳积，风疹，牙痛。

狼尾草根：清肺止咳，解毒。用于肺热咳嗽，疮毒。

【用法与用量】煎汤，10 ～ 30 g。

芦苇属 *Phragmites* Adans.

多年生，具发达根状茎的苇状沼生草本。茎直立，具多数节。叶鞘常无毛；叶舌厚膜质，边缘具毛；叶片宽大，披针形，大多无毛。圆锥花序大型密集，具多数粗糙分枝；小穗含 3 ～ 7 小花，小穗轴节间短而无毛，脱节于第一外稃与成熟花之间；颖不等长，具 3 ～ 5 脉，顶端尖或渐尖，均短于其小花；第一外稃通常不孕，含雄蕊或中性，小花外稃向上逐渐变小，狭披针形，具 3 脉，顶端渐尖或呈芒状，无毛，外稃基盘延长具丝状柔毛，内稃狭小，甚短于其外稃，鳞被 2；雄蕊 3，花药长 1 ～ 3 mm。颖果与其稃体相分离，胚小型。

洪湖市境内的芦苇属植物有 1 种。

343. 芦苇

【拉丁名】*Phragmites australis*（Cav.）Trin.ex Steud.

【别名】苇、葭、苇子草、芦茅根、苇根、顺江龙、芦柴根、芦芽根、甜梗子、芦头。

【形态特征】多年生草本，根状茎十分发达。秆直立，高 1 ～ 8 m，直径 1 ～ 4 cm，具 20 多节，基部和上部的节间较短，最长节间位于下部第 4 ～ 6 节，长 20 ～ 40 cm，节下被白粉。叶鞘下部者短于上部者，长于其节间；叶舌边缘密生一圈长约 1 mm 的短纤毛，两侧缘毛长 3 ～ 5 mm，易脱落；叶片披针状线形，长 30 cm，宽 2 cm，无毛，顶端长渐尖成丝形。圆锥花序大型，长 20 ～ 40 cm，宽约 10 cm，分枝多数，长 5 ～ 20 cm，着生稠密下垂的小穗，小穗柄长 2 ～ 4 mm，无毛，小穗长约 12 mm，含 4 花；颖具 3 脉，第一颖长 4 mm，第二颖长约 7 mm，第一不孕外稃雄性，长约 12 mm，第二外稃长 11 mm，具 3 脉，顶端长渐尖，基盘延长，两侧密生等长于外稃的丝状柔毛，与无毛的小穗轴相连接处具明显关节，成熟后易自关节上脱落，内稃长约 3 mm，两脊粗糙；雄蕊 3，花药长 1.5 ～ 2 mm，黄色。颖果长约 1.5 mm。

【分布区域】分布于燕窝镇六合村。

【药用部位】芦根、芦花、芦笋、芦叶、芦茎。

【炮制】鲜芦根：取鲜品，除去残茎、膜质状叶片、须根及杂质，洗净泥土，用时切段或捣汁。

芦根：取原药材，除去杂质及须根，洗净，稍润，切段，干燥。

芦花：秋后采收，晒干。

芦笋（芦苇的嫩苗）：5—7 月采挖，晒干或鲜用。

芦叶：5—10 月均可采收。

芦茎（嫩芦梗）：夏、秋季采收。

【化学成分】芦根含薏苡素、蛋白质、脂肪、糖类、天门冬酰胺。芦苇含纤维素、木质素、木聚糖。

【性味与归经】芦根：甘，寒。归肺、胃经。芦花：甘，寒。芦叶：甘，寒。归心、肺、胃经。芦茎：甘，寒。归心、肺经。

【功能与主治】芦根：清热泻火，生津止渴，除烦，止呕，利尿。用于热病烦渴，胃热呕哕，肺热咳嗽，肺痈吐脓，热淋涩痛。

芦花：止泻，止血，解毒。用于吐泻，衄血，血崩，外伤出血，鱼蟹中毒，心腹胀痛。

芦笋：清热生津，利水通淋。用于热病，肺痈，肺痿，淋证，小便不利，并可解食鱼、肉中毒。

芦叶：清热辟秽，止血，解毒。用于霍乱吐泻，吐血，衄血，肺痈。

芦茎：清肺解毒，止咳排脓。用于肺痈烦热。

【用法与用量】芦根：煎汤，15 ～ 30 g（鲜品加倍）；或捣汁用。

芦花：煎汤，15 ～ 30 g。外用适量，捣敷；或烧存性研末吹鼻。

芦笋：煎汤，30 ～ 60 g；或鲜品捣汁。脾胃虚寒者慎服。

芦叶：煎汤，30 ～ 60 g；或烧存性研末。外用适量，研末敷或烧灰淋汁熬膏敷。

芦茎：煎汤，15 ～ 30 g（鲜品 60 ～ 240 g）。

【临床应用】①治太阴温病，口渴甚，吐白沫黏滞不爽者：梨汁、荸荠汁、鲜芦根汁、麦冬汁、藕汁各适量，同服。②治心膈气滞，烦闷吐逆，不下食：芦根，锉，水煎服。③治伤寒后呕哕反胃，或干呕不食：生芦根、青竹茹、粳米、生姜各适量，水饮服。④治霍乱烦闷：芦根、麦门冬各适量，水煎服。⑤治食鱼中毒，面肿，烦乱，并解蟹毒：芦根汁，多饮。⑥治肺热痈脓：芦根、竹茹、生姜汁、粳米、半夏各适量，水煎服。

【注意】脾胃虚寒者慎服。

狗尾草属 *Setaria* P. Beauv.

一年生或多年生草本，有或无根茎。秆直立或基部膝曲。叶片线形、披针形或长披针形，基部钝圆或窄狭成柄状。圆锥花序通常呈穗状或总状圆柱形，少数疏散而开展至塔状；小穗含 1 ～ 2 小花，椭圆形或披针形，全部或部分小穗下托有 1 至数枚由不发育小枝而成的芒状刚毛，脱节于极短且呈杯状的小穗柄上，并与宿存的刚毛分离；颖不等长，第一颖宽卵形、卵形或三角形，具 3 ～ 5 脉或无脉，第二颖与第一外稃等长或较短，具 5 ～ 7 脉；第一小花雄性或中性，第一外稃与第二颖同质，通常包着纸质或膜质的内稃；第二小花两性，第二外稃软骨质或革质，成熟时背部隆起或否，平滑或具点状、横条状皱纹，等长或稍长或短于第一外稃，包着同质的内稃；鳞被 2，楔形；雄蕊 3，成熟时由谷粒顶端伸出；花柱 2，基部连合或少数种类分离。颖果椭圆状球形或卵状球形，稍扁；种脐点状，胚长为颖果的 1/3 ～ 2/5。

洪湖市境内的狗尾草属植物有 1 种。

344. 狗尾草

【拉丁名】*Setaria viridis*（L.）Beauv.

【别名】谷莠子、莠草子、莠草、光明草、大尾巴草、毛毛草。

【形态特征】一年生草本。根须状。秆直立或基部膝曲，高 10 ～ 100 cm，基部直径达 3 ～ 7 mm。叶鞘松弛，边缘具较长的密绵毛状纤毛；叶舌极短，缘有长 1 ～ 2 mm 的纤毛；叶片扁平，长三角状狭披针形或线状披针形，先端长渐尖，基部钝圆形，呈截状或渐窄，长 4 ～ 30 cm，宽 2 ～ 18 mm，边缘粗糙。圆锥花序紧密成圆柱状或基部稍疏离，主轴被较长柔毛，长 2 ～ 15 cm，宽 4 ～ 13 mm，刚毛长 4 ～ 12 mm，粗糙，为绿色或褐黄色到紫红色或紫色；小穗 2 ～ 5 个簇生于主轴上或更多的小穗着生在短小枝上，椭圆形，先端钝，长 2 ～ 2.5 mm，铅绿色；第一颖卵形、宽卵形，长约为小穗的 1/3，先端钝或稍尖，具 3 脉；第二颖几与小穗等长，椭圆形，具 5 ～ 7 脉；第一外稃与小穗等长，具 5 ～ 7 脉，先端钝，其内稃短小狭窄；第二外稃椭圆形，顶端钝，具细点状皱纹，边缘内卷，狭窄；鳞被楔形，顶端微凹；花柱基分离。颖果灰白色。花果期 5—10 月。

【分布区域】分布于洪湖市各乡镇。

【药用部位】全草。

【炮制】6—9 月采收，取原药材，除去杂质，洗净，稍润，切段，干燥，筛去灰屑。

【化学成分】本品含淀粉。

【性味与归经】甘、淡，凉。

【功能与主治】清热利湿，祛风明目，解毒，杀虫。用于风热感冒，黄疸，小儿疳积，痢疾，小便涩痛，目赤肿痛，痈肿，寻常疣，疮癣。

【用法与用量】煎汤，6 ～ 12 g（鲜品可用至 30 ～ 60 g）。外用适量，煎水洗或捣敷。

【注意】脾胃虚寒者慎服。

荻属 *Triarrhena* Nakai

多年生直立高大草本，具多数发达的横走根状茎。叶片带状，叶舌与耳部具长毛。顶生圆锥花序大型，由多数总状花序组成，小穗含 1 两性小花，孪生于延续的总状花序轴上，具不等长的小穗柄；基盘具长于小穗 2 倍的长柔毛；颖厚纸质，第一颖两侧内折而成 2 脊，边缘和上部或背部具长柔毛，脊间无脉或有不明显的脉，外稃透明膜质，第一外稃内空；第二小花两性，其外稃顶端无芒；雄蕊 3 枚，先于雌蕊成熟，柱头从小穗下部之两侧伸出。

洪湖市境内的荻属植物有 1 种。

345. 南荻

【拉丁名】*Triarrhena lutarioriparia* L. Liu

【别名】胖节荻、荻芦、江荻。

【形态特征】多年生高大竹状草本，具十分发达的根状茎。秆直立，深绿色或带紫色至褐色，有光泽，常被白粉，成熟后宿存，高 5.5 ～ 7.5 m，直径 2 ～ 4.7 cm，基部最粗，上部较细，具 42 ～ 47 节；节部膨大，秆环隆起，其芽均无毛，上部节（30 节以上）具长约 1 m 的分枝，上部节间长 2 ～ 5 cm，中下部节间长 20 ～ 24 cm。叶鞘淡绿色，无毛，与其节间近等长，鞘节无毛；叶舌具茸毛，耳部被细毛；

叶片带状，长 90 ～ 98 cm，宽约 4 cm，边缘锯齿较短，微粗糙，上面深绿色，中脉粗壮，白色，下面隆起，基部较宽。圆锥花序大型，长 30 ～ 40 cm，主轴伸长达花序中部，由 100 枚以上的总状花序组成，稠密，腋间无毛；总状花序轴节间长约 5.5 mm，短柄长 1.5 mm，长柄长 3.5 mm，腋间无毛或偶见有毛；小穗长 5 ～ 5.5 mm，宽 0.9 mm；两颖不等长，第一颖顶端渐尖，长于其第二颖的 1/4，背部平滑无毛，边缘与上部有长柔毛，基盘柔毛长为小穗的 2 倍左右；第一与第二外稃短于颖片，边缘有纤毛，顶端无芒，花药长约 2 mm。颖果黑褐色，长 2 ～ 2.5 mm，宽 0.7 ～ 0.8 mm，顶端具宿存的二叉状花柱基，胚长为果体的 1/3 ～ 1/2。花果期 9—11 月。

【分布区域】分布于大同湖管理区琢头沟社区。

【药用部位】南荻笋。

【炮制】取原药材，除去杂质及须根，洗净，稍润，切段，干燥。

【功能与主治】清热生津，清肺解毒。用于淋证，小便不利，热病口渴。

玉蜀黍属 *Zea* L.

一年生草本。秆高大，粗壮，直立，具多数节，实心，下部数节生有一圈支柱根。叶片阔线形，扁平。小穗单性，雌、雄异序；雄花序由多数总状花序组成大型的顶生圆锥花序；雄小穗含 2 小花，孪生于一连续的序轴上，一无柄，一具短柄或一长一短；颖膜质，先端尖，具多数脉；外稃及内稃皆透明膜质；雄蕊 3 枚，雌花序生于叶腋内，为多数鞘状苞片所包藏；雌小穗含 1 小花，极多数排成 10 ～ 30 纵行，紧密着生于圆柱状海绵质之序轴上；颖宽大，先端圆形或微凹；外稃透明膜质；雌蕊具细长之花柱，常呈丝状伸出于苞鞘之外。

洪湖市境内的玉蜀黍属植物有 1 种。

346. 玉蜀黍

【拉丁名】*Zea mays* L.

【别名】苞米、苞芦、珍珠米、苞谷、玉米、麻蜀棒子。

【形态特征】一年生高大草本。秆直立，通常不分枝，高 1 ～ 4 m，基部各节具气生支柱根。叶鞘具横脉；叶舌膜质，长约 2 mm；叶片扁平宽大，线状披针形，基部圆形呈耳状，无毛或具疣柔毛，中脉粗壮，边缘微粗糙。顶生雄性圆锥花序大型，主轴与总状花序轴及其腋间均被细柔毛；雄性小穗孪生，长达 1 cm，小穗柄一长一短，分别长 1 ～ 2 mm 及 2 ～ 4 mm，被细柔毛；两颖近等长，膜质，约具 10 脉，被纤毛；外稃及内稃透明膜质，稍短于颖；花药橙黄色，长约 5 mm。雌花序被多数宽大的鞘状苞片所包藏，雌小穗孪生，成 16 ～ 30 纵行排列于粗壮之序轴上，两颖等长，宽大，无脉，具纤毛；外稃及内稃透明膜质，雌蕊具极长而细弱的线形花柱。颖果球形或扁球形，成熟后露出颖片和稃片之外，其大小随生长条件不同产生差异，一般长 5 ～ 10 mm，宽略过于其长，胚长为颖果的 1/2 ～ 2/3。花果期秋季。

【分布区域】分布于新堤街道万家墩村。

【药用部位】颖果和玉米须。

【炮制】取原药材，除去杂质，筛去灰屑。

【化学成分】种子含淀粉、脂肪油、生物碱、烟酸、泛酸、生物素等。

【性味与归经】颖果：甘，平。归手、足阳明经。玉米须：甘，平。归膀胱、肝、胆经。

【功能与主治】颖果：调中开胃，益肺宁心。用于脾肺气虚，干咳少痰，皮肤干燥，高血压，高血脂，动脉硬化，老年人习惯性便秘。

玉米须：利水消肿，利湿退黄。用于水肿，小便淋漓，黄疸，胆囊炎，胆结石，高血压，糖尿病，乳汁不通。

【用法与用量】玉米须：煎汤，30 ～ 60 g（鲜品加倍）。

颖果：煎汤，煮食或磨成细粉做饼饵。

【临床应用】①治胃酸过多：玉米面饼（烧成焦黑色），研成细末，每服 15 ～ 30 g。②治头面常痛不止：苞谷糠、陈艾蒿各适量，同炒热包头上，冷则更换，热包有效。

菰属 *Zizania* L.

一年生或多年生水生草本，有时具长匍匐根状茎。秆高大、粗壮、直立，节生柔毛。叶舌长，膜质；叶片扁平，宽大。顶生圆锥花序大型，雌雄同株；小穗单性，含 1 小花；雄小穗两侧压扁，大多位于花序下部分枝上，脱节于细弱小穗柄之上；颖退化；外稃膜质，具 5 脉，紧抱其同质之内稃；雄蕊 6 枚，花药线形，雌小穗圆柱形，位于花序上部的分枝上，脱节于小穗柄之上，其柄较粗壮且顶端杯状；颖退化；外稃厚纸质，具 5 脉，中脉顶端延伸成直芒；内稃狭披针形，具 3 脉，顶端尖或渐尖，鳞被 2。颖果圆柱形，为内外稃所包裹，胚位于果体中央，长约为果体之半。

洪湖市境内的菰属植物有 1 种。

347. 菰

【拉丁名】*Zizania latifolia*（Griseb.）Stapf

【别名】高笋、菰笋、茭首、菰菜、茭白、野茭白、茭儿菜、茭包、茭笋。

【形态特征】多年生，具匍匐根状茎。须根粗壮。秆高大直立，高 1 ～ 2 m，直径约 1 cm，具多数节，基部节上生不定根。叶鞘长于其节间，肥厚，有小横脉；叶舌膜质，长约 1.5 cm，顶端尖；叶片扁平宽大，长 50 ～ 90 cm，宽 15 ～ 30 mm。圆锥花序长 30 ～ 50 cm，分枝多数簇生，上升，果期开展；雄小穗长 10 ～ 15 mm，两侧压扁，着生于花序下部或分枝上部，带紫色；外稃具 5 脉，顶端渐尖具小尖头；内稃具 3 脉，中脉成脊，具毛；雄蕊 6 枚，花药长 5 ～ 10 mm；雌小穗圆筒形，长 18 ～ 25 mm，宽 1.5 ～ 2 mm，着生于花序上部和分枝下方与主轴贴生处；外稃之 5 脉粗糙，芒长 20 ～ 30 mm；内稃具 3 脉。颖果圆柱形，长约 12 mm，胚小型，为果体之 1/8。花果期 8—10 月。

【分布区域】分布于洪湖市各乡镇。

【药用部位】根茎及根，果实，嫩茎。

【炮制】菰根：秋季采挖，洗净，鲜用或晒干。

菰米：9—10 月果实成熟后采取，搓去外皮，扬净，晒干。

茭白：秋季采收，鲜用或晒干。

【化学成分】茭白含糖类、有机氮、脂肪、蛋白质，还含赖氨酸等 17 种氨基酸。

【性味与归经】菰根：甘，寒。菰米：甘，寒。归胃、大肠经。茭白：甘，寒。归肝、脾、肺经。

【功能与主治】菰根：除烦止渴，清热解毒。用于消渴，心烦，小便不利，小儿麻疹高热不退，黄疸，鼻衄，烧烫伤。

菰米：除烦止渴，和胃理肠。用于心烦，口渴，大便不通，小便不利，小儿泄泻。

茭白：解热毒，除烦渴，利二便。用于烦热，消渴，二便不通，黄疸，痢疾，热淋，目赤，乳汁不下，疮疡。

【用法与用量】菰根：煎汤，鲜品 60 ～ 90 g；或绞汁。外用适量，烧存性研末调敷。

菰米：煎汤，9 ～ 15 g。

茭白：煎汤，30 ～ 60 g。

【临床应用】①治产后少乳，用此催乳：茭白 15 ～ 30 g，通草 9 g，猪脚煮食之。②治小儿风疮久不愈：茭白烧灰，研末敷上。③治汤火所灼未成疮者：菰根洗去土，烧灰，鸡子黄和涂之。④治毒蛇咬伤：菰根灰，取以封之。⑤治暑热腹痛：鲜菰根 60 ～ 90 g，水煎服。

【注意】脾虚泄泻者慎服。

一〇六、棕榈科 Arecaceae

灌木、藤本或乔木，茎通常不分枝，单生或几丛生，表面平滑或粗糙，或有刺，或被残存老叶柄的基部或叶痕，稀被短柔毛。叶互生，在芽时折叠，羽状或掌状分裂，稀为全缘或近全缘；叶柄基部通常扩大成具纤维的鞘。花小，单性或两性，雌雄同株或异株，有时杂性，组成分枝或不分枝的佛焰花序（或肉穗花序），花序通常大型多分枝，被一个或多个鞘状或管状的佛焰苞所包围；花萼和花瓣各 3 片，离生或合生，覆瓦状或镊合状排列；雄蕊通常 6 枚，2 轮排列，稀多数或更少，花药 2 室，纵裂，基着或背着，退化雄蕊通常存在或稀缺；子房 1 ～ 3 室或 3 个心皮离生或于基部合生，柱头 3 枚，通常无柄，每个心皮内有 1 ～ 2 个胚珠。果实为核果或硬浆果，1 ～ 3 室或具 1 ～ 3 个心皮；果皮光滑或有毛、有刺、粗糙或被覆瓦状鳞片。种子通常 1 个，有时 2 ～ 3 个，多者 10 个，与外果皮分离或黏合，被薄的或有时是肉质的外种皮，胚乳均匀或呈嚼烂状，胚顶生、侧生或基生。

本科约有 210 属 2800 种，分布于热带、亚热带地区，主产于热带亚洲及美洲地区。我国约有 28 属 100 种，产于西南至东南地区。

洪湖市境内的棕榈科植物有 1 属 1 种。

棕榈属 *Trachycarpus* H. Wendl.

乔木状或灌木状，树干被覆永久性的下悬的枯叶或部分裸露。叶鞘解体成网状的粗纤维，环抱树干并在顶端延伸成一个细长的干膜质的褐色舌状附属物。叶片呈半圆或近圆形，掌状分裂成许多具单折的裂片，内向折叠；叶柄两侧具微粗糙的瘤突或细圆齿状的齿，顶端有明显的戟突。花雌雄异株，偶为雌雄同株或杂性；花序粗壮，生于叶间，雌雄花序相似，多次分枝或二次分枝；佛焰苞数个，包着花序梗和分枝；花 2 ～ 4 朵成簇着生，罕为单生于小花枝上；雄花花萼 3 深裂或几分离，花冠大于花萼，雄蕊 6 枚，花丝分离，花药背着；雌花的花萼与花冠同雄花，雄蕊 6 枚，花药不育，箭头形，心皮 3，分离，有毛，卵形，顶端变狭成一个短圆锥状的花柱，胚珠基生。果实阔肾形或长圆状椭圆形，有脐或在种脊面稍具沟槽，外果皮膜质，中果皮稍肉质，内果皮壳质贴生于种子上。种子形如果实，胚乳均匀，角质，在种脊面有一个稍大的珠被侵入，胚侧生或背生。

洪湖市境内的棕榈属植物有 1 种。

348. 棕榈

【拉丁名】*Trachycarpus fortunei*（Hook.）H. Wendl.

【别名】棕衣树、棕树、陈棕、棕板、棕骨。

【形态特征】乔木状，高 3 ～ 10 m，树干圆柱形，被不易脱落的老叶柄基部和密集的网状纤维，树干直径 10 ～ 15 cm。叶片近圆形，深裂成 30 ～ 50 片具皱褶的线状剑形，宽 2.5 ～ 4 cm，长 60 ～ 70 cm

的裂片，裂片先端具短2裂或2齿；叶柄长75～80 cm，两侧具细圆齿，顶端有明显的戟突。花序粗壮，多次分枝，从叶腋抽出，雌雄异株。雄花序长约40 cm，具2～3个分枝花序，下部的分枝花序长15～17 cm，一般只二回分枝；雄花无梗，每2～3朵密集着生于小穗轴上，黄绿色，卵球形，钝3棱；花萼3片，卵状急尖，花冠约2倍长于花萼，花瓣阔卵形，雄蕊6枚，花药卵状箭头形；雌花序长80～90 cm，花序梗长约40 cm，其上有3个佛焰苞包着，具4～5个圆锥状的分枝花序，下部的分枝花序长约35 cm，二至三回分枝；雌花淡绿色，通常2～3朵聚生；花无梗，球形，着生于短瘤突上，萼片阔卵形，3裂，基部合生，花瓣卵状近圆形，退化雄蕊6枚，心皮被银色毛。果实阔肾形，有脐，宽11～12 mm，高7～9 mm，成熟时由黄色变为淡蓝色，有白粉，柱头残留在侧面附近。种子胚乳均匀，角质，胚侧生。花期4月，果期12月。

【分布区域】分布于洪湖市各乡镇。

【药用部位】干燥叶柄。

【炮制】棕榈：除去杂质，洗净，干燥。

棕榈炭：取净棕榈，照煅炭法制炭。

【性味与归经】苦、涩，平。归肺、肝、大肠经。

【功能与主治】收涩止血。用于吐血，衄血，尿血，便血，崩漏下血。

【用法与用量】3～9 g，一般炮制后用。

一〇七、天南星科 Araceae

草本，具块茎或伸长的根茎，稀为攀援灌木或附生藤本，富含苦味水汁或乳汁。叶单一或少数，有时花后出现，通常基生，如茎生则为互生，2列或螺旋状排列，叶柄基部或一部分鞘状；叶片全缘时多为箭形、戟形，或掌状、鸟足状、羽状或放射状分裂。花小或微小，常极臭，排列为肉穗花序，花序外面有佛焰苞包围；花两性或单性；花单性时雌雄同株（同花序）或异株，雌雄同序者雌花居于花序的下部，雄花居于雌花群之上；两性花有花被或否，花被如存在则为2轮，花被片2枚或3枚，整齐或不整齐地覆瓦状排列，常倒卵形，先端拱形内弯，稀合生成坛状；雄蕊通常与花被片同数且与之对生、分离；在无花被的花中，雄蕊2～8或多数，分离或合生为雄蕊柱；花药2室，药室对生或近对生，室孔纵长；花粉分离或集成条状，花粉粒头状椭圆形或长圆形，光滑；假雄蕊常存在，在雌花序中围绕雌蕊，有时单一、位于雌蕊下部；在雌雄同株的情况下，有时多数位于雌花群之上，或常合生成假雄蕊柱，但经常完全退废，这时全部假雄蕊合生且与肉穗花序轴的上部形成海绵质的附属器。子房上位或稀陷入肉穗花序轴内，1至多室，基底胎座、顶生胎座、中轴胎座或侧膜胎座，胚珠直生、横生或倒生，1至多数，内珠被之外常有外珠被，后者常于珠孔附近作流苏状，珠柄长或短；花柱不明显，或伸长成线形或圆锥形，宿存或脱落；柱头各式，全缘或分裂。果为浆果，极稀紧密结合而为聚合果。种子1至多数，圆形、椭圆形、肾形或伸长，外种皮肉质，有的上部流苏状；内种皮光滑，有窝孔，具疣或肋状条纹，种脐扁平或隆起，短或长。胚乳厚，肉质，贫乏或不存在。

本科有115属2000余种，分布于热带和亚热带地区。我国有35属205种，其中有4属20种系引种栽培。

洪湖市境内的天南星科植物有3属3种。

1. 陆生植物；若为水生植物，则其根伸入土中。

  2. 叶片盾状着生……芋属 *Colocasia*

  2. 叶柄着生于叶片基部……半夏属 *Pinellia*

1. 水面漂浮植物，其根不伸入土中……大薸属 *Pistia*

芋属 *Colocasia* Schott

多年生草本，具块茎、根茎或直立的茎。叶柄延长，下部鞘状；叶片盾状着生，卵状心形或箭状心形，后裂片浑圆，连合部分短或达1/2，稀完全合生。花序柄通常多数，于叶腋抽出。佛焰苞管部短，为檐部长的1/5～1/2，卵圆形或长圆形，席卷，宿存，果期增大，然后不规则地撕裂；檐部长圆形或狭披针形，脱落。肉穗花序短于佛焰苞；雌花序短，不育雄花序（中性花序）短而细，能育雄花序长圆柱形；不育附属器直立，长圆锥状或纺锤形、钻形，或极短缩而成小尖头；花单性、无花被；能育雄花为合生雄蕊，每花有雄蕊3～6，倒金字塔形，向上扩大，顶部几截平，不规则的多边形；药室线形或线状长圆形，下部略狭，彼此靠近，比雄蕊柱短，裂缝短、纵裂，花粉粉末状。不育雄花：合生假雄蕊扁平、倒圆锥形，顶部截平，侧向压扁状。雌花心皮3～4；子房卵圆形或长圆形，花柱不存在或开始很短，后来不存在，柱头扁头状，有3～5浅槽，子房1室；胚珠多数或少数，半直立或近直立，珠柄长，2列着生于2～4个隆起的侧膜胎座上，珠孔朝向室腔中央或室顶。浆果绿色，倒圆锥形或长圆形，冠以残存柱头，1室。种子多数，长圆形，珠柄长，种阜几与珠柄连生，外种皮薄，透明，内种皮厚，有明显的槽纹，胚乳丰富，胚具轴。

洪湖市境内的芋属植物有1种。

349. 芋

【拉丁名】*Colocasia esculenta*（L.）Schott.

【别名】蹲鸱、莒、土芝、独皮叶、芋茇、水芋、芋头。

【形态特征】湿生草本。块茎通常卵形，常生多数小球茎，均富含淀粉。叶2～3枚或更多，叶柄长于叶片，长20～90 cm，绿色；叶片卵状，长20～50 cm，先端尖，侧脉4对，斜伸达叶缘。花序柄常单生，短于叶柄；佛焰苞长短不一，一般为20 cm左右；管部绿色，长约4 cm，粗2.2 cm，长卵形；檐部披针形或椭圆形，长约17 cm，展开成舟状，边缘内卷，淡黄色至绿白色；肉穗花序长约10 cm，短于佛焰苞；雌花序长圆锥状，长3～3.5 cm，下部粗1.2 cm；中性花序长3～3.3 cm，细圆柱状；雄花序圆柱形，长4～4.5 cm，粗7 mm，顶端骤狭；附属器钻形，长约1 cm，粗不及1 mm。花期8—9月。

【分布区域】分布于乌林镇青山村。

【药用部位】根茎、芋梗、芋苗、芋荷、芋头花。

【炮制】根茎：秋季采挖，去净须根及地上部分，洗净，鲜用或晒干。

芋梗：8—9 月采收，除去叶片，洗净，鲜用或切段晒干。

芋荷：7—8 月采收，鲜用或晒干。

芋头花：花开时采收，鲜用或晒干。

【性味与归经】根茎：甘、辛，平。归胃经。芋梗：辛，平。归心、脾经。芋荷：辛、甘，平。归肺、心、脾经。芋头花：辛，平；有毒。归胃、大肠经。

【功能与主治】根茎：健脾补虚，散结解毒。用于脾胃虚弱，纳少乏力，消渴，瘰疬，腹中痞块，肿毒，赘疣，鸡眼，疥癣，烫火伤。

芋梗：祛风，利湿，解毒，化瘀。用于荨麻疹，过敏性紫癜，腹泻，痢疾，小儿盗汗，黄水疮，无名肿毒，蛇头疔，蜂蜇伤。

芋荷：止泻，敛汗，消肿，解毒。用于泄泻，自汗，盗汗，痈疽，肿毒，黄水疮，蛇虫咬伤。

芋头花：理气止痛，散瘀止血。用于气滞胃痛，噎膈，吐血，子宫脱垂，小儿脱肛，内外痔，鹤膝风。

【用法与用量】根茎：煎汤，60 ～ 120 g；或入丸、散。外用适量，捣敷或醋磨涂。

芋梗：煎汤，15 ～ 30 g。外用适量，捣敷或研末掺。

芋荷：煎汤，15 ～ 30 g（鲜品 30 ～ 60 g）。外用适量，捣汁涂或捣敷。

芋头花：煎汤，15 ～ 30 g。外用适量，捣敷。

【临床应用】①治牛皮癣：大芋头、生大蒜共捣烂，外敷患处。②治狗咬伤：鲜芋头适量，捣烂外敷患处。③治蛇头疔：鲜芋头、芦竹的初生芽各适量，加入雄黄末、红糖、食盐少许，捣烂外敷患处。④治疮疖肿：芋头和醋适量，同煮熟，捣烂敷患处。⑤治胸膜炎：鲜芋头捣烂成泥糊状，摊在白布上，贴敷在患者两肋，干后即更换。敷前先给患者喝 1 碗姜糖水，以增加药力。⑥治急性阑尾炎：芋头、水仙花瓣各适量，一同捣烂成泥，贴敷局部。

半夏属 *Pinellia* Tenore

多年生草本，具块茎。叶和花序同时抽出。叶柄下部或上部，叶片基部常有珠芽；叶片全缘，3 深裂、3 全裂或鸟足状分裂，裂片长圆状椭圆形或卵状长圆形，侧脉纤细，近边缘有集合脉 3 条。花序柄单生，与叶柄等长或超过；佛焰苞宿存，管部席卷，有增厚的横隔膜，喉部几乎闭合；檐部长圆形，长约为管部的 2 倍，舟形；肉穗花序下部雌花序与佛焰苞合生达隔膜（在喉部），单侧着花，内藏于佛焰苞管部；雄花序位于隔膜之上，圆柱形，短，附属器延长的线状圆锥形，超出佛焰苞很长。花单性，无花被，雄花有雄蕊 2，雄蕊短，纵向压扁状，药隔细，药室顺肉穗花序方向伸长，顶孔纵向开裂，花粉无定形。雌花子房卵圆形，1 室，1 胚珠；胚珠直生或几为半倒生，直立，珠柄短。浆果长圆状卵形，略锐尖，有不规则的疣皱；胚乳丰富，胚具轴。

洪湖市境内的半夏属植物有 1 种。

350. 半夏

【拉丁名】*Pinellia ternata*（Thunb.）Breit.

【别名】地珠半夏、守田、和姑、地文、三兴草、三角草、半子、野半夏、土半夏、生半夏、扣子莲。

【形态特征】多年生草本，块茎圆球形，直径 1 ～ 2 cm，具须根。叶柄长 15 ～ 20 cm，基部具鞘，鞘内、鞘部以上或叶片基部（叶柄顶头）有直径 3 ～ 5 mm 的珠芽，珠芽在母株上萌发或落地后萌发；幼苗叶片卵状心形至戟形，为全缘单叶，长 2 ～ 3 cm，宽 2 ～ 2.5 cm；老株叶片 3 全裂，裂片绿色，背淡，长圆状椭圆形或披针形，两头锐尖，中裂片长 3 ～ 10 cm，宽 1 ～ 3 cm；侧裂片稍短，全缘或具不明显的浅波状圆齿，侧脉 8 ～ 10 对，细弱，细脉网状，密集，集合脉 2 圈。花序柄长 25 ～ 30 cm，长于叶柄；佛焰苞绿色或绿白色，管部狭圆柱形，长 1.5 ～ 2 cm；檐部长圆形，绿色，有时边缘青紫色，长 4 ～ 5 cm，宽 1.5 cm，钝或锐尖；肉穗花序顶生，雌花序长 2 cm，雄花序长 5 ～ 7 mm；附属器绿色变青紫色，长 6 ～ 10 cm，直立，有时呈 S 形弯曲。浆果卵圆形，黄绿色，先端渐狭为明显的花柱。花期 5—7 月，果期 8 月。

【分布区域】分布于螺山镇龙潭村。

【药用部位】干燥块茎。

【炮制】生半夏：拣去杂质，筛去灰屑，用时捣碎。

法半夏：取半夏，按大小分开，用水浸泡至内无干心，取出；另取甘草适量，加水煎煮2次，合并煎液，倒入用适量水制成的石灰液中，搅匀，加入上述已浸透的半夏，浸泡，每日搅拌1～2次，并保持浸液pH值12以上，至剖面黄色均匀，口尝微有麻舌感时，取出，洗净，阴干或烘干。

姜半夏：取净半夏，按大小分开，用水浸泡至内无干心时，取出；另取生姜切片煎汤，加白矾与半夏共煮透，取出，晾干，或晾至半干，干燥；或切薄片，干燥。

清半夏：取净半夏，按大小分开，用8%白矾溶液浸泡至内无干心，口尝微有麻舌感，取出，洗净，切厚片，干燥。

【化学成分】含左旋麻黄碱、胆碱、挥发油、β－氨基丁酸、α－氨基丁酸、3,4－二羟基苯甲醛、β－谷甾醇及葡萄糖苷等。

【性味与归经】生半夏：辛、温；有毒。归脾、胃、肺经。法半夏：辛，温。归脾、胃、肺经。姜半夏：辛，温。归脾、胃、肺经。清半夏：辛，温。归脾、胃、肺经。

【功能与主治】生半夏：燥湿化痰，降逆止呕，消痞散结。用于湿痰寒痰，咳喘痰多，痰饮眩悸，风痰眩晕，痰厥头痛，呕吐反胃，胸脘痞闷，梅核气。外用于痈肿痰核。

法半夏：燥湿化痰。用于痰多咳喘，痰饮眩悸，风痰眩晕，痰厥头痛。

姜半夏：温中化痰，降逆止呕。用于痰饮呕吐，胃脘痞满。

清半夏：燥湿化痰。用于湿痰咳嗽，胃脘痞满。

【用法与用量】煎汤，3～9 g，一般炮制后使用。外用适量，磨汁涂或研末以酒调敷患处。

【临床应用】①治妊娠呕吐不止：干姜、人参各30 g，半夏60 g。上3味，末之。以生姜汁糊为丸，如梧桐子大。饮服10丸，日3服。②除积冷，暖元脏，温脾胃，进饮食：半夏、硫黄同为细末等份，以生姜自然汁同熬，入干蒸饼末搅匀，入臼内杵数百下，丸如梧桐子大。每服空心温酒或生姜汤下15～20丸，妇人醋汤下。③治痰厥：半夏400 g，防风200 g，甘草100 g。同为细末，分作40服，每服用水350 ml，姜20片，煎至七分，去滓温服，不计时候。④治少阴病，咽中痛：半夏、桂枝、炙甘草各等份，分别捣筛，合治之，白饮和服6 g，日3服。若不能服散者，以水200 ml，煮沸纳散12 g，更煮三沸，下火令小冷，少少咽之。⑤治痰结，咽喉不利，语言不出：半夏15 g，制草乌0.1 g，桂枝0.4 g。上同为末，生姜汁浸蒸饼为丸，如鸡头大，每服1丸，至夜含化。

【注意】不宜与川乌、制川乌、草乌、制草乌、附子同用；生品内服宜慎。阴虚燥咳、津伤口渴、血证及燥痰者禁服，孕妇慎服。

大薸属 *Pistia* L.

水生草本，漂浮。茎上节间十分短缩。叶螺旋状排列，淡绿色，两面密被含少数细胞的细毛；初为圆形或倒卵形，略具柄，后为倒卵状楔形、倒卵状长圆形或近线状长圆形；叶脉7～15，纵向，背面强度隆起，近平行；叶鞘托叶状，几从叶的基部与叶分离，极薄，干膜质；芽由叶基背面的旁侧萌发，最初出现干膜质的细小帽状鳞叶，然后伸长为匍匐茎，最后形成新株分离。花序具极短的柄；

佛焰苞极小，叶状，白色，内面光滑，外面被毛，中部两侧狭缩，管部卵圆形，边缘合生至中部；檐部卵形，锐尖，近兜状，不等侧地展开；肉穗花序短于佛焰苞，但远远超出管部，背面与佛焰苞合生长达 2/3；花单性同序，下部雌花序具单花，上部雄花序有花 2 ～ 8，无附属器；雄花排列为轮状，花序轴超出轮状雄花序或否，雄花序之下有一扩大的绿色盘状物，盘下具易于脱落的绿色小鳞片；花无花被，雄花有雄蕊 2，轮生，雄蕊极短，彼此完全合生成柱，雄蕊柱基部宽，无柄，长卵圆形，顶部稍扁平，花药 2 室，对生，纵裂；雌花单一，子房卵圆形，斜生于肉穗花序轴上，1 室，胚珠多数，直生，无柄，4 ～ 6 列密集于与肉穗花序轴平行的胎座上。浆果小，卵圆形。种子多数或少数，不规则地断落；种子无柄，圆柱形，基部略狭，先端近截平，中央内凹；外珠被厚，向珠孔大大增厚，形成盖住整个珠孔的外盖；内珠被薄，向上扩大而形成填充珠孔的内盖。胚乳丰富，胚小，倒卵圆形，上部具茎基。

洪湖市境内的大薸属植物有 1 种。

351. 大薸

【拉丁名】*Pistia stratiotes* L.

【别名】大浮萍、天浮萍、水白菜、大萍叶、水荷莲、肥猪草、水芙蓉。

【形态特征】水生漂浮草本。有长而悬垂的根多数，须根羽状，密集。叶簇生成莲座状；叶片常因发育阶段不同而形异，倒三角形、倒卵形、扇形，以至倒卵状长楔形，长 1.3 ～ 10 cm，宽 1.5 ～ 6 cm，先端截头状或浑圆，基部厚，两面被毛，基部尤为浓密；叶脉扇状伸展，背面明显隆起成褶皱状。佛焰苞白色，长 0.5 ～ 1.2 cm，外被茸毛。花期 5—11 月。

【分布区域】分布于滨湖街道新旗村八组。

【药用部位】全草。

【炮制】夏、秋季采收，除去杂质，洗净，晒干。

【化学成分】含芹菜素糖苷、矢车菊素 -3-O- 葡萄糖苷、亚油酸、亚麻酸、β - 胡萝卜素和多酚类化合物。

【性味与归经】辛，寒。归肺、脾、肝经。

【功能与主治】疏风透疹，利尿除湿，凉血活血。用于风热感冒，麻疹不透，荨麻疹，血热瘙痒，汗斑，湿疹，水肿，小便不利，风湿痹痛，臁疮，丹毒，无名肿毒，跌打肿痛。

【用法与用量】煎汤，9 ～ 15 g。外用适量，捣敷；或煎水熏洗。

【注意】孕妇忌服。本品根有微毒，内服应除去须根。

一〇八、浮萍科 Lemnaceae

漂浮或沉水小草本。茎不发育，以圆形或长圆形的小叶状体形式存在；叶状体绿色，扁平，稀背面强烈凸起。叶不存在或退化为细小的膜质鳞片而位于茎的基部。根丝状，有的无根。很少开花，主要为无性繁殖；在叶状体边缘的小囊中形成小的叶状体，幼叶状体逐渐长大从小囊中浮出，新植物体或者与母体联系在一起，或者后来分离。花单性，无花被，着生于茎基的侧囊中；雌花单一，雌蕊葫芦状，花柱短，柱头全缘，短漏斗状，1 室；胚珠 1 ～ 6，直立，直生或半倒生，外珠被不盖住珠孔；雄花有雄蕊 1，具花丝，2 室或 4 室，每一花序常包括 1 个雌花和 1 ～ 2 个雄花，外围以膜质佛焰苞。果不开裂，种子 1 ～ 6，外种皮厚，肉质，内种皮薄，于珠孔上形成 1 层厚的种盖。胚具短的下位胚轴，子叶大，几完全抱合胚茎。

本科有 4 属约 30 种。除北极地区外，全球广布。我国有 3 属 6 种。

洪湖市境内的浮萍科植物有 2 属 2 种。

1. 植物体有 1 条根；叶状体下面绿色或有褐色条纹……浮萍属 *Lemna*

1. 植物体有多条根；叶状体下面通常紫色……紫萍属 *Spirodela*

浮萍属 *Lemna* L.

漂浮或悬浮水生草本。叶状体扁平，两面绿色，具 1 ～ 5 脉，根 1 条，无维管束。叶状体基部两侧具囊，囊内生营养芽和花芽。营养芽萌发后，新的叶状体通常脱离母体，也有数代不脱离的。花单性，雌雄同株，佛焰苞膜质，每花序有雄花 2，雌花 1，雄蕊花丝细，花药 2 室，子房 1 室，胚珠 1 ～ 6，直立或弯生。果实卵形，种子 1，具肋突。

洪湖市境内的浮萍属植物有 1 种。

352. 浮萍

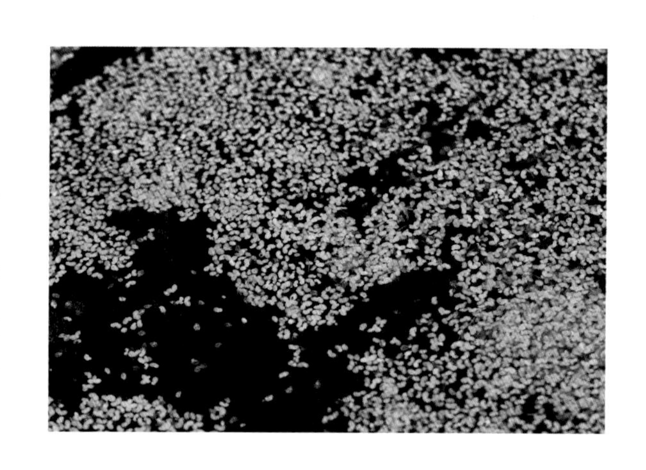

【拉丁名】*Lemna minor* L.

【别名】水萍草、田萍、青萍、浮萍草、水藓、水帘、九子萍。

【形态特征】漂浮植物。叶状体对称，表面绿色，背面浅黄色或绿白色或常为紫色，近圆形、倒卵形或倒卵状椭圆形，全缘，长 1.5 ～ 5 mm，宽 2 ～ 3 mm，上面稍凸起或沿中线隆起，脉 3，不明显，背面垂生丝状根 1 条，根白色，长 3 ～ 4 cm，根冠钝头，根鞘无翅。叶状体背面一侧具囊，新叶状体于囊内浮出，以极短的细柄与母体相连，随后脱落。雌花具弯生胚珠 1 枚。果实无翅，近陀螺状。种子具凸出的胚乳并具 12 ～ 15 条纵肋。

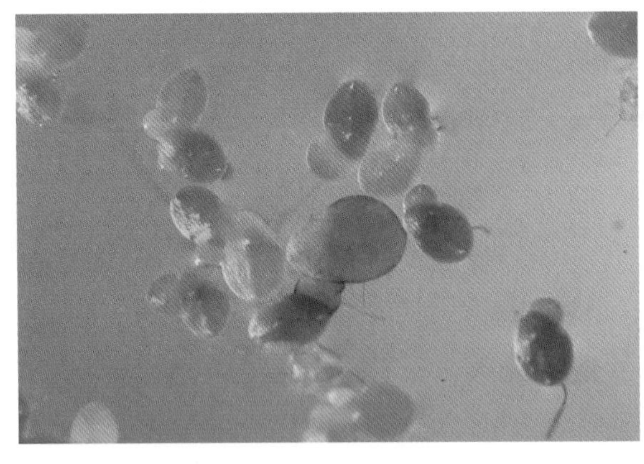

【分布区域】分布于大同湖管理区琢头沟社区。

【药用部位】全草。

【炮制】6—9 月采收，拣去杂质，洗净，晒干。

【化学成分】含维生素 B_1、维生素 B_2、维生素 C 等。

【性味与归经】辛，寒。归肺、膀胱经。

【功能与主治】发汗解表，透疹止痒，利水消肿，清热解毒。用于风热表证，麻疹不透，瘾疹瘙痒，水肿，疮癣，丹毒，烫伤。

【用法与用量】煎汤，3 ～ 9 g（鲜品 15 ～ 30 g）；或捣汁饮，或入丸、散。外用适量，煎水熏洗；或研末撒，或调敷。

【临床应用】①治时行热病，发汗：浮萍草 30 g，麻黄、桂心、附子各 15 g。上 4 味捣细筛。每服 6 g，以水 150 ml，入生姜 1.5 g，煎至六分，不计时候，和滓热服。②治消渴：干浮萍、栝楼根各等份。上 2 味为末，以人乳汁和丸如梧桐子大。空腹饮服 20 丸，日三。③治热渴不止，心神烦躁：水中萍，洗，曝干为末，以牛乳汁和丸如梧桐子大。每服不计时候，以粥饮下 30 丸。④治邪热伤肺，发热怕冷，身痛腰痛，烦躁无汗，喘促：浮萍、黄芩、杏仁、炙甘草、生姜、大枣各适量，水煎服。⑤治癞及风癣：浮萍 30 g，荆芥、麻黄、川芎、甘草各 15 g。研为散，每次 30 g，水煎服。加葱白、豆豉亦可，汗出则愈。⑥治痘疹入眼，痛不可忍：浮萍为末，每服 3 ～ 6 g，用羊肝半片切碎，投水 100 ml 绞汁调药，食后服。

【注意】表虚自汗者禁服。

紫萍属 *Spirodela* Schleid.

水生漂浮草本。叶状体盘状，具 3 ～ 12 脉，背面的根多数，束生，具薄的根冠和 1 维管束。花序藏于叶状体的侧囊内；佛焰苞袋状，含 2 个雄花和 1 个雌花。花药 2 室；子房 1 室，胚珠 2，倒生。果实球形，边缘具翅。

洪湖市境内的紫萍属植物有 1 种。

353. 紫萍

【拉丁名】*Spirodela polyrhiza*（L.）Schleid.

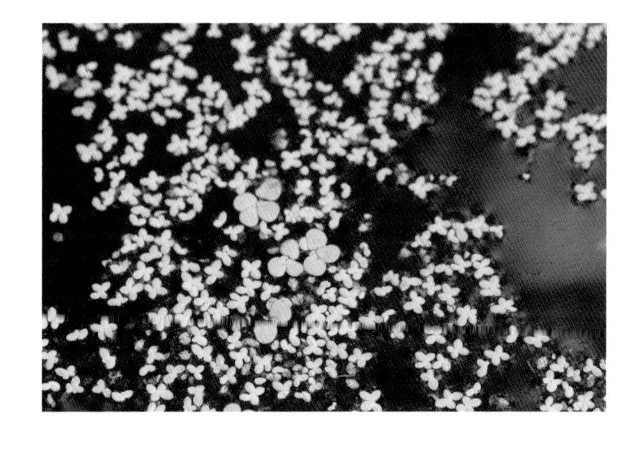

【别名】紫背浮萍、田萍、浮飘草、氽头温草、浮瓜叶。

【形态特征】叶状体扁平，阔倒卵形，长 5 ～ 8 mm，宽 4 ～ 6 mm，先端钝圆，表面绿色，背面紫色，具掌状脉 5 ～ 11 条，背面中央生 5 ～ 11 条根，根长 3 ～ 5 cm，白绿色，根冠尖，脱落；根基附近的一侧囊内形成圆形新芽，萌发后，幼小叶状体渐从囊内浮出，由一细弱的柄与母体相连。肉穗花序有 2 个雄花和 1 个雌花。

【分布区域】分布于龙口镇傍湖村。

【药用部位】全草。

【炮制】6—9 月采收，捞出后除去杂质，洗净，晒干。

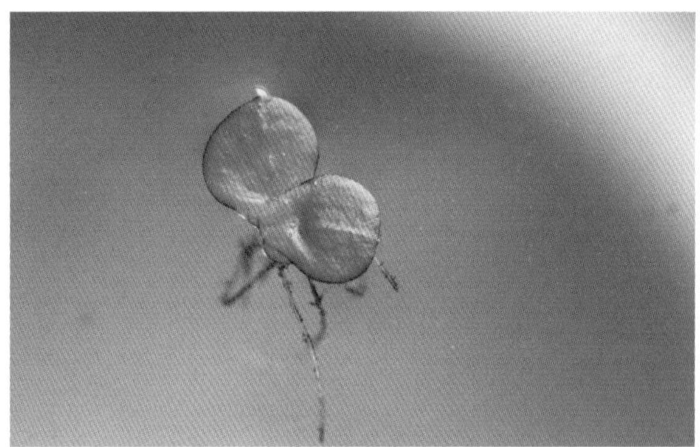

【性味与归经】辛，寒。

【功能与主治】宣散风热，透疹，利尿。用于麻疹不透，风疹瘙痒，水肿尿少。

【用法与用量】煎汤，3 ～ 9 g（鲜品 15 ～ 30 g）；或捣汁饮，或入丸、散。外用适量，煎水熏洗；或研末撒，或调敷。

【注意】胃肠虚弱、大便滑泄者慎服。

一〇九、香蒲科 Typhaceae

多年生沼生、水生或湿生草本。根状茎横走，须根多。地上茎直立，粗壮或细弱。叶 2 列，互生；

鞘状叶很短，基生，先端尖；条形叶直立，或斜上，全缘，边缘微向上隆起，先端钝圆至渐尖，中部以下腹面渐凹，背面平凸至有龙骨状突起，横切面呈新月形、半圆形或三角形；叶脉平行，中脉背面隆起或否；叶鞘长，边缘膜质，抱茎，或松散。花单性，雌雄同株，花序穗状；雄花序生于上部至顶端，花期时比雌花序粗壮，花序轴具柔毛，或无毛；雌花序位于下部，与雄花序紧密相接，或相互远离；苞片叶状，着生于雌雄花序基部，亦见于雄花序中；雄花无被，通常由 1 ～ 3 枚雄蕊组成，花药矩圆形或条形，2 室，纵裂，花粉粒单体，或四合体，纹饰多样；雌花无被，具小苞片，或无，子房柄基部至下部具白色丝状毛；孕性雌花柱头单侧，条形、披针形、匙形，子房上位，1 室，胚珠 1 枚，倒生；不孕雌花柱头不发育，无花柱，子房柄不等长。果实纺锤形、椭圆形，果皮膜质，透明，或灰褐色，具条形或圆形斑点。种子椭圆形，褐色或黄褐色，光滑或具突起，含 1 枚肉质或粉状的内胚乳，胚轴直，胚根肥厚。

本科有香蒲属 16 种，分布于热带至温带地区，主要分布于欧亚和北美地区，大洋洲地区有 3 种。我国有 11 种，南北地区广泛分布，以温带地区种类较多。

洪湖市境内的香蒲科植物有 1 属 1 种。

香蒲属 *Typha* L.

香蒲属与香蒲科特征相同。

洪湖市境内的香蒲属植物有 1 种。

354. 水烛

【拉丁名】*Typha angustifolia* L.

【别名】蒲草、水蜡烛、狭叶香蒲。

【形态特征】多年生草本，高 1.5 ～ 3 m。根茎匍匐，须根多。叶狭线形，宽 5 ～ 8 mm，稀 10 mm。花小，单性，雌雄同株，穗状花序，长圆柱形，褐色；雌雄花序离生，雄花序在上部，长 20 ～ 30 cm，雌花序在下部，长 9 ～ 28 cm，具叶状苞片，早落；雄花具雄蕊 2 ～ 3 枚，基生毛较花药长，顶端单一或 2 ～ 5 分叉，花粉粒单生；雌花具小苞片，匙形，较柱头短，茸毛早落，约与小苞片等长，柱头线形或线状长圆形。果穗直径 10 ～ 15 mm，坚果细小无槽，不开裂，外果皮不分离。花期 6—7 月，果期 7—8 月。

【分布区域】分布于汊河镇双河村。

【药用部位】花粉。

【炮制】生蒲黄：夏季采收蒲棒上部的黄色雄花序，晒干后碾轧，筛取花粉，揉碎结块，过筛。

蒲黄炭：取净蒲黄，照炒炭法炒至棕褐色。

【化学成分】花粉含黄酮苷、β－谷甾醇、脂肪油、异鼠李素 -3-O- 新橙皮苷、香蒲新苷等。

【性味与归经】甘，平。归肝、心包经。

【功能与主治】止血，化瘀，通淋。用于吐血，衄血，咯血，崩漏，外伤出血，经闭痛经，胸腹刺痛，跌打肿痛，血淋涩痛。

【用法与用量】5 ～ 10 g，包煎。外用适量，敷患处。

【注意】孕妇慎用。

一一〇、莎草科 Cyperaceae

多年生草本，较少为一年生，多数具根状茎少有兼具块茎。大多数具有三棱形的秆。叶基生和秆生，一般具闭合的叶鞘和狭长的叶片，或有时仅有鞘而无叶片。花序多种多样，有穗状花序、总状花序、圆锥花序、头状花序或长侧枝聚伞花序；小穗单生，簇生或排列成穗状或头状，具2至多数花，或退化至仅具1花；花两性或单性，雌雄同株，少有雌雄异株，着生于鳞片腋间，鳞片覆瓦状螺旋排列或2列，无花被或花被退化成下位鳞片或下位刚毛，有时雌花为先出叶所形成的果囊所包裹；雄蕊3个，少有1～2个，花丝线形，花药底着；子房1室，具1个胚珠，花柱单一，柱头2～3个。果实为小坚果，三棱形，双凸状、平凸状或球形。

本科约有80属4000种，我国有28属500余种。

洪湖市境内的莎草科植物有4属7种。

1. 花两性或单性，雌花基部无先出叶。

  2. 鳞片螺旋状排列，有下位刚毛，很少缺……………………………………………………………………………………………………藨草属 *Scirpus*

2. 鳞片 2 列；无下位刚毛。

3. 小穗轴无关节，因而小穗不脱落；鳞片从基部向顶端逐渐脱落……………………莎草属 *Cyperus*

3. 小穗轴有关节，因而后期小穗脱落；鳞片宿存于小穗轴上……………………水蜈蚣属 *Kyllinga*

1. 花单性；雌花基部有先出叶，先出叶边缘全部愈合成囊状，小坚果包于囊内……………………薹草属 *Carex*

薹草属 *Carex* L.

多年生草本，具地下根状茎。秆丛生或散生，中生或侧生，直立，三棱形，基部常具无叶片的鞘。叶基生或兼具秆生叶，平张，少数边缘卷曲，条形或线形，少数为披针形，基部通常具鞘。苞片叶状，少数鳞片状或刚毛状，具苞鞘或无苞鞘。花单性，由 1 朵雌花或 1 朵雄花组成 1 个支小穗，雌性支小穗外面包以边缘完全合生的先出叶，即果囊，果囊内有的具退化小穗轴，基部具 1 枚鳞片；小穗由多数支小穗组成，单性或两性，两性小穗雄雌顺序或雌雄顺序，通常雌雄同株，少数雌雄异株，具柄或无柄，小穗柄基部具枝先出叶或无，鞘状或囊状，小穗 1 至多数，单一顶生或多数时排列成穗状、总状或圆锥花序；雄花具 3 枚雄蕊，少数 2 枚，花丝分离；雌花具 1 个雌蕊，花柱稍细长，有时基部增粗，柱头 2 ～ 3 个。果囊三棱形、平凸状或双凸状，具或长或短的喙。小坚果较紧或较松地包于果囊内，三棱形或平凸状。

洪湖市境内的薹草属植物有 2 种。

1. 小坚果疏松地包于果囊中，卵形或椭圆形，平凸状……………………翼果薹草 *C. neurocarpa*

1. 小坚果紧包于果囊中，倒卵状长圆形至椭圆形……………………针叶薹草 *C. onoei*

355. 翼果薹草

【拉丁名】*Carex neurocarpa* Maxim.

【别名】异果薹草、脉果薹草、头状薹草。

【形态特征】根状茎短，木质。秆丛生，全株密生锈色点线，高 15 ～ 100 cm，宽约 2 mm，粗壮，扁钝三棱形，平滑，基部叶鞘无叶片，淡黄锈色。叶短于或长于秆，宽 2 ～ 3 mm，平张，边缘粗糙，先端渐尖，基部具鞘，鞘腹面膜质，锈色。苞片下部叶状，显著长于花序，无鞘，上部刚毛状。小穗多数，雄雌顺序，卵形，长 5 ～ 8 mm；穗状花序紧密，呈尖塔状圆柱形，长 2.5 ～ 8 cm，宽 1 ～ 1.8 cm；雄花鳞片长圆形，长 2.8 ～ 3 mm，锈黄色，密生锈色点线；雌花鳞片卵形至长圆状椭圆形，顶端急尖，具芒尖，基部近圆形，长 2 ～ 4 mm，宽约 1.5 mm，锈黄色，密生锈色点线。果囊长于鳞片，卵形或宽卵形，长 2.5 ～ 4 mm，稍扁，膜质，密生锈色点线，两面具多条细脉，无毛，中部以上边缘具宽而微波状不整齐的翅，锈黄色，上部通常具锈色点线，基部近圆形，里面具海绵状组织，有短柄，顶端急缩成喙，喙口 2 齿裂。小坚果疏松地包于果囊中，卵形或椭圆形，平凸状，长约 1 mm，淡棕色，平滑，有光泽，具短柄，顶端具小尖头；花柱基部不膨大，柱头 2 个。花果期 6—8 月。

【分布区域】分布于汉河镇双河村。

【药用部位】全草。

【炮制】拣去杂质，洗净，晒干。

【临床应用】用于感冒，另对于单纯疱疹病毒有抑制作用。

356. 针叶薹草

【拉丁名】*Carex onoei* Franch. et Sav.

【别名】阴地针薹草。

【形态特征】根状茎短。秆丛生，高 20 ~ 40 cm，柔软，棱上稍粗糙，基部叶鞘淡褐色。叶稍短于秆，宽 1 ~ 1.5 mm，平张，柔软。小穗 1 个，顶生，宽卵形至球形，长 5 ~ 7 mm，雄雌顺序；雄花部分不显著，具 2 ~ 3 花；雌花部分显著而占小穗的极大部分，通常具 5 ~ 6 花；雄花鳞片椭圆状卵形，长约 2.5 mm，具 1 脉，淡棕色；雌花鳞片宽卵形，长约 2.5 mm，膜质，中间部分色淡而具 3 脉，两侧淡棕色。果囊卵状长圆形，略呈三棱形，长 2.5 ~ 3 mm，成熟后水平开展，膜质，侧脉明显，尤以背面为甚，先端急缩

成短喙，喙口有2微齿，基部近圆形。小坚果紧包于果囊中，倒卵状长圆形至椭圆形，长约2 mm；花柱基部不膨大，宿存，柱头3个。

【分布区域】分布于乌林镇香山村。

莎草属 *Cyperus* L.

一年生或多年生草本。秆直立，丛生或散生，粗壮或细弱，仅于基部生叶。叶具鞘。长侧枝聚伞花序简单或复出，或有时短缩成头状，基部具叶状苞片数枚；小穗几个至多数，呈穗状、指状、头状排列于辐射枝上端，小穗轴宿存，通常具翅；鳞片2列，极少为螺旋状排列，最下面1～2枚鳞片为空，其余均具1朵两性花，有时最上面1～3朵花不结实，无下位刚毛；雄蕊3，少数1～2；花柱基部不增大，柱头3个，极少2个，成熟时脱落。小坚果三棱形。

洪湖市境内的莎草属植物有3种。

1. 小穗在辐射枝顶端排成穗状花序。
    2. 小穗轴无翅，或有狭翅；花柱短。
        3. 小穗轴无翅，鳞片顶端有干膜质边缘，微凹，有不凸出的短尖……碎米莎草 *C. iria*
        3. 小穗轴有白色膜质狭翅，鳞片顶端圆，有凸出的短尖……具芒碎米莎草 *C. microiria*
    2. 小穗轴有翅；花柱中等长……香附子 *C. rotundus*

357. 碎米莎草

【拉丁名】*Cyperus iria* L.

【别名】三方草、三楞草、三轮草、四方草、细三棱、三棱草。

【形态特征】一年生草本，无根状茎，具须根。秆丛生，高8～85 cm，扁三棱形，基部具少数叶，宽2～5 mm，平张或折合，叶鞘红棕色或棕紫色。叶状苞片3～5枚，下面的2～3枚常较花序长。聚伞花序复出，具4～9个辐射枝，辐射枝最长达12 cm，每个辐射枝具5～10个穗状花序，穗状花序卵形或长圆状卵形，长1～4 cm，具5～22个小穗，小穗排列松散，斜展开，长圆形、披针形或线状披针形，压扁，长4～10 mm，宽约2 mm，具6～22花；小穗轴上近于无翅；鳞片排列疏松，膜质，宽倒卵形，顶端微缺，具极短的短尖，不凸出于鳞片的顶端，背面具龙骨状突起，绿色，有3～5条脉，两侧呈黄色或麦秆黄色，上端具白色透明的边；雄蕊3，花丝着生在环形的胼胝体上，花药短，

椭圆形，药隔不凸出于花药顶端；花柱短，柱头 3。小坚果倒卵形或椭圆形与鳞片等长，褐色，具密的微凸起细点。花果期 6—10 月。

【分布区域】分布于龙口镇傍湖村。

【药用部位】全草。

【炮制】8—9 月抽穗时采收，洗净，晒干。

【性味与归经】辛，温。归肝经。

【功能与主治】祛风除湿，活血调经。用于风湿筋骨疼痛，瘫痪，月经不调，经闭，痛经，跌打损伤。

【用法与用量】煎汤，10 ～ 30 g；或浸酒。

358. 具芒碎米莎草

【拉丁名】*Cyperus microiria* Steud.

【别名】水莎草、三棱草。

【形态特征】一年生草本，具须根。秆丛生，高 20 ～ 50 cm，稍细，锐三棱形，平滑，基部具叶。叶短于秆，宽 2.5 ～ 5 mm；叶鞘红棕色，表面稍带白色。叶状苞片 3 ～ 4 枚，长于花序；长侧枝聚伞花序复出或多次复出，稍密或疏展，具 5 ～ 7 个辐射枝，辐射长短不等，最长达 13 cm；穗状花序卵形或宽卵形或近于三角形，长 2 ～ 4 cm，宽 1 ～ 3 cm，具多数小穗；小穗排列稍稀，斜展，线形或线状披针形，长 6 ～ 15 mm，宽约 1.5 mm，具 8 ～ 24 朵花；小穗轴直，具白色透明的狭边；鳞片排列疏松，膜质，宽倒卵形，顶端圆，长约 1.5 mm，麦秆黄色或白色，背面具龙骨状突起，脉 3 ～ 5 条，绿色，中脉延伸出顶端成短尖；雄蕊 3，花药长圆形；花柱极短，柱头 3。小坚果倒卵形，几与鳞片等长，深褐色，具密的微凸起细点。花果期 8—10 月。

【分布区域】分布于洪湖市各乡镇。

359. 香附子

【拉丁名】*Cyperus rotundus* L.

【别名】莎草、雷公头、三棱草、香头草、雀头香。

【形态特征】多年生草本，匍匐根状茎长，具椭圆形块茎。秆稍细弱，高 15 ～ 95 cm，锐三棱形，平滑，基部呈块茎状。叶较多，短于秆，宽 2 ～ 5 mm，平张；鞘棕色，常裂成纤维状。叶状苞片 2 ～ 5 枚，常长于花序，或有时短于花序。长侧枝聚伞花序简单或复出，具 2 ～ 10 个辐射枝，辐射枝最长达 12 cm；穗状花序轮廓为陀螺形，稍疏松，具 3 ～ 10 个小穗；小穗斜展开，线形，长 1 ～ 3 cm，宽约 1.5 mm，具 8 ～ 28 朵花；小穗轴具较宽的、白色透明的翅；鳞片稍密地覆瓦状排列，膜质，卵形或长圆状卵形，长约 3 mm，顶端急尖或钝，无短尖，中间绿色，两侧紫红色或红棕色，具 5 ～ 7 条脉；雄蕊 3，花药长，线形，暗血红色，药隔凸出于花药顶端；花柱长，柱头 3，细长，伸出鳞片外。小坚果长圆状倒卵形，长为鳞片的 1/3 ～ 2/5，具细点。花果期 5—11 月。

【分布区域】分布于乌林镇香山村。

【药用部位】根茎和茎叶。

【炮制】香附：秋季采挖，燎去毛须，置沸水中略煮或蒸透后晒干，或燎后直接晒干，切厚片或碾碎。

醋香附：取香附片（粒），照醋炙法炒干。

茎叶：春、夏季采收，洗净，鲜用或晒干。

【化学成分】含葡萄糖、果糖、淀粉、蒎烯、香附酮、莎草醇、香附醇酮等。

【性味与归经】香附：辛、微苦、微甘，平。归肝、脾、三焦经。茎叶：苦、辛，凉。归肝、肺经。

【功能与主治】香附：疏肝解郁，理气宽中，调经止痛。用于肝郁气滞，胸胁胀痛，疝气疼痛，乳房胀痛，脾胃气滞，脘腹痞闷，胀满疼痛，月经不调，经闭痛经。

茎叶：行气开郁，祛风止痒，宽胸利痰。用于胸闷不舒，风疹瘙痒，痈疮肿毒。

【用法与用量】香附：煎汤，6 ～ 10 g。

茎叶：煎汤，10 ～ 30 g。外用适量，鲜品捣敷，或煎汤洗浴。

水蜈蚣属 *Kyllinga* Rottb.

多年生草本，较少为一年生草本，具匍匐根状茎或无。秆丛生或散生，通常稍细，基部具叶。苞片叶状，展开。穗状花序 1 ～ 3 个，头状，无总花梗，具多数密聚的小穗；小穗小，压扁，通常具 1 ～ 2 朵两性花，极少多至 5 朵花；小穗轴基部上面具关节，于最下面 2 枚空鳞片以上脱落；鳞片 2 列，宿存于小穗轴上，后期与小穗轴一起脱落，最上面 1 枚鳞片内亦无花，极少具 1 雄花；无下位刚毛或鳞片状花被；雄蕊 1 ～ 3 个；花柱基部不膨大，脱落，柱头 2。小坚果扁双凸状，棱向小穗轴。

洪湖市境内的水蜈蚣属植物有 1 种。

360. 短叶水蜈蚣

【拉丁名】 *Kyllinga brevifolia* Rottb.

【别名】 水蜈蚣、发汗药、球子草、疟疾草、三荚草、金牛草、寒气草、夜摩草、十字草。

【形态特征】 根状茎长而匍匐，外被膜质、褐色的鳞片，具多数节间，节间长约 1.5 cm，每一节上长一秆。秆成列地散生，细弱，高 7 ～ 20 cm，扁三棱形，平滑，基部不膨大，具 4 ～ 5 个圆筒状叶鞘，最下面 2 个叶鞘常为干膜质，棕色，鞘口斜截形，顶端渐尖，上面 2 ～ 3 个叶鞘顶端具叶片。叶柔弱，短于或稍长于秆，宽 2 ～ 4 mm，平张，上部边缘和背面中肋上具细刺。叶状苞片 3 枚，展开，后期常向下反折；穗状花序单个，极少 2 个或 3 个，球形或卵球形，长 5 ～ 11 mm，宽 4.5 ～ 10 mm，具极多数密生的小穗；小穗长圆状披针形或披针形，压扁，长约 3 mm，宽 0.8 ～ 1 mm，具 1 朵花；鳞片膜质，长 2.8 ～ 3 mm，下面的鳞片短于上面的鳞片，白色，具锈斑，少为麦秆黄色，背面的龙骨状突起绿色，具刺，顶端延伸成外弯的短尖，脉 5 ～ 7 条；雄蕊 1 ～ 3 个，花药线形；花柱细长，柱头 2，长不及花柱的 1/2。小坚果倒卵状长圆形，扁双凸状，长约为鳞片的 1/2，表面具密的细点。花果期 5—9 月。

【分布区域】 分布于老湾回族乡珂里村。

【药用部位】 带根茎的全草。

【炮制】 取原药材，除去杂质，洗净，切段，鲜用或晒干。

【性味与归经】 辛、微苦、甘，平。归肺、肝经。

【功能与主治】 疏风解毒，清热利湿，活血解毒。用于感冒发热头痛，急性支气管炎，百日咳，疟疾，黄疸，痢疾，疮疡肿毒，皮肤瘙痒，毒蛇咬伤，风湿性关节炎，跌打损伤。

【用法与用量】 煎汤，15 ～ 30 g（鲜品 30 ～ 60 g）；或捣汁，或浸酒。外用适量，捣敷。

【临床应用】 ①治湿热黄疸：水蜈蚣 30 g，茅莓根 30 g，阴行草 15 g，水煎服。②治气滞腹痛：水蜈蚣 30 g，水煎服。③治疮疡肿毒：水蜈蚣全草、芭蕉根各适量，捣烂敷患处。④治跌打损伤：水蜈蚣 500 g，捣烂，酒 120 g 冲，滤取 60 g 内服；渣炒热外敷痛处。⑤治风湿骨痛：水蜈蚣 30 ～ 60 g，水煎服。⑥治百日咳，急性支气管炎，咽喉肿痛：水蜈蚣干品 30 ～ 60 g，水煎服。

藨草属 *Scirpus* L.

草本，丛生或散生，具根状茎或无，有时具匍匐根状茎或块茎。秆三棱形，很少圆柱状，有节或无节，具基生叶或秆生叶，或兼而有之，有时叶片不发达，或叶片退化只有叶鞘生于秆的基部。叶扁平，很少为半圆柱状。苞片为秆的延长或呈鳞片状或叶状；长侧枝聚伞花序简单或复出，顶生或几个组成圆锥花序；或小穗成簇而为假侧生，很少只有 1 个顶生的小穗，小穗具少数至多数花；鳞片螺旋状覆瓦式排列，很少呈 2 列，每鳞片内均具 1 朵两性花，或最下 1 至数鳞片中空无花，极少最上 1 鳞片内具 1 朵雄花；下位刚毛 2 ～ 6 条，很少为 7 ～ 9 条或不存在，一般直立，少有弯曲；雄蕊 1 ～ 3 个；花柱与子房连生，柱头 2 ～ 3 个。小坚果三棱形或双凸状。

洪湖市境内的藨草属植物有 1 种。

361. 萤蔺

【拉丁名】*Scirpus juncoides* Roxb.

【别名】野马蹄草、直立席草、水葱子、灯心藨草。

【形态特征】丛生，根状茎短，具许多须根。秆稍坚挺，圆柱状，少数有棱角，平滑，基部具 2 ～ 3 个鞘；鞘的开口处为斜截形，顶端急尖或圆形，边缘为干膜质，无叶片。苞片 1 枚，为秆的延长，直立，长 3 ～ 15 cm。小穗 2 ～ 7 个聚成头状，假侧生，卵形或长圆状卵形，长 8 ～ 17 mm，宽 3.5 ～ 4 mm，棕色或淡棕色，具多数花；鳞片宽卵形或卵形，顶端骤缩成短尖，近于纸质，长 3.5 ～ 4 mm，背面绿色，具 1 条中肋，两侧棕色或具深棕色条纹；下位刚毛 5 ～ 6 条，长等于或短于小坚果，有倒刺；雄蕊 3，花药长圆形，药隔凸出；花柱中等长，柱头 2 个，极少 3 个。小坚果宽倒卵形，或倒卵形，平凸状，长约 2 mm 或更长些，稍皱缩，但无明显的横皱纹，成熟时黑褐色，具光泽。花果期 8—11 月。

【分布区域】分布于汉河镇双河村。

【药用部位】全草。

【炮制】夏、秋季采收，洗净，晒干。

【性味与归经】甘、淡，凉。归肺、膀胱、肝经。

【功能与主治】清热凉血，解毒利湿，消积开胃。用于麻疹热毒，肺痨咯血，牙痛，目赤，热淋，白浊，食积停滞。

【用法与用量】煎汤，60 ~ 120 g。

一一一、美人蕉科 Cannaceae

多年生、直立、粗壮草本，有块状的地下茎。叶大，互生，有明显的羽状平行脉，具叶鞘。花两性，大而美丽，不对称，排成顶生的穗状花序、总状花序或狭圆锥花序，有苞片；萼片 3 枚，绿色，宿存；花瓣 3 枚，萼状，通常披针形，绿色或其他颜色，下部合生成一管并常和退化雄蕊群连合；退化雄蕊花瓣状，基部连合，为花中最美丽、最显著的部分，红色或黄色，3 ~ 4 枚，外轮的 3 枚（有时 2 枚或无）较大，内轮的 1 枚较狭，外反，称为唇瓣；发育雄蕊的花丝亦增大成花瓣状，多少旋卷，边缘有 1 枚 1 室的花药室，基部或一半和增大的花柱连合；子房下位，3 室，每室有胚珠多颗，花柱扁平或棒状。果为蒴果，3 瓣裂，多少具 3 棱，有小瘤体或柔刺。种子球形。

本科有 1 属约 55 种，产于美洲的热带和亚热带地区。我国常见引入栽培的约有 6 种。

洪湖市境内的美人蕉科植物有 1 属 1 种。

美人蕉属 *Canna* L.

美人蕉属的特征与美人蕉科相同。

洪湖市境内的美人蕉属植物有 1 种。

362. 美人蕉

【拉丁名】*Canna indica* L.

【别名】蕉芋、观音姜、小芭蕉头、状元红、白姜。

【形态特征】多年生草本，植株全部绿色，高可达 1.5 m。叶片卵状长圆形，长 10 ~ 30 cm，宽达 10 cm。总状花序疏花，略超出于叶片之上；花红色，单生；苞片卵形，绿色，长约 1.2 cm；萼片 3，披针形，长约 1 cm，绿色而有时染红；花冠管长不及 1 cm，花冠裂片披针形，长 3 ~ 3.5 cm，绿色或红色；外轮退化雄蕊 2 ~ 3 枚，鲜红色，其中 2 枚倒披针形，长 3.5 ~ 4 cm，宽 5 ~ 7 mm，另一枚如存在则特别小，长 1.5 cm，宽仅 1 mm；唇瓣披针形，长 3 cm，弯曲；发育雄蕊长 2.5 cm，花药室长 6 mm；花柱扁平，长 3 cm，一半和发育雄蕊的花丝连合。蒴果绿色，长卵形，有软刺，长 1.2 ~ 1.8 cm。花果期 3—12 月。

【分布区域】分布于新堤街道万家墩村。

【药用部位】根、花。

【炮制】美人蕉根：全年可采挖，除去茎叶，洗净，切片，晒干或鲜用。

美人蕉花：花开时采收，阴干。

【化学成分】根茎含淀粉、脂肪、生物碱、树胶。叶含挥发油及绿原酸。

【性味与归经】美人蕉根：甘、微苦、涩，凉。归心、小肠、肝经。美人蕉花：甘、淡，凉。归心、脾经。

【功能与主治】美人蕉根：清热解毒，调经，利水。用于月经不调，带下，黄疸，痢疾，疮疡肿毒。

美人蕉花：活血止血。用于吐血，衄血，外伤出血。

【用法与用量】美人蕉根：煎汤，6～15 g（鲜品 30～120 g）。外用适量，捣敷。

美人蕉花：煎汤，6～15 g。

【临床应用】①治小儿肚胀发热：小芭蕉头花叶、过路黄各等份，生捣绒，炒热，包肚子。②治急性黄疸性肝炎：美人蕉鲜根 60～120 g（最大量不超过 250 g），水煎 1 次，早晚分服，20 日为 1 个疗程。服药时忌吃辛辣食物和荤菜、荤油。③治金疮及其他外伤出血：美人蕉花 9～15 g，煎汤内服。

一一二、兰科 Orchidaceae

地生、附生或较少为腐生草本，极罕为攀援藤本。地生与腐生种类常有块茎或肥厚的根状茎，附生种类常有由茎的一部分膨大而成的肉质假鳞茎。叶基生或茎生，后者通常互生或生于假鳞茎顶端或近顶端处，扁平或有时圆柱形或两侧压扁，基部具或不具关节。花葶或花序顶生或侧生，花常排列成总状花序或圆锥花序，少有为缩短的头状花序或减退为单花，两性，通常两侧对称；花被片 6，2 轮，萼片离生或不同程度合生；中央 1 枚花瓣的形态常有较大的特化，明显不同于 2 枚侧生花瓣，称唇瓣；子房下位，1 室，侧膜胎座，较少 3 室而具中轴胎座，除子房外整个雌雄蕊器官完全融合成柱状体，称蕊柱；蕊柱顶端一般具药床和 1 个花药，腹面有 1 个柱头穴，柱头与花药之间有 1 个舌状器官，称蕊喙，极罕具 2～3 枚花药、2 个隆起的柱头或不具蕊喙的；蕊柱基部有时向前下方延伸成足状，称蕊柱足，此时 2 枚侧萼片基部常着生于蕊柱足上，形成囊状结构，称萼囊；花粉通常黏合成团块，称花粉团，花粉团的一端常变成柄状物，称花粉团柄；花粉团柄连接于由蕊喙的一部分变成固态黏块即黏盘上，有时黏盘还有柄状附属物，称黏盘柄；花粉团、花粉团柄、黏盘柄和黏盘连接在一起，称花粉块，但有的花粉块不具花粉团柄或黏盘柄，有的不具黏盘而只有黏质团。果实通常为蒴果，较少呈荚果状，具极多种子。种子细小，无胚乳，种皮常在两端延长成翅状。

本科约有 700 属 20000 种，产于全球热带地区和亚热带地区，少数种类也见于温带地区。我国有 171 属 1247 种以及许多亚种、变种和变型。

洪湖市境内的兰科植物有 1 属 1 种。

白及属 *Bletilla* Rchb.f.

地生植物。茎基部具膨大的假鳞茎，其近旁常具多枚前一年或以前多年所残留的扁球形或扁卵圆形的假鳞茎，假鳞茎的侧边常具 2 枚突起，同一方向的突起与毗邻的假鳞茎相连成一串，假鳞茎上具荸荠似的环带，肉质，富黏性，生数条细长根。叶 2 ～ 6 枚，互生，狭长圆状披针形至线状披针形，叶片与叶柄之间具关节，叶柄互相卷抱成茎状。花序顶生，总状，常具数朵花，通常不分枝或极罕分枝；花序轴常常曲折成之字状；花苞在开花时常凋落；花紫红色、粉红色、黄色或白色，倒置，唇瓣位于下方；萼片与花瓣相似，近等长，离生；唇瓣中部以上常明显 3 裂，侧裂片直立，多少抱蕊柱；唇盘上从基部至近先端具 5 条纵脊状褶片，基部无距；蕊柱细长，无蕊柱足，两侧具翅，顶端药床的侧裂片常常为略宽的圆形，后侧的中裂片齿状；花药着生于药床的齿状中裂片上，帽状，内屈或者近于悬垂，具或多或少分离的 2 室；花粉团 8 个，成 2 群，每室 4 个，成对而生，粒粉质，多颗粒状，具不明显的花粉团柄，无黏盘；柱头 1 个，位于蕊喙之下。蒴果长圆状纺锤形，直立。

洪湖市境内的白及属植物有 1 种。

363. 白及

【拉丁名】*Bletilla striata*（Thunb. ex Murray）Rchb. f.

【别名】白芨、甘根、连及草、冰球子、白鸟儿头、地螺丝、羊角七、千年棕、君求子。

【形态特征】植株高 18 ～ 60 cm。假鳞茎扁球形，上面具荸荠似的环带，富黏性。茎粗壮，劲直。叶 4 ～ 6 枚，狭长圆形或披针形，长 8 ～ 29 cm，宽 1.5 ～ 4 cm，先端渐尖，基部收狭成鞘并抱茎。花序具 3 ～ 10 朵花，常不分枝或极罕分枝，花序轴或多或少呈之字状曲折；花苞片长圆状披针形，长 2 ～ 2.5 cm，开花时常凋落；花大，紫红色或粉红色；萼片和花瓣近等长，狭长圆形，长 25 ～ 30 mm，宽 6 ～ 8 mm，先端急尖；花瓣较萼片稍宽；唇瓣较萼片和花瓣稍短，倒卵状椭圆形，长 23 ～ 28 mm，白色带紫红色，具紫色脉；唇盘上面具 5 条纵褶片，从基部伸至中裂片近顶部，仅在中裂片上面为波状；蕊柱长 18 ～ 20 mm，柱状，具狭翅，稍弓曲。花期 4—5 月。

【分布区域】分布于府场社区。

【药用部位】干燥块茎。

【炮制】夏、秋季采挖，除去须根，洗净，置沸水中煮或蒸至无白心，晒至半干，除去外皮晒干。

【化学成分】含菲类化合物、二氢菲类化合物、萜类、甾体和多糖等。

【性味与归经】苦、甘、涩，微寒。归肺、肝、胃经。

【功能与主治】收敛止血，消肿生肌。用于咯血，吐血，外伤出血，疮疡肿毒，皮肤皲裂。

【用法与用量】煎汤，6 ～ 15 g；研末吞服，3 ～ 6 g。外用适量，研末敷。

【临床应用】①治肺痿：白及、阿胶、款冬、紫菀各等份，水煎服。②治咯血：白及 30 g，枇杷叶、藕节各 15 g。上为细末，另以阿胶 15 g，锉如豆大，蛤粉炒成珠，生地黄自然汁调之，火上炖化，入前药为丸如龙眼大。每服 1 丸，噙化。③治鼻渊：白及末，酒糊丸。每服 9 g，黄酒下，半月愈。④治一切疮疖痈疽：白及、芙蓉叶、大黄、黄柏、五倍子各适量。上为末，用水调搽四周。⑤治手足皲裂：白及 30 g，大黄 50 g，冰片 3 g。研末，加少许蜂蜜，调成糊状涂患处，治愈为止。⑥治溃疡病出血：白及、党参各 15 g，侧柏炭、地榆炭各 12 g，黄芪、柴胡各 9 g，白芍、旋覆花、香附、郁金各 6 g。每日 1 剂。

【注意】不宜与川乌、制川乌、草乌、制草乌、附子同用。

中文名索引

拉丁名索引

A

B

C

D

E

M

N

O

P

Q

R

S

参 考 文 献

[1] 国家药典委员会 . 中华人民共和国药典（2020 年版）[M]. 北京：中国医药科技出版社，2020.

[2] 中国科学院中国植物志编辑委员会 . 中国植物志 [M]. 北京：科学出版社，1979.

[3] 傅书遐 . 湖北植物志 [M]. 武汉：湖北科学技术出版社，2002.

[4]《中药辞海》编写组 . 中药辞海 [M]. 北京：中国医药科技出版社，1993.

[5]《全国中草药汇编》编写组 . 全国中草药汇编 [M]. 北京：人民卫生出版社，1975.

[6] 湖北省卫生局 . 湖北中草药志（二）[M]. 武汉：湖北人民出版社，1982.

[7] 南京中医药大学 . 中药大辞典 [M]. 2 版 . 上海：上海科学技术出版社，2006.

[8] 国家中医药管理局《中华本草》编委会 . 中华本草 [M]. 上海：上海科学技术出版社，1999.

[9] 刘春安，彭明 . 抗癌中草药大辞典 [M]. 武汉：湖北科学技术出版社，1994.

[10] 汪小凡，黄双全 . 珞珈山植物原色图谱 [M]. 北京：高等教育出版社，2012.

[11] 郭普东，刘德盛，俞邦友 . 湖北利川药用植物志 [M]. 武汉：湖北科学技术出版社，2016.

[12] 谢朝林，李芳 . 湖北公安药用植物志 [M]. 武汉：华中科技大学出版社，2021.

[13] 湖北省中药资源普查办公室，湖北省中药材公司 . 湖北中药资源名录 [M]. 北京：科学出版社，1990.

[14] 洪湖市地方志编纂委员会 . 洪湖市志（1987—2007）[M]. 武汉：湖北人民出版社，2014.